Praxishandbuch Wirtschaftsmediation

Marianne Koschany-Rohbeck

Praxishandbuch Wirtschaftsmediation

Grundlagen und Methoden zur Lösung innerbetrieblicher und zwischenbetrieblicher Konflikte

Springer Gabler

Marianne Koschany-Rohbeck
Ascheberg
Deutschland

ISBN 978-3-658-08020-4 ISBN 978-3-658-08021-1 (eBook)
DOI 10.1007/978-3-658-08021-1

Die Deutsche Nationalbibliothek verzeichnet diese Publikation in der Deutschen Nationalbibliografie; detaillierte bibliografische Daten sind im Internet über http://dnb.d-nb.de abrufbar.

Springer Gabler

Lektorat: Anna Pietras | Stefanie Schwibode

Gedruckt auf säurefreiem und chlorfrei gebleichtem Papier

Springer Fachmedien Wiesbaden ist Teil der Fachverlagsgruppe Springer Science+Business Media
(www.springer.com)

Inhaltsverzeichnis

Abkürzungsverzeichnis

Abs.	Absatz
Abb.	Abbildung
ADR	Alternative Dispute Resolution
AKB	Alternative Konfliktbeilegung
ArbGG	Arbeitsgerichtsgesetz
BAFM	Bundes-Arbeitsgemeinschaft für Familienmediation e. V.
BATNA	Best Alternative to Negotiated Agreement
BGB	Bürgerliches Gesetzbuch
BGBl.	Bundesgesetzblatt
BM	Bundesverband für Mediation e. V.
BMWA	Bundesverband für Mediation in Wirtschaft und Arbeitswelt e. V.
BORA	Berufsordnung der Rechtsanwälte
BRAO	Bundesrechtsanwaltsordnung
CNB	Collective Notebook
DGM	Deutsche Gesellschaft für Mediation e. V.
EGZPO	Einführungsgesetz zur Zivilprozessordnung
etc.	et cetera
f.	folgende
ff.	fortfolgende
GfK	Gewaltfreie Kommunikation
ggf.	gegebenenfalls
i. d. R.	in der Regel
KMU	kleine und mittlere Unternehmen
MediationsG	Mediationsgesetz
MediationsRL	Mediationsrichtlinie, Richtlinie der EU 2008/52/EG
m. w. N.	mit weiteren Nennungen
o. g.	oben genannt
RDG	Rechtsdienstleistungsgesetz
RVG	Gesetz über die Vergütung der Rechtsanwältinnen und Rechtsanwälte
StPO	Strafprozessordnung
S.	Seite

s. o.	siehe oben
Tab.	Tabelle
Vgl.	vergleiche
WATNA	Worst Alternative to Negotiated Agreement
ZPO	Zivilprozessordnung
ZMediatAusbV	Verordnung über die Aus- und Fortbildung von zertifizierten Mediatoren

Abbildungsverzeichnis

Tabellenverzeichnis

1 Einführung und Grundlagen der Wirtschaftsmediation

Konflikte sind Bestandteil der Arbeitsrealität und bringen, wenn sie schnell, einvernehmlich und fair gelöst werden, alle Betroffenen weiter. Doch oftmals wird der Zeitpunkt für eine kooperative Konfliktlösung verpasst und der Konflikt eskaliert. Dann werden meistens nur drei bekannte Konfliktlösungsstrategien gewählt, von denen zwei negative Konsequenzen auf die zukünftige Zusammenarbeit und (Geschäfts-)Beziehung der betroffenen Konfliktparteien haben und hohe Konfliktkosten verursachen.

Bei der ersten Strategie der „Vermeidung oder gegenseitigen Blockade" gehen die Betroffenen sich aus dem Weg oder verhindern gegenseitig eine einvernehmliche Lösung. Dadurch machen sich die Betroffenen gegenseitig zu Verlierern, denn eine kooperative Konfliktlösung wird erst gar nicht versucht. Im innerbetrieblichen Zusammenhang handelt es sich um schwelende Konflikte, die oftmals zu psychosomatischen Erkrankungen und letztendlich zu Mitarbeiterabwesenheitszeiten und den dazugehörigen (Konflikt-) Kosten führen.

In vielen eskalierten Auseinandersetzungen sehen die Betroffenen nur noch eine mögliche Lösung aus dem Dilemma – eine gerichtliche Auseinandersetzung. Bei dieser zweiten Strategie führt die Konfliktbearbeitung mittels Durchsetzung am Ende zu einem Gewinner-Verlierer-Ausgang in dem über Recht und Unrecht zu bestimmten gesetzlichen Ansprüchen entschieden oder die Schuld oder Unschuld geklärt wird. Der eigentliche Konflikt wird jedoch i. d. R. nicht gelöst und die Beziehung der Betroffenen wird durch die Gewinner-Verlierer-Situation nachhaltig gestört. Oftmals endet der Konflikt im innerbetrieblichen Bereich mit einer Entlassung oder Kündigung oder bei Geschäftspartnern mit der Beendigung des gemeinsamen Geschäftsverhältnisses, was zu **hohen Konfliktkosten** zum Beispiel bei der Suche und Einarbeitung eines neuen Mitarbeiters oder neuen Geschäftspartners führt. So können die Friktions- und Folgekosten durch den Ersatz einer

M. Koschany-Rohbeck, *Praxishandbuch Wirtschaftsmediation*,
DOI 10.1007/978-3-658-08021-1_1

Fachkraft in den meisten Fällen das Jahresgehalt des Mitarbeiters[1] sogar übersteigen.[2] Die Kosten für eine Neukundenakquise sind ungefähr zehnmal so hoch wie die Betreuung eines Stammkunden.[3]

Die dritte Strategie setzt auf einen Kompromiss. Die Betroffenen suchen auf der Basis der Positionen einen Kompromiss und einigen sich i. d. R. irgendwo in der „Mitte“. Der zu verteilende „Kuchen“ wird nach bestimmten Kriterien aufgeteilt. Die Betroffen erhalten dadurch mehr als sie verlieren würden, sind oftmals damit aber auch nicht ganz zufrieden, weil sie weniger als ihre Zielvorstellung erreicht haben.

Einen anderen Weg geht die Mediation, die das Ziel hat, den aufzuteilenden „Kuchen zu vergrößern“, um dann nach Lösungen zu suchen, die alle Betroffenen zu Gewinnern machen. Mediation schaut weder vergangenheitsorientiert zurück noch sucht sie nach Schuldigen. Sie sucht nach den hinter den geäußerten Positionen tieferliegenden Interessen der Konfliktbeteiligten, deren Verständnis erfolgreiche Lösungen für alle Beteiligten ermöglichen. Gerade im Bereich der Wirtschaft ist Mediation sehr hilfreich und bietet ein riesiges Anwendungspotential. Das Verfahren mit seinen Methoden und Techniken ist nicht nur hilfreich bei der Klärung von Konflikten, sondern kann auch präventiv als Führungs- und Beratungsinstrument eingesetzt werden, um Konflikte zu vermeiden.

Noch ist Wirtschaftsmediation in der deutschen Wirtschaft wie in der Schweiz[4] in der Pionierphase und bietet für alle Mediatoren ein großes Potential an Betätigungsfeldern.[5] Durch das am 26.07.2012 in Deutschland in Kraft getretene Mediationsgesetz kommt der Mediationsmarkt nun auch in Deutschland langsam in Bewegung und Mediation wird auch im Bereich der Wirtschaft zunehmend als geeignetes Mittel zur Konfliktlösung wahrgenommen und eingesetzt. Nicht zuletzt, weil ein „Konfliktmanagement (auf der Grundlage der Mediation)[6] die womöglich letzte große Einsparmöglichkeit in der deutschen Wirtschaft ist.“[7]

Das erste Kapitel soll eine Einordnung und einen Überblick zum Themengebiet der Wirtschaftsmediation vermitteln. Dafür werden zunächst grundlegende Begriffe definiert. Anschließend wird ein Überblick über die Prinzipien, den Verfahrensablauf, die Phasen der Mediation sowie deren Methoden und Techniken gegeben. Danach wird die Mediation zum streitigen Verfahren und anderen alternativen Konfliktbeilegungsverfahren abgegrenzt. Das Kapitel wird abgeschlossen mit einem Überblick über Anwendungsfelder der Mediation, nicht nur mit Wirtschaftsbezug.

---

[1] Aus Gründen der einfacheren Lesbarkeit werden im laufenden Text männliche Bezeichnungen verwendet, die selbstverständlich die weiblichen Bezeichnungen mit einschließen sollen.

[2] Vgl. hierzu Schenkel, 2008, http://www.frankfurtmain.ihk.de/branchen/wirtschaftsberatung/personalberatung/fachbeitraege/versteckte-kosten/ zuletzt aufgerufen am 01.10.2014.

[3] Vgl. Ponschab/Schweizer, 2006a, S. 53.

[4] Vgl. Galli-Widmer, 2009, S. 1258. In Amerika ist Wirtschaftsmediation seit Ende der 1980er Jahren etabliert und gehört bereits zum Wirtschaftsalltag. Vgl. Yarn, 2009, S.1261 ff.

[5] Vgl. Duve/Eidenmüller/Hacke, 2011, S. 72 f.

[6] Ergänzung der Verfasserin.

[7] Schwartz, Hansjörg, 2012, S. 20.

1.1 Definitionen

1.1.1 Sozialer Konflikt

Im Rahmen von Wirtschaftsmediationen haben es Mediatoren mit Menschen und daraus resultierend mit sozialen Konflikten zu tun. Soziale Konflikte werden in der Literatur in einer großen Bandbreite definiert. Im Folgenden soll die Definition von Friedrich Glasl als Grundlage dienen:[8]

„Ein sozialer Konflikt ist eine Interaktion

- zwischen (mindestens[9]) zwei Akteuren (Individuen, Gruppen, Organisationen usw.),
- wobei wenigstens ein Akteur
- eine Differenz bzw. Unvereinbarkeiten
  - im Wahrnehmen
  - und im Denken bzw. Vorstellen
  - und im Fühlen
  - und im Wollen
- mit dem anderen Akteur (den anderen Akteuren) in der Art erlebt,
- dass beim Verwirklichen dessen, was der Akteur denkt, fühlt oder will eine Beeinträchtigung
- durch einen anderen Akteur (die anderen Akteure) erfolge."

Bei der Interaktion handelt es sich um ein wechselseitig aufeinander bezogenes Kommunizieren oder Handeln, bei dem es ausreichend ist, wenn nur einer der Konfliktparteien die Situation als Konflikt erlebt.[10] Wichtig für das Bestehen eines sozialen Konfliktes ist allerdings, dass alle o. g. Merkmale insgesamt zutreffen müssen. In Konflikten, die mittels Mediation bearbeitet werden, ist das der Fall.

1.1.2 Mediation

Der Gesetzgeber hat mit dem § 1 MediationsG die Begriffsbestimmungen festgelegt. Demnach wird Mediation in Abs. 1 wie folgt definiert:

> Mediation ist ein vertrauliches und strukturiertes Verfahren, bei dem die Parteien mithilfe eines oder mehrerer Mediatoren freiwillig und eigenverantwortlich eine einvernehmliche Beilegung ihres Konfliktes anstreben.

---

[8] Vgl. Glasl, 2004, S. 17. In dem Zitat wurde das österreichische Wort „Aktor" wurde durch das deutsche Wort „Akteur" ersetzt.

[9] Ergänzung der Verfasserin.

[10] Vgl. Glasl, 2004, S. 17.

Der Begriff Mediation leitet sich von dem lateinischen Adjektiv medius ab.[11] Medius bedeutet übersetzt, zwischen zwei Ansichten oder Parteien die Mitte halten, einen Mittelweg einschlagen, sich neutral verhalten. Mediation kann auch einfach als „Vermittlung" übersetzt werden.

1.1.3 Mediator

In § 1 Abs. (2) MediationsG wird der Begriff des Mediators definiert.

> Ein Mediator ist eine unabhängige und neutrale Person ohne Entscheidungsbefugnis, die die Parteien durch die Mediation führt.

Nach § 5 Abs. (2) MediationsG werden zukünftig „Mediatoren" von „zertifizierten Mediatoren" unterschieden. Demnach darf sich als **zertifizierter Mediator** nur bezeichnen, **wer eine Ausbildung zum Mediator abgeschlossen hat, die den Anforderungen der Rechtsverordnung nach § 6 MediationsG entspricht.**[12]

Der Mediator ist der Verfahrensgestalter. Er ist nicht Entscheidungsberechtigter. Er ist verantwortlich für den Verfahrensablauf, die eingesetzten Methoden und Techniken, nicht aber für die Themen und Lösungen. Diese werden von den Konfliktbeteiligten eingebracht und entwickelt. Der Mediator begleitet die Mediationsteilnehmer durch das Mediationsverfahren und sorgt für eine gute Kommunikationsbasis.

1.1.4 Wirtschaftsmediation

In der engeren Definition wird eine Mediation im Kontext der Wirtschaft als Wirtschaftsmediation bezeichnet. Darunter versteht man sowohl die im **innerbetrieblichen Bereich** durchgeführten Mediationen, als auch die **zwischen Geschäftspartnern** durchgeführten Mediationen.[13]

Im weiteren Sinne werden zu den Wirtschaftsmediationen auch Mediationen in und zwischen allen anderen Organisationen der Arbeitswelt gezählt. Darunter sind z. B. auch Non-Profit-Organisationen, wie Krankenhäuser, Stadtverwaltungen, Stiftungen etc. zu

---

[11] Vgl. hierzu und im Folgenden: Flechsig/Ponschab/Schweizer, 2008, S. 24.

[12] Die Ausbildungsinhalte in diesem Buch umfassen die Inhalte, die der Rechtsausschuss des Bundestages in seiner Beschlussempfehlung für das Mediationsgesetz für die künftige Rechtsverordnung „Zertifizierter Mediator" nach § 5 Abs. 2 Mediationsgesetz festgehalten hatte. Vgl. Beschlussempfehlung und Bericht, 2011, S. 19 f. In dem mittlerweile vorliegenden Verordnungsentwurf über die Aus- und Fortbildung von zertifizierten Mediatoren vom 31.01.2014 wurden diese Inhalte übernommen.

[13] Vgl. Horstmeier, 2013, S. 12 f.

verstehen. Im Folgenden soll jedoch mit der engeren begrifflichen Definition weitergearbeitet werden.

Innerbetriebliche Wirtschaftsmediationen können zwischen

- Mitarbeitern untereinander
- in oder zwischen Teams oder Abteilungen
- Arbeitgebern und Arbeitnehmern
- Vorgesetzten und Mitarbeitern
- Geschäftsleitung und Betriebsrat
- Geschäftsführern, Gesellschaftern oder Eigentümern

durchgeführt werden.

Im Folgenden soll in diesen Fällen auch von **interner Wirtschaftsmediation** gesprochen werden.

Bei **Wirtschaftsmediationen zwischen Geschäftspartnern** spricht man auch der Einfachheit halber von **zwischenbetrieblichen Wirtschaftsmediationen**. Hiermit sind **nicht nur Mediationen zwischen zwei Unternehmen** gemeint, wie z. B. zwischen einem Unternehmen und z. B. einem

- Hersteller
- Zulieferer
- Handwerker
- Händler u. s. w.,

sondern auch Mediationen zwischen einem Unternehmen und z. B.

- einer Behörde,
- einer Bürgerinitiative
- einem Kunden etc.

Im Folgenden soll in diesen Fällen ebenfalls von **zwischenbetrieblicher bzw. externer Wirtschaftsmediation** gesprochen werden.

Konflikte innerhalb des Unternehmens (im Folgenden auch interne oder innerbetriebliche Konflikte genannt) und Konflikte zwischen Unternehmen (externe oder zwischenbetriebliche Konflikte) weisen **signifikante Unterschiede** auf.[14] Die Ursachen von zwischenbetrieblichen Konflikten sind in den meisten Fällen **Rechtsfragen**, die im Verlauf des Konfliktes aber auch emotionale Aspekte und somit die Beziehungsebene der Streitparteien umfassen können. Persönliche Beziehungen spielen jedoch oftmals keine tragende Hauptrolle, da die betroffenen Parteien nur selten ständigen Kontakt haben. Bei innerbetrieblichen Konflikten hingegen sind neben den **Sachkonflikten, i. d. R. auch im-**

[14] Vgl. hierzu und im Folgenden: Ponschab/Dendorfer, 2009, S. 592.

mer Störungen auf der Beziehungsebene vorhanden, die zu negativen Emotionen und zu großen Kommunikationsproblemen führen. Wollen die betroffenen Konfliktparteien zukünftig konstruktiv zusammenarbeiten, so sind sie auf eine kooperative Konfliktlösung angewiesen. Eine Besonderheit sind Konflikte zwischen verbundenen Konzernunternehmen, die sowohl einen „innerbetrieblichen als auch einen zwischenbetrieblichen“ Aspekt in sich vereinigen.

Die Unterschiede von innerbetrieblichen und zwischenbetrieblichen Konflikten sind bei der Planung und Durchführung von Wirtschaftsmediationen zu beachten. Im Folgenden wird auf die Unterschiede in den jeweiligen Kapiteln eingegangen.

1.1.5 Ziele der Wirtschaftmediation

Im Mediationsgesetz ist nichts über die **Ziele der (Wirtschafts-)Mediation festgehalten**. (Vgl. ausführlich Kap. 8.3.) Der Leitgedanke der Mediation geht über die einvernehmliche und eigenständige Lösung des Sachkonfliktes hinaus. Ziel ist es i. d. R. eine **nachhaltige Lösung des Konfliktes** zu erreichen. Dies geht oft nur, wenn auch auf der (Geschäfts-) Beziehungsebene an Lösungen für den Konflikt gearbeitet wird.

Die **Ziele**[15] **der jeweiligen Wirtschaftsmediation** orientieren sich jedoch in erster Linie an den **Wünschen der Mediationsteilnehmer,** die der Mediator im Vorfeld zu klären hat.

Bei externen Wirtschaftsmediationen kann es durchaus sein, dass die Beteiligten nur eine schnelle kostengünstige und einvernehmliche Lösung wünschen und an einer weiteren Zusammenarbeit oder Stärkung der Geschäftsbeziehung nicht interessiert sind, weil keine dauerhafte Abhängigkeitsbeziehung zwischen Betroffenen besteht.

Bei internen Wirtschaftsmediationen sollte im Interesse einer zukünftig besseren Zusammenarbeit der Betroffenen immer auch die Stärkung der Beziehungsebene im Fokus stehen. Sollte der Auftraggeber (z. B. die Personalabteilung eines Unternehmens) nur das Ziel verfolgen, möglichst schnell zu einer Lösung des Sachkonfliktes zu kommen, sollte der Mediator auf die Gefahr einer nur sachbezogenen Einigung hinweisen. Denn solange die Beziehungsebene von Beteiligten interner Konflikte nicht verbessert wurde, ist die Wahrscheinlichkeit sehr groß, dass nach Beendigung des einen Sachkonfliktes, schnell neue Sachkonflikte folgen.

[15] Einen Überblick über weitere grundlegende Ziele der Mediation sind zu finden bei Breidenbach, 1995, S. 119–136.

1.2 Grundlagen der Mediation

1.2.1 Die Grundprinzipien der Mediation

Eine Mediation kann nur erfolgreich ausgeführt werden, wenn die **fünf Grundprinzipien (auch Grundsätze oder Verfahrensgrundsätze genannt)** der Mediation beachtet werden.[16] Die Grundprinzipien werden im Mediationsvertrag festgehalten. Zu den Prinzipien aller Mediationen zählen

- die **Vertraulichkeit** zwischen den Beteiligten
- die **Allparteilichkeit** des neutralen Mediators
- die vollständige **Informiertheit** der Beteiligten über relevante Sachverhalte
- die **Freiwilligkeit** der Teilnahme
- und die **Eigenverantwortlichkeit** der Konfliktparteien.

Es handelt sich hierbei um die „tragenden Grundsätze"[17] der Mediation, die auch in den §§ 1 und 2 MediationsG bestätigt werden. Diese Grundsätze müssen sich auch bei der Planung der unterschiedlichen Mediationsgestaltungsformen wiederfinden. Die allgemein gültigen Grundsätze für Mediationen werden im Rahmen von **innerbetrieblichen Mediationen** durch folgende **spezielle Verfahrensgrundsätze ergänzt:**

- **Ergebnisoffenheit**
- **Sanktionsfreiheit**

Diese Grundsätze sollen nun erläutert werden:

- **Der Grundsatz der Vertraulichkeit**

Der **Grundsatz der Vertraulichkeit** ist explizit in § 4 MediationsG geregelt. Er besagt, dass der **Mediator und alle anderen an der Durchführung der Mediation eingebunden Personen** die **Pflicht zur Vertraulichkeit bzw. Zeugnisverweigerung** haben, und zwar über alle erlangten Informationen in Zivil- oder Handelssachen, die sich aus der Mediation ergeben haben.[18] Die Pflicht zur Verschwiegenheit umfasst sämtliche Informationen, die der **Mediator und seine Hilfspersonen** erlangt haben und bezieht sich auch auf die Informationen im Rahmen von eventuell geführten Einzelgesprächen mit den jeweiligen Konfliktparteien. Bei einer Co-Mediation (mit mehreren Mediatoren durchgeführte Mediation) sollten die Mediationsteilnehmer (auch Medianden[19] genannt) darauf hingewie-

---

[16] Vgl. hierzu und im Folgenden: Horstmeier, 2013, S. 33 ff.

[17] Horstmeier, 2013, S. 33.

[18] Vgl. hierzu und im Folgenden: Horstmeier, 2013, S. 34 f.

[19] Als Medianden/Medianten werden die an der Mediation beteiligten Konfliktparteien bezeichnet. In der Literatur ist die Schreibweise nicht einheitlich geregelt. Die hier verwendete Form Mediand mit „d" am Ende geht von der Erklärung über den lateinischen Wortstamm aus.

sen werden, dass bei Einzelgesprächen die jeweiligen Mediatoren ihre Informationen an den jeweils anderen Mediator weitergeben können, um einen günstigen Verfahrensablauf zu gewährleisten.[20] Die beteiligten **Konfliktparteien** sind bedauerlicherweise **gesetzlich nicht gegenseitig zur Vertraulichkeit verpflichtet**.

Der Erfolg einer Mediation hängt im Wesentlichen davon ab, ob die betroffenen Konfliktbeteiligten **Vertrauen aufbauen** können. Vertrauen ist die wesentliche Komponente um eine **offene Kommunikation** über vorhandene **Interessen** der Konfliktparteien führen zu können.[21] Ohne eine offene Kommunikation wird eine erfolgreiche Mediation nur schwerlich zu erreichen sein. Ohne eine Verpflichtung zur Vertraulichkeit müssten die betroffenen Parteien fürchten, dass die **offengelegten Informationen** von der jeweils anderen Partei zu eigenen Zwecken genutzt und z. B. bei einem Scheitern der Mediation in einem gerichtlichen Verfahren, zum eigenen Nachteil eingesetzt oder öffentlich gemacht werden könnten. Eine von den Mediationsteilnehmern gegenseitig und schriftlich zugesicherte Vertraulichkeit der Informationen schafft einen sicheren Gesprächsrahmen, der eine offene Kommunikation bewirkt. Erst ein offenes und vertrauliches Verhandlungsklima ermöglicht, die dem Konflikt zugrundeliegenden Interessen der Konfliktparteien zu ermitteln, die die Grundlage für wertschöpfende zukünftige Lösungen sind.

Aus den o. g. Gründen muss die Vertraulichkeit der Mediation zwingend durch eine **privatrechtliche Vertraulichkeitsabrede** gewährleistet werden, die im vorher zu schließenden Mediationsvertrag mit aufgenommen werden muss.[22] Dies ist bei Wirtschaftsmediationen mit Rechtsbezug von Bedeutung, weil die Beteiligten oder die Unternehmensvertreter in einem Prozess als Zeugen geladen werden könnten und vertrauliche Informationen veröffentlichen könnten.

Für den besonderen **Fall eines Strafverfahrens** nach dem Scheitern einer Mediation ist das Zeugnisverweigerungsrecht des Mediators nur auf spezielle Berufsgeheimnisträger gem. § 53 StPO, wie z. B. Rechtsanwälte, Steuerberater beschränkt.[23] Mit der Einführung des Mediationsgesetzes wäre eine Ergänzung des § 53 StPO sinnvoll gewesen. Ein Zeugnisverweigerungsrecht für alle anderen Mediatoren kann zudem nicht vertragsrechtlich begründet werden. Insofern kommt es zu einer Schlechterstellung von Mediatoren aus anderen Berufsgruppen, wie z. B. Sozialpädagogen oder Betriebswirte, die in einem solchen Falle eine gerichtliche Grundsatzentscheidung herbeiführen müssten. Für Mediatoren, die nicht nach § 53 StPO Berufsgeheimnisträger sind, wäre es für einen solchen Fall trotzdem ratsam, eine privatrechtliche Klausel mit aufzunehmen, die dann schlechtesten Falles rechtsunwirksam ist.

Das Mediationsgesetz regelt im § 4 MediationsG die **drei Ausnahmen der Vertraulichkeit.** So darf erstens der Inhalt des Mediationsvertrages offengelegt werden, wenn es zur Umsetzung oder zur Vollstreckung dieser Vereinbarung notwendig ist. Ein Notar kann z. B. den in der Mediation erstellten Vertrag durch Beurkundung vollstreckbar machen.

[20] Vgl. Horstmeier, 2013, S. 34.

[21] Vgl. hierzu und im Folgenden: Hartmann, 2009, S. 1088.

[22] Vgl. Horstmeier, 2013, S. 38 f.

[23] Vgl. hierzu und im Folgenden: Horstmeier, 2013, S. 39 f.

Zweitens ist die Offenlegung aus vorrangigen Gründen der öffentlichen Ordnung (ordre public) geboten, insbesondere um eine Kindeswohlgefährdung oder eine schwerwiegende Beeinträchtigung der physischen und psychischen Integrität einer Person abzuwenden. Drittens gilt die Verschwiegenheitspflicht nicht, wenn es sich um Tatsachen handelt, die offenkundig sind oder ihrer Bedeutung nach keiner Geheimhaltung bedürfen. Als „offenkundige" bzw. „nicht geheimhaltungsbedürftige Tatsachen" werden Informationen bezeichnet, die auch außerhalb der Mediation erlangt werden können,[24] z. B. aus der Zeitung oder dem Internet. Ob eine Tatsache „ihrer Bedeutung nach" geheimhaltungswürdig ist, muss der Mediator einzelfallabhängig entscheiden. Darüber hinaus können die Parteien den Mediator auch von seiner Verpflichtung zur Vertraulichkeit entbinden.

Im Rahmen einer Mediation hat der **Mediator die Verpflichtung über den Umfang seiner Verschwiegenheitspflicht zu informieren.**

- **Die Allparteilichkeit/Neutralität des Mediators**

Die Allparteilichkeit bzw. Neutralität umfasst zwei Komponenten. Der Mediator muss allen Konfliktparteien **gleichsam zugewandt** und eine **indifferente Haltung** gegenüber den Parteiinteressen hinsichtlich des Streitgegenstandes haben. Darüber hinaus muss er von den Parteien **persönlich unabhängig** sein, das heißt er darf keine zu starke Beziehung zu einer der Parteien haben und muss darüber hinaus finanziell unabhängig sein.[25]

Die Neutralität des Mediators kann durch die Auswahl der Konfliktparteien sichergestellt werden, indem sie sich gemeinsam für einen Mediator ihrer Wahl entscheiden.[26] Sollte nur eine Partei den Mediator als nicht neutral einschätzen, so ist ein anderer Mediator zu wählen.

Der Mediator hat auch die Pflicht, Umstände, die in seiner Person oder Tätigkeit begründet sein können, offenzulegen, wenn sie die Neutralität oder Unabhängigkeit des Mediators beeinflussen könnten. Offenbarungspflichten bzw. Tätigkeitsbeschränkungen sind im § 3 MediationsG niedergelegt. So hat der Mediator nach § 3 Abs. 1 MediationsG konkrete Umstände zu benennen, die seinerseits zu einem Interessenkonflikt führen könnten. **Dann sollte er das Verfahren nicht durchführen.** Beispiele für Ausschlussgründe einer Mediation sind:[27]

- Verwandtschaft zwischen Mediator und einer Partei
- Persönliche Beziehung zu einer der Parteien
- Eigenes Interesse am Ausgang des Verfahrens
- Interessenvertretung in der Konfliktsache
- Bereits öffentlich vertretene Meinung zu einem konfliktrelevanten Themenbereich

---

[24] Vgl. Horstmeier, 2013, S. 40.

[25] Vgl. Kracht, 2009, S. 272 f.

[26] Vgl. hierzu und im Folgenden: Kracht, 2009, S. 273 f.

[27] Vgl. Kracht, 2009, S. 275 ff.

Eine Tätigkeit als Mediator ist aber dennoch möglich, wenn die Parteien in Kenntnis der Umstände einer Aufnahme der Tätigkeit dennoch zustimmen und der Mediator Allparteilichkeit/Neutralität gewährleisten kann.

Als Ausschlussgründe für eine neutrale Tätigkeit gelten laut Mediationsgesetz gem. § 3 Abs. 2 MediationsG die Vorbefassung z. B. eines **Rechtsanwaltes in derselben** Sache. Nach erfolgter interessenorientierter Beratung hinsichtlich der Parteiinteressen ist eine Tätigkeit als Mediator nicht mehr zulässig. Eine Anfrage zur Darstellung verschiedener Konfliktlösungsmöglichkeiten in dem auch die Möglichkeit der Mediation erläutert wird, stellt noch keine parteiliche Beratung dar.[28] Auch ein zuvor durchgeführtes Konfliktcoaching in derselben Sache durch einen Mediator könnte als ein tätig werden für eine Partei ausgelegt werden. Aus diesem Grunde sollten auch Nichtrechtsanwälte bei einer beratenden Tätigkeit eine Vorbefassung überprüfen. Der Mediator darf auch nicht während oder nach der Mediation für eine Partei in derselben Sache tätig werden. Dies gilt auch für Personen, die in der Bürogemeinschaft tätig sind, jedoch nicht den direkten Kontakt in der Beratung hatten. Letztere dürfen gem. § 3 Abs. 4 MediationsG die Mediation dennoch ausführen, wenn die Betroffenen umfassend über den Sachverhalt informiert wurden und Belange der Rechtspflege dem nicht entgegenstehen. Im Umkehrschluss schließt eine Vorbefassung in **anderer Sache** eine Mediation jedoch nicht zwingend aus.

Die Neutralität könnte auch **während eines laufenden Mediationsverfahrens** gestört werden, wenn sich z. B. herausstellen würde, dass eine Partei im Verfahren gelogen hat und der Mediator nun kein Vertrauen mehr zu dieser Partei aufbauen kann oder der Mediator im Laufe des Verfahrens trotz eingehender Reflexion eine Aversion gegen eine Partei entwickelt hat. Hier sollte der Mediator die Gründe benennen und die Mediation beenden.[29]

Eine persönliche Grenze hat der Grundsatz der Neutralität – diese Grenze liegt im persönlichen Gerechtigkeitsempfinden des Mediators. Wenn der Mediator eine rechtlich mögliche Regelung zur Streitbeendigung festhalten soll, die aber eine Partei unredlich schlechter stellen würde und er diese Regelung nicht mehr mit seinem Gewissen vereinbaren kann, sollte er sich auf den Grundsatz der Neutralität berufen und in Anlehnung an das Notariatsrecht seine weitere Tätigkeit verweigern und das Verfahren von sich aus beenden.[30]

- **Der Grundsatz der Informiertheit**

Der Grundsatz der Informiertheit besagt, dass alle Parteien über die **entscheidungserheblichen Sachverhalte** und bei rechtserheblichen Tatbeständen auch über die **Rechtslage umfassend informiert sein** müssen, um so die Akzeptanz der Ergebnisse für die Zukunft

[28] Vgl. Horstmeier, 2013, S. 172.

[29] Vgl. Kracht, 2009, S. 278 f.

[30] Vgl. Kracht, 2009, S. 278.

zu gewährleisten.[31] Dieser Grundsatz findet sich wieder in § 2 Abs. 3 und § 2 Abs. 6 Satz 1 MediationsG.[32]

Der Grundsatz der Informiertheit beinhaltet die Weitergabe **aller** Informationen durch die Medianden, die für die Konfliktlösung von Relevanz sind. Die Aufgabe des Mediators ist es hierbei den Informationsfluss aufrechtzuerhalten und fehlende Informationen einzufordern.[33] Bei den Informationen handelt es sich nicht ausschließlich um Informationen zu Anspruchsgrundlagen, die bei der juristischen Klärung relevant sind. In einer Mediation dürfen und sollen **alle** Informationen weitergegeben werden**, die für die Betroffenen für die Konfliktklärung wichtig sind**. Die meisten innerbetrieblichen Konflikte haben zudem i. d. R. keinen Rechtsbezug. Dieser kommt oftmals erst bei höher eskalierten Konflikten zum Tragen, wenn z. B. aus Sachkonflikten Konflikte mit arbeitsrechtlichem Bezug werden. Liegt jedoch eine rechtliche Relevanz vor, so sollten sich die Parteien durch externe Fachberater gem. § 2 Abs. 6 Satz 2 MediationsG über die rechtliche Situation beraten lassen.

Um **Kollisionen mit dem Neutralitätsgrundsatz** zu vermeiden muss der Mediator, sofern er z. B. als Rechtsanwalt fallbezogenes Fachwissen weitergibt, dieses aus den verschiedenen Perspektiven der Parteien zur Verfügung stellen.[34] Würde nur eine Sichtweise dargestellt, wird die jeweils nicht berücksichtigte Partei den Mediator als parteilich empfinden. Zum Konflikt zwischen dem Vertraulichkeitsgrundsatz und dem Informiertheitserfordernis kommt es, wenn eine Partei eine Information im Rahmen eines zuvor vereinbarten **Einzelgespräches** (vgl. § 2 Abs. 3 Satz 3 MediationsG) mit der Bitte um Verschwiegenheit weitergibt. Dann hat die Vertraulichkeit Vorrang. Ist die erlangte Information ein **entscheidungsrelevanter Sachverhalt**, so muss der Mediator von der offenbarenden Partei erfragen, inwieweit er von der Vertraulichkeitsverpflichtung entbunden werden kann.

In Mediationsverfahren sollte daher sorgfältig überlegt werden, ob von der Möglichkeit von Einzelgesprächen während der Mediation Gebrauch gemacht werden sollte. In innerbetrieblichen Mediationen ist davon eher abzuraten. In zwischenbetrieblichen Mediationen können Einzelgespräche, je nach Fallkonstellation, sinnvoll sein.

- **Der Grundsatz der Freiwilligkeit**

Der Grundsatz der Freiwilligkeit besagt, dass die betroffenen Konfliktparteien sich frei dafür entscheiden, an dem Verfahren teilzunehmen.[35] Es darf kein Zwang zur Teilnahme bestehen oder ausgeübt werden.[36] Das Freiwilligkeitsprinzip wird dadurch unterstützt,

[31] Vgl. Kracht, 2009, S. 287.

[32] Vgl. Horstmeier, 2013, S. 45.

[33] Vgl. Kracht, 2009, S. 288.

[34] Vgl. hierzu und im Folgenden: Horstmeier, 2012, S. 45.

[35] Vgl. Kracht, 2009, S. 284.

[36] Vgl. Horstmeier, 2013, S. 46

dass die betroffenen Konfliktparteien die Möglichkeit haben, jederzeit die Mediation beenden zu dürfen. (§ 2 Abs. 5 Satz 1 MediationsG)

- **Der Grundsatz der Eigenverantwortlichkeit**

Das Prinzip der Eigenverantwortlichkeit (Selbstverantwortlichkeit) hat gemäß § 1 Abs. 1 MediationsG die selbstbestimmte Konfliktlösung zum Ziel.[37] Die Betroffenen sollen **selbst** die Lösung für das zugrunde liegende Problem erarbeiten und tragen dann auch die Verantwortung dafür.[38] Der Mediator unterstützt die Konfliktbeteiligten bei der Kommunikation und bei der Durchführung des Verfahrens. Er hilft ihnen mit geeigneten Methoden und Techniken, um zu einer geeigneten Lösung zu kommen. Durch die eigenverantwortliche Lösung **identifizieren** sich die Betroffenen besser mit dem Ergebnis als mit einer fremdbestimmten Entscheidung, wie z. B. durch einen Richter. Die selbstverantwortlich gefundene Lösung ist besonders nachhaltig, weil die Betroffenen erstens ihre eigenen Fairness- und Gerechtigkeitskriterien anwenden dürfen, zweitens die Lösung nicht als aufgezwungen erleben und drittens sie dadurch motiviert sind, die Vereinbarung auch einzuhalten.[39]

Für den Mediator stellt sich in diesem Zusammenhang die Frage in welcher **Rolle er als Mediator tätig** sein möchte. Es wird differenziert zwischen dem **aktiven** und dem **passiven Mediator**.[40] Als **passiver Mediator** sieht er sich nur als Kommunikator und Verfahrensgestalter ohne Verantwortung für das Mediationsergebnis. Mit dem Hinweis das Mediationsergebnis durch externe Fachberater überprüfen zu lassen und ggf. optimiert nochmals anzupassen, kommt der Mediator so nicht in Konflikt mit dem Grundsatz der Selbstverantwortlichkeit. Als **aktiver Mediator** jedoch achtet der Mediator auch darauf, dass ein haltbares Ergebnis erzielt wird, darüber hinaus bringt er auch Lösungsvorschläge mit ein,[41] wenn die Betroffenen, trotz Anwendung verschiedener Kreativitätstechniken keine tragfähigen Lösungen finden sollten. Um dann den Grundsatz der Selbstverantwortlichkeit nicht zu gefährden, sollte der Mediator immer mindestens drei Lösungsmöglichkeiten präsentieren, damit die Parteien eine Wahlmöglichkeit haben und selbstverantwortlich entscheiden können. Bei rechtlich relevanten Lösungsvorschlägen müssen nichtanwaltliche aktive Mediatoren die Grenzen des Rechtsdienstleistungsgesetzes (siehe Kap. 6.3.) beachten. Die Selbstverantwortung bleibt aber auch bei einer aktiven Mediation bei den Medianden, weil sie zu Beginn sich über die Rolle des Mediators und über die Verfahrensregeln einigen sowie während des Verfahrens die Möglichkeit haben, Lösungsvorschläge abzulehnen, andere Alternativen vorzuschlagen oder die Mediation zu beenden.[42]

[37] Vgl. Horstmeier, 2013, S. 47.

[38] Vgl. Horstmeier, 2013, S. 47.

[39] Vgl. Montada/Kals, 2013, S. 68.

[40] Vgl. hierzu und im Folgenden: Kracht, 2009, S. 286.

[41] Vgl. Horstmeier, 2013, S. 48.

[42] Vgl. Horstmeier, 2013, S. 49.

Zum Grundsatz der Eigenverantwortlichkeit zählt auch die Notwendigkeit, dass die Konfliktparteien **persönlich an den Mediationssitzungen teilnehmen**, für sich selbst sprechen und sich nicht durch Dritte vertreten lassen.[43] Aus diesem Grunde dürfen Dritte nur in allseitigem Einvernehmen an dem Verfahren teilnehmen. So ist bei zwischenbetrieblichen Mediationen durchaus der Fall, dass die Parteien beratende Anwälte oder Gutachter in die Mediation mit einbeziehen wollen. Dies ist jedoch nur möglich, wenn gem. § 2 Abs. 4 Mediationsgesetz alle Parteien diesem zustimmen.

Die o. g. allgemein gültigen Grundsätze für Mediationen werden im Rahmen von **innerbetrieblichen Mediationen** durch folgende **spezielle Verfahrensgrundsätze ergänzt:**

- **Ergebnisoffenheit**
- **Sanktionsfreiheit**

- **Der Grundsatz der Ergebnisoffenheit**

Die **Ergebnisoffenheit des Lösungsraumes** stellt sicher, dass nicht ein schon vorher bestimmtes Mediationsergebnis zielgerichtet mediiert werden darf, sonst käme es einer Durchsetzung gleich.[44] Allerdings kann die Ergebnisoffenheit durch betrieblich bedingte Rahmenbedingungen eingeschränkt werden. Dies ist aufgrund der beschränkten betrieblichen Ressourcen oftmals notwendig. Der Mediator muss z. B. vor Beginn einer Mitarbeitermediation im Gespräch mit dem Vorgesetzten den Korridor für den Lösungsraum abstecken. Ohne diese Vorgabe könnte eine erfolgreich durchgeführte Mediation im Nachhinein scheitern, wenn z. B. der Vorgesetzte die von den Mitarbeitern gefundenen Lösungen nicht mitträgt.

- **Der Grundsatz der Sanktionsfreiheit**

Die **Sanktionsfreiheit von Fehlern** muss ein zwingender Vertragsbestandteil des Mediationsvertrages von innerbetrieblichen Mediationen sein. Ein Fehlverhalten einer Person, das im Rahmen der Mediation aufgedeckt werden könnte, darf nicht geahndet werden,[45] weil die Beteiligten eine Schlechterstellung im Unternehmen oder gar den Verlust des Arbeitsplatzes fürchten könnten. Haben die Betroffenen Angst vor arbeitsrechtlichen Konsequenzen, die nach Abschuss einer Mediation folgen könnten, so kann eine vertrauensvolle Kommunikation während der Mediation **gar nicht aufgebaut** werden, weil relevante Informationen aus Furcht vor negativen persönlichen Konsequenzen, erst gar nicht zur Verfügung gestellt werden. Nur eine vertrauensvolle Kommunikation erlaubt aber wertschöpfende Lösungen und eine erfolgreich verlaufende Mediation. Daher müs-

[43] Vgl. Horstmeier, 2013, S. 48.

[44] Vgl. Budde, 2006a, S. 87.

[45] Vgl. Budde, 2006a, S. 87; vgl. auch Vogt, 2010, S. 270.

sen Fehler ausdrücklich seitens der Führungsebene akzeptiert werden.[46] Eine Sanktion von Fehlern, die im Rahmen der Mediation aufgedeckt werden, muss daher zwingend vertraglich ausgeschlossen werden.

Die Grundprinzipien beeinflussen sich gegenseitig und können sich gegenseitig beschränken. Sie sind nicht immer absolut umsetzbar. So ist der Grundsatz der Neutralität eingeschränkt, wenn im Rahmen innerbetrieblicher Mediationen z. B. im Rahmen eines internen Konfliktmanagement-Systems (vgl. Kap. 9.3.) nur eine bestimmte Anzahl an Mediatoren zur Verfügung stehen und die Medianden aufgrund finanzieller Rahmenbedingungen des Unternehmens nicht einen externen Mediator wählen dürfen. Gemäß § 2 Abs. 2 Mediationsgesetz überzeugt sich der Mediator zu Beginn der Mediation davon, dass alle Medianden die Grundsätze verstanden haben. Dies geschieht i. d. R. bei der Besprechung des Mediationsvertrages. (Vgl. Kap. 5.2.1. und 6.1.1.)

1.2.2 Überblick über den Verfahrensablauf und Phasen der Mediation sowie über die Kommunikations- und Arbeitstechniken

Die Frage nach der Anzahl der Phasen und Prozessschritte einer Mediation wird in der Literatur unterschiedlich beantwortet, der Ablauf ist jedoch bei allen Modellen sehr ähnlich.[47]

Das **Mediationsverfahren im weiteren Sinne** kann grundsätzlich in drei Phasen eingeteilt werden (siehe Abb. 1.1) und zwar in die **Vorbereitungsphase**, die eigentliche **Mediation im engeren Sinne** und die **Umsetzungsphase**. In der Vorbereitungsphase werden

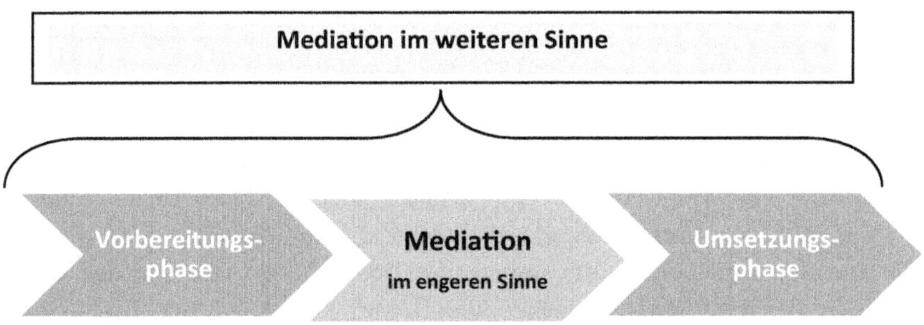

Abb. 1.1 Ablauf einer Wirtschaftsmediation in drei Phasen. (Quelle: eigene Darstellung)

[46] Der Total-Quality-Management-Ansatz der Japaner mit brillanten Arbeitsergebnissen macht sich die Akzeptanz von Fehlern sogar zum Prinzip. Erkannte Fehler werden nicht geahndet. Aufgezeigte Fehler werden weitergegeben und verhindern, dass gleiche Fehler sich an anderer Stelle wiederholen und so unnötig Kosten verursachen. Vgl. Ishikawa, 1989, S. 86–96.

[47] Vgl. hierzu Kessen/Troja, 2009, S. 295–299; vgl. Duve/Eidenmüller/Hacke, 2011, S. 77–86 oder vgl. Montada/Kals, 2013, S. 247–310.

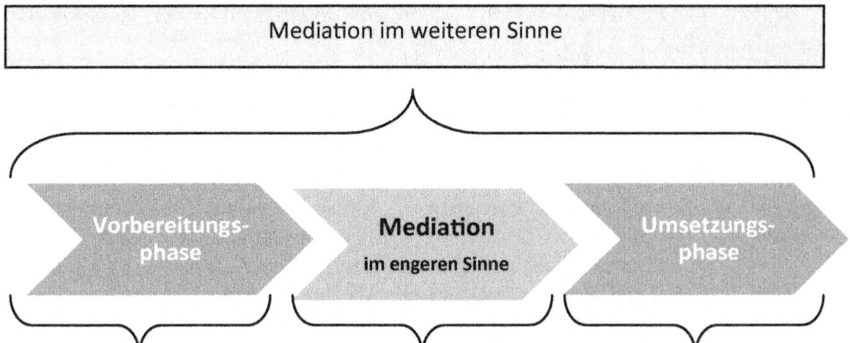

Verfahrensschritte:	Verfahrensschritte:	Verfahrensschritte:
1. Kontaktherstellung zu den Konfliktparteien	**1. Einleitung, Mediationsvertrag und Regeln**	**1. Durchführung der Vereinbarung durch die Betroffenen**
2. Konfliktanalyse	**2. Informations- und Themensammlung sowie Rangfolgebildung**	**2. Überprüfung der Umsetzung und ggf. Folgetermin**
3. Setting klären	**3. Interessenklärung bzw. Klärung der Anliegen**	**3. Evaluierung und Reflexion durch den Mediator**
	4. Kreative Ideensuche /Optionen bilden	
	5. Bewertung und Auswahl der Optionen	
	6. Mediations- / Abschlussvereinbarung	

Abb. 1.2 Phasen und Verfahrensschritte der Mediation im weiteren und engeren Sinne. (Quelle: eigene Darstellung)

die Vorbereitungen für die Mediationsgespräche vollzogen. In der Mediationsphase werden die zentralen Prozessschritte der Mediation durchgeführt und in der Umsetzungsphase werden die Ergebnisse der Mediation umgesetzt und nach einem vereinbarten Zeitraum i. d. R. einer Überprüfung unterzogen.

Die einzelnen Phasen sind nochmals unterteilt in Verfahrensschritte, die in der Abb. 1.2 aufgelistet sind.

In Anlehnung an Hösl[48], sowie an Kessen/Troja[49] sollen im Folgenden für jede Phase und den dazugehörigen Prozessschritten in tabellarischer Form (siehe Tab. 1.1) die wichtigsten Punkte aufgelistet werden, um so einen Überblick über den Ablauf sowie die Techniken der Mediation zu erhalten.

---

[48] Vgl. Hösl, 2008, S. 159–162.

[49] Vgl. Kessen/Troja, 2009, S. 295–299.

Tab. 1.1 Die Phasen und Prozessschritte des Mediationsverfahrens. (Quelle: eigene Darstellung in Anlehnung an Hösl, 2008, S. 159–162 und Kessen/Troja, 2009, S. 295–299.)

Vorbereitungsphase			
Verfahrensschritt	Inhalte	Methoden/Techniken	Übergeordnete Ziele
1. Kontakt-herstellung zu den Konfliktparteien	- Konfliktinhalte von den Betroffenen kurz darstellen lassen - Information der Teilnehmer über das Verfahren Mediation - Erwartungen erfragen (Ziele/Rolle des Rechts/Rolle des Mediators) - Informationen zum Konfliktverständnis zusammenstellen (ggf. Verträge, Organigramme, Arbeitsplatz- oder Projektbeschreibungen etc. beschaffen) - Mediationsvertrag aushändigen	- Telefon- oder direkte Einzelgespräche - Fragetechniken - Schriftliche Vorabinformation	- Grundlagen für ein kooperatives Miteinander schaffen - Vertrauen aufbauen - Sorgfältige Planung und Vorstrukturierung
2. Konfliktanalyse	- Informationen aufberei-ten und Sachlage analysieren - Konflikteskalationsgrad ermitteln und Geeignetheit der Mediation prüfen - Hypothesen zur Mediation, Konfliktbeteiligten und eigenem Vorgehen bilden	- Analyse des Eskalationsgrades nach Glasl - Hypothesenbildung zu Beteiligten, zum Verfahrensablauf und zum Setting	
3. Setting festlegen	- Entwurf eines Verfahrensablaufes und angenehme Rahmenbedingungen schaffen: z. B. freundliche Räumlichkeiten, Ort, Zeit, Sitzord-nung, ggf. zeitliche Rahmenvorgaben - Zu beteiligende Teilnehmer/Gruppen mit Entscheidungsbefugnis ermitteln und auf Vollständigkeit achten - Evtl. Vortreffen der Mediationsrunde zur Klärung der Verfahrensorganisation (insbeson-dere bei vielen Parteien)	- Analyse der Daten - Bei zeitlichen Rahmenvorgaben Zeitmanagement - Mentale Vorbereitung einzelne Stufen Erklärung/Gestaltung	

Tab. 1.1 (Fortsetzung)

Mediation			
Verfahrensschritt	Inhalte	Methoden/Techniken	Übergeordnete Ziele
1. Einleitung, Mediations-vertrag und Regeln	- Begrüßung, Klärung des Ablaufes des Mediationsverfahrens und der wichtigsten Inhalte des Mediationsvertrages, d. h. - Ziel der Mediation - Rolle und Haltung des Mediators - Grundsätze des Mediationsverfahrens - Mediationsvertrag von allen Parteien und Mediator unter-zeichnen lassen - Gesprächsregeln/Umgangs-regeln festlegen oder aushandeln	- Vertrauen aufbauen mit dem Viererschritt - Darstellung	- Grundlagen für ein kooperatives Miteinander schaffen - Vertrauen aufbauen - Positive Grundstimmung ermöglichen
2. Informations- und Themen-sammlung sowie Rangfolgebildung „Worum geht es? Was soll geklärt werden?“	- Die Sichtweisen der Teil-nehmer klären - Positionen in relevante The-men umformulieren - Visualisierung der The-men im Dialog mit den Konfliktbeteiligten - Prioritätenliste der abzuarbeitenden Punkte beschließen	- Fragetechniken - Aktives Zuhören (paraphrasieren) - Nutzung der ersten drei Elemente der Gewaltfreien Kom-munikation nach Rosenberg zum angemesse-nen Umgang mit Emotionen - Normalisieren - Partialisieren - Visualisieren - Zusammenfassen …	- Zusammenfassen der Sichtweisen zu neutral formu-lierten Themen - Vollständiger Überblick über die zu klärenden The-men bekommen - Transparenz schaffen - Empowerment (Bekräftigung) - Recognition (Anerkennung)

Tab. 1.1 (Fortsetzung)

Mediation			
Verfahrensschritt	Inhalte	Methoden/Techniken	Übergeordnete Ziele
3. Interessenklärung bzw. Klärung der Anliegen „Was und warum ist den Beteiligten jeweils wichtig?"	- Interessen, Bedürfnisse, Ziele oder Motive hinter den Positionen erkennen und herausarbeiten - Manchmal werden Normen und Werte offengelegt, die den Konflikthintergrund bilden - Die Konfliktbeteiligten darin unterstützen, ihre eigenen Bedürfnisse und Interessen zu erkennen und zu artikulieren (Empowerment)… - … und die Bedürfnisse und Interessen der anderen anzuerkennen (Recognition) - Übereinstimmungen und Abweichungen verdeutlichen - Vollständigkeit der genannten Interessen überprüfen	- Fragetechniken - Aktives Zuhören (paraphrasieren) - Nutzung der ersten drei Elemente der Gewaltfreien Kommunikation nach Rosenberg zum angemessenen Umgang mit Emotionen - Normalisieren - Kooperativer Diskurs bei verletzt empfundenen Normen - Stehenlassen von negativen Interessen und Bedürfnissen - Reframing - Visualisieren - Zusammenfassen - Window I und Window II zum Perspektiv-wechsel (Die Fenster des Verstehens)	- Empowerment (Bekräftigung) - Recognition (Anerkennung) - Gegenseitiges Verstehen bzw. Verständnis ermöglichen - Negative Emotionen abbauen - Ermittelte Interessen/Bedürfnisse sind zentrale Grundlage für eine wertschöpfende Lösungssuche
4. Kreative Ideensuche/Optionen bilden „Welche denkbaren Lösungsmöglichkeiten gibt es?" „Wie können die verschiedenen Interessen, Anliegen und Bedürfnisse in Bezug auf das diskutierte Thema zum Vorteil für alle Beteiligten bestmöglich verwirklicht werden?"	- Sammlung von Ideen (Optionen) auf der Grundlage der Interessen/Bedürfnisse - Erweiterung des Verhandlungsspielraumes durch Vergrößerung der Verhandlungsmasse	*Kreativitäts-techniken:* *a) intuitive Techniken,* wie z. B. - Brainstorming (bis 2 Personen) bei mehreren Personen besser - Kartenabfrage - Collective Notebook *b) systematisch-analytische Techniken,* z. B. - Morphologischer Kasten - Ursache-Wirkungs-Diagramm *c) Kombinationsmethoden,* z. B. - Osborn-Checkliste	- Erweiterung des Verhandlungsspielraumes durch Vergrößerung der Verhandlungsmasse - Kreative Atmosphäre schaffen - Eigenverantwortlichkeit fördern durch selbständig gefundene passgenaue Lösungen

Tab. 1.1 (Fortsetzung)

Mediation			
Verfahrensschritt	Inhalte	Methoden/Techniken	Übergeordnete Ziele
5. Bewertung und Auswahl der Optionen „Was ist die beste Lösung zur Realisierung der Interessen und Bedürfnisse?“	- Bewertung der Lösungsvorschläge auf der Grundlage der Interessen und Bedürfnisse und Auswahl eines „Lösungspaketes“ - Realisierbarkeit prüfen - ggf. Gemeinsame Bewertungsmaßstäbe entwickeln Fairnesskriterien	- PMI-Methode - ggf. Interessenausgleich und Interessenvermittlung, um eine von allen akzeptierte Lösung zu finden (z. B. Paketlösungen, Kompensation, Logrolling, Bridging) Window I und II - Fragetechniken - Bewertungskriterien anlegen - ggf. Risikoanalyse/ BATNA vorwiegend bei zwischenbetrieblichen Konflikten - Innen-Check (Machbarkeitsüberprüfung) - Aktionsplan (Protokoll)	- Eigenverantwortlichkeit fördern durch selbständig gefundene passgenaue Lösungen - Tragfähige, umsetzbare Lösung finden, die alle Betroffenen zufrieden stellen
6. Mediationsvereinbarung	- Konkrete Mediationsvereinbarung erstellen mit den Konfliktparteien als Vertragspartner - Reality-Check: bei rechtserheblichen Fragestellungen juristischen Außen-Check durchführen - Vertragliche Form festlegen (z. B. Gemeinsame Erklärung oder rechtsicherer Vertrag/ggf. notarielle Vereinbarung) - Vertrag ggf. durch Nachverhandlungen anpassen	- SMART - Ein-Text-Verfahren - Machbarkeit juristisch, betriebswirtschaftlich, technisch, steuerrechtlich, psychologisch, etc.) prüfen lassen ggf. notariell beurkunden lassen	- Ergebnisse schriftlich absichern und überprüfbar machen - Langfristig kooperative Beziehungen

Tab. 1.1 (Fortsetzung)

Umsetzungsphase			
Verfahrensschritt	Inhalte	Methoden/Techniken	Übergeordnete Ziele
1. Durchführung der Vereinbarung durch die Betroffenen	- Die Beteiligten setzen die in der Mediation festgelegten Inhalte des Vertrages um		- Langfristig kooperative Beziehungen
2. Überprüfung der Umsetzung und ggf. Folgetermin	- Einhaltung des Vertrages prüfen/bei Problemen ggf. Anpassung der Lösung vornehmen; Folgetreffen vereinbaren	- Berichte über Umsetzung - ggf. Nachfolge-treffen zur Optimierung	- Langfristig kooperative Beziehungen
3. Evaluierung und Reflexion der Mediation durch den Mediator	- Bewertung des Mediationsverfahrens durch die Mediationsteilnehmer - Reflexion der einzelnen Sitzungen und der Gesamtmediation	- Feedbackfragebogen - Reflexionsfragebogen	- Qualitätssicherung und Verbesserung der Mediationsdienstleistung

Die in den o. g. Abbildungen und Tabellen gegebene Gesamtübersicht wird im **Kapitel fünf** noch weitergehend erläutert. Zuvor sollen jedoch noch die Unterschiede der Mediation im Vergleich zum streitigen Verfahren und zu anderen alternativen Konfliktbeilegungsmethoden aufgezeigt werden.

1.3 Abgrenzung der Mediation zum streitigen Verfahren und anderen alternativen Konfliktbeilegungsverfahren

1.3.1 Rechtsstreit und Mediation im Vergleich

Das Mediationsverfahren unterscheidet sich im Vergleich zum Gerichtsverfahren auf vielen Ebenen.[50] Durch die geleitete Kommunikation und durch die vielfältigen Vorteile im Vergleich zum Rechtsstreit ist das Verfahren sehr erfolgreich. Die Aufgabe des Mediators besteht darin, „Steuermann“ für die Kommunikation und das Verfahren zu sein. Im Gegensatz zum Richter hat ein Mediator keine **Entscheidungsbefugnis** in der Sache. So entscheiden die Konfliktparteien selbst über die beste Lösung ihres Konfliktes. Das Mediationsverfahren ist **vertraulich** und findet in einem angenehmen und nicht in einem **öffentlichen**, einschüchternden Umfeld, wie bei Gericht, statt. Ein vertraulicher Rahmen kann für Unternehmen oftmals von besonderer Bedeutung sein, da negative Pressemeldungen dem Image des Unternehmens schaden und bei Aktiengesellschaften sogar negative Auswirkungen auf den Aktienkurs haben können.

Das Mediationsverfahren kann zeitnah, schnell und flexibel gestaltet werden. Die **Durchführung** erfolgt innerhalb weniger Tage. Gerichtsprozesse erstrecken sich hin-

[50] Vgl. hierzu und im Folgenden: Montada/Kals, 2013, S. 54–55; vgl. Horstmeier, 2012, S. 120–126; Ponschab/Schweizer, 2004, S. 35.

gegen manchmal über Jahre, wenn sie über mehrere Instanzen geführt werden. Das Gerichtsverfahren kann einseitig durch Klage in Gang gesetzt werden, während bei einer Mediation die Beteiligten sich freiwillig entscheiden an dem Verfahren **teilzunehmen**.

Die **Chancen für eine nachhaltige Einigung** liegen bei Wirtschaftsmediationen bei 80–90 %.[51] Die Wahrscheinlichkeit im Gerichtsprozess zu obsiegen, ist oftmals unbestimmt, eine nachhaltige Einigung ist unwahrscheinlich. Auch die **Kosten** für die Verfahren unterscheiden sich. Erfolgreich durchgeführte Mediationen sind i. d. R. günstiger als Gerichtsverfahren. Durchschnittlich können bis zu 75 % der Prozesskosten eingespart werden.[52] Scheitert allerdings eine Mediation kommen zu den Prozesskosten auch noch die Kosten der Mediation.

In manchen Konstellationen ist der Rechtsstreit der Mediation vorzuziehen. Wenn z. B. ein sehr **großes Machtungleichgewicht** (Vgl. Kap. 8.6.) zwischen den betroffenen Parteien herrscht, das vom Mediator im Rahmen des Verfahrens nicht ausgeglichen werden kann oder sich der Konflikt nur auf Fakten bezieht, die die Beteiligten auf die Anwendung von Gesetzesnormen durch einen Dritten entscheiden lassen wollen (wie z. B. die Rechtsauslegung bei einem Verkehrsunfall) oder ein **Grundsatzurteil** zu einem Präzedenzfall getroffen werden soll oder ein Konflikt so weit eskaliert ist, dass die Betroffenen nicht mehr in der Lage sind Umgangs- und Gesprächsregeln für eine konstruktive Kommunikation einzuhalten.[53] Dies ist i. d. R. **ab der Eskalationsstufe 7** nach Glasl (vgl. Kap. 2.4.1.7.) der Fall.[54]

Einen besonderer Vorteil liegt in dem **Verhandlungsgegenstand** der Mediation. Hier können alle **Standpunkte, Interessen, Anliegen, Bedürfnisse, Sachverhalte und Beziehungen** der Betroffenen **(gesamter Lebenssachverhalt)** berücksichtigt werden, während vor Gericht nur sogenannte **Rechtsansprüche (Positionen)** durchgesetzt werden können, die für die Betroffenen oftmals gar nicht ursächlicher Streitgegenstand sind. Die Grundlage für die **juristische Methode** bildet nämlich die Suche nach den Anspruchsgrundlagen, die nach folgenden Kriterien fragt: „Wer kann was von wem woraus verlangen?“[55] Es handelt sich hierbei um die Rechtsgrundlagen für Ansprüche, die sich aus dem Gesetz ergeben.[56] Die Anspruchsgrundlagen haben eine „Wenn-Dann-Struktur“. Der Wenn-Teil umfasst den Tatbestand der existieren muss, der dann zu einer bestimmten Rechtsfolge (Dann-Teil) führt. Der Anspruchsberechtigte kann bei Vorliegen dieses Anspruchs aufgrund der Norm das gesetzlich vorgegebene Verhalten verlangen. Ein **geschilderter Lebenssachverhalt** oder Konflikt eines Klienten, der Emotionen, Beziehungen, Interessen und Bedürfnisse beinhaltet, wird vom Juristen gefiltert auf die rechtserheblichen Anspruchsgrundlagen **(juristischer Sachverhalt/objektivierter Sachverhalt)** um die Komplexität des Konfliktes zu reduzieren. Dabei wird alles, was nicht für die Begründung des Anspruches geeignet erscheint für die Klage weggelassen. Dadurch können oftmals zentrale Aspekte des Konfliktes, die für die Betroffenen wichtig waren, bei der Klärung

[51] Vgl. Ponschab/Schweizer, 2006a, S. 54; vgl. auch Duve/Eidenmüller/Hacke, 2011, S. 64.

[52] Vgl. Ponschab/Schweizer, 2006a, S. 54.

[53] Vgl. Horstmeier, 2013, S. 25 f.

[54] Vgl. zum Phasenmodell der Eskalation, Glasl, 2004, S. 233–309.

[55] Haft, 1997, S. 267.

[56] Vgl. hierzu und im Folgenden: Flechsig/Ponschab/Schweizer, 2006, S. 9–16.

der Ansprüche nicht mehr berücksichtigt werden. Die juristische Methode ist mit diesem Vorgehen nicht geeignet, einen Konflikt zu lösen, sondern forciert sie durch die **Gewinner-Verlierer-Situation** sogar.[57] Die Verlierer des Gerichtsverfahrens fühlen sich oftmals ungerecht behandelt, da nur ein Ausschnitt ihrer Lebensrealität bearbeitet und entschieden wurde. Darüber hinaus sind Gesetze abstrakt-generell formuliert und lassen einen Entscheidungsspielraum zu, den der Richter in seinem Ermessen interpretieren kann, was bei unterschiedlichen Richtern auch zu unterschiedlichen Gesetzesauslegungen führen kann. Und so kennen viele das Sprichwort, das die Situation erklärt: „Vor Gericht und auf hoher See sind wir alle in Gottes Hand.“

Die juristische Methode unterstellt, dass es in jedem Konflikt eine **objektive Wirklichkeit** gibt, d. h. dass es nur eine richtige Betrachtungsweise eines Sachverhaltes gibt, alle anderen sind demnach falsch. Der Richter entscheidet abschließend und spricht der „objektiven Wirklichkeit“ Recht zu. Die juristische Methode unterscheidet zwischen subjektiver Wahrnehmung und objektiver Wirklichkeit, richtig und falsch, Recht und Unrecht. Die Fragestellung bei Gericht ist rückwärtsgewandt und sucht nach „Schuldigen“, die ggf. zu „bestrafen“ sind. Diese absolute Betrachtungsweise im Gerichtsprozess erklärt auch, warum in der Folge eines richterlichen Urteils es häufig zur Eskalation des Konfliktes kommt. Denn im Gerichtsprozess glaubt jede Partei daran, dass ihre Wahrheit die einzig richtige, objektivierbare Wirklichkeit ist. Der Verlierer des Prozesses ist oftmals mit dem Richterspruch nicht einverstanden, weil seine Wahrheit und Sichtweise nicht berücksichtigt oder sogar als „falsch“ beurteilt wurde. Dann werden z. B. weitere gerichtliche Instanzen in Anspruch genommen, um doch noch „Recht zu bekommen“ oder der Konflikt wird auf anderer Ebene weitergeführt oder die Geschäftsbeziehung wird dauerhaft abgebrochen.

Bei der Mediation werden vorwärtsgewandt **Lösungen für die Zukunft** gesucht, was nicht bedeutet, dass die Vergangenheit bei der Ursachenanalyse und Lösungssuche keine Rolle spielt.[58] Darüber hinaus nimmt Mediation keine absolute, sondern eine relative Betrachtungsweise ein. Hier sind alle Lebens-/Konfliktsachverhalte zu berücksichtigen, die den Betroffenen wichtig sind. Dabei ist in Anlehnung an die Relativitätstheorie Einsteins die Wirklichkeit bzw. Wahrheit der beteiligten Parteien immer nur relativ zum jeweiligen Bezugssystem zu sehen. Eine objektive Wirklichkeit gibt es hier nicht.[59] Bei der Mediation ist es das Ziel im Ergebnis nur **Gewinner** hervorzubringen, indem auf die **verschiedenen Perspektiven** eingegangen wird und die jeweiligen Interessen offengelegt werden, für die dann Lösungen gesucht werden. Hierdurch kann eine **nachhaltige Konfliktbeilegung** gewährleistet werden, bei der auch die (Geschäfts-)Beziehung der Betroffenen erhalten bleibt. Bei einer erfolgreich durchgeführten Mediation sind die Beteiligten „mit dem Ergebnis **zufrieden** oder **sehr zufrieden**“.[60]

In der Tab. 1.2 sollen die verschiedenen Merkmale der beiden Verfahren nochmals herausgestellt werden.

---

[57] Vgl. Schweizer, 2009a, S. 141 ff.

[58] Vgl. Montada/Kals, 2013, S. 84 ff., die darauf hinweisen, das aus den Fehlern der Vergangenheit für die Zukunft gelernt werden kann.

[59] Vgl. Flechsig/Ponschab/Schweizer, 2006, S. 19.

[60] Vgl. Stiftung Warentest, Mediation: Streiten mit Schiedsrichter, vom 24.05.2013. http://www.test.de/Mediation-Streiten-mit-Schiedsrichter-4540314-0/ zuletzt aufgerufen am 28.05.2013.

Tab. 1.2 Gegenüberstellung Gerichtsverfahren und Mediation. (Quelle: eigene Darstellung)

Kriterien	Rechtsstreit	Mediation
Entscheidungskompetenz	Richter entscheidet über Lösung des Konflikts und fällt ein Urteil (Fremdbestimmung)	Die Konfliktparteien entscheiden selbst über die beste Lösung ihres Konfliktes (Eigenverantwortlichkeit, Mediator darf nicht entscheiden)
Verhandlungsgegenstand	Ausschließliche Berücksichtigung von Positionen/Rechtsansprüchen = „objektiviertem Sachverhalt" Rechtsstreit „ohne Rechtsanspruch" nicht möglich	Angemessene Berücksichtigung der Standpunkte, *aller* Anliegen Interessen, Bedürfnisse, Beziehungen und Ziele der Beteiligten Behandlung von Konflikten ohne Rechtsanspruch möglich
Zeitbezug	vergangenheitsbezogene Betrachtung	Zukunftsorientierte Lösung und Betrachtung
Ergebnis *Erfolgschance*	Gewinner-Verlierer-Lösung Erfolgschance zu gewinnen ist unbestimmt	Gewinner-Gewinner-Ergebnis hohe Erfolgschancen: Einigungsquote liegt i. d. R. bei ca. 80–90 %
Verfahrensdauer	Dauer des Verfahrens erstreckt sich über einen langen Zeitraum/manchmal über Jahre (insbesondere bei mehreren Instanzen)	Zeitnahe, schnelle, flexible Verfahrensgestaltung und Durchführung innerhalb von ein paar Tagen
Konfliktlösung möglich? *Gestaltung der zukünftigen Beziehungen*	Allenfalls Beendigung, nicht Lösung des Konflikts Verlierer des Gerichtsverfahrens fühlt sich oftmals ungerecht behandelt. Folge: Eskalation des Konfliktes: z. B. weitere gerichtliche Instanzen oder Konflikt wird auf anderer Ebene weitergeführt oder die Geschäftsbeziehung wird dauerhaft abgebrochen Beteiligte (sowohl Gewinner als auch Verlierer) oftmals unzufrieden mit dem Gerichtsurteil	Erhaltung, Wiederherstellung oder Neugestaltung und Verbesserung der geschäftlichen, beruflichen und persönlichen Beziehungen/nachhaltige Zufriedenheit mit Verlauf und Ergebnis des Mediationsverfahrens/nachhaltige Lösung des Konflikts
Machtungleichgewicht	Ein vorhandenes großes Machtungleichgewicht der betroffenen Konfliktparteien kann durch ein Gerichtsverfahren besser ausgeglichen werden	Bei einem sehr großen Machtungleichgewicht, hat der Mediator oftmals keine Möglichkeiten einen Machtausgleich herbeizuführen
Eskalationsgrad des Konfliktes	Hocheskalierte Konflikte nach Glasl (Stufe 7–9) können bearbeitet werden	Konflikte bis zur Eskalationsstufe 6 (In Ausnahmefällen auch höher)

Tab. 1.2 (Fortsetzung)

Kriterien	Rechtsstreit	Mediation
Setting und Öffentlichkeit	Öffentliches Verfahren in einem einschüchterndem gerichtlichen Umfeld	Vertraulichkeit, nicht öffentliches Verfahren in angenehmen Umfeld
Kompetenzgewinn	Kein Erwerb zusätzlicher Kompetenzen	Erwerb von Sozialkompetenzen (Kommunikations- und Konfliktlösungskompetenzen, Empathie etc.)
Kosten der Verfahren	Deutlich höhere Kosten, insbesondere bei mehreren Instanzen	Deutlich geringere Kosten als Rechtsstreit bei erfolgreicher Mediation, mittels Mediation lassen sich durchschnittlich 75 % der üblichen Rechtsverfolgungskosten einsparen, Scheitert jedoch eine Mediation, dann steigen die Gesamtkosten des Verfahrens
Teilnahme	Zwang, kann einseitig in Gang gesetzt werden	Freiwillig

1.3.2 Andere alternative Konfliktbeilegungsformen

Alternative Konfliktbeilegungsformen (AKB) werden auch unter dem Kürzel **ADR (Alternative Dispute Resolution)** zusammengefasst.[61] Dabei handelt es sich um den **Oberbegriff** für andere Streitbeilegungsformen jenseits des klassischen Zivilprozesses, unter denen sich das Mediationsverfahren besonders etabliert hat.[62] Zu den ADR-Verfahren zählen Verhandlungen unter Einbezug eines Dritten. Hierunter fallen das Schiedsgutachten, die Schlichtung, das Schiedsverfahren, das Ombudsverfahren, Mini-Trial, Adjudikation, Early Neutral Evaluation, Last-offer-Verfahren, High-Low-Arbitration, MEDALOA-Verfahren und die Michigan-Mediation.[63] Diese Verfahren werden im Folgenden kurz beschrieben.

Mit dem Mediationsgesetz sollte gemäß des Gesetzesentwurfes (Bundesdrucksache 17/5335) ein „Gesetz zur Förderung der Mediation und anderer Verfahren der außergerichtlichen Konfliktbeilegung“ geschaffen werden und somit auch andere ADR-Verfahren gefördert werden. Die ADR-Verfahren sollen im Folgenden in zwei Gruppen aufgeteilt werden. Maßgeblich für die Einteilung der Verfahren soll die Frage sein, ob für sie das Mediationsgesetz Anwendung finden kann. Zentrales Kriterium für die Anwendung des Mediationsgesetzes ist die gem. § 1 Abs. 2 Mediationsgesetz geforderte **nicht vorhandene Entscheidungsbefugnis** des allparteilichen Mediators, dem nur die Verfahrensver-

[61] Vgl. Haft, 2009, S. 70.

[62] Vgl. Risse/Wagner, 2009, S. 580.

[63] Vgl. Horstmeier, 2013, S.126 ff.; Vgl. Risse/Wagner, 2009, S. 580 ff.

antwortung obliegt.[64] Darüber hinaus sind für die Anwendung des Gesetzes auch die **informale Ausgestaltung des Verfahrens** sowie die **selbstverantwortliche Mitwirkung** der Konfliktparteien bei der Konfliktlösung von besonderer Bedeutung. Es soll daher der Begründung und bei der Einteilung der Verfahren der Ansicht Horstmeiers gefolgt werden, der sich insbesondere auf das o. g. Kriterium der Entscheidungsbefugnis und den Erwägungsgrund 11 der Mediationsrichtlinie bezieht, in dem einzelne Verfahren genannt werden, die nicht unter die Richtlinie fallen.[65] Zunächst sollen die Verfahren vorgestellt werden, die nicht unter die Bestimmungen des Mediationsgesetzes fallen, weil sie entweder unter den Erwägungsgrund 11 der MediationsRL fallen oder die Entscheidungskompetenz bei dem Dritten liegt.

1.3.2.1 Verfahren, die das Mediationsgesetz nicht einschließt

a. **Schiedsgutachten**

Im Rahmen eines Schiedsgutachtens stellt ein Schiedsgutachter nach dem Willen der Vertragsschließenden bestimmte Bestandteile für die Entscheidung eines Streites verbindlich fest, entscheidet jedoch nicht über die Rechtsfolge.[66] In dem Schiedsgutachten werden i. d. R. fachliche, meistens technische Sachverhalte verbindlich entschieden, wodurch die weitere Konfliktbearbeitung um diesen Aspekt entlastet wird.[67] Durch die Entscheidungshoheit des Schiedsgutachters ist das Mediationsgesetz nicht anwendbar.

b. **Schlichtung**

Bei einer Schlichtung unterbreitet ein von allen Konfliktbeteiligten autorisierter Dritter, der nicht notwendigerweise rechtskundig sein muss, einen Vorschlag zur Beendigung der Streitigkeit. Dabei entscheiden die betroffenen Konfliktparteien, ob sie den Vorschlag annehmen oder ablehnen wollen.[68] Hier läuft das Argument der Entscheidungsbefugnis

---

[64] Vgl. Auer, 2005, S. 2, 4, zitiert nach Horstmeier, 2013, S. 128.

[65] Vgl. Horstmeier, 2013, S. 128. Die MediationsRL ist eine Europäische Richtlinie, die die Grundlage für die Einführung von Mediation in das deutsche Recht bildete. Der Wortlaut des Erwägungsgrundes (11) MediationsRL lautet: „ Diese Richtlinie sollte weder für vorvertragliche Verhandlungen gelten noch für schiedsrichterliche Verfahren, wie beispielsweise bestimmte gerichtliche Schlichtungsverfahren, Verbraucherbeschwerdeverfahren, Schiedsverfahren oder Schiedsgutachten, noch für Verfahren, die von Personen oder Stellen abgewickelt werden, die eine förmliche Empfehlung zur Streitbeilegung abgeben, unabhängig davon, ob diese rechtlich verbindlich ist oder nicht."

[66] Vgl. Gabler Wirtschaftslexikon, 1988, S. 1378 f.

[67] Vgl. Heussen, 2009, S. 218, vgl. auch Duve/Eidenmüller/Hacke, 2011, S. 57. Unabhängig davon, ist es im Rahmen einer Mediation jedoch möglich bei der Bewertung von Lösungsoptionen auf Verlangen der Konfliktparteien einen Gutachter einzuschalten, der für eine sachliche Einschätzung eines Sachverhaltes zu Rate gezogen wird. Das Gutachten soll in diesem Fall nur dazu dienen, eine informierte Entscheidung der Konfliktparteien zu ermöglichen. Vgl. hierzu Horstmeier, 2013, S. 133.

[68] Vgl. Heussen, 2009, S. 218.

des Dritten als Entscheidungskriterium für die Anwendbarkeit des Mediationsgesetzes ins Leere, da die Betroffenen die alleinige Entscheidungshoheit für oder gegen diesen Vorschlag haben. Bezieht man allerdings den Grundsatz der Eigenverantwortlichkeit der Konfliktparteien gem. MediationsG mit ein, bei dem die Konfliktparteien selbstverantwortlich nach den besten Lösungen suchen sollen, so wird klar, dass ein einzelner Vorschlag nicht unbedingt den besten Lösungsraum der Konfliktbeteiligten umfassen kann. Die Schlichtung ist daher nicht als Verfahren dem Mediationsgesetz unterzuordnen. Sollten allerdings Mediationsteilnehmer im Rahmen eines Mediationsverfahrens bei der Bewertung und Auswahl der Lösungsmöglichkeiten zu keinem Konsens kommen und explizit den Mediator um eine konkrete Lösung zur Streitschlichtung bitten, wird man es bei einer gewollten „aktiven" Mediation (Vgl. zum Begriff aktive Mediation Kap. 6.3.) für zulässig halten, da die Konfliktparteien auch diesen Lösungsvorschlag annehmen oder ablehnen können.[69] (Vgl. auch Kap. 1.3.2.2. Michigan-Mediation)

Als Beispiel für Schlichtungseinrichtungen sind die sog. Freiwilligen Schlichtungsstellen für das Handwerk und die Kraftfahrzeugbetriebe zu nennen, die von sachkundigen Angehörigen der jeweiligen Handwerksgruppe besetzt sind und die Kunden und Handwerksbetrieben eine Lösung anbieten sollen, die beide Parteien zufrieden stellt und damit Imageschäden für das Handwerk vermeidet.[70] Ursprünglich zeichnete sich das Verfahren durch Freiwilligkeit aus, was jedoch seit 1996 gem. § 15a EGZPO nicht mehr für alle Schlichtungsverfahren in allen Bundesländern gilt.[71] So ist z. B. in nachbarschaftsrechtlichen oder vermögensrechtlichen Streitigkeiten in Nordrhein-Westfalen bis zu einem Streitwert von 750,00 € zunächst eine obligatorische Schlichtung vorgesehen, nach deren Scheitern erst eine Klage vor Gericht ermöglicht wird.

c. **Ombudsverfahren**

Bei einem Ombudsverfahren handelt es sich um eine gesonderte Form der Schlichtung.[72] Ein von einer Institution (z. B. von Verbänden) berufener Ombudsmann entscheidet Sachfragen zu z. B. streitigen Kundenreklamationen, i. d. R. ohne mündliche Verhandlungen nach vorliegender Aktenlage. Dabei ist die Entscheidungsgrundlage das geltende Recht und Gesetz. Aufgrund der Entscheidungshoheit des Ombudsmannes zählt das Verfahren nicht zu den ADR-Verfahren des Mediationsgesetzes.

d. **Schiedsverfahren**

Bei einem Schiedsverfahren handelt es sich um ein Verfahren, das durch einen oder mehrere privat bestimmte Dritte rechtskräftig entschieden wird.[73] Durch diese Möglichkeit sind

[69] Vgl. Horstmeier, 2013, S. 133.

[70] Vgl. hierzu und im Folgenden: Flechsig/Ponschab/Schweizer, 2006, S. 28.

[71] Vgl. hierzu und im Folgenden: Horstmeier, 2013, S. 126 f.

[72] Vgl. hierzu und im Folgenden: Horstmeier, 2013, S. 132.

[73] Vgl. hierzu und im Folgenden: Flechsig/Ponschab/Schweizer, 2006, S. 28 ff.

die Verfahren nicht dem Mediationsgesetz unterworfen. Dabei suchen die Konfliktparteien i. d. R. nicht selbst nach einer tragfähigen Lösung, sondern ihnen wird eine Lösung durch den oder die Dritten vorgegeben. Es wird unterschieden zwischen freiwilligen und unfreiwilligen Schiedsverfahren, sowie zwischen Schiedsstellen und Schiedsgerichten.

Gem. § 13 SchAG NW (Schiedsamtsgesetzes) übernehmen Schiedspersonen, die von der Gemeinde für 5 Jahre ernannt wurden, ehrenamtlich die Aufgaben des Schiedsamtes in bürgerlichen Rechtsstreitigkeiten. Die Verhandlung ist gekennzeichnet durch die Freiwilligkeit der Teilnahme (Ausnahme: Privatklagedelikte sind obligatorisch), die Möglichkeit der gegenseitigen Aussprache, die Nicht-Öffentlichkeit und Vertraulichkeit des Verfahrens sowie die Möglichkeit der Verfahrensgestaltung.

Schiedsgerichtsverfahren gem. §§ 1025 ff. ZPO sind auf Zwei-Parteien-Streitigkeiten ausgelegt, bei dem das Schiedsgericht die Möglichkeit besitzt, die Behandlung des Konfliktes entweder mit einem Vergleich[74] oder auch gegen den Willen einer der Parteien mit einem Schiedsspruch zu beenden.[75] Der Schiedsspruch hat die Wirkung eines rechtskräftigen Urteils und ist damit vollstreckbar,[76] der Vergleich im Schiedsverfahren hat die bindende Rechtswirkung eines Vertrages.[77] Die Verhandlung ist nicht öffentlich und der Schiedsspruch vertraulich. Das Ziel der Schiedsgerichtsbarkeit liegt darin, Entscheidungen privater Dritter zu ermöglichen, die von staatlichen Gerichten nicht oder nur eingeschränkt nachprüfbar sind. In Wirtschaftskonflikten mit Konfliktparteien aus unterschiedlichen Ländern können Schiedsverfahren sinnvoll sein.[78]

Für arbeitsgerichtliche Schiedsverfahren gelten die Sondervorschriften der §§ 101 ff. ArbGG.

e. Last-Offer-Verfahren

Im Last-Offer-Schiedsverfahren wird das Schiedsgerichtsverfahren um Elemente der Mediation ergänzt.[79] In dem Verfahren (auch bekannt als Final-Offer-Arbitration) unterbreiten die Parteien nach vorausgegangener Verhandlung sich gegenseitig ein letztes, verbindliches Vergleichsangebot. Danach wird das Schiedsgericht von den Parteien dazu aufgefordert, eines dieser Angebote in einen bindenden Schiedsspruch umzuwandeln. Das Schiedsgericht orientiert sich bei der Auswahl des jeweiligen Vorschlages an der aktuellen Rechtslage, was dazu führt, dass die Konfliktbeteiligten sich bei ihrem letzten Angebot tendenziell stark annähern. Wird nach einer gescheiterten Wirtschaftsmediation ein Last-

[74] Gem. § 779 Abs. 1 BGB wird ein Vergleich wie folgt definiert: Ein Vergleich ist ein Vertrag, durch den der Streit oder die Ungewissheit der Parteien über ein Rechtsverhältnis im Wege gegenseitigen Nachgebens beseitigt wird.

[75] Vgl. Horstmeier, 2013, S. 127.

[76] Vgl. hierzu und im Folgenden: Flechsig/Ponschab/Schweizer, 2006, S. 30.

[77] Montada/Kals, 2013, S. 39.

[78] Vgl. Heussen, 2009, S. 220.

[79] Vgl. hierzu und im Folgenden: Risse/Wagner, 2009, S. 581.

Offer-Verfahren angehängt, so spricht man von einem **MEDALOA-Verfahren** „Mediation and Last-Offer-Arbitration", welches ein nicht entscheidungsbefugter Mediator ablehnen muss, da das Mediations-Verfahren mit dem Mediationsbeginn festgelegt wurde.[80] Wenn die Konfliktbeteiligten von vornherein damit rechnen müssen, dass bei einer Nichteinigung in ein MEDALOA-Verfahren übergegangen wird, wird die Verhandlungs- und Kommunikationsstrategie zurückhaltender sein als in einem Mediationsverfahren, was letztendlich als selbsterfüllende Prophezeiung zu einem Scheitern des Verfahrens führt. Beide Verfahren unterliegen nicht dem Mediationsgesetz aufgrund der Entscheidungsbefugnis des Mediators.

f. High-Low-Arbitration

Bei der High-Low-Arbitration werden statt eines letzten Angebotes, wie im Last-Offer-Verfahren, Entscheidungsbandbreiten für eine mögliche Einigung von den jeweiligen Parteien abgegeben.[81] In der Regel handelt es sich um die Einigung zur Zahlung eines bestimmten Geldbetrages bei dem höchstens der Betrag x und mindestens der Betrag y ausgehandelt wird. Der Schiedsrichter kann dann im Rahmen der Entscheidungsspielräume einen Mittelweg zwischen den Vorgaben wählen. Die Entscheidung muss zwingend innerhalb der Entscheidungsbereiche der Konfliktparteien liegen auch wenn die Rechtslage etwas anderes geböte. Auch hier handelt es sich wiederum nicht um ein Verfahren, das unter die Regelungen des Mediationsgesetzes fällt, weil auch hier die Entscheidungskompetenz dem Dritten obliegt.

g. Early-Neutral-Evaluation

Hierbei gibt ein neutraler Dritter eine Beurteilung über die Prozessaussichten der Parteien ab.[82] Die Einschätzung gibt er frühzeitig auf Grundlage einer begrenzten Beurteilungsbasis ab. Ein Jurist mit Sachkunde in der Streitsache trifft sich mit den Konfliktparteien und deren Anwälten um zunächst die wechselseitigen Ansprüche zu ermitteln. Danach zieht sich der Dritte kurz zurück, denkt über die rechtliche Beurteilung nach und schreibt seine Einschätzung nebst Begründung nieder. Als nächstes geht die Verhandlung mit den Konfliktparteien weiter. Bevor der Dritte seine Bewertung abgibt, fragt er die Beteiligten, ob sie nun zu einem Vergleich bereit wären, was in 25 % der Fälle dann auch in einem Vergleich mündet. Sind die Betroffenen nicht zum Vergleich bereit, so teilt der Dritte seine Einschätzung mit und legt sich in der Sache zugunsten einer Partei fest. Dies ist nicht mit dem Neutralitätsgebot eines Mediators vereinbar, aus diesem Grunde unterliegt auch diese Methode nicht dem Mediationsgesetz.[83]

[80] Vgl. Horstmeier, 2013, S. 133.

[81] Vgl. hierzu und im Folgenden: Risse/Wagner, 2009, S. 583.

[82] Vgl. hierzu und im Folgenden: Risse/Wagner, 2009, S. 583 f.

[83] Vgl. Horstmeier, 2009, S. 131.

h. **Adjudikation**

Das Verfahren der Adjudikation wird insbesondere in angelsächsischen Ländern bei der Abwicklung komplexer Bauprojekte eingesetzt.[84] Dabei wird während der Bauzeit bei aufkommenden Konflikten ein rechtlich und technisch sachkundiger Dritter eingeschaltet, der diesen Konflikt innerhalb von 28 Tagen verbindlich zu entscheiden hat. In einem nachgeschalteten Gerichtsverfahren wäre eine Aufhebung des Adjukationsspruches möglich. Davon wird aber nicht häufig Gebrauch gemacht. Auch hier handelt es sich wiederum um ein Verfahren, das nicht unter die Regelungen des Mediationsgesetzes fällt, weil auch hier die Entscheidungskompetenz dem Dritten obliegt.

1.3.2.2 Verfahren, die das Mediationsgesetz einschließt

Neben der Mediation können ein Mini-Trial und die Michigan-Mediation ebenfalls unter die Bestimmungen des Mediationsgesetzes fallen. Diese beiden Verfahren werden i. d. R. nur in **zwischenbetrieblichen Wirtschaftsmediationen** angewendet.

a. **Mini-Trial**

Im Mini-Trial nehmen mehrere von den betroffenen Streitparteien (i. d. R. Unternehmen) delegierte hochrangige Entscheidungsträger, wie z. B. die Geschäftsführung, an einem Verfahren teil, dass durch einen neutralen Dritten geleitet wird und einen Gerichtsprozess im Schnelldurchlauf simuliert.[85] Seinen Ursprung hatte das Verfahren 1977 als es im Rahmen einer Patentstreitigkeit zum Einsatz kam.[86] In der ursprünglichen Form wurde das Mini-Trial wie folgt durchgeführt.[87] An dem Konflikt bisher unbeteiligte Entscheidungsträger der jeweiligen Streitparteien werden als Tribunal in das Verfahren entsandt, um sich gemeinsam den Konfliktstoff präsentieren zu lassen. Nach der Präsentation und einer Beweisaufnahme moderiert das Tribunal „als neutraler Dritter" die Vergleichsverhandlungen mit den betroffenen Konfliktparteien aus den eigenen Unternehmen mit dem Ziel, einen Vergleich zu erreichen. Die Idee, die hinter dem Verfahren steht, ist eine eigenverantwortliche Lösung der Konfliktparteien zu fördern, die realistische Prozesseinschätzungen zur Grundlage hat und zu betriebswirtschaftlich sinnvollen Lösungen führt, ohne dass dabei zeitraubende Gerichtsprozesse durchgeführt werden müssen. Im Rahmen des Mediationsgesetzes kann das Mini-Trail in abgewandelter Form bei externen Unternehmenskonflikten eingesetzt werden. Hierbei wird die Moderation des vertraulichen Verfahrens von einem Mediator (i. d. R. mit juristischem Hintergrund) übernommen, der mit den aus den Unternehmen stammenden Entscheidungsträgern (die ggf. in Begleitung ihres Rechtsanwaltes

---

[84] Vgl. hierzu und im Folgenden: Horstmeier, 2009, S. 131.

[85] Vgl. Horstmeier, 2013, S. 129.

[86] Vgl. Risse/Wagner, 2009, S. 580.

[87] Vgl. hierzu und im Folgenden: Risse/Wagner, 2009, S. 580 f.

erscheinen) einen Gerichtsprozess simuliert, der zeitlich gerafft durchgeführt wird.[88] Die Konfliktparteien sollen ihre eigenen Prozessaussichten (kurzeitig meistens räumlich getrennt voneinander) realistisch einschätzen und danach gemeinsam für den Konflikt eine eigenverantwortliche, einvernehmliche Lösung finden. Solange der Mediator keine eigene Prognose zu den Prozessaussichten der betroffenen Parteien abgibt und durchgehend neutral durch das Verfahren führt, sind die Voraussetzungen des Mediationsgesetzes eingehalten. Demgemäß ist das Mediationsgesetz auf das Mini-Trial anwendbar.[89]

b. **Michigan-Mediation**

Bei einer Michigan-Mediation wird zunächst eine Mediation der Konfliktparteien versucht. Scheitert die Mediation unterbreitet der Mediator den Konfliktparteien einen **unverbindlichen Vorschlag, der noch verhandelt werden kann.**[90] (Vgl. die Ausführungen zur Schlichtung in Kap. 1.3.2.1.) Die Partei, die die weiteren Verhandlungen über den Vorschlag ablehnt und ein Gerichtsverfahren initiiert, muss dann die Kosten für die Mediation und den Prozess übernehmen, wenn das spätere Gerichtsurteil nicht um z. B. 10 % günstiger ist, als der Vergleichsvorschlag. Der neutrale Dritte hat keine Entscheidungskompetenz und die Konfliktparteien können sich nicht nur für oder gegen den Vorschlag entscheiden, sondern den Vorschlag durch Verhandlung umgestalten.

Das Ziel dieser Vorgehensweise ist es, die Verhandlungsparteien über den Kostendruck dazu zu bewegen[91], ihr Prozessrisiko realistisch einzuschätzen, die Verhandlung über eine Lösung nicht vorzeitig aufzugeben und die Kooperationsbereitschaft für eine konsensuale Lösung zu fördern.

1.4 Überblick über die Anwendungsfelder der Mediation

Mediationsverfahren können in den unterschiedlichsten Bereichen angewendet werden. Überall da, wo Konflikte existieren und die Betroffenen nicht mehr in der Lage sind, allein zu einer einvernehmlichen Lösung zu kommen, sie aber gleichzeitig eine weiterbestehende positive (Geschäfts-) Beziehung zueinander wünschen, sollte Mediation eingesetzt werden. I. d. R. werden die Einsatzmöglichkeiten von Mediation nach Rechtsgebieten unterteilt. Mediation ist aber nicht nur in eskalierten Konflikten einsetzbar, wenn bereits rechtserhebliche Sachverhalte entstanden sind, sondern sie ist auch eine brillante Methode, die bei niederschwelligen Konflikten angewendet werden kann, um weitere Eskalierungen zu vermeiden. Darüber hinaus kann sie auch als Methode zur Moderation und

[88] Vgl. hierzu und im Folgenden: Horstmeier, 2013, S. 129. Wenn der Mediator jedoch als Bewerter auftritt ist diese Methode jedoch nicht geeignet, vgl. Duve/Eidenmüller/Hacke, 2011, S. 252.

[89] Vgl. Horstmeier, 2013, S. 130.

[90] Vgl. hierzu und im Folgenden: Horstmeier, 2013, S. 132.

[91] Vgl. Risse/Wagner, 2009, S. 584 spricht vom Einigungsdruck durch das Kostenrisiko.

Begleitung von Planungsprozessen oder zur Prävention von Konflikten eingesetzt werden. Im Folgenden soll ein kurzer Überblick über die bekanntesten Anwendungsfelder gegeben werden.

Mediation hat im **Privatleben** ihr größtes Anwendungsfeld in der **Familienmediation.** Ende der 80er Jahre wurde die Familienmediation als erstes Anwendungsgebiet in Deutschland eingeführt und ist mittlerweile etabliert. So werden Mediationen im Zusammenhang von Trennungen und Scheidungen und Sorgerechtsstreitigkeiten häufig nachgefragt. Insbesondere wenn Kinder durch die Trennung der Eltern betroffen sind, sind die Eltern nach wie vor gezwungen auch in Zukunft einvernehmliche Entscheidungen für die Kinder zu finden, da sie über die Kinder ein Leben lang miteinander verbunden sind. In Familienmediationen können diese Kompetenzen erworben werden. Familienmediation ist aber nicht nur im eskalierten Familienkonflikt einsetzbar, sondern immer dann, wenn „familiäre Verhältnisse und Beziehungen neu definiert werden wollen."[92] Das können Konflikte in „Patchworkfamilien", zwischen nicht verheirateten Paaren mit Kindern, zwischen Eltern und Kindern/Adoptivkindern, Konflikte bei Familienübergängen (wenn Kinder geboren werden oder das Haus verlassen, ein Ehepartner in Rente geht...), Mehrgenerationenkonflikte (z. B. bei häuslicher Lebensgemeinschaft) oder einfache Partnerstreitigkeiten sein.

Mediation im Erbrecht ist ein Sonderfall der Familienmediation und kann zum Einsatz kommen, wenn ein Erblasser keine Regelung für den Todesfall getroffen hat oder ein Testament verfasst hat bei dem sich einer oder mehrere Erben benachteiligt fühlen.[93] **Erbmediation** ist bisher in Deutschland noch nicht etabliert, bietet aber aufgrund der hohen Prozesskosten und des ungewissen Prozessausganges eines Erbschaftsstreits ein großes Potential zur Anwendung.

Zum privaten Bereich zählen z. B. auch **Mediationen in Schulen**, z. B. im Rahmen von Konfliktlotsensystemen,[94] bei denen innerhalb der Schule ein Pool von Schulmediatoren Konflikte zwischen verschiedensten Konfliktparteien einvernehmlich bearbeiten. Auch **Nachbarschaftsstreitigkeiten** oder Streitigkeiten im Rahmen von **Mietverhältnissen** können über Mediationen gelöst werden.

Auch im **privaten Baurecht** wird Mediation zur Klärung zwischen Bauherrn und ausführendem Unternehmen oder auch als aktive Vertragsmediation zur Baubegleitung in Großprojekten eingesetzt.[95] Allerdings entwickelt sich die Nachfrage nach dieser Dienstleistung in Deutschland, im Gegensatz zu anderen Ländern, nur schleppend, obwohl die Betroffenen mit dem Verfahren sehr zufrieden sind. Dies mag daran liegen, dass die eingebundenen Fachanwälte nicht in Mediation ausgebildet sind und demgemäß diese Dienstleistung nicht anbieten.

[92] Vgl. hierzu und im Folgenden: Mähler/Mähler, 2009, S. 481.

[93] Vgl. hierzu beispielhaft Beisel, 2009, S. 495–513.

[94] Vgl. z. B. Hagedorn, 2005, S. 12 ff.

[95] Vgl. hierzu und im Folgenden: Kraus, 2005, S. 533 ff.

Auch in der **Verwaltung, Planung und Politik** kommt Mediation zum Einsatz. Mediation findet in der **Politik** bei der Vermittlung z. B. zwischen verfeindeten Staaten oder Völkergruppen ihren Einsatz.[96] Im Verwaltungs- und Planungsbereich wird die „Umweltmediation"[97] bzw. **Mediation im öffentlichen Bereich** eingesetzt, z. B. bei großen Planungsverfahren, wie z. B Straßenbauprojekten, Bau von Windrändern oder Flughäfen. Im Rahmen dieser Mediationen werden Planungsverantwortliche und verschiedenste Interessengruppen einbezogen, um z. B. im Vorfeld kostspielige Konflikte und Rechtsstreitigkeit zu vermeiden. Am Beispiel „Stuttgart 21" mit hohen Folgekosten durch Rechtsstreitigkeiten und durch Planungsfehler zeigt sich, dass eine **im Vorfeld** durchgeführte Mediation bei öffentlichen Großprojekten z. B. auch mit Bürgern als „Interessengruppe" sicherlich grundsätzlich immer sinnvoll wäre, um nachfolgende zeitraubende und kostenträchtige Konflikte zu vermeiden. Auch hier befindet sich Mediation noch in der Pionierphase.

Darüber hinaus sind auch Mediationen im **Verwaltungsrecht** (z. B. im öffentlichen Baurecht, Wirtschaftsverwaltungsrecht, Versammlungsrecht, Schulrecht oder Gesundheitsrecht) möglich, allerdings ergeben sich in der Umsetzung besondere verfahrenstechnische Schwierigkeiten, da die getroffenen Vereinbarung an Gesetz und Recht des Staates gebunden und nicht immer frei verhandelbar ist.[98] Sogar im **Sozialrecht** ist Mediation angekommen, allerdings eher noch im Rahmen von Pilotprojekten, in der die Frage geklärt werden muss, wie das Mediationsverfahren im Sozialrecht durchgeführt werden soll.[99] Auch im **Insolvenzrecht** ist Mediation einsetzbar.[100]

Im **Gesundheitswesen** gibt es geeignete Fallkonstellationen in denen Mediation bereits zum Einsatz kommt, das sind z. B. Konflikte zwischen Ärzten einer Gemeinschaftspraxis und Konflikte in und um das Krankenhaus (Konfliktkonstellationen, die den innerbetrieblichen und zwischenbetrieblichen Wirtschaftsmediation gleichen). Konflikte in ärztlichen Vereinigungen oder im Rahmen von sogenannten Arzthaftungsfällen wären ebenfalls sehr gut mit Mediation zu bearbeiten, werden jedoch noch nicht umgesetzt.[101]

Im **Strafrecht** hat sich Mediation im Bereich des **Täter-Opfer-Ausgleichs** etabliert und wird in zahlreichen Fällen bereits angewendet.[102] Hier „wird Opfern und Tätern die Möglichkeit geboten, für die mit Straftaten verbundenen Konflikte, im Regelfall unter Beteiligung eines unparteiischen Dritten, eine beiderseits befriedigende Regelung herbeizuführen, die auch dem sozialen Frieden dient und damit die Geltung des Rechts bekräftigt."[103]

---

[96] Vgl. Montada/Kals, 2013, S. 26.

[97] Einen Überblick über die Umweltmediation liefert Zilleßen, 2009, S. 729–751.

[98] Vgl. Holznagel/Ramsauer, 2009, S. 685 f.

[99] Vgl. Kilger, 2009, S. 716.

[100] Vgl. hierzu Kassing, 2009, S. 623–636.

[101] Vgl. Ewig, 2009, S. 773 ff.

[102] Vgl. von Schlieffen, 2009, S. 200.

[103] Kerner, 2009, S. 815.

Mediation in der **Wirtschaft** im innerbetrieblichen und zwischenbetrieblichen Bereich war im Jahre 2007 noch nicht etabliert. Obwohl nach Studien aus den Jahren 2005 und 2007 von PriceWaterhouseCoopers eine Vielzahl von Unternehmen alternative Streitbeilegungsverfahren gegenüber den gerichtlichen Verfahren vorteilhafter einschätzten, so wurde dennoch nach wie vor an erster Stelle das Gerichtsverfahren als Konfliktbearbeitungsmethode herangezogen. Als Erklärungsansätze wurden im Jahre 2007 folgende Ergebnisse zusammengefasst, die auch aktuell für die Mehrzahl von Unternehmen noch zutreffen:[104]

- Nach wie vor sind die befragten Unternehmen sehr unzufrieden bezüglich der der Dauer und Kosten von Gerichtsverfahren und haben diesbezüglich einen hohen Leidensdruck.
- Dennoch wird Mediation in und zwischen Unternehmen noch selten angewendet. Dies ist plausibel, weil nach wie vor die theoretischen Kenntnisse von Unternehmensvertretern, Führungskräften, Konfliktparteien sowie beratenden Anwälten zum Einsatz von Mediation im Unternehmenskontext defizitär sind und darüber hinaus nur geringe praktische Erfahrungen mit außergerichtlichen Konfliktbearbeitungsverfahren vorliegen.
- Auch in dieser Studie wurde festgestellt, dass die außergerichtliche Konfliktbearbeitung in vielen Unternehmen ausbaufähig ist. Zwar wenden einige Unternehmen bereits Konfliktmanagementstrategien an und verfügen auch über Steuerungsprozesse. Die Mehrheit der Unternehmen verfügt jedoch noch nicht über umfassende Konfliktbearbeitungsstrategien, Zieldefinitionen, Dokumentationen, Umsetzungshinweise und Evaluation von Streitfällen in einem angemessenen Umfang.
- Trotz dieser Defizite werden außergerichtliche Konfliktlösungsverfahren und insbesondere die Mediation von vielen Unternehmen sehr positiv wahrgenommen. Nach der Einschätzung der meisten Unternehmen weisen außergerichtliche Konfliktlösungsverfahren wesentlich mehr Vorteile für die Konfliktbearbeitung auf als das staatliche Gerichtsverfahren.
- Die Implementierung von Wirtschaftsmediation und anderen alternativen Streitbeilegungsmethoden in und zwischen Unternehmen kommt nur langsam voran. Bislang haben nur „Pionierunternehmen“ nachhaltige Strategien und Zielsetzungen für die Konfliktbearbeitung entwickelt. Die Studie fragt zuletzt danach, welche Maßnahmen ergriffen werden müssten, damit wesentlich mehr Unternehmen diejenigen Verfahren, die sie als vorteilhafter erachten, auch praktisch nutzen. Im Ergebnis wünschten sich die Unternehmen in der Studie von 2007 neben einer weiteren Verbesserung und **Vereinheitlichung der Rahmenbedingungen für außergerichtliche Verfahren** insbesondere auch auf die Unternehmen zugeschnittene Konfliktmanagement-Konzepte, angefangen von der Anpassung der Unternehmensphilosophie bis hin zu konkreten unternehmensspezifischen Konfliktmanagement-Modellen.

[104] Vgl. hierzu und im Folgenden: Wellmann/Kraus/Kampherm, 2007, S. 7 ff.

Mit dem am **26.07.2012 in Kraft getretenen Mediationsgesetz ist ein großer Schritt vollzogen worden für die Vereinheitlichung der Rahmenbedingungen** außergerichtlicher Verfahren, insbesondere für das Mediationsverfahren. Es ist zu erwarten, dass Mediation in der Wirtschaft, aufgrund der gesetzlichen Verankerung, sich nun aus der Pionierphase heraus in einen Wachstumsmarkt entwickelt und die Nachfrage sowohl innerbetrieblich als auch zwischenbetrieblich zukünftig deutlich ansteigen wird. Auch die Zunahme von fachlich gut ausgebildeten Mediatoren wird dafür Sorge tragen.

Die einzelnen Mediationsverfahren zu den o. g. beschriebenen Inhaltsfeldern unterscheiden sich nicht nur nach der inhaltlichen Ausrichtung, sondern auch nach anderen Merkmalen, wie z. B. [105]

- der Struktur, Themenzahl und damit der Komplexität der Konflikte,
- dem vorhandenen Rechtsbezug der Konflikte,
- der Anzahl der an der Mediation teilnehmenden Konfliktparteien
- der Anzahl der zu beteiligenden Mediatoren
- der fachlichen Zusammensetzung der beteiligten Mediatoren (Psychologen, Kaufleute, Juristen, Sozialpädagogen …)
- der Dauer der Mediationsverfahren
- der Öffentlichkeit des Mediationsprozesses (z. B. bei Umweltmediationen)
- der Auftraggeber des Mediationsverfahrens, die nicht zwangsläufig auch Konfliktpartei des Mediationsverfahrens sein muss.

Bevor im fünften Kapitel das Mediationsverfahren ausführlich dargestellt wird, sollen im nun folgenden **zweiten Kapitel die Grundlagen zum Verständnis menschlichen Verhaltens in Konflikten** gelegt werden. Im dritten Kapitel werden dann die zentralen Kommunikations- und Visualisierungstechniken vorgestellt, die in den einzelnen Stufen der Mediation zum Einsatz kommen. Die Kreativitäts- und Bewertungstechniken, die im Rahmen der Lösungsfindungsphase eingesetzt werden können, werden zum besseren Verständnis erst im Rahmen des fünften Kapitels vorgestellt.

1.5 Zusammenfassung

In der Wirtschaft ist das Mediationsverfahren sehr hilfreich zur frühzeitigen Konfliktklärung, zur Vermeidung einer Eskalation oder zur Verhinderung teurer und langandauernder Gerichtsprozesse. Wirtschaftsmediation bietet ein breites Anwendungspotential sowohl im innerbetrieblichen als auch zwischenbetrieblichen Kontext. Das erste Kapitel dieses Buches vermittelt einen Überblick zum Themengebiet der Wirtschaftsmediation. Dafür wurden zunächst grundlegende Begriffe definiert und insbesondere der Unterschied zwischen der innerbetrieblichen und zwischenbetrieblichen Wirtschaftsmediation aufgezeigt.

[105] Vgl. Montada/Kals, 2013, S. 26.

Anschließend wurden die tragenden Grundprinzipien einer Mediation erläutert und die zusätzlich für innerbetriebliche Wirtschaftsmediationen geltenden Grundsätze dargestellt. Zur ersten Orientierung wurde eine tabellarische Übersicht über den Verfahrensablauf und die Phasen der Mediation sowie deren Methoden und Kommunikations- und Arbeitstechniken gegeben. Danach ist die Mediation zum streitigen Verfahren und anderen alternativen Konfliktbeilegungsverfahren abgegrenzt worden. Das Kapitel endet mit einem Überblick über die weiteren möglichen Anwendungsgebiete der Mediation, nicht nur mit Wirtschaftsbezug.

Literatur

Auer, Anton, (2005) Ombudsmann, Schlichtung und Wirtschaftsmediation, Rechtsbeistand 35. Jahrgang, Heft 1/2005, S. 2 ff.

Breidenbach, Stephan, (1995), Mediation, Struktur, Chancen und Risiken von Vermittlung im Konflikt, 1. Auflage, Köln: Dr. Otto Schmidt KG.

Budde, Andrea, (Budde, 2006a), Studienskript im Masterstudiengang Mediation der FernUniversität Hagen, Medition im Arbeits- und Sozialrecht, Der Betrieb als Ausgangspunkt des Konflikts, Teil 1, Hagen.

Duve, Christian/Eidenmüller, Horst/Hacke, Andreas, (2011), Mediation in der Wirtschaft, Wege zum professionellen Konfliktmanagement, 2. Auflage, Köln: Dr. Otto Schmidt.

Ewig, Eugen, (2009), § 31 Mediation im Gesundheitswesen, in: Haft/von Schlieffen (Hrsg.), Handbuch Mediation, 2. Aufl., S. 753–778, München: Beck.

Flechsig, Angelika/Ponschab, Reiner/Schweizer, Adrian, (2006) Studienskript im Weiterbildendem Studium Mediation der FernUniversität Hagen, Grundlagen der Mediation, Teil 2, Hagen.

Gabler Wirtschaftslexikon, Bd. 5, 12. Auflage, Wiesbaden: Gabler.

Galli-Widmer, Marianne, (2009), § 52 Mediation in der Schweiz, in: Haft/von Schlieffen (Hrsg.), Handbuch Mediation, 2. Aufl., S. 1247–1258, München: Beck.

Glasl, Friedrich, (2004), Konfliktmanagement, Ein Handbuch für Führungskräfte, Beraterinnen und Berater, 8. Auflage, Bern/Stuttgart/Wien: Haupt, Freies Geistesleben.

Haft, Fritjof, (1997), Einführung in das juristische Lernen, 6. Aufl., Bielefeld: Gieseking.

Haft, Fritjof, (2009), § 2 Verhandlung und Mediation, in: Haft/von Schlieffen (Hrsg.), Handbuch Mediation, 2. Aufl., S. 69–79, München: Beck.

Hagedorn, Ortrud, (2005) Mediation – durch Konflikte lotsen, 1. Auflage, Leipzig: Klett.

Hartmann, Christoph, (2009), § 44 Sicherung der Vertraulichkeit, in: Haft/von Schlieffen (Hrsg.), Handbuch Mediation, 2. Aufl., S. 1087–1117, München: Beck.

Heussen, Benno, (2009), § 17 Die Organisation von Mediationsverhandlungen, in: Haft/von Schlieffen (Hrsg.), Handbuch Mediation, 2. Aufl., S. 407–431, München: Beck.

Holznagel, Bernd/Ramsauer, Ulrich, (2009), § 28 Mediation im Verwaltungsrecht, in: Haft/von Schlieffen (Hrsg.), Handbuch Mediation, 2. Aufl., S. 683–713, München: Beck.

Horstmeier, Gerrit, (2013), Das neue Mediationsgesetz, 1. Aufl., München: Beck.

Hösl, Gerhard Gattus, (2008), Mediation die erfolgreiche Konfliktlösung, Grundlagen und praktische Anwendung, München: Kösel.

Ishikawa, Kaoru, (1989), Introduction to Quality Control, 2. Auflage, Tokio: 3 A Corporation.

Kerner, Hans-Jürgen, (2009), § 33 Mediation beim Täter-Opfer-Ausgleich, in: Haft/von Schlieffen (Hrsg.), Handbuch Mediation, 2. Aufl., S. 815–834, München: Beck.

Kessen, Stefan/Troja, Markus, (2009), § 13 Die Phasen und Schritte der Mediation als Kommunikationsprozess, in: Haft/von Schlieffen (Hrsg.), Handbuch Mediation, 2. Auflage, S. 293–319, München: Beck.

Kilger, Hartmut, (2009), § 29 Mediation im Sozialrecht, in: Haft/von Schlieffen (Hrsg.), Handbuch Mediation, 2. Aufl., S. 715–727, München: Beck.

Kracht, Stefan, (2009), § 12 Rolle und Aufgabe des Mediators – Prinzipien der Mediation, in: Haft/von Schlieffen (Hrsg.), Handbuch Mediation, 2. Aufl., S. 267–292, München: Beck.

Kraus, Steffen, (2009), § 22 Mediation im privaten Baurecht, in: Haft/von Schlieffen (Hrsg.), Handbuch Mediation, 2. Aufl., S. 533–552, München: Beck.

Mähler, Hans-Georg/Mähler, Gisela, (2009), § 19 Familienmediation, in: Haft/von Schlieffen (Hrsg.), Handbuch Mediation, 2. Aufl., S. 457–494, München: Beck.

Montada, Leo/Kals, Elisabeth, (2013), Mediation, Psychologische Grundlagen und Perspektiven, 3. Auflage, Weinheim/Basel: Beltz.

Ponschab, Reiner/Dendorfer, Renate, (2009), § 24 Konfliktmanagement im Unternehmen, in: Haft/von Schlieffen (Hrsg.), Handbuch Mediation, 2. Aufl., S. 589–618, München: Beck.

Ponschab, Reiner/Schweizer, Adrian, (2004), Die Streitzeit ist vorbei – Wie Sie mit Wirtschaftsmediation schnell, effizient & kostengünstig Konflikte lösen! 1. Aufl., Paderborn: Junfermann.

Ponschab, Reiner/Schweizer, Adrian, (2006a), Studienskript im Masterstudiengang Mediation der FernUniversität Hagen, Wirtschaftsmediation Teil I, Hagen.

Risse, Jörg/Wagner, Christof, (2009), § 23 Mediation im Wirtschaftsrecht, in: Haft/von Schlieffen (Hrsg.), Handbuch Mediation, 2. Aufl., S. 553–587, München: Beck.

von Schlieffen, Katharina, (2009), § 9 Perspektiven der Mediation, in: Haft/von Schlieffen (Hrsg.), Handbuch Mediation, 2. Aufl., S. 197–216, München: Beck.

Schwartz, Hansjörg, (2012), Wirtschaftsmediation – Geschäftsfeld erweitern, in: Datev-Magazin, Ausgabe 4, 2012, S. 20–23, Nürnberg: DATEV eG

***Schweizer*, Adrian**, (2009a), § 6 Kooperative Verhalten – die Alternative zum (Rechts-)streit, in: Haft/von Schlieffen (Hrsg.), Handbuch Mediation, 2. Aufl., S. 137–160, München: Beck.

Wellmann, Anna/Kraus, Stephan/Kampherm, Elke, (2007), Praxis des Konfliktmanagements deutscher Unternehmen, Ergebnisse einer Folgestudie zu „Commercial Dispute Resolution" – Konfliktbearbeitungsverfahren im Vergleich, Frankfurt am Main: PricewaterhouseCoopers

Zilleßen, Horst, (2009), § 30 Umweltmediation, in: Haft/von Schlieffen (Hrsg.), Handbuch Mediation, 2. Aufl., S. 729–751, München: Beck

Konfliktkompetenz 2

Als Mediator ist es wichtig über ein Basiswissen zu verfügen, das die Typisierung und Entstehung von Konflikten und die psychischen Mechanismen in Konflikten umfasst. Dieses Basiswissen ist notwendig, um das **Verhalten von Menschen in Konfliktsituationen besser verstehen zu können**, die **eigene Haltung** einordnen zu können, die **Neutralität in der Mediation zu wahren** und um einschätzen zu können, ob ein **Konflikt für eine Mediation geeignet** ist oder nicht.

2.1 Konflikttheorie

In der Literatur gibt es eine Vielzahl von Ansätzen, **Typen von Konflikten** zu unterscheiden, die für die Bildung einer einheitlichen Theorie oder für die praktische Konfliktbearbeitung von Nutzen sein sollen.[1] Eine einheitliche Systematik hat sich jedoch bisher nicht herausbilden können, da Konflikte aus unterschiedlichen Perspektiven und wissenschaftlichen Disziplinen betrachtet und nach unterschiedlichen Kriterien eingeordnet und bewertet werden können. Glasl unterscheidet **drei Gruppen,** denen die meisten wissenschaftlichen Konflikttypisierungen zugeordnet werden können. In den Konflikttypisierungen werden Konflikte entweder nach unterschiedlichen **Streitgegenständen**, unterschiedlichen **Erscheinungsformen** der Auseinandersetzung oder nach Merkmalen der **Konfliktparteien**, ihrer Positionen und wechselseitigen Beziehungen, unterschieden.[2] Allerdings lassen sich nicht alle Theorien diesen drei Gruppen überschneidungsfrei unterordnen, da sich die Systematisierungskriterien teilweise überlappen. Im Folgenden sollen aus den drei Theorie-Typisierungen nach Glasl für die Mediationspraxis jeweils eine wichtige Typisierung vorgestellt werden.

[1] Vgl. hierzu und im Folgenden: Glasl, 2004, S. 53 ff.

[2] Vgl. Glasl, 2004, S. 54.

M. Koschany-Rohbeck, *Praxishandbuch Wirtschaftsmediation*,
DOI 10.1007/978-3-658-08021-1_2

2.1.1 Konflikttypisierung nach dem Streitgegenstand

Konflikte im Wirtschaftsleben können nach ihrem Anlass bzw. Ursache für ein Konfliktverhalten eingeteilt werden. Unter einem **Anlass/Ursache für ein Konfliktverhalten** werden diejenigen äußeren Umstände verstanden, die zu einem sozialen Konflikt (Vgl. Definition Kap. 1.1.1.) im Wirtschaftsleben führen.[3] Im Folgenden sollen für die Wirtschaftsmediation wichtige Konfliktkategorien vorgestellt werden.[4] Dabei handelt es sich um Informationskonflikte, Sachkonflikte, Wert- und Grundsatzkonflikte, Verteilungskonflikte, Strategiekonflikte, Beziehungskonflikte und Strukturkonflikte. Die Einteilung der Konflikte in eine dieser Kategorien erleichtert die Entscheidung, ob Mediation ein geeignetes Verfahren zur Streitbeilegung darstellt und hilft bei der Vorbereitung der Mediation und der Verhandlungsführung.

a) Informationskonflikte

Bei Informationskonflikten handelt es sich um Konflikte, die aus einem Wissensvorsprung, Mangel an Sachinformation, Fehlinformation oder Missverständnissen heraus resultieren.[5] Wird dieses Defizit schnell erkannt, können Konflikte sehr schnell ausgeräumt werden. Der Einsatz von Mediation in einer frühen Phase des Konfliktes ist hier sehr sinnvoll und führt sehr schnell zu sehr guten Ergebnissen, weil Mediation gemäß dem Grundsatz der Informiertheit dafür sorgt, dass die Betroffenen die relevanten Informationen in der Mediation mitteilen, sodass Irrtümer und Missverständnisse schnell ausgeräumt werden können.

b) Sachkonflikte

Bei **Sachkonflikten** handelt es sich um Differenzen über Sachfragen. Sie entstehen häufig aufgrund eines hohen Zeitdrucks, der oftmals Informationsdefizite verursacht und zu Missverständnissen führt. **Zwischenbetriebliche Sachkonflikte** können aufgrund z. B. unterschiedlicher Erwartungshaltungen über die Beschaffenheit eines Produktes oder einer Dienstleistung sein oder sich aus dem zeitlichen Ablauf eines Vorhabens ergeben.[6] In diesen Beispielfällen handelt es sich gleichzeitig um **Zielkonflikte,** weil die Betroffenen unterschiedliche Ergebnisse erreichen wollen, da sich ihre Einschätzung zur Beurteilung des Sachverhaltes unterscheiden.

Innerbetrieblichen Sachkonflikten liegen häufig Informationsdefizite oder Missverständnisse, oftmals auch **Interessen oder unerfüllte Bedürfnisse** der Streitparteien zugrunde. So können z. B. unzureichende Beteiligungen von Mitarbeitern bei der Arbeitsgestaltung zwischen Mitarbeitern und Vorgesetzten führen. Eine Neuanstellung eines

[3] Vgl. Duve/Eidenmüller/Hacke, 2011, S. 15.

[4] Vgl. hierzu und im Folgenden: Hagedorn, 2005, S. 52 f. und vgl. Duve/Eidenmüller/Hacke, 2011, S. 16 ff.

[5] Vgl. hierzu und im Folgenden: Hagedorn, 2005, S. 52.

[6] Vgl. Duve/Eidenmüller/Hacke, 2011, S. 16.

Kollegen, eine Reorganisation einer Abteilung oder im Rahmen von Fusionen entstehen häufig Konflikte durch Veränderungen der Organisationsstrukturen, die die Interessen der Mitarbeiter positiv oder negativ beeinflussen können und demnach zu Konflikten führen können. Sachkonflikte sind mittels Mediation sehr gut zu bearbeiten. Jeder Konflikt hat immer eine Sachebene und eine Beziehungsebene.[7] Je höher ein Konflikt eskaliert ist, desto größer wird der Beziehungskonfliktanteil des Konfliktes.

c) Beziehungskonflikte

Nicht der Sachkonflikt ist das Problem in weiter eskalierten Konflikten, sondern der Umgang im Konflikt mit dem jeweiligen Gegenüber beeinflusst die Beziehung zueinander. Sobald sich nur eine Konfliktpartei durch die andere Konfliktpartei „gestört, beeinträchtigt oder missachtet fühlt, liegt neben dem Sachkonflikt regelmäßig ein Beziehungskonflikt vor.“ Dabei sind Sachkonflikte und Beziehungskonflikte oftmals miteinander so stark verwoben, dass Sachkonflikte aufgrund der bestehenden Beziehungskonflikte nicht gelöst werden können. Oftmals werden auch Sachkonflikte als Stellvertreterkonflikte für den eigentlichen Beziehungskonflikt geführt. Eine Klärung der Sachebene ist oftmals dann erst möglich, wenn die zugrunde liegenden großen Beziehungsstörungen abgebaut werden können. Beziehungskonflikte sind vorwiegend in innerbetrieblichen Konflikten bzw. Mediationen zu beachten, da die betroffenen Konfliktparteien nach der Mediation auch in der Zukunft eine kooperative Zusammenarbeit wünschen. Aber auch in zwischenbetrieblichen Konflikten muss auf die Beziehungsebene Rücksicht genommen werden. Die Herstellung einer guten Beziehungsebene im Rahmen der Vertragsverhandlungen ist nicht unerheblich für den Erfolg einer zwischenbetrieblichen Wirtschaftsmediation und den Fortbestand der Geschäftsbeziehung.[8] Beziehungskonflikte im Kontext der Wirtschaft sind für Mediationen gut geeignet.

d) Wert- und Grundsatzkonflikte

Bei **Wertkonflikten** handelt es sich um Konflikte, bei denen unterschiedliche Gerechtigkeitsvorstellungen und Werte der beteiligten Konfliktparteien aufeinandertreffen.[9] Diese Konflikte können nicht immer einvernehmlich beigelegt werden. In Mediationen kann man sich i. d. R nur im gegenseitigen Diskurs annähern, da oftmals keine Allgemeingültigkeit von Werten existiert. Darüber hinaus ist bei Wertkonflikten auch das Selbstverständnis der betroffenen Personen tangiert. Die Betroffenen sind in der Regel weniger zu Zugeständnissen bereit, weil sie diese als eine Aufgabe eigener Ideale sehen. Wollen die Parteien jedoch eine grundsätzliche Klärung ihrer Wertüberzeugungen, dann wird von einem **Grundsatzkonflikt** gesprochen. Bei Grundsatzstreitigkeiten handelt es sich nicht ausschließlich um Wertekonflikte, sondern es betrifft allgemein Konflikte bei denen

---

[7] Vgl. hierzu und im Folgenden: Duve/Eidenmüller/Hacke, 2011, S. 22 f.

[8] Vgl. Fisher/Ury/Patton, 2009, S. 41 ff.

[9] Vgl. hierzu und im Folgenden: Duve/Eidenmüller/Hacke, 2011, S. 16 f.

Präzedenzfälle geschaffen werden sollen. Bei diesen soll verbindlich geklärt werden wie mit einem Sachverhalt, der z. B. häufig auftritt, umgegangen werden soll. Beispielsweise könnte ein Gericht entscheiden, wie lange Bankkunden die Möglichkeit besitzen sollten, unrechtmäßig vom Konto belastete Lastschriften zurückzugeben. Wollen alle Beteiligten eine grundsätzliche und verbindliche Regelung, so wäre in einem solchen Fall die gerichtliche Entscheidung angeraten. Geht es den Betroffenen hingegen um mehr Verständnis füreinander und um eine weiterhin gute Beziehung zueinander, sollte ein Mediationsverfahren gewählt werden.

e) Strategiekonflikte

Innerhalb von Unternehmen kommt es **häufig zu Strategiekonflikten** bei der die Konfliktparteien zwar das gleiche Ziel, wie z. B. den wirtschaftlichen Erfolg des Unternehmens verfolgen, jedoch unterschiedliche Auffassungen darüber existieren, **wie** dieses Ziel erreicht werden soll.[10] Strategiekonflikte können mit Mediation erfolgreich gelöst werden.

f) Verteilungskonflikte

Von **Verteilungskonflikten** wird gesprochen, wenn unterschiedliche Auffassungen darüber existieren, wie begrenzt verfügbare materielle oder immaterielle Ressourcen (z. B. wirtschaftlicher Erfolg, ein finanzielles Budget, Chancen und Risiken oder Kosten) aufgeteilt werden sollen.[11]

Bei **zwischenbetrieblichen Konflikten** gibt es häufig Differenzen zur **Risikotragung von Absatz-, Verwendungs- oder Betriebsrisiken**, z. B. werden in der Automobilindustrie die Übernahme der Gewährleistungskosten i. d. R den Zulieferern auferlegt.

Bei **innerbetrieblichen Konflikten** führt die **Verteilung finanzieller Mittel** häufig zu Streitigkeiten, z. B. zwischen Abteilungen bei der Aufteilung eines Marketingbudgets, bei der Aufteilung von Bonuszahlungen oder Lohnkürzung von Mitarbeitern in der Wirtschaftskrise.

Auch die Neuverteilung von **Macht,** z. B. bei der Neubesetzung einer Führungsposition kann zu einem Verteilungskonflikt führen. Im Rahmen von Fusionen sind viele Verteilungskonflikte vorzufinden, weil in diesem Zusammenhang eine Firma in der anderen aufgeht und geklärt werden muss, wie das fusionierte Unternehmen in das bestehende Unternehmen integriert werden kann, welche Abteilungen erhalten bleiben, ob und in welcher Höhe es zu einem Stellenabbau kommt, welcher Name/welches Logo erhalten bleibt oder ob ein Standort aufgegeben wird oder nicht. Verteilungskonflikte sind für eine Mediation gut geeignet, wenn **zusätzliche Interessen** der Konfliktparteien neben **dem zu verteilenden „Kuchen“** vorhanden sind und der Kuchen so vergrößert werden kann. Lässt sich der Kuchen aufgrund **widerstreitender Interessen** nicht vergrößern, so können

[10] Vgl. Duve/Eidenmüller/Hacke, 2011, S. 19.

[11] Vgl. hierzu und im Folgenden: Duve/Eidenmüller/Hacke, 2011, S. 21 f.

im Rahmen einer Mediation zumindest jedoch durch die Betroffenen gemeinsam faire Bewertungskriterien ermittelt werden, die eine Verteilung für alle akzeptabel machen. (Vgl. Kap. 3.2.2.4.)

g) Strukturkonflikte

Strukturkonflikte resultieren aus der Unternehmens- oder Organisationsstruktur. Sie können sich z. B. aus einem innerbetrieblichen Machtgefälle ergeben, das sich aus den hierarchischen Strukturen herleitet.[12] Vorgesetzte haben die Möglichkeit aufgrund ihrer Stellung im Unternehmen, quasi wie ein Richter, per Machtwort ihre Sicht der Dinge durchzusetzen. Werden Interessen und Bedürfnisse der Betroffenen bei Veränderungen, Problemen und Konfliktsituationen dauerhaft nicht erfragt, führt dies zu Frustrationen und Enttäuschungen bei den „unterlegenen Betroffenen", insbesondere wenn ihr persönlicher Arbeitsplatz und Aufgabenbereich betroffen ist. Kommt es häufig zu einseitigen Entscheidungen „gegen" einen Mitarbeiter, wird dieser sich zurückziehen, sich unfair behandelt fühlen oder nur noch unmotiviert einen „Dienst nach Vorschrift" ableisten. Strukturkonflikte können aber auch aus der Organisationsstruktur resultieren, wenn z. B. im Rahmen einer Matrixorganisation zwei Vorgesetzte unterschiedliche Handlungsanweisungen an die Mitarbeiter geben, die dann arbeitstechnisch in Konfliktsituationen geraten, weil sie z. B. nicht wissen, welche Vorgabe vorrangig zu beachten ist. Strukturkonflikte können mittels Mediationen sehr gut offengelegt und bearbeitet werden. Zur nachhaltigen Lösung dieser Konflikte ist oftmals der Einbezug der höheren Managementebenen zur Entscheidungsfindung erforderlich, weil bei diesen Konflikten häufig eine Veränderung organisatorischer Rahmenbedingungen notwendig ist, die auch auf höchster Unternehmensebene mitgetragen werden muss.

2.1.2 Konflikttypisierung nach der Erscheinungsform

Konflikte, die nach Erscheinungsformen typisiert werden, gehen von der Beobachtung aus, dass sich Konflikte trotz des gleichen Anlasses unterschiedlich entfalten können.[13] In Wirtschaftskonflikten wird z. B. zwischen **latenten (verdeckten)** und **manifesten (offenen)** Konflikten unterschieden.[14] Bei verdeckten Konflikten handelt es sich um Konflikte, bei der nur eine Konfliktpartei einen sozialen Konflikt empfindet allerdings der anderen Konfliktpartei diesen Zustand nicht mitteilt. Dies ist besonders nachteilig, weil der anderen Konfliktpartei dieser Zustand nicht klar ist und der Konflikt im Untergrund schwelt, sich tendenziell aufbaut und dann ggf. in unangemessener Weise entlädt. Nur offene Konflikte sind für alle Beteiligten als solche erkennbar. Nur wenn allen Betroffe-

[12] Vgl. Hagedorn, 2005, S. 53.

[13] Vgl. hierzu und im Folgenden: Glasl, 2004, S. 55 f.

[14] Vgl. Montada/Kals, 2013, S. 113 f.

nen die Konfliktsituation bewusst ist, kann eine konstruktive Bearbeitung, beispielsweise mittels Mediation hilfreich sein.

2.1.3 Konflikttypisierung nach Merkmalen der Konfliktparteien

Eine weitere Art der Typisierung von Konflikten ist die Einteilung bezüglich der Anzahl der beteiligten Konfliktparteien.[15] So können **intrapersonelle** Konflikte (innerpsychische Konflikte/innere Konflikte) die eine Einzelperson hat, von interpersonellen, also zwischenmenschlichen Konflikten unterschieden werden. Bei den **interpersonellen Konflikten** kann nochmals differenziert werden zwischen Konflikten zwischen Einzelpersonen und Konflikten in und zwischen Gruppen sowie Konflikten zwischen einer Einzelperson und einer Gruppe.

Innere Konflikte sind Bestandteil der Persönlichkeit. Die Meinung, die eine Person von sich selbst hat, bildet ein Merkmal der Persönlichkeit. Es handelt sich hierbei um das sogenannte Selbstkonzept.[16] Die Persönlichkeit wird in der Kindheit und im Laufe der Erfahrungswelt der Person verfestigt. Dabei spielen die Erfahrungen, die in Konflikten gemacht wurden, eine große Rolle. Innere Konflikte sind selbst nicht Bestandteil der Mediation, haben aber einen großen Einfluss auf das Verhalten der Betroffenen in Konflikten und Mediationen.[17] Aus diesem Grunde sollen im Kap. 2.2.1. die Grundlagen der Transaktionsanalyse vorgestellt werden, die ein besseres Verständnis intrapsychischer Vorgänge ermöglichen.

In Wirtschaftsmediationen werden **interpersonelle** Zwei- oder Mehrparteien-Konflikte bearbeitet, wobei die Komplexität des Mediationsverfahrens mit der Anzahl der beteiligten Konfliktparteien zunimmt, wenn es sich um Beziehungskonflikte zwischen Betroffenen handelt, was bei innerbetrieblichen Konflikten oftmals der Fall ist. So ist bei zwei Parteien nur die Beziehung zwischen zwei Personen zu beachten, bei drei Parteien bestehen bereits drei verschiedene Beziehungsebenen und bei fünf Konfliktbeteiligten steigt die Zahl der vorhandenen wechselseitigen Beziehungen auf ein Beziehungsgeflecht von zehn Beziehungen an. In der Abb. 2.1 wird dieser Zusammenhang der Komplexitätssteigerung mit der Anzahl der Beteiligten dargestellt.

2.2 Subjektive Wahrnehmung von Konflikten

Nicht bei jeder Uneinigkeit über eine Fragestellung handelt es sich schon um einen Konflikt. Die **subjektive Wahrnehmung** der Situation mindestens eines Betroffenen, in der er eine Beeinträchtigung im Fühlen, Denken, Wollen und Handeln durch den anderen erlebt, macht aus einer Meinungsverschiedenheit einen sozialen Konflikt. (Vgl. Defini-

[15] Vgl. hierzu und im Folgenden: Glasl, 2004, S. 57.

[16] Vgl. Duve/Eidenmüller/Hacke, 2011, S. 24.

[17] Vgl. Montada/Kals, 2013, S. 123 ff.

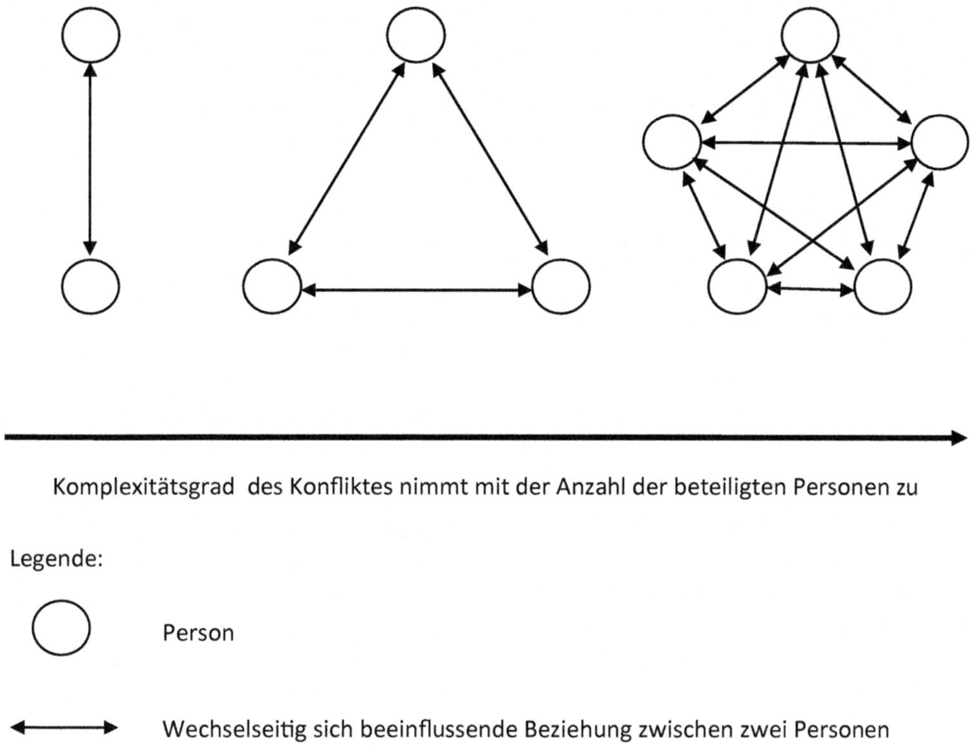

Abb. 2.1 Steigerung der Vernetztheit des Beziehungsgeflechtes (Komplexität des Konfliktes) mit der Anzahl der beteiligten Parteien. (Quelle: eigene Darstellung)

tion Kap. 1.1.1.) **Der Schlüssel zum Verständnis von Verhaltensweisen in Konflikten liegt in der Kenntnis der subjektiven Wahrnehmungen und Sichtweisen der Betroffenen.**[18] Durch welche Mechanismen unsere Wahrnehmungen gesteuert werden, ist durch viele Theoriemodelle erläutert worden. Im Folgenden soll zuerst der praxisbezogene Theorieansatz von Eric Berne dargestellt werden, der durch Thomas Harris erweitert wurde. Danach werden die psychischen Mechanismen von Glasl vorgestellt, die in sozialen Konflikten wirken. Als drittes soll das Eisbergmodell zum besseren Verständnis von sichtbaren und unsichtbaren Inhalten in sozialen Konflikten erläutert werden.

2.2.1 Transaktionsanalyse nach Eric Berne und Thomas Harris

Im Rahmen der Gehirnforschung konnte 1952 der Neurowissenschaftler Wilder Penfield empirisch abgesicherte Beweise vorlegen, dass unser Gehirn, alles was unser Bewusstsein jemals registriert, genau aufzeichnet und so speichert, dass es jederzeit abgerufen werden kann.[19] Dabei wurde ebenso festgestellt, dass

[18] Vgl. Duve/Eidenmüller/Hacke, 2011, S. 27.

[19] Vgl. Harris, 1984, S. 19 f.

> nicht nur vergangene Ereignisse detailliert aufgezeichnet werden, sondern auch die Gefühle, die mit diesen Ereignissen verbunden waren. Ein Ereignis und das Gefühl, das von diesem Ereignis ausgelöst wurde, sind im Gehirn unauflösbar miteinander verwoben, so dass eines nicht ohne das andere hervorgerufen werden kann.[20]

Dabei werden die Erinnerungen nicht „objektiv", wie zum Beispiel bei Filmmaterialien abgespeichert, sondern die Ereignisse werden so gespeichert, wie die betroffene Person sie mit ihren **Sinnen wahrgenommen** hat, sie in dieser Situation **empfunden** hat und was sie (unter anderem auch in Abhängigkeit ihres Alters) **verstand**.[21] Kinder nehmen Ereignisse oftmals anders wahr als Erwachsene.

Aus diesen Forschungsergebnissen entwickelte Eric Berne, Arzt und Psychiater die Transaktionsanalyse, die von seinem Mentee, Thomas Harris, ebenfalls Arzt und Psychiater um Elemente zur eigenen Verhaltensänderung ergänzt wurden. Die Grundzüge der Theorie bzw. des Instrumentes sollen im Folgenden dargestellt werden. Die Transaktionsanalyse teilt die Persönlichkeit eines Menschen in drei Seinszustände, und zwar in das Eltern-Ich, Erwachsenen-Ich und Kindheits-Ich.[22]

Das **Eltern-Ich** eines Menschen speichert und sammelt im Gehirn Wahrnehmungen über ungeprüft hingenommene oder aufgezwungene **äußere** Ereignisse aus der frühen Kindheit, die ungefähr die ersten fünf oder sechs Lebensjahre des Menschen umfassen.[23]

Das Eltern-Ich umfasst alle (Erziehungs-)Personen, die auf das Kind in diesem Alter Einfluss nehmen und an der Erziehung teilhaben. **Alle Taten**, die ein Kind von diesem Personenkreis sah, was es in dem Zusammenhang **sagen hörte**, sind im Eltern-Ich gespeichert. Dabei ist zu berücksichtigen, dass die Ereignisse original und ohne Korrektur aufgenommen werden. Aus der Perspektive eines Kindes können Situationen nicht verändert, korrigiert oder erklärt werden, weil es abhängig von den Bezugspersonen ist und sprachlich oft nicht in der Lage ist, Sinnzusammenhänge herzustellen. So kann das Kind z. B. nicht reflektieren, das der Streit zwischen den Eltern, den es als existenziell empfindet, daher rührt, das der Vater seine Arbeit verloren hat und nun das Haus verkauft werden muss.

Im Eltern-Ich sind auch alle „**Glaubenssätze**" des jeweiligen Menschen enthalten. Sie werden bestimmt durch **Regeln, Gebote und Verbote**, die ein Kind von seinen Eltern/Erziehungspersonen zu hören bekommen hat oder von der Lebensführung her interpretiert hat. Es sind Regeln der Kategorie „Wie man etwas macht", z. B. wie man isst, wie man sich die Nase putzt, wie man sich bedankt. Oder es sind Anordnungen in der Form: „Du darfst nie", „Du musst immer" und „Vergiss bloß nie". Diese Regeln (egal ob ethisch vertretbar oder nicht), werden verinnerlicht und als **Wahrheit** aufgezeichnet und stehen der Person ein ganzes Leben zur Wiedergabe zur Verfügung und **üben einen mächtigen Einfluss auf das Verhalten** des Menschen aus. Die Aufzeichnungen sind aufgrund der unterschiedlichen Bezugspersonen und unterschiedlicher Umweltsituationen für jeden

---

20 Harris, 1984, S. 21.

21 Vgl. Harris, 1984, S. 22.

22 Vgl. hierzu und im Folgenden: Harris, 1984, S. 33 ff.

23 Vgl. Harris, 1984, S. 33.

Menschen individuell. Im Eltern-Ich sind viele hilfreiche Regeln angelegt, die vor Gefahren schützen, z. B. „schau nach rechts oder links, wenn du die Straße überquerst." Im Eltern-Ich werden aber auch Widersprüche des Eltern-Verhaltens genau registriert, wie z. B. dass die Eltern verlangen, dass das Kind nicht lügen soll, die Eltern jedoch selbst lügen. In diesem Falle wird das Gefühl von Desorientierung und Angst hervorgerufen, das zu einer Selbst-Schutzfunktion führt, bei der die Wiedergabe der Aufzeichnungen ausgeblendet wird. Ein Mensch, der eine strenge Erziehung genossen hat, tut sich im Erwachsenenalter schwer damit, Regeln des Eltern-Ich zu hinterfragen und durch neuere sinnvollere zu ersetzen, wenn z. B. sich Umweltbedingungen verändert haben. Es gibt jedoch noch eine andere Art äußerer Erfahrung beim kleinen Kind, die im Erwachsenen-Ich gespeichert wird und dort auch beschrieben wird. Zuvor soll aber das Kindheits-Ich beschrieben werden.

Im **Kindheits-Ich** sind im Gegensatz zum Eltern-Ich, **innere** statt äußere Ereignisse aufgezeichnet.[24] Es handelt sich dabei um die Reaktion des kleinen Kindes auf das, was es sieht und hört – seine **Gefühle** und was es in der Situation verstanden hat. Diese Datenkombination aus diesen **vier Elementen** des **Gesehenem**, des **Gehörten**, des **Verstandenem** und des dabei **Gefühlten** wird als Kindheits-Ich definiert. Dies können **negative Gefühle** wie Frustration, Verlassenheit oder Zurückweisung sein, die im täglichen Umgang mit anderen Menschen wieder durchlaufen werden können. Im Kindheits-Ich sind darüber hinaus auch viele **positive Daten,** wie Kreativität, Neugier, Wissbegierde und die gemachten **Sinneseindrücke** durch Berühren, Fühlen, Erfahren oder Entdeckungen gespeichert, die mit **positiven Gefühlen** im Kindheits-Ich belegt sind. Im Kindheits-Ich sind somit sämtliche Gefühle des Menschen gespeichert. Diese werden oftmals bei ähnlichen Ereignissen im Erwachsenenalter wieder ausgelöst.

Das **Erwachsenen-Ich** bildet sich erst im Alter von ca. 10 Monaten, in dem der kleine Mensch anfängt „selbstbestimmt" sein Leben zu leben. Das Erwachsenen-Ich beginnt sich ab diesem Zeitpunkt auszubilden mit Inhalten, die das Kind durch Ausprobieren selbst klärt. Das Erwachsenen-Ich ist ein **gedachtes Weltbild**, bei dem das Kind für sich klärt, worin sich die **Lebenswirklichkeit** von dem **gelernten Weltbild** des Eltern-Ichs und von dem **gefühlten Weltbild** des Kindheits-Ich unterscheidet.[25] In den ersten Jahren ist das Erwachsenen-Ich noch nicht stark ausgeprägt und wird durch das Eltern-Ich und Kindheits-Ich dominiert. Das Erwachsenen-Ich wird mit zunehmendem Alter jedoch immer gefestigter und funktioniert als Datenverarbeitungssystem mit drei Speichern.

> Das Kind lernt mit dem Erwachsenen-Ich sukzessive zu unterscheiden „zwischen dem Leben, wie es ihm beigebracht oder gezeigt wurde (Eltern-Ich), dem Leben, wie er es gefühlt, sich gewünscht oder ausgemalt hat (Kindheits-Ich) und dem Leben, wie er es nun auf eigene Faust begreift (Erwachsenen-Ich)."[26]

Zur Funktion des Erwachsenen-Ich gehört es auch, die Aussagen des Eltern-Ich zu reflektieren und zu entscheiden, ob sie noch zeitgemäß und anwendbar sind. Genauso überprüft

[24] Vgl. hierzu und im Folgenden: Harris, 1984, S. 40 ff.

[25] Vgl. Harris, 1984, S. 45.

[26] Harris, 1984, S. 46.

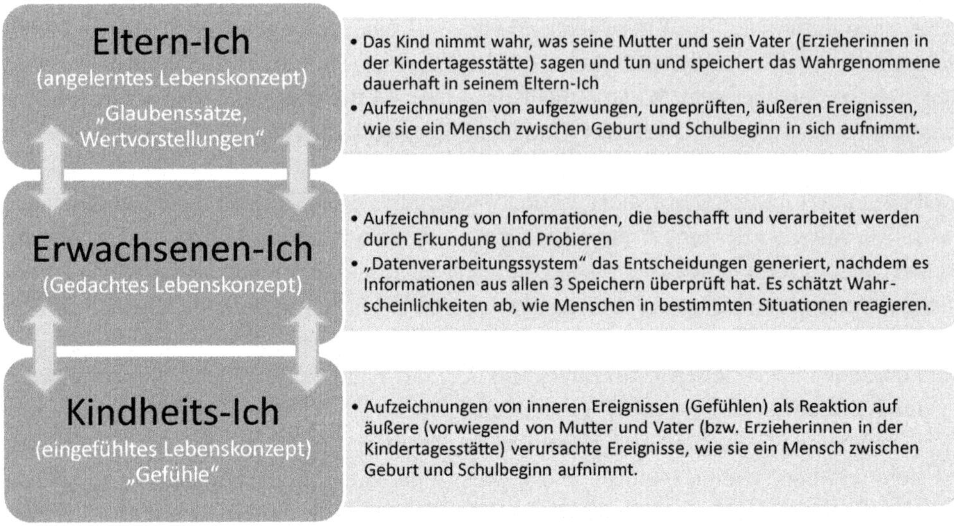

Abb. 2.2 Die Persönlichkeit in der Transaktionsanalyse nach Eric Berne. (Quelle: eigene Darstellung, in Anlehnung an Harris, 1984, Abb. 4, S. 45.)

das Erwachsenen-Ich die Gefühle des Kindheits-Ichs und entscheidet bei neuen Ereignissen, ob die gespeicherten Gefühle angemessen sind oder nur eine bloße Reaktion auf längst nicht mehr zutreffende Eltern-Ich-Ereignisse. Dabei ist es das **Ziel des Erwachsenen-Ich**, den Datenspeicher immer auf dem neuesten Stand zu halten und die nicht brauchbaren Elemente aus dem Eltern-Ich und Kindheits-Ich durch brauchbare zu ersetzen und die Elemente zu identifizieren und beizubehalten, die sich für das Lebenskonzept wahr und richtig gezeigt haben. Insbesondere wenn elterliche Anweisungen wohl begründet sind und das Kind diese nachprüfen kann, wird ein Kind einen Sinn für Integrität und Ganzheit gewinnen und Vertrauen aufbauen.[27] Wenn bei der Überprüfung der Realität und des Beigebrachten eine hohe Deckungsgleichheit entsteht, hat das Individuum Raum für Kreativität. Darüber hinaus hat das Erwachsenen-Ich die Funktion **Wahrscheinlichkeitsabschätzungen** abzugeben, wie Menschen in unterschiedlichen Situationen reagieren werden. Dementsprechend passt der Mensch sein Verhalten an.

Innere Konflikte können entstehen, wenn Behauptungen aus dem Eltern-Ich von dem Erwachsenen-Ich nicht anerkannt werden können, z. B. wenn sich Vorurteile der Eltern durch selbst gemachte Erfahrungen nicht bestätigen. Dann ist es für ein kleines Kind manchmal einfacher, an eine Lüge zu glauben, als an das, was es selbst sieht und hört. Dieser Vorgang nennt sich Trübung des Erwachsenen-Ichs.[28]

Der Zusammenhang zwischen Eltern-Ich, Erwachsenen-Ich und Kindheits-Ich wird in Abb. 2.2 nochmals verdeutlicht.

---

[27] Vgl. hierzu und im Folgenden: Harris, 1984, S. 46 ff.

[28] Vgl. Harris, 1984, S. 52 f.

Für die Bearbeitung von Konflikten in Mediationen ist dieser Zusammenhang stets zu beachten. Jeder Mensch trägt einen **individuellen „Rucksack"** aus Eltern-Ich, Erwachsenen-Ich und Kindheits-Ich mit sich, der mit unterschiedlichen Wahrnehmungen und Erfahrungen gefüllt ist und der das Verhalten in Konflikten stark beeinflusst. Es ist nicht die Aufgabe des Mediators diesen Rucksack auszupacken und zu analysieren, wohl aber den Parteien Hilfestellung bei der Erkenntnis zu geben, **dass jeder Mensch die Welt mit anderen Augen sieht** und unterschiedliche Sichtweisen richtig und wahr sein können. **In Konflikten glauben die Betroffenen nämlich häufig, dass alle Menschen eine Situation gleich wahrnehmen und so beurteilen müssten, wie sie selbst.** Darüber hinaus kann der Mediator auf hilfreiche und weniger hilfreiche Verhaltensweisen bei der Konfliktklärung hinweisen, um so ein Bewusstsein für Verhaltensänderungen und Kooperation zu schaffen.

2.2.2 Psychische Mechanismen und seelische Faktoren in sozialen Konflikten nach Glasl

Ein sozialer Konflikt wirkt sich auf das seelische Gleichgewicht aus, indem es das Innenleben der Betroffenen durcheinanderbringt. Dabei werden psychische Mechanismen in Gang gesetzt, die Veränderungen hervorrufen

- in der **Wahrnehmungsfähigkeit**
- im **Denken und Vorstellungsvermögen**
- der **Gefühle**
- und in dem **Willen** der Betroffenen.[29]

Diese Veränderungen im **Innenleben** der Betroffenen haben Auswirkungen auf ihr **Verhalten.** Dieses Verhalten wird von der **Außenwelt** wahrgenommen und gedeutet und ruft daraufhin **subjektive und objektive Effekte** bei der Gegenpartei hervor.[30] Diese Veränderungen sollen nun vorgestellt werden. In Abb. 2.3 werden die Zusammenhänge dargestellt.

2.2.2.1 Verzerrungen der Wahrnehmung, des Denkens und Vorstellens

Wenn ein Konflikt entsteht und je aufgeregter die Personen werden, desto **selektiver und verzerrter** nehmen die Parteien die Welt wahr,[31] d. h. desto mehr Informationen bleiben in den Wahrnehmungsfiltern hängen und weniger kommen bei den betroffenen Personen an. Es werden vor allem Informationen wahrgenommen, die die eigene negative Meinung über den Gegner bestätigen, was die Konfliktpartei ihm zutraut oder unterstellt. Ähnliche negative Aspekte an sich selbst nimmt die betroffene Person jedoch nicht wahr. Die

[29] Vgl. Glasl, 2004, S. 39.

[30] Vgl. Glasl, 2004. S. 40.

[31] Vgl. Glasl, 2004, S. 41.

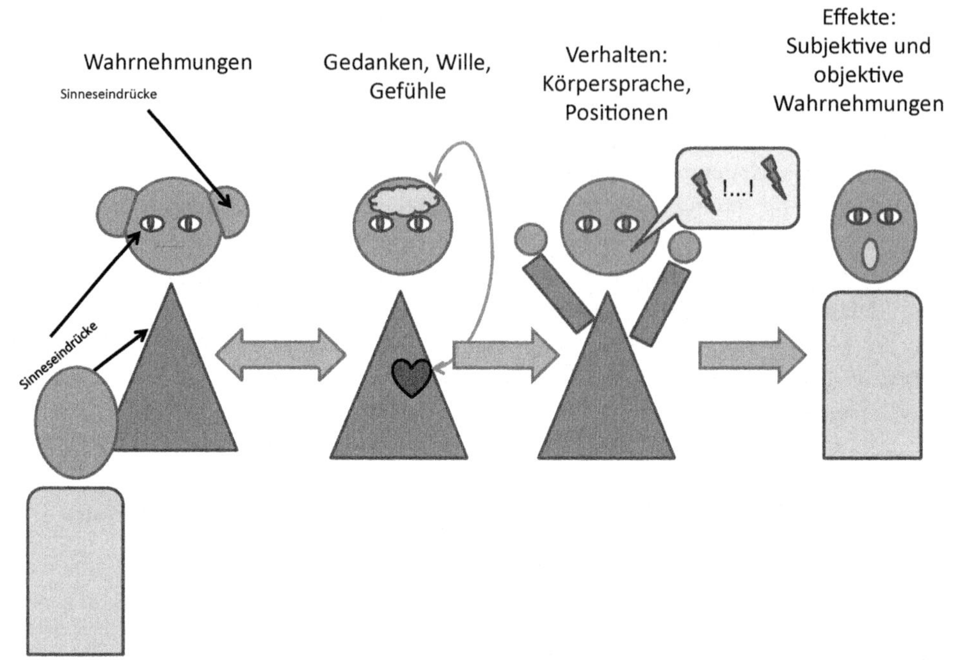

Abb. 2.3 Psychische Mechanismen im Konflikt. (Quelle: eigene Darstellung, in Anlehnung an Glasl, 2004, S. 40.)

Konfliktparteien bekommen einen „Tunnelblick" bei dem es schwerer fällt, viele komplizierte Dinge auf einmal zu verarbeiten, sie vereinfachen die Wirklichkeit um ihr Tun überschaubar zu halten. Man spricht von der „kognitiven Kurzsichtigkeit" bei der nicht überlegtes Planen im Vordergrund steht, sondern ein kurzfristiges schnelles Handeln.[32] Darüber hinaus wird der **Konfliktinhalt und der Konflikthergang einseitig und verzerrt wahrgenommen**. Nur die eigenen, jedoch nicht die Konfliktpunkte des Gegenübers werden gesehen. Auch der Konflikthergang wird lückenhaft und unrealistisch gesehen, bzw. oftmals in einer lückenhaften oder anderen Reihenfolge. In Konflikten verändert sich auch die eigene Sichtweise über sich selbst zu einem **„schwarz-weiß"-Denken**. Die positiven Dinge schreiben sich die Konfliktparteien selbst zu, während die negativen Dinge der Gegenpartei zugeordnet werden. Es kommt zu Verallgemeinerungen und Pauschalisierungen, die zu Vorurteilen führen und sich bei den Betroffenen festsetzen. Positive Abweichungen von diesen Vorurteilen werden dann gar nicht mehr wahrgenommen, sondern nur das negative Verhalten, das zu dem selbst erstellten Bild über den Betroffen passt, wird registriert. Man spricht dann auch von der **„self-fulfilling prophecy"**, bei der die Betroffen ihre Einstellung zu dem Konfliktgegner bewahrheitet sehen.[33]

---

[32] Vgl. hierzu und im Folgenden: Glasl, 2004, S. 41.

[33] Vgl. Glasl, 2004, S. 42.

In sozialen Konflikten haben also die betroffenen Parteien ein verzerrtes Bild voneinander. Die Aufgabe des Mediators in Mediationen ist es, durch **Vervollständigung der Informationslage** die aufgetretenen Verzerrungen möglichst zu korrigieren.

2.2.2.2 Veränderung des Gefühlslebens

Verwoben mit den Veränderungen in der Wahrnehmung verändert sich auch die **Gefühlswelt** der betroffenen Konfliktparteien. Zu Beginn steigt die „**Empfindlichkeit**", die eine misstrauische Haltung gegenüber der Gegenpartei fördert.[34] Die Betroffen fühlen sich hin und her gerissen, sie sind unsicher, ob die Gegenpartei es ehrlich mit ihnen meint, sie spüren einerseits Nähe und Verbundenheit und andererseits wieder Distanz und Ablehnung. Diese **Ambivalenz der Gefühle** ist von den Betroffenen nicht lange auszuhalten und eine Eindeutigkeit (Polarisierung) wird hergestellt, in der die guten Gefühle für sich selbst reserviert werden und die schlechten und unangenehmen Gefühle dem Gegenüber zugeordnet werden.

Diese Einseitigkeit führt dazu, dass die Betroffenen sich gegenseitig abkapseln, dadurch sind sie nach außen nicht mehr so verwundbar, nach innen steigert sich die Empfindlichkeit jedoch umso mehr.[35] Die Gefühle helfen nicht mehr am Innenleben des jeweils andern teilzuhaben, die Betroffenen **verlieren ihre Fähigkeit zur Empathie**, das heißt, ihre Fähigkeit sich in die Sichtweise des anderen einfühlen zu können.[36] Die Betroffen sind nur noch mit ihren **eigenen Gefühlen und Sichtweisen beschäftigt**. Dabei ist das fatale, dass die Betroffenen die Schuld für diese schlechten Gefühle dem jeweils anderen zuweisen, obwohl sie für ihre Gefühle selbst verantwortlich sind.

Aufgabe des Mediators ist es, in innerbetrieblichen Konflikten mit großem Beziehungskonfliktanteil, den Konfliktparteien dabei zu helfen ihre Gefühle zu erkennen und die zugrundeliegenden Interessen oder Bedürfnisse zu ergründen. Im betrieblichen Kontext sind die Betroffenen allerdings nicht gewohnt über Gefühle zu sprechen, so dass der Mediator durch seine Kommunikationskompetenz nur mit Bedacht die Gefühlslage der Betroffenen anspricht und damit arbeitet. Dies ist sehr gut möglich mit der Methode der „Gewaltfreien Kommunikation von Marshall Rosenberg". (Vgl. Kap. 4.2.2.) Erst wenn die Gefühle der Betroffenen Personen beachtet wurden, sind sie in der Lage, sich den Anliegen des Gegenübers zu öffnen.[37]

In zwischenbetrieblichen Konflikten sind die Konfliktparteien auch emotional beteiligt, jedoch ist die persönliche Betroffenheit der Personen weniger gegeben und die Beziehungen zueinander sind nicht so stark wie in innerbetrieblichen Konflikten. Der Wirtschaftsmediator muss sehr gut einschätzen können, ob er mit Parteien arbeitet, bei denen er die Gefühlsebene ansprechen kann, oder es aufgrund der beteiligten Charaktere und des Konflikttyps nur diskret angebracht ist. In der Wirtschaftswelt ist der Umgang mit Ge-

[34] Vgl. Glasl, 2004, S. 42.
[35] Vgl. Glasl, 2004, S. 43.
[36] Vgl. Glasl, 2004, S. 43 f.
[37] Vgl. Glasl, 2004, S. 45.

fühlen noch nicht selbstverständlich und sollte nur vorsichtig und mit Bedacht eingesetzt werden. Auch hier kann die Gewaltfreie Kommunikation hilfreich sein. Das Benennen eines Gefühls wie „Enttäuschung“, „Frustration“, „Wut“ oder „Empörung“ in Verbindung mit dem jeweiligen Anliegen des Betroffenen, kann auch hier zu mehr Verständnis für die jeweiligen Positionen führen. Der Mediator bestimmt im Rahmen seiner Verfahrenskompetenz inwieweit er diesen Aspekt in der Mediation berücksichtigen muss.

2.2.2.3 Veränderung des Wollens

In Konflikten erleben die Betroffenen, dass ihre Denkweisen oder ihr Wille nicht verstanden wird, auf Widerstand stößt oder gänzliche Ablehnung erfährt.[38] Wenn der nun verwendete Konfliktstil „Durchsetzung/Konkurrieren/Kampf“ (Vgl. Kap. 2.5) lautet, tritt im Willensleben eine „Erstarrung und Fixierung“[39] auf, die die Betroffenen unflexibel bezüglich der Lösung des Problems werden lässt. Die Betroffenen versteifen sich auf eine oder wenige Möglichkeiten zur Lösung der Konfliktsituation, die sich in sogenannten „Positionen“ wiederfinden, die mit steigender Eskalation des Konfliktes immer unnachgiebiger werden. Die zu erreichenden Ziele werden dann mit den zu erreichenden Mitteln direkt verknüpft und eine andere Möglichkeit, die Ziele zu verwirklichen, wird nicht mehr gesehen. Steigt der Eskalationsgrad weiter an, können Angriffe oder Beschuldigungen den Gegner sehr verletzen. Dabei wird wiederum die Gefühlsebene der Betroffenen durch Wut, Zorn und Empörung stark berührt und tiefere Gefühlsregionen wie Triebe und Begierden können aufgewühlt werden, die zu ungewollten Handlungen der Betroffenen führen können. Auch kann je nach Stärke des Konflikts ein Rückschritt in tiefere Schichten der Persönlichkeit erfolgen, die ein Rückfallen in ein Verhalten aus der Zeit der Pubertät, Schulzeit oder aus dem Kleinkindalter möglich machen. In der **extremsten Ausprägung der Veränderung des Wollens** im Konflikt ist es nicht mehr wichtig, das ursprüngliche Ziel zu erreichen, sondern es wird nur noch ein Gewinn darin gesehen, den anderen zu schädigen, zu verletzen oder zu vernichten.[40]

In Mediationen hat der Mediator in der „Interessenphase“ die Aufgabe, den Konfliktparteien dabei zu helfen, ihre tieferliegenden Interessen, Bedürfnisse, Motive und Ziele, die hinter ihren unnachgiebigen und starren Positionen und Forderungen stehen, sichtbar zu machen und ein gegenseitiges Verständnis zu ermöglichen. Dadurch kann die Erstarrung und Fixierung aufgelöst werden.

2.2.2.4 Veränderung des Verhaltens

Die durch Konflikte verursachten Veränderungen in der Wahrnehmungsfähigkeit, im Denken und Vorstellungsvermögen, der Gefühle und im dem Wollen wirken im Inneren der

[38] Vgl. Glasl, 2004, S. 45.

[39] Vgl. hierzu und im Folgenden: Glasl, 2004, S. 45.

[40] Vgl. Glasl, 2004, S. 47.

Betroffenen, werden aber **sichtbar und wahrnehmbar für die Außenstehenden** durch **verbales und nonverbales Verhalten** (Vgl. 4. Kap.) der Konfliktpartei.[41]

Dieses **äußere Verhalten** löst wiederum Reaktionen der Gegenpartei aus. Das äußere Verhalten einer Person erfüllt **acht verschiedene** Funktionen bzw. erzielt acht Wirkungen. Dabei handelt es sich um die **Funktionen/Wirkungen**: Inhalt, Selbst-Image, Gegner-Image, Selbstverstärkung, Ventilfunktion, Erreichungsziel, Hinderungsziel und Signalfunktion, die im Folgenden kurz erläutert werden sollen:[42]

Inhalt: Die Konfliktpartei möchte mit dem verbalen Verhalten eine inhaltliche Äußerung machen und ein Anliegen vermitteln. Die nonverbale Kommunikation unterstützt den Inhalt mit Mimik, Gestik, Stimmlage und Körperhaltung.

Selbst-Image: Das Verhalten gibt darüber hinaus Hinweise, wie sich die Konfliktpartei selbst sieht und wie sie vom Gegenüber gesehen werden möchte.

Gegner-Image: Durch das Verhalten zeigen die Konfliktparteien welches Bild sie vom Gegenüber haben.

Selbstverstärkung: Durch besonders heftiges Auftreten will der Konfliktbeteiligte die eigene Meinung unterstreichen.

Ventilfunktion: Im Verhalten wird sichtbar, inwieweit sich bisheriger Druck angestaut hat, der nun durch verbale oder nonverbale Äußerung abgelassen wird.

Erreichungsziel: Mit dem Verhalten möchte der Konfliktbetroffene sein Ziel erreichen.

Hinderungsziel: Mit dem Verhalten will der Betroffene die Gegenseite daran hindern, die aus seiner Sicht nichtlegitimen Ziele zu erreichen.

Signalfunktion: Mit dem Verhalten soll signalisiert werden, dass ein Problem für die Konfliktpartei existiert, das einer dringenden Lösung bedarf.

In konkreten Konflikten kann es beispielsweise der einen Konfliktpartei nur um eine Signal- und Inhaltswirkung gehen, während die Gegenseite jedoch aus dem Verhalten ein Hinderungsziel oder Gegner-Image interpretiert. Dann kommt es zu großen Missverständnissen, weil die Hauptanliegen der Betroffenen nicht verstanden wurden, was zu einer Verstärkung des Konfliktes führen kann.[43]

---

[41] Vgl. hierzu und im Folgenden: Glasl, 2004, S. 47 ff.

[42] Vgl. hierzu und im Folgenden: Glasl, 2004, S. 47 ff.

[43] Vgl. Glasl, 2004, S. 50.

Darüber hinaus verringert sich das Verhaltensrepertoire in Konflikten. Die verbliebenen Verhaltensweisen bilden sich zu „stereotypen und fixierten Verhaltensmustern“, die der jeweilige Gegner nach einer gewissen Zeit erkennt und durchschaut.[44]

In Mediationen ist es die Aufgabe des Mediators auch das Verhalten der Konfliktparteien wahrzunehmen und die Wirkungen des Verhaltens, die von den Konfliktparteien intendiert waren, zu klären und ggf. Missverständnisse auszuräumen. Die Kommunikationstechnik des aktiven Zuhörens (Vgl. Kap. 4.2.1) ist in diesem Zusammenhang sehr hilfreich.

2.2.2.5 Effekte der Verhaltensänderung

Aus dem Verhalten der Konfliktpartei entsteht eine Wirkung bei der Gegenpartei, nachdem sie das wahrgenommene Verhalten ihrerseits interpretiert hat.[45] Es entstehen zum einen subjektive und objektive Effekte bei der Gegenpartei, die daraufhin mit einem eigenen Verhalten reagiert, das der jeweils andere wiederum interpretiert. Auch hier können wiederum Diskrepanzen zwischen dem gewollten Verhalten und den Wirkungen des Tuns auf die gegnerische Konfliktpartei entstehen, was i. d. R zu einem Aufschaukeln des Konfliktes in höhere Eskalationsstufen führt. Subjektive Effekte resultieren beispielsweise daraus, dass sich die Gegenpartei nun missverstanden, verletzt oder abgewiesen fühlt. Darüber hinaus können objektive Effekte entstehen, wenn durch ein Verhalten z. B. ein Sachschaden entsteht.

Mit zunehmender Eskalation tritt das Sachproblem in den Hintergrund, Gefühle in den Vordergrund und Nebenkriegsschauplätze werden eröffnet.[46]

Die Aufgabe des Mediators ist es, „Aufschaukelungsprozesse“ zu unterbinden, indem er die Betroffenen anhält, sich mit den Konsequenzen ihres Tuns auseinanderzusetzen und sie in einem zweiten Schritt zu motivieren, kooperative Verhaltensweisen einzusetzen.

2.3 Das Eisbergmodell

Ähnlich wie bei einem Eisberg gibt es in Konflikten eine sichtbare und eine unsichtbare Komponente. Das Eisbergmodell[47] besagt, dass häufig, wie bei einem Eisberg, nur ein kleiner Teil des Konflikts sichtbar ist. Der wesentlich größere Teil des Konfliktes liegt unter der „Wasseroberfläche“ versteckt. Die in Kap. 2.2.2. dargestellten inneren psychischen Mechanismen führen zu einem bestimmten Konfliktverhalten der Konfliktparteien. Dieses Verhalten bildet die sogenannte **Oberflächenstruktur des Konfliktes** ab,[48] also die sichtbare Spitze des Eisberges bzw. die sichtbare Komponente des Konfliktes. Diese

[44] Vgl. Glasl, 2004, S. 47.

[45] Vgl. hierzu und im Folgenden: Glasl, 2004, S. 50 ff.

[46] Vgl. Glasl, 2004, S. 51.

[47] Vgl. Hagedorn, 2005, S. 48 f.

[48] Vgl. Montada/Kals, 2001, S. 73.

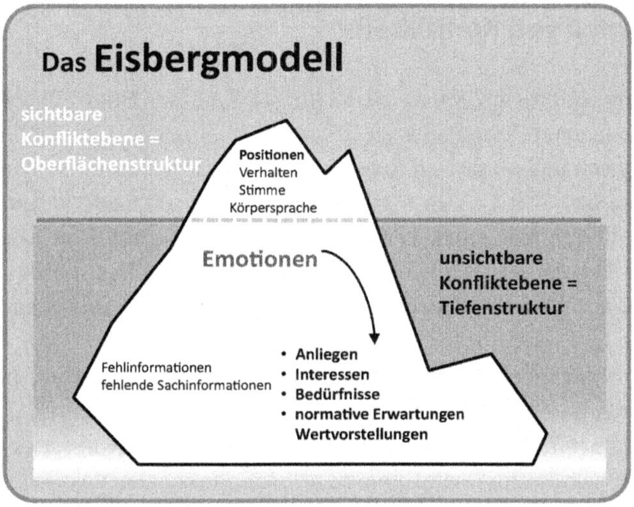

Abb. 2.4 Das Eisbergmodell. (Quelle: eigene Darstellung, in Anlehnung an Hagedorn, 2005, S. 48.)

umfassen zum einen die Positionen zu bestimmten Streitthemen, die die Parteien jeweils vertreten und zum anderen die dazugehörige Mimik, Gestik, Körperhaltung und Stimmlage und das Verhalten.[49] Jeder Konflikt hat darüber hinaus eine nicht sichtbare **Tiefenstruktur.**[50] Im Eisbergmodell handelt es sich um den Teil, der nicht sichtbar unter Wasser liegt. Nicht sichtbar sind zum Beispiel Fehlinformationen, fehlende Sachinformationen, Gefühle, Interessen, Bedürfnisse, Anliegen, Ziele, Motive, normative Erwartungen, Wertvorstellungen und Zwänge der Konfliktparteien.

Diese Tiefenstruktur muss vom Mediator behutsam aufgedeckt werden, damit nachhaltig wirkende Lösungen von den Konfliktparteien erarbeitet werden können. Dies ist insbesondere in innerbetrieblichen Konflikten wichtig. Werden Konflikte nur auf der Ebene der Oberfläche gelöst, ist das zugrunde liegende Problem nicht dauerhaft bearbeitet und es wird wieder schnell ein neuer Konflikt zu einem anderen Thema entflammen.[51] Das Herausarbeiten der Tiefenstruktur schafft die Grundlage für ein gegenseitiges Verständnis und eine neuartige Konfliktlösung. In Abb. 2.4 soll der Zusammenhang von Oberflächen- und Tiefenstruktur anhand des Eisbergmodells veranschaulicht werden.

[49] Vgl. Hagedorn, 2005, S. 49.

[50] Vgl. Montada/Kals, 2001, S. 73, Vgl. Montada/Kals, 2013, S. 360.

[51] Vgl. Montada/Kals, 2001, S. 75.

2.4 Dynamik von Konflikten

Konflikte entwickeln sich, wenn sie nicht im Sinne der Betroffenen gelöst werden und die Parteien auf ihren Standpunkten beharren, in eine negative Richtung. Im Folgenden soll das praktisch und empirisch abgesicherte **Eskalationsmodell von Friedrich Glasl**[52] vorgestellt werden, das für den Mediator bei der Konfliktanalyse eines zu mediierenden Konfliktes hilfreich sein kann. Durch die Einordnung eines Konfliktes in eine der neun vorhandenen Eskalationsstufen kann der Mediator beurteilen, ob das Verfahren der Mediation als Konfliktbearbeitungsmethode geeignet ist oder ob ein anderes Verfahren angeraten wäre. Im Eskalationsmodell unterscheidet Glasl neun Stufen, wobei das Erreichen einer neuen Stufe einen **Rückschritt der Verhaltens- und Handlungsmöglichkeiten** der betroffenen Streitparteien auf ein niedrigeres Verhaltensrepertoire bedeutet, das nicht dem Niveau und Grad ihrer wirklichen Reife entspricht.[53] Man spricht beim Betreten des nächsten „Gewaltniveaus“, das eine neue Stufe auszeichnet von sogenannten „Regressionsschwellen“, bei denen sich die Wahrnehmung, die Einstellungen und Absichten, die Verhaltensweisen und das Selbstkonzept der Konfliktparteien ändern.

2.4.1 Die neun Stufen der Eskalation nach Glasl

2.4.1.1 Stufe eins: Verhärtung in den Positionen

Die Interessen der Betroffenen werden zu **Standpunkten**, die an Flexibilität einbüßen und sich zunehmend **verhärten**.[54] Die Parteien beginnen Dinge **einseitig wahrzunehmen**, insbesondere die positiven Dinge von sich selbst sowie die trennenden Aspekte zur Gegenpartei. Es kommt zu **Ausrutschern in Tonfall** und Wortwahl. Die Spannungen werden bewusst wahrgenommen und wiederholen sich und werden als unnötige „Zeit- und Energiefresser“ empfunden. Da die Betroffenen voneinander abhängig sind, kann die eine Seite nicht unabhängig von der anderen Seite handeln. Dies wird als Einschränkung empfunden. Die Parteien bemerken, dass es häufiger zu **Missverständnissen** kommt, die die Beziehungen zusätzlich belasten. Bei wiederkommenden Störungen vermuten die Betroffenen, dass es tieferliegende Gründe für die Reibungspunkte geben könnte. Diese Vermutung wird aber wieder verdrängt. Trotz allem besteht bei beiden Parteien die **Bereitschaft zur Kooperation**, die **größer** ist als das Konfrontationsdenken. Die Betroffenen sind der Auffassung, dass sie durch sachliche Argumente und durch einen fairen Diskurs die Spannungen wirkungsvoll beseitigen können.

---

[52] Vgl. hierzu und im Folgenden: Glasl, 2004, S. 233 ff.

[53] Vgl. Glasl, 2004, S. 234.

[54] Vgl. hierzu und im Folgenden: Glasl, 2004, S. 234 ff.

2.4.1.2 Stufe zwei: Debatte und Polemik zwischen den Konfliktparteien

Wenn es den Betroffenen im gemeinsamen Gespräch nicht gelingt, die Spannungen abzubauen und eine Lösung für das Problem herbeizuführen, verändert sich das „Klima" zwischen den Betroffenen.[55] **Polarisierungen und Polemik** nehmen an Schärfe zu. Die Gespräche werden zu Debatten. Das Bemühen aufeinander zuzugehen wird geringer. Dennoch besteht ein **schwaches Gleichgewicht zwischen Kooperation und Kampf.** In Gruppen fördert das Eigeninteresse das Zusammengehörigkeitsgefühl, das zur **Selbstüberheblichkeit und Arroganz** gegenüber der anderen Konfliktpartei führen kann. Die Parteien stellen jetzt nicht nur ihren Standpunkt zur Diskussion. Jetzt nehmen sie sich auch **als Person** in dem Konflikt wahr, die sich beweisen und deren soziale Position, Macht und Ansehen verteidigt werden muss. Sie begegnen der Gegenpartei mit **Argwohn, beginnen trickreiche verbale Taktiken** bei denen mit **rhetorischen und auch quasirationalen Mitteln Zusammenhänge** suggeriert und die Gefühle der betroffenen Parteien beeinflusst werden sollen. Das Ziel ist es über diesen Umweg die Gegenseite von der eigenen Sichtweise zu überzeugen. **Seitenhiebe, Anspielungen** und das **Verweisen auf Fehler und Unzulänglichkeiten** führen zu einer weiteren Entfremdung der Konfliktparteien. Allerdings ist es das Ziel die Gegenpartei zu dominieren, um ihr zu imponieren, nicht um sie zu beherrschen. Der Wunsch nach einer Lösung mittels Diskussion existiert noch und die Parteien sprechen sich gegenseitig noch das **Recht** zu, **Gegenpunkte zu erwidern und zu rechtfertigen.** Die dritte Eskalationsstufe ist erreicht, wenn eine der Parteien glaubt, dass ihr dieses Recht genommen wird.

2.4.1.3 Stufe drei: Statt Worte folgen Taten

Der vorherrschende Eindruck in dieser Stufe ist, dass **Reden nicht hilft und nun Taten folgen** müssen.[56] Der Schwerpunkt der Auseinandersetzung verlagert sich von der verbalen zur non-verbalen Kommunikation. Die Parteien sind selbst nicht bereit, sich in ihrem Verhalten anzupassen, erwarten aber durch **Druckausübung**, dass die andere Partei sich anpasst. Die Kooperationsbereitschaft ist nun deutlich geringer als das Konkurrenzdenken und Widerstand wird in Kauf genommen. Die Parteien versuchen sich nun **gegenseitig zu dominieren und zu blockieren.** Sie entdecken, die gegenseitige Abhängigkeit als Last und wollen sie in eine einseitige Abhängigkeit wandeln, um quasi unabhängig zu sein. Die Gegenpartei will jedoch diese Aktion nicht anerkennen und reagiert mit einer Gegenaktion. Durch das **Schwinden der verbalen Kommunikation**, müssen die Konfliktparteien die Aktionen des Gegners deuten, was zu vielfältigen Missverständnissen und Fehlinterpretationen führt. Es kommt zu einer zunehmenden Radikalisierung, bei der der Gegenpartei mehr negative als positive Absichten unterstellt werden. Darüber hinaus werden bei **Diskrepanzen zwischen verbalen und non-verbalen Aussagen**, der non-verbalen Botschaft mehr Glauben geschenkt. In Gruppenkonflikten steigt das **Zusammengehörigkeitsgefühl innerhalb der Gruppe**, aber auch der Druck zur Konformität und Einstimmigkeit. Das

---

[55] Vgl. hierzu und im Folgenden: Glasl, 2004, S. 239 ff.

[56] Vgl. hierzu und im Folgenden: Glasl, 2004, S. 249 ff.

Einfühlungsvermögen für die Interessen der Gegenseite schwindet. Die Parteien entwickeln **Vorurteile und kollektive Klischeebilder** voneinander. Eine konstruktive Lösung ist aber noch möglich, da die Betroffenen wissen, dass ein Einbeziehen der gegnerischen Partei in den Lösungsprozess noch zu einem positiven Ausgang führen kann.

2.4.1.4 Stufe vier: Bildung einseitiger Feindbilder und Koalitionen

Auf der vierten Eskalationsstufe gibt es keine gemischten kooperativen/kompetitiven Einstellungen mehr, sondern das **Ziel** ist es, **sich durchzusetzen und zu gewinnen.**[57] Die Einstellungen werden feindselig, noch rigoroser, starrer und aggressiver. Es kommt zu einem **schwarz-weiß-Denken**, bei dem es keine Zwischentöne gibt. Die Standpunkte werden als totale Gegensätze erlebt und es kommt zur Bildung **einseitiger Feindbilder**. Dabei ist die Wahrung des eigenen Ansehens der Konfliktparteien eine Hauptsorge der Betroffenen. Das in den vorherigen Stufen gemachte klischeehafte Bild vom Gegner wird ergänzt um Eigenschaften der gegnerischen Konfliktpartei, sodass ein stereotypes fixiertes Bild vom Gegner entsteht, das nicht mehr korrigiert werden kann.[58] In Gruppenkonflikten werden dann allen Personen die gleichen Eigenschaften unterstellt. Jede Partei ist dabei bedacht, ihr Selbstbild überhöht darzustellen und sich nur die positiven Eigenschaften (wie z. B. Fähigkeiten und Kapazitäten, Stärke und Effektivität sowie persönliche, fachliche und soziale Kompetenz) zuzuordnen, während die negativen Eigenschaften dem Gegner zugeschrieben werden. (Z. B. sieht sie sich klüger, erfahrener, gewandter, sachlicher als die Gegenseite.) Für sich selbst wird dann das **Selbstkonzept „Übermensch"** und für den **Gegner „Untermensch"** festgelegt. Das eigene **Image wird auf Kosten des jeweils anderen „poliert"**, damit das Umfeld sie genau so wahrnimmt, wie sie selbst es tun. Mit dem Aufbauen und Fixieren der Feindbilder kommunizieren die betroffenen Parteien nur noch mit diesen fixierten Bildern. Alle anderen auch positiven neuen Erfahrungen, die nicht mit dem gemachten Bild in Einklang zu bringen sind, werden ausgeblendet. Das einmal fixierte Bild wird nicht korrigiert, wobei keine der Parteien sich mit dem jeweiligen Bild, das ihr durch den Gegner zugeschrieben wurde, identifizieren kann. **Die Parteien zwingen sich bewusst zu einem Verhalten, dass zur Selbst-erfüllenden-Prophezeiung über das Verhalten ihrer Feinde führt und die gemachten Images bestätigt.** Beide Parteien verstehen sich nur noch in der **Rolle des Reagierenden** und machen den Gegner für ihre Reaktion verantwortlich. Es kommt zu **ersten „Bösartigkeiten"**, die noch im legalen Rahmen bestehender Normen liegen, dem Gegner aber Unbehagen bereiten. Darüber hinaus suchen sich die Konfliktparteien Unterstützung durch Außenstehende in Form von „symbiotischen Bündnissen", bei denen sich die Betroffenen in ihrer Persönlichkeit gegenseitig ergänzen. Auch Koalitionen oder Allianzen sind in dieser Stufe anzutreffen. In der vierten Stufe treten die **Sachfragen** des Konfliktes in den **Hintergrund** und die gegenseitigen Beziehungen der Akteure in den Fokus der Konfliktbearbeitung. Die Idee ist, über die **Einflussnahme auf die Person** indirekt das Sachproblem lösen zu können,

[57] Vgl. hierzu und im Folgenden: Glasl, 2004, S. 256 ff.

[58] Vgl. hierzu und im Folgenden: Glasl, 2004, S. 257 ff.

allerdings sind diese Maßnahmen völlig ungeeignet, um das ursprüngliche Problem zu lösen.

2.4.1.5 Stufe fünf: Gesichtsverlust der Konfliktparteien

Wenn **mutwillig gezielt und wiederholt**, insbesondere im öffentlichen Rahmen die **Ehre einer Partei verletzt** wird, so dass diese ihr **Gesicht verliert,** ist die fünfte Eskalationsstufe erreicht.[59] Das Gesicht zu wahren heißt, in der Öffentlichkeit sozial und moralisch respektvoll behandelt zu werden.[60] Durch den gegenseitigen Gesichtsverlust/Gesichtsangriff soll der Nachweis öffentlich erbracht werden, dass der Gegner z. B. gelogen, betrogen, manipuliert oder einen Verrat begangen hat. Durch den Gesichtsverlust glauben die Kontrahenten den Feind und seine schlechten Absichten zu durchschauen und sein wahres Wesen erkannt zu haben.[61] Die **gemeinsame Geschichte wird von Anfang an neu rekonstruiert** und man kommt zur der Überzeugung, dass der Gegner von vornherein feindselige Absichten hatte. Die Ursache für diese Überzeugung ist, dass die Wahrnehmungen so sehr gefiltert werden, bis nur noch Erinnerungen übrigbleiben, die in das neu konstruierte völlig negative Abbild des Gegners passen.

Nun bekommt der Konflikt eine **moralische Komponente, bei der das Weltbild und die Ideale und die Werte der Parteien bewertet werden**. Die jeweilige Konfliktpartei sieht sich im Konflikt als das personifizierte Gute, während der Gegner „verteufelt" wird. Beide Parteien sind um Rehabilitierung ihres Rufes bemüht. Handelt es sich um Gruppenkonflikte kommt es innerhalb einer Partei zu einem besonderen Zusammenhalt durch Komplizenschaft und gemeinsamer Mitschuld, weil die eingesetzten Mittel nicht immer moralisch zu rechtfertigen sind. Das **Vertrauen** zwischen den Parteien ist massiv **zerstört.** Beide erwarten, dass der jeweils andere nun den ersten Schritt für eine vertrauensbildende Maßnahme tun müsse. Es kommt jedoch zur Stagnation der Verhandlungen und zu gegenseitigen Schuldzuweisungen für diese Blockade. Der Glaube an eine gemeinsame gute Lösung des Konfliktes schwindet gänzlich.

2.4.1.6 Stufe sechs: Wechselseitige Drohstrategien

In der sechsten Stufe **steigern sich die Gewalthandlungen und das Gewaltdenken**. In dieser Phase beginnen die Parteien mit **erpresserischem radikalem Drohverhalten.**[62] Mit dem Drohverhalten bezwecken die Parteien das Verhalten der gegnerischen Seite in eine ganz bestimmte Richtung zu lenken. Es folgen Gegendrohungen auf Drohungen, um sich gegenseitig von einem größer werdenden Gewaltausmaß abzuhalten. In dieser Phase kann die **Eskalation sprunghaft** ansteigen und die Ereignisse können sich überschlagen. Die Betroffenen sind nicht mehr in der Lage sich realistisch in Ihr Gegenüber einzufühlen. Sie sehen nur noch welche Konsequenzen die ausgesprochenen Drohungen für sie selbst

[59] Vgl. Glasl, 2004, S. 264.

[60] Vgl. Glasl, 2004, S. 267.

[61] Vgl. hierzu und im Folgenden: Glasl, 2004, S. 266 ff.

[62] Vgl. hierzu und im Folgenden: Glasl, 2004, S. 277 ff.

haben, dabei müssen die Konfliktparteien unter erhöhtem Stress ihre Entscheidungen treffen, deren Ausgang sie aufgrund vieler Unwägbarkeiten nicht beurteilen können. Ihr **Handeln wird dadurch von Angst erfüllt, gehetzt, schematisch und rigide.** Das was die Parteien sich erhoffen – nämlich durch die Drohung eine totale Kontrolle über die Situation zu bekommen – verkehrt sich in das Gegenteil. Kompromisse sind nicht möglich, sondern **nur Ja- oder Nein- Entscheidungen**. Durch die gegenseitig erlittenen Frustrationen glauben die Parteien standhaft sein zu müssen, um nicht letztendlich vom Gegner überwältigt zu werden. Der Drohende will die Drohung paradoxerweise nur zur Abschreckungszwecken nutzen, muss jedoch im Endeffekt Entschlossenheit demonstrieren, wenn der Gegner seinen Forderungen nicht nachkommt und gerät unter Handlungszwang. Der Druck steigt durch ultimative Forderungen und Gegenforderungen und Umsetzungen der Sanktionen und das Ausmaß der Gewalt steigt stark an. In Gruppenkonflikten verstärken sich Hassgefühle, die gemeinsam nach außen gerichtet werden. Das Denken der Parteien ist von Machtüberlegungen durchdrungen.

2.4.1.7 Stufe sieben: Begrenzte Vernichtungsschläge

Die Parteien sind überzeugt, dass es **nichts mehr zu gewinnen** gibt, sondern jeder nur noch verlieren kann.[63] Sie misstrauen einander völlig. Der **Gegner** wird nur noch als **Blockadefaktor** wahrgenommen, der die eigene Problemlösung verhindert. Eine **kooperative Zusammenarbeit widerstrebt den Parteien sehr**. Eine gemeinsame Lösung des Problems wird nicht mehr gesehen. Daher wird gefolgert, dass dem Gegner durch **gezielte Angriffe ein möglichst großer Schaden** zugefügt werden muss, wobei die eigene Existenz jedoch dabei nicht bedroht werden darf. Der Gegner wird in keiner Weise respektiert und nicht mehr als menschliches Wesen mit Werten gesehen, sondern als „gefühllose Objekte, die ohne moralische Skrupel manipuliert und nötigenfalls auch vernichtet werden können."[64] **Drohungen werden realisiert**. Eine **begrenzte Zerstörung der Sanktionsorgane und Sanktionsmittel des Gegners** werden als passende Antwort empfunden. Innerhalb von Unternehmen richten sich die zerstörenden Angriffe auf deren Methoden, Instrumente, auf Arbeitsabläufe, die finanzielle Position oder auf deren Gesetzestreue.[65] **Der Schaden des Anderen wird zum eigenen Gewinn**, die Lösung des Ursprungsproblems ist in weite Ferne gerückt und Machtstreben beherrscht das Geschehen. Die Kommunikation geht jeweils nur noch in eine Richtung und Normen werden, wenn sie hinderlich sind, missachtet oder angegriffen. Es ist eine Situation eingetreten, die alle Beteiligten, neutral von außen betrachtet, nur noch zu Verlierern macht. Die Parteien stacheln sich gegenseitig auf, dennoch wollen beide in dieser Stufe noch überleben, daher werden überproportionale An-/ und Gegenschläge vermieden. Trauen die Beteiligten durch negative Antizipation dem Gegner noch größere Vernichtungsschläge zu, dann eskaliert es weiter und die Betroffen finden sich in der achten Stufe wieder.

[63] Vgl. hierzu und im Folgenden: Glasl, 2004, S. 292 ff.

[64] Glasl, 2004, S. 292.

[65] Vgl. Glasl, 2004, S. 293.

2.4.1.8 Stufe acht: Zersplitterung des Gegners

Die **Gewaltanschläge werden nun um ein Vielfaches größer.**[66] Beide Parteien zielen auf die **Zerstörung des gegnerischen Systems** und versuchen deshalb, zentrale Systemfaktoren bzw. Organe funktionsuntüchtig zu machen. Dadurch sollen z. B. in Gruppenkonflikten, der Gruppenzusammenhalt erschüttert werden und die Gruppe auseinanderfallen. Dies geschieht z. B. über Skandalgeschichten über die Hauptakteure der Gruppe, wodurch das Vertrauen der eigenen Mitglieder der Gruppe erschüttert werden soll. Das Ziel der Parteien in dieser Stufe ist es, der anderen Partei einen **größeren Schaden zuzufügen, als man selbst erlitten** hat. Die destruktiven Handlungen werden immer stärker und es kommt der Gedanke der Vernichtung des Gegners auf. Dennoch wird er nicht in die Tat umgesetzt, weil beide Parteien selbst noch „überleben" wollen.

2.4.1.9 Stufe neun: Gemeinsam mit dem Feind in den Abgrund

In der neunten Stufe ist bei den Betroffenen **kein Weg zurück erkennbar.**[67] Beide Parteien nehmen Kurs auf die totale Konfrontation. Das Ziel ist es, den **Gegner zu vernichten, auch wenn dies auf eigene Kosten geht und die eigene Selbstvernichtung bedeutet.** Bei einem Konflikt in einer Organisation könnte diese Stufe z. B. eintreten, wenn Mitarbeiter so lange für ihre Rechte streiken und Vorstände auf ihren Positionen beharren, dass in der Folge ihr Unternehmen Insolvenz anmelden muss und Vorstände und Mitarbeiter gemeinsam ihre Arbeit verlieren.

2.4.2 Nutzung des Eskalationsmodells zur Konfliktanalyse

Betrachtet man die neun Phasen der Eskalation, so fällt auf, dass in jeweils drei Phasen eine bestimmte Einstellung der Konfliktparteien vorherrscht. In der Stufe 1–3 ist die Bereitschaft den Konflikt kooperativ zu lösen noch vorhanden und möglich und die Grundausrichtung der Betroffenen orientiert sich noch in eine **win-win**-Richtung.[68] In den Stufen 4–6 sehen die Betroffenen nur einen **win-lose**-Ausgang. Ohne Mediation oder externe Beratung ist es kaum möglich, eine konstruktive und kooperative Wende herbeizuführen. Im beruflichen Alltag, tritt die Stufe 7 im interpersonellen Konflikt noch recht häufig auf, während die Stufen 8–9 selten eintreten und sich eher in Konflikten zwischen Gruppen finden. Hier steht der **lose-lose** Gedanke im Vordergrund. Eine Mediation ist in diesem Bereich der Eskalation i. d. R nicht mehr möglich, es sei denn der Mediator kann die Konfliktparteien durch deeskalierende Maßnahmen davon überzeugen, dass die Eskalation nur noch weitere Schäden verursacht, aber der Problemlösung nicht dienlich ist.[69]

---

[66] Vgl. hierzu und im Folgenden: Glasl, 2004, S. 297 ff.

[67] Vgl. hierzu und im Folgenden: Glasl, 2004, S. 299 ff.

[68] Vgl. hierzu und im Folgenden: Glasl, 2004, S. 234.

[69] Vgl. auch Horstmeier, 2013, S. 27.

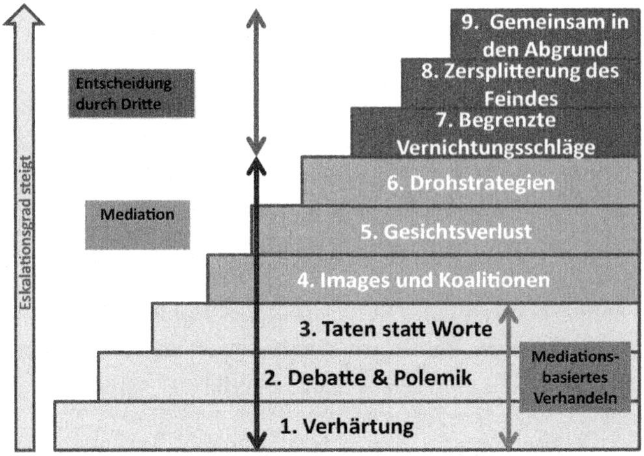

Abb. 2.5 Einsatzmöglichkeiten von Mediation im Rahmen der Eskalationsstufen. (Quelle: eigene Darstellung)

Das Eskalationsmodell bietet für den Mediator gute Anhaltspunkte zur Einordnung eines Konfliktes bei der Konfliktanalyse im Rahmen der Vorbereitungsphase einer Mediation. **Bis zur sechsten Eskalationsstufe ist der Einsatz einer Mediation möglich**,[70] siehe Abb. 2.5, danach wird es selbst für den Mediator schwierig, auf die Betroffenen Einfluss zu nehmen, da die Wahrnehmungsverzerrungen der Parteien so groß geworden sind, dass sie sich auf eine kooperative Lösung nicht mehr einlassen wollen oder können. In diesem Fall wäre eine gerichtliche Entscheidung tendenziell eher das richtige Verfahren.[71] Bei der Konfliktdiagnose muss der Mediator darüber hinaus berücksichtigen, dass die Streitigkeiten in der Lebenswirklichkeit sich manchmal sehr schnell entwickeln können und auch Stufen übersprungen werden können. Des Weiteren werden mit zunehmender Dauer und Komplexität des Konfliktes die Verhaltensweisen und Reaktionen vielfältiger.[72] Dennoch sind die zentralen Merkmale der Eskalationsstufen des Eskalationsmodells hilfreich bei der Beurteilung, ob Mediation das richtige Verfahren für den Konflikt darstellt.

Eine wichtige Erkenntnis ist aus dem Eskalationsmodell zu entnehmen. Je früher ein Konflikt bearbeitet wird, desto erfolgreicher ist die einvernehmliche und kooperative Konfliktklärung.[73] **Mediation kann schon ab der ersten Eskalationsstufe eingesetzt werden.** Sind alle Betroffenen in kooperativer Verhandlungsführung, d. h. in Mediation ausgebildet und einigen sich die Betroffenen zusätzlich auf eine mediationsbasierte Verhandlungsführung, so wäre in den ersten drei Stufen auch noch eine einvernehmliche und

[70] Vgl. Ponschab/Dendorfer, 2009, S. 601; vgl. auch Glasl, 2004, S. 397 u. S. 399, der die siebte Stufe mit Hilfe der Shuttle Mediation inkludiert.

[71] Vgl. Poschab/Dendorfer, 2009, S. 601.

[72] Vgl. Duve/Eidenmüller/Hacke, 2011, S. 38.

[73] Vgl. Poschab/Dendorfer, 2009, S. 601.

kooperative Lösung zwischen den Konfliktparteien ohne einen außenstehenden Dritten möglich. (Siehe hierzu auch Abb. 2.5.) Dabei ist aber zwingend zu beachten, dass auch die Grundsätze und Regeln in Analogie zur Mediation einzuhalten und vorher zu vereinbaren sind, sonst könnte die Verhandlung daran scheitern, dass die Beteiligten mit unterschiedlichen **Verhandlungsstilen/Konfliktstilen** (vgl. Kap. 2.5) arbeiten. Das Anwenden unterschiedlicher Konfliktstile/Verhandlungsstile führt gerade nicht zu einem kooperativen Ausgang. Besitzen die Konfliktparteien keine Mediationskenntnisse werden sie i. d. R in ihre erlernten Konfliktverhaltensmuster fallen und diese anwenden. Treffen zwei Parteien mit dem Verhandlungsstil „Durchsetzung/Konkurrieren/Kampf" aufeinander, die von ihren Standpunkten nicht abweichen wollen, kann es zu den oben beschriebenen Eskalationsstufen kommen. Zum Abschluss des Kapitels sollen nun die verschiedenen Konfliktstile/Verhandlungsstile beschrieben werden.

2.5 Konfliktstile/Verhandlungsstile

Konfliktstile/Verhandlungsstile beschreiben die Art und Weise, wie eine Person mit Konflikten umgeht, welche Grundeinstellung dahintersteht und welche Verhaltensstrategien sie umfassen.[74] Der jeweilige Konfliktstil bestimmt sich von zwei aufeinander bezogenen Determinanten und zwar handelt es sich um die Orientierung an den eigenen Zielen der einen Konfliktpartei in Bezug zu den Zielen der anderen Konfliktpartei. Insgesamt werden in diesem Modell (vgl. Abb. 8) fünf Konfliktstile bzw. Strategien unterschieden:

1. **Vermeiden/Flucht:**[75] Hinter dem Reaktionsmuster Vermeiden/Flucht steht i. d. R die Angst, in einer Auseinandersetzung als Verlierer hervorzugehen. Das Ziel dieser Strategie ist es, Enttäuschungen und Ärger aus dem Weg zu gehen. Es handelt sich um eine günstige Strategie, wenn in dem Konflikt keine Chance zur Lösung besteht. Darüber hinaus kann sie als vorübergehende Lösung günstig sein, um eine spannungsgeladene Situation zu beruhigen. Sie ist allerdings ungünstig, wenn die Person sie grundsätzlich in jedem Konflikt anwendet. Dann kann der Konfliktbetroffene nie die Erfahrung eines für ihn vorteilhaften Konfliktausganges erleben, keinen Lernprozess durchlaufen und der Konflikt bleibt ungelöst und damit belastend. Das Ergebnis dieses Verhaltens führt dann in eine Verlierer-Verlierer-Situation. Ein weiterer Nachteil dieser Strategie liegt darin, dass nach einer Flucht wieder ein erneuter Kontakt zur Konfliktklärung hergestellt werden muss, wenn das Problem gelöst werden muss.

[74] Vgl. hierzu und im Folgenden: Kals/Ittner, 2008, S. 25 f.

[75] Vgl. hierzu und im Folgenden: Rubin/Pruitt/Kim, 1994 und Kreyenberg, 2005, zitiert nach Kals/Ittner, 2008, S. 25 ff.

Bei der **gegenseitigen Blockade** hindern sich die Konfliktparteien wechselseitig in der Ausführung ihrer Zielvorstellungen. Diese Strategie endet immer in einer Verlierer-Verlierer-Situation.

2. **Kampf/Konkurrieren[76]/Durchsetzung:** Beim Kampf geht es der betroffenen Partei darum, um jeden Preis die eigenen Ziele durchzusetzen und zu realisieren. Die Interessen des Konfliktgegners sind dem Durchsetzer gleichgültig. Er richtet seine gesamte Energie darauf, dass er selbst als Gewinner und der andere als Verlierer aus dem Kampf hervorgeht. Diese Strategie ist dann angeraten, wenn sie zum Schutz vor einem harten kompromisslosen Gegner notwendig wird, der nicht kooperativ verhandeln möchte. Die Strategie ist von Nachteil, weil sie sehr kräfteraubend ist, Beziehungsschäden durch die „Gewinner-Verlierer-Situation" verursacht, nicht flexibel ist, eine soziale Entwicklung verhindert und im Extremfall sehr stark eskalieren kann (siehe Eskalationsmodell von Glasl).
3. **Nachgeben/Unterwerfen:**[77] Hier werden die eigenen Interessen hinten angestellt oder ganz geopfert, um die Interessen des jeweils anderen zu erfüllen. Das Ziel ist die Erhaltung der harmonischen Beziehung. Diese Strategie ist dann von Vorteil, wenn die Konfliktinhalte unbedeutsam sind oder die Anliegen des anderen vorübergehend wichtiger. Der Konfliktstil ist dann nachteilig, wenn es sich um eine dauerhafte Strategie handelt, bei der sich „hierarchische Beziehungen" verfestigen und die eigene Persönlichkeit dauerhaft zu kurz kommt, was zu Frustrationen führen kann.
4. **Feilschen/Kompromiss:**[78] Beim Kompromiss trifft man sich i. d. R in der Mitte, dabei erhalten die Konfliktparteien mehr als sie bei einem Kampf verlieren würden. Von vielen wird diese Strategie gewählt, wenn sie zu dem Schluss kommen, dass ihre Ziele sich nicht vereinbaren lassen. Kompromisslösungen werden gern gewählt, weil sie von den Betroffenen im ersten Augenblick **intuitiv** als fair erachtet werden. Diese Strategie ist von Vorteil, wenn eine starke Polarisierung vorliegt und großer Zeitdruck zur Lösung besteht und strukturell keine integrative Lösung von Interessen/Bedürfnissen der Betroffenen möglich ist. Nachteilig ist, dass diese Strategie auch ein Feilschen beinhalten kann, dass Misstrauen schüren kann. Darüber hinaus sind die Lösungen suboptimal, wenn der Einbezug von Interessen/Bedürfnissen bei der Lösungssuche möglich gewesen wäre.
5. **Problem lösen/Konsens:**[79] Bei der Strategie des Problemlösen/Konsens wird im Gegensatz zum Feilschen/Kompromiss nicht auf der Grundlage von Positionen gestrit-

[76] Vgl. hierzu und im Folgenden: Rubin/Pruitt/Kim, 1994 und Kreyenberg, 2005, zitiert nach Kals/Ittner, 2008, S. 25 ff.

[77] Vgl. hierzu und im Folgenden: Rubin/Pruitt/Kim, 1994 und Kreyenberg, 2005, zitiert nach Kals/Ittner, 2008, S. 25 ff.

[78] Vgl. hierzu und im Folgenden: Rubin/Pruitt/Kim, 1994 und Kreyenberg, 2005, zitiert nach Kals/Ittner, 2008, S. 25 ff.

[79] Vgl. hierzu und im Folgenden: Rubin/Pruitt/Kim, 1994 und Kreyenberg, 2005, zitiert nach Kals/Ittner, 2008, S. 25 ff.

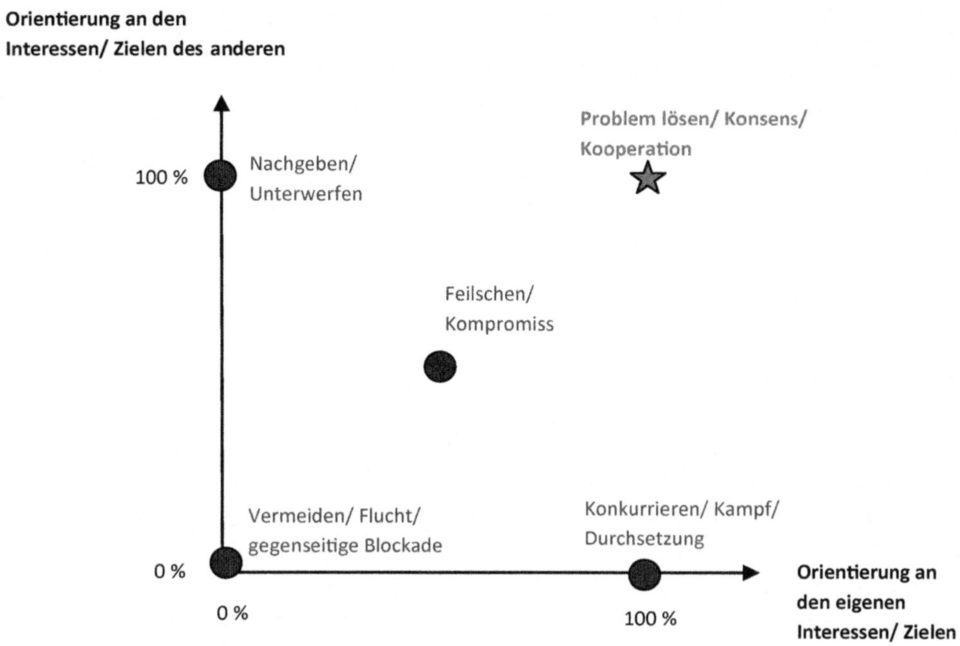

Abb. 2.6 Verhandlungsstile in Problem- oder Konfliktsituationen. (Quelle: eigene Darstellung, in Anlehnung an das Dual concern-Modell von (Rubin/Pruitt/Kim, 1994), zitiert nach Kals/Ittner, 2008, S. 26.)

ten wird. Stattdessen wird offen über die beiderseitigen Hintergründe, Interessen, Motive oder Bedürfnisse (Tiefenstruktur) gesprochen und auf dieser Grundlage nach Lösungen gesucht, die mit den beiderseitigen Zielen vereinbar sind. Dadurch empfinden die Betroffenen sich beide als Gewinner dieser Situation. Der Vorteil dieser Strategie ist, dass kreative, nachhaltige sowie faire Lösungen auch für komplexe Probleme gefunden werden können, wobei zusätzlich die Beziehung zur anderen Partei bestehen bleibt oder sogar gefestigt wird. Nachteilig ist die Methode, wenn ein großer Zeitdruck besteht und gleichzeitig viele Konfliktparteien vorhanden sind zwischen denen keine Offenheit und kein Vertrauen existiert. **In Mediationen wird die Strategie des Problemlösens/Konsens mit Hilfe eines Dritten angewendet.** Die fünf Strategien sind in der folgenden Abb. 2.6 dargestellt.

In empirischen Studien ist nachgewiesen worden, dass nur 4 % der Manager selbst direkt in der Lage sind, einen kooperativen Konsens für Probleme zu finden, in 20 % der Fälle konnten sogar nur lose-lose-Vereinbarungen erzielt werden.[80] Dies mag zum einen daran liegen, dass viele Manager nicht über die Methodenkompetenz eines kooperativen Verhandlungsstils verfügen und im Wirtschaftsleben bisher nur die Durchsetzung oder das

[80] Vgl. Duve/Eidenmüller/Hacke, 2011, S. 43 und die Erläuterungen in der Fußnote.

Feilschen/den Kompromiss als erfolgreiche Strategie kennengelernt haben oder aber die Erfahrung des Verhandlungsdilemmas machen mussten, in dem sie kooperativ handeln wollten, aber die Ungewissheit des Verhandlungsstils der Gegenseite sie zu einem kompetitiven Verhalten zwang. Im folgenden Kapitel soll der in der Wirtschaft gängige Verhandlungsstil des Feilschen/Kompromisses und der noch nicht etablierte Verhandlungsstil Problem lösen/Konsens genauer vorgestellt werden. Danach wird das Problem des Verhandlungsdilemmas dargestellt, das jedoch durch die Rahmenbedingungen eines Mediationsverfahrens gelöst werden kann.

2.6 Zusammenfassung

Der Mediator benötigt ein Grundlagenwissen über die Typisierung von Konflikten sowie über die psychischen Mechanismen, die innerhalb der streitenden Konfliktparteien ablaufen. Dieses Basiswissen ist insbesondere erforderlich um festzustellen, ob der Konflikt für die Durchführung einer Mediation geeignet erscheint. Darüber hinaus lernt der Mediator über die Kenntnis der intrapersonalen Mechanismen, Menschen in Konfliktsituation besser zu verstehen. Hierfür wurden im zweiten Kapitel zunächst die Konflikttypen nach Streitgegenstand, Erscheinungsformen und Merkmalen der Konfliktparteien differenziert. Im Rahmen der innerpsychischen Zusammenhänge wurden die theoretischen Ansätze der Transaktionsanalyse von E. Berne und T. Harris vorgestellt sowie die psychischen Mechanismen nach Glasl. Mit dem Eisbergmodell wurde ein für die Mediation fundamental wichtiger Ansatz erläutert, der den Schlüssel zur Lösung von Konflikten darstellt. Im Folgenden wurde das praktisch und empirisch abgesicherte Eskalationsmodell von Glasl vorgestellt, dass die Dynamik von Konflikten beschreibt, bei dem die Gegner mit der Verhandlungsstrategie „Durchsetzung/Konkurrieren/Kampf“ agieren. Abschließend wurden die möglichen Verhandlungs- bzw. Konfliktstile vorgestellt, die in Konflikten zum Einsatz kommen können. Nur der Verhandlungsstil „Problem lösen/Konsens/Kooperation“, der in der Mediation angewendet wird, berücksichtigt die Ziele und Interessen der Konfliktparteien gleichwertig.

Literatur

Duve, Christian/Eidenmüller, Horst/Hacke, Andreas, (2011), Mediation in der Wirtschaft, Wege zum professionellen Konfliktmanagement, 2. Auflage, Köln: Dr. Otto Schmidt.

Fisher, Roger/Ury, William/Patton, Bruce, (2009), Das Harvard-Konzept, 23. Auflage, Frankfurt/New York: Campus.

Glasl, Friedrich, (2004), Konfliktmanagement, Ein Handbuch für Führungskräfte, Beraterinnen und Berater, 8. Auflage, Bern/Stuttgart/Wien: Haupt, Freies Geistesleben.

Hagedorn, Ortrud, (2005) Mediation – durch Konflikte lotsen, 1. Auflage, Leipzig: Klett.

Harris, Thomas A., (1984), Ich bin o.k. Du bist o.k., Wie wir und selbst besser verstehen und unsere Einstellung zu anderen verändern können – Eine Einführung in die Transaktionsanalyse, Hamburg: Rowohlt.

Horstmeier, Gerrit, (2013), Das neue Mediationsgesetz, 1. Aufl., München: Beck.

Kals, Elisabeth/Ittner, Heidi, (2008), Wirtschaftsmediation, Praxis der Personalpsychologie, Göttingen: Hogrefe.

Kreyenberg, Jutta (2005), Konfliktmanagement, 2. Aufl., Berlin: Cornelsen

Montada, Leo/Kals, Elisabeth, (2001), Mediation, Lehrbuch für Psychologen und Juristen, 1. Auflage, Weinheim/Basel: Psychologie Verlags Union.

Montada, Leo/Kals, Elisabeth, (2013), Mediation, Psychologische Grundlagen und Perspektiven, 3. Auflage, Weinheim/Basel: Beltz.

Ponschab, Reiner/Dendorfer, Renate, (2009), § 24 Konfliktmanagement im Unternehmen, in: Haft/von Schlieffen (Hrsg.), Handbuch Mediation, 2. Aufl., S. 589–618, München: Beck.

Rubin, J.Z., Pruitt, D. G. & Kim, S.H. (1994), Social Conflict, New York, McGraw-Hill.

Verhandlungstechniken und Verhandlungskompetenzen

3

3.1 Grundlagen der Verhandlungsanalyse

Die Art zu Verhandeln oder Konflikte auszutragen hat sich im Laufe der Geschichte fortentwickelt. Die verschiedenen Verhaltensweisen in Konflikten ordnet Schwarz nach dem Grad ihrer Weiterentwicklung ein.[1] So steht an unterster Stelle die **Flucht**, an zweitniedrigster Position steht die **Vernichtung** durch Kampf, darüber liegt die **Unterordnung** nach einem Kampf, wiederum weiterentwickelt ist die **Delegation** des Konflikts an einen Dritten, der über den Konflikt entscheidet, an zweithöchster Position steht der **Kompromiss** und der **Konsens** bildet die höchste Entwicklungsstufe einen Konflikt zu lösen.

Die Art, welche Verhandlungstechniken Menschen in Konflikten anwenden, hängt von vielfältigen Faktoren ab. Die gespeicherten und erlernten Verhaltensmuster aus dem Eltern-Ich, Erwachsenen-Ich und Kindheits-Ich werden i. d. R. **intuitiv** eingesetzt. Die Verhandlungsparteien können dadurch ganz unterschiedliche Voraussetzungen und Regeln für die Verhandlung mitbringen und dementsprechend unterschiedliche Verhandlungsstile anwenden. Da nur eine Minderheit der Erwachsenen die Technik der **integrativen Verhandlung,** die zu einem **Konsens** führt, erlernt hat, steht diese Form der Konfliktlösung vielen Beteiligten als Handlungsalternative nicht zur Verfügung und wird daher auch nur selten direkt eingesetzt. Die Techniken zur integrativen Verhandlungen können jedoch erlernt werden. In Mediationen werden sie angewendet. Oft wird der Konsens mit dem Kompromiss gleichgesetzt. Das ist jedoch nicht richtig. Die Unterschiede der Konflikt- bzw. Verhandlungsstile „Feilschen/Kompromiss" und „Problem lösen/Konsens/Kooperation" sollen nun näher erläutert werden.

[1] Vgl. hierzu und im Folgenden: Schwarz, 2005, S. 277 f.

M. Koschany-Rohbeck, *Praxishandbuch Wirtschaftsmediation*,
DOI 10.1007/978-3-658-08021-1_3

3.2 Verhandlungsführung und Verhandlungsmanagement

In Mediationen werden die Verhandlungsgrundsätze des integrativen Verhandelns nach dem Harvard-Konzept zugrunde gelegt. Das integrative Verhandeln unterscheidet sich deutlich vom intuitiven Verhandeln, welches jedoch in deutschen Wirtschaftskonflikten als Verhandlungsstil häufig eingesetzt wird.

3.2.1 Intuitives Verhandeln – Feilschen/Kompromiss

Die meisten Menschen verhandeln **intuitiv nach den o. g. Verhandlungsstilen 1–4** (siehe Kap. 2.5), dieses ist jedoch oft ineffizient, da erlernte Verhaltensstrategien i. d. R. nicht die neuesten Erkenntnisse der Verhandlungstheorie umfassen und zu suboptimalen Ergebnissen – zumindest für einen der Verhandlungsführer bzw. bei dauerhaften Geschäftsbeziehungen für beide Verhandlungspartner – führen können.[2]

Unter dem **Begriff Verhandeln** verstehen die meisten Menschen eine Situation ähnlich der auf einem orientalischen Basar.[3] Man spricht bei dieser Art zu Verhandeln auch von der Basarmethode. Dabei wird fälschlicherweise effektives Verhandeln mit kompetitivem Verhandeln gleichgesetzt.[4] Intuitives Verhandeln nach der Basarmethode bezeichnet den Dualismus zwischen der Strategie des Durchsetzens und der Strategie des Nachgebens, in dem sich die Verhandelnden behaupten müssen, weil sie ansonsten befürchten, selbst benachteiligt zu werden. Bei dieser Methode des intuitiven Verhandelns **feilschen** die beteiligten Personen ausgehend von zwei gegenüberliegenden **Positionen** so lange, bis sie sich durch gegenseitiges Annähern einigen. Das dann erzielte Ergebnis ist der **Kompromiss**. Liegen die Vorstellungen zu weit auseinander, trennen sich die Verhandelnden i. d. R aufgrund zu großer Unterschiede, ohne einen Vertragsabschluss zu realisieren.

Ein Beispiel[5] Auf einem Basar gehen ein Teppichverkäufer und ein Teppichkäufer mit unterschiedlichen Preisvorstellungen in die Verhandlungen. Ist der Käufer uninformiert und kennt er nicht die Qualitätskriterien für Teppiche, so wird er mit einem Preis, den er für angemessen erachtet, in die Verhandlung gehen, abzüglich eines Verhandlungsabschlages, da er weiß, dass die Betroffenen sich bei dem Verhandlungsreigen gegenseitig annähern müssen. Der Teppichverkäufer hingegen hofft auf einen uninformierten Touristen, dem er einen Teppich zu einem möglichst hohen Preis verkaufen kann. Einigen sich die beiden Personen durch gegenseitiges aufeinander zugehen auf einen Preis ca. in der Mitte, so wird der Käufer solange mit dem Ergebnis zufrieden sein, solange er vermutet mit dem Kauf ein „Schnäppchen" gemacht zu haben. Sollte der Käufer nach der Rückkehr aus dem

[2] Vgl. Duve/Eidenmüller/Hacke, 2011, S. 43.

[3] Vgl. hierzu und im Folgenden: Haft, 2008a, S. 4 f.

[4] Vgl. Duve/Eidenmüller/Hacke, 2011, S. 45 f.

[5] Vgl. Haft, 2008a, S. 4 f.

Urlaub jedoch erkennen, dass der Teppich viel zu überteuert eingekauft wurde, bekommt die Verhandlung nachträglich einen bitteren Beigeschmack.

Ist der Teppichkäufer jedoch qualitätsbezogen und preislich informiert in die Verhandlung gegangen, wird er für sich einen Höchstpreis festlegen, für den er maximal bereit ist, den Teppich zu kaufen. Er weiß, dass er beispielsweise für diesen Preis in Deutschland einen gleichwertigen Teppich kaufen kann. Dieser Preis ist der Ausstiegspreis für die Verhandlung. Wird dieser Ausstiegspreis überschritten, so wird der Käufer dem Kauf nicht zustimmen. Bei dem Ausstiegspreis handelt sich um die sogenannte **BATNA** (best alternative to negotiated agreement), bei der ein Ausstieg aus der Verhandlung günstiger ist, als der Verhandlungsabschluss selbst.[6] Bei intuitiven Verhandlungen hat jede Partei eine BATNA. Die Zone zwischen diesen beiden BATNA der beteiligten Parteien ist die Einigungszone, in der sozusagen ein **Kompromiss** gefunden werden kann.[7]

In vielen Verhandlungen wird in gleichwertigen Situationen, in denen es um messbare Werte geht, intuitiv verhandelt, wie z. B. bei einem aufzuteilenden Geldbetrag, einem Grenzwert oder einem bestimmten Zeitraum, in dem eine Leistung erfolgt sein muss.

Die Basarmethode (Feilschen/Kompromiss) wird deshalb so häufig angewandt, weil die den Verhandlungen zugrunde liegenden Sachthemen oftmals sehr **komplex** sind. Die Parteien bevorzugen jedoch einfache Verhandlungssituationen. So könnten der Verkäufer und der Käufer neben dem Preis auch noch Aspekte wie die Transportkosten, den Zoll, die Verpackung und den Transport zum Flughafen verhandeln. Aus Vereinfachungsgründen wird jedoch auf **Positionen** (Preis für den Teppich) zurückgegriffen.[8] (Vgl. hierzu auch die juristische Methode, Kap. 1.3.1.) Damit wird das Problem einfacher, um es zu lösen. Es reduziert den vorhandenen optimalen Lösungsspielraum aber erheblich.

Folgende **Nachteile** ergeben sich aus diesem Verhandlungsstil:[9]

Bei dem intuitiven Verhandeln um Positionen wird nur **„ein vorhandener Kuchen aufgeteilt"**. Man spricht hier auch von dem **distributivem Verhandeln**.[10] Im Teppich-Beispiel handelt es sich um den Preis, der für den Teppich zu zahlen ist. Das was der eine zusätzlich einnimmt, ist gleichzeitig der Verlust des anderen. Diese Situation bezeichnet man auch als **Nullsummenspiel**.[11] Jede der Parteien versucht das größere Kuchenstück zu ergattern. Aus diesem Grunde versuchen die beteiligten Parteien jeweils ihren eigenen Gewinn bzw. Nutzen zu maximieren. Kreative Lösungen, die den „Kuchen erweitern" sind nicht vorgesehen. Bei der Annahme, dass der Kuchen nur aufgeteilt werden kann, handelt es sich um eines von vier Hindernissen, die Parteien daran hindern **keine beiderseits zufriedenstellenden Lösungen zu finden**.[12] So wird die Vielfalt der Lösungsmöglichkeiten

---

[6] Vgl. Fisher/Ury/Patton, 2009, S. 141.

[7] Vgl. Haft, 2008a, S. 16.

[8] Vgl. Haft, 2008a, S. 25 ff.

[9] Vgl. Haft, 2008a, S. 30 ff.

[10] Vgl. Kessen/Troja, 2009, S. 314.

[11] Vgl. Duve/Eidenmüller/Hacke, 2011, S. 49; vgl. Fisher/Ury/Patton, 2009, S. 108.

[12] Vgl. Fisher/Ury/Patton, 2009, S. 90 ff.

darüber hinaus dadurch beschränkt, dass die Betroffenen sich ein **vorschnelles Urteil** über die Situation bilden, weil sie der Auffassung sind, dass es nur eine richtige Lösung für die Situation gibt, nämlich die eigene. Dabei unterstellen die Verhandelnden gleichzeitig, dass jeder Mensch die gleichen Wahrnehmungen und Vorstellungen zu einem Sachverhalt haben muss, wie sie selbst. Ein vorschnelles Urteil, ohne über verschiedene Alternativen überhaupt nachgedacht zu haben, blockiert die Betroffenen und behindert die Kreativität. Bei der **Fokussierung auf nur eine mögliche Lösung** kommt gar nicht der Gedanke auf, dass es noch weitere Alternativen geben könnte. Darüber hinaus wird eine Erweiterung der Alternativen als zeitraubend und ineffizient angesehen. Ein vierter Grund für den Mangel an Lösungsalternativen ist die **einseitige Beschäftigung der Betroffenen nur mit den eigenen Interessen**. Die „unter der Wasseroberfläche liegende Seite des Eisbergs" des Verhandlungspartners wird nicht wahrgenommen bzw. nicht als legitim anerkannt und damit bei der Lösungsfindung nicht berücksichtigt.

Der Basarmethode liegt auch die Annahme zugrunde, dass die **Beziehung** der beteiligten Personen nach der Verhandlung **keine Rolle spielt** und sie danach nichts mehr miteinander zu tun haben werden.[13] Nur unter dieser Prämisse ist es nutzenmaximierend, wenn die beteiligten Verhandlungspartner kompetitiv miteinander umgehen. Ist im Nachhinein eine gute Beziehung gewünscht oder stehen weitere Verhandlungen in anderer Angelegenheit an, stellt eine unnachgiebige Haltung in der Verhandlung keine gute Basis für weitere Verhandlungen dar. Sie wirkt sich auf die Beziehungsebene der betroffenen Verhandlungspartner aus, bei der das Vertrauen zueinander geschwächt wird. Eine persönliche Niederlage aus einer vorherigen Verhandlung kann dann in einer neuen Verhandlung zu einem anderen Sachthema mit hineingetragen werden. Dann passiert es schnell, dass sich Sach- und Beziehungsebene der Verhandlung miteinander vermengen.[14]

Darüber hinaus werden in intuitiven Verhandlungen **Manipulationstechniken** eingesetzt, die dem jeweiligen Gegenüber ein Entgegenkommen suggerieren. Tatsächlich schenkt jedoch keiner dem anderen etwas, da die Werte von vornherein keine realistischen Werte waren.[15] Des Weiteren werden Techniken wie Drohungen, Versprechungen oder Behauptungen oder Trotzreaktionen eingesetzt, um den Gegner unter Druck zu setzen und sich selbst einen Vorteil zu verschaffen.[16] Werden keine ethischen Grundsätze eingehalten, führt das dazu, dass die Verhandelnden sich misstrauen, mit sehr negativen Auswirkungen auf zukünftig kommende Verhandlungen.

Stehen die Verhandlungspartner in wiederkehrenden Verhandlungsprozessen, so ist es vorteilhafter eine gute Beziehung zum Gegenüber zu unterhalten und ratsam das integrative Verhandeln einzusetzen.

[13] Vgl. Raiffa, 2005, S. 44 ff.

[14] Vgl. Duve/Eidenmüller/Hacke, 2011, S. 52.

[15] Vgl. Haft, 2008a, S. 25 ff.

[16] Vgl. Haft, 2008a, S. 33.

3.2.2 Integratives Verhandeln/Harvard-Konzept

Beim **integrativen Verhandeln** wird nicht auf der Grundlage von Positionen, sondern auf der Grundlage der zugrundeliegenden **Interessen** der beteiligten Parteien verhandelt. Die Grundlage für die Lösungsfindung bilden die nicht sichtbaren Inhalte des Eisberges unter der Wasseroberfläche (Vgl. Kap. 2.3. – Interessen, Bedürfnisse, Anliegen, Ziele, Motive, etc.). Bei der Bewertung und Auswahl von Lösungsoptionen auf der Grundlage der Interessen (vgl. Kap. 5.2.5.) werden unterschiedliche **Techniken** des integrativen Verhandelns vorgestellt. Hierbei handelt es sich um folgende Techniken: „Erweiterung des Kuchens", „Unspezifische Kompensationen", „Logrolling", „Finanzielle Kompensation" und „Bridging".[17]

Das integrative Verhandeln in der Mediation basiert auf einem Konzept zur Optimierung der Verhandlungsergebnisse. Im deutschsprachigem Raum ist die Methode bekannt geworden als das **Harvard-Konzept.**[18] Die Grundlagen des Verhandelns nach dem Harvard-Konzept, die eine der theoretischen Grundlagen der Mediation bildet,[19] sollen im Folgenden vorgestellt werden.

Die Methode des Harvard-Konzepts versteht sich als **interessenorientiertes Verhandeln**[20], bei dem sowohl „sachbezogen als auch menschengerecht" [21]verhandelt wird. Das Ziel ist es, ein optimales Verhandlungsergebnis bei gleichzeitiger Erhaltung der persönlichen Beziehung anzustreben. Bei dieser Verhandlungsmethode sehen sich die Teilnehmer nicht als Konkurrenten, sondern als Problemlöser, die das Ziel haben eine gütliche Einigung mit einem effizienten und vernünftigen Ergebnis zu erreichen,[22] das möglichst schriftlich fixiert werden sollte.[23] Dabei sollen sachliche Argumente und nicht Druck den Ausschlag für ein Nachgeben liefern. Bei dieser Verhandlungsmethode sollen die Beteiligten **vier Prinzipien**[24] beachten, die eine **offene und ehrliche Verhandlung** ermöglichen. Das ist zum einen das **Prinzip, dass Menschen und Probleme getrennt voneinander zu behandeln** sind. Das bedeutet, dass wertschätzend mit den Menschen, jedoch hart in der Sache verhandelt wird. Das **zweite Prinzip besagt, dass nicht Positionen, sondern Interessen in den Mittelpunkt der Verhandlung rücken müssen**. Das dritte Prinzip bezieht sich auf die zu suchenden Lösungsmöglichkeiten. Hier wird gefordert, dass vor der Bewertung und Auswahl **verschiedene Lösungsalternativen gesucht bzw. entwickelt**

---

[17] Vgl. Kessen/Troja, 2009, S. 315.

[18] Vgl. Fisher/Ury/Patton, 2009, S. 19 ff.

[19] Vgl. Hehn, 20092009, S. 190

[20] In dem Buch Harvard-Konzept wird der Begriff „principled negotiation" in „sachbezogenes Verhandeln" übersetzt. Interessenorientiertes Verhandeln wäre m. E. eine treffendere Bezeichnung für die Art des Verhandelns gewesen.

[21] Vgl. Anmerkung zum Begriff "sachbezogen verhandeln": Fisher/Ury/Patton, 2009, S. 21.

[22] Vgl. hierzu und im Folgenden: Fisher/Ury/Patton, 2009, S. 36 f.

[23] Vgl. Fisher/Ury/Patton, 2009, S. 137.

[24] Vgl. hierzu und im Folgenden: Fisher/Ury/Patton, 2009, S. 34.

werden sollen, die für alle Beteiligten von Nutzen sind. Das **vierte Prinzip** setzt bei der Bewertung und Auswahl der Entscheidungsalternativen an. Die Betroffenen sollten bei der Auswahl einer fairen Lösung **neutrale oder objektive Beurteilungskriterien** anwenden. Diese vier Prinzipien sollen nun etwas näher erläutert werden:

3.2.2.1 Menschen und Probleme getrennt voneinander behandeln

In Verhandlungen interagieren keine Computer, sondern Menschen mit Gefühlen und unterschiedlichen Werten. Damit die Sachfrage in der Verhandlung gut gelöst werden kann, muss der „Beziehungsanteil", der mit der Sachfrage verwoben sein könnte, aus der Verhandlung herausgenommen werden. Das funktioniert dann besonders effizient, wenn ein wertschätzender Verhandlungsrahmen existiert, in dem Vertrauen und Respekt vorhanden ist, der ein besseres Verständnis füreinander ermöglicht.[25] Beim interessenorientierten Verhandeln verpflichten sich die Parteien Sach- und Beziehungsebene getrennt voneinander zu behandeln. Dabei müssen die Verhandelnden drei Bereiche auf der Beziehungsebene beachten – **Vorstellungen, Emotionen und Kommunikation.**[26]

Bei den **Vorstellungen** geht es darum, dass jede Partei unterschiedliche Wahrnehmungen darüber hat, was objektiv richtig ist. Diese **verschiedenen Wahrnehmungen** müssen von den Beteiligten präzisiert und transparent gemacht werden. Danach ist es hilfreich, einen **Perspektivwechsel** vorzunehmen und sich in die Lage des anderen hineinzuversetzen, um ihn besser zu verstehen.[27] Dabei heißt den anderen verstehen, jedoch noch nicht, auch damit einverstanden sein zu müssen. Es hilft jedoch eigene Ansichten ggf. zu relativieren und in einem anderen Zusammenhang zu sehen. Bei dem Prozess zur Entscheidungsfindung ist es wichtig, **die betroffenen Personen frühzeitig mit einzubeziehen**, weil sich die Beteiligten so besser als gemeinsame Gestalter und Urheber der Lösung sehen.[28] Darüber hinaus sind Lösungen zu suchen, die mit den **Wertesystemen** der Konfliktparteien **in Einklang** stehen, sodass die Betroffenen ihr Gesicht wahren können.[29]

Werden in Verhandlungen die **Gefühle** der Menschen nicht berücksichtigt, können diese Gefühle die Sachfrage in den Hintergrund rücken lassen. Das Harvard-Konzept fordert die betroffenen Parteien auf, sich mit ihren Gefühlen und der Ursache für diese Gefühle zu beschäftigen. Dabei sind Gefühle von beiden Seiten zu artikulieren, damit diese im Sinne einer Ventilfunktion[30] für seelische Erleichterung sorgt. Die jeweils andere Partei muss wechselseitig zuhören.

Bei der **Kommunikation** untereinander ist darauf zu achten, dass Missverständnisse vermieden werden, indem verständlich kommuniziert wird. Hilfreich sind hierbei ein

[25] Vgl. Fisher/Ury/Patton, 2009, S. 43.
[26] Vgl. Fisher/Ury/Patton, 2009, S. 46 f.
[27] Vgl. Fisher/Ury/Patton, 2009, S. 48.
[28] Vgl. Fisher/Ury/Patton, 2009, S. 53 f.
[29] Vgl. Fisher/Ury/Patton, 2009, S. 55.
[30] Vgl. Glasl, 2004, S. 49.

wechselseitiges „aktives Zuhören“ und Ich-Botschaften (Vgl. Kap. 4.2.1. und 4.2.2.). Bei einer guten Kommunikation spielt das genaue Zuhören eine große Rolle.[31]

3.2.2.2 Interessen statt Positionen in den Mittelpunkt der Verhandlung rücken

Der Unterschied zwischen Positionen und Interessen soll anhand eines einfachen Beispiels erläutert werden. Zwei Mitarbeiter streiten an ihrem Arbeitsplatz, ob das Bürofenster offen oder geschlossen sein soll. Hierbei handelt es sich um die Positionen „Fenster offen“ bzw. „Fenster geschlossen“. Bei der Verhandlung streiten sie darum, ob das Fenster weit offen, dreiviertel, halb geöffnet, in Kippstellung oder nur einen Spalt geöffnet sein soll. Sie feilschen um den Grad der Öffnung des Fensters. Keine Lösung finden sie optimal. Beim Harvard-Ansatz befragen sich die Verhandelnden nach den tieferliegenden Interessen, die mit der verbunden Position verknüpft sind. Sie fragen sich wechselseitig, warum/wozu es ihnen wichtig ist, dass das Fenster offen oder geschossen sein soll. So erfahren sie, dass dem einen Kollegen, die Zugluft am Rücken nicht bekommt und der andere Kollege sich wegen der verbrauchten Luft nicht mehr konzentrieren kann. Sie überlegen kurz wie sie beide Interessen „unter einen Hut“ bekommen können und entscheiden sich, alle 2 h für 5 min eine Stoßlüftung durchzuführen. Das Problem ist zur Zufriedenheit beider Parteien gelöst.

Das Problem in Verhandlungen oder Konflikten liegt demnach nicht in den gegenseitigen Positionen, sondern in den verborgenen tieferliegenden „Wünschen, Nöten, Sorgen und Ängsten“, hinter denen **oftmals, aber nicht ausschließlich, fundamentale menschliche Grundbedürfnisse** stehen, die im Harvard-Ansatz als **Interessen** bezeichnet werden und die die **Beweggründe für eine Position** darstellen.[32] Als menschliche Grundbedürfnisse gelten z. B. das Bedürfnis nach Sicherheit, wirtschaftliches Auskommen, Zugehörigkeit, Anerkennung und Selbstbestimmung.[33] Die Berücksichtigung von Grundbedürfnissen ist von besonderer Bedeutung in der Verhandlung. Werden diese missachtet oder bedroht wird es zu keiner gütlichen Einigung kommen.

Im Harvard-Ansatz ist es das Ziel, die jeweiligen Interessen/Bedürfnisse der Verhandlungspartner zu ermitteln und diese auszugleichen. Dabei kann es **gemeinsame, unterschiedliche** oder auch **widerstreitende** Interessen der Konfliktparteien geben.[34] Darüber hinaus hat jeder Verhandlungspartner bei komplexeren Verhandlungsthemen i. d. R. mehrere Interessen. In Verhandlungen zwischen Gruppen können die einzelnen Gruppenmitglieder darüber hinaus auch noch unterschiedliche Interessen vertreten.[35] Im Rahmen des Ansatzes sollen die Betroffenen „hart“ in der Durchsetzung ihrer legitimen Interessen,

---

[31] Vgl. Fisher/Ury/Patton, 2009, S. 60 ff.

[32] Vgl. Fisher/Ury/Patton, 2009, S. 70.

[33] Vgl. Fisher/Ury/Patton, 2009, S. 79 f.

[34] Vgl. Fisher/Ury/Patton, 2009, S. 72 f.

[35] Vgl. Fisher/Ury/Patton, 2009, S. 78 f.

aber flexibel bei der Lösung des Problems sein.[36] Darüber hinaus sollen die Beteiligten „sanft“, d. h. höflich und wertschätzend im Umgang mit dem Verhandlungspartner sein und auch seine legitimen Interessen ebenfalls anerkennen.[37] Im Harvard-Ansatz geht es nicht darum, rückwärtsorientiert Schuldige für einen Sachverhalt zu suchen, sondern zukunftsorientierte kreative Lösungen auf der Grundlage der Interessen.[38]

3.2.2.3 Entwicklung von Entscheidungsalternativen zum Vorteil aller Parteien

Sind die wechselseitigen Interessen der Verhandlungspartner geklärt, so sollen nach dem Harvard-Ansatz auf deren Grundlage zuerst **verschiedene** Lösungen gesucht und gesammelt werden, damit eine Auswahlmöglichkeit besteht. Dabei ist zu beachten, dass die gesuchten Lösungen für alle Beteiligten von Vorteil sind. Dadurch wird auch eine Entscheidungsfindung erleichtert. Eine Bewertung und Auswahl der Alternativen sollte dann in einem zweiten Schritt erfolgen.[39]

Im Harvard-Konzept wird die Methode des **Brainstormings**[40] und weitere Methoden zur Generierung von Lösungsoptionen vorgestellt. Eine Grundregel des Brainstormings besagt, dass die Suche nach geeigneten Lösungsmöglichkeiten von der Bewertung und Auswahl der Alternativen zu trennen ist.[41] Das Brainstorming und weitere Kreativitätstechniken für die Lösungssuche in Wirtschaftskonflikten sollen im fünften Kapitel genauer beschrieben und bewertet werden.

Bei der Suche nach Lösungen auf der Grundlage der Interessen schlägt das Harvard-Modell unterschiedliche Vorgehensweisen bei **gemeinsamen, unterschiedlichen oder widerstreitenden Interessen** vor.[42]

Die Verhandlungspartner sollten zunächst nach **gemeinsamen Interessen** suchen, sie als gemeinsame Ziele darstellen, bei denen nur noch die Frage im Raum steht, wie dieses Ziel erreicht werden soll. Bei gemeinsamen Zielen sehen sich die Verhandelnden eher als Partner und diese Wahrnehmung wirkt sich positiv auf weitere Verhandlungspunkte aus.

Ein Beispiel Bei einem Streit zwischen einem Automobilkonzern und einem Zulieferer geht es um die Klärung und Lösung eines Mangels an einem Neufahrzeug und um den Ausgleich des entstandenen Schadens. Hier könnte bei beiden Unternehmen das gleiche

---

[36] Vgl. Fisher/Ury/Patton, 2009, S. 85.

[37] Vgl. Fisher/Ury/Patton, 2009, S. 83.

[38] Vgl. Fisher/Ury/Patton, 2009, S. 84.

[39] Vgl. Fischer/Ury/Patton, 2009, S. 94.

[40] Die Vorstellung der Vor- und Nachteile der Methode Brainstorming soll im Rahmen der Prozessstufe der Lösungssuche genauer erläutert werden. Neueste Forschungen im Bereich der Kreativitätstechniken haben ergeben, dass ein Brainstorming mit mehr als zwei Personen nicht so effizient ist, wie ein Brainwriting z. B. mittels Kartenabfrage.

[41] Vgl. Osborn, 1963, S. 156, zitiert nach Brunner, 2008, S. 130.

[42] Vgl. Fisher/Ury/Patton, 2009, S. 108 ff.

Interesse bestehen, Imageschäden durch die Bekanntmachung des Konfliktes zu vermeiden und im Kundensinne eine schnelle Lösung zu finden.

Bei **unterschiedlichen Interessen** sind i. d. R. viele Lösungsoptionen möglich, weil die Betroffenen unterschiedliche Dinge wichtig erachten oder jeder Partner etwas anderes möchte.[43] In solchen Konstellationen sind viele wertschöpfende Lösungsalternativen denkbar.

Ein Beispiel: Ein Ehepaar streitet darüber, wo der nächste Sommerurlaub stattfinden soll. Die Frau möchte auf der Insel Rügen, der Mann in Zell am See in Österreich den Urlaub verbringen. Nachdem sie zunächst auf Basis ihrer Positionen gestritten haben und darüber diskutiert wurde, wer bisher entscheiden durfte, wie oft sie schon in den jeweiligen Orten waren, wer sich in der Vergangenheit anpassen musste, welcher Urlaubsort der schönere sei, schwenken sie um auf ein interessenorientiertes Verhandeln. Sie befragen sich gegenseitig, was ihnen bei ihrem Urlaub am jeweiligen Ort so wichtig ist und was dort möglich ist. Sie erfahren, dass die Frau, besonders den Ausblick und die Wanderungen am Meer liebt, ihr Mann hingegen schätzt die verschiedenen sportlichen Möglichkeiten und das Bergpanorama. Auf Basis dieser Interessen können sie nun nach Urlaubsorten suchen, die die unterschiedlichen Bedürfnisse befriedigen. So könnten z. B. Urlaubsorte in Spanien, in Italien oder Griechenland in Frage kommen, wo ein Bergpanorama und Meerblick vorhanden sowie attraktive Sportmöglichkeiten und Wandern am Strand möglich sind.

Trotz der verschiedenen Interessen gibt es in diesem Beispiel sehr viele Lösungsoptionen, die gleichermaßen akzeptabel erscheinen und von denen nun nur noch eine Alternative auszuwählen ist.

In einigen Konflikten gibt es jedoch auch **widerstreitende Interessen,** die ähnlich wie bei einem Streit um Positionen konträr zueinander stehen. Hier fordert der Harvard-Ansatz den Einsatz **neutraler objektiver Beurteilungskriterien** zur Generierung fairer Entscheidungen,[44] die ein viertes Prinzip des Harvard-Konzeptes darstellt, und im nächsten Kapitel vorgestellt werden soll. Darüber hinaus sind die objektiven Beurteilungskriterien auch anzuwenden, wenn **bei gleichen oder unterschiedlichen Interessen eine Vielzahl von Lösungsalternativen** gefunden wurden, die nun noch bewertet werden müssen, damit eine Entscheidung über die beste Alternative gefunden werden kann.

---

[43] Vgl. Fisher/Ury/Patton, 2009, S. 111.

[44] Vgl. Fisher/Ury/Patton, 2009, S. 120 ff. In der Mediationsliteratur wird dieser Aspekt unter dem Begriff „Fairness- und Gerechtigkeitskriterien" behandelt. Hier ist man der Meinung, dass es keine wirklich objektiven Kriterien, allenfalls legitime, normative Kriterien gibt und die Gerechtigkeit immer subjektiv im Auge des Betrachters liegt. Einzig die betroffenen Konfliktparteien müssen entscheiden, was gerecht und fair ist. Falls sie sich nicht einigen können, so ist ggf. in einem Diskurs eine Annäherung möglich. Vgl. Duve/Eidenmüller/Hacke, 2011, S. 62 und Montada, 2001, S. 99 ff.

Darüber hinaus sollte bei widerstreitenden Interessen doch noch zusätzlich weiter geforscht werden, ob hinter den Interessen nicht doch bestimmte tieferliegende Bedürfnisse stehen, die auf andere Weise erfüllt werden können.

3.2.2.4 Anwendung neutraler objektiver Beurteilungskriterien

Werden in einem Konflikt widerstreitende Interessen aufgedeckt, die sich nicht „unter einen Hut" bringen lassen (oder müssen gefundene Lösungsalternativen bewertet und ausgewählt werden), so sollen die Beteiligten nicht in ein Positionsgerangel zurückfallen, sondern **gemeinsam objektive Kriterien** bestimmen, nach denen die widerstreitenden Interessen einer Lösung zugeführt werden.[45] Bei diesen Kriterien handelt es sich um Kriterien, die die Betroffenen **gemeinsam als fair** bezeichnen, **unabhängig vom beidseitigen Durchsetzungswillen** der Betroffenen sind und bestenfalls **„gesetzlich legitimiert** und **praktisch durchführbar**" sind.[46]

I. d. R. gibt es mehrere objektive Kriterien, die eine faire Einigung ermöglichen. So können bei einem Totalschaden eines Fahrzeugs als Schadensersatzleistung verschiedene Maßstäbe für den Erstattungsbetrag herangezogen werden. So könnten der Wiederbeschaffungswert, der Abschreibungswert, der aktuelle Verkaufswert, der Listenpreis für das Auto gleichen Baujahrs und Ausstattung oder das Urteil eines Sachverständigen oder Richters als objektive Grundlage dienen.[47]

Bei widerstreitenden Interessen, denen normative Erwartungen oder Wertvorstellungen zugrunde liegen, können Gerichtsurteile, moralische Kriterien, Kriterien der Gleichbehandlungen, Traditionen,[48] Leitbilder des Unternehmens, Codes of Conduct o. ä. die Grundlage sein.

Sogar Verteilungskriterien, die vorher vereinbart wurden, können als „objektive Kriterien" herangezogen werden, wie z. B. „der eine teilt, der andere wählt", das Losziehen oder die Münze werfen.[49]

Nach dem Harvard-Ansatz sollen die Verhandelnden durch **vernünftige Argumentation** sich gegenseitig die von ihnen gewünschten Kriterien erläutern. Sie sollen **offen gegenüber den Argumenten** des jeweils anderen sein und **flexibel,** jedoch sich **nur sinnvollen Kriterien beugen**.[50] Denn für die faire Lösung eines Problems gibt es immer mehrere legitime und sinnvolle Kriterien.[51] Bei der Frage nach dem richtigen Kriterium sollte **keine Willkür** walten und auch **kein gegenseitiger Druck** zur Annahme eines Kriteriums ausgeübt werden.

Bei der Suche nach dem geeigneten objektiven Kriterium dürfen auch **Mischungen aus unterschiedlichen Kriterien** gebildet werden. Wichtig ist, dass die o. g. Rahmenvorgaben eingehalten werden. Z. B. könnte bei dem Kauf eines Hauses der Verkäufer den Marktwert des Hauses zuzüglich eines Aufschlages wegen des hohen Freizeitwertes und

---

[45] Vgl. Fisher/Ury/Patton, 2009, S. 121.

[46] Vgl. Fisher/Ury/Patton, 2009, S. 126.

[47] Vgl. Fisher/Ury/Patton, 2009, S. 125.

[48] Vgl. Fisher/Ury/Patton, 2009, S. 125 f.

[49] Hierbei wird allerdings nicht beachtet, dass diese Aufteilung nicht wirklich interessenorientiert ist, sondern es sich um einen Kompromiss handelt.

[50] Vgl. Fisher/Ury/Patton, 2009, S. 129.

[51] Vgl. Fisher/Ury/Patton, 2009, S. 131.

der schönen Lage als faires Kriterium sehen, während der Käufer den Wert vergleichbarer Häuser mit ähnlicher Ausstattung abzüglich der noch ausstehenden Renovierungen und Reparaturen als faires Kriterium ansieht. Eine Mischung der Kriterien wäre möglich. So können sich die Parteien beispielsweise auf das objektive Kriterium „Marktwert des Hauses in der schönen Lage gemäß Immobilienbewertung eines Sachverständigen, abzüglich der Kosten für noch ausstehende Reparaturen" einigen.

Können sich die Verhandelnden auf kein objektives Kriterium einigen und bleiben die Positionen fest, so bleibt ihnen dennoch die Entscheidung, ob sie der starren gegnerischen Position zustimmen wollen oder die Beste sich bietende Alternative (BATNA) wählen wollen.[52]

3.2.3 Das Verhandlungsdilemma

Das Verhandeln nach dem Harvard-Konzept setzt voraus, dass die Verhandelnden **offen und vertrauensvoll ihre Interessen und Informationen** offenlegen.[53] So sind **optimale Lösungen für alle** Beteiligten möglich, was auch in empirischen Untersuchungen bestätigt werden konnte.[54] Das **Vertrauen** ist aber oftmals in Verhandlungssituationen im innerbetrieblichen oder zwischenbetrieblichen Kontext nicht gegeben. Dies kann daraus resultieren, dass die Parteien in eigenen Verhandlungen negative Erfahrungen bei Anwendung eines kooperativen Verhandlungsstils gemacht haben und durch einen kompetitiv Verhandelnden benachteiligt wurden oder weil sie selbst **bisher nur intuitiv** verhandelt haben. Die Parteien fürchten, dass ihre Offenheit von der anderen Partei ausgenutzt werden könnte, indem die andere Partei nicht alle Informationen offenlegt und sich dadurch einen Verhandlungsvorteil verschafft.[55] Diese Sorge ist auch dann berechtigt, wenn die Betroffenen keine weiteren (Geschäfts-) Beziehungen unterhalten wollen und nur **einmalig miteinander** verhandeln. So ist derjenige, zumindest einmal im Vorteil, der kooperatives Verhandeln ausnutzt und selbst kompetitiv agiert.

Dieser Sachverhalt wird als sogenanntes **Verhandlungsdilemma** bezeichnet.[56] Dieser Zusammenhang soll an einem bekannten **Beispiel** aus der Spieltheorie, bekannt als **Gefangenendilemma**, verdeutlicht werden:[57]

Zwei Komplizen befinden sich in Gefangenschaft. Sie können nicht miteinander kommunizieren. Wenn sie sich entscheiden ein Geständnis abzulegen stehen sie vor folgender Wahl: Wenn beide gestehen, werden auch beide wegen Diebstahls in einem besonders

[52] Vgl. Fisher/Ury/Patton, 2009, S. 134.

[53] Vgl. Duve/Eidenmüller/Hacke, 2011, S. 62.

[54] Vgl. Duve/Eidenmüller/Hacke, 2011, S. 59.

[55] Vgl. Duve/Eidenmüller/Hacke, 2011, S. 59.

[56] Vgl. Duve/Eidenmüller/Hacke, 2011, S. 59.

[57] Vgl. hierzu und im Folgenden: Lax/Sebenius, (1986), S. 5 und 29 ff., zitiert nach Duve/Eidenmüller/Hacke, 2011, S. 59 ff.

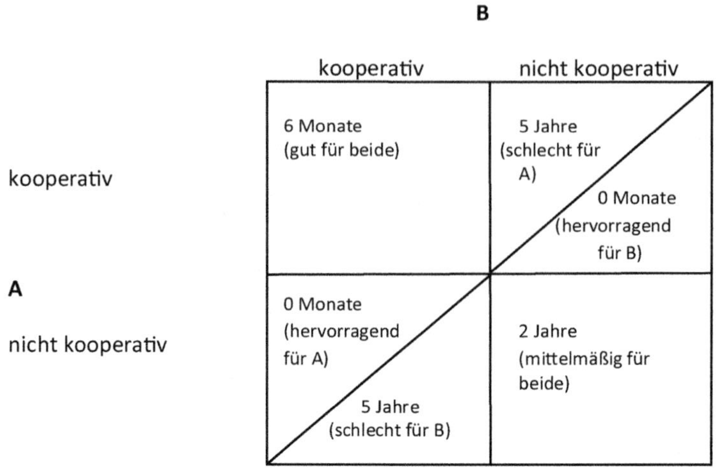

Abb. 3.1 Das Gefangenendilemma. (Quelle: eigene Darstellung, in Anlehnung an Duve/Eidenmüller/Hacke, 2011, S. 60)

schweren Fall zu 2 Jahren Gefängnis verurteilt. Sagt keiner der beiden aus, bekommen beide eine vergleichsweise geringe Strafe wegen Hehlerei von jeweils sechs Monaten Gefängnis. Sagt nur einer der beiden aus, der andere jedoch nicht, erhält der Gestehende als Kronzeuge keine Haftstrafe. Der andere hingegen wird zu einer fünfjährigen Haftstrafe verurteilt. Treffen die Gefangenen eine **rationale** Entscheidung, werden Sie die Überlegungen des jeweils anderen in Ihre Entscheidung mit einbeziehen. Falls der Mithäftling gesteht, muss der andere für sich selbst die fünfjährige Haftstrafe vermeiden. Schweigt der Mithäftling, will jeder die Freiheit durch die eigene Aussage erlangen. Für beide Häftlinge ist ein Geständnis also rational gesehen die dominante Strategie: Wenn sich die Beiden nicht miteinander verständigen können, werden sie sich aus **rationaler Sicht** für ein Geständnis entscheiden. Der Nachteil dieser Entscheidung besteht nun aber darin, dass beide Gefangenen in diesem Fall 2 Jahre absitzen müssen. Der optimale Weg für sie gemeinsam wäre doch der gewesen, nicht auszusagen und dadurch nur zu einer sechsmonatigen Haftstrafe wegen Hehlerei verurteilt zu werden. Das Entscheidungsdilemma am Beispiel des Gefangenendilemmas wird in der Abb. 3.1 dargestellt.

Zur letzten Entscheidung könnten die Gefangenen jedoch dann kommen, wenn sie die **zueinander bestehende Beziehung** in ihre Entscheidungen mit einfließen lassen. Hatten sie vorher ein gutes freundschaftliches Verhältnis zueinander und wollen sie auch nach dem Gefängnisaufenthalt eine gute Beziehung unterhalten, so werden sie die letzte, das heißt, die für beide gemeinschaftlich beste Lösung wählen. Gab es vorher keine partnerschaftliche Beziehung und war auch keine weitere Zusammenarbeit geplant, so ist davon auszugehen, dass die Betroffenen sich nicht kooperativ verhalten und damit eine suboptimale Entscheidung akzeptieren, um selbst nicht ganz schlecht abzuschneiden.

Ebenso wie bei dem Gefangenendilemma haben die Verhandelnden in Wirtschaftskonflikten die Wahl zwischen kooperativem und kompetitivem Verhandlungsstil. Ist eine **gute**

Zusammenarbeit der Beteiligten für die Zukunft gewünscht, so ist es immer ratsam, kooperativ nach dem Harvard-Modell zu verhandeln, da dann nicht nur eine Partei profitiert, sondern beide. Nur wenn beide Parteien als Gewinner der Verhandlung hervorgehen, werden sie auch in Zukunft vertrauensvoll und respektvoll miteinander umgehen. Gibt es eine Gewinner-Verlierer-Situation dadurch, dass eine der Parteien einen Informationsvorteil ausgenutzt hat, so wird dieses Vertrauensverhältnis zerstört und zukünftige Verhandlungen gemäß der „Tit-for-tat (Wie du mir – so ich dir!) – Strategie“[58] beidseitig kompetitiv geführt. Dieses bedingt ein intuitives Verhandeln (Feilschen/Kompromiss) mit allen o. g. Nachteilen und suboptimalen Ergebnissen, weil die Offenlegung der Interessen aus Selbstschutzgründen unterbleibt. Sprechen sich die Beteiligten jedoch vorher ab, dass sie gemeinsam mit einem kooperativem Verhandlungsstil nach dem Harvard-Ansatz Lösungen erzielen wollen, so sind immer gute Ergebnisse möglich.

Das Verhandlungsmodell kann auch auf **innerbetriebliche Konflikte** übertragen werden. In innerbetrieblichen Konflikten ist es grundsätzlich auch **immer sinnvoll** kooperativ, das heißt, offen und interessenorientiert, miteinander umzugehen, da die Beteiligten in der Regel **dauerhaft zusammenarbeiten** müssen. Durch ein kooperatives Verhalten werden die Beziehungen nachhaltig gestärkt und bei Verhandlungen sind **gute Ergebnisse für alle** Beteiligten zu erwarten. Ein kompetitives Verhalten mit dem Resultat eines kurzfristigen Gewinns für nur eine Verhandlungspartei wirkt sich nachteilig auf zukünftige Verhandlungssituationen aus. Auch hier wird die durch ihr kooperatives Verhalten benachteiligte Partei durch Vertrauensverlust ihr Verhalten ebenfalls in ein kompetitives Verhalten umstellen. Dadurch kommt es zu einem intuitiven Verhandeln, indem gefeilscht und mit Kompromissen gearbeitet wird. Das wiederum führt zu **mittelmäßigen Ergebnissen.** In stark eskalierten Konflikten sind sogar **schlechte Ergebnisse** für alle Beteiligten zu erwarten.

Viele Beschäftigte in Wirtschaftsunternehmen wissen jedoch auch oftmals nicht, wie die Herstellung eines Konsenses mit Hilfe des integrativen interessenorientierten Verhandelns herbeizuführen ist oder setzen sogar fälschlicherweise den Kompromiss mit dem Konsens gleich. Ihnen fehlt diese Methodenkompetenz, die aber durch gezielte Schulung erworben werden könnte.[59] So wäre es auch unter ökonomischen Gesichtspunkten für Unternehmen sinnvoll, diesen **interessenorientierten Verhandlungsansatz als Grundkompetenz allen Mitarbeiter** bzw. den **Management-by-Mediation-Ansatz zur Organisationsentwicklung**[60] durch Schulungen zu vermitteln und in den **Leitlinien des**

[58] Vgl. ausführlich „Tit-for-tat“-Strategie in Montada/Kals, 2001, S. 96 f.; vgl. Montada/Kals, 2013, S. 360.

[59] Vgl. Duve/Eidenmüller/Hacke, 2011, S. 43 in der Anmerkung der Fußnote 5.

[60] Siehe hierzu ausführlich Kap. 9.5. Bei dem Management-by-Mediation-Ansatz führen die Führungs-kräfte ihre Mitarbeiter mediationsbasiert nach den Grundsätzen, Techniken und Prozessabläufen der Mediation. Mitarbeiter wenden bei Problemen und Konflikten mediationsbasiertes kooperatives Verhandeln an, das auf dem Harvard-Konzept basiert und um hilfreiche organisatorische Aspekte ergänzt wurde. Vgl. http://www.faireinigung.de/wirtschaft/organisations-entwicklung/index.php, zuletzt aufgerufen am 30.11.2013.

Unternehmens als gewünschte Verhandlungsstrategie in Konflikten zu verankern. Im Streitfalle kennen die Betroffen die Rahmenbedingungen und könnten diese Strategie gezielt anwenden, ihre Beziehungen dauerhaft stärken, Konfliktkosten vermeiden und nachhaltig optimale Ergebnisse erreichen. Sind sie dazu allein nicht in der Lage, so könnten externe oder unternehmensinterne Mediatoren[61] als neutrale Dritte bei der Beilegung des Konfliktes helfen.

Auch in **zwischenbetrieblichen Konflikten** ist das kooperative Verhandeln immer dann von Vorteil, wenn eine **dauerhafte Geschäftsbeziehung** gewünscht ist oder aufgrund der aktuellen Situation eine weitere Zusammenarbeit zwingend gegeben ist. Problematisch in Verhandlungssituationen ist die **Tatsache, dass die Konfliktparteien sich i. d. R. auch nicht im Vorfeld darüber einigen, mit welchem Verhandlungsstil sie verhandeln wollen.** Würde im Vorfeld eine vertragliche Übereinkunft erstellt werden, in der sich die Verhandelnden zusichern nach der Harvard-Methode zu verhandeln, so könnte das Verhandlungsdilemma überwunden werden. Durch die **vertragliche Vereinbarung** hätten die Betroffenen Gewissheit, dass nicht der kompetitive Verhandlungsstil angewendet wird. Dadurch könnte die zunächst rational richtige Haltung, sich kompetitiv in Konfliktsituationen verhalten zu müssen, weil die jeweils andere Konfliktpartei ein kooperatives Verhalten ausnützen könnte, wirksam vermieden werden. Diese Vertragsvereinbarung ist in der Praxis jedoch i. d. R. (noch) nicht etabliert. Aus diesem Grunde wäre es sinnvoll, direkt bei einem Vertragsabschluss mit einem neuen Geschäftspartner in den Vertrag den **kooperativen Verhandlungsstil** für Streitigkeiten zu vereinbaren oder noch besser eine **Mediationsklausel** mit aufzunehmen, die diesen kooperativen Verhandlungsstil gewährleisten kann. Denn selbst, wenn die betroffenen Konfliktparteien kooperativ verhandeln wollen, so ist nicht immer gewährleistet, dass sie nicht doch in **alte Verhaltensmuster** zurückfallen. Aus diesem Grunde ist die Zuhilfenahme eines neutralen Dritten im Rahmen einer Mediation sinnvoll, der den Verhandlungsprozess kooperativ leitet und die Rahmenbedingungen für eine vertrauensvolle und offene Atmosphäre herstellt.

Darüber hinaus kann aber auch in **zwischenbetrieblichen Konfliktsituationen, in denen keine weitere Zusammenarbeit** geplant oder auch erforderlich ist, eine kooperative Verhandlung mittels Mediationsverfahren sinnvoll sein.[62] Eine kompetitiv geführte Verhandlung, die nicht in einem Kompromiss beigelegt werden konnte, endet i. d. R. in einem Gerichtsverfahren, bei dem die Konfliktbeteiligten viel Zeit sowie Geld investieren müssen und ihren Ruf aufs Spiel setzen (vgl. Gegenüberstellung Mediation/Gerichtsprozess Kap. 1.3.1.). Auch wegen dieser Vorteile der Mediation ist es oftmals sinnvoll, statt

[61] Siehe hierzu Kap. 9.3. Die internen Mediatoren sind fachlich ausgebildete Mediatoren, die im Rahmen eines internen unternehmensspezifischen Konfliktmanagement-Systems frühzeitig Konflikte kooperativ lösen, um damit die Arbeitsfähigkeit der betroffenen Konfliktparteien schnellstmöglich wiederherzustellen. Vgl. auch Integriertes Konfliktmanagement-System, Budde, 2001, S. 60 ff und Budde, 2003, S. 107 ff.

[62] Hilfreich bei der Entscheidung für ein Mediationsverfahren könnte auch das Sprichwort sein: „Man sieht sich im Leben immer zweimal." Unter diesem Aspekt ist auch hier ein kooperatives Verhalten sinnvoll.

des vermeintlich zu erwartenden „hervorragenden" Ergebnisses vor Gericht, bei dem die Chance zu obsiegen ungewiss ist, lieber das „gute Ergebnis für alle Beteiligten" zu wählen, bei dem die Chance, dieses zu realisieren, sehr hoch ist.

In Mediationen wird dem Verhandlungsdilemma dadurch begegnet, dass im Vorfeld ein Mediationsvertrag geschlossen wird, indem die Art des Verhandelns (kooperativ nach dem Harvard-Konzept) und der offene Umgang mit Informationen innerhalb der Mediation, aber auch Vertraulichkeit außerhalb der Mediation gegenseitig zugesichert wird. So kann Vertrauen für die Verhandlung aufgebaut und die Grundlage für eine erfolgreiche Mediation und Verhandlung gelegt werden. Darüber hinaus sichern die in der Mediation vereinbarten oder vorgegebenen Gesprächs- und Umgangsregeln, dass eine wertschätzende und respektvolle Gesprächsatmosphäre gewährleistet wird, die zugleich beziehungsfördernd ist. (Siehe auch Kap. 5)

Da Mediation ein Kommunikationsprozess ist, in dem eskalationsfördernde Kommunikationsmuster unterbrochen und neue Sichtweisen, Verhaltensstrategien und interessenorientierte Lösungen ermöglicht werden sollen[63], werden im folgenden Kapitel hilfreiche Kommunikationstechniken und Grundlagen zur Gesprächsführung vorgestellt.

3.3 Zusammenfassung

Im dritten Kapitel wurden die Unterschiede zwischen intuitivem und integrativem Verhandeln dargestellt und insbesondere zwischen den Verhandlungsmethoden „Feilschen/Kompromiss" und „Problem lösen/Konsens/Kooperation" differenziert, da in der Wirtschaft noch vielfach fälschlicherweise der Kompromiss mit dem Konsens gleichgesetzt wird. Das integrative Verhandeln beruht auf der Verhandlungsstrategie „Problem lösen/Konsens/Kooperation" und ist in Deutschland unter dem Titel „Das Harvard-Konzept" bekannt geworden. Es bildet eine der grundlegenden Säulen der Mediation. Im Gegensatz zum „Feilschen/Kompromiss", bei dem die Lösung des Problems auf der Grundlage der Positionen der Streitparteien gefunden wird und man sich i. d. R. irgendwo in der Mitte einigt, wird in der Mediation auf der Grundlage der tieferliegenden Interessen, Bedürfnisse, Anliegen oder normativen Erwartungen verhandelt. Durch diese Verhandlungsstrategie sind völlig neue Lösungsansätze möglich. Abschließend wurde das „Verhandlungsdilemma" dargestellt, das in Mediationen durch einen Mediationsvertrag, in dem explizit kooperatives Verhandeln vereinbart wird, ausgeschlossen werden kann.

Literatur

Brunner, Anne, (Brunner, 2008), Kreativer Denken, Konzepte und Methoden von A–Z, 1. Auflage, München: Oldenbourg.

[63] Vgl. Kessen/Troja, 2009, S. 294.

Budde, Andrea (Hrsg.) u. a., (2001), Konflikt im System, System im Konflikt, QUAK-Dokumentation, Das Kölner Konfliktlotsenprogramm (QUAK) als Sprungbrett in eine neue Konfliktkultur in Unternehmen, Institut für faires Konfliktmanagement und Mediation e. V., Köln.

Budde, Andrea, (2003), Mediation und Arbeitsrecht, Rahmenbedingungen für die Implementierung von Mediation im Betrieb, Berlin: Leutner.

Duve, Christian/Eidenmüller, Horst/Hacke, Andreas, (2011), Mediation in der Wirtschaft, Wege zum professionellen Konfliktmanagement, 2. Auflage, Köln: Dr. Otto Schmidt.

Fisher, Roger/Ury, William/Patton, Bruce, (2009), Das Harvard-Konzept, 23. Auflage, Frankfurt/New York: Campus.

Glasl, Friedrich, (2004), Konfliktmanagement, Ein Handbuch für Führungskräfte, Beraterinnen und Berater, 8. Auflage, Bern/Stuttgart/Wien: Haupt, Freies Geistesleben.

Haft, Fritjof, (2008a), Studienskript im Weiterbildendem Studium Mediation der FernUniversität Hagen, Grundlagen der Mediation, Teil 1, Hagen.

Hehn, Marcus, (2009), § 8 Entwicklung und Stand der Mediation – ein historischer Überblick, in: Haft/von Schlieffen (Hrsg.), Handbuch Mediation, 2. Aufl., S. 175–195, München: Beck.

Kessen, Stefan/Troja, Markus, (2009), § 13 Die Phasen und Schritte der Mediation als Kommunikationsprozess, in: Haft/von Schlieffen (Hrsg.), Handbuch Mediation, 2. Auflage, S. 293–319, München: Beck.

Lax, David A./Sebenius, James K., (1986), The Manager as Negotiator: Bargaining for Cooperation and Competitive Gain, NY: Free Press, New York.

Montada, Leo/Kals, Elisabeth, (2001), Mediation, Lehrbuch für Psychologen und Juristen, 1. Auflage, Weinheim/Basel: Psychologie Verlags Union.

Montada, Leo/Kals, Elisabeth, (2013), Mediation, Psychologische Grundlagen und Perspektiven, 3. Auflage, Weinheim/Basel: Beltz.

Osborn, Alex Faickney, (1963), Applied Imagination. Principles and Procedures of Problem Solving, 1. Auflage, New York: Charles Scribner & Company.

Raiffa, Howard, (2005), The Art and Science of Negotiation, Cambridge, Massachusetts, London: Harvard Univ. Pr.

Schwarz, Gerhard, (2005), Konfliktmanagement, Konflikte erkennen, analysieren, lösen, 7. Auflage, Wiesbaden: Gabler.

4 Gesprächsführung und Kommunikationstechniken

In Konflikten ist die Kommunikation zwischen den Konfliktparteien massiv gestört. Es kommt häufiger zu Missverständnissen, als in einer guten Beziehungssituation. Die verbale Kommunikation zwischen den Konfliktbeteiligten nimmt im Verlauf der Konflikthistorie ab, während Missdeutungen nonverbalen Verhaltens aufgrund von Fehleinschätzungen zunehmen.[1] Darüber hinaus werden die Fehleinschätzungen aufgrund fehlender rückfragender klärender Kommunikation nicht korrigiert.

Die Aufgabe des Mediators in einer Mediation ist es, zwischen den Konfliktparteien wieder eine **konstruktive Gesprächsbasis** aufzubauen. Schon allein dadurch, dass die Konfliktparteien über ihren Konflikt sprechen, wird von ihnen ein wesentlicher Beitrag zum Konfliktlösungsprozess geleistet.[2] Der Mediator muss die Fähigkeit besitzen, **Kommunikationsstörungen** zu **erkennen** und diese durch geeignete **kommunikationsfördernde Techniken** zu lösen. Er muss über ein **Basiswissen zur nonverbalen Kommunikation** verfügen, das ihm dabei hilft zusätzliche Informationen zu bekommen, z. B. über das emotionale Befinden, die Einstellung der Konfliktparteien zueinander, ihre Bereitschaft in der Mediation aktiv mitzuwirken oder über die Akzeptanz von Lösungsalternativen.[3] Der Mediator muss im Gespräch mit den Konfliktparteien eine neutrale, „**generell akzeptierende, nicht wertende Haltung einnehmen**", die es den Konfliktparteien ermöglicht, sich in ihren Anliegen bestätigt zu sehen.[4] D. h. er muss allparteilich sein und darf die Aussagen der Beteiligten nicht als richtig oder falsch bewerten. Er muss den Kommunikationsprozess leiten und strukturieren, destruktive Kommunikation unterbin-

[1] Vgl. Glasl 2004, S. 252.

[2] Vgl. Auferkorte und Michaelis 2006, S. 3.

[3] Vgl. Auferkorte und Michaelis 2006, S. 3.

[4] Vgl. hierzu und im Folgenden: Auferkorte und Michaelis 2006, S. 8.

M. Koschany-Rohbeck, *Praxishandbuch Wirtschaftsmediation*,
DOI 10.1007/978-3-658-08021-1_4

den oder filtern und umformulieren, sodass sie für die Gegenpartei akzeptabel und damit „hörbar“ wird.

Im Folgenden soll ein Grundwissen zur nonverbalen Kommunikation vermittelt sowie das Kommunikationsmodell von Schulz von Thun vorgestellt werden, das sehr anschaulich darstellt, wie es zu Missverständnissen in der verbalen Kommunikation kommen kann. Danach sollen Kommunikationsmuster vorgestellt werden, die zu Kommunikationsstörungen führen und denen der Mediator durch geeignete Kommunikationstechniken entgegenwirken kann. Ergänzt wird das Kapitel durch Verhaltensstrategien in schwierigen Kommunikationssituationen. Danach werden Visualisierungstechniken dargestellt, die die Kommunikation in Mediationen unterstützt. Zum Ende des Kapitels wird eine Methode vorgestellt, die das gegenseitige Verstehen der anderen Konfliktpartei erleichtert.

4.1 Grundlagen der Kommunikation

Wenn wir miteinander kommunizieren, kommunizieren wir immer auf zwei verschiedenen Ebenen. Eine Ebene besteht aus den gesprochenen **Worten**, die den **Inhalt** einer Nachricht vermitteln soll. Hier handelt es sich um die **verbale Kommunikation.** Die zweite Ebene der Kommunikation beinhaltet die **nonverbale Kommunikation**, die die **Körpersprache** umfasst. Sie gibt Informationen über die **Beziehungsebene** der Kommunikationspartner bzw. Informationen darüber, wie der Sprecher etwas gemeint hat, d. h. ob es ironisch, freundlich, witzig oder verärgert gemeint war.[5] In Abb. 4.1 ist dieser Zusammenhang dargestellt.

Dabei kann folgende Regel gemäß Birkenbihl festgehalten werden: Je besser sich die Geprächspartner auf der Beziehungsebene verstehen, desto genauer können sie die Si-

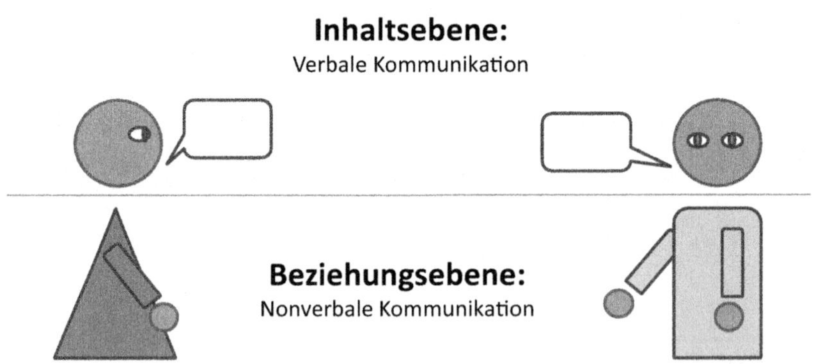

Abb. 4.1 Die Kommunikationsebenen. (Quelle: eigene Darstellung, in Anlehnung an Birkenbihl 2007, S. 18)

[5] Vgl. Watzlawick et al. 2011, S. 61 ff.

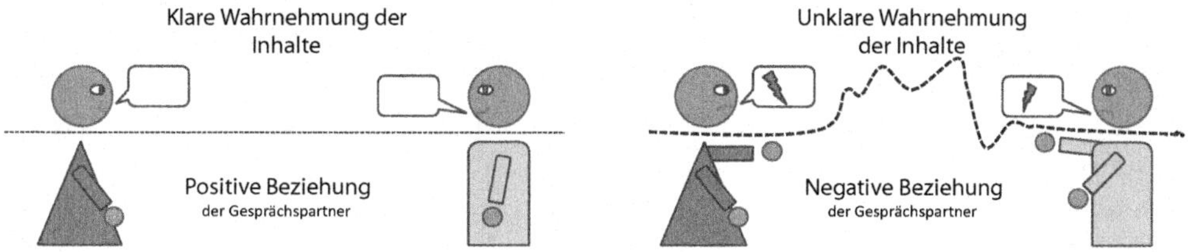

Abb. 4.2 Wahrnehmung des Inhalts einer Botschaft bei guter und schlechter Beziehung. (Quelle: eigene Darstellung, in Anlehnung an Birkenbihl 2007, S. 20)

gnale der Inhaltsebene verstehen.[6] Im Umkehrschluss bedeutet dies, dass in Konflikten in denen die Beziehung der Gesprächspartner zueinander gestört ist, die Signale auf der Inhaltsebene nicht mehr richtig wahrgenommen werden oder sogar ganz verschluckt werden, sodass die Konfliktparteien z. B. nur noch den Ärger wahrnehmen, aber nicht mehr den Inhalt der Worte mitbekommen (siehe Abb. 4.2).[7]

Gerade in Konflikten passiert es oft, dass gesagte Inhalte weder mit den **gemeinten** Inhalten noch mit den **verstandenen** Inhalten übereinstimmen, was zu **Missverständnissen** oder einem **Unverständnis** oder einem „**Nicht verstanden werden**" führt.[8] Mittels Analyse der gesendeten nonverbalen Signale und Anwendung von Kommunikationstechniken kann der Mediator das Gesagte in das Gemeinte transformieren und dadurch für ein gegenseitiges Verstehen sorgen.

4.1.1 Nonverbale Kommunikation

Nonverbale oder **körperliche Kommunikation** findet immer dann statt, wenn ein Mensch einen anderen mit Hilfe seiner Mimik, seines Blickverhaltens, seiner Gestik seiner Körperhaltung, seinem Raumverhalten, seinem Stimmverhalten oder durch psychosomatische Prozesse (z. B. rot werden) beeinflusst.[9] Die nonverbale Kommunikation kann in zwei Bereiche aufgeteilt werden und zwar in die visuelle und die auditive nonverbale Kommunikation. Zu der **visuellen nonverbalen Kommunikation** gehören die Mimik, das Blickverhalten, die Gestik, die Körperhaltung, das Raumverhalten und die psychosomatische Prozesse. Zu der **auditiven nonverbalen Kommunikation** zählen z. B. die Stimmlage, die Artikulation, die Lautstärke, die Sprechgeschwindigkeit sowie die Betonung von Wörtern innerhalb eines Satzes.[10]

---

[6] Vgl. Birkenbihl 2007, S. 20.

[7] Vgl. Birkenbihl 2007, S. 19.

[8] Vgl. Auferkorte und Michaelis 2006, S. 3.

[9] Vgl. Argyle 2013, S. 12. Argyle nennt auf S. 11 ebenfalls noch die nonverbalen Aspekte wie Körperkontakt, der auch zum Raumverhalten gezählt werden könnte, sowie Kleidung und andere Aspekte des Aussehens, die jedoch nicht von besonderer Relevanz für die Mediation sind.

[10] Vgl. Auferkorte und Michaelis 2006, S. 40.

Die nonverbale Kommunikation kann **absichtlich** sowie **unabsichtlich** geschehen. Eine absichtliche nonverbale Kommunikation wird z. B. als rhetorisches Mittel in einer Rede verwendet. Man spricht dann auch von der **nonverbalen Rhetorik.**[11] Von Schlieffen definiert Rhetorik als „die Kunst auf andere über ein Medium zu wirken."[12] Sie unterteilt die Rhetorik in drei Kategorien.[13] Die erste Kategorie ist das **rhetorische, also willentliche, bewusste Schauspiel**, das Auskunft darüber gibt, wie ein Redner wirken will und das kulturell geprägt ist. Die zweite Kategorie umfasst das **unbewusste Schauspiel**, das Auskunft über Beziehungs- und Emotionspotentiale gibt und in dem eine Person mit ihrer Rolle unbewusst verschmilzt. Als letzte Kategorie wird die **unbewusste Körpersprache** unterschieden, die Auskunft über echte Emotionen und Beziehungen gibt.[14] Auf alle Signale sollte der Mediator aufmerksam werden, wobei allerdings nur die **unbewusste** bzw. **unabsichtliche nonverbale Kommunikation** die **wahren Emotionen und Beziehungen widerspiegeln** und im Rahmen der Mediation Aufschluss über den Konflikt geben können und daher von besonderer Bedeutung sind. Aus diesem Grunde wird der Mediator sein Hauptaugenmerk auf die unbewussten nonverbalen Signale, wie Mimik, insbesondere hier der Blickkontakt, Gestik und Körperhaltung und deren Bewegungstempo sowie Stimme, Stimm-Tempo, Tonfall, Stimm-Modulation und Stimmlage richten.

Die unabsichtliche nonverbale Kommunikation ist bei den meisten nonverbalen Mitteilungen die Regel. Bei der unabsichtlichen nonverbalen Kommunikation „kann man auch vom **nonverbalem *Verhalten*** sprechen oder, in manchen Fällen, vom ***Ausdruck* von Emotionen**".[15] Eines ist aber sicher. Wenn sich zwei Personen in einem Raum befinden, kommunizieren sie, auch wenn sie nicht sprechen, zumindest auf körpersprachlicher Ebene immer. Man kann „nicht *nicht* kommunizieren".[16] Denn jegliche Formen des menschlichen Verhaltens, wie ein Wegschauen oder Schweigen hat einen Mitteilungscharakter und die jeweils andere Person reagiert mit ihrem Verhalten darauf.[17]

Für den Mediator ist die nonverbale Kommunikation von Bedeutung, weil er aus ihr wertvolle Informationen erhalten kann, über vorhandene Emotionen oder Befindlichkeiten der Konfliktparteien. Darüber hinaus geben **nonverbale und verbale Kommunikation im Verbund** Aufschluss darüber, ob eine Nachricht **kongruent oder inkongruent** ist.[18] Eine kongruente Nachricht ist in sich stimmig, d. h. verbale und körpersprachliche Signale weisen in die gleiche Richtung. Die Nachricht: „Ich freue mich, dass Du kommen konntest!", begleitet mit einem strahlenden Gesicht und offener Armhaltung, ist kongruent.

---

[11] Vgl. von Schlieffen 2006, S. 46.

[12] von Schlieffen 2006, S. 23.

[13] Vgl. von Schlieffen 2006, S. 46.

[14] Vgl. von Schlieffen 2006, S. 23.

[15] Argyle 2013, S. 12.

[16] Vgl. Watzlawick et al. 2011, S. 59.

[17] Vgl. Watzlawick et al. 2011, S. 59.

[18] Vgl. Schulz von Thun 2009, S. 35.

Eine inkongruente Nachricht resultiert daraus, dass die verbalen und nonverbalen Signale nicht zueinander passen. Die Nachricht: „Mir geht es gut", begleitet von einem traurigen Tonfall und trauriger Mimik, ist inkongruent. Kongruenz überzeugt den Gesprächspartner, Inkongruenz jedoch nicht. **Unsicherheit** führt häufig auch zu Inkongruenzen, die jedoch leicht missinterpretiert werden können, weil jeder Mensch eine andere Wahrnehmung hat.[19] Darüber hinaus ist die **Bedeutung von nonverbalen Signalen nicht einheitlich** und **oft kulturgeprägt**.[20] Allerdings gibt es trotz kultureller Unterschiede in allen Kulturen Gemeinsamkeiten in der **Mimik**, die von allen Völkern verstanden werden. Dies sind die Emotionen „**Freude, Überraschung, Furcht, Zorn, Ekel, Verachtung und Scham**".[21]

Eine wesentlich häufiger anzutreffende Ursache für eine Inkongruenz kann jedoch der Sachverhalt sein, dass der Sender **nonverbale Rhetorik** bewusst oder halbbewusst nutzt, um körpersprachlich nach außen in einer bestimmten Hinsicht wirken zu wollen, dies jedoch nur unzureichend überzeugend funktioniert.[22] Sollte der Mediator feststellen, dass es eine Inkongruenz zwischen den gesendeten Körpersignalen gibt, sollte er diese Inkongruenz durch einen reflektierten Check (s. u. Erfolgskontrolle) überprüfen. Bei dauerhaft auftretenden Inkongruenzen, ist es die Aufgabe des Mediators, die echten Emotionen hinter der Fassade aufzudecken, damit diese konstruktiv bearbeitet werden können, denn nur dann kann eine gute Lösung für das bestehende Problem und für die wahren Interessen und Bedürfnisse erarbeitet werden. Insgesamt betrachtet, sollte der Mediator bei der Analyse der nonverbalen Rhetorik in der Lage sein, die bewussten und halbbewussten Manipulationen zu erkennen und als unechte Emotionen und Beziehungsangebote zu deuten und ihre wahren Absichten der Täuschung zu enttarnen. Darüber hinaus sollte er die unbewussten Signale der Mediananden richtig deuten können. So ist es ihm möglich, die echten Emotionen von den Fassadensignalen zu unterscheiden und sie konstruktiv im Rahmen des Mediationsverfahrens einzusetzen.

Da in Mediationen jedoch oftmals starke Emotionen eine große Rolle spielen, ist es den betroffenen Konfliktparteien i. d. R. nicht möglich, ihre rhetorische Fassade auf nonverbaler Ebene lange aufrechtzuerhalten. Die echte Körpersprache, verursacht durch innere Gefühle, kommt immer wieder als **unabsichtliche nonverbale Kommunikation** zum Vorschein.[23] Dabei können jedoch Emotionen und Einstellungen im Gesicht eher verborgen werden als in den Händen oder Füßen.[24] Letztere sind damit immer ein guter Indikator für das emotionale Befinden. Werden in Konflikten jedoch dauerhaft die Emotionen der betroffenen Parteien angesprochen, so sind diese i. d. R. nicht konstant in der Lage, diese

[19] Vgl. Birkenbihl 2007, S. 25.

[20] Vgl. Auferkorte und Michaelis. 2006, S. 45.

[21] Vgl. Auferkorte und Michaelis. 2006, S. 47.

[22] Vgl. hierzu und im Folgenden: von Schlieffen 2006, S. 44.

[23] Vgl. Auferkorte und Michaelis 2006, S. 47; S. 13.

[24] Vgl. Glasl 2004, S. 253.

Gefühlsregungen im Gesicht zu verbergen. Bei sehr starker emotionaler Anspannung der Betroffenen werden dann auch in der Mimik die Emotionen erkennbar.

Unabhängig von der Ursache für die Inkongruenzen orientieren sich die Konfliktparteien vorwiegend an dem **nonverbalen Verhalten** und halten dieses für die „wahre Aussage".[25] Mehrabian, ein amerikanischer Professor und Psychologe, konnte diesen Zusammenhang bei inkongruentem Verhalten im Rahmen wissenschaftlicher Studien nachweisen. „Gemäß der sogenannten 7-38-55-Regel wird die Wirkung einer Mitteilung über das eigene emotionale Empfinden von Mögen/Ablehnung („like"/„dislike"), **die in Bezug auf die Komponenten Inhalt, stimmlichem oder mimischem Ausdruck widersprüchlich ist, zu 7 % durch den sprachlichen Inhalt, zu 38 % durch den stimmlichen und zu 55 % durch den mimischen Ausdruck bestimmt**."[26] Es handelt sich dabei um das relative Wirkungsverhältnis der drei Komponenten. Das heißt, dass Menschen, wenn sie **Inkongruenzen wahrnehmen**, dem sprachlichen Inhalt der Nachricht zu 7 %, den stimmlichen Anteilen (Betonung, Ausdruck, Lautstärke etc.) zu 38 und zu 55 % dem mimischen Ausdruck vertrauen. Die Betroffenen neigen **bei Inkongruenzen** nicht nur in Konfliktsituationen dazu, den nonverbalen Inhalten mehr Glauben zu schenken als den sprachlichen.

Inkongruente Nachrichten, insbesondere in Konflikten, verwirren also den Empfänger der Nachricht, sodass er den nonverbalen Komponenten einer Nachricht mehr Glauben schenkt. Deshalb muss der Mediator in einer Mediation bei Inkongruenzen durch Rückfragen **für Kongruenz und damit Sicherheit sorgen**. Dies geschieht über Kommunikationstechniken.

Wenn in Mediationen die „Masken" fallen, hat der Mediator die Möglichkeit sämtliche körpersprachlichen Signale wie Mimik, Gestik, Körperhaltung, Tonfall etc. zu erkennen und sie für seine Arbeit zu nutzen. Dabei sind allerdings folgende **zentrale Leitsätze** zu befolgen:

„Ein (einzelnes nonverbales; *Ergänzung der Verfasserin)* ***Signal allein hat keine Aussagekraft!"***[27] D. h. eine einzelne hochgezogene Augenbraue ist als körpersprachliches Signal für eine Interpretation nicht ausreichend. Die Summe der nonverbalen Signale müssen immer zusammen erfasst und ausgewertet werden, da die einzelnen Signale isoliert betrachtet, häufig ambivalent sein können.[28] Nur bei der Bewertung aller gesendeten körpersprachlichen Signale aus Mimik, Gestik, Körperhaltung und Tonfall kann die Bedeutung relativ klar eingeschätzt werden und auch nur dann, wenn die nonverbalen Signa-

[25] Vgl. Glasl 2004, S. 253.

[26] Vgl. hierzu und im folgenden http://de.wikipedia.org/wiki/Albert_Mehrabian und http://www.kaaj.com/psych/smorder.html zuletzt aufgerufen am 25.6.2013 mit dem dazugehörigen Radiointerview, indem Albert Mehrabian auf viele Interpretationsfehler in der Literatur hinweist und das zugrunde liegende Missverständnis seiner Versuchsergebnisse richtig stellt. In der Literatur wird oftmals fälschlicherweise davon gesprochen, das Menschen grundsätzlich nur 7 % Sprache wahrnehmen und 93 % nonverbale Kommunikation. Das sei eine falsche Interpretation seiner Forschungsergebnisse.

[27] Birkenbihl 2007, S. 62.

[28] Vgl. hierzu und im Folgenden: von Schlieffen 2006, S. 35.

le kongruent gesendet werden und alle o. g. Signale den gesprochenen Text unterstreichen. So ist beispielsweise die Aussage eines resignierten Mitarbeiters gegenüber seinem Kollegen im Rahmen einer innerbetrieblichen Mediation:„Ich habe es aufgegeben, mit ihm über diesen Sachverhalt zu diskutieren" durch folgende körperliche Signale als echt zu interpretieren: Der Mann lässt die Schultern hängen, sitzt mit rundem Rücken und mit geringer Körperspannung auf dem Stuhl, den Blick nach unten gerichtet, wobei die Stimme eher leise und ruhig klingt. Hier handelt es sich um kongruente Signale.

Eine Körperhaltung oder Bewegung hat niemals eine exakte eindeutige Bedeutung. Nonverbale und verbale Kommunikation sind voneinander abhängig.[29]

Das heißt, das für die Interpretation einer nonverbalen Nachricht immer sowohl die verbalen als auch die nonverbalen Nachrichten in die Auswertung mit einfließen müssen. Z. B. könnte jemand, der traurig ist, weinen. Aber umgekehrt könnte man nicht schließen, dass jemand der weint, traurig sein muss. Er könnte auch vor Freude oder aus Erleichterung weinen. Von diesen beiden Regeln gibt es allerdings eine für den Mediator sehr interessante Ausnahme, die in der nächsten Regel beschrieben wird.

Immer wenn, eine Person in einer Mediation eine plötzliche Veränderung der äußeren Körperhaltung vornimmt, kann der Mediator von einer plötzliche Veränderung der inneren Haltung ausgehen.[30] Bei diesem Leitsatz ist das Wort „plötzlich" von besonderer Bedeutung. Ändert ein Mediand bei einer Aussage der anderen Konfliktpartei oder des Mediators abrupt seine Körperhaltung, so kann man mit ziemlicher Sicherheit davon ausgehen, dass auch eine Veränderung der inneren Haltung vorgenommen wurde. Dabei kann es sich um eine positive, als auch um ein negative Veränderung der inneren Haltung handeln. Dies ist aus der Gesamtveränderung der Haltung und aus dem Gesprächskontext recht gut erkennbar. Dennoch gilt auch für einen in der Deutung der Körpersprache geübten Mediator, dass zu einer **richtigen Deutung** nonverbaler Signale immer eine **Erfolgskontrolle**[31] gehört, die allerdings vorsichtig eingesetzt werden muss, damit der Betroffene sich nicht „ertappt" fühlt und sich für die Situation schämt.[32]

Eine sinnvolle Erfolgskontrolle in der Deutung kann im Rahmen einer Mediation mit einer **offenen oder geschlossenen Frage** geschehen. (Vgl. auch Fragetechniken Kap. 4.2.3.).[33] Bei der offenen Frage wird der Mediand zur freien Meinungsäußerung aufgefordert, während er bei der geschlossenen Frage nur mit ja oder nein antworten kann.

Ein Beispiel: Sie beobachten, dass sich aufgrund der Aussage des Medianden A „Das kann ich mir nicht vorstellen", der Mediand B abrupt zurücklehnt und die Arme verschränkt und einen wütenden Gesichtsausdruck bekommt. Nun könnte der Mediator zum Beispiel folgende **offene Fragen** an Mediand B stellen:

---

[29] Vgl. Birkenbihl 2007, S. 63.

[30] Vgl. Birkenbihl 2007, S. 81.

[31] Vgl. Birkenbihl 2007, S. 39 ff.

[32] Vgl. Stroeken 1993, S. 83.

[33] Vgl. Birkenbihl 2007, S. 39 f., Birkenbihl zählt auch das Schweigen als dritte Form der Erfolgskontrolle hinzu, die aber in Mediationen weniger geeignet ist.

„Wie wirkt es auf sie, wenn Mediand A zweifelt?“
„Wie sehen Sie die Situation?“
„Welche Meinung haben Sie dazu?“
„Welche Auffassung haben Sie dazu?“
„Wie ist Ihre Sichtweise dazu?“[34]
Als geschlossene Frage könnte der Mediator folgende stellen:
„Es stört Sie, wenn Mediand A zweifelt?“

Darüber hinaus kann auch mittels **Gewaltfreier Kommunikation eine geschlossene Frage** in Verbindung mit einer Hypothese gestellt werden, die der Betroffene verifizieren oder falsifizieren kann. In der Regel spricht die betroffene Person bei einem nein weiter und klärt darüber auf was sie sich stattdessen wünscht.

Beispiel: Wenn Mediand A sagt: “Das kann ich mir nicht vorstellen“, sind sie dann wütend, weil sie sich wünschen, dass Mediand A ihren Aussagen Glauben schenkt?“

In Mediationen sind Gefühlsregungen der Medianden von besonderer Bedeutung. Negative Gefühle wie Wut, Ärger, Angst, Trauer, Verletztheit, Frustration u. s. w. sind bei der Problembearbeitung destruktiv und hemmend. Diese Gefühle müssen abgebaut werden, damit überhaupt eine konstruktive Gesprächsatmosphäre aufgebaut werden kann. Über die **Gefühlszustände** geben das **Gesicht**, die **Augen**, die **Gestik**, die **Körperhaltung** und der **Tonfall** die meisten Informationen.

Im Folgenden sollen nun **einzelne** nonverbale **Verhaltensweisen** dargestellt werden, die bestimmte **Hinweise über Gefühlszustände** geben können, die aber immer im Verbund mit anderen Signalen durch den Mediator ausgewertet werden müssen. Es ist jedoch immer zu beachten, dass wie oben schon angemerkt, einer Deutung bei Inkongruenzen, immer eine Erfolgskontrolle folgen muss, um in der Interpretation sicher zu sein.

4.1.1.1 Mimik

Den größten Informationsgehalt über Gefühle liefert das Gesicht mit seiner Mimik.[35] Die Mimik umfasst nach Birkenbihl „alle Erscheinungen, die im Gesicht eines Menschen beobachtet werden können, inklusive psychosomatischer Prozesse, wie das Erröten.“[36] So geben die Augen mit ihrer Öffnungsweite, Pupillengröße und die Blicklänge wertvolle Hinweise. Aber auch der Mund, die Augenbrauen, die Haut und die Gesichtsbewegungen liefern deutliche Hinweise über die Gefühlslage.[37]

So sind z. B. die Gefühlslagen (Erstaunen, Wut, Freude, Angst, Irritation, Trauer) schon bei Smileys, siehe Abb. 4.3, recht gut bestimmbar. Auch hier ist erkennbar, dass für die Einschätzung des Gefühls der Gesamteindruck aller Einzelsignale zählt. Bei den in Abb. 4.3 gezeigten Gefühlslagen haben die Augen eine unterschiedliche Öffnungsweite und der

[34] Vgl. Birkenbihl 2007, S. 40.

[35] Vgl. Auferkorte und Michaelis 2006, S. 51.

[36] Birkenbihl 2007, S. 44.

[37] Vgl. Auferkorte und Michaelis 2006, S. 51.

Abb. 4.3 Beispiele für Gesichtsausdrücke. (Quelle: eigene Darstellung)

Mund ist ebenfalls unterschiedlich weit geöffnet oder geformt. Die Augenbrauen sind andersartig hochgezogen oder abgesenkt.

Die **Haut** liefert Auskünfte über psychosomatische Prozesse, z. B. rot für Wut oder Unwohlsein, weiß für Angst.[38] Darüber hinaus kann eine „Gänsehaut" auf Angst aber auch auf Kälte hindeuten.

Stirnfalten geben ebenfalls Hinweise auf die Gefühlslage. **Seitlich** verlaufende Stirnfalten deuten auf Erstaunen und Schrecken hin.[39] **Waagerecht** verlaufende Stirnfalten weisen darauf, dass die Aufmerksamkeit stark in Anspruch genommen ist, die Ursache für die Beanspruchung der Aufmerksamkeit kann aber unterschiedlich sein.[40] Z. B. können Schreck, Angst, Begriffsstutzigkeit, Erstaunen, Verwunderung, Verwirrung oder Überraschung den waagerechten Stirnfalten zugrunde liegen. **Senkrechte** Stirnfalten deuten auf eine sehr hohe Aufmerksamkeit und starke Konzentration, die auf eine Sache oder Person gerichtet ist.[41] Dabei kann es sich um geistige oder körperliche Tätigkeiten handeln. Diese Falten können aber auch auf Entschlossenheit oder Ärger und Gereiztheit hinweisen.[42]

Zusammengepresste Mundwinkel können darauf hinweisen, dass jemand sich nicht äußern will oder darf,[43] ein leicht **geöffneter** Mund kann hingegen innere Offenheit signalisieren aber auch Erstaunen, Erschrecken, Mitteilungsbereitschaft oder auf einen aufoder einnehmenden Geisteszustand.[44] **Spannungslos** gesenkte Mundwinkel deuten auf Enttäuschung und Traurigkeit hin, **heruntergezogene** Mundwinkel können auf Skepsis und Geringschätzung oder vorübergehende Ironie und Ablehnung hinweisen,[45] aber auch Ekel oder Abscheu bedeuten.[46]

Wenn jemand sich energisch durchsetzen möchte, dann deutet ein **vorgeschobenes Kinn** darauf hin.

[38] Vgl. Auferkorte und Michaelis 2006, S. 51.

[39] Vgl. Auferkorte und Michaelis 2006, S. 51.

[40] Vgl. hierzu und im Folgenden Birkenbihl 2007, S. 95.

[41] Vgl. Birkenbihl 2007, S. 97.

[42] Vgl. Birkenbihl 2007, S. 98.

[43] Vgl. Auferkorte und Michaelis 2006, S. 56.

[44] Vgl. Birkenbihl 2007, S. 116.

[45] Vgl. Auferkorte und Michaelis 2006, S. 55.

[46] Vgl. Birkenbihl 2007, S. 117.

In den **Augen,** als „Spiegel der Seele" sind die Emotionen besonders gut erkennbar.[47] Das **Blickverhalten** in Form von Blickhäufigkeit und Dauer gibt besonders Aufschluss über die Gemütslage und über interpersonale Einstellungen zum Gesprächspartner und dient als Signal zur Aufnahme oder Beendigung einer Interaktion.[48] Wird Blickkontakt vermieden, dann kann es daran liegen, dass der Betroffene schüchtern oder ängstlich ist oder sich schämt oder keinen Kontakt wünscht.[49] Beschwichtigungssignale sind i. d. R. mit einem Wegsehen nach unten verbunden. Dominiert eine Person eine andere weicht die weniger dominante Person der dominanten Person aus. Auch die Qualität des Blicks kann Hinweise auf die Gefühlslage geben. So geben die Blinzelhäufigkeit, die Blickrichtung, der Gesichtsausdruck im Bereich der Augen, die Richtung von ausweichenden Blicken und der Öffnungsgrad der Pupille oder des ganzen Auges noch differenzierte Informationen, die der Mediator wahrnehmen kann.

4.1.1.2 Gestik

Die in der Mimik erkennbaren Gefühle werden i. d. R. durch kongruente Gesten unterstrichen. Dabei können die Hände, die Füße und der Kopf verschiedene Gesten ausführen. Wie oben bereits schon erwähnt, versuchen Medianden manchmal ihre Gefühle und Einstellungen in der Mimik zu verbergen, was ihnen bis zu einem gewissen Grade gelingt. Im Gegensatz dazu werden jedoch die Bewegungen des restlichen Körpers keiner bewussten Kontrolle unterworfen. Sie können dann Hinweise geben, wenn die Mimik der Betroffenen „versteinert" zu sein scheint.

Bei den Gesten ist zu beachten, dass diese **Gesten kulturell geprägt** sind und in unterschiedlichen Kulturen bzw. Ländern andere Bedeutungen haben können.[50] Im Rahmen von **interkulturellen Mediationen** ist dieser Aspekt zwingend zu beachten. Als Wirtschaftsmediator in einer zwischenbetrieblichen Mediation mit einem ausländischen und einem deutschen Unternehmen sollte man über die nonverbalen Unterschiede informiert sein und deuten können. Aber auch in innerbetrieblichen Mediationen in internationalen Unternehmen mit Mitarbeitern unterschiedlicher Kulturen sollte der Mediator die unterschiedlichen Interpretationsmöglichkeiten kennen. Es würde den Rahmen sprengen auf diese unterschiedlichen Signale einzugehen. In der Tab. 4.1 sollen einige im deutschen Kulturraum allgemein anerkannten Gesten und ihre Bedeutung aufgelistet werden:

In Mediationen können folgende Gesten auf bestimmte **Emotionen** Hinweise geben. Sie richten sich in der Regel auf eine Selbstberührung und zeigen damit nach „Innen":[51]

Auf Angstzustände oder Nervosität können folgende Gesten hinweisen: ein zwanghaftes zur Nase führen der Hand, die Haare raufen, das Gesicht verbergen, die Hände ringen

[47] Vgl. Auferkorte und Michaelis 2006, S. 56.

[48] Vgl. Auferkorte und Michaelis 2006, S. 56.

[49] Vgl. Auferkorte und Michaelis 2006, S. 56.

[50] Vgl. Birkenbihl 2007, S. 191 ff.

[51] Vgl. hierzu und im Folgenden: Auferkorte und Michaelis 2006, S. 60 f.

Tab. 4.1 Allgemeinverständliche Gesten in unserem Kulturkreis. (Quelle: in Anlehnung an Auferkorte und Michaelis 2006, S. 59 f.)

Geste	Bedeutung
Kopfnicken	zustimmen, bestätigen, ermuntern
Faust ballen	Siegerpose, sich ärgern
Klatschen	Beifall zollen, Begeisterung, Zustimmung
Hand heben	Achtung!, aufmerksam machen
Daumen nach unten zeigen	etwas nicht gutheißen
Daumen nach oben zeigen	etwas gutheißen, zustimmen
ausgestreckter Zeigefinger	drohen, angreifen
Achseln zucken	Desinteresse, etwas nicht wissen
auf die Schulter klopfen	ermutigen, beglückwünschen
winken	verabschieden
Hände schütteln	begrüßen, gratulieren
Mit Daumen und Zeigefinger ein O formen	genau, präzise
Gähnen	langweilig, müde

oder verklammern – z. B. an der Stuhllehne, das Gesicht verbergen, die Fäuste öffnen und schließen, an den Augenbrauen zupfen, das Gesicht nervös kratzen, an den Haaren ziehen.

Gesten können aber auch **interpersonale Einstellungen** zum Gesprächspartner übermitteln, in der Regel sind sie auf den Körper des anderen, also nach „Außen", gerichtet:[52]

So kann ein Verschränken der Arme, eine Abwehrreaktion und ein Signal für eine andere Meinung sein. Das Zeigen mit dem Finger eine Drohung und Schuldzuweisung. Unruhige Bewegungen der Hände und Beine können einen „Fluchtwunsch" äußern, aber auch auf den Wunsch hinweisen, dringend etwas sagen zu wollen. Vorgeschobene Hände und ein gesenkter Kopf, gebeugter Nacken und vorgeschobene Schultern zeigen deutlich eine Abwehrreaktion.

Bei der Interpretation von Gesten sollte auch immer die Körperhaltung mit einbezogen werden.

4.1.1.3 Körperhaltung

Unter der Körperhaltung soll im Folgenden sowohl die **Haltung**, die ein Mensch gerade einnimmt, als auch die **Bewegungen**, die die Körperhaltung verändern, verstanden werden.[53] Der Körper als Ganzes gibt gute Hinweise auf den **Spannungszustand** des Menschen,[54] d. h. ob er entspannt oder angespannt ist. Gerade in Mediationen sind die Medianden oftmals sehr angespannt. Die Aufgabe des Mediators ist es für eine gute Atmo-

[52] Vgl. hierzu und im Folgenden: Auferkorte und Michaelis 2006, S. 61.

[53] Vgl. Birkenbihl 2007, S. 44.

[54] Vgl. Auferkorte und Michaelis 2006, S. 51.

Abb. 4.4 Beispiele für Körperhaltungen. (Quelle: eigene Darstellung, in Anlehnung an Argyle 2013, S. 257)

sphäre zu sorgen, sodass eine entspannte Haltung entstehen kann. Erst in einer entspannten Haltung können die Beteiligten sich auf den jeweils anderen einlassen.

Die Haltung gibt darüber hinaus Hinweise über Einstellungen zum Gesprächspartner aber auch über mögliche Gefühle der Person.[55] Man kann auch sagen, dass die äußere Haltung sehr viel über die innere Haltung des Betroffenen aussagt. In der westlichen Kultur spricht man tendenziell davon, „dass wir einen Körper haben" – die östlichen Kulturen bringen den Zusammenhang von äußerer und innerer Haltung auch sprachlich zum Ausdruck. Sie sagen: „Ich bin mein Körper."[56] In der oben gezeigten Abbildung sind ein paar Gefühlsausprägungen bzw. eine interpersonale Einstellung in der Körperhaltung dargestellt. Es handelt sich um die **Gefühle/Einstellung: aufgeregt, schüchtern, misstrauisch, selbstzufrieden, sehr verärgert, ablehnend.** Bitte versuchen Sie selbst einmal die Gefühlslagen in Abb. 4.4 den Körperhaltungen zuzuordnen.

[55] Vgl. Auferkorte und Michaelis 2006, S. 61.

[56] Vgl. Birkenbihl 2007, S. 72.

Zu Beginn einer Mediation ist in der Körperhaltung der Parteien zueinander oftmals eine ablehnende Körperhaltung zu erkennen. Diese löst sich aber im Laufe einer gelungenen Kommunikation in der Mediation in der „Interessenphase“ auf und entwickelt sich einer zugewandten Körperhaltung, in denen sich die Parteien positive Signale zusenden.

(Auflösung: von oben links nach unten rechts: ablehnend, schüchtern, sehr verärgert, misstrauisch, selbstzufrieden, aufgeregt.)

Folgende Haltungen können auf innere Haltungen hindeuten. Auch hier handelt es sich um mögliche Interpretationen. Es muss immer der Kontext berücksichtigt werden. Bei einer geraden Haltung ist ein Mensch aufrichtig, bei einer Neigung nach vorn eher unsicher, bei einer Neigung nach hinten tendenziell „überheblich“.[57] Bei einer geraden Haltung befinden sich das Ohr und das Becken auf einer Linie. Es kann darüber hinaus eine **geschlossenen** Haltung von einer **offenen Haltung** unterschieden werden.[58] Eine geschlossene Haltung drückt sich durch angehobene Schultern und/oder eingezogenem Kopf und gesenktem Blick aus. Dies ist ein Relikt aus der Urzeit, bei dem der Mensch seine Schlagader am Hals bei Gefahr schützen wollte. Eine offene Haltung ist eine Haltung mit einem geraden Blick und einer geraden Haltung. Eine überhebliche Körperhaltung wird erst sichtbar im Zusammenspiel mit der Blickrichtung von „oben herab nach unten“ in Verbindung mit einer geraden Haltung.

Auch die Haltung **im Sitzen** ist für den Mediator interessant. Sitzt in der Mediation eine Person in „Fluchtposition“,[59] sollten Sie als Mediator dafür sorgen, dass sich der Mediand „sicher“ fühlt. Die Fluchtposition ist zu beobachten, wenn sich die betroffene Person unwohl oder unsicher fühlt. Die Haltung kann wie folgt beschrieben werden. Das Körpergewicht ist vor dem Becken liegend, die Füße in Schrittstellung, der Kopf ist gesenkt, die Hände stützen sich auf den Knien oder Stuhllehnen ab. Die Person ist quasi in „Startposition um Wegzulaufen“ und muss erst einmal vom Mediator durch eine positive Gesprächsatmosphäre in eine offene, d. h. gerade Sitzhaltung gebracht werden, bei der Körper aufgerichtet ist und der Blick nach vorn. Vorher kann sich ein „gedanklich Fliehender“ gar nicht auf das Gespräch konzentrieren. Eine Sitzhaltung bei der die Beine lang ausgestreckt sind, die Beine ggf. übereinander geschlagen, deutet nicht automatisch auf eine überhebliche innere Einstellung hin. Hier könnte es sich auch um eine Position handeln, bei der die betroffene Person es sich bequem machen möchte. Bei der Interpretation der Körperhaltung sind der Blickkontakt und die vorangegangenen Äußerungen sehr wichtig und dürfen wiederum nur im Verbund betrachtet werden.

Darüber hinaus gibt der **N-N-Kontakt**, bei dem die **Nase und der Nabel einer Person** einen längeren Zeitraum (mehr als 15 min) **in eine Richtung** zeigen, Aufschluss darüber, dass diese Person Interesse und Respekt einer anderen Person bekundet.[60] Sind bei dem Gespräch oder Vortrag nur die Augen zugewandt, aber nicht auch der Bauchraum, dann

[57] Vgl. Birkenbihl 2007, S. 75.

[58] Vgl. hierzu und im Folgenden: Birkenbihl 2007, S. 75 ff.

[59] Vgl. hierzu und im Folgenden: Birkenbihl 2007, S. 80.

[60] Vgl. hierzu und im Folgenden: Birkenbihl 2007, S. 85 f.

scheint die betreffende Person kein volles Interesse an dem Gespräch zu haben. Auch bei der Sitzhaltung gilt die oben bereits erörterte Regel, dass jede plötzliche Veränderung der äußeren Haltung auch auf eine Veränderung der inneren Haltung hinweist. Um Sicherheit zu haben ist auch hier eine Erfolgskontrolle wieder unerlässlich.

4.1.1.4 Stimmverhalten

Das Stimmverhalten umfasst die **auditive** nonverbale Kommunikation und damit alle Erscheinungen, die beim Sprechen hörbar sind, wie der Tonfall, der Sprachrhythmus, die Sprachmelodie, die Sprechgeschwindigkeit und Pausen, die Lautstärke und Deutlichkeit, sowie Laute, die beim Weinen oder Lachen entstehen oder geäußert werden wie ein ehmm, oh, aha oder mhmm, ein Seufzen, Stöhnen oder mit der Zunge schnalzen. Darüber hinaus wird auch die persönliche Stimmbeschaffenheit (das heißt die individuelle Tonlage) sowie der Akzent einer Person dazu gezählt.[61]

Wie bereits weiter oben schon erwähnt, vertrauen bei inkongruenten Signalen von Sprache zu Körpersprache die betroffenen Parteien zu 38 % dem Stimmverhalten. Und damit erklärt sich auch das bekannte Sprichwort: „Der Ton macht die Musik!“ Das Stimmverhalten gibt Auskunft darüber, wie etwas gemeint war. Die Schnelligkeit, die Lautstärke, Stimmhöhe, Sprechstörungen sowie die Stimmbeschaffenheit können dabei innere Gefühle und Einstellungen zum Gesprächspartner zum Ausdruck bringen.[62]

Der **Sprachrhythmus** gibt an, wie etwas zu betonen ist. So führt der falsche Rhythmus des Wortes Blumento Pferde zur Verwirrung.[63] Richtig ausgesprochen hieße es Blumentopferde. Aus diesem Grunde sorgt ein falscher Sprachrhythmus für Unbehagen bei dem Zuhörer. Menschen mit unterschiedlichem Sprachrhythmus nehmen sich unbewusst negativ wahr. Der Sprachrhythmus hat aber kaum Informationswert für den gesprochenen Inhalt.

Die **Sprachmelodie** gibt an, in welcher Art und Weise, die Stimme angehoben oder abgesenkt wird, es handelt sich also um die **Betonung** des Textes. Sie gibt zahlreiche Informationen auf der Inhalts- und Beziehungsebene. Je nach Betonung können unterschiedliche Aspekte der Beziehungsebene angesprochen werden. So wird im ersten Satz das Verhalten (das) betont, im zweiten die Werte/Glaubenssätze (solltest nicht), im dritten die Identität (Du).

1. ***Das*** solltest Du jetzt nicht erledigen.
2. Das ***solltest*** Du jetzt ***nicht*** erledigen.
3. Das solltest ***Du*** jetzt nicht erledigen.

An der **Betonung** eines Satzes kann man sehr gut erkennen, welche Gefühlslagen oder Einstellungen zum Gegenüber sich dahinter verbergen. So kann die Sprachmelodie sehr

[61] Vgl. Auferkorte und Michaelis 2006, S. 65.

[62] Vgl. Auferkorte und Michaelis 2006, S. 65.

[63] Vgl. Birkenbihl 2007, S. 169 f.

gut Gefühle, wie z. B. Freude, Ärger oder Furcht aber interpersonale Einstellungen wie z. B. Dankbarkeit, Ablehnung oder Ironie ausdrücken.

Die **Sprechgeschwindigkeit** ist relativ zu sehen. So sprechen wir in Deutschland in einem „normalen Tempo" von durchschnittlich 350 Silben pro Minute, während Franzosen oder Italiener eine schnellere Normalgeschwindigkeit haben.[64] Darüber hinaus gibt es von Sprecher zu Sprecher und von Moment zu Moment Abweichungen. Ausgehend vom Sprecher kann jedoch festgestellt werden, dass von der Normalgeschwindigkeit ausgehend eine Veränderung in ein langsameres Tempo einen Hinweis auf Langeweile, Trauer oder Abscheu geben kann, während ein schnelleres Tempo auf Vergnügen, Glück aber auch auf Aktivität, Ärger oder Furcht deuten kann.[65]

Mediatoren sollten im Zusammenhang mit dem Sprechtempo wissen, dass **unbekannte Informationen** von einem Zuhörer schlechter erfasst werden und deshalb langsamer präsentiert werden müssen.[66] Sollten die Medianden z. B. das Mediationsverfahren nicht kennen, so sollte der Mediator bei der Erläuterung eines Mediationsverfahrens das Informationsmaterial/den Mediationsvertrag „langsamer" präsentieren, das bedeutet nicht unbedingt langsamer sprechen, sondern öfter eine Pause zur gedanklichen Verarbeitung einfügen.

Pausen können einen Hinweis darauf geben, dass der Sprecher seinen Worten mehr Nachdruck verleihen möchte, er nachdenken möchte, dass er das Wort an den anderen abgeben möchte oder dass der Betroffene abgelenkt wurde.[67]

Die **Lautstärke** gibt weitere Hinweise bezüglich des Stimmverhaltens. So kann ein Ansteigen der Lautstärke auf ein aggressives kämpferisches Verhalten hindeuten, aber auch auf Engagement oder Nachdrücklichkeit hinweisen. Ein Absenken der Stimme kann ein Indikator für Furcht sein. In Mediationen sind aufgrund der Emotionen beide Richtungen der Lautstärkeentwicklung festzustellen.

Die **Deutlichkeit** der Aussprache gibt Aufschluss darüber, wie sicher jemand in Bezug auf das Thema ist, zu dem er gerade spricht. Dabei kann folgender Merksatz festgehalten werden: Je fundierter die Kenntnis und ausgeprägter die Sicherheit einer Person in Bezug auf das Besprochene ist, bzw. je weniger negative Emotionen zum Thema vorliegen, desto klarer wird die Aussprache der einzelnen Worte i. d. R. sein.[68] Negative Gefühle behindern die Medianden oftmals. Das Problem der Deutlichkeit zeigt sich insbesondere darin, dass die Medianden manchmal gar nicht wissen, welche eigenen Interessen ihren Konflikten zugrunde liegen und sie nur eine undeutliche Vorstellung haben, welche Bedürfnisse erfüllt werden müssen, damit sich die eigenen Gefühle wieder harmonisieren. Der Mediator hilft den Medianden bei der Verdeutlichung ihrer inneren Interessen und schafft damit Klarheit im doppelten Sinne.

[64] Vgl. hierzu und im Folgenden: Birkenbihl 2007, S. 174.

[65] Vgl. Scherer 1982 zitiert nach Auferkorte und Michaelis 2006, S. 67.

[66] Vgl. Birkenbihl 2007, S. 177 f.

[67] Vgl. Birkenbihl 2007, S. 179.

[68] Vgl. Birkenbihl 2007, S. 183.

Bei den emotionalen Lauten sei auf das **Lachen** als positiver Faktor für die Mediation hingewiesen. Gemeinsames Lachen (nicht ein höhnisches oder schadenfrohes Lachen) ist ein stressreduzierender Faktor und hat einen positiven Effekt[69] in der Mediation. Nach der Interessenphase bei der Suche nach Lösungsoptionen ist oftmals eine Aufhellung der Stimmung feststellbar, das durch Lachen begleitet sein kann. Dies ist ein gutes Zeichen auf der Beziehungsebene und hilfreich bei einem erfolgreichen Abschluss der Mediation.

4.1.1.5 Raumverhalten

Das Raumverhalten ist in Mediationen insofern von Bedeutung, als das die Medianden während der Mediation in einem gewissen Abstand zueinander sitzen. Hier sollten bestimmte Abstandszonen beachtet werden.

Die **Intimzone** „auch bubble = Blase" genannt, umgibt unseren Körper mit einem Abstand von einer halben bis ca. ganzen Armlänge, d. h. von Körperkontakt bis ca. 60 cm.[70] In diese Zone lassen Menschen freiwillig nur Personen eintreten, zu denen sie Vertrauen haben. Wenn zwei Menschen an einem Tisch sitzen, betrachten sie jeweils die Hälfte des Tisches als Intimzone.[71] Je höher der Status einer Person ist (z. B. in Hierarchien), desto größer wird die Intimzone, die andere Menschen ihm zugestehen.[72] Menschen mögen es nicht, wenn die Intimzone unerlaubterweise überschritten wird. Oftmals können sie dieses intuitive Unbehagen jedoch nicht in Worte fassen. Ein Mensch, der die Intimzone eines anderen missachtet, missachtet gleichzeitig auch die Person.[73]

Die **persönliche Zone** beginnt nach der Intimzone. Dort dürfen Menschen eintreten mit denen wir gut und gerne kommunizieren und zu denen wir ein herzliches Verhältnis haben, also Familienmitglieder, Freunde und gute Kollegen.[74] Müssen unbekannte Personen notgedrungen sich in der persönlichen Zone aufhalten, vermeiden sie i. d. R. Augenkontakt und sprechen i. d. R. nur das Nötigste miteinander. Die persönliche Distanz liegt bei ca. 60 cm bis ca. 90 cm.

An die persönliche Zone grenzt die **soziale Zone**. Sie ist für soziale Kontakte oberflächlicher Art vorbehalten, z. B. für Bekannte, die meisten Kollegen und Vorgesetzten. Sie reicht von ca. 90 cm bis 1,50 m.

Als **öffentliche Zone** wird die Zone bezeichnet, die über die persönliche Zone hinausgeht und theoretisch bis ins Unendliche gehen kann. Hierunter fällt auch der Abstand zwischen einem Redner und seinen Zuhörern.

Bei einer klassischen Mediation mit zwei Parteien sollte der Mediator darauf achten, dass die Plätze der Medianden weit genug auseinander stehen, so dass sie sich nicht zu nahe kommen, d. h. die Betroffenen sollten mindestens mit Abstand der sozialen Zone

[69] Vgl. Birkenbihl 2007, S. 184 f.

[70] Vgl. Birkenbihl 2007, S. 139.

[71] Vgl. Birkenbihl 2007, S. 148.

[72] Vgl. Birkenbihl 2007, S. 145.

[73] Vgl. Birkenbihl 2007, S. 141.

[74] Vgl. hierzu und im Folgenden: Birkenbihl 2007, S. 153 f.

zueinander sitzen. Aber auch der Abstand des Mediators zu den Konfliktparteien sollte mindestens in der sozialen Zone bzw. in der öffentlichen Zone bleiben um den Konfliktparteien sprichwörtlich nicht „zu nahe zu treten“.

4.1.1.6 Nonverbales Verhalten des Mediators

Kann ein Mediator sich selbst für sein Thema Mediation begeistern und dafür „brennen“, so sendet er die richtigen, d. h. kongruente Signale. Er erzeugt so selbst automatisch eine besonders positive Ausstrahlung mit ganz einfachen Mitteln und verbreitet relativ leicht eine gute Atmosphäre. Denn wenn er das, was er praktiziert, lebt und liebt, kann er **authentisch und natürlich nach außen wirken** und erzielt damit einen besonders positiven Eindruck und Vertrauen bei den Medianden.

Der Mediator kann aber auch **bewusst** die **nonverbale Rhetorik** einsetzen, um dadurch eine positive Verhandlungsatmosphäre zu schaffen und sie zur eigenen „Resonanzkontrolle“ nutzen.[75] Letztere zeigt dem Mediator wie das Verhalten und seine gesamte Person vom Gegenüber aufgenommen werden. Die eingesetzte nonverbale Rhetorik soll bei den Medianden natürlich und authentisch wirken. Dafür benötigt der Mediator entweder viel Routine oder ein natürliches Gespür für das „richtige Verhalten“.[76] Der Mediator darf somit nicht künstlich wirken, noch darf er die Medianden auf der Beziehungsebene täuschen, um das Vertrauen der Parteien nicht zu verspielen. Der Mediator nutzt nonverbale Rhetorik nur, um positiv auf den Mediationsverlauf einzuwirken, indem er z. B. die Mimik bewusst einsetzt. Beim Zuhören wird er seinen Gesprächspartner immer wieder direkt, aufmerksam und lange freundlich interessiert ansehen und dabei zustimmend nicken und lächeln.[77] Als Redner wird er die Gesprächspartner direkt maximal in Viertel-Sekunden Blickkontakten wechselweise bzw. der Person zugewandt, mit der er gerade spricht, ansehen, und dabei lächeln, um eine positive Atmosphäre aufzubauen. Ein längerer direkter Blickkontakt wird als zu aufdringlich empfunden. Der Mediator wird sich immer wieder selbst kontrollieren, ob die eigenen Gesichtszüge entspannt wirken und diese dementsprechend lockern.

Die **Kopf-, Schulter- und restliche Körperhaltung** des Mediators wird aufrecht und mit geradem Rücken sein. Dem Medianden, mit dem er spricht, wendet er sich mit dem ganzen Körper zu und beugt im Sitzen den Oberkörper vor.[78] Die Knie hält er dabei geschlossen.[79] Die Beine können gekreuzt oder nebeneinander gestellt werden. Sie sollten nicht lang ausgestreckt werden, da das als überheblich und respektlos ausgelegt werden könnte. Im Stehen hat der Mediator einen festen Stand. Die Beine stehen ca. hüftbreit auseinander mit den Fußspitzen nach außen zeigend, um Selbstsicherheit zu vermitteln. Beim

[75] Vgl. hierzu und im Folgenden: von Schlieffen 2006, S. 32.
[76] Vgl. hierzu und im Folgenden: von Schlieffen 2006, S. 57 f.
[77] Vgl. hierzu und im Folgenden: von Schlieffen 2006, S. 33 ff.
[78] Vgl. hierzu und im Folgenden: von Schlieffen 2006, S. 35 ff.
[79] Vgl. hierzu und im Folgenden: von Schlieffen 2006, S. 60 ff.

Wechsel der Positionen werden nur langsame Bewegungen vollzogen, um die Mediandendurch „plötzliche Haltungsänderungen“ nicht zu irritieren.

Als **Gesten** nutzt der Mediator eher offene weite Armbewegungen mit nach oben geöffneten Handflächen.[80] Allerdings sollte das Gestikulieren nicht übertrieben wirken, sondern nur moderat die Rede unterstreichen.[81] Beim Reden im Stehen hält er die Hände beispielsweise locker ineinandergelegt ca. in Hüfthöhe, wobei die Ellbogen etwas Abstand zum Körper haben. Beim Gestikulieren im Stehen bleiben die Hände immer oberhalb der Gürtellinie im positiven Bereich. Beim Reden im Sitzen werden die Hände locker auf den Tisch gelegt oder falls kein Tisch vorhanden ist, locker auf die Oberschenkel gelegt. Auch das **Spiegeln** des nonverbalen Ausdrucks des Gesprächspartners kann im Mediationsverfahren hilfreich sein, da sich durch das nonverbale Spiegeln der Gesprächspartner besser verstanden fühlt und sich dem Verfahren besser öffnen kann.

Die **Stimme** sollte in angenehmer Lautstärke, deutlich, klar, fest, mit einer sympathischen Modulation und in einem moderaten Tempo gewählt sein. Dadurch vermittelt der Mediator Sicherheit, Dynamik, Ruhe und Engagement, was sich im Mediationsgespräch förderlich auswirkt. Tendenziell sollte man eher tiefer und langsamer als gewohnt sprechen.[82]

Auch weitere nonverbale Signale wie Kleidung, Accessoires, Fahrzeug, Gebäude und Begleitung beeinflussen die Medianden.[83] So kann sich ein Mediator, der in seinem Stil den Vorstellungen der Medianden entspricht und ähnelt, eher eine positive Atmosphäre und Vertrauen schaffen, als jemand, dessen Stil gänzlich von den Medianden abweicht. So macht es Sinn, sich äußerlich seiner gewählten Adressatengruppe, besonders bezüglich der Kleidung, Accessoires und dem gewählten Tagungsort anzupassen. Sofern der Mediator nicht weiß, wer ihn erwartet, sollte er sich eher „vernünftig dezent und – nach Umfeld konservativ oder mäßig modisch“[84] kleiden, im Zweifel immer etwas besser, als es die Kleiderordnung der Medianden verlangt.[85]

Abschließend ist festzustellen, dass diese nonverbale Rhetorik bestimmte Wirkungen bei den Konfliktparteien hervorruft, die für ein konstruktives Gespräch hilfreich sind. Ist die nonverbale Rhetorik jedoch nicht authentisch, dann sollte der Mediator lieber seiner **intuitiven Körperhaltung** folgen, um die Medianden durch inkongruente Nachrichten nicht zu verwirren.

---

[80] Vgl. von Schlieffen 2006, S. 36 f.

[81] Vgl. von Schlieffen 2006, S. 61 ff.

[82] Vgl. von Schlieffen 2006, S. 62.

[83] Vgl. von Schlieffen 2006, S. 26.

[84] Vgl. von Schlieffen 2006, S. 42.

[85] Vgl. hierzu und im Folgenden: von Schlieffen 2006, S. 64.

4.1.2 Verbale Kommunikation

Nachdem die Ebene der nonverbalen Kommunikation beschrieben wurde, soll nun die Ebene der verbalen Kommunikation erläutert werden. Die Kommunikationsprobleme, die insbesondere in Konflikten vorhanden sind, lassen sich über das bekannte **Kommunikationsmodell von Friedemann Schulz von Thun** gut erklären. Konflikte resultieren dabei nicht nur daraus, was jemand „sagt", sondern äußern sich auch darin, was der andere „hört". Das „Sagen" oder „Hören" bestimmt sich zum großen Teil auch aus der vorhandenen Beziehung der Betroffenen. So folgert Stroeken treffend:[86]

> Alles, was in einem Gespräch (nicht) geschieht, (nicht) gesagt oder (nicht) gehört wird, bestimmt sich aus der Beziehung zwischen dem Sprecher und dem Zuhörer: Sie bestimmt die Bedeutung der Worte und der Verhaltensweisen, das Scheitern oder den Erfolg.

4.1.2.1 Die vier Seiten einer Nachricht

Schulz von Thun entwickelte auf der Basis der Modelle von Bühler (1934) und Watzlawik et al. (1969) ein psychologisches Modell der zwischenmenschlichen Kommunikation.[87] In dem Modell unterscheidet Schulz von Thun **vier Seiten oder Aspekte einer Nachricht**, die ein Sender sendet und ein Empfänger entschlüsselt. Dabei sendet der Sender unabhängig davon, ob er es möchte, oder nicht, immer auf allen vier Kanälen gleichzeitig eine Botschaft. Siehe in diesem Zusammenhang Abb. 4.5.

Der **Sender** möchte etwas mitteilen und sendet eine **Nachricht.**[88] Der **Empfänger** versucht die Nachricht zu entschlüsseln. Stimmen gesendete und empfangene Nachricht überein, so hat eine Verständigung stattgefunden. Gibt der Empfänger eine Rückmeldung wie er die Nachricht verstanden hat, so nennt man diese Rückmeldung **Feedback**. Hier

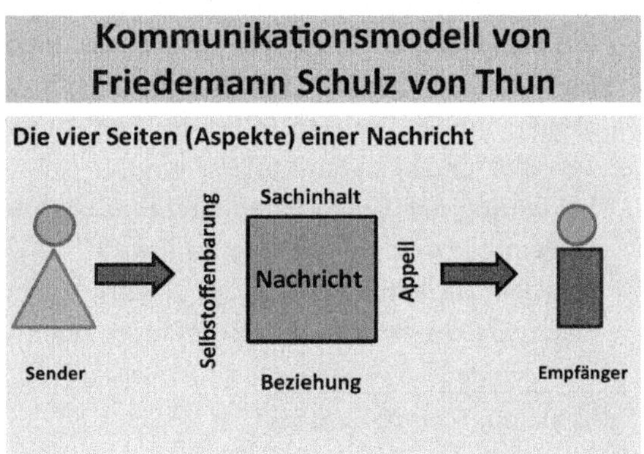

Abb. 4.5 Die vier Seiten (Aspekte) einer Nachricht. (Quelle: eigene Darstellung, in Anlehnung an Schulz von Thun 2009, S. 30. Friedemann Schulz von Thun, Miteinander reden 1. Störungen und Klärungen. Allgemeine Psychologie der Kommunikation © 1981 Rowohlt Taschenbuch Verlag GmbH, Reinbek bei Hamburg)

[86] Stroeken 1993, S. 9.

[87] Vgl. Schulz von Thun 2009, S. 30.

[88] Vgl. hierzu und im Folgenden: Schulz von Thun 2009, S. 25 f.

kann festgestellt werden, inwieweit eine wirkliche Verständigung im Sinne von Deckungsgleichheit von „Gemeintem" und „Verstandenem" stattgefunden hat.

Dass Gesagtes und Gemeintes sowie Verstandenes nicht immer übereinstimmen müssen und dass dies zu vielen Missverständnissen führen kann, liegt darin begründet, dass **„ein und dieselbe Nachricht stets viele Botschaften enthält.**"[89] So umfaßt jede Nachricht **vier psychologisch bedeutsame Seiten**, die unterschiedliche Botschaften vermitteln. Darüber hinaus gibt es **implizite und explizite Botschaften**, die mit jeder Botschaft vermittelt werden können. Explizite Botschaften sind ausdrücklich formuliert, während implizite Botschaften, Botschaften sind, die nicht ausdrücklich formuliert wurden aber „zwischen den Zeilen" enthalten waren, bzw. die hineininterpretiert werden können.[90] Dabei sind auf allen vier Seiten **implizite Botschaften** möglich, die vorwiegend durch die **nonverbale Kommunikation** übermittelt werden.

Im Folgenden sollen die vier Seiten einer Nachricht anhand eines **Beispiels** erläutert werden. Eine Frau (= Sender) sagt im Wohnzimmer sitzend zu ihrem Mann (= Empfänger): „Es zieht." Nun enthält diese Aussage vier verschiedene Aspekte oder Botschaften.

1. **Aussage über den Sachinhalt (oder: Worüber informiert der Sprecher?)**[91]
   Jede Nachricht enthält eine Sachinformationen nach Kenntnis und Wahrnehmung des Senders. Die Frau im Beispiel nimmt einen kalten Luftzug im Wohnzimmer wahr.
2. **Selbstoffenbarung des Sprechers (oder: Was gibt der Sprecher über sich selbst kund?)**[92]
   Neben dem Sachinhalt vermittelt der Sender auch eine Information über sich selbst, d. h. eine „gewollte Selbstdarstellung als auch die unfreiwillige Selbstenthüllung".[93] Mit dieser Seite der Nachricht sind oftmals zahlreiche Probleme menschlicher Kommunikation verbunden, da der Sender das Bedürfnis hat beim Gegenüber gut anzukommen und sich als Person gut zu präsentieren.
   Im Beispiel handelt es sich eher um eine unfreiwillige Selbstenthüllung. Der Frau ist wahrscheinlich kalt. Sie möchte sich vielleicht nicht erkälten und die Ursache für den Luftzug beseitigen. Sie könnte implizit mitteilen wollen: „Ich habe keine Lust aufzustehen, um das Problem selbst zu lösen." Oder: „Ich habe das Fenster nicht geöffnet, das jetzt für den kalten Luftzug sorgt."
3. **Beziehung der Betroffenen zueinander (oder: Was hält der Sprecher von seinem Gegenüber und wie steht er zu ihm?)**[94]
   Aus dem Beziehungsaspekt der Nachricht sind **zwei Botschaften** zu entnehmen. Zum einen wie der Sender zum Empfänger steht, d. h. wie der Sender die Beziehung zw-

[89] Schulz von Thun 2009, S. 26.
[90] Vgl. Schulz von Thun 2009, S. 33.
[91] Vgl. Schulz von Thun 2009, S. 26.
[92] Vgl. Schulz von Thun 2009, S. 26.
[93] Schulz von Thun 2009, S. 27.
[94] Vgl. Schulz von Thun 2009, S. 27.

ischen sich und dem Empfänger sieht **(Wir-Botschaft)** und zum anderen was er von ihm hält **(Du-Botschaft).**[95] Die Formulierung, der Tonfall und die nonverbale Kommunikation geben hierzu die jeweiligen Signale. Auf dieser Seite der Nachricht sind die Empfänger insbesondere in Konfliktsituationen sehr „hellhörig", denn hier wird der Empfänger als Person angesprochen und in positiver oder negativer Weise behandelt.
Im Beispiel bemerkt die Frau nur in einem kurzen Satz, dass es zieht. Haben die beiden eine positive Beziehung zueinander, so könnte folgende implizite Botschaft versteckt sein: „Du bist immer so fürsorglich, hilf mir bitte dabei, mein Problem zu lösen, weil ich selbst keine Lust dazu habe." Ist die Beziehung schlecht, könnte implizit ein Vorwurf in der der Nachricht stecken. „Du bist so rücksichtslos und hast mal wieder das Fenster offen stehen lassen. Jetzt zieht es durch das Wohnzimmer und ich hole mir eine Erkältung."

4. **Appell an den Empfänger (oder: Wozu der Sprecher den Nachrichtenempfänger veranlassen möchte.)**[96]
   Der vierte Aspekt der Nachricht möchte auf den Empfänger Einfluss nehmen und ihn zu einem bestimmten Verhalten zu veranlassen. Dieser Appell kann offen oder versteckt erfolgen. Geschieht die Einflussnahme versteckt, so wird im Vier-Seiten-Modell von Manipulation gesprochen. In diesem Falle werden dann auch alle drei anderen Seiten willentlich in die gewünschte Zielrichtung gelenkt, um den Empfänger in die beabsichtigte Richtung zu steuern.
   Im Beispiel ist der Appell der Frau an den Mann: „Bitte schließe das Fenster."

Das Nachrichtenquadrat wird vom Sender abgeschickt und sendet automatisch die vier Botschaften. **Der Empfänger jedoch muss die Botschaft interpretieren und kann sie auf vier verschiedene Arten hören.** Je nachdem welche der vier Botschaften der Empfänger „hört", siehe Abb. 4.6, ergibt sich eine daraus resultierende Reaktion und Antwort.[97] Hört er auf dem **Sachverhaltsohr**, versucht der Empfänger den Sachinhalt zu verstehen. Hört er auf dem **Selbstoffenbarungsohr**, untersucht der Empfänger den Sender personaldiagnostisch. (Was ist das für einer? Was ist mit ihm los?).

Hört der Empfänger auf dem **Beziehungsohr**, was in Konflikten häufig auftritt, dann ist der Empfänger besonders sensibel und reagiert auf die Art und Weise wie der Sender mit ihm kommuniziert. Er legt den Schwerpunkt auf diese Betrachtungsweise und wie er sich mit der Nachricht behandelt fühlt. Hört der Empfänger auf dem **Appellohr** fragt er sich, was er aufgrund der Mitteilung tun, denken oder fühlen soll. Es ist offensichtlich, dass je nach der Art zu hören, das Gespräch einen unterschiedlichen Verlauf nehmen wird und dadurch das Gespräch in eine bestimmte Richtung gelenkt wird.[98] Der **Empfänger entscheidet also auf welche Aspekte der Nachricht er reagiert** – oder eben nicht re-

[95] Vgl. Schulz von Thun 2009, S. 28.
[96] Vgl. hierzu und im Folgenden: Schulz von Thun 2009, S. 29.
[97] Vgl. hierzu und im Folgenden: Schulz von Thun 2009, S. 44 ff.
[98] Vgl. hierzu und im Folgenden: Schulz von Thun 2009, S. 44 ff.

Abb. 4.6 Der „vierohrige Empfänger". (Quelle: eigene Darstellung, in Anlehnung an Schulz von Thun 2009, S. 45. Friedemann Schulz von Thun, Miteinander reden 1. Störungen und Klärungen. Allgemeine Psychologie der Kommunikation © 1981 Rowohlt Taschenbuch Verlag GmbH, Reinbek bei Hamburg)

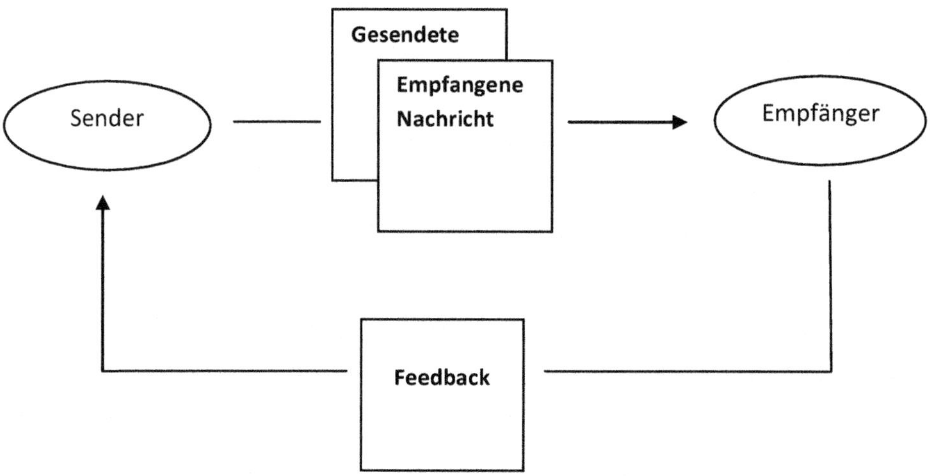

Abb. 4.7 Vervollständigtes Modell der zwischenmenschlichen Kommunikation. (Quelle: Schulz von Thun 2009, S. 81, in Anlehnung dargestellt. Friedemann Schulz von Thun, Miteinander reden 1. Störungen und Klärungen. Allgemeine Psychologie der Kommunikation © 1981 Rowohlt Taschenbuch Verlag GmbH, Reinbek bei Hamburg)

agiert. (Siehe Abb. 4.7) Das kann zu Kommunikationsstörungen und Missverständnissen führen bei dem man „aneinander vorbei kommuniziert", weil der Sender den Schwerpunkt auf eine andere Seite der Nachricht gelegt hatte, als sie letztendlich vom Empfänger gehört wurde.

So könnte der Mann in dem Beispiel auf die Aussage der Frau: „Es zieht", unterschiedlich antworten beziehungsweise reagieren:

1. Der Mann reagiert auf den Sachinhalt mit einer Sachbotschaft: „Ja, es zieht, weil das Fenster und die Wohnzimmertür geöffnet sind."

2. Der Mann reagiert auf die Selbstoffenbarung der Frau mit einer eigenen Selbstoffenbarung: „Ist Dir kalt? Ich habe das Fenster geöffnet, weil die Luft im Wohnzimmer verbraucht war."
3. Der Mann reagiert auf die Beziehungsseite der Nachricht und antwortet: „Immer machst Du mir Vorwürfe! Mach doch das Fenster zu, wenn es dich stört."
4. Der Mann reagiert auf die Appellseite der Nachricht mit einer nonverbalen Antwort: Er sagt nichts, steht auf und schließt das Fenster.

Die **ankommende Nachricht ist also ein „Machwerk des Empfängers".** [99]Dies resultiert daraus, dass zwar die Nachricht vom Sender geschickt werden kann, aber die **Bedeutung** der Nachricht – man spricht hier auch von der sogenannten **Tiefenstruktur der Nachricht**[100] – i. d. R nicht mitgeschickt wird. Diese Bedeutung der Nachricht muss der Empfänger interpretieren. In die Interpretation gehen eigene Erwartungen, Befürchtungen und Vorerfahrungen des Empfängers ein. So können sich schnell Fehler einschleichen, da die gesendete Bedeutung nicht mit der interpretierten Bedeutung übereinstimmt. Als häufige **Ursachen für Empfangsfehler** können drei Faktoren genannt werden. Zum einen kann das **Selbstkonzept** des Empfängers für die Fehlinterpretation verantwortlich sein. Der persönliche Rucksack aus Eltern-Ich, Erwachsenen-Ich und Kindheits-Ich (vgl. Kap. 2.2.1.) ist hierfür verantwortlich. Ein Empfänger mit einem geringen Selbstwert hört oftmals ausschließlich auf dem Beziehungsohr und vermutet auch hinter harmlosen Sachbotschaften eine Beziehungsbotschaft, die dem Empfänger seine negativen Erfahrungen bestätigt. Zum zweiten kann das **Bild, das der Empfänger vom Sender hat,** Ursache von Empfangsfehlern sein. Der Empfänger steckt den Sender in eine „Schublade" und weiß aufgrund dieses Schubladendenkens, wie diese Person „grundsätzlich immer" ist und wie man Nachrichten von dieser Person interpretieren muss. Auch neu kennengelernte Personen kommen in diese Schubladen und werden dann nach diesem Schubladendenken interpretiert. Man spricht dann auch von einer **Generalisierung.**[101] Abweichungen des Verhaltens werden nicht wahrgenommen und auch nicht so interpretiert. Es kommt zur selbsterfüllenden Prophezeiung. Als dritte Ursache für Empfangsfehler kommen noch **korrelierte Botschaften** in Betracht. Das sind Botschaften die auf einer Seite richtig empfangen wurden, aber bei denen unterschwellig auch noch eine Botschaft von einer anderen Seite mitgehört wird. So kann der Appell: „Würdest Du bitte den Tisch für das Abendessen leer räumen?" mit einem Versäumnis-Tadel (korrelierte Botschaft auf der Beziehungsseite) „Du hättest den Tisch schon längst leerräumen können", versehen sein.[102] Der Sender hat es wegen dieser Korrelation schwer, nur den Appell, nicht aber den Versäumnis-Vorwurf zu senden. Korrelierte Botschaften lassen sich gut mit **Metakommunikation** (vgl. Kap. 4.1.2.3.) voneinander lösen.

[99] Vgl. hierzu und im Folgenden: Schulz von Thun 2009, S. 61 ff.

[100] Vgl. Dörrenbächer 2009, S. 371.

[101] Vgl. Dörrenbächer 2009, S. 372.

[102] Vgl. hierzu und im Folgenden: Schulz von Thun 2009, S. 66 ff.

Darüber hinaus ist auch die **innere Reaktion, also die Gefühle,** die beim Empfänger auf eine Nachricht ausgelöst werden, ein **Machwerk des Empfängers.**[103] Eine Nachricht kann z. B. **verborgene Schlüsselreize** senden, die im „persönlichen Rucksack" gespeichert sind und zu Reaktionen führen, die aus den alten Verhaltensmustern übernommen wurden. Auch **unterscheidet der Empfänger nicht bewusst** zwischen dem was er **wahrnimmt**, (z. B. ein Stirnrunzeln), dem was er **interpretiert** (das Stirnrunzeln war abfällig gemeint) und dem was er als Resultat aus der Wahrnehmung und der jeweiligen Interpretation **fühlt** (Wut und Enttäuschung). Nur ein **Bewusstsein über diese drei Faktoren** kann dabei helfen, Nachrichten besser zu verstehen, d. h. auf vier Ohren richtig zu hören. Oftmals kommt zu diesem fehlenden Bewusstsein noch hinzu, dass der Empfänger den Sender für seine schlechten Gefühle verantwortlich macht und dies durch **„Du-Botschaften"**, wie z. B. „Du bist rücksichtslos", im **Feedback** deutlich macht.[104] Die Verantwortung für seine eigenen Gefühle trägt jedoch der Empfänger, weil er sie selbst in sich produziert. Ursache für die negativen Gefühle sind unerfüllte Bedürfnisse des Empfängers in Bezug auf den Sender.[105]

Um erfolgreich kommunizieren zu können, ist es wichtig, als Empfänger auf **allen vier Ohren empfangsbereit** zu sein. Schon bei einer guten Beziehung ist es leicht möglich zu einer gestörten Kommunikation zu kommen, da der Sender eine Botschaft senden möchte, die aber falsch beim Empfänger ankommen kann und auf die er seinerseits reagiert. Die Reaktion ist eine Nachricht, die nun wiederum vom ursprünglichen Sender decodiert und interpretiert werden muss und ebenfalls wiederum „falsch gehört" werden kann. In Konflikten ist die Kommunikation in der Regel durch gegenseitiges „falsches decodieren" gestört.

Der Mediator muss auf allen vier Ebenen hören können, damit die Kommunikation in die richtige Richtung gelenkt wird und die vom Sender gewünschte Botschaft auch beim Empfänger ankommt. Der Mediator hilft den Medianden klare Nachrichten auf allen vier Ebenen zu übermitteln und die Bedeutung der gesendeten Nachricht herauszustellen. Hilfreich sind hierbei die Kommunikationstechniken, die die Kommunikation fördern und Klarheit schaffen, wie z. B. das aktive Zuhören oder Fragetechniken. Bevor kommunikationsfördernde Techniken vorgestellt werden, sollen zunächst störende Kommunikationsmuster, die in Mediation auftreten können, genannt werden. Danach soll die Metakommunikation vorgestellt werden, die als hilfreiche Methode zur Begegnung störender Kommunikationsmuster eingesetzt werden kann.

4.1.2.2 Kommunikationshemmende Kommunikationsmuster

In Konfliktsituationen können häufig destruktive Verhaltensmuster vorkommen, die einer guten Kommunikation abträglich sind. Es handelt sich dabei um Äußerungen, die beim

[103] Vgl. hierzu und im Folgenden: Schulz von Thun 2009, S. 69 ff.

[104] Vgl. hierzu und im Folgenden: Schulz von Thun 2009, S. 79 ff.

[105] Vgl. Rosenberg 2009, S. 69 ff.

Gesprächspartner Widerstand auslösen und eine gute Kommunikation unterbinden.[106] Die Aufgabe des Mediators in Mediationen ist es, die **destruktiven Verhaltensweisen mittels Metakommunikation (vgl. Kap. 4.1.2.3.) und durch vorgegebene Regeln zu unterbinden** und diese **selbst auch nicht anzuwenden**. Im Folgenden sollen besonders destruktive Gesprächshemmer aufgezählt und erläutert werden:

a. **Ausfragen**[107]
   Ausfragen unterscheidet sich von den unten noch zu erläuternden offenen Fragetechniken darin, dass die Antwort auf die Frage nicht offen, sondern gelenkt in eine Richtung gestellt wird. Die Frage zielt nicht darauf ab, dass der Betroffene sein Problem allein beleuchtet und hinterfragt, sondern sie zielt auf eine bestimmt Antwort, mit der eine Erwartungshaltung bestätigt werden soll. So gleichen geschlossene Fragen, auf die die Person nur mit ja oder nein antworten kann, im Wechselspiel mit Fragen nach dem „Wer, Was, Wie und Warum?" einem Verhör oder einem Interview und engen den Gesprächspartner ein. Gerade bei der Themensammlung in der Fakten gesammelt werden, muss der Mediator diesen Aspekt berücksichtigen.
b. **Befehlen**[108]
   Befehle werden dann ausgesprochen, wenn die Person der Überzeugung ist, dass dieser Weg, der eingeschlagen werden soll, der einzig Wahre ist. Der Befehl kommt vom „kritischen Eltern-Ich" und ist an das „Kindheits-Ich" des Gegenübers gerichtet. Durch einen Befehl, fühlt sich die „befehligten Person" i. d. R. bevormundet, was in ihr eine Trotzreaktion auslöst, die für den weiteren Gesprächsverlauf kontraproduktiv ist.
c. **Bewerten**
   Bewertet ein Gesprächspartner die Verhaltensweisen einer anderen Person durch Lob oder Tadel, so stellt er sich über den anderen Gesprächspartner und zeigt auf diese Weise Überlegenheit und Macht und insbesondere in Konflikten i. d. R. auch Geringschätzung.[109] Ein Ausüben von Macht sollte der Mediator aber immer verhindern bzw. ausgleichen. Gerade in Mediationen ist es auch zu beobachten, dass die Konfliktparteien den Mediator auf ihre Seite ziehen wollen, indem sie ihn zu Bewertungen ihres Handelns hinreißen wollen. Z. B. „Sie hätten das doch in diesem Falle sicherlich genau so gemacht wie ich?" oder „Wenn Sie das zu entscheiden hätten, hätten Sie dann nicht auch die Entscheidung getroffen?" Diesem sollte der Mediator strikt aus dem Wege gehen und gemäß des Neutralitätsgrundsatzes niemals eine Bewertung des Handelns der Betroffenen abgeben, ansonsten findet sich der Mediator in der Funktion des Richters wieder.

---

[106] Vgl. Auferkorte und Michaelis 2006b, S. 40.

[107] Vgl. Weisbach und Sonne-Neubauer 2013, S. 148 ff.

[108] Vgl. Weisbach und Sonne-Neubauer 2013, S. 132 f.

[109] Vgl. Weisbach und Sonne-Neubauer 2013, S. 136.

d. **Herunterspielen**[110]
Das Herunterspielen/Bagatellisieren ist eine Unterform des Bewertens, bei dem die Ansicht vertreten wird, dass der Betroffene einer Sache eine zu große Bedeutung beimisst, die sie in der „Wirklichkeit" nicht hat. Der Sprecher versucht den Betroffenen davon zu überzeugen, dass die eigene Auffassung über die „Wirklichkeit" die richtige ist, indem er die Situation verharmlost. Die Bedeutung, die eine Sache jedoch für eine Person hat, kann nur diese Person selbst bestimmen. Sie fühlt sich daher von ihrem Gesprächspartner nicht ernst genommen und nicht verstanden und distanziert sich von ihm, weil der Sprecher ihr abspricht überhaupt ein Problem zu haben.
Mediatoren müssen alle Aspekte, die einem Medianden wichtig sind, bearbeiten, unabhängig von der eigenen Bewertung des Sachverhaltes. Die Wahrnehmung der Konfliktteilnehmer ist maßgeblich, nicht die eigene. Das Motto sollte hier sein „alles ist richtig und wichtig, nichts ist falsch."
e. **Lebensweisheiten oder Killerphrasen**
Statt sich mit den Aussagen der Gegenpartei zu beschäftigen, versucht eine Partei ihre Position durch Lebensweisheiten zu untermauern, wie z. B. „Das haben wir immer so gemacht!", „Da könnte ja jeder kommen!"[111] oder „Das hat noch nie funktioniert!" oder durch Killerphrasen den anderen komplett nieder zu machen. „Wenn sie das gut finden – warum hat das dann noch kein anderer gemacht?", „Seien Sie erst einmal ein paar Jahre hier…", „Als Fachmann kann ich Ihnen sagen…", „Natürlich – sie wissen es wieder besser!", „Ja, wenn das so einfach wäre…"[112] Auch das zitieren berühmter Redewendungen und Zitate sollen das Gefühl vermitteln, das der Gesprächspartner kein ernst zu nehmender Gesprächspartner ist.
f. **Nicht ernst nehmen, ironisieren, verspotten**[113]
Bei dem „nicht ernst nehmen" wird dem Anliegen des Anderen **keine Bedeutung** beigemessen. Sie ist die Extremform des Herunterspielens. Beim Ironisieren setzt sich der Sprecher zwar mit der Äußerung des Gegenübers auseinander, jedoch so, dass dies verletzend und auf dessen Kosten geschieht. Wird jemand verspottet, ist es das Ziel sich über den anderen lustig zu machen, der darüber dann auch noch lachen soll. Bei allen drei Gesprächsstörern wird erwartet, dass der Betroffene eine gute Miene zum Bösen Spiel macht. I. d. R. kommen hier Rachegedanken bei dem Betroffenen auf, wie man es dem anderen „heimzahlen" könnte.
g. **Nonverbale Fouls**[114]
Aber auch nonverbale abwertende Blicke und Gesten soll der Mediator ansprechen und die Reaktionen hinterfragen. Nur wenn dem Betroffenen klar ist, dass auch nonverbale Aussagen verletzen können, können diese zukünftig vermieden werden. Die

[110] Vgl. Weisbach und Sonne-Neubauer 2013, S. 139 f.
[111] Vgl. Weisbach und Sonne-Neubauer 2013, S. 144.
[112] Brunner 2008, S. 335.
[113] Vgl. Weisbach und Sonne-Neubauer 2013, S. 141 ff.
[114] Vgl. Brunner 2008, S. 335.

Reaktionen wie „Augen demonstrativ verdrehen, mit der Hand abwinken oder absichtlich gähnen" weisen jedoch auch darauf hin, dass der Sender der nonverbalen Nachricht in Bezug auf das Thema genervt zu sein scheint. Das sollte der Mediator zum Anlass nehmen, zum einen die Hintergründe für diese nonverbalen Botschaften zu erfragen. Zum anderen sollte die „gefoulte" Konfliktpartei die Möglichkeit erhalten, ihr Anliegen zu erläutern. Gegebenenfalls muss der Mediator durch aktives Zuhören den Sprecher unterstützen.

h. **Überreden**[115]
Beim Überreden wird der Versuch unternommen den Gesprächspartner in der Weise zu manipulieren, dass dieser „aus eigenen Stücken" das Richtige tut. Dabei kann dem Gesprächspartner auffallen, dass er manipuliert wird, wobei er sich dann gegen diese Manipulation, z. B. durch eine Trotzreaktion wehren wird. Die Ursache für diese Abwehrreaktion liegt darin, dass der Betroffene selbstverantwortlich entscheiden möchte und sich gegen eine Bevormundung zur Wehr setzt.

i. **Ursachen aufzeigen und Hintergründe deuten**[116]
Die Beurteilung der Beweggründe und der Ursachen eines Verhaltens durch eine andere Person führt in Konflikten i. d. R. zu einer massiven Gegenwehr, selbst wenn die Interpretation tendenziell richtig sein sollte. Der Grund ist darin zu sehen, dass die Betroffenen selbst den Klärungsprozess hinterfragen wollen und ihre Beweggründe selbst am besten kennen. Der Beurteilende könnte den Schwerpunkt der Interpretation falsch legen und dadurch zu einer falschen Interpretation gelangen. Aus diesem Grunde sollte eine Beurteilung des Verhaltens immer von den Betroffenen selbst erfolgen.

j. **Vorwürfe machen**[117]
Hier wird rückwärtsgerichtet eine Person für ihr fehlerhaftes Verhalten angeklagt. Insbesondere ein geringschätziger Tonfall schwingt bei diesem Gesprächsstörer mit. Mit diesem Gesprächsstörer wird der Selbstwert des anderen massiv angegriffen. Je nach Verfassung reagiert der Betroffene mit Schuldgefühlen und vermindertem Selbstwert, oder aber mit einer Trotzreaktion indem er die Schuld seinerseits an den anderen zurückweist. In Mediationen kann der Mediator die Emotion Empörung, die diesem Verhalten zugrunde liegt, mit den von Montada/Kals vorgeschlagenen Fragen im Diskurs dämpfen (vgl. Kap. 4.3.2.6.).

k. **Warnen und Drohen**[118]
Warnungen und Drohungen werden dann eingesetzt, wenn Befehle und Überredungskunst nicht greifen. Das Ziel von Warnungen und Drohungen ist es, die Schwächen des Gesprächspartners in den Vordergrund zu spielen und ihn zum richtigen Handeln zu zwingen. Falls der Gesprächspartner sein Verhalten nicht anpasst, werden gezielte Sanktionen als Folgen ausgesprochen, die dem Gegner Schaden zufügen sollen. Durch

[115] Vgl. Weisbach und Sonne-Neubauer 2013, S. 133.
[116] Vgl. Weisbach und Sonne-Neubauer 2013, S. 146 ff.
[117] Vgl. Weisbach und Sonne-Neubauer 2013, S. 135 f.
[118] Vgl. Weisbach und Sonne-Neubauer 2013, S. 134.

eine Drohung wird ein Gesprächspartner massiv unter Druck gesetzt, sich in eine bestimmte Richtung zu entscheiden, was zu Gegendrohungen führen kann und sich negativ auch auf den künftigen Gesprächsverlauf auswirken wird.

In Mediationen soll diesen massiven Gesprächsstörern durch zu Beginn **festgelegte Gesprächsregeln** direkt Einhalt geboten werden.

4.1.2.3 Metakommunikation

Destruktive Kommunikationsmuster können sehr hilfreich durch **Metakommunikation** offengelegt werden und die Konfliktparteien zu einem anderen Verhalten führen.[119] Dabei wird die **Art und Weise wie die Konfliktparteien miteinander umgehen und miteinander kommunizieren** zum Gegenstand des Gesprächs gemacht. Es wird zum einen der **Umgang miteinander** thematisiert und zum anderen darüber gesprochen, wie die **gesendeten Nachrichten gemeint waren**, also welche **Bedeutung** sie für den Sender hatte und was bei dem Empfänger **angekommen** ist und wie er sie **interpretiert** hat. Für die Metakommunikation begeben sich die Parteien auf eine „erhöhte Position" und betrachten von oben oder von außen ihr Konflikt- und Kommunikationsverhalten quasi wie Zuschauer eines Theaterstückes. Die Metakommunikation verlangt Mut zur **Selbstoffenbarung zu dem Thema**: Was nehme ich in diesem Augenblick gefühlsmäßig wahr – wie erlebe ich mein Gegenüber und wie sieht unsere Interaktion aus der Vogelperspektive aus?[120]

Der Mediator nutzt diese Form der Metakommunikation, die von den Betroffenen zunächst „unangenehm" empfunden wird als **direkte Konfrontationsmethode,** um die Spannungen erfolgreich abzubauen. Er unterstützt die Betroffenen bei der Klärung der verborgenen Inhalte. Die Metakommunikation ist sehr erfolgreich und nach der „Kommunikation über die gestörte Kommunikation" empfinden die Betroffenen eine große Erleichterung und können sich auf die eigentliche Problemlösung konzentrieren.

Metakommunikation kann aber auch noch in einer anderen Mediationssituation sinnvoll sein. Immer dann, wenn in Konflikten die Frage gestellt wird: „Wer hat angefangen?" oder „Wer ist verantwortlich/schuldig für die Misere?", dann kann die Metakommunikation weiterhelfen. So erleben die Konfliktbeteiligten **ihr Verhalten stets als Reaktion** auf das Verhalten des jeweils anderen.[121] Beide Parteien fühlen sich zudem „im Recht" zu sein. Dabei ist die Frage nach dem Recht und dem Schuldigen unerheblich, da das Verhalten des einen das Verhalten des jeweils anderen bedingt und die Feststellung, wer nun Recht hat, nicht für die Lösung des Problems hilfreich ist.

Ein Beispiel für einen innerbetrieblichen Konflikt:[122] Eine neue Mitarbeiterin kommt zur Verstärkung in ein Team. Ihr unterlaufen Fehler, die dem ganzen Team angelastet

[119] Vgl. hierzu und im Folgenden: Schulz von Thun 2009, S. 91 ff.

[120] Vgl. Schulz von Thun 2009, S. 91 f.

[121] Vgl. hierzu und im Folgenden: Schulz von Thun 2009, S. 85 ff.

[122] Vgl. hierzu Schulz von Thun 2009, S. 86.

werden, was zum Konflikt mit wechselseitigen Reaktionen, zur **Interpunktion**,[123] führt. Die Kollegen sehen ihr Verhalten als Reaktion auf das Verhalten der neuen Mitarbeiterin: „Weil sie sich nicht die Aufgaben von uns erklären lässt und dann viele Fehler macht, die auf uns zurückfallen, sind wir nicht gerade freundlich zu ihr." Die neue Mitarbeiterin sieht Ihr Verhalten als Reaktion auf das Verhalten der Teamkollegen: „Weil alle gegen mich sind, traue ich mich gar nicht mehr, jemanden um Rat zu fragen, so kann ich ablehnende Reaktion vermeiden."

Ein Mediator wird im Falle einer Interpunktion darauf verweisen, dass nicht die Frage, wer den Anfang eines Konfliktes herbeigeführt hat oder wer die Schuld an dem Konflikt trägt, von Bedeutung ist. Er wird das gemeinsame Verhaltensmuster, das sich gegenseitig bedingt, aufdecken und so den Betroffenen zeigen, dass jede Partei einen Anteil an dem Konflikt trägt. In einem zweiten Schritt wird er auf das **Mediationsziel** hinweisen, bei dem nach einvernehmlichen Lösungen gesucht wird, wie sich die Betroffenen ändern können, sodass die Zusammenarbeit erfolgreicher und für alle befriedigender wird oder wie ein Problem anders angegangen werden kann, sodass alle davon profitieren.

4.2 Kommunikationstechniken zur Förderung einer erfolgreichen Kommunikation

Wie wir anhand des oben vorgestellten Kommunikationsmodells erkennen können, gibt es zahlreiche Möglichkeiten sich nicht zu verstehen. Dies wird mit einem Zitat von Gerhard Schwarz sehr treffend umschrieben.

> Gesagt – ist noch nicht gehört.
> Gehört – ist noch nicht verstanden.
> Verstanden – ist noch nicht einverstanden.
> Einverstanden – ist noch nicht durchgeführt.
> Durchgeführt – ist noch nicht erfolgreich durchgeführt.
> Einmal erfolgreich – ist noch nicht auf Dauer erfolgreich.[124]

Die nachfolgend vorgestellten **Kommunikationstechniken** sollen dem Mediator dabei **helfen**, Gesagtes richtig zu hören, Gehörtes richtig zu verstehen, Verstandenes abzugleichen und ein Einverständnis zur Lösung herbeizuführen.

4.2.1 Aktives Zuhören/Paraphrasieren

Das aktive Zuhören/Paraphrasieren, nachfolgend nur noch aktives Zuhören genannt, ist eine besonders wichtige und i. d. R. die am häufigsten eingesetzte Technik in der Me-

[123] Interpunktieren heißt (willkürlich) das Verhalten des anderen als Ursache und das eigene Verhalten als Folge oder Reaktion auszulegen. Schulz von Thun 2009, S. 85.

[124] Schwarz 2005, S. 76.

diation.[125] Zunächst soll das **Ziel** des aktiven Zuhörens erläutert werden: Beim aktiven Zuhören fasst der Mediator in gewissen Zeitabständen die von den Mediandentn gesendeten Nachrichten mit eigenen Worten zusammen. Dabei stellt er die wahrgenommenen Sachinhalte und/oder Emotionen heraus und bringt die **Kernaussage auf den Punkt.**[126] Die Fähigkeit, **Aussagen** der Konfliktparteien **neu** zu **formulieren**, so dass die gesendeten Botschaften zum einen richtig interpretiert werden und zum anderen die jeweils andere Partei sie annehmen kann, ist dabei besonders wichtig. D. h. die negativen regressiven oder vorwurfsvollen Anteile einer Nachricht soll der Mediator lösungsorientiert und positiv umformulieren. Man nennt diesen Vorgang auch **verbalisieren**.[127]

Das aktive Zuhören umfasst dabei folgende **Funktionen**:[128]

- Durch das Unterbrechen des Gesprächsflusses wird das **Tempo** eines Konfliktgesprächs **reguliert.**
- Nur das Wesentliche, das für die jeweilige Konfliktpartei wichtig ist, soll herausgearbeitet werden. (Selbstklärung)
- Da nur das Wesentliche paraphrasiert wird, konzentriert sich die Diskussion auf die wichtigen Fragen und nicht auf ablenkendes Beiwerk. Hierbei ist es wichtig, die **richtige Bedeutung der Botschaft** des Sprechers zu paraphrasieren, sodass Missverständnisse sofort vermieden werden.
- Durch **Konkretisierungen** werden Pauschalurteile und unterschiedliche Interpretationen des eigentlich Gemeinten verhindert.
- Der **Ärger** und die **Frustration** einer Konfliktpartei **sinkt, wenn sie spürt, dass ihr zugehört und sie verstanden wird**.
- Die Probleme und Sichtweisen werden durch die wertfreie Neuformulierung deutlicher und dadurch wird das **gegenseitige Verständnis** gefördert und der **Kommunikationsstil wird kooperativer.**

Bei der Anwendung des aktiven Zuhörens sollte der Mediator folgende hilfreiche **Regeln** beachten:[129]

- Die Körperhaltung sollte Interesse signalisieren durch einen freundlichen Blickkontakt zum Sprecher, zugewandte positive Körperhaltung (N-N-Kontakt) und Kopfnicken.
- Sachliche, emotionale Aussagen sowie Interessen und Bedürfnisse, die der Mediator heraushört, sollten angesprochen werden.
- Die vier Seiten einer Nachricht sollten mit vier Ohren gehört werden und die gemeinte Botschaft herausgefiltert werden.

[125] Vgl. Kessen und Troja 2009, S. 303.

[126] Vgl. hierzu und im Folgenden: Kessen und Troja 2009, S. 303 f.

[127] Vgl. Duve et al. 2011, S. 149.

[128] Vgl. Kessen und Troja 2009, S. 304.

[129] Vgl. hierzu und im Folgenden: Kessen und Troja 2009, S. 304.

- Bewertungen des Gesagten oder Urteile müssen unbedingt vermieden werden, der Mediator wiederholt stattdessen **wertneutral** und **beschreibend** (Vgl. auch GfK, Kap. 4.2.2.)
- Der Mediator sollte zeigen, dass er **zuhört** und **versteht.** Er **sollte nicht zustimmen oder widersprechen:**
  „Wenn ich Sie richtig verstehe, fühlen Sie sich …., weil ….“/„Ich habe verstanden, dass Sie … “/„Aus Ihrer Sicht ist es so, dass…“
- Der Mediator sollte keine Verallgemeinerungen verwenden wie, *„Man…“, „wir…“, „Jeder…“*, sondern seine Aussagen auf den jeweiligen Sprecher („Sie…“ oder eigene Beiträge auf sich selbst beziehen *„Ich habe noch nicht ganz verstanden, was Sie zum…“, „Ich habe herausgehört, dass…“*
- Die Paraphrase sollte als **Angebot** formuliert werden, die vom Sprecher **angenommen oder abgelehnt** werden kann.
  *Ich möchte Sie an dieser Stelle unterbrechen und kurz zusammenfassen, was ich bisher von Ihnen verstanden habe. …***Paraphrase**. *Habe ich das so richtig verstanden?*

Ein Beispiel im Rahmen einer innerbetrieblichen Mediation:

Mitarbeiter: *„Herr X weiß bei jedem Thema alles besser. Obwohl ich jahrelange Erfahrung habe und die Produkte und die Kundenwünsche kenne, will er mir weismachen, dass ich die Kundengespräche falsch angehe. Der soll sich um seine Aufgaben kümmern und nicht um meine. Bei ihm bleibt alles liegen und ich muss ihn dann auch noch unterstützen, damit terminlich nichts anbrennt.“*

Mediator: *„Wenn ich Sie richtig verstanden habe, sind sie verärgert, wenn Herr X ihre Fachkompetenz zum Thema Verkauf in Frage stellt. Sie wünschen sich stattdessen, dass Herr X Sie nicht bei ihrem Aufgabengebiet unterstützt, sondern dass er die Zeit nutzt, um seine Aufgaben rechtzeitig zu erledigen. Ist das so richtig?“*

Ein Beispiel im Rahmen einer zwischenbetrieblichen Mediation:

Geschäftsführer: *„Der Zulieferer musste schon bei Vertragsabschluss erkennen können, dass er das Produkt nicht fristgerecht liefern kann, weil er selbst einen Engpass bei einem Rohstoff hatte. Jetzt weigern sie sich auch noch für die Verzögerung gerade zu stehen. Wir haben auch einen Vertrag einzuhalten. Können wir nicht pünktlich liefern, sind hohe Vertragsstrafen fällig.“*

Mediator: *„Ich höre, sie sind sehr wütend, weil der Lieferverzug ihrer Meinung nach dem Zulieferer schon vorher bekannt gewesen ist und er deshalb einen anderen Liefertermin hätte angeben müssen. Nun befürchten sie ihrerseits bald in Regress für einen möglichen Lieferverzug genommen zu werden. Sie wünschen sich aber, dass dieses nicht geschieht. Habe ich das so richtig verstanden?“*

4.2.2 Paraphrasieren mit Hilfe der Gewaltfreien Kommunikation nach Rosenberg

Die beiden Paraphrasen in den Beispielfällen sind mit Hilfe der Methode der Gewaltfreien Kommunikation nach Rosenberg entstanden. Die Beherrschung der Gewaltfreien Kommunikation (GfK)[130] ergänzt das aktive Zuhören, indem es konkrete Formulierungshilfen für eine wertneutrale einfühlsame Kommunikation gibt. Sie besteht aus vier Elementen,[131] wobei für das aktive Zuhören in der Mediation, die ersten drei Elemente (Beobachten, Gefühle, Bedürfnisse) von besonderer Bedeutung sind.

Man kann mit Hilfe der vier Komponenten der GfK (siehe Abb. 4.8),

1. **sich ehrlich ausdrücken** (eigene Bedürfnisse ausdrücken in Form von Ich-Botschaften)
2. **empathisch (einfühlsam) zuhören,** siehe 4.9, (d. h. die negative Äußerung eines Medianden umformulieren, in eine Formulierung der GfK, die für die andere Streitpartei leichter anzunehmen ist) und damit herausfinden, was unter der Spitze des Eisbergs liegt.

Abb. 4.8 Die Ich-Botschaft nach der Gewaltfreien Kommunikation. (Quelle: eigene Darstellung)

[130] Rosenberg 2009.

[131] Vgl. hierzu und im Folgenden: Rosenberg 2009, S. 26.

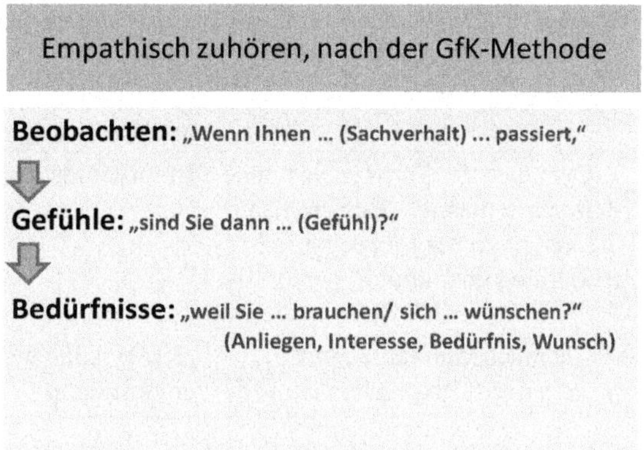

Abb. 4.9 Empathisch zuhören mit der GfK-Methode. (Quelle: eigene Darstellung)

Ich-Botschaften sind in Konfliktgesprächen hilfreich. Der Mediator nutzt die zweite Variante der GFK. Er kann die ersten drei Schritte verwenden, um eine Nachricht im Rahmen des aktiven Zuhörens wertneutral zu formulieren. In den Abbildungen werden die Schritte der gewaltfreien Kommunikation dargestellt und ihre beiden Anwendungsfelder dargestellt.

Diese Form des aktiven Zuhörens ist **insbesondere in innerbetrieblichen Mediationen** sinnvoll, wenn Sachkonflikte in den Hintergrund gerückt sind und **Beziehungskonflikte** im Vordergrund stehen. Mit der in Abb. 4.9 dargestellten Art zu paraphrasieren zeigt der Mediator Verständnis für den Sprecher und ermutigt ihn gleichzeitig dazu, etwas falsch Interpretiertes gleich richtig zu stellen.[132] Der Sprecher hat durch die Frage nochmals Zeit, über das, was er gesagt hat, nachzudenken und seine Interessen und Bedürfnisse genauer zu erforschen. Im Folgenden sollen die ersten drei Schritte der GFK näher erläutert werden. Im **ersten Schritt** geht es darum, einen Sachverhalt (Beobachtung), der beschrieben wurde, **wertfrei** zu wiederholen. Wenn eine **Beobachtung/ein gehörter Sachverhalt mit einer Bewertung vermischt wird,** können andere leicht **Kritik** hören und stellen sich direkt auf eine Abwehrhaltung ein.[133] Die andere Konfliktpartei in der Mediation **hört nicht mehr zu** und konzentriert sich auf Ihre eigene „Verteidigungsstrategie". Die Aufgabe des Mediators ist es, die bewertenden Elemente des Medianden aus der Nachricht herauszufiltern und die Nachricht in eine wertfreie Botschaft zu übersetzen. Dabei achtet der Mediator darauf, dass Sachverhalte/Beobachtungen **konkret** auf den **Zeitrahmen** und den **Zusammenhang** bezogen werden. Die folgenden Beispiele in Tab. 4.2 sollen zweigen, wie Beobachtungen von Bewertungen getrennt werden können.

Im **zweiten Schritt** versucht der Mediator die nicht ausgesprochenen **Gefühle des Sprechers, wahrzunehmen und auszudrücken.** Die Gefühle sind ein Zugangsschlüssel zu den tieferliegenden Interessen, Bedürfnissen oder Anliegen, die für eine erfolgreiche Konfliktklärung von besonderer Bedeutung sind. In der Arbeitswelt sind es die meisten Menschen nicht gewohnt über „Gefühle" zu sprechen, dennoch ist es sehr hilfreich, die

[132] Vgl. Rosenberg 2009, S. 118.

[133] Vgl. Rosenberg 2009, S. 45.

Tab. 4.2 Beobachtungen von Bewertungen unterscheiden. (Quelle: eigene Darstellung, in Anlehnung an Rosenberg 2009, S. 50)

Kommunikation	Beobachtung vermischt mit Bewertung	Beobachtung getrennt von Bewertung
1. Gebrauch des Verbs „sein" ohne Anzeichen, dass der Bewertende die Verantwortung für seine Bewertung übernimmt	Du bist zu laut.	Wenn Du im Großraumbüro während des Kundentelefonates lautstark sprichst, dass es im ganzen Raum zu hören ist, dann finde ich, dass du zu laut bist.
2. Gebrauch von Verben mit bewertendem Beigeschmack	Herr B. kann nicht organisieren.	Herr B. plant seine Projekte nicht mit konkreten Terminvorgaben.
3. Annahme, dass die eigene Meinung über die Gedanken, Gefühle, Absichten oder Wünsche von jemand anderem die einzig richtige ist. (Behauptung)	Sie schafft ihre Arbeit bestimmt nicht.	Ich glaube nicht, dass sie ihre Arbeit schafft. Oder: Sie hat gesagt: „Ich werde meine Arbeit nicht schaffen."
4. Annahme mit gesichertem Wissen vermischen	Wenn Sie sich nicht für die Prüfung vorbereiten, werden Sie sicherlich durchfallen.	Wenn Sie sich nicht ausreichend auf die Prüfung vorbereiten, befürchte ich, dass Sie vielleicht durchfallen könnten.
5. Keine genaue Bestimmung von Personen innerhalb einer Bezugsgruppe (Verallgemeinerung)	Die Mitarbeiter im Vertrieb haben doch keine Ahnung von den Finanzen.	Ich habe noch nicht erlebt, dass Rechnungen, die als Irrläufer bei Herrn S. in der Vertriebsabteilung eingegangen sind später beim richtigen Sachbearbeiter in der Buchhaltung eingetroffen sind.
6. Benutzen von Wörtern, die eine Fähigkeit bezeichnen, ohne klarzumachen, dass hier bewertet wird	Herr X ist ein schlechter Außendienstmitarbeiter.	Herr X hat im letzten Vierteljahr keinen Vertrag mit einem Kunden abgeschlossen.
7. Benutzen von Adverbien und Adjektiven auf eine Art, die nicht deutlich macht, dass es sich um eine Bewertung handelt	Frau Y ist nervig.	Frau Y ruft zu dem gleichen Sachverhalt dreimal in der Woche an.

Emotionen zu benennen.[134] Dadurch, dass die Gefühle ausgesprochen wurden, die dem Konflikt zugrunde liegen kann das gegenseitige Einfühlungsvermögen und damit das Verständnis für den Konflikt verbessert werden. Denn jeder Mensch kennt die Gefühle nur zu gut. Sie sind im „Kindheits-Ich" gespeichert. Jeder weiß, wie es ist, verärgert, wütend, frustriert, verletzt, traurig, genervt u. s. w., zu sein. Dennoch können viele Menschen ihre Gefühle nicht benennen, weil sie von frühester Kindheit dazu erzogen wurden, Gefühle zu

[134] Vgl. Rosenberg 2009, S. 59.

verbergen oder schlechtesten Falles sogar zu ignorieren. Das Ziel, das der Mediator mit der Benennung der Gefühle verfolgt, ist den Betroffenen Zugang zu ihren eigenen und den Gefühlen des Gegenübers zu verschaffen und dadurch Empathie und Verständnis für die wechselseitigen Anliegen zu wecken.

Aus diesem Grunde sollte sich der Mediator einen **Gefühlswortschatz** aneignen. Im Folgenden wird eine Auswahl von Emotionen aufgelistet, die in Konflikten zugrunde liegen können und zwar dann, **wenn sich die Bedürfnisse, Anliegen oder Interessen der Betroffenen nicht erfüllen:**

Ängstlich, ärgerlich, alarmiert, angeekelt, angespannt, voller Angst, apathisch, aufgeregt, ausgelaugt, bedrückt, beklommen, besorgt, bestürzt, betroffen, deprimiert, durcheinander, einsam, elend, empört, enttäuscht, entrüstet, ernüchtert, erschlagen, erschöpft, erschrocken, erschüttert, erstarrt, frustriert, gehemmt, geladen, gelähmt, gelangweilt, genervt, hasserfüllt, hilflos, in Panik, irritiert, kribbelig, leblos, lethargisch, lustlos, miserabel, müde, mutlos, nervös, niedergeschlagen, perplex, ruhelos, traurig, sauer, schlapp, schüchtern, schockiert, sorgenvoll, teilnahmslos, todtraurig, überwältigt, unglücklich, unter Druck, unbehaglich, unruhig, unzufrieden, unwohl, verärgert, verletzt, verbittert, verzweifelt, verwirrt, voller Sorge, wütend, zögerlich, zornig.[135]

Manchmal werden Gefühle auch nicht klar ausgedrückt. Hierbei handelt es sich nicht wirklich um Gefühle, die auch der Mediator nicht als solche verwenden sollte. Im Folgenden sollen drei Fehlerquellen genannt werden, bei dem es sich **nicht um Gefühle handelt:**

1. **Fehlerquelle: Gedanken** statt Gefühle:
- Wenn **nach dem Wort fühlen**, die Wörter **„dass, wie, als ob“** folgen:[136]
  - Beispiele
    - *„Ich habe das Gefühl, dass ich es besser machen könnte.“*
    - *„Ich fühle mich wie ein Versager.“*
    - *„Ich fühle mich, als ob ich hier für alles allein verantwortlich wäre.“*
- Wenn persönliche Pronomen, wie **ich, du, er, sie, es** oder **Namen oder Hauptwörter** kommen, die sich auf Menschen beziehen:[137]
  - Beispiele
    - *„Ich habe das Gefühl, es hat keinen Zweck mehr.“*
    - *„Ich habe das Gefühl, Herr Meier denkt nur an sich.“*

2. **Fehlerquelle: Wörter, die beschreiben, was wir denken, wie wir sind** statt Gefühle:[138]
  - Beispiel
    - *„Ich fühle mich für diese Aufgabe nicht richtig ausgebildet.“*

[135] Vgl. Rosenberg 2009, S. 64.
[136] Vgl. Rosenberg 2009, S. 60.
[137] Vgl. Rosenberg 2009, S. 61.
[138] Vgl. Rosenberg 2009, S. 61.

3. **Fehlerquelle: Gedanken, wie andere sich verhalten** statt Gefühle:[139]
   - Beispiele
     - *„Ich habe das Gefühl, ich bin den Leuten, mit denen ich zusammenarbeite, nicht wichtig."*
     - *„Ich fühle mich missverstanden."*
     - *„Ich fühle mich ... ignoriert, ausgebeutet, ausgenutzt, gezwungen, manipuliert, nicht respektiert, nicht wertgeschätzt, nicht unterstützt, zurückgewiesen, provoziert etc.!"*

Bei diesem letzten Beispiel handelt es sich eher schon um Hinweise auf Bedürfnisse, die bei dem Betroffenen nicht erfüllt sind.

Bei der Nutzung des **dritten Schrittes der GfK** versucht der Mediator **die unerfüllten Bedürfnisse, Anliegen, Interessen oder Wünsche** die hinter den Gefühlen stehen, zu erkennen und zu benennen. Das Ziel in der Mediation ist es, zu den eigentlichen Anliegen der Konfliktbeteiligten vorzudringen und diese als Erklärung für eine bestimmte Position zu liefern. Dann wird eine nachhaltige Konfliktklärung möglich. Der Mediator richtet die Betrachtung auf die **Bedürfnisse, Wünsche, Erwartungen und Werte der Medianden, die nicht erfüllt wurden**, die aber erfüllt sein müssen, damit es den Betroffenen wieder „gut geht". Wenn die Gefühle und Bedürfnisse in Verbindung gebracht werden, ist es für die Konfliktparteien leichter, einfühlsam zu reagieren.[140]

In der GfK wird daher das **Gefühl mit dem unerfüllten Bedürfnis als Erklärung/Begründung verknüpft**: „Ich fühle…, **weil** ich… brauche", bzw. als Paraphrase für den Mediator „**Beschreibung des** Gefühls…., **weil** sie (Bedürfnis)….brauchen?" Dies muss nicht innerhalb eines Satzes erfolgen, sondern kann auch in mehreren Sätzen erläutert werden.

Beispiele:

Teamleiter: *„Es macht mich echt sauer, wenn die Tagungstechnik vor einem wichtigen Kundengespräch nicht auf Funktionsfähigkeit geprüft wurde und wir nicht pünktlich die Präsentation starten können."*

Mediator: *„Wenn Sie nicht pünktlich die Präsentation starten können, wenn Sie ein wichtiges Kundengespräch führen müssen, dann sind sie sauer, weil ihnen wichtig ist, dass ihre Firma nach außen hin professionell und ohne Pannen auftritt. Habe ich das so richtig verstanden?"*

Mitarbeiterin: *„Es ist unglaublich. Die Gruppenleiterin hat ihr Versprechen schon wieder nicht eingehalten. Jetzt muss ich die Schicht am Wochenende übernehmen und kann meinen Bruder am Wochenende nicht besuchen."*

Mediator: *„Sie sind sehr wütend und enttäuscht darüber, dass die Gruppenleiterin ihr Versprechen nicht eingehalten hat, weil sie sich auf das lange Wochenende gefreut hatten und ihren Bruder besuchen wollten."*

---

[139] Vgl. Rosenberg 2009, S. 61 f.

[140] Vgl. hierzu und im Folgenden: Rosenberg 2009, S. 71 f.

4.2.3 Fragetechniken

Zu den Kommunikationstechniken, die für den Mediationsablauf sehr wichtig sind, zählen die Fragetechniken. Das **Ziel** der Fragetechniken ist es, die fehlenden Informationen über die Wahrnehmungen und Interessen der Konfliktparteien offen zu legen, um zu einem tieferen Verständnis der Konfliktsituation zu gelangen oder Lösungsoptionen zu generieren, zu bewerten, auszuwählen oder zu hinterfragen.

Die Fragetechniken haben folgende **Funktionen**, sie helfen

- die vier Seiten einer Nachricht bzw. die Bedeutung einer Nachricht richtig zu entschlüsseln,
- fehlende Information des Gesagten aufdecken (Teil des Eisbergs unterhalb der Wasseroberfläche – die sog. Tiefenstruktur aufdecken),
- durch die Stufen der Mediation zu leiten,[141]
- die Beteiligten zu unterstützen, ihre eigene Sichtweise zu klären,
- die Eigenverantwortlichkeit zu stärken,
- bei der Unterstützung des Perspektivwechsels,
- Blockaden zu überwinden,
- dabei Wahrnehmungen und Annahmen zu hinterfragen.

Die **Regeln,** die bei den Fragetechniken zu beachten sind, lauten: Die Fragen müssen verständlich, offen und interessant formuliert sein.[142]

- **Verständlich** bedeutet einfach und in der „Sprache" der Konfliktparteien
- **Offen** bedeutet, dass tendenziell Fragen gestellt werden sollen, die nicht direkt mit ja oder nein zu beantworten (geschlossene Fragen) sind.
- **Interessante** Fragen stellen, sodass mit ihnen die wichtigen Informationen erschlossen werden können, die den Mediationsprozess voranbringen

Folgende **Fragearten** können unterschieden werden:[143]

Informationsfragen, die z. B. bei der **Themensammlung** eingesetzt werden:

> *„Wer, was, wann, wo, wie, mit wem, womit, wodurch?" Hier ist jedoch strikt darauf zu achten, dass die Fragen nicht dazu genutzt werden, um einen Schuldigen zu suchen. Sie sollen helfen den Ablauf des Geschehens zu rekonstruieren und zu verstehen. Auch öffnende Fragen sind hier hilfreich, wie z. B. „Können Sie mal beschreiben, wie Sie das erleben?"*

[141] Vgl. hierzu und im Folgenden: Kessen und Troja 2009, S. 308.

[142] Vgl. hierzu und im Folgenden: Kessen und Troja 2009, S. 307.

[143] Vgl. zu den Fragearten: Kessen und Troja 2009, S. 307 f.

In der **Interessenphase** werden häufig **Beurteilungsfragen** gestellt, um Gründe für eine Position zu klären, dabei handelt es sich um Fragen, die die Interessen oder Bedürfnisse genauer herausarbeiten:

- *Warum ist es Ihnen so wichtig, dass die Situation xy genau so umgesetzt werden soll?*
- *Was genau würde fehlen, wenn es nicht so wäre, wie gewünscht?*
- *Was ist daran so besonders wichtig?*
- *Was bedeutet es für Sie mehr xy zu haben?*
- *Warum ist es für Sie gut, wenn es so ist, wie Sie es möchten?*
- *Was genau ist Ihnen wichtig an xy?*
- *Wenn Sie xy haben, was ist dann anders?*
- *Wenn Sie xy haben, wie ist das dann für Sie?*
- *Wenn Sie xy haben, was ist dann möglich?*

In der Interessenphase können auch auf **Hypothesen aufbauende Fragen,** im Sinne der Gewaltfreien Kommunikation, gestellt werden:

- Beobachten: *„Wenn Ihnen ... (Sachverhalt) passiert,"*
- Hypothese über Gefühle: *„sind Sie dann ... (Gefühl)?"*
- Hypothese über Bedürfnisse: *„weil Sie .... brauchen?"*

Darüber hinaus soll in der Interessenphase ein Perspektivwechsel vollzogen werden, bei diesem sind **zirkuläre Fragen** hilfreich. *„Was glauben Sie Herr A wird sich Herr B mit Ihrer Forderung/ihrer Position/ihrem Verhalten fühlen und wie wird er reagieren?"*

In der Phase der **Lösungssuche** können **Zukunftsfragen, Wunderfragen, Hypothesenfragen, Operationalisierungsfragen, Verschlimmerungsfragen** auch im Zusammenhang mit Kreativitätstechniken (vgl. Kap. 5.2.4.) eingesetzt werden. **Zukunftsfragen** beziehen ein Zukunftsszenario in die Betrachtung mit ein: *„Wie würde es in fünf Jahren aussehen, wenn sich nichts ändert?"* **Wunderfragen** spielen mit den Wünschen der Betroffenen: *„Stellen Sie sich vor, ein Wunder würde passieren und alles wäre so, wie Sie es gerne hätten. Was wäre dann anders?"* **Hypothesenfrage**n helfen neue Ideen einzubringen: *„Wäre es für Sie denkbar, dass..."* **Operationalisierungsfragen** werden eingesetzt, um Lösungsvorschläge noch weiter zu verbessern: *„Wie könnte Ihre Idee noch konkreter werden. Was genau würden Sie zuerst ändern?"* **Verschlimmerungsfragen** verdeutlichen die Notwendigkeit zur Lösung des Problems: *„Was müsste passieren, damit sich das Problem noch weiter verschlimmert?"*

Bei der **Bewertung von Optionen** kommen **Alternativfragen** zum Einsatz, um Alternativen zu vergleichen oder **Evaluationsfragen** um diese zu bewerten:[144] *„Worin unterscheiden sich die Alternativen?" „Wo liegen die Vorteile und Nachteile der einzelnen Alternativen?"*

[144] Vgl. Kessen und Troja 2009, S. 307 f.

Um einen Gesprächsabschnitt abzuschließen werden häufig **Schlussfragen** eingesetzt:[145] *„Haben wir alles berücksichtigt, was für diesen Punkt notwendig ist?"*

Zum **Abschluss eine Mediationsvertrages** werden **Tragfähigkeitsfragen** gestellt, um die rechtliche, wirtschaftliche soziale oder andere Realitätstauglichkeit zu überprüfen:[146] *„Ist diese Lösung kostenmäßig gedeckt?" „Ist sie rechtlich zulässig?"*

Darüber hinaus gibt es **weitere Fragearten**, die in unterschiedlichen Phasen der Mediation zum Einsatz kommen:

Skalafragen helfen eine Vorstellung für die subjektive Wahrnehmung eines Sachverhaltes zu bekommen, bzw. wie ein Zustand subjektiv verbessert werden kann. *„Auf einer Skala von 0 – 10 – 0 bedeutet die schlechteste vorstellbare Situation, 10 bedeutet die beste vorstellbare Situation. Wo sehen Sie sich im Moment? Was könnten Sie tun um zwei Punkte höher zu kommen?"*[147]

Meta-Modell-Fragen, um zu ergründen, was der Sprecher genau meint:[148] **Klärungsfragen** bzw. Fragen nach Ausnahmen nutzt der Mediator um Generelles zu spezifizieren. In Konflikten kommen **Generalisierungen** häufig vor. Einzelerfahrungen werden oftmals verallgemeinert oder es wird aus einer Erfahrung auf eine allgemeingültige Regel geschlossen. Generalisierungen sind an den Wörtern: alle, niemals, keiner, immer, überall etc. erkennbar. Beispiele: „Du kommst *immer* zu spät! *Keiner* hört mir zu. *Niemand* hilft mir." Sie können mit folgenden Präzisionsfragen spezifiziert werden: *„Wer genau? Wer nicht? Wirklich immer? Ist es grundsätzlich immer- ohne Ausnahme? Wirklich nie? Wirklich keiner, wer vielleicht doch? Wann genau, wann nicht? Wo genau, wo nicht."*[149]

Fragen zur Aufdeckung von Tilgungen:[150] Menschen neigen dazu, unkonkrete Informationen zu geben. Dies erkennt man an **„schwammigen" Äußerungen**, die subjektiv sind und deshalb nicht eindeutig und klar zuzuordnen sind.

z. B. Nominalisierungen: *„Ich bekomme keine Unterstützung"*
Präzisierungsfragen, die die Tilgungen wieder sichtbar machen lauten z. B.:

„Wer unterstützt Sie nicht? (Umwandeln in Verben) Wie genau werden Sie nicht unterstützt? Was konkret bedeutet für Sie Unterstützung?"

z. B. unspezifische Verben: *„Die Kollegin hat mich ausgenutzt."*
Präzisierungsfragen: *„Wie genau hat Sie die Kollegin ausgenutzt?", „Inwiefern?" „In welcher Weise?"*

---

[145] Vgl. Kessen und Troja 2009, S. 308.

[146] Vgl. Kessen und Troja 2009, S. 308.

[147] Vgl. Kessen und Troja 2009, S. 308.

[148] Vgl. Dörrenbächer 2009, S. 374 ff.

[149] Vgl. Dörrenbächer 2009, S. 375.

[150] Vgl. hierzu und im Folgenden: Dörrenbächer 2009, S. 375 ff.

z. B. unvollständige Vergleiche: hier fehlt die Beschreibung, worauf sich der Vergleich bezieht. Erkennungswörter sind hier: am besten, besser, schlechter, am schlechtesten, wichtiger, am wichtigsten.

Präzisierungsfragen: *„Für wen/was?"*, *„Durch wen/was?"* *„besser/schlechter ... im Vergleich wozu?"* *„besser/schlechter ... in welcher Hinsicht?"* *„Verglichen womit?"* *„Am schlechtesten.... in Bezug worauf?"*

Fragen zur Aufdeckung von Verzerrungen[151] Unter einer Verzerrung wird die Fähigkeit unseres Gehirns verstanden, eine bestehende **Sache gedanklich zu verändern** und weiterzuentwickeln. Die Person äußert Vermutungen als seien sie Realität oder stellt Zusammenhänge her, die sich nicht eindeutig herleiten lassen:

„Ich weiß ganz genau, dass er mich ablehnt!"

„Er hat kein Interesse an der Arbeit, weil er immer als erster nach Hause geht."

Präzisierungsfragen:

„Woher wissen Sie das?" *„Woran haben Sie das erkannt?"* *„Wer sagt das?"* *„Wie sind Sie darauf gekommen?"*

Fragen zu innerlichen Zwängen[152] Innerliche Zwänge sind an den Wörtern: **müssen, darf nicht, kann nicht** erkennbar. Wenn ein Mediand diese Worte gebraucht, zwingt er sich, etwas zu tun, das er eigentlich gar nicht möchte. Es ist oft sinnvoll, ihm/ihr zu helfen, sich von diesem Zwang zu befreien und sich selbst **Wahlmöglichkeiten** zu schaffen.

Präzisierungsfragen:

„Was genau hindert Sie daran, es zu tun?" *„Was genau hemmt Sie es zu tun?"* *„Was genau hält Sie davon ab?"* *„Was würde passieren, wenn Sie es tun würden?"*

Ein Mediator sollte bei der Anwendung der Fragetechniken, insbesondere bei den Meta-Modell-Fragen, den Betroffenen genügend Raum lassen, ausgiebig auf die Fragen zu antworten. Er sollte ein gutes Gespür für den Einsatz der Fragetechniken haben und den Medianden nicht das Gefühl geben, dass er sie ausfragen möchte. Das bedeutet, dass der Mediator insbesondere nicht bei jeder Meta-Modell-Verletzung nachbohrt, sondern nur dort behutsam nachfragt, wo es für die Konfliktklärung von Bedeutung ist.[153]

4.2.4 Normalisieren

Eine weitere Kommunikationstechnik ist das **Normalisieren.** Sie wird verwendet, um Situationen aus der Tabuzone herauszuholen oder Personen von einem eventuell vorhandenen Schamgefühl zu entlasten, weil sie z. B. denken, dass die Situation oder sie selbst

[151] Vgl. Dörrenbächer 2009, S. 378 ff.

[152] Vgl. Dörrenbächer 2009, S. 377.

[153] Vgl. Dörrenbächer 2009, S. 375.

„unnormal" sind.[154] Diese Technik entspannt eine Situation bzw. kann das Selbstwertgefühl der Betroffenen wieder stärken. Dazu benutzt der Mediator dezente Formulierungen, die die Situation als eine normale Situation oder das Verhalten als gewöhnliches Verhalten darstellen.

Bei der Formulierung werden die Wörter

- viele
- oftmals
- häufig
- meistens
- normalisierende Floskeln wie „Leute"
- oder Erfahrungen des Mediators eingefügt

um aufzuzeigen, dass die Person nicht allein ist, sondern dass es sich um eine alltägliche Situation handelt. Damit sich Personen jedoch nicht abgewertet fühlen, sollte der Satz: „Es ist normal, dass…" **nicht eingesetzt** werden.[155]

Beispiele:[156]

*„**Ich kenne diese Fragen und Probleme gut** von anderen Mediationen, …"*
*„**Viele Teams haben** im Laufe ihrer Tätigkeit Konflikte zu bewältigen..."*
*„In Mediationen **müssen oftmals die Betroffenen** sich mit unterschiedlichen Bedeutungen auseinandersetzen..."*
*„**Viele Leute hier in Mediationen** suchen nach Fairness und Gerechtigkeit..."*
*„In Mediationen wird es an dieser Stelle **häufig** emotionsgeladener."*

4.2.5 Reframing

Bei der Kommunikationstechnik **Reframing** werden Dinge in einen neuen Bedeutungszusammenhang gebracht. Diese Technik ist hilfreich, wenn den Konfliktparteien bewusst gemacht werden soll, dass es immer mehrere Möglichkeiten gibt, wie ein Problem oder Verhalten gesehen und bewertet werden kann. Es wird versucht, den Dingen einen neuen **Rahmen** (= englisch: frame) zu geben.[157] Dabei sollen die auf den ersten Blick negativen Sachverhalte von einer anderen Seite wahrgenommen werden und zwar in einer positiven konstruktiven Sichtweise. Das Reframing kann unterteilt werden in ein **Kontext-Reframing** und ein **Bedeutungs-Reframing.**[158] Bei dem **Kontext-Reframing** wird versucht unerwünschte Verhaltensweisen in einen anderen Kontext zu stellen:

[154] Vgl. Diez 2005, S. 174; vgl. Duve et al. 2011, S. 149.
[155] Vgl. Diez 2005, S. 176.
[156] Vgl. Diez 2005, S. 175.
[157] Vgl. Auferkorte und Michaelis 2006b, S. 36.
[158] Vgl. Auferkorte und Michaelis 2006b, S. 36.

Mediand: *„Frau X. ist eine Person, die zuerst immer das 1 % Schlechte sieht und darauf herumreitet, aber nicht die 99 %, die gut gelaufen sind."*
Mediator: *„Wenn ich sie richtig verstanden habe, sind sie enttäuscht, wenn von Frau X. nur die negativen Aspekte gesehen werden, weil sie sich wünschen, dass die überwiegend guten Aspekte ihrer Arbeit von Frau X. gelobt und gewürdigt werden. Ist das so richtig?"*
Mediand: *„Ja, genau das ist es."*
Mediator: *„Was könnte auf der anderen Seite das Positive an dem Verhalten von Frau X. für ihre gemeinsame Arbeit sein?"*
Mediand: *„Frau X. hilft mir Verbesserungsmöglichkeiten für die Zukunft zu finden."*

Bei dem **Bedeutungs-Reframing**, wird ein Sachverhalt von einer anderen Perspektive betrachtet und erfährt daher eine neue Bewertung.

Mediand: *„Frau X. ist immer so aggressiv, weil..."*
Mediator: *„Könnten Sie sich vorstellen, dass Frau X. noch andere Beweggründe haben könnte, sie so direkt anzusprechen?"*

4.2.6 Zusammenfassen

Zum Ende einer jeden Prozessstufe der Mediationsphase fasst der Mediator das Gesagte und das Geschehen **wertfrei** zusammen, um einerseits allen Beteiligten einen **Überblick** über die wichtigsten besprochenen Kernpunkte zu geben und andererseits die bisher erreichten **Klärungen auf der Sach- und Beziehungsebene** zu verdeutlichen.[159] Nimmt ein einzelner Prozessschritt einen längeren Zeitumfang ein, so sollte der Mediator auch zwischendurch, d. h. innerhalb der Stufe, eine Zusammenfassung der wichtigsten Ergebnisse vornehmen, um den Prozess zu steuern und das Voranschreiten zu verdeutlichen. Das Zusammenfassen unterscheidet sich vom aktiven Zuhören/Paraphrasieren darin, dass nicht nur kleine Gesprächseinheiten zusammengefasst werden, sondern mehrere Gedankengänge und Ergebnisse zusammenfassend dargestellt werden. Das Ziel, das der Mediator mit der Zusammenfassung verfolgt, ist die **Strukturierung und Gliederung der** Beiträge der Streitparteien. Er erhält so einen roten Faden für das weitere Vorgehen. Dabei ist es wichtig, für die Konfliktparteien jeweils getrennt die unterschiedlichen Aspekte zusammenzufassen, um die Selbstbehauptung der einzelnen Konfliktparteien zu fördern.[160] Damit soll ein **falsches harmonisierendes Zusammenfassen** verhindert werden. Gemeinsamkeiten dürfen jedoch für beide zusammen herausgestellt werden und als solche benannt werden. Die Zusammenfassung wird durch die Visualisierungen auf Flip-Charts oder Pinnwänden (vgl. Kap. 4.4.) zusätzlich unterstützt. Bei der Zusammenfassung muss der Mediator darauf achten, dass sie **ressourcenorientiert** erfolgt, d. h. dass die sachlichen und positiven Ergebnisse herausgestellt werden und nicht die negativen und vorwurfsvollen Anteile.[161] Nach der Zusammenfassung holt sich der Mediator bei den Konfliktparteien ein Feedback

[159] Vgl. hierzu und im Folgenden: Kessen und Troja 2009, S. 305.

[160] Vgl. hierzu und im Folgenden: Diez 2005, S. 171.

[161] Vgl. Diez 2005, S. 171.

über die Richtigkeit der Zusammenfassung.[162] Erst wenn die Parteien der Zusammenfassung zustimmen, kann in der Mediation weitergearbeitet werden. Die Zustimmung ist notwendig, um sicher zu sein, dass auch wirklich alle wichtigen Punkte erfasst wurden. Nur so kann der Konflikt nachhaltig gelöst werden. Wurde eine Stufe (z. B. die Themensammlung) erfolgreich abgeschlossen, sollte der Mediator diesen Schritt als gemeinsame Leistung **positiv bewerten** und die Konfliktparteien darin bestärken, im Mediationsprozess gemeinsam weiter so erfolgreich voranzugehen.

4.3 Umgang mit schwierigen Gesprächssituationen

Im fünften Kapitel wird der Normalverlauf einer Mediation dargestellt. Innerhalb einer Mediation kann es jedoch zu herausfordernden Situationen kommen, die den Normalverlauf stören können. So können zum einen **Blockaden und Widerstände** seitens der Konfliktparteien auftreten, die den Mediationsprozess zum Stillstand bringen. Diese Blockadehaltung kann in einer **Eskalation** enden und die Mediation zum Scheitern bringen.

4.3.1 Umgang mit Blockaden und Widerständen

Blockaden und Widerstände entstehen, wenn in der Prozessphase der Interessenklärung (vgl. hierzu im Detail Kap. 5.2.3.) nicht intensiv genug gearbeitet wurde und wichtige Interessen oder Bedürfnisse der Konfliktparteien nicht beachtet und herausgearbeitet wurden. Es ist dann wichtig, diese tieferliegenden **Interessen und Bedürfnisse genauer zu ergründen** und ein Verständnis für diese Interessen im Rahmen eines **Perspektivwechsels** herbeizuführen. Die Widerstände legen sich erst dann, wenn sich die Konfliktparteien in ihren Anliegen verstanden fühlen. Dabei heißt verstehen nicht unbedingt auch einverstanden sein zu müssen.[163] Bei der Herausarbeitung der Interessen und Bedürfnisse kann das aktive Zuhören mittels der Gewaltfreien Kommunikation sehr hilfreich sein und sollte intensiv eingesetzt werden. Erst wenn die Emotionen heruntergefahren sind, und die Konfliktparteien sich beruhigen, kann der Mediator davon ausgehen, dass die wichtigen Anliegen der Beteiligten genannt, gehört und auch verstanden wurden. Diese Situation spiegelt sich auch in einer entspannten Körperhaltung der Konfliktbeteiligten wider und ist für den Mediator in der nonverbalen Kommunikation der Betroffenen deutlich erkennbar.

[162] Vgl. hierzu und im Folgenden: Kessen und Troja 2009, S. 305.

[163] Vgl. Duve et al. 2011, S. 292.

4.3.2 Hilfreiche Maßnahmen bei einer Eskalation

Eine **Eskalation** zwischen den Beteiligten kann durch unterschiedliche Maßnahmen seitens des Mediators verhindert werden. So hilft ein kurzfristiges **Laufenlassen des „Emotionsgewitters"**, ein Verweis auf die **Verfahrensregeln**, **physischer Spannungsabbau**, die **Metakommunikation**, die **Arbeit mit Konfliktspielbildern** oder das **Vorgehen zur Dämpfung der Emotion Empörung bei Norm- und Wertekonflikten** dabei, die Beteiligten von ihrem unproduktiven Aufschaukelungsprozess abzubringen. Diese Maßnahmen sollen im Folgenden vorgestellt werden.

4.3.2.1 Laufenlassen des Emotionsgewitters

Zu Beginn der Mediation kann es vorkommen, dass die Konfliktparteien in einem schnellen Schlagabtausch **ihren Emotionen Luft machen** wollen und ihre Meinung zum Konflikt kundtun. Solange dieser Schlagabtausch nicht persönlich wird, kann der Mediator das „Wortgefecht" zunächst einmal laufen lassen, bis die Beteiligten „erschöpft" sind.[164] Danach sollte der Mediator die Frage stellen, ob dieses Verhalten von den Betroffenen als wertschöpfend und produktiv empfunden wurde, um in einem zweiten Schritt zu erklären, wie im Mediationsverfahren wertschöpfend und produktiv gearbeitet wird. Allerdings ist dieses **Laufenlassen gefährlich**, wenn die Betroffenen gleich auf die Ebene der „Du-Botschaften" gehen, die den Selbstwert der Gegenpartei angreifen. Der Mediator sollte dann nicht warten, zuschauen und auf „ein Ende hoffen", denn eine zu sehr aufgeheizte Luft kann die Stimmung und das weitere Zusammenarbeiten vergiften. Aus diesem Grunde sollte er schnell eingreifen und das nicht förderliche Wortgefecht kanalisieren. Hier ist es hilfreich, die Beteiligten zu unterbrechen, die direkte Kommunikation zu unterbinden und die Vermittlerposition als zwischengeschaltete „Transformationsstelle" zu übernehmen, die aktiv zuhört und über die die Konfliktbeteiligten kommunizieren.[165]

4.3.2.2 Verweis auf die Verfahrensregeln

Während des Mediationsverfahrens kann sich die Stimmung ebenfalls wieder aufheizen, in denen es zu Anfeindungen und Beschimpfungen kommt. Diese sind ein Signal für nicht erfüllte Bedürfnisse und Interessen. Dann ist es zunächst hilfreich auf die zu Beginn der Mediation gemeinsam vereinbarten **Verfahrensregeln zu verweisen**, die für die Mediation vereinbart wurden. (Vgl. Kap. 5.2.1.) Diese Regeln sollen einen wertschätzenden respektvollen Umgang miteinander ermöglichen. Wurden diese Regeln vorab mit den Konfliktparteien ausmediiert und nicht vom Mediator vorgegeben, so ist die Wahrscheinlichkeit größer, dass sich die Konfliktparteien wieder beruhigen und auch an ihre Verhaltensregeln halten, wenn der Mediator an diese Gesprächs- und Umgangsregeln erinnert. Der Mediator muss auf einen respektvollen und nicht beleidigenden Umgangston achten. Er wird alles daran setzen einen adäquaten Umgangston in der Mediation zu ge-

[164] Vgl. Duve et al. 2011, S. 289.

[165] Vgl. Montada und Kals 2013, S. 239.

währleisten, bzw. durch aktives Zuhören negative Aspekte zu neutralisieren. Verletzende Kommunikation ist kontraproduktiv und schmälert den Selbstwert der Beteiligten. In einem zweiten Schritt muss der Mediator wiederum die erneute Arbeit an den Interessen und Bedürfnissen aufnehmen, um die noch fehlenden tieferliegenden Aspekte zu ergründen, die für die Eskalation verantwortlich waren. Erst wenn diese fehlenden Interessen und Bedürfnisse für die betroffene Konfliktpartei herausgestellt und von der Gegenseite verstanden wurden, werden sich die Konfliktparteien sichtbar beruhigen. In zwischenbetrieblichen Mediationen kann es vorkommen, dass die Konfliktparteien existenzielle Bedürfnisse, wie z. B. die Verhinderung einer Insolvenz, dem Gegenüber nicht kund tun wollen. Gibt es hier dauerhafte Blockaden oder Widerstände, obwohl „scheinbar alle relevanten" Interessen offengelegt wurden, kann man davon ausgehen, dass die Konfliktpartei ihre **Interessen nicht offenlegen kann oder will.** Dann kann es sinnvoll sein, **Einzelgespräche** mit den Konfliktparteien zu führen und in vertraulichen Gesprächen die nicht genannten Interessen zu erfragen. Hier muss der Mediator aber darauf achten, dass er die vertraulichen Informationen nicht weiterreicht bzw. sich die Erlaubnis einholt, einzelne Bestandteile, die im Mediationsverfahren relevant sind, weitergeben zu dürfen. Auch ist es in diesen vertraulichen Gesprächen möglich, über die beste „Nichteinigungsalternativen, bzw. die BATNA" zu sprechen. In zwischenbetrieblichen Mediationen kann diese Nichteinigungsalternative, eine Alternative zu einer ausweglosen Mediationsverhandlung sein.

4.3.2.3 Physischer Spannungsabbau

Eine weitere Möglichkeit zur Verhinderung einer Eskalation ist ein **physischer Spannungsabbau.** Dieser kann z. B. dadurch erfolgen, dass die Parteien in eine **Pause** entlassen werden, mit der Bitte getrennt einen ausgiebigen Spaziergang zu unternehmen. In hochgekochten Konflikten entstehen viele Stresshormone, die ein Kampfverhalten fördern. Diese können durch einen schnellen „Spaziergang" erfolgreich abgebaut werden. Sollte die Eskalation zu weit fortgeschritten sein, dann kann es sinnvoll sein, dass ein **neuer Mediationstermin als Auszeit** anberaumt wird, damit sich die Gemüter erst einmal wieder beruhigen können und klare Gedanken möglich werden.[166] Danach muss der Mediator allerdings nochmals die Phase der Interessenklärung durchlaufen und die noch fehlenden Interessen aufdecken und einen Perspektivwechsel herbeiführen. Dadurch können die negativen Emotionen erfolgreich bearbeitet werden und lösungsorientiert weitergearbeitet werden.

4.3.2.4 Metakommunikation für eine förderliche Kommunikation

Eine sehr wertvolle und besonders erfolgreiche Methode zur Bearbeitung von Eskalierungen ist die im Kap. 4.1.2.3. bereits beschriebene **Metakommunikation.** Sie macht die Art und Weise der Kommunikation der Konfliktbeteiligten zum Thema. Die Metakommunikation kann auch präventiv zu Beginn der Mediation eingesetzt werden um auf förderliche

[166] Vgl. Duve et al. 2011, S. 293; vgl. auch Montada und Kals 2013, S. 240.

und weniger förderliche Kommunikationsmuster in Konfliktsituationen hinzuweisen.[167] So haben die Mediandent im Vorfeld eine Vorstellung davon, wie eine erfolgreiche Kommunikation ablaufen kann und kennen die Ursachen, wenn die Kommunikation nicht gelingt.

4.3.2.5 Arbeit mit Konfliktspielbildern

Die **Arbeit mit Konfliktspielbildern** ist ebenfalls eine Möglichkeit für den Mediator, um die Parteien aus festgefahrenen oder eskalierten Konflikten heraus zu lenken.[168] Sie kann gut bei **innerbetrieblichen Mediationen** eingesetzt werden. Ein Konfliktspielbild ist ein Bild (oder Metapher), das der Mediator von der **Konfliktinteraktion** gewinnt und das die Konfliktsituation treffend beschreibt.[169] Dabei darf das Konfliktspielbild kein Beziehungsbild sein. Sehr gut eignen sich Bilder aus dem „**Lebens-, Natur- und Wachstumsbereich**", beispielhaft sollen folgende Konfliktspielbilder von Hannelore Dietz aufgezählt werden:[170]

- Der Bau eines Hauses oder mehrerer Häuser (ohne Plan oder Handwerkszeug)
- Ein schöner Garten, der bepflanzt werden soll (aber verwüstet wird)
- Eine (durch die Konfliktparteien) unzugängliche Schatztruhe mit verschiedenen Schätzen
- Ein Schiff, das von einer ziellosen Schiffsmannschaft geführt wird. Welche Aufgabe haben Kapitän, Steuermann, Matrosen?
- Boot mit Menschen und vielen unkoordinierten Ruderern
- Eine kostbare Vase, an der viele Leute mit spitzen Hämmerchen herumhacken, sodass sie brüchig wird
- Großer Früchtekorb mit köstlichen Früchten, zu dem aber keiner Zugang hat
- Bäckerei mit vielen Personen, die Backen wollen. Die notwendigen Voraussetzungen zum Backen wie Ofen, Mehl und Rezepte fehlen aber.

Es darf nur ein Konfliktspielbild gewählt werden, mit dem sich die betroffenen Konfliktparteien auch identifizieren können, damit eine weiterführende konstruktive Arbeit ermöglicht wird. Mit dem Konfliktspielbild soll das **Verhalten** der Konfliktbeteiligten nicht wie bei der Metakommunikation direkt angesprochen werden, sondern **indirekt** in der Form eines Bildes **dargestellt werden**. Ein Bild hilft manchmal schneller eine Situation zu beschreiben und das Ziel einer positiven Verhaltensänderung im Umgang miteinander im Konflikt zu erreichen. Bei Einsatz des Konfliktspielbildes ist es wichtig, zunächst eine Zeit im Konfliktspielbild zu bleiben, bevor eine Rückübertragung auf das Verhalten in der Konfliktrealität erfolgt. Erst wenn jede Konfliktpartei innerhalb des Konfliktspielbildes mögliche Veränderungsszenarien für das Verhalten in der Situation durchdacht hat, kann

[167] Vgl. Montada und Kals 2013, S. 241.

[168] Vgl. Diez 2005, S. 195.

[169] Vgl. hierzu und im Folgenden: Diez 2005, S. 194 ff.

[170] Vgl. Diez 2005, S. 195 und S. 196.

eine Übertragung auf die Realitätsebene erfolgen. Das Konfliktspielbild muss so gewählt sein, dass es auf positive und zukunftsorientierte Verhaltensveränderungen ausgerichtet ist. Aus diesem Grunde sind Wettkampfsituationen, wie z. B. aus dem Spiel- oder Sportbereich, bei dem es Gewinner und Verlierer gibt, ungeeignet. Auch Bilder aus der Märchenwelt sind nicht ressourcenorientiert, d. h. auf positive Entwicklungen ausgerichtet.

Der Mediator könnte die Anwendung des Konfliktspielbildes mit folgenden Worten einleiten:[171]

„Ich habe Ihnen intensiv zugehört und beobachtet, wie Sie gerade im Konflikt miteinander umgehen. Dabei ist ein Bild in meinem Kopf aufgetaucht. Nach meinen Erfahrungen aus anderen Mediationen weiß ich, dass es hilfreich sein kann, sich ein solches Bild vom Konflikt und den Spielregeln, mit denen dieser Konflikt gespielt wird, mal näher anzusehen. In einem zweiten Schritt kann dann überlegt werden, was man im Bild verändern könnte, damit die Spielregeln des Konfliktes sich verändern würden. Wollen Sie mal hören um welches Bild es sich handelt?"

Nach der Beschreibung des Konfliktspielbildes sollen die Konfliktbeteiligten, ihr Einverständnis zur Weiterarbeit mit diesem Konfliktspielbild geben. Nur wenn dieses vorliegt kann erfolgreich weitergearbeitet werden. Die Konfliktparteien sollen zunächst Möglichkeiten nennen, welche Verhaltensänderungen die Personen im Konfliktspielbild haben, um erfolgreich voran zu kommen. Erst wenn alle Parteien mögliche Veränderungen im Konfliktspielbild geäußert haben, die zu einem erfolgreichen Ausgang führen, werden die Verhaltensänderungen auf die Konfliktrealität übertragen und daraus resultierend festgelegt, wie die Betroffenen im weiteren Verlauf miteinander umgehen möchten.

Am **Beispiel des Früchtekorbs** könnte der Mediator die Betroffenen fragen:

„Herr X, Sie wollten im Konfliktspielbild allen Zugang zum Früchtekorb verschaffen. Was heißt das für Sie in der Realität in Bezug auf den Umgang miteinander im Konflikt?"

„Frau Y, Sie fanden im Konfliktspielbild die Lösung, dass die Leute sich nicht rücksichtslos verhalten sollen. Was bedeutet das für Sie in der Realität in Bezug auf den Umgang miteinander im Konflikt?"

„Herr Z, Sie hatten die Idee, dass alle ungestört erst einmal sagen dürfen, was sie aus dem Früchtekorb haben wollen. Was bedeutet das konkret für Sie in der Realität in Bezug auf den Umgang miteinander im Konflikt?"

Bei der Arbeit mit Konfliktspielbildern sollte der Mediator nur mit eigenen Bildern, nicht mit geäußerten Bildern einer der Parteien arbeiten, um nicht seine Neutralität zu gefährden und darüber hinaus behutsam mit den Bildern umgehen.[172] Des Weiteren sollte der

[171] Vgl. Diez 2005, S. 196.

[172] Vgl. Diez 2005, S. 198.

Mediator mit einem abgelehnten Konfliktspielbild (auch wenn es sich nur um eine Partei handelt) nicht weiterarbeiten, weil sich hieraus wiederum Widerstände ergeben, die den Erfolg der Methode verhindern werden. Dann bleibt dem Mediator noch immer die Möglichkeit zur Metakommunikation.

4.3.2.6 Dämpfung der Emotion Empörung nach Montada/Kals

Bei **Norm- und Wertekonflikten, bei wiederholten Vorwürfen, aber auch bei Verteilungskonflikten, die aufgrund einer eigenen Wertebasis resultieren,** ist die **Emotion „Empörung"** häufig vorzufinden. Die vier Faktoren, die dieses starke Gefühl kennzeichnen, sind nach Montada/Kals folgende:[173]

1. Der Betroffene nimmt eine **Norm- oder Anspruchsverletzung** durch einen oder mehrere agierende Personen wahr.
2. Er selbst oder stellvertretend für eine Person, mit der er sich identifiziert oder solidarisiert, fühlt sich von der Norm- oder Anspruchsverletzung **betroffen**, weil wichtige eigene/fremde Anliegen verletzt oder bedroht sind.
3. Der Betroffene hält die agierende/n Person/en für **verantwortlich.**
4. Die agierende/n Person/en gibt/geben **keine akzeptablen Rechtfertigungsgründe** für ihr Handeln ab.

Empörte Konfliktbeteiligte neigen zu Schuldvorwürfen, zu Vergeltung und Bestrafung, wenn sie sich gegenüber der agierenden Person oder Institution unterlegen und ohnmächtig fühlen, entwickeln sie sogar Feindseligkeit und Hass.[174] Die Betroffenen halten die agierenden Personen für die Situation voll verantwortlich ohne dies meistens zu hinterfragen oder zu überprüfen.[175] In der Mediation hat die beschuldigte Person die Möglichkeit, die zugeschriebene Verantwortlichkeit aus ihrer Perspektive zu beleuchten, ggf. zu relativieren oder zu bestreiten. Die schuldzuweisende Partei bekommt durch eine durch den Mediator geführte Reflexion die Möglichkeit ihre Sichtweise zu relativieren.

Montada/Kals geben folgende Empfehlung zur Bearbeitung und Relativierung der Emotion „Empörung":

1. **Zunächst muss die wahrgenommene oder erwartete Norm- oder Anspruchsverletzung durch einen oder mehrere Akteure durch den Mediator aufgedeckt und mit den Medianden reflektiert werden:**[176]
   Der Mediator wird zunächst den Betroffenen bitten, seine als verletzt wahrgenommene Normen und Ansprüche genau zu formulieren. Er wird dann mit dem Betroffenen reflektieren, ob erstens die Norm gut begründet ist, ob zweitens die Geltung der Norm

[173] Vgl. hierzu und im Folgenden: Montada und Kals 2013, S. 180 ff.

[174] Vgl. Montada und Kals 2013, S. 180.

[175] Vgl. hierzu und im Folgenden: Montada und Kals 2013, S. 185 f.

[176] Vgl. hierzu und im Folgenden: Montada und Kals 2013, S. 182.

allgemein anerkannt ist, ob drittens besondere Gegebenheiten für ihre Geltung im Konflikt zu berücksichtigen sind und viertens welche ungeplanten zusätzlichen Effekte ihre Durchsetzung hätte.

2. **Der Mediator klärt durch Fragen inwieweit der Empörte betroffen ist, weil entweder wichtige eigene Anliegen verletzt oder bedroht sind oder die Anliegen einer anderen Person oder Gruppe, mit der sich der Betroffene identifiziert oder solidarisiert.**

Hier helfen folgende Fragen:

Welche negativen Effekte sind eingetreten, d. h. welche Verluste, Belastungen sind entstanden und welche Vorteile, Gewinne oder Erlebnismöglichkeiten konnten nicht realisiert werden? Reflektiert der Mediand diesen Sachverhalt gewinnt er oftmals die Erkenntnis, dass der für ihn entstandene Schaden geringer ist als vermutet oder die entgangenen Gewinne, Vorteile und Möglichkeiten ebenso.[177]

3. **In einem dritten Schritt muss die vom Empörten wahrgenommene Verantwortlichkeit des Akteurs oder der Akteure mithilfe des Mediators reflektiert werden.** Hierbei muss der Mediator nach **Abstufungen der Verantwortlichkeit differenzieren**: Durch Fragen klärt er inwiefern der Akteur überhaupt für die Aktion verantwortlich war. Es wird nach folgenden Abstufungen differenziert:[178]
   1. Das Handeln war beabsichtigt und böswillig.
   2. Das Resultat war zwar nicht intendiert, wurde aber zustimmend in Kauf genommen.
   3. Das Handeln war nicht durchdacht und fahrlässig.
   4. Das Handeln sollte einem gutem Zweck dienen, war aber ungeschickt oder falsch.
   5. Das Handeln war unbeherrschbares, aus einem Impuls oder Affekt resultierendes Verhalten
   6. Für das Handeln waren andere Person mit verantwortlich, die den Akteur verführt, überredet, falsch informiert, provoziert oder sogar gezwungen haben.
   7. Der „Akteur" lehnt die Verantwortlichkeit mit einem der folgenden Argumente ab:
      a. Die Auswirkungen des Handelns waren nicht vorausschaubar.
      b. Das Handeln war nicht willentlich steuerbar, sondern ein Verhalten, das aufgrund äußerer Einwirkungen, durch Unfähigkeit oder biologische Ursachen verursacht war.
      c. Der vermeintliche Akteur hat die negativen Auswirkungen gar nicht verursacht.

[177] Vgl. Montada und Kals 2013, S. 184.

[178] Vgl. Montada und Kals 2013, S. 185.

4. **Im Rahmen von Mediationen wird der Mediator die Offenlegung bislang nicht geäußerter Rechtfertigungsgründe für das Handeln erfragen.** Es gilt eben nicht der in der Wirtschaft häufig geäußerte Slogan: „Wer sich rechtfertigt, klagt sich an." Ganz im Gegenteil. Wer sich rechtfertigt **übernimmt Verantwortung für sein Handeln** in dem Bewusstsein, dass Menschen auch Fehler machen können. Aus Fehlern kann für die Zukunft gelernt werden.[179]

Durch Rechtfertigungen bestreitet die beschuldigte Partei die Verantwortlichkeit für ihr Handeln nicht.[180] Rechtfertigungen begründen das Handeln des Akteurs. Dadurch kann die Schuld des Akteurs an den Auswirkungen der Handlung gemindert oder vollumfänglich genommen werden. Allerdings mildern Rechtfertigungen die Empörung der empörten Partei nur dann, wenn sie von ihr geglaubt und angenommen werden.

In Wirtschaftsmediationen kann die Bearbeitung der Emotion Empörung nach Montada/Kals eine Möglichkeit sein, die Beziehung der Konfliktbeteiligten durch einen intensiven „Kommunikations- und Verstehensprozess" wieder zu verbessern, um dann in einem zweiten Schritt sich den Sachthemen zuwenden zu können, denen meistens Interessen zugrunde liegen.

4.4 Visualisierungs- und Moderationstechniken

Zur Unterstützung des Kommunikationsprozesses ist eine Visualisierung der in der Mediation besprochenen Inhalte unerlässlich.[181] Je nach festgestellter Eskalationsstufe und Anzahl der Konfliktparteien sind Konflikte in der Regel sehr komplex. Da ein Mensch nicht mehr als sieben plus/minus zwei Informationen in einem Informationsblock verarbeiten kann,[182] ist es sinnvoll, das Gesagte zu visualisieren. Mit der Visualisierung sollen erstens alle **wichtigen Kernpunkte oder Inhalte** jederzeit sichtbar gemacht werden, zweitens ein besseres **Verständnis** des Gesagten ermöglicht werden und drittens **Ergebnisse** zur weiteren strukturierten Bearbeitung **festgehalten** werden, damit bei einem längeren Mediationsverlauf keine wichtigen Information verloren gehen.

[179] In der deutschen Wirtschaft werden Fehler häufig noch als Makel gesehen, die einfach nicht passieren dürfen und demnach oft verschwiegen oder vertuscht werden. Hier sollte der japanische Qualitätsgedanke zur Verbesserung von Produkten und Dienstleistungen und im Umgang miteinander auch vermehrt in deutschen Unternehmen Eingang finden. In vielen japanischen Unternehmen werden Fehler nicht tabuisiert oder Schuldige gesucht, sondern gefundene Fehler als menschlich angesehen, öffentlich gemacht und als positive Chance für zukünftige Verbesserungen oder Fehlervermeidung gesehen. Eine Einführung über das Total-Quality-Management Konzept mit ihren Vorteilen auch für die Belegschaft, findet sich in Ishikawa 1989, S. 1–6.

[180] Vgl. hierzu und im Folgenden: Montada und Kals 2013, S. 186, m. w. N.

[181] Vgl. Diez 2005, S. 183 ff.; Vgl. Duve et al. 2011, S. 121.

[182] Vgl. Schweizer 2009, S. 338.

Zur Visualisierung sollten auf jeden Fall **Flip-Charts, mehrere Pinnwände** mit **Moderationspapier** und **Meta-Plankarten** sowie ein **Laptop in Verbindung mit einem Beamer und einer Projektionswand** im Mediationsraum vorhanden sein. Bei der Visualisierung sollte nicht nur **Text** notiert werden. Sofern sich dieses anbietet, sollten zum besseren Verständnis einzelner Sachverhalte kleine **Zeichnungen** oder **Grafiken** oder **Bilder** zur Veranschaulichung eingefügt werden, wie z. B. Organigramme, Genogramme, Soziogramme,[183] Diagramme, Kuchendiagramme oder andere Bilder zur Verdeutlichung eines Sachverhaltes oder einer Lösung.[184] Diese Form der zusätzlichen bildhaften Visualisierung ist förderlich, weil ca. 50 % der Menschen über Bilder und nur etwa 10 % der Menschen über Worte lernen[185] bzw. viele Menschen über Bilder Sachverhalte besser verstehen. Mit den o. g. Visualisierungshilfen werden für alle Beteiligten sofort sichtbare Kurzprotokolle erstellt, die einen guten Überblick über den Stand der Mediation geben.

Nach Beendigung einer Mediationssitzung hat der Mediator die Möglichkeit mit einer Digitalkamera die Ergebnisse der einzelnen Flip-Chart-Blätter/Pinnwände abzufotografieren und somit ein **Fotoprotokoll** für die Mediandinnen und sich selbst zur Nachbearbeitung und Dokumentation der Mediationssitzung zu erstellen. Aufzeichnungen auf dem Grafiktablett stehen zur **digitalen Weiterverarbeitung** direkt zur Verfügung. Für die Visualisierung benötigt der Mediator eine **klare und schnelle Schrift.**[186] Im Zweifel sollten die Aufzeichnungen in Druckbuchstaben erfolgen. Wichtig ist, dass die Schrift für alle Beteiligten **lesbar** ist. Der Einsatz der Medien hängt insbesondere auch von der Anzahl der Konfliktparteien ab. Nachfolgend sollen Einsatzmöglichkeiten und Besonderheiten für den Einsatz der Medien beschrieben werden.

4.4.1 Flip-Chart

Bei einer klassischen Mediation mit zwei Konfliktparteien ist die Nutzung eines Flip-Charts manchmal ausreichend. Für die einzelnen Prozessstufen der Mediation wird das Flip-Chartpapier in **Tabellenform** in zwei Spalten aufgeteilt und mit den Namen der Konfliktparteien versehen. Dabei ist es psychologisch wichtig, dass die Namen so angeordnet werden, dass die jeweilige Konfliktpartei direkt auf ihre eigenen Inhalte blickt und nicht auf die Punkte der Gegenpartei, weil es insbesondere am Anfang der Mediation für die

[183] Vgl. Diez 2005, S. 198 ff. und S. 258 ff. Organigramme werden verwendet zur Darstellung von Hierarchiestrukturen und Organisationseinheiten in Organisationen. Ein Soziogramm stellt Konflikte innerhalb eines Teams oder einer Gruppe innerhalb einer Organisation dar, ein Genogramm stellt die verwandtschaftlichen Beziehungen z. B. im Kontext einer Mediation innerhalb eines Familienunternehmens dar.

[184] Vgl. Ponschab und Schweizer 2006b, S. 45 ff.

[185] Vgl. Ponschab und Schweizer 2006b, S. 48.

[186] Vgl. Diez 2005, S. 186.

Herr X	Herr Y
• Kernaussage 1	• Kernaussage 1
• Kernaussage 2	• Kernaussage 2
• Kernaussage 3	• Kernaussage 3
...	...

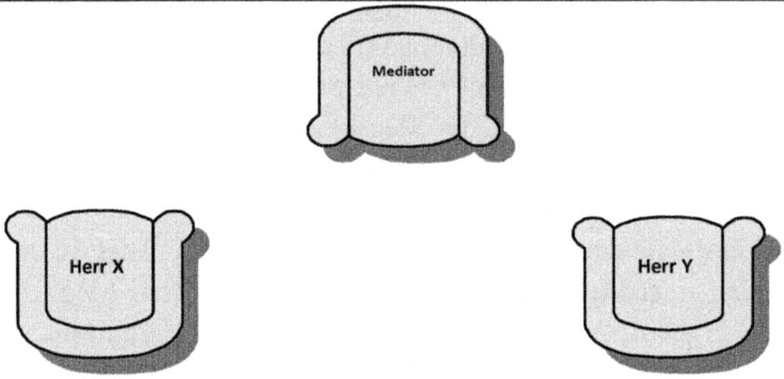

Abb. 4.10 Visualisierung auf dem Flip-Chart und dazugehörige Sitzordnung. (Quelle: eigene Darstellung)

Betroffenen nur schwer zu ertragen ist, auf die Aussagen der Gegenpartei zu schauen.[187] Die Kernpunkte der Konfliktparteien werden stichwortartig oder in kurzen Sätzen in der jeweiligen Spalte notiert und Piktogramme, sofern sie selbsterklärend und hilfreich sind, hinzugefügt. Die schriftliche Protokollierung ist erforderlich damit keine wichtigen Sachverhalte vergessen werden.

In Abb. 4.10 werden die Aufteilung des Flip-Charts und die dazugehörige Sitzordnung dargestellt. Bei der Verwendung des Papiers darf der Mediator großzügig sein. Sollte ein Bogen ausgefüllt oder eine neue Prozessstufe erreicht sein ist immer ein neues Blatt zu verwenden, damit die Inhalte besser strukturiert werden zu können. Die **vollen Blätter** werden auf eine freie Wandfläche oder auf Pinnwänden **aufgehängt**, sodass sie jederzeit für alle Mediationsteilnehmer sichtbar sind. Darüber hinaus kann das Flip-Chart auch zwischenzeitlich vom Mediator genutzt werden, um **Inhalte der Metakommunikation** oder **Konfliktspielbilder** oder auch **Sachinhalte** durch kleine **Skizzen** plastischer und anschaulicher zu machen.

4.4.2 Pinnwand mit Meta-Plankarten und Moderationspapier

Bei Mehrparteienkonflikten, die z. B. in innerbetrieblichen Mediationen häufig vorkommen, bieten sich je nach Anzahl der Konfliktparteien, Pinnwände mit selbstklebenden Meta-Plankarten und Moderationspapier (im Format von z. B. 1,10 m × 1,40 m) als Visualisierungshilfen an. Aber auch in Konflikten mit nur zwei Konfliktparteien und in zwi-

[187] Vgl. Diez 2005, S. 186.

schenbetrieblichen Mediationen ist diese Visualisierungshilfe gut einsetzbar. Auf einer Pinnwand sollten der Übersichtlichkeit halber die Karten von bestenfalls drei, höchstens jedoch vier Konfliktparteien aufgeklebt werden. Je nach Anzahl der Konfliktparteien müssen entsprechend viele Pinnwände zur Verfügung stehen.

Bevor Karten aufgeklebt werden, sollte ein großes Moderationspapier auf die jeweilige Pinnwand geheftet werden. Auf das Moderationspapier können Texte, Zeichnungen oder Überschriften (Cluster) aufgebracht werden. Der Vorteil von selbstklebenden Metaplankarten ist, dass sie schneller ab- und angeheftet werden können als die herkömmlichen Karten, die mit Nadeln befestigt werden. Zudem kann ein „gesamtes Clusterbild" mit Hilfe des Moderationspapiers abgenommen werden, sodass nicht die Karten zuerst einzeln ab- und dann wieder aufgehängt werden müssen. In den einzelnen Prozessphasen der Mediation können die Metaplankarten unterschiedlich genutzt werden. Entweder als **Strukturierungshilfe z. B.** in der Prozessstufe der **Themensammlung** zur **Problemanalyse** und **Priorisierung von Themen oder** bei der **Suche** von **Lösungsalternativen** mit Hilfe der Kreativitätstechnik „**Metaplan-Technik**".[188]

Die Metaplan-Technik, auch Kartenabfrage oder Idea Card Collection genannt, wurde von der Firma Metaplan Ende der 1960er Jahre zur Verhandlungsmoderation entwickelt.[189] Es handelt sich um eine Form des Brainwritings bei der **jeder Gruppenteilnehmer** zunächst nach den vier Regeln des Brainstormings, (vgl. ausführlich zum Brainwriting und Brainstorming Kap. 5.2.4.3.) allerdings **für sich allein**, eigene Standpunkte oder Ideen erarbeitet und jeden einzelnen Standpunkt oder Idee auf je eine Metaplan-Karte mit dickem Filzschreiber in kurzen Sätzen bzw. in Halbsätzen notiert.[190] Folgende **weitere Regeln sind zu beachten**:[191] Alle Teilnehmer sollen deutlich und in Druckbuchstaben die Kärtchen beschriften, dabei sollte der Text maximal 3 Zeilen umfassen. Fremde Karten von anderen Teilnehmern dürfen nicht ergänzt werden, sondern es sind stets neue Karten auszufüllen. Bei der Sammlung darf nicht gesprochen werden. Das Ziel der Kartenabfrage ist es, insbesondere bei größeren Gruppen, jeden Teilnehmer gleichermaßen zu aktivieren und an der Konfliktlösung zu beteiligen.[192] Die optimale Teilnehmerzahl für die Kartenabfrage beträgt 4–10 Teilnehmer, maximal jedoch 15 Teilnehmer.[193]

Für die **Durchführung** der Kartenabfrage wird für alle Teilnehmer die genaue Aufgabenstellung auf einem Flip-Chart (und zusätzlich in der Phase der Lösungssuche die zuvor erarbeiteten Interessen und Anliegen auf Pinn-Wänden) gut sichtbar aufgehängt. Die Medianden sitzen im Halbkreis, können sich für diese Arbeit jedoch auch an Tische setzen. Die Mediatoren[194] sammeln die beschriebenen Karten immer wieder ein und heften diese

[188] Vgl. Brunner 2008, S. 190 ff.

[189] Vgl. Boos 2010, S. 58.

[190] Vgl. Schlicksupp 1999, S. 114; vgl. auch Brunner 2008, S. 196.

[191] Vgl. Brunner 2008, S. 196.

[192] Vgl. Brunner 2008, S. 192.

[193] Vgl. Brunner 2008, S. 193.

[194] Bei Mehrparteienmediationen sind in der Regel mehrere Mediatoren an der Mediation beteiligt.

zum Cluster der jeweiligen Konfliktpartei. Bei bis zu drei Konfliktparteien kann der Mediator alternativ die Kernpunkte im Rahmen der **Themensammlung** nacheinander noch selbst notieren. Ab vier Parteien ist diese Vorgehensweise nur noch dann zu empfehlen, wenn es sich um einen Konflikt mit niedriger Eskalationsstufe und geringer Komplexität handelt. Bei großer Emotionalität und hoher Komplexität können sich die Konfliktparteien oftmals nicht so lange konzentrieren.

Im Rahmen der **Lösungssuche** darf die Sammlung auch zunächst ungeordnet an Pinnwänden erfolgen.[195] Die Karten werden später inhaltlich geordnet und zu Themenbereichen in sogenannte **Cluster** zusammengefasst.[196] Die Teilnehmer können die bereits aufgehängten Vorschläge an den Pinnwänden nutzen, um neue Ideen daraus zu entwickeln, indem sie z. B. die Vorschläge ergänzen, optimieren oder etwas weglassen etc. und diese Lösungsvorschläge auf neue Karten notieren.[197]

Es werden so lange Themen oder Ideen gesammelt, bis niemand in der Runde weitere Themen oder Ideen hat. Danach werden die an den Pinnwänden hängenden Kärtchen einzeln besprochen. Der jeweilige Autor eines Themas/Idee sollte den Inhalt der Karte erläutern.[198] Im Rahmen von Gruppenkonflikten ist es möglich, dass der „Erfinder" einer Idee Anonymität wünscht, weil er befürchtet, dass sein Vorschlag aufgrund seiner Person nicht angenommen werden könnte. Will der Autor anonym bleiben, so muss der Mediator allgemein die Teilnehmer befragen, was mit der Aussage auf der Karte gemeint sein könnte.[199] Wenn in dieser Phase zusätzliche Themen/Ideen entstehen, werden auch diese auf separaten Karten notiert.

Schon ab drei Beteiligten bietet sich die Form der Kartenabfrage besonders an, weil die Teilnehmer in den jeweiligen Stufen sich **zunächst** mit ihren **eigenen Themen/Ideen** beschäftigen dürfen und dann besser zuhören können, nachdem sie ihre wichtigen Punkte notiert haben. Darüber hinaus sind sie mit dieser Technik auch kreativer und effizienter als beispielsweise im Brainstorming. Denn z. B. vier Einzelpersonen liefern im Rahmen einer Kartenabfrage ca. die doppelte Anzahl an Ideen wie eine Vierergruppe im Brainstorming.[200] Die Reihenfolge, in der sich die Betroffen zunächst mit ihren eigenen Gedanken/Ideen und dann mit den Gedanken und Ideen der anderen Konfliktteilnehmer beschäftigen, entspricht auch den Erkenntnissen der Fenster des Verstehens (Window I = Autonomie und Selbstbehauptung und Window II = gegenseitiges Verstehen) nach Diez.[201] (vgl. Kap. 4.5.) Erst wenn die eigenen guten Gedanken/Ideen genannt werden konnten und

[195] Vgl. Brunner 2008, S. 194. Bei Großgruppen sollten viele Pinn-Wände vorhanden sein.

[196] Vgl. Schlicksupp 1999, S. 115; vgl. auch Kessen und Troja 2009, Rn. 58, S. 312.

[197] Vgl. Brunner 2008, S. 194.

[198] Vgl. Brunner 2008, S. 194.

[199] Vgl. Kessen und Troja 2009, S. 312.

[200] Vgl. Stroebe und Nijstad 2003, S. 31. Auch schon bei drei Personen ist die Quote besser. Aus diesem Grunde wurde in der o. g. Darstellung eine Kartenabfrage ab drei Personen als sinnvoll herausgestellt.

[201] Vgl. Diez 2005, S. 83–89.

der Gedanken-/Ideenstrom versiegt, ist überhaupt Platz für **Gedanken oder Lösungsansätze der anderen** Konfliktparteien. Darüber hinaus kann mit der schriftlichen Form der Themen-/Ideensammlung **Zeit gespart** werden, weil die Konfliktteilnehmer zuerst gleichzeitig produktiv arbeiten, dann in einem zweiten Schritt nur noch zuhören und dabei gleichzeitig nicht die Sorge haben müssen ihre eigenen wichtigen Punkte während des Zuhörens zu vergessen.

4.4.3 Grafiktablett in Verbindung mit Laptop und Beamer

Auch ein Grafiktablett in Verbindung mit Laptop und Beamer kann bei der Visualisierung sinnvoll eingesetzt werden. Das Grafiktablett wird wie ein Flip-Chart genutzt. Der Vorteil ist, dass die **Aufzeichnungen sofort in digitalisierter Form** vorliegen. Der Nachteil ist jedoch, dass nur jeweils ein Bild an die Wand projiziert werden kann, während am Grafiktablett gearbeitet wird. Ein Ausdruck der bereits erstellten Aufzeichnungen ist zwar möglich, jedoch in einem zu kleinen Format, als das es in einem Mediationsraum gut sichtbar wäre. Aus diesem Grunde wird das Grafiktablett oder das Textverarbeitungsprogramm eines Laptops in Verbindung mit einem Beamer tendenziell eher am Ende einer Mediation genutzt, um die Ergebnisse der Mediation im Rahmen eines Protokolls oder Vertrages direkt festzuhalten. So können die Konfliktparteien, direkt im Anschluss ein ausgedrucktes Vertragsexemplar zur rechtlichen, steuerlichen oder sonstigen Prüfung mitnehmen.

4.5 Die Fenster des Verstehens (Window I und II)

Eine weitere wichtige Methodik zur Gesprächsführung in Mediationen ist die Nutzung der **Fenster des Verstehens (Window I und Window II)**.[202] Die Methodik wurde von G. Friedman und J. Himmelstein entwickelt und fördert in einem ersten Schritt die **Autonomie und Selbstbehauptung der Konfliktparteien (Window I)** und in einem zweiten Schritt das **wechselseitige Verstehen (Window II)**. Diese beiden Schritte werden in der Literatur auch als **Empowerment** (entspricht dem Window I) und als **Recognition** (entspricht dem Window II) bezeichnet.[203]

4.5.1 Window I – Selbstbehauptung

Insbesondere in **innerbetrieblichen Mediationen** muss die Autonomie der Beteiligten häufig wieder hergestellt werden. Aber auch in **zwischenbetrieblichen Mediationen** sollte nicht zwangsläufig davon ausgegangen, dass die Konfliktparteien sich selbst behaupten

[202] Vgl. hierzu und im Folgenden: Diez 2005, S. 83 ff.

[203] Vgl. Kessen und Troja 2009, S. 303; vgl. auch Hösl 2008, S. 112, S. 125 ff.

Methoden
Die Fenster des Verstehens

Fenster	Person A	Person B	Person C
Fenster I Selbstbehauptung Autonomie **(Empowerment)**	A versteht A	B versteht B	C versteht C
Fenster II Anerkennung, Verständnis **(Recognition)**	A versteht B, C	B versteht A, C	C versteht A, B

Abb. 4.11 Die Fenster des Verstehens. (Quelle: eigene Darstellung)

können. Aus diesem Grunde ist es hilfreich diese Methodik in allen Verfahren anzuwenden. Das **Ziel** ist es, dass jede Konfliktpartei sich selbst wieder vertreten kann und Klarheit über ihre **eigenen Beweggründe**, Interessen und Bedürfnisse bekommt.[204] Bei diesem Schritt geht es darum, sich selbst und die eigenen Anliegen, bzw. in Gruppenkonflikten die Anliegen der Konfliktpartei zu der man gehört, besser zu **verstehen**. Nur wenn die eigenen Anliegen den Betroffenen klar sind, ist ein wertschöpfender Interessenausgleich überhaupt erst möglich. In der Mediation ist es wichtig, dass der Mediator eine **Erklärung** für diese Arbeit gibt. Wenn die Selbstbehauptung **nicht installiert** werden kann und eine Eigenverantwortlichkeit (Grundsatz der Mediation, vgl. Kap. 1.2.1.) der jeweiligen Konfliktparteien hergestellt werden kann, dann ist für diese Konfliktparteien eine juristische Auseinandersetzung hilfreicher. Dieser Zusammenhang ist in Abb. 4.11 dargestellt.

Im Mediationsprozess zieht sich die Arbeit an der **Selbstbehauptung (Window I) durch alle Stufen,**[205] also schon im Erstgespräch, in der Themensammlung, Interessenklärung, der Lösungsfindungsphase und der abschließenden Vertragsgestaltung. Dabei ist es wichtig, dass jede Konfliktpartei/jede Gruppe genügend Zeit und Wertschätzung bekommt, sich auf sich selbst und die eigene Sichtweise oder Wahrnehmung zu konzentrieren und diese ohne Gegenargumente mitteilen zu dürfen.

Die Selbstbehauptung wird unterstützt durch eine eindeutige **Visualisierung.** Bei einem Zwei-Parteien-Konflikt erhält z. B. jede Partei auf dem Flip-Chart (vgl. Abbildung 4.10) eine Hälfte des Papiers für ihre Gedanken. Es ist wichtig, dass der Mediator die Gedanken für beide Parteien nicht gemeinschaftlich, also zusammen auf dem Chart notiert, sondern für jede Konfliktpartei getrennt. Dies unterstützt auch optisch die unterschiedlichen

[204] Vgl. hierzu und im Folgenden: Diez 2005, S. 83 ff.

[205] Vgl. Diez 2005, S. 84.

Sichtweisen des Konfliktes. Dadurch signalisiert der Mediator den Parteien, dass er beide Mediandenin ihren Themen, Anliegen oder sonstigen Sichtweisen gleichberechtigt unterstützt und dass jede Sichtweise für sich akzeptiert wird. Durch diese Darstellung soll den Mediandenauch die Doppeldeutigkeit (bzw. bei Mehrparteienkonflikten die Mehrdeutigkeit) des Konfliktes klar werden.

Hilfreiche Techniken zur Unterstützung der Selbstbehauptung der Konfliktparteien durch den Mediator sind die in Kap. 4.2. beschriebenen **Kommunikationstechniken**. Zusätzlich kann für die Medianden eine Gestaltübung zum besseren Verständnis der Methodik hilfreich sein. Der Mediator bittet hierbei die betroffenen Konfliktparteien sich gedanklich einen doppelwandigen Spiegel vorzustellen, der zwischen den Konfliktparteien aufgebaut ist. Nun haben sie die Möglichkeit nur noch sich selbst zu sehen und ihre Perspektive auf den Konflikt zu schildern.

Der Mediator befragt die betroffenen Parteien in jeder Stufe der Mediation solange, bis diese alle Punkte genannt haben, die aus ihrer Sicht wichtig sind. Als **Beispielsätze für die Einleitung zur Selbstbehauptung** können folgende genannt werden:

Themensammlung: *„Es ist hilfreich für jeden von Ihnen, wenn Sie zunächst Ihre* ***eigenen Konfliktthemen*** *nennen, die in der Mediation geklärt werden müssen und die Ihnen* ***selbst wichtig*** *sind."*

Interessensammlung: *„Wenn jeder von Ihnen seine* ***eigenen Interessen*** *kennt, können Sie diese auch vertreten, ohne Angst zu haben, über den Tisch gezogen zu werden. Ihre eigenen Interessen und Bedürfnisse sind der Maßstab für eine einvernehmliche und faire Verhandlung."*

Lösungssuche: *„Nun sollte jeder für sich nach* ***eigenen guten Lösungen*** *suchen, die aber die Interessen der anderen Parteien bestmöglich berücksichtigen. Denn nur so kann eine win-win-Situation erreicht werden."*

Bewertung der Lösungen: *„Nun möchte ich Sie bitten, dass jeder* ***für sich selbst*** *die Lösungsoptionen bewertet und die besten Lösungen* ***aus ihrer eigenen Perspektive*** *benennt und auch begründet."*

In **großen Mediationen mit Gruppen** (meistens innerbetriebliche Mediationen) ist es ratsam, dass sich die Teilnehmer einer Gruppe miteinander besprechen und sich in ihrer Selbstbehauptung unterstützen, um dann in einem zweiten Schritt das jeweilige Gruppenergebnis von einem Gruppensprecher im Plenum vortragen zu lassen.[206] In **zwischenbetrieblichen Mediationen**, in denen eine öffentliche Selbstbehauptung, z. B. in der Interessenphase schwierig oder aus bestimmten Gründen der Vertraulichkeit nicht vollumfänglich möglich ist, kann die Selbstbehauptung auch in Einzelgesprächen in einer sogenannten Shuttle-Diplomatie oder Caucausing (Vgl. Kap. 5.4.2.2.) erfolgen.

---

[206] Vgl. hierzu und im Folgenden: Diez 2005, S. 86.

4.5.2 Window II – gegenseitiges Verstehen

Erst nachdem die Konfliktparteien ihre eigenen Wahrnehmungen, wichtigen Punkte, Interessen, Bedürfnisse o. ä. geklärt haben, kann in einem zweiten Schritt das **gegenseitige Verständnis** füreinander hergestellt werden und **Gemeinsamkeiten oder Wechselseitigkeiten** anerkannt werden.[207] In der Literatur wird auch von einem **Perspektivwechsel**[208] oder von **Recognition** (s. o.) gesprochen. In diesem zweiten Schritt sollen sich die Konfliktparteien wechselseitig für die **Interessen und Anliegen** der anderen Konfliktpartei(en) **öffnen**, sich in deren Situation **hineinversetzen** und die Anliegen nachvollziehen. In Abb. 4.11 ist dieser Zusammenhang ebenfalls dargestellt. Das **Ziel** ist es, die jeweils anderen Anliegen und Einstellungen zu **akzeptieren und zu respektieren**,[209] d. h. zu verstehen. Wobei nochmals wiederholt werden soll, dass der Begriff „verstehen" nicht gleichbedeutend ist, mit dem Begriff „einverstanden sein". Faire Lösungen sind jedoch nur dann möglich, wenn auch die Interessen und Bedürfnisse der anderen Konfliktpartei(en) verstanden und akzeptiert werden, dies sollte der Mediator in der Mediation den Beteiligten auch explizit so erklären.[210] Es ist wichtig, dass in der Selbstbehauptung intensiv gearbeitet und nicht zu schnell zum Window II gewechselt wird. Auch arbeiten einige Mediatoren ohne den Schritt der Selbstbehauptung – das funktioniert allerdings nur, wenn die betroffenen Konfliktparteien stark genug dafür sind. Ansonsten kann die mangelnde Unterstützung bei der Selbstbehauptung der Konfliktparteien auch ein Grund dafür sein, dass eine Mediation abgebrochen wird, also scheitert.[211]

Das zweite Fenster des Verstehens kann in allen Stufen der Mediation eingesetzt werden,[212] wird aber meistens erst ab der **Interessenphase** und insbesondere als Hauptbestandteil der Interessenphase eingesetzt. Sie gestaltet auch den Wendepunkt in der Mediation. Hat der Mediator hier intensiv gearbeitet und konnten alle relevanten Interessen, Anliegen, Motive oder Bedürfnisse herausgearbeitet und verstanden werden, entspannen sich die Konfliktparteien sichtbar.

Insbesondere die **Fragetechniken** (vgl. Kap. 4.2.3) erweisen sich in diesem zweiten Schritt (Window II) als sehr wirkungsvoll und hilfreich. Als **Visualisierungstechnik** können die wechselseitig anerkannten Anliegen auf dem Flip-Chart z. B. farblich, durch unterstreichen, gekennzeichnet werden. Wurde mit der Gestalttechnik „doppelseitiger Spiegel" gearbeitet, dann muss in dem zweiten Schritt, der Spiegel gedanklich entfernt werden.[213]

---

207 Vgl. Diez 2005, S. 87.

208 Vgl. Duss-von Werdt 2009, S. 262.

209 Vgl. Kessen und Troja 2009, S. 303.

210 Vgl. Diez 2005, S. 88.

211 Vgl. Diez 2005, S. 90.

212 Vgl. Diez 2005, S. 87.

213 Vgl. Diez 2005, S. 90.

Beispiele zur Einleitung des Window II:

„Können Sie mal versuchen auf die andere Seite zu schauen um dort etwas zu suchen, was sie verstehen und akzeptieren können."
„Können Sie Gemeinsamkeiten entdecken, wenn sie auf die andere Seite schauen?"
„Können Sie etwas auf der anderen Seite finden, das Ähnlichkeit mit ihren Anliegen hat?"

Zum Ende des Window II in der Interessenphase könnte der Mediator sagen:

Jetzt haben Sie die gegenseitigen Interessen und Bedürfnisse kennengelernt. Sie bilden die Grundlage für eine einvernehmliche Lösung.

Bei der Arbeit mit dem Window II ist der Schritt des gegenseitigen Verstehens der Schwerste für die Konfliktbetroffenen. Er bedeutet, dass die Betroffenen anerkennen, dass keine Sichtweise absolut, sondern immer nur relativ ist. Aus diesem Grunde muss der Mediator diese Leistung am Ende der Interessenklärung besonders **würdigen und wertschätzen**.[214] In Abb. 4.11 sind die Kernaussagen der zwei Fenster des Verstehens zusammenfassend dargestellt.

Nachdem nun das Grundlagenwissen der Mediation sowie zur Konfliktkompetenz, Verhandlungskompetenz und zur Gesprächsführung vermittelt wurden, soll im folgenden Kapitel eine ausführliche Beschreibung des Ablaufes und der Rahmenbedingungen für eine Wirtschaftsmediation erfolgen.

4.6 Zusammenfassung

Mediation ist in erster Linie ein Kommunikationsprozess. Die theoretischen Kenntnisse zur Gesprächsführung und der Umgang mit Kommunikationstechniken gehören zum grundlegenden Handwerkszeug eines professionellen Wirtschaftsmediators. Dafür wurden im vierten Kapitel zunächst die nonverbalen Aspekte der Kommunikation dargestellt. Diese können dem Mediator Aufschluss über das emotionale Befinden der Konfliktparteien und deren Haltung zueinander geben. Danach wurde ein kurzer Blick auf die Theorie der Gesprächsführung und die Besonderheiten von Konfliktgesprächen geworfen. Die anschließend vorgestellten und mit zahlreichen Beispielen erläuterten Kommunikationstechniken helfen dem Wirtschaftsmediator den Kommunikationsprozess in Mediationen aufrechtzuerhalten. Darüber hinaus wurden verschiedenste alternative Handlungs- und Kommunikationsstrategien aufgezeigt, wie z. B. Blockaden und Widerständen oder einer aufkeimenden Eskalation begegnet werden kann. Zum besseren Verständnis der Gesprächsinhalte und als Arbeitsgrundlage nutzt der Mediator Visualisierungs- und Moderationstechniken, die im Anschluss erläutert wurden. Das Kapitel schließt mit der Vorstellung der „Fenster

[214] Vgl. Diez 2005, S. 90.

des Verstehens“, einer wichtigen Methodik, die den Konfliktparteien dabei helfen kann, gegenseitiges Verständnis für die wechselseitigen Interessen und Anliegen zu entwickeln.

Literatur

Argyle, Michael, (2013), Körpersprache und Kommunikation, Nonverbaler Ausdruck und soziale Interaktion, 10. Auflage, Paderborn: Junfermann.

Auferkorte, Nicole/Michaelis, Lars Oliver, (2006), Kommunikation – Grundlage mediativer Verfahren, Studienskript im Masterstudiengang Mediation der FernUniversität Hagen, Teil 1, Hagen.

Auferkorte, Nicole/Michaelis, Lars Oliver, (2006b), Kommunikation – Grundlage mediativer Verfahren, Studienskript im Masterstudiengang Mediation der FernUniversität Hagen, Teil 2, Hagen.

Birkenbihl, Vera F., (2007), Signale des Körpers, Körpersprache verstehen, 20. Auflage, Heidelberg: mvg.

Boos, Evelyn, (2010), Das große Buch der Kreativitätstechniken, 2. Auflage, München: Compact.

Brunner, Anne, (Brunner, 2008), Kreativer Denken, Konzepte und Methoden von A–Z, 1. Auflage, München: Oldenbourg.

Bühler, Karl, (1934), Sprachtheorie, Jena

Diez, Hannelore, (2005), Werkstattbuch Mediation, 1. Auflage, Köln: Centrale für Mediation.

Dörrenbächer, Peter, (2009), § 15 Erfolgreiche Kommunikation, in: Haft/von Schlieffen (Hrsg.), Handbuch Mediation, 2. Aufl., S. 363–380, München: Beck.

Duss-von Werdt, Joseph, (2009), § 11 Systemische Aspekte, in: Haft/von Schlieffen (Hrsg.), Handbuch Mediation, 2. Aufl., S. 231–265, München: Beck.

Duve, Christian/Eidenmüller, Horst/Hacke, Andreas, (2011), Mediation in der Wirtschaft, Wege zum professionellen Konfliktmanagement, 2. Auflage, Köln: Dr. Otto Schmidt.

Glasl, Friedrich, (2004), Konfliktmanagement, Ein Handbuch für Führungskräfte, Beraterinnen und Berater, 8. Auflage, Bern/Stuttgart/Wien: Haupt, Freies Geistesleben.

Hösl, Gerhard Gattus, (2008), Mediation die erfolgreiche Konfliktlösung, Grundlagen und praktische Anwendung, München: Kösel.

Ishikawa, Kaoru, (1989), Introduction to Quality Control, 2. Auflage, Tokio: 3 A Corporation.

Kessen, Stefan/Troja, Markus, (2009), § 13 Die Phasen und Schritte der Mediation als Kommunikationsprozess, in: Haft/von Schlieffen (Hrsg.), Handbuch Mediation, 2. Auflage, S. 293–319, München: Beck.

Montada, Leo/Kals, Elisabeth, (2013), Mediation, Psychologische Grundlagen und Perspektiven, 3. Auflage, Weinheim/Basel: Beltz.

Ponschab, Reiner/Schweizer, Adrian, (2006b), Studienskript im Masterstudiengang Mediation der FernUniversität Hagen, Wirtschaftsmediation Teil II, Hagen 2006.

Rosenberg, Marshall B., (2009), Gewaltfreie Kommunikation, Eine Sprache des Lebens, 8. Auflage, Paderborn: Junfermann.

Schlicksupp, Helmut, (1999), Innovation, Kreativität und Ideenfindung, 5. Auflage, Würzburg: Vogel Business Media.

von Schlieffen, Katharina, (2006), Studienskript im Masterstudiengang Mediation der FernUniversität Hagen, Rhetorik I, Hagen.

Schulz von Thun, Friedemann, (2009), Miteinander Reden 1, Störungen und Klärungen, Allgemeine Psychologie der Kommunikation, 47. Auflage, Reinbek bei Hamburg: Rowohlt.

Schwarz, Gerhard, (2005), Konfliktmanagement, Konflikte erkennen, analysieren, lösen. 7. Aufl., Wiesbaden: Gabler.

Schweizer, Adrian, (2009), § 14 Techniken des Mediators – Übersicht, in: Haft/von Schlieffen (Hrsg.), Handbuch Mediation, 2. Aufl., S. 321–362, München: Beck.

Stroebe, Wolfgang/ Nijstad, Bernhard, (2003), Störe meine Kreise nicht, Gehirn & Geist, Heft 2, 2003, S. 26–31.

Stroeken, Harry, (1993), Kleine Psychologie des Gesprächs: ein praktischer Ratgeber, Göttingen, Zürich: Vandenhhoeck und Ruprecht.

Watzlawik, P. Beaven, J. H., Jackson, D. D., (1969), Menschliche Kommunikation, Bern, Stuttgart: Hans Huber, Hogrefe AG.

Watzlawick, Paul/Beauvin, Janet H./Jackson, Don D., (2011), Menschliche Kommunikation, Formen Störungen Paradoxien, 12. Auflage, Bern: Hans Huber.

Weisbach, Christian-Rainer/Sonne-Neubacher, Petra, (2013), Professionelle Gesprächsführung, Ein praxisnahes Lese und Übungsbuch, 8. Auflage, München: DTV Beck.

5 Ablauf und Rahmenbedingungen der Wirtschaftsmediation

Bereits im Kap. 1.2.2. wurde in der Abb. 1.2 ein Überblick über die Phasen und Verfahrensschritte der Mediation sowie über die jeweiligen Ziele und relevanten Kommunikations- und Arbeitstechniken gegeben. Das Mediationsverfahren **im weiteren Sinne** kann grundsätzlich in **drei Phasen** eingeteilt werden und zwar in die **Vorbereitungsphase**, die eigentliche **Mediation im engeren Sinne** und die **Umsetzungs- bzw. Nachbereitungsphase**. Die einzelnen Phasen lassen sich in Verfahrensschritte bzw. Stufen unterteilen, die i. d. R. chronologisch, bei komplexen Mediationen teilweise auch in „rekursiven Schleifen"[1], durchgeführt werden.

In der **Vorbereitungsphase** werden die Vorarbeiten für die Mediationsgespräche vollzogen. Diese Phase ist durch drei Verfahrensschritte gekennzeichnet. Es handelt sich um die **Kontaktherstellung**, die oftmals durch eine der Konfliktparteien erfolgt und aus der sich ein Mediationsauftrag entwickeln kann, die **Konfliktanalyse** nach Kontakt mit allen beteiligten Konfliktparteien und grundsätzlicher Bereitschaft sich auf ein Mediationsverfahren einzulassen und die Klärung der Rahmenbedingungen, das sogenannte **Setting**, für die Durchführung der Mediation.

In der **Mediationsphase** werden die zentralen Prozessschritte der **Mediation im engeren Sinne** durchgeführt. Sie sind gekennzeichnet durch sechs Verfahrensschritte. Im **ersten Schritt** werden die zentralen Inhalte des **Mediationsvertrages** wiederholt und der Vertrag, sofern noch nicht geschehen, unterzeichnet. Darüber hinaus werden **Kommunikations- und Umgangsregeln**, die während der Mediation gelten sollen, vereinbart. Im **zweiten Schritt** werden die **Themen**, die geklärt und geregelt werden sollen, ermittelt. Als **dritter Verfahrensschritt** werden die hinter den Positionen verborgenen tieferliegenden **Interessen, Motive, Ziele oder Bedürfnisse**, die dem Konflikt zugrunde liegen, herausgearbeitet, für die im **vierten Schritt** zunächst **Lösungsmöglichkeiten** gesucht wer-

[1] Vgl. Montada/Kals, 2013, S. 247.

M. Koschany-Rohbeck, *Praxishandbuch Wirtschaftsmediation*,
DOI 10.1007/978-3-658-08021-1_5

den. Erst nach Abschluss der Ideensuche werden die passenden Lösungsmöglichkeiten in einem **fünften Verfahrensschritt bewertet** und schließlich gemeinsam **ausgewählt.** Die gefundene Lösung wird in einem **letzten Schritt** schriftlich fixiert.

In der **Umsetzungsphase** setzen die Mediationsteilnehmer die Vereinbarung um. Insbesondere bei innerbetrieblichen Mediationen erfolgt oftmals eine **Überprüfung der Umsetzung,** ggf. mit einem Nachfolgetermin zur „Feinjustierung" des Mediationsvertrages. Der **Mediator reflektiert und bewertet** abschließend seine durchgeführte Mediation.

Die immer gleich ablaufende Mediation gibt es nicht. Bei den oben genannten Phasen und Stufen handelt es sich jedoch um einen „**Grundbauplan**"[2], der in allen Wirtschafts-mediationen als **roter Faden** hilfreich ist und ggf. um fallspezifische Techniken und Methoden ergänzt werden muss. Im Folgenden sollen die einzelnen Phasen mit ihren Prozessstufen detailliert beschrieben werden. Bei dieser Beschreibung handelt es sich um einen Grundbauplan, mit dem eine **klassische Mediation mit zwei bis vier Konfliktbeteiligten im Wirtschaftskontext** erfolgreich gestaltet werden kann. Bei erweiterten Rahmenbedingungen, wie z. B. Mehrparteien-Mediationen mit mehr als vier Konfliktbeteiligten oder Gruppen-Mediationen, sind Besonderheiten zu berücksichtigen, die im Kap. 5.4. beschrieben werden. **Innerbetriebliche Mediationen** können durch **unternehmensinterne** wie auch **unternehmensexterne** Mediatoren durchgeführt werden. Im Folgenden wird davon ausgegangen, dass die innerbetriebliche Mediation durch unternehmensexterne Mediatoren durchgeführt wird. Die Besonderheiten der Mediation durch innerbetriebliche Mediatoren sollen im Kap. 9.3. kurz dargestellt werden. Bei der Durchführung von **zwischenbetrieblichen Mediationen** gibt die Klärung der Frage nach der Rolle des Rechts innerhalb der Mediation und die Grundeinstellung zur zukünftigen Gestaltung der Geschäftsbeziehungen auch einen Hinweis auf die möglichen Formen der Ausgestaltung der Mediation. Soll **das Recht bei der Lösung des Konfliktes eine untergeordnete Rolle** spielen und die Interessen im Fokus stehen oder ist auch nach der Mediation eine dauerhafte Zusammenarbeit von beiden Konfliktparteien erforderlich und gewünscht, so bietet der **unten beschriebene Grundbauplan** der Mediation ebenfalls eine strukturierte Hilfe. Legen die Parteien jedoch wert, auf einen **großen Rechtsbezug** innerhalb der Mediation und wollen gleichzeitig schnell und effizient, aber ohne Gerichtsverfahren auseinander kommen, weil keiner von den Parteien auf eine zukünftige Zusammenarbeit angewiesen ist, so böte sich auch die **Sonderform des Mini-Trials** an, deren Besonderheiten in Kap. 1.3.2.2. beschrieben wurde. Hier sollte den Betroffenen aber von Anfang an klar sein, dass hier allenfalls Kompromisse erreichbar sind und i. d. R. keine win-win-Ergebnisse auf Basis der Interessen zu erzielen sind, weil der Lösungsraum durch rechtliche Vorgaben sehr stark eingeschränkt wird. Es ist festzuhalten, dass es nicht eine einzig richtige Form der Durchführung gibt, sondern dass fallspezifisch individuelle Anpassungen vorgenommen werden können und sollen.[3] Der nun vorgestellte Grundbauplan kann dabei eine organisatorische Hilfe sein.

---

[2] Diez, 2005, S. 95

[3] Vgl. Duve/Eidenmüller/Hacke, 2011, S. 77.

5.1 Vorbereitungsphase

In der **Vorbereitungsphase** werden die Vorarbeiten für die Mediation im engeren Sinne vollzogen.[4] Diese Phase ist insbesondere in Wirtschaftsmediationen von besonderer Bedeutung, da diese Verfahren häufig komplex sind und ein Gelingen der Mediation oder auch das Zustandekommen eines Auftrages von der systematischen und strukturierten Vorarbeit abhängt.[5] Die übergeordneten Ziele dieser Phase sind folgende: Die Vorbereitungsphase soll die **Grundlagen für ein kooperatives Miteinander** schaffen in der **Vertrauen** aufgebaut werden kann. Dafür ist die sorgfältige Planung und Vorstrukturierung des Konfliktgeschehens und die daraus resultierende Verfahrensgestaltung unerlässlich. Die Vorbereitungsphase ist durch drei Verfahrensschritte gekennzeichnet. Es handelt sich um die **Kontaktherstellung**, die **Konfliktanalyse** und Festlegung des **Settings** für die Durchführung der Mediation.

5.1.1 Kontaktherstellung

5.1.1.1 Kontaktherstellung bei einer innerbetrieblichen Mediation

Bei **innerbetrieblichen Mediationen** erfolgt die erste Kontaktaufnahme zur Auftragsvergabe oftmals telefonisch, z. B. durch einen Mitarbeiter aus der Personalabteilung, ein Mitglied der Unternehmensleitung (Vorstand oder Geschäftsführung), durch einen Vorgesetzten der Konfliktbetroffenen oder sogar durch einen Konfliktbeteiligten selbst. Bei der Kontaktaufnahme sollte der Mediator dem Interessenten das übliche Vorgehen zur Klärung des Auftrages und der Durchführung näher erläutern.

Für die Auftragsvergabe gibt es in innerbetrieblichen Mediationen meistens einen **inneren und äußeren Auftraggeber.**[6] Bei dem **äußeren Auftraggeber** handelt es sich um den Auftraggeber, der das Mediationsverfahren bezahlt und der innerhalb des Unternehmens das Verfahren als solches auf höherer Ebene unterstützt und legitimiert und der für die Rahmenbedingungen der Mediation der Ansprechpartner ist. Mit diesem Auftraggeber schließt der Mediator einen **äußeren Mediationsvertrag**, in dem auch die Honorarvereinbarung enthalten ist. Bei dem inneren Auftraggeber einer Mediation handelt es sich um die Mediationsteilnehmer. Mit ihnen schließt der Mediator den **inneren Mediationsvertrag**, der die Finanzierung des Verfahrens ausklammert. Bei Konflikten in der Unternehmensleitung kann der äußerere und innere Auftraggeber identisch sein. Dann wird nur ein Mediationsvertrag mit allen Konfliktbeteiligten abgeschlossen.

[4] Vgl. Diez, 2005, S. 96.

[5] Vgl. Diez, 2005, S. 96; vgl. auch Duve/Eidenmüller/Hacke, 2011, S. 110, die mit Ausnahme von reinen Beziehungskonflikten eine sorgfältige Vorbereitung für wichtig erachten; vgl. auch Montada/Kals, 2013, S. 249, die darauf hinweisen, dass ein Mediator die Konflikte selbst verstehen muss, sonst wird er als „begriffsstutzig“ und inkompetent wahrgenommen.

[6] Vgl. Kessen/Troja, 2009, S. 299 f.

Bei einer telefonischen Anfrage ist es sinnvoll eine **Checkliste** für das Gespräch zur Hand zu haben, in der wichtige Punkte gleich notiert werden können.[7] So können **erste Daten des Anrufers** (Unternehmen und Adresse, Anrufer, äußerer Auftraggeber, falls dieser nicht identisch mit dem Anrufer ist, Telefon- Nr., E-Mail, Stellung im Unternehmen) **und zum Konflikt** aufgenommen werden. So sollen die Anfragenden zunächst nur eine **kurze Konfliktschilderung aus ihrer Perspektive** geben. Während der Konfliktschilderung sollte sich der Mediator hierzu auf der Checkliste **Notizen zu den herausgehörten Konfliktinhalten, Interessen, Beteiligten und Gruppierungen** machen. Er wird nach **bisherigen Konfliktlösungsversuchen** in dieser Sache fragen und ob bereits **Organisationsberater** in diesen Konflikt einbezogen wurden und ggf. nach deren Lösungsansätzen fragen. Am Ende der Schilderung wird er schon eine **erste Einschätzung abgeben**, ob der Konflikt, vorbehaltlich weiterer Gespräche mit allen Konfliktbeteiligten, grundsätzlich mediationsgeeignet ist oder andere Maßnahmen, wie z. B. ein Konflikt-Coaching oder eine Organisationsentwicklungsberatung, sinnvoll wären.

Sollte der Mediator die Mediation als geeignete Maßnahme sehen, so wird er den Anrufer befragen, ob er die Mediation als Verfahren bereits kennt. Falls dies nicht der Fall ist, sollte der Mediator das **Mediationsverfahren** (Ziele, Ablauf und Rahmenbedingungen) in ein paar Sätzen **kurz und knapp beschreiben** können und die **zentralen Grundsätze der Mediation kurz** erläutern. Bei weitergehendem Interesse wird der Mediator das weitere Vorgehen beschreiben.

Sollte es sich bei dem **Anrufer** um einen **Konfliktbeteiligten** auf Mitarbeiterebene handeln, so wird der Mediator diesen bitten, einen Kontakt zum äußeren Auftraggeber (z. B. Personalreferenten, Vorgesetzten etc.) herzustellen, um mit diesem den Wunsch einer Mediation zu erörtern. Bei weiterem Interesse soll sich dann der äußere Auftraggeber bei dem Mediator zurückmelden, damit das weitere Vorgehen besprochen und koordiniert werden kann. Handelt es sich bereits bei dem Kontaktaufnehmenden um den **äußeren Auftraggeber**, so wird der Mediator diesen bitten, zunächst von allen Konfliktbeteiligten eine Zustimmung zu einer Mediation einzuholen. Hier ist es sinnvoll, zur Erstinformation der Betroffenen auf die Inhalte der **eigenen Webseite** des Mediators zum Thema „Wirtschaftsmediation bzw. innerbetrieblicher Wirtschaftsmediation" verweisen zu können oder dem Anfragenden eigene **Informationsfolder** zum Thema Wirtschaftsmediation zur Verfügung zu stellen, die er an die Konfliktbeteiligten weiterreichen kann. Bei einer positiven Rückmeldung wird der Mediator den äußeren Mediationsvertrag zusenden oder direkt in einem persönlichen Erstgespräch ein Vertragsexemplar überreichen, das ggf. den speziellen Wünschen in Bezug auf die Ziele der Mediation und die Rolle des Rechts und die Rolle des Mediators angepasst werden kann.

Im äußeren Mediationsvertrag sollten sich folgende **Inhalte** (vgl. ausführlich Kap. 6.1.1.) wiederfinden:

[7] Vgl. hierzu Diez, 2005, S. 98 f.

- Beteiligte des äußeren Mediationsvertrages (äußerer Auftraggeber und Mediator ggf. Co-Mediator)
- Auftrag zur Mediation
- Definition der Mediation und der in der Mediation zugrundeliegenden Grundsätze (Eigenverantwortlichkeit, Freiwilligkeit, Allparteilichkeit, Informiertheit, Vertraulichkeit, Ergebnisoffenheit, Sanktionsfreiheit)
- Ziele der Mediation
- Regeln in der Mediation
- Aufgaben und Rolle des Mediators (ggf. aktiver/passiver Mediator in Bezug auf unverbindliche Hinweise, Vorschläge und Alternativen zur Konfliktlösung) als allparteilicher Klärungshelfer ohne Entscheidungsbefugnis
- Ziel der innerbetrieblichen Mediation: z. B. Lösung des aktuellen Konfliktthemas zum allseitigen Nutzen sowie die Wiederherstellung einer konstruktiven Beziehungsebene der Konfliktbeteiligten, um in Zukunft wieder kooperativ miteinander umgehen zu können
- Die Funktion und Aufgaben des äußeren Auftraggebers, insbesondere Sicherstellung und Garantie der Ergebnisoffenheit und der Sanktionsfreiheit der Medianden sowie allgemeine Informationsbereitstellung und konkrete Informationen über ggf. ausgesprochene Kündigungen
- Zentrale Inhalte des Vertrages mit dem „inneren Auftraggeber"
- Rolle des Rechts in der Mediation (siehe Kap. 7), (nicht nur bei rechtlich relevanten Sachverhalten. Die meisten Konflikte im innerbetrieblichen Bereich sind zunächst ohne Rechtsbezug. Erst im Laufe der Zeit eskalieren die Konflikte und können sich zu rechtlich relevanten Konflikten entwickeln.)
- Aufforderung zur Einholung einer Rechtsauskunft bei rechtlich relevanten Sachverhalten
- Recht zur Verschwiegenheit des Mediators bei Scheitern einer Mediation und nachfolgender gerichtlicher Auseinandersetzung
- Kündigung oder Beendigung des Verfahrens
- Maßnahmen bei längerem Ausfall des Mediators, z. B. durch Krankheit
- Angaben zur Dokumentation und Aufbewahrung der Ergebnisprotokolle der Sitzungen
- Ggf. Angaben zur Einbeziehung Dritter (z. B. Rechtsanwälte bei einer ausgesprochenen Kündigung)
- Honorarangaben und ggf. weitere Kostenübernahmen (z. B. Fahrtkosten, Spesen, ggf. Kosten für ein Tagungshotel)
- Haftungsbeschränkung des Mediators
- Salvatorische Klausel

In einem **persönlichen Erstgespräch** mit dem äußeren Auftraggeber, werden **weitere allgemeine Informationen** zu dem Unternehmen und den Konfliktbeteiligten zum besseren Konfliktverständnis eingeholt und sofern vorhanden, **als Kopie** angefordert. (Z. B. ein Organigramm, Stellenbeschreibungen der Konfliktparteien, Projektbeschreibungen, ggf.

das Unternehmensleitbild, die dazugehörigen Führungsgrundsätze und andere wichtige Leitlinien.) Es werden insbesondere die **Grundsätze der Ergebnisoffenheit und der Sanktionsfreiheit**, die auch Gegenstand des äußeren Mediationsvertrages sind, erläutert, die der äußere Auftraggeber zusichern muss. Mit dieser vertraglichen Zusicherung können in den Erstgesprächen mit den Medianden vorhandene innere Blockaden abgebaut und grundsätzliches Vertrauen aufgebaut werden. Auch die **Vertraulichkeit** wird besonderes besprochen. So erhalten der übergeordnete Vorgesetzte, sofern er nicht an der Mediation beteiligt war und der äußere Auftraggeber nur eine Abschlussinformation bzw. die Abschlussvereinbarung über die Ergebnisse der Mediation.

Im Folgenden wird geklärt, ob es sich um einen Konflikt mit **rechtlich relevantem Bezug** handelt. Bei rechtlich relevantem Bezug ist eine Rechtsbelehrung der Medianden über ihre **Rechtsansprüche und -pflichten** zu veranlassen.[8] Die Rechtsberatung sollte auch die Frage klären, **ob** es in Bezug auf den Konflikt eine **„gesicherte" Rechtsprechung** gibt oder ob diese, wie sehr häufig der Fall, nicht eindeutig ist. Darüber hinaus soll sie den Hinweis enthalten, dass in einer Mediation im Gegensatz zum Gerichtsverfahren die **Möglichkeit** besteht, dass neben **justiziablen auch nichtjustiziable Anliegen gleichwertig** eingebracht werden können.[9] Falls dies in der Rechtsberatung unterbleibt, sollte der Mediator ausdrücklich darauf hinweisen. Wurde z. B. eine Kündigung ausgesprochen, so muss der von der Kündigung betroffene Mitarbeiter im Rahmen der Rechtsberatung informiert werden, dass er eine Kündigungsschutzklage zur Fristwahrung erheben sollte, allerdings mit dem Hinweis, dass das Verfahren während der Mediation ruhen solle. Wurde eine Kündigung zwar nicht schriftlich fixiert, aber angedroht, ist mit existenziellen Ängsten des Betroffenen zu rechnen und damit, dass der Mediator viel Zeit für die Herstellung von Vertrauen benötigen wird. Dort muss er mit dem Verweis auf die Sanktionsfreiheit arbeiten, und versichern, dass es nicht zu einer Kündigung kommen wird. Es ist zu klären, inwieweit die Rolle des Rechts (Vgl. Kap. 7) in der Mediation überhaupt zu berücksichtigen ist, da viele innerbetriebliche Konflikte im Frühstadium gar nicht justiziabel sind.

Darüber hinaus wird im Vorgespräch geklärt, welche **Erwartung der äußere Auftraggeber in Bezug auf die Mediation** hat, d. h. **welche Ziele** die Mediation erreichen soll. Der Mediator wird darauf hinweisen, dass in **innerbetrieblichen Mediationen** i. d. R. eine Zielvorgabe nicht nur die **Lösung des Sachthemas**, sondern auch die **Verbesserung der Beziehungsebene** umfassen sollte.[10] Es sollte eine **Gewinner-Gewinner-Lösung** angestrebt werden, die **langfristig Bestand** haben sollte und von allen Betroffenen als **fair bewertet** wird und **nicht zu Lasten Dritter** geht.[11] Nur so sind Konfliktlösungen nachhaltig und verbessern auch langfristig das Betriebsklima. Im Erstgespräch können auch gleich die möglichen **Formen des räumlichen Settings** angesprochen werden und dieses festgelegt werden. (Vgl. Kap. 5.1.3.) Sollten ausreichend große neutrale Besprechungs-

[8] Vgl. Montada/Kals, 2013, S. 254.

[9] Vgl. Montada/Kals, 2013, S. 254.

[10] Vgl. Montada/Kals, 2013, S. 253.

[11] Vgl. Montada/Kals, 2013, S. 252 f.

räume mit Flip-Charts und Pinnwänden und leeren Wandflächen zur Verfügung stehen, kann die Mediation auch im Unternehmen erfolgen. Der Mediator sollte sich vor Ort ein Bild von der Räumlichkeit machen und im Rahmen seiner Verfahrenskompetenz über die Eignung entscheiden. Darüber hinaus ist es möglich, dass der äußere Auftraggeber **zeitliche und finanzielle** Höchstgrenzen (bei Angabe eines Stundenhonorars) zur Bearbeitung des Konfliktes als **Rahmenbedingungen** vorgibt. Unrealistische Erwartungen bezüglich der Mediationszeit sollte der Mediator jedoch gleich bei der Auftragsklärung ansprechen. Ein komplexer Teamkonflikt mit beispielsweise 20 Mitarbeitern und mehreren Themen ist nicht im Rahmen eines Tages zu lösen. Im Zweifel sollte ein Mediator lieber einen Auftrag ablehnen, als eine Dienstleistung anzubieten, die aufgrund eines zu hohen Zeitdrucks auf beiden Seiten zu enttäuschenden Ergebnissen führt.

Nach diesem Erstgespräch mit dem äußeren Auftraggeber finden die **Erstgespräche mit den Mediananden** statt, darüber hinaus auch noch mit **entscheidungsbefugten Vorgesetzten**, wenn diese nicht an der Mediation teilnehmen, aber ggf. Lösungen der Betroffenen mittragen bzw. genehmigen müssen. Mit ihnen muss der Entscheidungsbereich der Medianden, d. h. die **Breite der Ergebnisoffenheit** im Entscheidungsfeld, abgeklärt werden und er sollte das Verfahren positiv unterstützen. Dies ist notwendig, da sonst eine gelungene Mediation letztendlich daran scheitern könnte, dass der jeweils verantwortliche Vorgesetzte die Entscheidung nicht mitträgt und boykottiert.

Um Vertrauen zu den Medianden aufzubauen und die Mediation besser vorbereiten zu können, ist es hilfreich, **Vorgespräche mit den Medianden in Form von Einzelgesprächen** zu führen. Vertrauensbildung ist wichtig, da ohne Vertrauen eine Mediation nicht gelingt.[12] Zur Bildung von Vertrauen braucht es **Zeit**, d. h. es bedarf einer gewissen Beziehungsdauer, **Risikowillen des Vertrauenden** und **Reziprozität**, d. h. dass sich die Personen gegenseitig vertrauen. Der Vertrauensaufbau umfasst nach dem Modell von Petermann **drei Phasen.** Im Vorgespräch können die Grundsteine für Vertrauen gelegt werden. Im vertraulichen Einzelgespräch können bereits die Phasen I und II des Vertrauensaufbaus wirksam genutzt werden:[13]

- **Phase I: Herstellen einer verständnisvollen Kommunikation:**
  Diese erreicht der der Mediator im Einzelgespräch, indem er dem Medianden seine volle Aufmerksamkeit schenkt, ihm empathisch zuhört und die Selbstbehauptung (window I) des Medianden stärkt, indem er das Problem annimmt und sich dafür Zeit nimmt und es versteht. Dadurch, dass der Mediand „seine Version des Konfliktes" in Ruhe darstellen kann, ist ein erster Schritt zur Vertrauensbildung getan. Durch aktives Zuhören und Blickkontakt trägt der Mediator maßgeblich dazu bei, dass diese erste Stufe gelingt.
- **Phase II: Abbau bedrohlicher Handlungen:**

[12] Vgl. hierzu und im Folgenden: Söfftge, 2011, S. 9 ff.

[13] Vgl. Petermann, 1996, zitiert nach Söfftge, 2011, S. 10 f.

Menschen benötigen Sicherheit, d. h. Orientierung, um Vertrauen aufbauen zu können. Diese kann durch Transparenz und Klarheit bzgl. der Struktur des Mediationsverfahrensablaufes gegeben werden. Indem der Mediator bereits im Vorgespräch die Inhalte des Mediationsvertrages erläutert und insbesondere auf die Grundsätze der Mediation eingeht, schafft er für den Medianden Sicherheit und Orientierung über das Verfahren.

- **Phase III: Gezielter Aufbau von Vertrauen:**
  Dieser gezielte Aufbau von Vertrauen kann erst in der Mediation selbst erfolgen. Dieses Vertrauen ist gekoppelt an eine erlebte Selbstwirksamkeit, die dadurch geschieht, dass die Betroffenen Handlungsanweisungen durchführen müssen (Themen, Interessen, Optionen offenlegen), die erfolgreich bewältigt werden können. Die erfolgreiche Bewältigung der Einzelaufgaben stärkt das Vertrauen in die eigenen Fähigkeiten (Selbstverantwortlichkeit) der Konfliktparteien. Die erreichten Erfolgserlebnisse soll der Mediator dann im Mediationsprozess verbalisieren. Dies kann mit dem im Kap. 5.2. vorgestellten **Viererschritt** wirkungsvoll geschehen.

Bei den Einzelgesprächen ist es wichtig, dass alle Konfliktparteien wissen, dass es sich bei diesem Erstgespräch um ein beidseitiges Informationsgespräch handelt und dass jeder Mediand die **gleiche Zeit** für das Gespräch eingeräumt bekommt. Bei letzterem Gesichtspunkt handelt es sich um einen Punkt der sogenannten „**Verfahrensgerechtigkeit**".[14] Die **erlebte Fairness eines Konfliktlösungsverfahrens** ist dabei genauso wichtig, wie die letztendlich gefundene Lösung.[15] Der Mediator informiert die Medianden in dem Vorgespräch über das Verfahren und die Grundsätze und die Zusicherung des äußeren Auftraggebers zur Ergebnisoffenheit und Sanktionsfreiheit, die Rolle des Rechts in der Mediation (dabei weist er bei rechtsrelevanten Fällen auf die notwendige Rechtsberatung hin) und die Zielsetzung der Mediation und händigt den **inneren Mediationsvertrag** aus. Die Inhalte entsprechen denen des äußeren Mediationsvertrages mit Ausnahme der Honorar- und Kostenpunkte und den Beteiligten des inneren Mediationsvertrages (Mediator und Medianden). Der Mediand kann darüber hinaus sich ihm stellende Fragen zu dem Verfahren und zu dem Vertrag klären. Der Mediator lässt sich in dem Erstgespräch den **Konflikt aus der Sicht des jeweiligen Medianden** darstellen und notiert sich die genannten Aspekte, insbesondere zu den Themen, Interessen und der Konfliktbeteiligten. Dabei kann es hilfreich sein, wenn sich der Mediand im Vorfeld, auf ein bis zwei DIN-A-4 Bögen, **Stichpunkte zum Konflikt** gemacht hat, die er am Ende des Gespräches in Kopie dem Mediator aushändigt. Der Mediator kann den Medianden eine Strukturierungshilfe für die Stichwortliste geben. Folgende **Frageliste** kann der Mediator den Medianden im Vorfeld zukommen lassen:

---

[14] Vgl. Montada/Kals, 2013, S. 152 ff.

[15] Vgl. Montada/Kals, 2013, S. 152 mit weiteren Nennungen. Unfair erlebte Verfahren führen zur Ablehnung des Ergebnisses als ungerecht und führen damit potentiell zu Konflikten.

Strukturierungshilfe zum Konfliktverständnis

1. Wer sind die Konfliktbeteiligten?
2. Welche Konfliktthemen haben sie? Was muss geregelt werden?
3. Gibt es eine Konflikthistorie, die von Relevanz ist?
4. a) Was brauchen Sie, damit es Ihnen wieder gut geht und Sie wieder entspannt arbeiten können?
   b) Was würden sie sich wünschen? Welche Veränderungen wären aus Ihrer Sicht sinnvoll?
5. Was wären die Vorteile einer Konfliktlösung?
6. Welche Vorschläge zur Lösung des Konfliktes haben Sie?

Zum Abschluss des Vorgespräches bittet der Mediator jeden einzelnen Medianden den Mediationsvertrag zum ersten gemeinsamen Mediationstermin unterzeichnet mitzubringen, damit auch die anderen Konfliktparteien auf seinem Vertragsexemplar ebenfalls mit unterzeichnen können und somit dokumentieren, dass sie sich zur gegenseitigen Einhaltung des Vertrages verpflichten.

5.1.1.2 Kontaktherstellung bei einer zwischenbetrieblichen Mediation

Bei **zwischenbetrieblichen Mediationen** kann die Anfrage zur Durchführung einer Mediation nur von einer Konfliktpartei kommen, weil in vielen zwischenbetrieblichen Verträgen oftmals noch keine verbindlichen Mediationsklauseln, zur Durchführung einer Mediation im Konfliktfalle, integriert sind. Das wird sich sicherlich aufgrund des nun vorliegenden Mediationsgesetzes zukünftig ändern. Liegt eine solche Mediationsklausel jedoch vor, so haben sich beide Konfliktparteien schon „in konfliktfreien Zeiten" im Vorfeld über das Verfahren informiert, sind einer Mediation aufgeschlossen und wenden sich gemeinsam an den, i. d. R. schon im gemeinsamen Vertrag, festgelegten Mediator. Die Adressen geeigneter qualifizierter Mediatoren für Wirtschaftskonflikte erhalten die Unternehmen entweder über die Mediatoren-Listen bei den großen Mediatoren-Verbänden, wie z. B. der DGM[16], dem BMWA[17], oder dem BM,[18] manchmal bei Industrie- und Handelskammern, über eine Internetrecherche oder auch über Empfehlungen. Gibt es eine solche Mediationsklausel nicht, (was in Deutschland – leider häufig aus Unkenntnis – noch die Regel ist) muss die andere Konfliktpartei erst für ein Mediationsverfahren gewonnen werden und die Konfliktparteien müssen sich im Vorfeld auf einen Mediator einigen. Es ist möglich, dass sich eine Konfliktpartei allein an einen Mediator mit der Bitte um eine Mediation wendet. Hier kann der Mediator die anfragende Konfliktpartei zunächst bitten, die gegnerische Partei für die Mediation zu gewinnen. Alternativ kann er auf schriftlichem Wege und durch Übersendung von **Informationsmaterial** zum Thema „Wirtschaftsmediation"

---

[16] Vgl. Deutsche Gesellschaft für Mediation e. V.; http://www.dgm-web.de/.

[17] Vgl. Bundesverband für Mediation in Wirtschaft und Arbeitswelt e. V.; http://www.bmwa-deutschland.de/.

[18] Vgl. Bundesverband für Mediation e. V.; http://www.bmev.de/.

und dem Angebot einer **unverbindlichen Kurzpräsentation**[19] zum Thema Wirtschaftsmediation versuchen, die andere Partei für ein Mediationsverfahren zu gewinnen. Erhält der Mediator bei einem zwischenbetrieblichen Konflikt die Zusage von allen Beteiligten zur Durchführung einer Mediation, so kann der Mediator zunächst eine Honorarvereinbarung zur Durchführung einer Mediation von den beiden Parteien einholen, damit der Mediator auch die Vorarbeiten vor der Mediation vergütet bekommt. Den offiziellen Mediationsvertrag kann er so noch nach der Konfliktanalyse individuell auf die Bedürfnisse der Konfliktparteien (in Bezug auf die Ziele der Medianden, Rolle des Rechts, ggf. Rolle des Mediators, gewünschtes Setting) zuschneiden.

Bei zwischenbetrieblichen Konflikten handelt es sich **sehr häufig um Konflikte mit Rechtsbezug**. Aus diesem Grunde ist es sinnvoll, sich von den Konfliktparteien sämtliche Vertragsunterlagen, Protokolle, Zeichnungen, Projektbeschreibungen o. ä. Vertragsbestandteile in Kopie aushändigen zu lassen. Handelt es sich bei dem Mediator **nicht** um einen Juristen, so sollte er sich zu dem Konfliktgebiet durch einen neutralen Anwalt eine gutachterliche juristische Bewertung des Falles geben lassen, wenn er die notwendigen Rechtskenntnisse nicht besitzt. Die Einschätzung der Rechtssituation ist nicht zur Nutzung in der Mediation wichtig und darf auch nicht vom Mediator genannt werden, weil er dadurch seine Unparteilichkeit verlieren würde, zudem kann die gutachterliche juristische Bewertung durch unterschiedliche Personen auch unterschiedlich ausfallen. Die anwaltliche Bewertung gibt dem Mediator jedoch einen Hinweis, wie der Fall gesehen werden könnte. Ist ein Gerichtsverfahren bereits eingeleitet worden und ruht dieses aufgrund der Mediation, bieten die Schriftsätze eine zusätzliche Informationsquelle.[20] Zur **Informationseinholung** im Vorfeld eignen sich neben **Schriftsätzen**, von den Beteiligten frei verfasste schriftliche **Stellungnahmen** und sogenannte **pre-mediation briefing reports**. Letztere sind zur Vorbereitung und Strukturierung einer Mediation am effizientesten.[21]

Wenn die Streitparteien kein streitiges Verfahren eingeleitet haben, können sich die Mediatoren **Stellungnahmen** von beiden Parteien vorab in schriftlicher Kurzform im Umfang von max. 10–15 DIN-A-4 Seiten geben lassen.[22] Sie sollten Angaben zum

- zum Verlauf des Konfliktes
- etwaige frühere Vergleichsverhandlungen
- die Darstellung des Sachverhaltes und die wesentlichen Rechtsargumente
- wirtschaftliche oder andere unternehmensbedeutende Aspekte des Konfliktes enthalten, die allen Beteiligten nach Abschluss eines Mediationsvertrages zur Kenntnis gegeben werden kann.[23]

[19] Vgl. Duve/Eidenmüller/Hacke, 2011, S. 108.

[20] Vgl. Duve/Eidenmüller/Hacke, 2011, S. 112.

[21] Vgl. Duve/Eidenmüller/Hacke, 2011, S. 114.

[22] Vgl. Duve/Eidenmüller/Hacke, 2011, S. 112.

[23] Vgl. Duve/Eidenmüller/Hacke, 2011, S. 112 f.

Bei einem **pre-mediation briefing report** handelt es sich um eine schriftliche Stellungnahme, die jede Konfliktpartei mit ihren Beratern mit einer vom Mediator vorgegebenen Gliederung verfasst.[24] Die Beteiligten sollen sich im Vorfeld nicht nur über ihre Themen und Positionen äußern, sondern auch Überlegungen zu Interessen, Optionen und Nichteinigungsalternativen (BATNA) anstellen und dazu eine erste Stellung beziehen. Im Folgenden soll ein Fragebogen für die Erstellung eines pre-mediation briefing reports vorgestellt werden:[25]

Fragebogen für die Erstellung eines pre-mediation briefing reports

- Wie ist die Chronologie des Konfliktes? Geben Sie den bisherigen Verlauf und Ihre Sicht des Konfliktes an.
- Wer sind die Parteien bzw. Beteiligte des Konfliktes (Parteivertreter und die Rolle im Konflikt)?
- Wer entscheidet über Vertragsvereinbarung zur Beendigung des Konfliktes?
- Welche Themen und Sachprobleme müssen geregelt werden?
- Welche weitergehenden Interessen, Anliegen, Ziele und Motive, Werte oder normative Erwartungen im Zusammenhang mit dem Konflikt vertreten Sie?
- Welche mittel- oder langfristigen Vorteile hätte eine Einigung?
  - allgemein
  - in wirtschaftlicher Hinsicht
  - bezüglich ihrer Interessen
  - in Bezug auf Dritte (z. B. Kunden, Branche, Mitbewerber?)
- Welche Alternativen haben Sie, wenn sich nicht in der Mediation einigen können? (Was ist die beste Nichteinigungsalterntive (BATNA)[26])
- Welche Lösungsalternativen haben Sie, die zu einer Einigung führen könnten?
- Welche Verhandlungsthemen, Einigungsversuche und Lösungen gab es bisher?
- Welche Fairness- und Gerechtigkeitsstandards wollen Sie in der Mediation zugrunde legen?
- Gibt es Austauschmöglichkeiten in Bezug auf Güter und Dienstleistungen, die Sie in den Mediationsverhandlungen mit einbringen können. Wenn ja, welche?

Darüber hinaus wäre auch eine schriftliche Klärung in dem pre-mediation briefing report zu folgenden Fragen sinnvoll:

---

[24] Vgl. hierzu und im Folgenden: Duve/Eidenmüller/Hacke, 2011, S. 113 f.

[25] Vgl. in Anlehnung an Duve/Eidenmüller/Hacke, 2011, S. 114.

[26] In Analogie zum Harvard-Konzept (Fisher/Ury/Patton, 2009, S. 141) handelt es sich um die BATNA (Best Alternative to Negotiated Agreement) also einer besten Alternative zu einer Verhandlungsvereinbarung.

- Welche Erwartungen haben Sie in Bezug auf
  - die **Ziele** der Mediation, (nur schnelle Einigung in Bezug auf der Sachebene oder zusätzlich die Erhaltung der existierenden Geschäftsbeziehung)
  - die **Rolle des Rechts** als Bewertungsmaßstab innerhalb der Mediation im Vergleich **zu anderen Bewertungsmaßstäben (z. B. wirtschaftlichen, steuerlichen, die Außendarstellung des Unternehmens betreffenden Bewertungsmaßstäben etc.)**
  - und die **Rolle des Mediators** (aktiv oder passiv bei der Suche nach Lösungsoptionen).

Liegen die Vorstellungen zu den letzten drei Punkten weit auseinander, so ist eine **„Vormediation bzw. ein Vortreffen" zur gemeinsamen Bestimmung der Eckpunkte des Mediationsverfahrens und -vertrages** anzuraten.

Zum **Beispiel** könnte die eine Konfliktpartei A nur eine schnelle Regelung der Sache wünschen und hat kein weiteres Interesse an einer weiterführenden Geschäftsbeziehung. Sie legt einen hohen Stellenwert auf eine hohe Einbeziehung des Rechts bei der Lösungssuche und möchte aber nicht, dass der Mediator aktiv Lösungsvorschläge einbringt. Die andere Konfliktpartei B könnte eine Gewinner-Gewinner-Lösung anstreben, die neben der Klärung der Sachfrage auch den Aspekt der Erhaltung der Geschäftsbeziehung im Fokus hat und die Rolle des Rechts nicht als vorrangigen Bewertungsmaßstab für die Geeignetheit einer Lösung sieht. Sie wünscht sich hingegen eine aktive Haltung des Mediators in Bezug auf Lösungsoptionen. Können sich die Konfliktparteien bei diesen Eckpunkten nicht auf eine gemeinsame Richtung einigen, wird es auch der Mediator im Mediationsverfahren schwer haben, da hinter den o. g. Wünschen sich auch unterschiedliche Verhandlungsstile verbergen. Während A tendenziell kompetitiv eingestellt ist, ist B eher kooperativ ausgerichtet. Diese Situation könnte A, gemäß des in Kap. 3.2.3. beschriebenen Verhandlungsdilemmas, ausnutzen. Aus diesem Grunde sollte der Mediator bei der Durchführung auf eine **konsensuale Festlegung der Rahmenbedingungen bestehen** und wenn er diese nicht erreichen kann, sich auf seine Allparteilichkeit beziehen und lieber auf den Auftrag verzichten.

Die **Gestaltung des Verfahrens richtet sich nach den Erwartungen der Konfliktparteien**. Wünschen beide Konfliktparteien eine **kooperative Lösung**, bei der die **Geschäftsbeziehung erhalten bleiben soll**, so ist das im Folgenden weiter dargestellte Mediations-verfahren anwendbar. Der Hinweis, dass nach einem gescheiterten kooperativen Mediationsversuch noch immer der Rechtsweg offen steht, kann hilfreich sein sich auf eine Mediation mit geringerem Rechtsbezug und hohem Wirtschaftbezug einzulassen und ermöglicht dadurch eine größere Optionenvielfalt. Darüber hinaus kann die Information zu der viel zu oft zu positiv eingeschätzten eigenen Rechtsposition und den ungewissen Ausgang vieler Gerichtsverfahren, den Wunsch nach einer Mediation mit geringem Rechtsbezug, ebenfalls stärken. Wollen beide Konfliktparteien dennoch nur schnell auseinander kommen und sehen das Recht als geeigneten Bewertungsmaßstab für eine Lösung, und wollen eine Mediation nur deshalb durchführen, weil sie Zeit und Gerichtskosten sparen, so kann ein Mini-Trial (vgl. Kap. 1.3.2.2.) durchgeführt werden. Hier sollten die beteiligten Mediatoren zwingend Rechtskenntnis in der Sache haben, bzw. die Mediation mit einem Rechtsanwalt des jeweiligen Fachgebietes in Co-Mediation (vgl. Kap. 5.4.3.) durchführen. Bei sehr **komplexen Mediationen** kann ggf. auch themenspezifisch **für jeden Themenpunkt die Rolle des Rechts neu entschieden** werden.

Bei einer zwischenbetrieblichen Mediation ist es von Bedeutung, die zu **beteiligenden Mediananden zu bestimmen**. Bei **juristischen Personen** ist zunächst zu klären, wer als **Repräsentant** des Unternehmens in Frage kommt und an der Mediation teilnehmen soll. Hier ist es wichtig, **Entscheidungsträger, die in der Konfliktsache entscheidungsbefugt sind, mit einzubeziehen**, da sie nur dann einer Mediationsvereinbarung garantiert zustimmen werden, wenn sie daran mitgewirkt haben.[27] Handelt es sich bei den Entscheidungsträgern nicht um Vorstände oder Geschäftsführer, so sind **im Vorfeld Vollmachten zum Abschluss eines Mediationsvertrages** für die Repräsentanten von den jeweiligen Unternehmen auszustellen.[28] Zwischenbetriebliche Mediationen werden somit nicht immer zwangsläufig nur mit den vom Konflikt Betroffenen durchgeführt. Wichtig bei der Auswahl der Mediationsteilnehmer bzw. Repräsentanten für die Mediation ist, dass diese Personen das Vertrauen ihrer Auftraggeber genießen und ausreichend Handlungsspielraum im Konfliktfeld haben, um eine Mediationsvereinbarung abzuschließen.[29] Darüber hinaus sollten aber auch immer **unmittelbar und mittelbar von der Mediationsvereinbarung Betroffene** in die Mediation mit einbezogen werden, wenn sie für die Umsetzung der Vertragsvereinbarung im Unternehmen verantwortlich sind. Werden sie nicht einbezogen, besteht die Gefahr, dass es zu Umsetzungsschwierigkeiten und innerhalb des eigenen Unternehmens zu Angriffen des Vertrages kommt und dieser nicht langfristig Bestand hat.[30]

In persönlichen Vorgesprächen mit den Konfliktparteien können darüber hinaus noch **weitere und ergänzende Informationen** durch den Mediator gesammelt werden, z. B. ob neben dem Sachkonflikt noch ein **Beziehungskonflikt** existiert, welche Einigungshürden es bei vorherigen **Konfliktlösungsversuchen** gab[31], ob die **Einbeziehung Dritter** notwendig ist, z. B. Sachverständige bei komplizierten technischen Sachverhalten, Dolmetscher bei Unternehmen aus sprachlich verschiedenen Ländern oder Rechtsanwälte der Konfliktbeteiligten teilnehmen sollen, die sich zu den Rechtsfragen gutachterlich vorbereiten müssen und sich nicht nur auf den eigenen Standpunkt beziehen sollen.[32]

Der **Mediationsvertrag** wird dann anhand der Wünsche der Konfliktbeteiligten zusammengestellt und sollte **folgende Inhalte** haben: (Vgl. ausführlich im Kap. 6.1.1.)

---

[27] Vgl. Montada/Kals, 2013, S. 250.

[28] Vgl. Heussen, 2009, S. 411; vgl. auch Duve/Eidenmüller/Hacke, 2011, S. 116 f.

[29] Vgl. Montada/Kals, 2013, S. 250.

[30] Vgl. Duve/Eidenmüller/Hacke, 2011, S. 118.

[31] Vgl. Duve/Eidenmüller/Hacke, 2011, S. 112.

[32] Vgl. Duve/Eidenmüller/Hacke, 2011, S. 111.

- Beteiligte der Mediation (Mediandenund Mediator ggf. Co-Mediator, ggf. Rechtsanwälte, die mitwirken sollen)
- Auftrag zur Mediation
- Definition der Mediation und der in der Mediation zugrundeliegenden Grundsätze (Eigenverantwortlichkeit, Freiwilligkeit, Allparteilichkeit, **Informiertheit**, **Vertraulichkeit**,) Insbesondere Sicherstellung und Garantie der Vertraulichkeit und der Informiertheit der Medianden
- Recht zur Verschwiegenheit des Mediators bei Scheitern einer Mediation und nachfolgender gerichtlicher Auseinandersetzung
- Ziele der Mediation z. B. Lösung des aktuellen wirtschaftsrechtlichen Konfliktes zum allseitigen Nutzen sowie die Wiederherstellung einer konstruktiven Geschäftsbeziehung der Konfliktbeteiligten, um in Zukunft wieder kooperativ miteinander umgehen zu können
- Regeln in der Mediation
- Aufgaben und Rolle des Mediators (aktiver/passiver Mediator in Bezug auf unverbindliche Hinweise, Vorschläge und Alternativen zur Konfliktlösung) als allparteilicher Klärungshelfer und Vermittler ohne Entscheidungsbefugnis
- Rolle des Rechts in der Mediation als Bewertungsmaßstab von Lösungen im Vergleich zu alternativen Bewertungsmaßstäben (siehe Kap. 7),
- Kündigung oder Beendigung des Verfahrens
- Maßnahmen bei längerem Ausfall des Mediators durch z. B. Krankheit
- Angaben zur Dokumentation und Aufbewahrung der Ergebnisprotokolle der Sitzungen
- Honorarangaben und ggf. weitere Kostenübernahmen (z. B. Fahrtkosten, Spesen, ggf. Kosten für ein Tagungshotel) und die Aufteilung der Kosten auf die Konfliktparteien (i. d. R. Kostenübernahme zu gleichen Teilen), sofern nicht schon vorher eine separate Honorarvereinbarung abgeschlossen wurde.
- Haftungsbeschränkung des Mediators
- Salvatorische Klausel

Der Mediationsvertrag kann dann den Konfliktparteien in zweifacher Ausführung zugeschickt werden mit der Bitte zur Unterschrift des jeweiligen Auftraggebers und Rücksendung je eines Exemplars. So hat der Mediator Sicherheit in Bezug auf seinen Auftrag, wenn er nicht schon im Vorfeld eine Honorarvereinbarung abgeschlossen hat. Er erhält schon vorab jeweils eine einseitig unterschriebene Willenserklärung, die dann im ersten Mediationstermin noch vervollständigt werden muss. Mit dem Vorliegen der unterschriebenen Verträge von allen Konfliktparteien kann der Mediator die weiteren Vorbereitungen treffen.

5.1.2 Konfliktanalyse

Der Mediator wird die **gesammelten Informationen auswerten** und eine Einschätzung zu den anzutreffenden Konfliktarten (Informationskonflikt/Sachkonflikt/Beziehungskonflikt/verwobener Sach- und Beziehungskonflikt/Wertekonflikte/Strategiekonflikte/Verteilungskonflikte oder Strukturkonflikt) vornehmen und daraus Hypothesen für die Mediationsverfahren ableiten. Oftmals gibt es unterschiedliche Themen und daraus resultierend verschiedene Konfliktarten.

Darüber hinaus wird er eine **Einordnung des Eskalationsgrades** des Konfliktes vornehmen (vgl. Kap. 2.4.) und prüfen, ob der Konflikt noch für eine Mediation **geeignet erscheint**. Grundsätzlich sind Konflikte, wie in Kap. 2.4.2. bereits erläutert, bis zum Eskalationsgrad 6 „Drohstrategien" möglich. Allerdings handelt es sich dann schon um eine sehr weit fortgeschrittene Eskalation, in der der Beziehungsanteil von besonderer Bedeutung ist und die Sachthemen erst gelöst werden können, wenn wieder eine positive Beziehungsebene hergestellt ist.

Des Weiteren wird der Mediator prüfen, ob es **Einschränkungen der Geeignetheit einer Mediation** gibt, die aber durch den Mediator in Ressourcen und damit in eine Geeignetheit der Mediation umgewandelt werden können. So sollten folgende **Fragestellungen** positiv beantwortet werden können:[33]

- Herrscht ein **Machtungleichgewicht** vor und kann dieses durch den Mediator ausgeglichen werden?/Wie? (z. B. bei vertikalen Konflikten zwischen Vorgesetztem und unterstelltem Mitarbeiter/bei einer Mediation zwischen Großunternehmen und abhängigem Zulieferer)
- Gibt es **Drohungen und Erpressungen** und wie können diese im Mediationsverfahren erfolgreich bewältigt werden?
- Können sich alle Medianden gleichermaßen dazu durchringen, sämtliche relevanten **Informationen** bereitzustellen?
- Sind die Medianden bereit eine juristische Beratung einzuholen, wenn sie erforderlich ist?
- Ist die **Freiwilligkeit gewährleistet** (insbesondere bei innerbetrieblichen Mediationen) oder wurden die Beteiligten zur Mediation gezwungen? Kann der Mediator evtl. gezwungene Beteiligten für eine Freiwilligkeit gewinnen?

Eine **Kontra-Indikation einer Mediation** liegt vor, wenn

- eine schwere Suchtabhängigkeit, schwere psychische Krankheiten[34]
- oder physische Gewaltanwendung gegeben ist,[35]
- keine Ergebnisoffenheit oder Sanktionsfreiheit im innerbetrieblichen Kontext vorliegt,

[33] Vgl. in Anlehnung an Diez, 2005, S. 78.

[34] Vgl. Diez, 2005, S. 79.

[35] Vgl. Diez, 2005, S. 79. Anders dazu lauten Meinungen zum Täter-Opfer-Ausgleich, die auch in Form von Mediationen, allerdings mit speziellen Rahmenbedingungen ablaufen können. Vgl. hierzu Gläßer/Gorzel, 2004, S. 49 ff.

- die Parteien bewusst auf Konfrontation aus sind, mit dem Ziel „Recht zu bekommen“ oder die Schuldfrage zu klären, statt zu kooperieren und das eigentliche Problem zu lösen.[36]

Kann der Mediator die o. g. Fragestellungen nicht positiv beantworten oder liegt sogar eine Kontra-Indikation vor, ist es ratsam die Durchführung einer Mediation abzulehnen und stattdessen ggf. eine gerichtliche Klärung zu empfehlen.

Der Mediator wird in einem nächsten Schritt aufgrund der schriftlichen Unterlagen und der Vorgespräche **Arbeits-Hypothesen** bilden[37]

- zu den **Konfliktbeteiligten** (Besonders wichtig ist die Frage: Sind **alle relevanten Konfliktparteien in die Mediation einbezogen worden**, oder müssen noch weitere Beteiligte einbezogen werden? Ggf. sind noch weitere Vorgespräche zu führen und der Kreis um weitere Betroffene zu erweitern. Welche zentralen Themen und Interessen könnten vorliegen, wie sieht die Kooperationsbereitschaft aus ö. ä.?)
- zum **Verfahrensablauf** (Welche Techniken und Methoden könnten besonders hilfreich sein, insbesondere bei Besonderheiten innerbetrieblicher Mediationen z. B. bei Gruppenkonflikten?)
- zum **Mediator** selbst (Wie ist die eigene Einstellung zum Konfliktthema, um mögliche eigene Fallen in Bezug auf die Neutralität und Allparteilichkeit zu erkennen? Bei Co-Mediationen: Wie soll die Zusammenarbeit gestaltet werden?)

und sich dazu schriftlich ein paar Notizen machen. Diese Hypothesen müssen nicht zwingend in der Mediation zutreffen, helfen aber dabei, wenn sie zutreffen, schneller zu reagieren und arbeiten zu können. Sie sind auch **hilfreich zur Vorbereitung jeder einzelnen Stufe der Mediationsphase im engeren Sinne**.[38] In einem nächsten Schritt legt der Mediator das Setting, also die formalen Rahmenbedingungen der Mediation, fest.

5.1.3 Setting festlegen

Der Wirtschaftsmediator ist **Verfahrensgestalter der Mediation** und eine seiner Hauptaufgaben liegt darin, geeignete Rahmenbedingungen zu schaffen, dass eine Wirtschaftsmediation gelingen kann.[39] Er wird aus der Konfliktanalyse und aus Erfahrungswerten zunächst einen **Zeitrahmen (Anzahl und Dauer der Treffen)** zur Konfliktklärung festlegen und mit den Konfliktparteien abstimmen. Der Mediator sollte insbesondere, wenn

---

[36] Vgl. Budde, 2006b, S. 56.

[37] Vgl. Diez, 2005, S. 94.

[38] Vgl. Diez, 2005, S. 93.

[39] Vgl. Heussen, 2009, S. 409.

bei externen Mediationen die Beteiligten längere Anreisen haben, Pufferzeiten oder einen Reservetag einplanen.[40] Je komplexer ein Konflikt ist, desto längere Gesamtdauern sind zu erwarten. Komplexe Mediationen sind nicht innerhalb eines Tages durchzuführen. Darüber hinaus kann die **Einbeziehung von Co-Mediatoren** erforderlich sein. (Vgl. Kap. 5.4.3.) In der Regel sind bei Wirtschaftsmediationen mindestens zwei Termine notwendig, zum einen um die neuen Informationen zu verarbeiten und zum anderen um kreative und neuartige Lösungen zu ermöglichen, dafür ist eine gewisse Inkubationszeit erforderlich.[41] (Vgl. hierzu auch Kap. 5.2.4.)

Auch die Mediationsdauern an den einzelnen Mediationsterminen sind unterschiedlich. So können mehrere Einzeltermine mit 1,5–3 h oder halbe Tage vereinbart werden sowie ganze Tage für die Mediation im Vorfeld reserviert werden. Die Vereinbarung ganzer und mehrerer Mediations-Tage als „Blockveranstaltung" bietet sich insbesondere bei externen Wirtschaftsmediationen an, in denen die Beteiligten eine längere Anreise haben. Wichtig ist bei Tagesveranstaltungen, die Mediationszeit in ca. 1,5 h-Blöcke aufzuteilen und ausreichende Erholungspausen einzuplanen, da das Verfahren sehr anstrengend ist und nach diesem Zeitraum die Konzentration der Beteiligten deutlich sinkt.[42] Für einen Tag sollten maximal vier Blöcke angesetzt werden, da die Konzentration aller Beteiligten (auch die des Mediators) im Tagesverlauf abfällt. Der Mediator muss zu jeder Zeit „wach" sein und sich sehr konzentrieren können, damit ihm kein wichtiger Aspekt entgeht.

Geben Unternehmen ein **knappes Zeitbudget** vor, in dem der Konflikt zu bearbeiten ist, so sollte der Mediator einschätzen können, ob innerhalb des Zeitrahmens der Gesamtkonflikt oder nur ein Teil der Themen abgearbeitet werden kann. Der Mediator sollte im Vorfeld den Auftraggeber darauf hinweisen, um unterschiedliche Auffassungen zur Auftragsvergabe auszuschließen. Darüber hinaus ist eine genaue Planung und ein **besonderes Zeitmanagement** durch den Mediator erforderlich. Da Zeitdruck für eine kreative und produktive Ideensuche Gift ist,[43] sollten lieber zwei Einzeltermine mit einem Abstand von ein bis 2 Wochen gewählt werden. Bei unrealistischen Forderungen bzgl. der Durchführungszeiten und der zu erreichenden Ergebnisse seitens der Auftraggeber sollte der Mediator seine Bedenken benennen und im Rahmen seiner Verfahrenskompetenz im Zweifel lieber einen Auftrag ablehnen. **Hochkomplexe Mediationen** sind **nicht in einer Kurz-Mediation** zu bewerkstelligen, bzw. es können dann in der Regel nur einzelne Themen abgearbeitet werden.[44] Weist man den Auftraggeber auf diesen Zusammenhang hin und ist dieser z. B. bei einer innerbetrieblichen Mediation auch mit einer teilweisen Klärung der Themen zufrieden, so kann ein Auftrag durch den Mediator dennoch angenommen werden.

[40] Vgl. Heussen, 2009, S. 409

[41] Vgl. zum kreativen Prozess vgl. Preiser, 1986, S. 42 ff.; vgl. auch Brunner, 2008, S. 46 ff.

[42] Vgl. hierzu auch ähnlich Duve/Eidenmüller/Hacke, 2011, S. 122.

[43] Vgl. Sikora, 2001, S. 83 ff., der emotionale Blockierungen beschreibt, die kreative Lösungen verhindern.

[44] Vgl. Erläuterungen zur Kurz-Mediationen: Diez, 2005, S220 ff.

Des Weiteren muss der Mediator den **Ort und** den **Raum** für die Mediation bestimmen.[45] Dafür kommen verschiedene Konstellationen in Frage. Die Mediation kann am **Sitz des Mediators** in seinen **eigenen Räumen**, an einem **neutralen Ort** (z. B. einem Tagungshotel mit schönem Ambiente sein, um eine positive Einstiegsatmosphäre zu schaffen)[46] oder bei **innerbetrieblichen Mediationen in neutralen Besprechungsräumen** innerhalb des Unternehmens erfolgen, in der die technische Ausstattung für eine Mediation bereitgestellt wird. Dabei ist insbesondere bei externen Mediationen oder Gruppenmediationen zu beachten, dass es neben dem möglichst **freundlich und hellem Mediationsraum** idealerweise zusätzlich auch gemäß der Anzahl der Konfliktparteien kleine **helle freundliche Besprechungsräume** gibt, in denen sich die Parteien zur Beratung zurückziehen können, oder der Mediator nach vorheriger Absprache Einzelgespräche durchführen kann.[47] Der Mediator muss zum Schutze der **Vertraulichkeit** dafür sorgen, dass die **Räume abschließbar** sind, sofern Unterlagen in den Räumen verbleiben und den Schlüssel an sich nehmen. Darüber hinaus sollte der Mediator seine ggf. vertraulichen Informationen in einem abschließbaren Koffer sichern.[48] Die Vertraulichkeit muss aber auch schon bei der Buchung eines Tagungshotels geschehen. Die **Schautafel in Tagungshotels zur Raumvergabe** sollte nicht den Titel tragen „Mediation Firma XY./. Firma AB“. Besser wäre die Vereinbarung eines Codewortes z. B. „Zukunftsvision“, „Projektneuausrichtung“, der Name des Mediators oder ähnliches.

Der Mediator muss sich darum kümmern, dass am Verhandlungsort, die notwendige **technische Ausstattung** vorhanden ist. Bei **innerbetrieblichen Mediationen** sind i. d. R. zwei Flip-Charts und vier Pinnwände, sowie ein Laptop und Beamer und eine weiße Wand sowie weitere freie Wände mit einer Metallleiste, um die Flip-Chart-Bögen aufhängen zu können, ausreichend. Papier und Schreibzeug, Metaplankarten und Flip-Chart-Marker sollten für alle Personen zur Verfügung stehen. Für **zwischenbetriebliche Mediationen** ist darüber hinaus für einen **WLAN-Zugang** für den Internetzugang für alle Beteiligten zu sorgen sowie für ausreichend elektrische Anschlüsse für vorhandene Laptops. Zur technischen Organisation kann es auch gehören, die Vorkehrungen für eine **Telefon- oder Videokonferenz** zu schaffen[49] und die **Möglichkeit eines Kopierservices** zu erfragen.[50]

Die **Sitzordnung** bei **zwei Mediationsparteien** ist bis zur Stufe der Lösungssuche in Form eines gleichschenkligen Dreiecks (siehe Abb. 5.1) anzulegen, danach kann auch

---

[45] Vgl. Heussen, 2009, S. 410.

[46] Vgl. Ponschab/Schweizer, 2006, S. 68 f., die auf neutrale Orte mit besonderem Ambiente verweisen. Der Mediationsort kann in einem Schloss oder Koster oder ein Wellness-Hotel im Grünen und schöner Umgebung zu einer besseren „Entspannung“ der Betroffenen führen, was für den Konfliktlösungsprozess förderlich ist.

[47] Vgl. Heussen, 2009, S. 410; vgl. Ponschab/Schweizer, 2006, S. 68; vgl. Duve/Eidenmüller/Hacke, 2011, S. 120.

[48] Vgl. Heussen, 2009, S. 413.

[49] Vgl. Heussen, 2009, S. 413.

[50] Vgl. Heussen, 2009, S. 414.

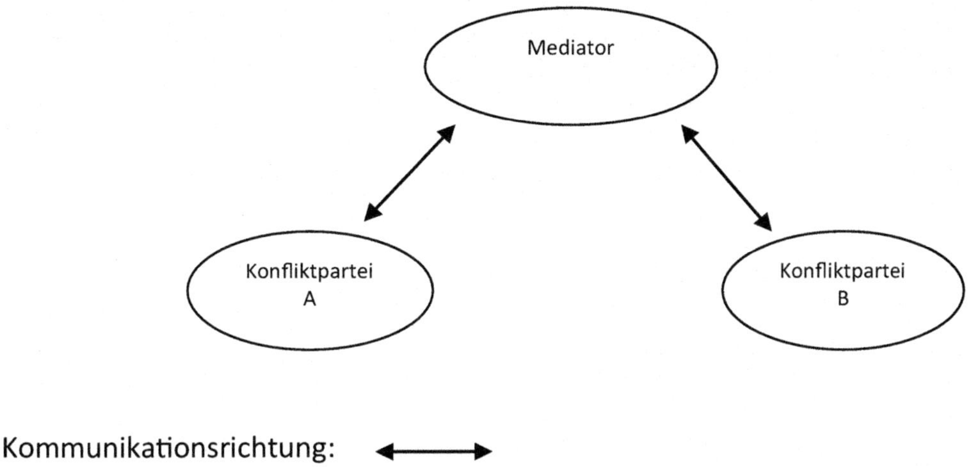

Abb. 5.1 Klassische Sitzordnung und Kommunikationsrichtung zur Beginn der Mediation. (Quelle: eigene Darstellung)

eine andere Sitzordnung eingenommen werden. Die Medianden sitzen dementsprechend in ausreichendem Abstand nebeneinander. Dabei verläuft die Kommunikation zunächst immer nur über den Mediator. Die Konfliktparteien sollen zu Beginn nicht direkt miteinander kommunizieren. In dieser Sitz- und Kommunikationsordnung wird u. a. auch die „Vermittler-Position" deutlich. Bei **mehreren Konfliktparteien** ist die Anordnung der Parteien gegenüber dem Mediator in Form eines Halbkreises oder in einer anderen fließenden Form sinnvoll.[51]

Das **Mobiliar** in den Besprechungsräumen sollte **flexibel einsetzbar und beweglich** sein. Die Stühle und Tische sollten leicht verschiebbar sein, sodass der Mediator den Raum ggf. nach seinen Wünschen anordnen kann.[52] Tagungshotels kann man im Vorfeld der Mediation einen Bestuhlungsplan zukommen lassen. In internen Wirtschaftsmediationen ist es sogar denkbar, die Tische ganz wegzulassen. Das ist insbesondere in Beziehungskonflikten möglich, um als Mediator die Körpersprache der Beteiligten besser wahrnehmen zu können. In zwischenbetrieblichen Wirtschaftsmediationen ist es eher unüblich „ohne Tische" eine Mediation zu beginnen, da die Beteiligten ihre eigenen Informationsmaterialien auf dem Tisch ablegen möchten.

Für den **ersten Mediationstermin** sollte der Mediator einen **Tagesablauf** auf einem Flip-Chart-Papier notieren und bei Vereinbarung einer Gesamtdauer der Mediation einen **ungefähren Zeitablaufplan** erstellen. Er kann ebenfalls am ersten Mediationstermin anhand der kurzen Beschreibung des Ablaufplanes einer Mediation vorgestellt werden. Hierzu kann der Mediator ebenfalls ein Flip-Chart-Papier mit den dazugehörigen Informationen vorbereiten. Des Weiteren wird der Mediator versuchen für **„Wohlfühl"-Rahmenbedingungen** zu sorgen und somit zu einer Entspannung in einer „angespannten At-

[51] Vgl. Ponschab/Schweizer, 2006, S. 70.

[52] Vgl. Diez, 2005, S. 247.

mosphäre" beitragen. Dazu gehören ausreichend Getränke in den Tagungsräumlichkeiten und gesunde und wohlschmeckende Snacks in den Pausen. Darüber hinaus sind **Pausen** einzuplanen, die lang genug sind, um einen kurzen Spaziergang im Freien zu ermöglichen. Abschließend soll in Tab. 5.1 noch einmal die Vorbereitungsphase mit ihren grundsätzlichen Merkmalen in der bereits bekannten Tabellenform dargestellt werden.

5.2 Die Stufen der Mediation im engeren Sinne

Wenn die Vorbereitungen abgeschlossen sind, beginnt die **Mediation im engeren Sinne**, d. h. die Mediationsgespräche mit allen Betroffenen werden durchgeführt. Die Mediation im engeren Sinne verläuft in **sechs Stufen**. Die **erste Stufe** umfasst eine kurze Einleitung in das Mediationsverfahren, den endgültigen Abschluss des Mediationsvertrages, sofern nicht schon schriftlich sämtliche Unterschriften eingeholt wurden und die gemeinsame Einigung auf Gesprächs- und Umgangsregeln. In der **zweiten Stufe** erfolgt die Sammlung der zu regelnden Konfliktthemen und die Klärung der Frage, in welcher Reihenfolge die Themen abzuarbeiten sind. In der **dritten Stufe** werden die tieferliegenden Interessen/Anliegen herausgearbeitet. In der anschließenden **vierten Stufe** werden auf der Grundlage der Interessen zu dem bestehenden Thema Lösungsmöglichkeiten gesucht. Im Rahmen der **fünften Stufe** werden die gefundenen Lösungsoptionen bewertet und passgenaue Lösungen im gemeinsamen Diskurs ausgewählt. In der **letzten Stufe** werden die Ergebnisse in einer Abschlussvereinbarung festgehalten.

Bevor nun die einzelnen Stufen erläutert werden, soll zunächst noch ein hilfreicher **Viererschritt zur methodischen Überleitung von einer Stufe zur nächsten**[53] vorgestellt werden. Dieser Schritt eignet sich auch zur Verwendung in der ersten Stufe. Der Viererschritt besteht aus folgenden Elementen:[54]

1. **Zusammenfassung** und **Würdigung** der bisherigen geleisteten Arbeit und deren Bedeutung für den Mediationsablauf
2. **Erklärung** der nächsten Stufe und deren Sinn für die Beteiligten und den Ablauf
3. **Überprüfung**, ob die Beteiligten, die Erklärung verstehen konnten
4. **Erlaubnis** von jedem Beteiligten, die nächste Stufe mit dem Mediator zu durchlaufen.

Mit dem ersten Schritt, fühlen sich die Betroffenen wertgeschätzt und erleben sich gleichzeitig als kompetent zur selbständigen Klärung ihres Konfliktes.[55] Dieser Schritt trägt dazu bei, dass die dritte Phase des **Vertrauensaufbaus nach dem Modell von Petermann** (vgl. Kap. 5.1.1.1.) gelingen kann. Mit dem zweiten Schritt erhalten die Medianden Methodenkompetenz zur Konfliktklärung und eine Begründung, warum z. B. in der Mediation der Umweg über die Interessen zur Lösungsfindung genommen wird. Dieser

[53] Vgl. Diez, 2005, S. 207.

[54] Vgl. hierzu und im Folgenden: Diez, 2005, S. 207.

[55] Vgl. Diez, 2005, S. 207.

Tab. 5.1 Die Vorbereitungsphase. (Quelle: eigene Darstellung in Anlehnung an Hösl, 2008, S. 159–162; Vgl. Kessen/Troja, 2009, S. 295–299)

Vorbereitungsphase			
Verfahrensschritt	Inhalte	Methoden/Techniken	Übergeordnete Ziele
1. *Kontaktherstellung zu den Konfliktparteien*	- Konfliktinhalte von den Betroffenen kurz darstellen lassen - Information der Teilnehmer über das Verfahren Mediation - Erwartungen erfragen (Ziele/Rolle des Rechts/ Rolle des Mediators) - Sämtliche notwendige Informationen zum Konfliktverständnis zusammenstellen (ggf. Verträge, Organigramme, Arbeitplatz- oder Projektbeschreibungen etc. beschaffen)	- Telefon- und/ oder direkte Einzelgespräche - Fragetechniken - Schriftliche Vorabinformation	- Grundlagen für ein kooperatives Miteinander schaffen - Vertrauen aufbauen Sorgfältige Planung und Vorstrukturierung
2. *Konfliktanalyse*	- Informationen und Sachlage analysieren - Konflikteskalationsgrad ermitteln und Geeignetheit der Mediation prüfen - Hypothesen zur Mediation, Konfliktbeteiligten und eigenem Vorgehen bilden	- Analyse des Eskalationsgrades nach Glasl - Hypothesenbildung zu Beteiligten, zum Verfahrensablauf und zum Setting	
3. *Setting festlegen*	- Entwurf eines Verfahrensablaufes und angenehme Rahmenbedingungen schaffen: z. B. freundliche Räumlichkeiten, Ort, Zeit, Sitzordnung, Co-Mediation? ggf. zeitliche Rahmenvorgaben - Zu beteiligende Teilnehmer/Gruppen mit Entscheidungsbefugnis ermitteln und auf Vollständigkeit achten - Evtl. Vortreffen der Mediationsrunde zur Klärung der Verfahrensorganisation	- Analyse der Daten - Bei zeitlichen Rahmenvorgaben Zeitmanagement - Mentale Vorbereitung einzelne Stufen Erklärung/Gestaltung	

Schritt trägt weiterhin zur Transparenz und Klarheit des Verfahrens bei, was wiederum die Vertrauensbildung stärkt. Mit dem dritten Schritt will der Mediator wissen, ob er sich verständlich ausgedrückt hat. Er will sich rückversichern, dass den Konfliktbeteiligten ihre Aufgabe in der jeweiligen Stufe klar ist. Mit der Erlaubnis von jedem einzelnen fortzufahren, kann sich der Mediator sicher sein, dass die Betroffenen die nötige Konzentration und Energie für die nächste Stufe mitbringen. Bekommt der Mediator keine Erlaubnis, so könnte er nach den Gründen für die Verweigerung fragen, mit der Bitte „Rahmenbedingungen zu nennen, damit die nächste Stufe begonnen werden kann" oder eine Pause als Alternative anbieten.

Mit diesem Viererschritt kann der Mediator somit **Sicherheit und Vertrauen** zu den Medianden aufbauen, indem die zunächst bedrohliche Situation (ungewisser Ausgang des Verfahrens, Misstrauen gegenüber dem Konfliktgegner, diffuse Vorstellung über den Ablauf der Mediation) mit jedem Verfahrensschritt durch erfolgreiches Abarbeiten der Aufgaben und Würdigung dessen, fortlaufend abgeschwächt wird.[56] Das Vertrauen in den Mediator, Sicherheit durch bestimmte Rahmenbedingungen sowie die **Angstfreiheit** der Medianden sind, wie bereits weiter oben schon erwähnt, die ersten **wichtigsten Voraussetzungen** dafür, dass Konfliktbetroffene sich in **Mediationen öffnen können** und dass **kreative Lösungen** jenseits der bisherigen Positionen möglich werden.[57] Kann kein Vertrauen und Sicherheit aufgebaut werden, so sind im Umkehrschluss auch keine kreativen Lösungen möglich. Erschüttertes Vertrauen kann wiederhergestellt werden durch Vertragsvereinbarungen, Regeln, eine vertrauensvolle Gesprächsatmosphäre bei dem der Mediator sich ganz auf die Medianden einlässt und last but not least dadurch, dass sich alle Teilnehmer **wechselseitig vertrauenswürdig**[58] verhalten. Für einen solchen Verhaltenskodex zu sorgen und eine Basis für Vertrauen wieder herzustellen, darin besteht die Hauptaufgabe des Mediators in der ersten Stufe der Mediation.

5.2.1 Einleitung, Mediationsvertrag und Regeln

Mit dem Viererschritt kann eine Mediation nach der Begrüßung der Medianden als Einleitung des Verfahrens begonnen werden. Der Mediator wird die Teilnehmer freundlich **begrüßen.** Bei zwischenbetrieblichen Wirtschaftsmediationen, ist es möglich, dass sich die Betroffenen noch nicht kennen. In diesem Falle sollte der Mediator sich noch einmal kurz vorstellen (z. B. mit Namen, beruflichem Hintergrund und der Mediationskompetenz)[59] und danach im Rahmen einer kurzen Vorstellrunde ebenfalls alle anderen Mediationsteilnehmer (Name, beruflicher Hintergrund, Aufgabe im Rahmen der Mediation). In innerbetrieblichen Mediationen ist die Vorstellrunde i. d. R. nicht notwendig, weil sich die Betroffenen bereits kennen.

[56] Vgl. das Drei-Phasen-Modells nach Petermann, 1996, zitiert nach Söfftge, 2011, S. 11.

[57] Vgl. Brunner, 2008, S. 7 und S. 333, vgl. Sikora, 2001, S. 95, vgl. Preiser, 1986, S. 88 ff.

[58] Vgl. Söfftge, 2011, S. 9.

[59] Vgl. Duve/Eidenmüller/Hacke, 2011, S. 409.

Im Rahmen des nun folgenden Viererschrittes könnte der Mediator beispielsweise mit folgenden Worten die Medianden **wertschätzen und das bisher Erreichte würdigen:**

„Jeder von Ihnen hat im Vorfeld intensiv an den Inhalten und Rahmenbedingungen des hier vorliegenden Mediationsvertrages mitgewirkt. Darüber haben Sie bereits einen Konsens erzielt und den ersten Schritt dafür getan, dass eine Mediation gelingen kann. Dafür will ich Ihnen zunächst danken. Sie haben damit schon einen großen Schritt unternommen in Richtung zu einer einvernehmlichen Konfliktlösung."

Dann kann der Mediator nochmals **kurz auf die zentralen Merkmale des Mediationsvertrages hinweisen**, die vereinbart wurden und zwar in Bezug auf die **Ziele** der Mediation, insbesondere das Ziel des „Gewinner-Gewinner-Ausgangs", die **Rolle** des **Mediators** als Verfahrensleiter, die Rolle **der Medianden** als selbstverantwortliche Entscheider, die die Kontrolle über die Lösungen behalten sowie die **Rolle des Rechts**. Darüber hinaus ist die **Wiederholung und Herausstellung aller Mediationsgrundsätze** wichtig. Insbesondere bei innerbetrieblichen Mediationen sollte die Ergebnisoffenheit im Rahmen der Freigaben des Vorgesetzten sowie die Sanktionsfreiheit von Fehlern erläutert werden.

Der Mediator **erklärt** im zweiten Schritt den **Verfahrensablauf einer Mediation** in chronologischer Reihenfolge. Sinnvoll ist es mit Hilfe einer Übersicht auf einem Flip-Chart-Papier alle Stufen der Mediation im engeren Sinne, in ein bis zwei Sätzen zu erläutern. Es spart Zeit, wenn dieses Flip-Chart schon vor der Sitzung vorbereitet wurde. Es könnte folgendermaßen aussehen:

Flip-Chart-Darstellung: Verfahrensablauf einer Mediation

Mediationsablauf:

1. Mediationsvertrag und Regeln

↓

2. Themen und Rangfolge bilden

↓

3. Interessen/ Wünsche/ Bedürfnisse/ Anliegen

↓

4. Bildung von Optionen (Lösungsmöglichkeiten)

↓

5. Verhandeln und Auswahl unter Berücksichtigung beiderseitiger Interessen

↓

6. Abschlussvereinbarung/ -vertrag

Danach sollte der Mediator, insbesondere bei einer Halbtagesveranstaltung, kurz erläutern welcher **Tagesablauf** für die Mediationssitzung vorgesehen ist, d. h. welche Stufen in der zur Verfügung stehenden Zeit voraussichtlich durchlaufen werden. Das Chart sollte der Mediator gut sichtbar für alle Beteiligten im Mediationsraum an die Wand heften. So haben die Beteiligten stets einen guten Überblick darüber, wo sie sich aktuell im Konfliktlösungsprozess befinden.

In einem dritten Schritt befragt er die Medianden einzeln, ob er den Ablauf verständlich erklärt hat und ob die Beteiligten hierzu noch Fragen hätten, die er dann zunächst beantworten muss. In einem vierten Schritt wird er die betroffenen Konfliktparteien erneut einzeln befragen, ob er nun mit der ersten Prozessstufe der Mediation beginnen kann. Dabei ist es auch durchaus ausreichend, wenn die Beteiligten durch Blickkontakt und Kopfnicken signalisieren, dass sie dazu bereit sind. Ansonsten ist es durchaus üblich, den Beteiligten die gleiche Frage zu stellen oder alle Beteiligten jeweils einzeln im Fragesatz anzusprechen, z. B:

> *„Herr A, Frau B, Herr C, Frau D ist aus Ihrer Sicht soweit alles verständlich und klar, dass wir mit der ersten Stufe beginnen können?“*

Die Konfliktbeteiligten wollen gleich behandelt werden und haben ein sensibles Gespür dafür, wenn sie nicht gleichwertig angesprochen werden. Hierauf muss der Mediator im Rahmen der Verfahrensgerechtigkeit stets achten.

Der Mediator kann nach Vorliegen des Einverständnisses nun erneut die bisherige Arbeit würdigen und den **Sinn des Vertragsabschlusses und der Gesprächs- und Umgangsregeln für den Mediationsprozess und die Medianden** erläutern. Z. B. könnte er sagen:

> *„Sie haben sich bereits – jeder für sich allein, aber indirekt auch gemeinsam für die Mediation und die im Mediationsvertrag zusammengestellten Verfahrensregeln entschieden. Das haben Sie bereits im Vertrag einseitig durch ihre Unterschrift dokumentiert. Damit haben Sie bereits eine große Vorarbeit zur Entlastung des eigentlichen Mediationsverfahrens geleistet und haben nun ein gemeinsames Ziel.*
> *Nun ist es an der Zeit, dass Sie sich durch Unterschrift auf dem Mediationsvertrag der anderen Beteiligten auch offiziell zur Einhaltung der im Vertrag genannten Bedingungen bereiterklären und dies durch Ihre wechselseitige Unterschrift dokumentieren. Darüber hinaus hat es sich in Problem- oder Konfliktgesprächen bewährt, wie bei einem Fußballspiel im Vorfeld „Spielregeln“, sogenannte Gesprächs- und Umgangsregeln, festzulegen, um eine positive Gesprächsatmosphäre herzustellen, die schwierige Gespräche erst ermöglicht. Es ist sehr wichtig, dass sich alle Teilnehmer an die vereinbarten Regeln halten – nur so wird es gelingen, dass der Gesprächsfaden nicht abreißt und dass Sie die Mediation erfolgreich durchführen können.*
> *Habe ich die folgenden Schritte für Sie verständlich erklärt? Herr A, Frau B, Herr C, Frau D? (Reaktion abwarten) Wollen Sie diese beiden Schritte nun tun, Herr A, Frau B, Herr C, Frau D?“*

Nach einer kurzen Bestätigung werden die Medianden und der Mediator, sofern dies nicht schon in der Vorbereitungsphase geschehen ist, **nun die Verträge wechselseitig unterschreiben.** Es hat sich bewährt, ein bis zwei ausgedruckte Blanko-Vertragsexemplare zu dem Mediationsfall zusätzlich mitzunehmen für den Fall, dass die Medianden ihr eigenes

Vertragsexemplar vergessen haben sollten. Das Blanko-Vertragsexemplar kann gegebenenfalls zusätzlich in ausreichender Anzahl vor Ort noch kopiert werden. So hat jeder Mediand sein Vertragsexemplar mit allen Unterschriften aller an der Mediation beteiligten Personen. Der Auftrag zur Durchführung der Mediation ist nun auch für den Mediator durch die wechselseitige Unterschrift offiziell besiegelt und damit endgültig verbindlich.[60]

Der Mediator wird nun überleiten zu den **Gesprächs- und Umgangsregeln für die weiteren Gespräche**. Je nach vorhandenem Zeitbudget können die Gesprächs- und Umgangsregeln für die Mediation von den Betroffenen mit Hilfe des Mediators selbst erarbeitet werden (d. h. es findet innerhalb der Mediation eine Mini-Mediation zum Thema: „Gesprächs- und Umgangsregeln“ statt). Dann erhalten die Betroffenen über die Erarbeitung der Regeln bereits eine Vorstellung darüber, wie ein Mediationsverfahren funktioniert. Darüber hinaus werden selbst erarbeitete Gesprächsregeln oftmals für die Gestaltung gemeinsamer Gespräche in der Zukunft übernommen. Die selbst erarbeiteten Gesprächsregeln sind damit nachhaltiger. Bei innerbetrieblichen Konflikten geht es oftmals auch um den „Umgang miteinander“, dann ist ein Mediieren von Umgangs- und Gesprächsregeln besonders sinnvoll. Oftmals ist das zur Verfügung stehende Zeitbudget für die gesamte Mediation zum Mediieren der Regeln zu knapp. Dann wird der Mediator geeignete Umgangs- und Gesprächsregeln vorgeben. Sinnvollerweise hat er diese dann auch im Vorfeld auf einem Flip-Chart-Bogen vorbereitet und wird sie den Beteiligten vorstellen. Der Flip-Chart-Bogen wird nach der Vorstellung und Akzeptanz durch die Konfliktbeteiligten für alle wieder gut sichtbar an die Wand geheftet. Der Mediator könnte zur Einführung der Regeln beispielsweise folgendes formulieren:

> *„Ich möchte Ihnen nun Gesprächs- und Umgangsregeln vorstellen, die sich in vielen Mediationsverfahren als besonders förderlich für eine faire und gute Kommunikation bewährt haben.“*

Dann stellt der Mediator **die einzelnen Regeln** vor, die sich z. B.

> „an Vorschlägen zur Gestaltung von Diskursen über Gerechtigkeitsprobleme und ethische Fragen orientieren und sich aus psychologischen Regelsystemen guter Kommunikation ableiten lassen“[61].

Er wird die eine oder andere Regel durch Beispiele erläutern:

Regeln für die Medianden:[62]

- Die Gegenseite soll ausreden dürfen, auch wenn es etwas länger dauert,
- alle hören sich wechselseitig zu,
- der Mediator fördert durch aktives Zuhören das wechselseitige Verstehen,
- auf Gesprächsstörer ist zu verzichten (z. B. abwerten, herunterspielen, ironisieren, befehlen, verspotten, nicht ernst nehmen, überreden, Vorwürfe machen, auch „nonverbale

[60] Vgl. Montada/Kals, 2013, S. 257.

[61] Montada/Kals, 2013, S. 154

[62] Vgl. hierzu und zu den Regeln des Mediators Montada/Kals, 2013, S. 154.

Fouls", wie z. B. absichtliches Augen verdrehen, bewusst lachen oder bewusstes Gähnen, Drohungen oder einschüchternde Taktiken vgl. Kap. 4.1.2.2.)
- die Redezeiten sollen ausgewogen sein,
- jeder sollte nur Argumente zur Stützung der eigenen Meinung gebrauchen und sich weniger auf die Sicht von „Experten" beziehen.

Regeln für Mediatoren

- auf Neutralität und Allparteilichkeit achten
- ebenfalls keine Gesprächsstörer verwenden und eine gute Kommunikation vorleben
- bei Verstößen seitens der Beteiligten gegen die Kommunikationsregeln eingreifen
- und die Selbstverantwortlichkeit der Parteien für die Konfliktlösung fördern.

Der Mediator könnte die Vorstellung der Regeln mit folgenden Worten abschließen:

> *„Habe ich Ihnen alle Regeln klar und verständlich erläutern können? Herr A, Frau B.... Sind Sie bereit in der Mediation diese Regeln einzuhalten und erlauben Sie es mir, bei evtl. vorkommenden Verstößen gegen die Regeln, Sie an diese zu erinnern? Herr A, Frau B..."*

Wenn die Medianden mit dieser Regelung einverstanden sind und diese bejahen ist die erste Stufe der Mediation im engeren Sinne abgeschlossen. Und die Überleitung zur zweiten Stufe kann z. B. wieder mit dem Viererschritt erfolgen.

In der Tab. 5.2 sind nochmals abschließend die zentralen Merkmale der ersten Stufe genannt.

5.2.2 Themensammlung und Rangfolge

In der zweiten Stufe der Mediation im engeren Sinne sollen die Konfliktbeteiligten die Möglichkeit haben, zunächst ihre **eigene Perspektive auf den Konflikt** zu schildern, die **regelungsbedürftigen Themen** zu benennen und eine **Rangfolge für die Abarbeitung** dieser Themen zu vereinbaren. Hier geht es darum die Medianden, insbesondere im Bereich der Selbstbehauptung (Window I), zu stärken. Auch hier nutzt der Mediator wieder vertrauensbildende Maßnahmen, indem er auf verbaler und nonverbaler Ebene einen **guten Kontakt** herstellt. Das kann sogar so weit gehen, dass der Mediator die jeweilige Haltung des Medianden in Bezug auf Atemrhythmus, Sprechgeschwindigkeit und Tonhöhe **spiegelt**.[63] (Vgl. hierzu auch Kap. 4.1.1.6. zum nonverbalen Verhalten des Mediators.) Dabei sollte der Mediator jedoch für sich authentisch bleiben. Das **Ziel** der Themensamm-

[63] Vgl. zur Herstellung von Rapport nach dem NLP und der Technik des Pacings: Montada/Kals, 2013, S. 236 f.

Tab. 5.2 Stufe 1- Einleitung, Mediationsvertrag und Regeln. (Quelle: eigene Darstellung in Anlehnung an Kessen/Troja, 2009, S. 295–299 und Hösl, 2008, S. 159–162)

Mediation			
Verfahrensschritt	Inhalte	Methoden/Techniken	Übergeordnete Ziele
1. Einleitung, Mediationsvertrag und Regeln	- Begrüßung, Zusammenfassung der Auftragsklärung: Erklärung des Ablaufes des Mediationsverfahrens und der wichtigsten Inhalte des Mediations-vertrages, d. h. nochmals herausstellen: - Ziel der Mediation - Rolle und Haltung des Mediators - Grundsätze des Mediationsverfahrens - Mediationsvertrag von allen Parteien und Mediator unterzeichnen lassen - Gesprächsregeln/ Umgangsregeln festlegen oder aushandeln	- Vertrauen aufbauen mit dem Viererschritt - Darstellung	- Grundlagen für ein kooperatives Miteinander schaffen - Vertrauen aufbauen - Positive Grundstimmung ermöglichen

lung ist die **Auflistung sämtlicher Themen aller Parteien, die es zu regeln gilt.**[64] Es handelt sich somit auch um den **Arbeitsauftrag** für den Mediator. Die Themensammlung bietet den Beteiligten eine Übersicht über den gesamten Konflikt. Darüber hinaus liefert sie für den Mediator eine wichtige **Grundlage für die Hypothesenbildung** zum Konflikt, den verschiedenen Wahrnehmungen der Konfliktparteien, die unterschiedlichen Verhandlungsstile, die möglichen Tabus oder Hintergrundkonflikte und Ressourcen.[65] Die **Visualisierung** der Themensammlung ist wichtig, weil sie zur Versachlichung des Konfliktes beiträgt und ein Arbeitsprogramm für die Mediation liefert.[66] Bei zwei Personen werden die Themen auf einem Flip-Chart, bei vier Konfliktparteien auf zwei nebeneinanderstehenden Flip-Charts **in Form von wertfreien Themen/Überschriften** notiert, wie z. B.

- Klärung des Arbeitsbeginns des Teams
- Umgang mit eingehenden Kundenanfragen in Pausenzeiten
- Umgang miteinander
- Regelung der Zuständigkeit für Dokumentationen.

[64] Vgl. Diez, 2005, S. 110.

[65] Vgl. Diez, 2005, S. 110.

[66] Vgl. Diez, 2005, S. 110.

Bei vier Personen ist auch die Verwendung von **Meta-Plankarten auf einer Pinnwand mit Moderationspapier** empfehlenswert.

Der Mediator muss dabei **Positionen, Forderungen, Schuldzuweisungen, Beschwerden** oder **fertige Lösungen umformulieren** in wertfreie Themen.[67] Dabei ist die Beherrschung des ersten Schrittes der Gewaltfreien Kommunikation (vgl. Kap. 4.2.2.) sehr hilfreich. Allerdings darf ein Thema nicht gegen den Willen eines Medianden neu formuliert werden. Es ist möglich, dass dieser an einem bestimmten, z. B. juristischen Begriff, festhält. Dann sollte der Mediator dem Wunsch des Medianden entsprechen.[68] Der Mediator ist hier sehr gefordert. Er muss **sehr gut zuhören** und darf **keine wichtigen Themen überhören.**[69] Oder es werden bestimmte Themen gar nicht genannt, die der Mediator aus eigener Erfahrung aus ähnlichen Konflikten als besonders wichtig kennengelernt hat. Dann sollte er, wenn er „Themen aus anderen Mediationen mit gleichem Schwerpunkt" überhaupt als Vorschlag einbringt, aus Gründen der Balance **mindestens drei nennen**. Der Mediator sollte dieses jedoch (wenn überhaupt) nur am Ende der Themensammlung tun und die Medianden entscheiden dann für sich, ob und wenn ja, welche dieser Themen für Sie von Relevanz sind und mit bearbeitet werden sollen. Die vollständige Themensammlung soll ebenfalls für alle Mediationsteilnehmer an der Wand aufgehängt werden und jederzeit sichtbar für die Medianden sein. So kann festgestellt werden, welche Themen bereits bearbeitet wurden und welche noch offen sind.

Ein **Flip-Chart** wird, wie bereits in Kap. 4.4.1. beschrieben, in Tabellenform (nach Konfliktbeteiligten) aufgeteilt, die Themen werden den Konfliktbeteiligten zugeordnet und untereinander stichpunktartig notiert. Dabei ist es wichtig, die Spalten **analog zur Sitzordnung** anzuordnen, sodass jeder auf seine Punkte sehen kann.[70] Die **Schrift sollte für jedes Thema jeder Konfliktpartei etwa gleich groß, ungefähr in der gleichen Höhe, klar und gut lesbar** sein. Dabei ist so zu schreiben, dass möglichst viele Themen auf das Flip-Chart passen. Besonders zu beachten ist, dass **gleiche Themen auch bei „Doppelnennungen"** für jeden einzelnen Medianden als eigenes Thema zu notieren ist, also unabhängig davon, ob das Thema bereits bei einem anderen Medianden aufgelistet ist.[71] Dies ist zur Stärkung der Selbstbehauptung der Konfliktparteien (Window I) notwendig. Darüber hinaus versteht jeder zu einem Thema oftmals etwas anderes.[72] Jede der Konfliktparteien erhält der Reihe nach die Möglichkeit ihren Konflikt darzustellen. Es ist hilfreich für die Betroffenen, wenn Sie ihre Stichwortliste/Antworten zum Pre-mediation briefing report, die sie für das Vorgespräch vorbereitet hatten auch bei der Themensammlung als Gedankenstütze verwenden.

---

[67] Vgl. Kessen/Troja, 2009, S. 302, vgl. Diez, 2005, S. 112.

[68] Vgl. Diez, 2005, S. 113.

[69] Vgl. hierzu und im Folgenden: Diez, 2005, S. 114 f.

[70] Vgl. hierzu und im Folgenden: Diez, 2005, S. 111 f.

[71] Vgl. Diez, 2005, S. 112.

[72] Vgl. Diez, 2005, S. 112.

Bei der Themensammlung hat der Mediator **zwei verschiedene Möglichkeiten** vorzugehen: In der **ersten Variante** stellt der Mediator die offene Frage, wie sich der Konflikt aus der Sicht der Konfliktparteien darstellt, z. B.:

„Worum geht es aus Ihrer Sicht in Ihrem Konflikt? Was ist aus Ihrer Sicht zu regeln?"

Dann werden die Medianden der Reihe nach, i. d. R. eine ganze **„Konflikt-Geschichte"** erzählen. Der **aktiv zuhörende** Mediator wird den sprechenden Medianden dann in Intervallen unterbrechen und das bisher Gehörte in eigenen Worten zusammenfassen. Wenn er ein zu bearbeitendes Thema ausgemacht hat, wird er es benennen und den Medianden befragen, ob dieses ein relevantes Thema ist, welches zu regeln wäre. Wird dies bejaht, wird das Thema in Form einer Überschrift unter dem Namen des Medianden auf der Themenliste notiert. Der Mediator hört sich den ganzen Konfliktzusammenhang bis zum Ende an und fasst das Gesagte regelmäßig zu Themen zusammen, bis alle relevanten Themen für den ersten Medianden auf dem Flip-Chart stehen. Dann ist der nächste Mediand an der Reihe und darf seine Sicht des Konfliktes schildern. Bei **komplexen Themen** können zu Themengebieten auch **Unterthemen genannt** werden, die ebenfalls zu notieren sind, um den Konflikt besser zu strukturieren. Man spricht in diesem Falle auch von **partialisieren.**[73] Dieses Partialisieren ist hilfreich bei der weiteren Bearbeitung. So können die einzelnen Teilprobleme oftmals einfacher nacheinander abgearbeitet werden. Während der Mediand seine Sicht des Konfliktes schildert, müssen die anderen Konfliktparteien zuhören und dürfen die Schilderung nicht unterbrechen. Sollten sie Einwände haben, so können sie sich diese notieren und dann anbringen, wenn sie an der Reihe sind. Die Reihenfolge kann der Mediator vorgeben, erklärt aber sofort, dass jeder die Zeit bekommt, die er benötigt, um seinen Fall darzustellen. Darüber hinaus wird jeder der Betroffenen im weiteren Verlauf die Möglichkeit erhalten das Gespräch zu beginnen. Der Mediator kann alternativ die Anwesenden auch befragen, wer beginnen möchte. Sollten sie sich nicht einigen können, so sollte der Mediator hierfür im Vorfeld eine Regelung vorgesehen haben. (Münze werfen, würfeln – der mit der höchsten Zahl beginnt, oder einfach festlegen z. B. nach alphabetischer Reihenfolge) Manchmal ist es sinnvoll im Vorfeld nicht einem „Wortführer" den Einstieg zu überlassen, sondern einem eher ruhigeren Konfliktteilnehmer, damit dieser seine Sicht der Dinge und Themen darstellen kann und nicht zu sehr von den Themen des anderen beeinflusst wird.[74] Hat der erste Mediand seine Ausführungen beendet, so wendet sich der Mediator dem nächsten Medianden zu und stellt ihm die gleiche offene Frage:

„Worum geht es aus Ihrer Sicht in Ihrem Konflikt? Was ist aus Ihrer Sicht zu regeln?"

[73] Vgl. Diez, 2005, S. 178.

[74] Vgl. Diez, 2005, S. 112.

Auch hier steht die Stärkung der Selbstbehauptung (Window I), also der eigenen Sichtweise der jeweils Betroffenen auf den Konflikt im Vordergrund. Der Mediator wird **nicht** die Ausführung des ersten Medianden dafür nutzen, dass der zweite oder dritte Mediand zu den Ausführungen des ersten Medianden Stellung bezieht, indem er z. B. fragt: *„Wie sehen Sie denn die Ausführungen von Herrn X?"*[75] Er muss sich jedem Medianden gleichsam neu zuwenden und **jeden Beteiligten seine Version des Konfliktes** darstellen lassen.

Die **Vorteile** dieser Vorgehensweise sind folgende: Der Mediand kann seine Sichtweise im Zusammenhang ohne Unterbrechung darstellen. Dabei werden oftmals auch die Konflikthistorie und eine sich daraus ergebende Eskalierung sichtbar. Für den Medianden ist diese Darstellung oftmals einfacher und auch umfassender. Er kann hier alle seine Wahrnehmungen schildern und die gesamte Situation in seinem Erleben darstellen. Häufig fühlt sich der Betroffene nach der Schilderung „erleichtert", weil er einmal **alles – ohne Unterbrechung** mit Ausnahme der verständigungsfördernden Wiederholung des Mediators – erzählen durfte. Die **Nachteile** dieser Darstellung sind folgende: Die Beschreibung der Betroffenen kann sehr ausführlich und lang werden. Die Themen können oftmals erst durch den Mediator herausgearbeitet werden. Dieser muss sich sehr konzentrieren, damit er kein wichtiges Thema überhört. Die anderen Medianden müssen länger warten, bis sie an der Reihe sind. Das kann für sie sehr anstrengend sein, vor allen Dingen, wenn sie Einwände zu den Schilderungen des Gegenübers haben. Bei vielen Konfliktbeteiligten und einem sehr komplexem Konflikt, z. B. bei einer Erbmediation in einem Familienunternehmen mit zusätzlichem Familienkonflikt, könnte der einzelne Beteiligte die Konzentration verlieren und nicht mehr zuhören wollen.

Die o. g. Vorgehensweise wird tendenziell eher angewendet

- in einfachen Konfliktsituationen mit nur wenigen Konfliktthemen oder
- mit wenigen, d. h. mit zwei bis drei Konfliktbeteiligten, dann aber auch bei komplexeren Problemen
- wenn es sich um einen reinen Beziehungskonflikt handelt oder
- wenn keine Zeitrestriktionen zu beachten sind.

In einer anderen Vorgehensweise kann der Mediator den Konfliktparteien eine **genauere Aufgabenstellung** geben. Er stellt neben der offenen Frage *„Worum geht es in Ihrem Konflikt?"* noch die Frage: *„Welche **konkreten Themen, die Ihnen wichtig sind,** sollen geregelt werden?"* Danach erklärt der Mediator das weitere Vorgehen. Jede der Konfliktparteien soll konkret immer nur **ein Konfliktthema** benennen, das im Rahmen der Mediation geklärt werden soll und den dazugehörigen Hintergrund erläutern. Das Thema wird dann vom Mediator mit eigenen Worten nochmals dargestellt und dann im Einvernehmen mit dem Medianden auf dem Flip-Chart notiert. Dann ist der nächste Mediationsteilnehmer an der Reihe und darf ein Thema benennen und erläutern. Die **Reihenfolge**, in der die

[75] Vgl. Kessen/Troja, 2009, S. 302.

Teilnehmer ihre Themen nennen, kann wie folgt gewählt werden: abwechselnd, mehrere (2–3) Themen auf einmal oder im Mäandermuster.[76]

Der **Vorteil** dieser Vorgehensweise ist, dass der Mediator die Parteien auf die wichtigen Themen fokussiert, die besprochen, geklärt und geregelt werden müssen. Er hat es tendenziell bei der Notation der Konfliktthemen leichter, weil die Mediander ihr Problem auch konkreter beschreiben müssen. Darüber hinaus sind die Konfliktbeteiligten häufiger und schneller an der Reihe und können nicht so schnell „abschalten". **Nachteilig** ist, dass sich einige Konfliktparteien durch die Unterbrechungen ihrer Ausführungen gestört fühlen und ihre Konfliktversion gern als „Gesamtpaket" darstellen möchten. Auch haben manche Konfliktbeteiligte Schwierigkeiten, konkrete Konfliktthemen als solche zu identifizieren, insbesondere wenn es um reine Beziehungskonflikte geht.

Diese Vorgehensweise wird tendenziell eher angewendet

- in komplexeren Konfliktsituationen mit vielen Konfliktthemen oder
- mit vielen Konfliktbeteiligten, dann oftmals sogar kombiniert mit einer Kartenabfrage oder
- wenn Zeitrestriktionen zu beachten sind.

Der Mediator visualisiert durch **weitere Punkte ohne Vermerk** auf der Themenübersicht, dass die Themenliste bei Bedarf jederzeit von den Medianden ergänzt werden darf.[77] Wenn von allen Teilnehmern die Themenpunkte gesammelt wurden, sollen diese zuerst – jeder für seine Liste – eine Rangfolge für die Abarbeitung der Themen festlegen, z. B. indem sie selbst die Themen durchnummerieren. Danach müssen die Medianden ihre erste Übereinkunft treffen. Es geht darum einen Konsens darüber herzustellen in welcher Reihenfolge alle Punkte abgearbeitet werden sollen. Oft reicht es schon aus, das erste Thema zu ermitteln, mit dem begonnen werden soll. Mit diesem Thema werden dann die nächsten Schritte der Mediation durchlaufen. Bei knappem Zeitbudget, wird in der Regel mit dem wichtigsten Thema begonnen, weil dann oftmals „einfachere" verbleibende Themen, die nicht mehr in den Zeitrahmen passen, durch die Betroffenen selbst geregelt werden können. Ist der Zeitkorridor nicht so eng gefasst, kann auch mit „leichten Themen" begonnen werden, um für die Beteiligten „schnelle Erfolgserlebnisse" zu schaffen.

In der Abb. 5.2 wird ein mögliches Ergebnis der Themensammlung eines zwei Personen-Konfliktes mit der Rangfolgebildung der Konfliktparteien dargestellt. Es handelt sich um ein Arbeitsteam, bestehend aus zwei Personen, das sich gegenseitig vertreten soll. Die Konfliktparteien haben sehr ähnliche Konfliktthemen. Ihnen ist der Umgang miteinander und die Klärung dessen besonders wichtig. Das haben sie durch die Rangfolge deutlich gemacht. Hier ist es auch für die Klärung der weiteren Sachthemen sinnvoll, zunächst mit diesem Thema 1, dem Beziehungskonflikt, zu beginnen. In diesem Falle braucht der

[76] Vgl. Diez, 2005, S. 112.

[77] Vgl. hierzu und im Folgenden: Diez, 2005, S. 113.

Themensammlung	
Herr X	Herr Y
• Umgang miteinander (1)	• Aufgabenverteilung (3)
• Klärung des Arbeitsbeginns des Teams (3)	• Umgang miteinander (1)
• Umgang mit eingehenden Kundenanfragen in Pausenzeiten • (2)	• Umgang mit Mehrarbeit(2)
•	• Regelung der Zuständigkeit für Dokumentationen (4)
•	•

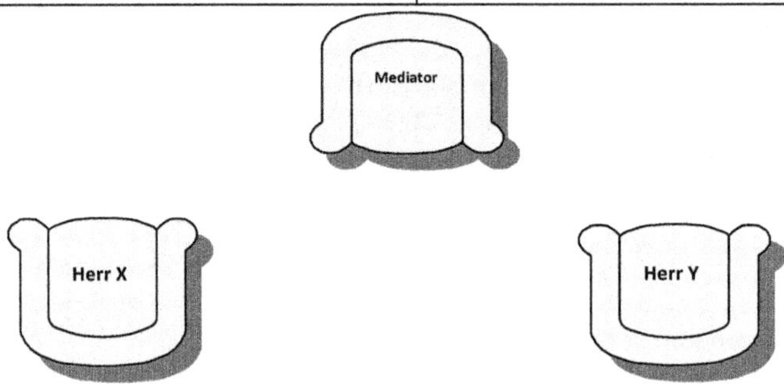

Abb. 5.2 Themensammlung und Rangfolge bei einem Zwei-Personen-Konflikt. (Quelle: eigene Darstellung)

Mediator die Parteien nur um ihr Einverständnis bitten, mit dem Thema 1 Ihrer gewählten Rangfolge in der Mediation fortfahren zu dürfen.

Zur **Einleitung der Themensammlung** könnte der Mediator z. B. mit Hilfe des **Viererschrittes** folgendes sagen:

„Nachdem Sie nun erfolgreich die Rahmenbedingungen für eine gute Gesprächsbasis festgelegt haben, möchte ich Ihnen nun die Durchführung der 2. Stufe, die Themensammlung und Rangfolge, näher erläutern. (Mediator zeigt auf das Flip-Chart mit dem Verfahrensablauf) Es ist sinnvoll, dass jeder seine eigenen wichtigen Regelungspunkte zum Konflikt nennt und dass diese notiert werden, damit kein wichtiger Punkt verloren geht. Darüber hinaus können Sie später sehen, ob die Vereinbarung auch alle Punkte umfasst. Ich möchte Sie daher der Reihe nach bitten, mir Ihren Konflikt zu schildern und die zu regelnden Punkte zu benennen. Wenn jeder seine Themen genannt hat, werden Sie für sich einzeln eine Rangfolge zur Themenbearbeitung festlegen und danach gemeinsam ein Thema aussuchen mit dem Sie alle zuerst weiterarbeiten wollen. Habe ich das folgende Vorgehen verständlich ausdrücken können, Herr X und Herr Y?“

Reaktion der Beteiligten abwarten.

„Wollen Sie nun alle mit der Themensammlung beginnen?“

Tab. 5.3 Stufe 2 – Themensammlung und Rangfolgebildung. (Quelle: eigene Darstellung in Anlehnung an Kessen/Troja, 2009, S. 295–299 und Hösl, 2008, S. 159–162)

Mediation			
Verfahrensschritt	Inhalte	Methoden/Techniken	Übergeordnete Ziele
2. Themensammlung sowie Rangfolgebildung „Worum geht es Ihnen aus Ihrer Sicht in Ihrem Konflikt? Was soll aus Ihrer Sicht geklärt/geregelt werden?" Welche konkreten Themen sollen geregelt werden?	- Die Sichtweisein der Teilnehmer klären - Positionen in relevante Themen umformulieren - Visualisierung der Themen im Dialog mit den Konfliktbeteiligten - Prioritätenliste der abzuarbeitenden Punkte beschließen	- Fragetechniken - Aktives Zuhören (paraphrasieren) - Nutzung der ersten drei Elemente der Gewaltfreien Kommunikation nach Rosenberg zum angemessenen Umgang mit Emotionen - Normalisieren - Partialisieren - Visualisieren - Zusammenfassen - Window I	- Zusammenfassen der Sichtweisen zu neutral formulierten Themen - Vollständiger Überblick über die zu klärenden Themen bekommen - Transparenz schaffen - Empowerment (Bekräftigung)

Reaktion abwarten:

> *„Schön, dann möchte ich nun vorschlagen, dass zunächst Herr X beginnt. Wäre das für Sie in Ordnung Herr Y. Und ist das für Sie ebenfalls okay, Herr X?"*

In der Tab. 5.3 sind noch einmal die wichtigsten Merkmale der Themensammlung zusammengefasst.

5.2.3 Interessenforschung – Klärung der Anliegen

In der dritten Stufe ist es das **vorrangige Ziel** der Mediation die Konfliktbeteiligten von den Positionen, Schuldzuweisungen oder vorgefertigten Ideen zu lösen und die im Eisbergmodell beschriebenen **tieferliegenden Bedürfnisse, Interessen, Anliegen** oder auch **normativen Überzeugungen und Werte** an die „Oberfläche" zu holen oder die **fehlenden Sachinformationen/Fehlinformationen** und damit Missverständnisse aufzudecken.[78] (vgl. zum Eisbergmodell Kap. 2.3. und zum Harvard-Ansatz Kap. 3.2.2.2. Im Folgenden nur kurz **„Interessen"** oder **„Anliegen"**[79] genannt.) In Wirtschaftsmediatio-

[78] Vgl. zur Interessenphase Kessen/Troja, 2009, S. 303, ausführlich Duve/Eidenmüller/Hacke, 2011, S. 167 ff. und Diez, 2005, S. 115 ff. sowie Montada/Kals, 2013, S. 261 ff.

[79] Wobei die Definition von Montada folgendes umfasst: Anliegen: Sammelbegriff für alle subjektiv positiv bewerteten Ziel- und Wunschvorstellungen. Montada/Kals, 2013, S. 356.

nen, insbesondere in innerbetrieblichen, aber auch in zwischenbetrieblichen Wirtschaftsmediationen können vielschichtige Interessen, also **nicht nur wirtschaftlich** orientierte Interessen, den Konflikten zugrunde liegen. Es ist darüber hinaus noch zu differenzieren zwischen Interessen und fundamentalen Grundbedürfnissen. **Interessen** sind

> „zeit-, umstands- und persönlichkeitsabhängige Motive, die sich aus bestimmten Bedürfnissen ergeben."[80]

Das bedeutet, dass Interessen immer genährt werden durch **nochmals tiefer liegende (Grund-)Bedürfnisse**. Bei den Bedürfnissen handelt es sich um grundlegende menschliche Bedürfnisse, die bei allen Menschen in unterschiedlicher Ausprägung vorhanden sind, wie z. B. das Bedürfnis nach Autonomie, Integrität, Wertschätzung, Respekt, Zugehörigkeit, wirtschaftliches Auskommen, Sinn, physische Bedürfnisse nähren, Freude, Sicherheit etc.[81] Bei den Interessen kann es sich um Wünsche, Hoffnungen, Motivationen, bisher nicht veröffentlichte Sehnsüchte aber auch um Sorgen, Ängste oder Bedrohungen handeln.[82] Die Klärung der Interessen stellt einen Wendepunkt in der Mediation dar, hin zu einer positiven Emotionalität, weil die Betroffen sich in ihren Anliegen verstanden fühlen.

Konflikte, die auf Fehlinformationen oder fehlenden Sachinformationen beruhen, sind i. d. R. schnell geklärt, wenn diese Sachinformationen und die zugrunde liegenden Missverständnisse den Betroffenen klar werden. Sie sollen im Folgenden nicht weiter beschrieben werden. Im weiteren Verlauf soll die unterschiedliche Vorgehensweise bei tieferliegenden **Interessen** (wozu auch die Bedürfnisse oder Anliegen zählen) oder **Werten** (zu denen die Normkonflikte zählen) dargestellt werden.

Wirtschaftsmediationen **liegen i. d. R. Interessen** zugrunde, die ausgeglichen werden können. Manchmal werden in Mediationen statt Interessen oder Bedürfnisse, **zugrunde liegende Normen und Werthaltungen** offengelegt, die verletzt wurden, dann ist es schwierig, zunächst neuartige Lösungsspielräume zu erschließen. Hier kann nur ein normativer Diskurs und die Reflektion der zugrundeliegenden Normen, die als verletzt wahrgenommen wurden, bearbeitet werden. Nicht nur in innerbetrieblichen Mediationen, sondern auch in zwischenbetrieblichen Mediationen könnte das folgende Vorgehen auch ein hilfreicher alternativer Ansatz sein, um eine Norm zu hinterfragen und bestehende Empörung zu relativieren. Hilfreich ist hier ebenfalls das **Modell von Montada/Kals zur Dämpfung der Emotion „Empörung"**, das bereits im Kap. 4.3.2.6. ausführlich beschrie-

---

[80] Duve/Eidenmüller/Hacke, 2011, S. 169.

[81] Vgl. Rosenberg, 2009, S. 74 f.; Eine weitere Übersicht über menschliche Bedürfnisse vgl. Gaschler, 2012, S. 42 f.

[82] Vgl. Diez, 2005, S. 117.

ben wurde. Dabei liegen folgende vier Anhaltspunkte für Empörung vor, an die an dieser Stelle nochmals erinnert werden soll:[83]

1. Der Betroffene nimmt eine **Norm- oder Anspruchsverletzung** durch einen oder mehrere agierende Personen wahr.
2. Er selbst oder stellvertretend für eine Person, mit der er sich identifiziert oder solidarisiert, fühlt sich von der Norm- oder Anspruchsverletzung **betroffen**, weil wichtige eigene/fremde Anliegen verletzt oder bedroht sind,
3. Der Betroffene hält die agierende/n Person/en für **verantwortlich**
4. Die agierende/n Person/en gibt/geben **keine akzeptablen Rechtfertigungsgründe** für ihr Handeln ab.

In Wirtschaftsmediationen kann die Bearbeitung der Emotion Empörung nach Montada/Kals durchaus auch eine Möglichkeit sein, die Beziehung der Konfliktbeteiligten durch einen intensiven „Kommunikations- und Verstehensprozess" wieder zu verbessern, um dann in einem zweiten Schritt sich den Sachthemen zuwenden zu können, denen meistens Interessen zugrunde liegen.

Bei **Mediation, in denen tieferliegende Anliegen (Interessen/Bedürfnisse)** offengelegt werden, sollen in einem **ersten Schritt** den einzelnen Betroffenen ihre eigenen Interessen selbst klar werden (Window I/Empowerment). Sie sollen ihre Seite des Konfliktes und **sich selbst besser verstehen**. In einem **zweiten Schritt** soll ein **Perspektivwechsel** (Window II/Recognition) vollzogen werden. Hierfür sollen sich die Konfliktparteien wechselseitig in die Person des Gegenübers hineinversetzen und die Sichtweise nachvollziehen und soweit ihnen dieses möglich ist, akzeptieren oder anerkennen oder teilweise akzeptieren oder anerkennen. Mit diesem Schritt wird für ein gegenseitiges Verstehen – für Verständnis – gesorgt. Erst mit diesen Schritten kann eine nachhaltige Beilegung des Konfliktes gelingen.[84] Mit den gefundenen Interessen lassen sich viel bessere und **nachhaltigere Lösungen** finden, als mit einem Feilschen um Positionen, denn hier sind **Gewinner-Gewinner-Lösungen das erklärte Ziel.**[85]

Bei der **Interessenklärung geht man den Fragen** nach:[86]

> *„Was und warum ist den Beteiligten jeweils wichtig? Worum geht es den Betroffenen wirklich? Wozu vertreten sie eine bestimmte (Rechts-)Position? Was ist dann besser, wenn ihre Forderung erfüllt ist? Was ist dann möglich? Was können sie damit erreichen? Was ist dann anders? Was ist ihre Motivation? Was sind ihre unerfüllten Bedürfnisse oder Interessen?"*

---

[83] Vgl. Montada/Kals, 2013, S. 180.

[84] Vgl. Diez, 2005, S. 116.

[85] Vgl. Duve/Eidenmüller/Hacke, 2011, S. 168.

[86] Vgl. Montada/Kals, 2013, S. 261 f.; vgl. auch Duve/Eidenmüller/Hacke, 2011, S. 185.

Bei dieser Fragerichtung geht es darum, die **eigentlichen Beweggründe für den Konflikt** zu erfassen und darum, **zu verstehen**, was die Beteiligten für ihr „Wohlbefinden" bräuchten, bzw. was sie motiviert, den Konflikt aufrecht zu erhalten.[87] Dabei gibt es die unterschiedlichsten Beweggründe für einen Konflikt, die nicht nur eigene Interessen und Motive enthalten können, sondern auch das Engagement stellvertretend für andere Personen umfassen kann. Auch geht es in Konflikten nicht ausschließlich immer um die eigene Nutzenmaximierung, sondern um die unterschiedlichsten Motive, wie z. B. eine erlittene Kränkung auszugleichen, um Verteilungsgerechtigkeit oder Einbezug der Interessen anderer indirekt beteiligter Konfliktparteien.[88] Insofern geht die Frage in der **Mediation** nach den **tieferliegenden Interessen** noch **viel weiter als im Harvard-Ansatz,** der nur von Interessen zur Steigerung des Eigennutzes ausgeht.[89] Damit ist der Ansatz zur Konfliktklärung mittels der hier vorgestellten Wirtschaftsmediation auch eine Weiterentwicklung des Harvard-Modells.

Während **Positionen „dafür oder dagegen" nicht auszugleichen** sind, **können Interessen und Bedürfnisse auf unterschiedliche Art und Weise erfüllt werden**. Das Bedürfnis eines Mitarbeiters nach Anerkennung und Wertschätzung seiner Arbeitsleistung kann durch eine Sonderzahlung, Gehaltserhöhung, durch eine Belobigung oder Auszeichnung oder durch ein „Incentive-Geschenk" erfüllt werden.[90]

Das Erforschen tieferliegender Interessen oder noch tiefer liegender Bedürfnisse ist dann sinnvoll, wenn dadurch der Lösungsraum für neue Optionen vergrößert werden kann.[91] Dies ist in den meisten Wirtschaftsmediationen der Fall, wenn die Konfliktparteien bereit sind, ihre Interessen und Bedürfnisse oder allgemein ihre **Anliegen offenzulegen. Beziehungskonflikten** liegen in der Regel unerfüllte **Grundbedürfnisse** zugrunde, in **Sachkonflikten** handelt es sich i. d. R. um **Interessen und Motive,** denen aber letztendlich auch immer Bedürfnisse zugrunde liegen. Diese noch tiefer liegenden Bedürfnisse müssen nicht zwingend aufgedeckt werden, wenn zur einvernehmlichen Konfliktlösung ein Ausgleich der Interessen schon ausreicht. Manchmal sind jedoch Sachkonflikte vorgeschoben und hinter dem Konflikt verbirgt sich ein Beziehungskonflikt.

Ein Beispiel: So könnte beispielsweise ein zum Teamleiter aufgestiegener Mitarbeiter aus den eigenen Reihen auf abweichende Meinungen der bisherigen Teamkollegen autoritär reagieren, weil er sich in seiner neuen Rolle von diesen nicht anerkannt fühlt. Er erlebt Re-

---

[87] Vgl. Montada/Kals, 2013, S. 261; vgl. Duve/Eidenmüller/Hacke, 2011, S. 168. Bei innerbetrieblichen Konflikten ist das Wohlbefinden ein zentrales Kriterium, da die Betroffenen wieder zu 100 % einsatzfähig sein wollen und müssen. Das geht nur, wenn sie sich am Arbeitsplatz wohlfühlen und die Konflikte auch nachhaltig bewältigt werden. Aus diesem Grunde ist eine interessenbasierte Konfliktklärung die sinnvollste und nachhaltigste Konfliktklärungsmethode.

[88] Vgl. Montada/Kals, 2013, S. 263 f. Beispiel der Tiefenstrukturanalyse eines sich in Trennung befindenden Ehemannes.

[89] Vgl. Montada/Kals, 2013, S. 266.

[90] Vgl. Duve/Eidenmüller/Hacke, 2011, S. 169.

[91] Vgl. Duve/Eidenmüller/Hacke, 2011, S. 169.

spektlosigkeiten aber spricht diese nicht an, weil dies zusätzlich als kränkend empfunden. Stattdessen werden die Beziehungsthemen auf Sachthemen umgelenkt. Der Beziehungskonflikt wird somit als Sachkonflikt ausgetragen.[92]

Werden Sachkonflikte ausgefochten, denen Beziehungskonflikte als Ursache zugrunde liegen, ist dies ein Indiz für den Mediator, dass die Betroffenen sich deren wahren Motive nicht eingestehen. Das **Eingestehen von Anliegen (Interessen, Motive, Bedürfnisse)** ist – insbesondere in Wirtschaftsmediationen – **nicht immer einfach**, zum einen weil sich die Betroffenen diese Frage noch gar nicht selbst gestellt haben, zum anderen, weil auch Motive existieren, die der Betroffene aus eigener Sicht vielleicht selbst für moralisch bedenklich hält oder er glaubt durch die Äußerung an sozialem Ansehen zu verlieren.[93]

Vermutet der Mediator, dass sich hinter einem vorgeschobenem Sachthema ein Beziehungskonflikt verbirgt, so wird er den Konflikt auf die Metaebene erheben und feststellen, dass die Beteiligten durch Informationseinholung und objektiver Erkenntnisse sicher selbst eine gute Lösung in der Sachfrage finden können, dann wird er die o. g. Fragen stellen *„Was steht hinter dem Konflikt? Was ist ihnen eigentlich wichtig? etc.... “* und dann die Betroffenen wechselseitig dazu befragen. Die Betroffenen können sich hierzu auch in **Einzelarbeit zunächst auf einem Papier Stichpunkte machen** und dann nacheinander dem Mediator antworten.

Kann der Mediator eine vertrauensvolle Atmosphäre herstellen in denen die Konfliktteilnehmer sicher sind, nicht ihr Gesicht zu verlieren, werden sie sich öffnen und ihre Interessen offenlegen. Sollten sich Medianden in der Mediation nicht öffnen können oder wollen, was z. B. bei einem großen Machtgefälle zwischen den Konfliktparteien oder massiv wahrgenommenen Verletzungen auf einer Seite, der Fall sein kann,[94] so wären hier **Einzelgespäche** (im Einverständnis mit allen Mediationsteilnehmern) mit den Medianden möglich. (Vgl. hierzu Kap. 5.4.2.) Der Mediator wird im Einzelgespräch klären, welche Punkte in der Mediation veröffentlicht werden dürfen und welche vertraulich bleiben sollen.[95]

Schafft der Mediator einen vertrauensvollen Rahmen innerhalb der Mediation und bedarf es keiner Einzelgespräche, so wird er im Rahmen des Mediationsablaufes z. B. wie folgt vorgehen. Er könnte beispielsweise von der Themensammlung zu der Interessenphase folgenden Viererschritt zur Einleitung der 3. Stufe anbringen:

> *„Sie haben soeben eine Übersicht über die zu klärenden Themen in der Mediation erarbeitet und sich für ein erstes Thema entschieden für das Sie eine für beide Seiten gewinnbringende Lösung suchen. Damit können Sie jetzt gut weiterarbeiten. Ich habe sehr gute Erfahrungen für das Gelingen von Mediationen gemacht, wenn in einem nächsten Schritt geschaut wird, welche Interessen, Motive oder Bedürfnisse*

---

[92] Vgl. Montada/Kals, 2013, S. 266.

[93] Vgl. Montada/Kals, 2013, S. 266.

[94] Vgl. Duve/Eidenmüller/Hacke, 2011, S. 179.

[95] Vgl. Montada/Kals, 2013, S. 269, vgl. auch Duve/Eidenmüller/Hacke, 2011, S. 179 f. die aus ihren Erfahrungen in zwischenbetrieblichen Mediationen feststellen, dass Einzelgespräche in der Regel nicht erforderlich sind und sie eher selten eingesetzt werden.

sich bei jedem einzelnen von Ihnen hinter den Themen verbergen. (Mediator zeigt zur besseren Visualisierung erläuternd auf Flip-Chart Bogen mit dem Mediationsablauf.) Denn nur wenn jeder für sich weiß, warum ihm eine Sache wichtig ist, aber auch verstehen kann, was der andere für Hintergründe zu dem Thema hat, der kann später gute Lösungen für das gemeinsame Thema entwickeln. Erst dann kann der Konflikt nachhaltig beigelegt werden. Habe ich Ihnen diesen wichtigen Schritt gut erklären können? Herr Y und Herr X? (Reaktion abwarten) Sind Sie bereit, sich auf diesen Schritt einzulassen, Herr Y? Herr X? (Reaktion abwarten)"

Der Mediator **kann einleitend auch das Eisbergmodell** als weitere Hintergrundinformation für die Medianden vorstellen, um den Konfliktbeteiligten zu erklären, dass sich hinter jedem Konflikt versteckte Interessen und Bedürfnisse oder Werte und Normen verbergen, manchmal jedoch auch nur fehlende Informationen oder fehlerhafte Informationen an die Oberfläche geholt werden müssen, damit der Konflikt nachhaltig und dauerhaft beigelegt werden kann. Mit einer Zeichnung eines Eisbergmodells kann diese Stufe besonders gut visualisiert werden. (Vgl. Abb. 6 in Kap. 2.3.) Auch dieses Flip-Chart sollte wiederum für alle Beteiligten an die Wand geheftet werden.

Der Mediator wird z. B. danach weiter ausführen.

„Ich möchte Sie jetzt bitten, dass jeder von Ihnen der Reihe nach versucht, zu erklären, warum Ihnen Ihre Position zum Thema (Thema 1, das gewählt wurde, benennen) so wichtig ist. Ich werde Sie in Intervallen unterbrechen und zusammenfassen, was ich verstanden habe. Sie sollten mich ggf. korrigieren. Wenn ich ihre Anliegen richtig wiederholt habe, werde ich diese in Stichpunkten auf dem Flip-Chart für jeden von Ihnen getrennt notieren. Herr Y möchten Sie jetzt mal anfangen? Herr X, ist das in Ordnung für Sie?"

Der Mediator kann danach die Fragen stellen wie sie im Kontext am besten passen, z. B. kann er **allgemein fragen**:

„Gut, Herr Y, ich habe Ihnen und Herrn X gerade das Eisbergmodell vorgestellt, nun würde ich gerne besser verstehen wollen, worum es in Ihrem Konflikt geht? Was befindet sich bei Ihnen unterhalb der Wasseroberfläche des Eisbergs?"

Bei einem **Beharren** des Medianden **auf** bestimmte **Forderungen oder Positionen** könnte der Mediator fragen:

„Herr Y, wozu vertreten Sie die bestimmte (Rechts-)Position ...? Was ist dann besser, wenn Ihre Forderung erfüllt ist? Was ist dann möglich? Was können Sie damit erreichen? Was ist dann anders?"

Der Mediator könnte bei **Beziehungskonflikten** in innerbetrieblichen Mediationen beispielsweise fragen:

„Herr Y, was ist Ihre Motivation an der Aufrechterhaltung des Konfliktes? Was sind Ihre unerfüllten Bedürfnisse oder Interessen? Was brauchen Sie, damit sich ihre Situation verbessert? Was brauchen Sie, damit Sie sich wieder am Arbeitsplatz wohlfühlen und wieder konzentriert arbeiten können?"

Nachdem der Mediator die Frage/n gestellt hat, sollte er **nicht ungeduldig** sein und bis zur Antwort des Medianden warten. Das kann auch durchaus eine gewisse Zeit dauern. Als Mediator sollte man **Pausen aushalten** können. Der Mediand muss erst nachdenken und dann formulieren. Manchmal ist den Medianden der tiefere Hintergrund für den Konflikt gar nicht bewusst und Sie müssen erst selbst überlegen, was sich alles unter der Spitze des Eisbergs befindet. Unterstützend sollten die Mediatoren ggf. noch zusätzlich weitere Fragen stellen, sodass auch wirklich wichtige Interessen aufgedeckt werden, die dann auch den Konflikt nachhaltig beilegen können. Dabei kann der Mediator auf **Schlüsselwörter, wie „wichtig, substanziell, bedeutend"** achten und auf eine **hohe Emotionalität** mit entsprechenden **Körperreaktionen**.[96] Sie geben deutliche Hinweise auf die Wichtigkeit der Interessen. Alternativ kann auch den Medianden im Vorfeld zunächst die Aufgabe gegeben werden, dass jeder für sich in Stillarbeit nach seinen Interessen suchen möge und die Interessen auf einem Blatt notieren solle. Darüber hinaus könnte auch der zur Mediation vorbereitete Fragebogen bzw. Pre-mediation briefing report Anhaltspunkte zu den Interessen geben, bei dem sich die Betroffenen schon einmal im Vorfeld mit dieser Frage auseinander setzen mussten. Erst danach beginnt die Interessenvorstellung vor der/den anderen Konfliktpartei(en).

Um zu den Interessen oder Bedürfnissen zu gelangen, reicht häufig ein **empathisches aktives Zuhören nach der Gewaltfreien Kommunikation** aus (Beobachtung des Betroffenen wiederholen, Gefühl des Betroffenen und die Bedürfnisse des Betroffenen, die unerfüllt blieben, beschreiben und was sich der Betroffene stattdessen gewünscht hätte, hypothetisch darstellen, wenn der Betroffene nichts dazu äußert), um zu den Bedürfnissen oder Interessen zu gelangen.[97] So könnte der Mediator beispielsweise folgendes zusammenfassen:

„Wenn Herr X ihr gemeinsames Problem laut vor allen anderen Kollegen im Pausenraum anspricht und alle zuhören können und dabei die Augen auf Sie gerichtet sind, dann sind sie wütend und peinlich berührt, weil Sie das Gespräch gern vertraulich unter vier Augen ohne Zuhörer geführt hätten, um gemeinsam eine Lösung zu finden. Habe ich das so richtig verstanden, Herr Y?"

Ist die Wiedergabe der geäußerten Information korrekt, wird der Betroffene dies erleichtert bestätigen und das Gefühl haben, verstanden worden zu sein. War die Darstellung nicht korrekt, so wird der Mediand von sich aus die Wiedergabe i. d. R. nochmals mit eigenen Worten korrigieren und der Mediator hat die Möglichkeit, nochmals empathisch

---

[96] Vgl. Duve/Eidenmüller/Hacke, 2011, S. 178.

[97] Vgl. Rosenberg, 2009, S. 118.

Interessen zum Thema „Umgang miteinander“	
Herr X	Herr Y
• Wertschätzende Kommunikation (5)	• Bessere Gesprächsbasis durch vertrauliche Vieraugen-Gespräche schaffen (4)
• Respekt voreinander (4)	• Respekt voreinander (5)
• Vertrauen schaffen (4)	• Gemeinsam, wie früher, auch Spaß haben dürfen (3)
• Miteinander statt Gegeneinander (5)	• Gemeinsame Regeln haben (5)
• Anerkennung der Leistung (3)	• Vertraulichkeit wahren (5)

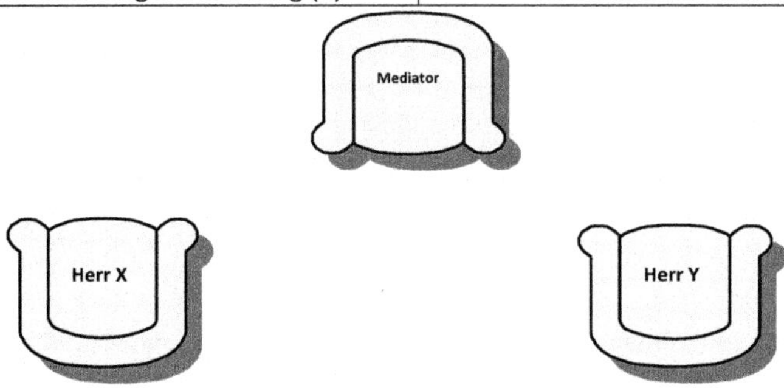

Abb. 5.3 Interessenklärung (Window I). (Quelle: eigene Darstellung)

zu paraphrasieren, bis sich der Betroffene wirklich verstanden fühlt. Hat der Mediator den Kern der Aussage getroffen, schreibt er die verschiedenen Interessen, Bedürfnisse oder Anliegen des Betroffenen auf das Flip-Chart auf. Neben den **Fragetechniken** und dem **aktivem Zuhören** hilft in dieser Stufe aber auch das **Normalisieren** (vgl. Kap. 4.2.4.) um den Einstieg in die Stufe zu erleichtern.

In dieser Phase wird ebenfalls wieder mit den Fenstern des Verstehens gearbeitet. Zunächst soll die **Selbstbehauptung** und das eigene Verstehen gefördert werden. Das geschieht indem die Interessen für jeden getrennt auf dem Flip-Chart notiert werden. (Window I) Dabei müssen möglichst alle Interessen erfasst werden. Zum Ende der Interessensammlung muss jeder Mediand für sich die **Interessen bewerten und ggf. priorisieren,**[98] damit bei der späteren Lösungssuche sich alle Beteiligten auch an den wirklich wichtigen Interessen orientieren. So können die Beteiligten mit Hilfe einer **Skalamethode (z. B. von 1–5)** die Interessen nach Abschluss der Interessenklärung nach ihrer Bedeutung einordnen. So kann ein Mediand ein geäußertes Interesse z. B. mit dem Faktor „1“ (kaum bedeutsam) bis hin zum Faktor „5“ (außerordentlich bedeutsam) bewerten.

Ein Flip-Chart zum Thema „Umgang miteinander“, das im Dialog der einzelnen Mediandan jeweils mit dem Mediator entstanden ist, könnte z. B. folgende Inhalte, wie in Abb. 5.3 dargestellt, vorweisen. In einem zweiten Schritt haben die Betroffenen ihre Anliegen nach der Skalenmethode 1–5 bewertet.

[98] Vgl. Duve/Eidenmüller/Hacke, 2011, S. 178.

Interessen zum Thema „Umgang miteinander“	
Herr X	Herr Y
• Wertschätzende Kommunikation (5) ✓	• Bessere Gesprächsbasis durch vertrauliche Vieraugen -Gespräche schaffen (4) ✓
• Respekt voreinander (4) ✓	• Respekt voreinander (5) ✓
• Vertrauen schaffen (4) ✓	• Gemeinsam, wie früher, auch Spaß haben dürfen (3) ✓
• Miteinander statt Gegeneinander (5) ✓	• Gemeinsame Regeln haben (5) ✓
• Anerkennung der Leistung (3) ✓	• Vertraulichkeit wahren (5) ✓

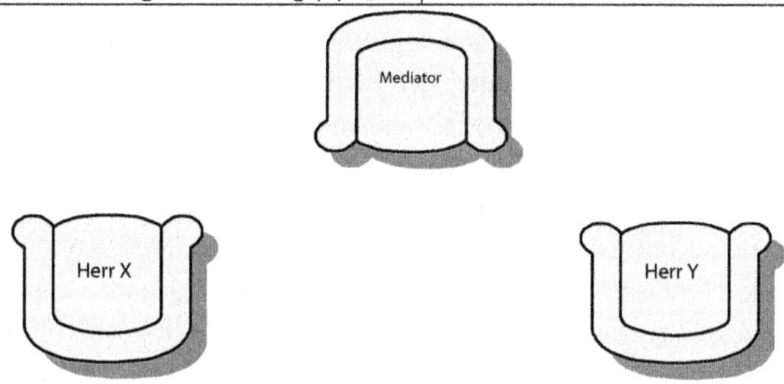

Abb. 5.4 Interessenklärung (Window II). (Quelle: eigene Darstellung)

Nachdem die Betroffenen ihre eigenen Bedürfnisse, Interessen oder anderen Anliegen wahrgenommen und verstanden haben, kann ein **zweiter wichtiger Schritt** vollzogen werden – der **Perspektivwechsel.** (Window II, Recognition) Es geht darum einen Prozess des Verstehens einzuleiten, bei dem die Betroffenen erkennen, dass im Konflikt immer mehrere Sichtweisen existieren. Können Sie diese unterschiedlichen Sichtweisen akzeptieren oder anerkennen, so zeigen sie Verständnis für die Belange des jeweils anderen. Ein **Verstehen oder Verständnis** für die Betrachtungsweise bedeutet nicht, dass die Medianden damit auch einverstanden sein müssen, jedoch hilft ein Verstehen bzw. geäußertes Verständnis bei der Bewältigung des Konflikts in eine zukunftsorientierte Richtung und bei der Lösungssuche. Das kann dadurch geschehen, dass der Mediator die Medianden wechselseitig bittet, in einem **zweiten Schritt** auf die jeweils andere Seite des Flip-Charts zu schauen, um **mitzuteilen, welche der aufgezählten Punkte er verstehen oder akzeptieren kann**. Hinter diesen Punkten kann der Mediator – bei mehreren Parteien für jede Person mit einer unterschiedlichen Farbe – **Häkchen** für ein Verstehen oder Akzeptanz setzen.

Nach dieser gegenseitigen Akzeptanz und der Kenntlichmachung der Punkte, die wechselseitig verstanden wurden, ist die dritte Stufe abgeschlossen. In Abb. 5.4 ist eine solche wechselseitige Anerkennung beispielhaft dargestellt.

Nach diesem Schritt ist die dritte Stufe der Mediation im engeren Sinne abgeschlossen. Die **Interessenklärung ist von besonderer Bedeutung für die Entwicklung kreativen**

Potentials der betroffenen Konfliktparteien, das für die vierte Stufe zur Generierung vielfältiger guter Lösungen notwendig ist. In dieser Phase können **kognitive und emotionale Blockierungen effektiv aufgelöst werden**. Mit dieser Stufe werden die **hinreichenden Rahmenbedingungen für Kreativität** in Konflikten hergestellt.[99] Die intrinsische Motivation von Mediandеn, **kreative Leistungen** zu erbringen, wird nämlich durch **zwei Faktoren** unterstützt. Zum einen müssen die Beteiligten eine **Herausforderung** in der zu bewältigenden Aufgabe sehen.[100] Diese liegt mit der Aufgabe zur Lösung der Konfliktsituation vor. Zum anderen muss eine **positive Emotionalität** gegeben sein.[101] Letztere ist jedoch in Konfliktsituationen nicht vorhanden. Daher kommt der **Bearbeitung der negativen Emotionen** in Bezug auf die Ermöglichung von Kreativität eine **bedeutende Rolle** zu. Dies geschieht, indem die belastenden Emotionen einfühlsam durch den Mediator angesprochen werden, weil sie Aufschluss über die hinter den Positionen verborgenen tieferliegenden Interessen, Motive, Bedürfnisse, Anliegen oder auch normativen Erwartungen geben.[102] Über das Hilfsmittel der Bearbeitung der Emotionen gelangt man automatisch zu den Anliegen, die die eigentliche Ursache für den Konflikt darstellen.[103] Dabei ist das **aktive Zuhören mit der Gewaltfreien Kommunikation nach Rosenberg** sehr hilfreich. Das kontrollierte und wertschätzende Herausarbeiten der tieferliegenden Motive durch den Mediator und ein vollzogener **Perspektivwechsel** der Konfliktparteien **löst kognitive Blockierungen** der Beteiligten und schafft so eine **Problemwahrnehmung und Problemanalyse aus der gemeinsamen Perspektive aller Konfliktteilnehmer**, die die Grundlage für neue gedankliche Verknüpfungen und Ideen in der Lösungsfindungsphase bildet.[104] **Die vollständige Bearbeitung und Aufarbeitung von belastenden Emotionen ist also zwingend notwendig, damit überhaupt kreative Ideen entstehen können.**[105] Darüber hinaus kann dadurch der Zugang zu allen tieferliegenden Motiven, die relevant für die Konfliktlösung sind, erschlossen werden. Daher wären die von Montada/Kals aufgeführten plausiblen Gründe zur notwendigen Berücksichtigung und Bearbeitung der Emotionen in der Mediationspraxis,[106] um dieses wichtige Argument, der aus der Bearbeitung von Emotionen resultierenden Ermöglichung und Steigerung des kreativen Outputs der Beteiligten, zu ergänzen.[107]

Die kreative Ideenfindung, die das zentrale Ziel der 4. Stufe ist, wird nicht nur erleichtert durch **psychische**, sondern auch durch **körperliche Entspannung.**[108] Sogar

[99] Vgl. hierzu und im Folgenden: Koschany-Rohbeck, 2011, S. 21.

[100] Vgl. Schuler/Görlich, 2007, S. 52.

[101] Vgl. Schuler/Görlich, 2007, S. 52.

[102] Vgl. Montada/Kals, 2013, S. 83.

[103] Vgl. Montada/Kals, 2013, S. 83; vgl. auch Kals/Ittner, 2008, S. 38–40.

[104] Vgl. Koschany-Rohbeck, 2011, S. 22.

[105] Vgl. Matussek, 1979, S. 237–239; vgl. auch Goleman/Kaufman/Ray, 1997, S. 125; vgl. auch Rohr, 1975, S. 256.

[106] Vgl. Montada/Kals, 2007, S. 82–84.

[107] Vgl. Koschany-Rohbeck, 2011, S. 22.

[108] Vgl. Werth/Förster, 2002, S. 16.

im Schlaf kann die Verarbeitung der Informationen stattfinden.[109] Dies sind Gründe, die neben frischer Energie für die Beteiligten gegen Ermüdung und Wechsel der Arbeitsatmosphäre,[110] dafür sprechen nach der Interessenklärung **zwingend eine Pause durchzuführen** oder bestenfalls eine **Beendigung der Mediationssitzung** für diesen Tag vorzunehmen.[111] Trotz der bewussten Pause wird die Gehirntätigkeit zu dem zu bearbeitenden Themenkomplex im Unterbewusstsein fortgeführt und unbewusst weiter nach Lösungen gesucht.[112] Interessanterweise ist in einer Studie über Führungskräfte festgestellt worden, dass die meisten kreativen Ideen außerhalb des Unternehmens und zwar in der Natur gefunden wurden,[113] sodass ein Spaziergang in der Natur als Pausenbeschäftigung im Rahmen einer Mediationen sich höchstwahrscheinlich positiv auf den Lösungsfindungsprozess auswirken und auch zur Entspannung beitragen wird. Trotz oder gerade wegen der nun stattfindenden Pause ist es sinnvoll, den Mediationsteilnehmern eine **Kernfrage** (vgl. Kap. 5.2.4.) mit in die Pause zu geben, der sie jedoch nicht bewusst nachgehen sollen, damit eine **Inkubation** stattfinden kann.[114]

In der Tab. 5.4 sind die wichtigsten Merkmale der 3. Stufe nochmals zusammengefasst.

5.2.4 Kreative Ideensuche – Bildung von Optionen

Die Suche nach Gewinner-Gewinner-Lösungen in der Mediation ist aufgeteilt in zwei Stufen, erstens in **die 4. Stufe der kreativen Ideensuche** auf der Grundlage der zuvor herausgearbeiteten Interessen und zweitens in die **5. Stufe der Bewertung und Auswahl der besten Lösungsalternative.**[115] Die Trennung des Ablaufes zwischen der Ideenfindung und der Bewertung und Auswahl der **Lösungsmöglichkeiten** (im Folgenden auch **Optionen** genannt) liegt darin begründet, dass eine zu früh einsetzende Beurteilung die kreative Leistung im Keim ersticken könnte, weil kritisierte Parteien dadurch gehindert werden würden, nicht durchdachte Ideen vorzustellen.[116] Oder es wäre möglich, dass voreilig eine für gut befundene Lösung die Sicht auf eine bessere Alternative versperren könnte, weil die Ideensammlung vorzeitig abgeschlossen wurde. Die im Rahmen der vierten Stufe gefundenen **Alternativen** sollen deshalb **zunächst** noch **völlig unverbindlich** sein. Erst nach der vollständigen Ideensammlung werden die Lösungsvorschläge strukturiert, anhand der **Interessenverwirklichung** und der **rechtlichen** und **tatsächlichen Realisier-**

[109] Vgl. Preiser, 1986, S. 45.

[110] Vgl. Gläßer/Kirchhoff, 2007a, S. 89; vgl. auch Weisberg, 1989, S. 52.

[111] Koschany-Rohbeck, 2011, S. 22.

[112] Vgl. Malorny/Schwarz/Backerra, 1997, S. 27.

[113] Vgl. Malorny/Schwarz/Backerra, 1997, S. 29–31.

[114] Vgl. Brunner, 2008, S. 101.

[115] Vgl. Gläßer/Kirchhoff, 2007a, S. 88.

[116] Vgl. hierzu und im Folgenden: Gläßer/Kirchhoff, 2007a, S. 88 f.

Tab. 5.4 Stufe 3 – Interessenklärung. (Quelle: eigene Darstellung in Anlehnung an Kessen/Troja, 2009, S. 295–299 und Hösl, 2008, S. 159–162)

Mediation			
Verfahrensschritt	Inhalte	Methoden/Techniken	Übergeordnete Ziele
3. Interessenklärung bzw. Klärung der Anliegen „Was und warum ist den Beteiligten jeweils wichtig?"	- Interessen, Bedürfnisse, Ziele oder Motive hinter den Positionen erkennen und herausarbeiten - Manchmal werden Normen und Werte offengelegt, die den Konflikthintergrund bilden - Die Konfliktbeteiligten darin unterstützen, ihre eigenen Bedürfnisse und Interessen zu erkennen und zu artikulieren (Empowerment)… - und die Bedürfnisse und Interessen der anderen anzuerkennen (Recognition) - Übereinstimmungen und Abweichungen verdeutlichen - Vollständigkeit der genannten Interessen überprüfen	- Fragetechniken - Aktives Zuhören (paraphrasieren) - Nutzung der ersten drei Elemente der Gewaltfreien Kommunikation nach Rosenberg zum angemessenen Umgang mit Emotionen - Normalisieren - Kooperativer Diskurs bei verletzt empfundenen Normen - Reframing - Visualisieren - Zusammenfassen - Window I und Window II zum Perspektivwechsel (Die Fenster des Verstehens)	- Empowerment (Bekräftigung) - Recognition (Anerkennung) - Gegenseitiges Verstehen bzw. Verständnis ermöglichen - Negative Emotionen abbauen - Ermittelte Interessen/Bedürfnisse sind zentrale Grundlage für eine wertschöpfende - Lösungssuche

barkeit bewertet und erst danach die beste Lösung ausgewählt,[117] die zu einer **win-win-Situation** führt, bei der die Problemlösung von allen als **„fair"**, **„effizient"**, **„vernünftig"**, **„sachgerecht" sowie „stabil"** beurteilt wird,[118] und im Folgenden als **passgenaue Lösung definiert** werden soll. Für die vierte Stufe der Ideensuche ist es sinnvoll, die aus der Kreativitätsforschung entwickelten Kreativitätstechniken, zur Steigerung des kreativen Outputs, einzusetzen. Aus der Vielfalt der möglichen Kreativitätstechniken sollen ausgewählte, teils bereits etablierte und teils bisher nicht näher untersuchte, aber vielversprechende Methoden vorgestellt werden. Methoden, die die Stufe der Optionensuche und die Bewertung miteinander vereinen (z. B. Disney-Methode[119]) sind für eine Mediation aus den o. g. Gründen daher eher ungeeignet.

Die **Medianden** sollen im Rahmen der Mediation **kreativ** werden und **neue Lösungen** für das ausgewählte Thema unter **Berücksichtigung der jeweiligen Interessen** entwickeln. Je mehr die gefundenen Lösungen die Interessen der Konfliktteilnehmer befrie-

[117] Vgl. Gläßer/Kirchhoff, 2007b, S. 158.

[118] Kals/Ittner, 2008, S. 62.

[119] Vgl. eine ausführliche Darstellung in: Dilts/Epstein/Dilts, 1994, S. 84–371.

digen können, desto besser werden sie in der subjektiven Bewertung sein. Die Konfliktlösung wird dadurch auch nachhaltiger. Jeder Mensch besitzt ein kreatives Potential, das durch den Einsatz von **Kreativitätstechniken** noch gesteigert werden kann. Kreativitätstechniken werden nach Preiser wie folgt definiert:

> Kreativitätstechniken sind konkrete Rezepte, um durch Handlungs- oder Denkanweisungen und durch Gestaltung der äußeren Situation kreative Problemlösungen zu provozieren oder zu erleichtern.[120]

Die Mediananden sollen einen kreativen Prozess durchlaufen, der sich nach Preiser gemäß des Ablaufes vollzieht, der in der Abb. 5.5 dargestellt ist. Die Elemente des in der Abbildung dargestellten Flussdiagrammes werden nachfolgend erklärt.

Jedem kreativen Prozess liegt eine Auseinandersetzung zwischen der Person und der Umwelt zugrunde **(Person-Umwelt-Interaktion).**[121] Das eigenständige Aufdecken von Problemen **(Problemwahrnehmung und –analyse)** ist dabei jedem Menschen als innewohnende kreative Fähigkeit gegeben,[122] die jedoch aufgrund vielfältigster Faktoren (Umwelt, Sozialisation) unterschiedlich stark ausgeprägt ist.[123] Dabei bezeichnet die Problemwahrnehmung und -analyse die **wertfreie Beschäftigung mit inneren Problemen**, nämlich den eigenen Anliegen, Interessen, Motiven und Bedürfnissen und den **äußeren Problemen** der Umwelt, die sich in Dissonanzen gesellschaftlicher Ansprüche und Aufgaben oder logischen und theoretischen Unvereinbarkeiten äußern.[124]

Bei der **Vorbereitung und Informationssammlung** sollen aus dem Gedächtnis und aus den Umweltinformationen unvoreingenommen und wertfrei eine größtmögliche Datenbasis an Informationen zusammengestellt werden, die mit dem zu lösenden Problem in Beziehung gebracht werden können.[125] Vor Beginn der nächsten Phase wird eine bewusste Pause vollzogen, bei dem sich die beteiligte Person entspannt oder einer anderen Beschäftigung zuwendet.[126]

In der dann folgenden Phase der **Inkubation/Hypothesenbildung** werden die gesammelten Informationen und die Problemanalyse in Verbindung gebracht und Lösungen entweder über einen „**unbewusst inspirativen**" oder „**rational organisierten**" Weg erschlossen.[127] Beim unbewusst-inspirativem Zugang, werden die Assoziationen überwiegend im Unterbewusstsein neu zusammengestellt, ausgeweitet und umgestellt.[128] Beim rational-

[120] Preiser, 1986, S. 94.
[121] Vgl. Preiser, 1986, S. 42.
[122] Vgl. Preiser, 1986, S. 43.
[123] Vgl. Vogt, 2010, S. 27.
[124] Vgl. Preiser, 1986, S. 43.
[125] Vgl. Preiser, 1986, S. 43.
[126] Vgl. Brunner, 2008, S. 47.
[127] Vgl. Preiser, 1986, S. 45.
[128] Vgl. hierzu und im Folgenden: Preiser, 1986, S. 45.

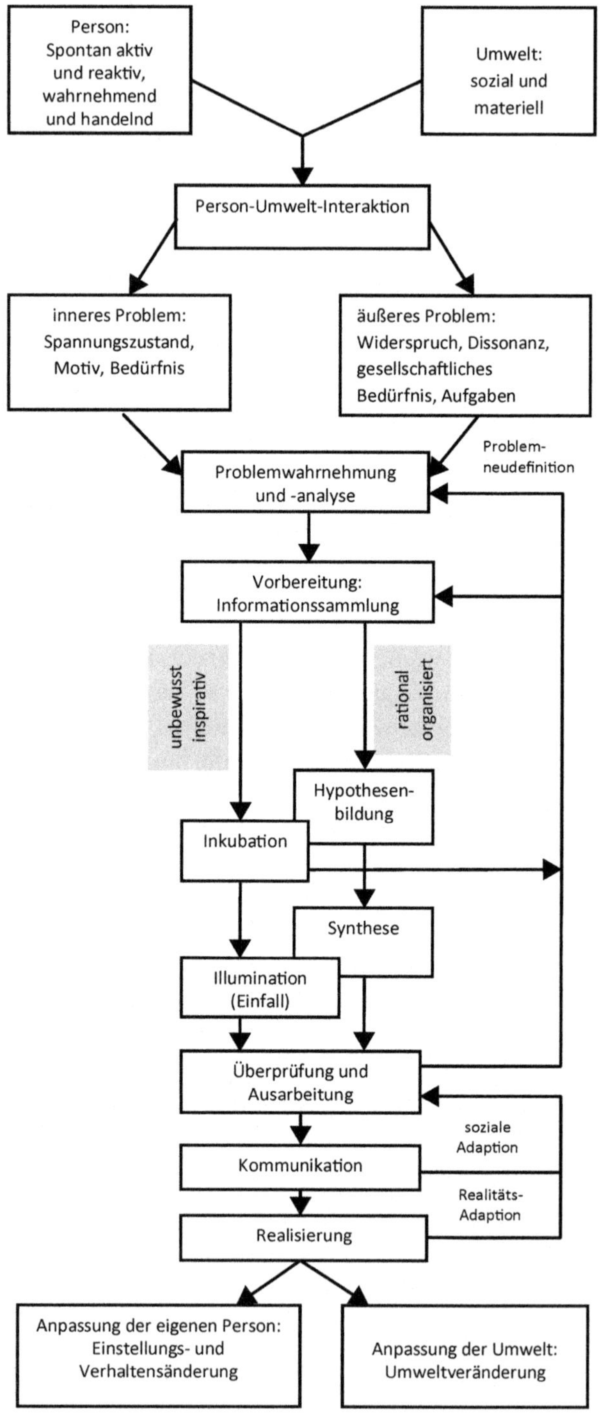

Abb. 5.5 Der Prozess des kreativen Problemlösens als Auseinandersetzung eines Individuums mit einem neuartigen Problem. (Quelle: Preiser, 1986, S. 44, siehe auch Preiser und Buchholz, 2008)

organisierten Zugang werden bewusst und nach vernunftmäßigen Kriterien, Assoziationen zur Problemstellung zusammengetragen und Alternativen gegeneinander abgewogen. Diese **unterschiedlichen Vorgehensweisen zur Ideengenerierung,** entweder unbewusst inspirativ oder rational organisiert, **spiegeln sich** in den **intuitiven, analytisch-systematischen Kreativitätstechniken bzw. Kombinationsmethoden wider**. Diese werden in den nächsten Kapiteln vorgestellt. Sie helfen den Mediandenden dabei **selbstverantwortlich kreativ zu sein**.

Die **Illumination/Synthese** endet häufig mit einer erleuchtenden Idee, die von dem Problemlösenden als entlastende Bewältigung des Problems aufgefasst wird.[129] Da die Problemlösung in der inspirativ ausgerichteten Inkubationsphase überwiegend unbewusst abläuft, wird die Idee häufig als außergewöhnlich und zufällig empfunden. Die scheinbar vorher zusammenhanglosen Informationen bekommen augenblicklich eine neue Ordnung, die alle relevanten Komponenten der Problematik zu einer neuartigen harmonischen Lösung führt, auch Illumination genannt. Bei der rational-organisierten Lösungssuche werden die Problemaspekte und Informationen zielgerichtet und systematisch zu einem kongruenten, problemlösenden System zusammengesetzt. (Synthesephase).

Der kreative Prozess im engeren Sinne ist jedoch erst mit der Phase der Verifikation abgeschlossen, die Preiser als Phase der **Überprüfung und Ausarbeitung bezeichnet.** Hier erfolgt eine **Bewertung der Idee nach Realitätsangepasstheit, Sinn und Angemessenheit,** wobei die **Option des größten subjektiven Nutzens** gewählt wird, also die **größte „Wohlbefindenssteigerung“** verspricht.[130]

Bei der Phase der **Kommunikation** handelt es sich nicht mehr um eine Phase des kreativen Prozesses im engeren Sinne, sondern um eine Phase im weiteren Sinne.[131] Es ist eine „nach-kreative Phase“ in der die ausgearbeitete Idee der sozialen Umwelt als Lösung präsentiert wird. Hierbei bewertet das betroffene soziale System die gefundene Lösung, ob diese realitätsangepasst, sinnvoll und angemessen ist und somit akzeptiert wird. Die Phase der **Realisierung** stellt letztendlich eine Bewährungsprobe der kreativen Lösung dar.[132] Die Realisierung kann zum einen in der Anpassung der eigenen Einstellung oder des Verhaltens erfolgen oder in der Veränderung der Umwelt. Hier muss die erarbeitete Lösung für das Problem zeigen, ob sie wirklich passgenau ist.

Aus dieser Darstellung des kreativen Prozesses für eine Einzelperson (vgl. Abb. 5.5) kann hergeleitet werden, dass das **Mediationsverfahren selbst auch ein kreativer Prozess ist,** (vgl. hierzu Abb. 5.6) in der die gewissenhafte und intensive Durchführung der Vorlaufphase und der Phasen 1–3 erst die notwendigen und hinreichenden Rahmenbedingungen schaffen, damit die Medianden in der nun folgenden vierten Stufe kreativ sein können.[133]

In dem Modell der Mediation als kreativem Prozess kann man einen Konflikt wie folgt definieren:

---

[129] Vgl. hierzu und im Folgenden: Preiser, 1986, S. 45 f.

[130] Vgl. Vogt, 2010, S. 28.

[131] Vgl. hierzu und im Folgenden: Preiser, 1986, S. 47.

[132] Vgl. Preiser, 1986, S. 47.

[133] Vgl. hierzu und im Folgenden ausführlicher: Koschany-Rohbeck, 2011, S. 8–23.

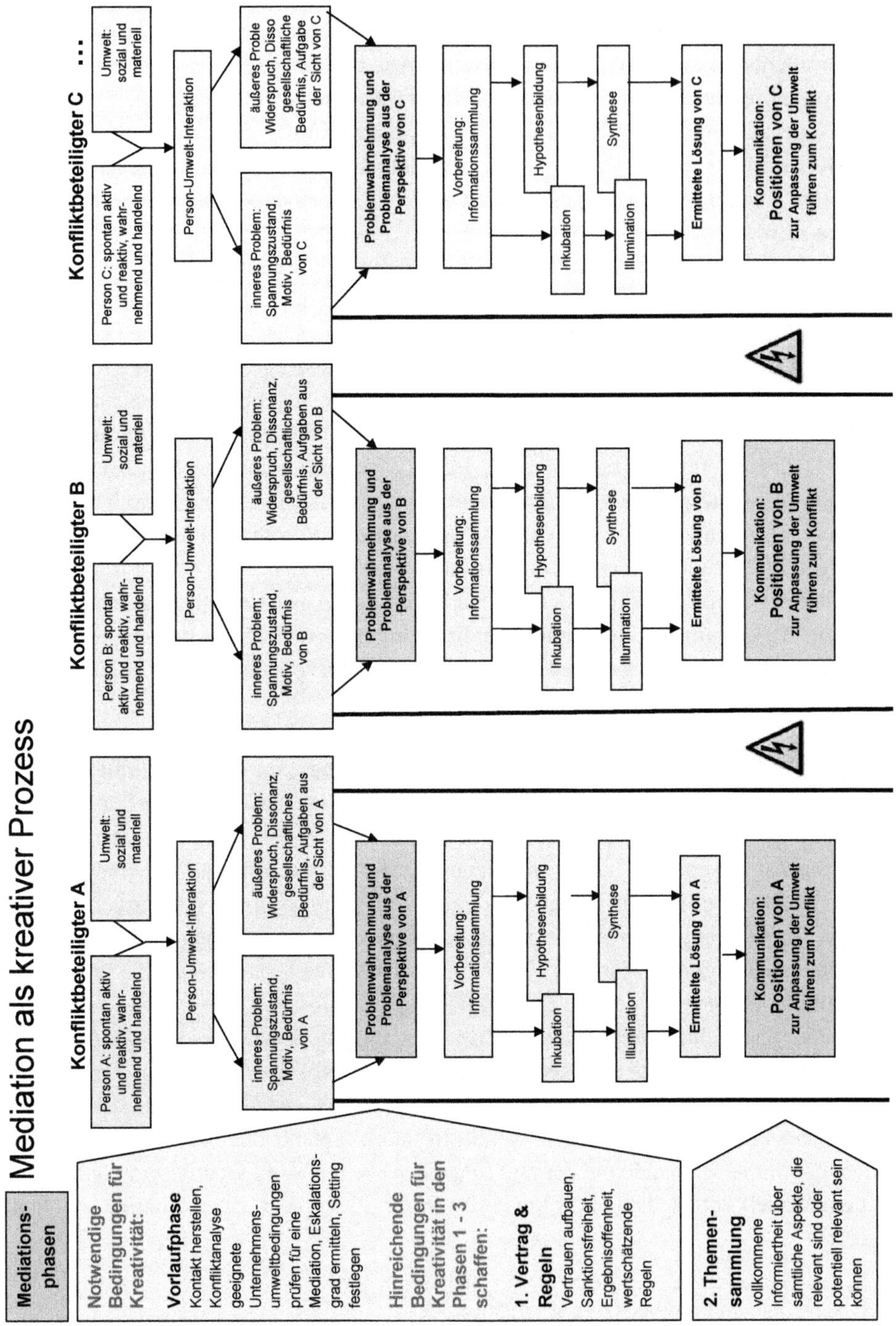

Abb. 5.6 Mediation als kreativer Prozess. (Quelle: eigene Darstellung, in Anlehnung an Preiser, siehe Abb. 5.5.)

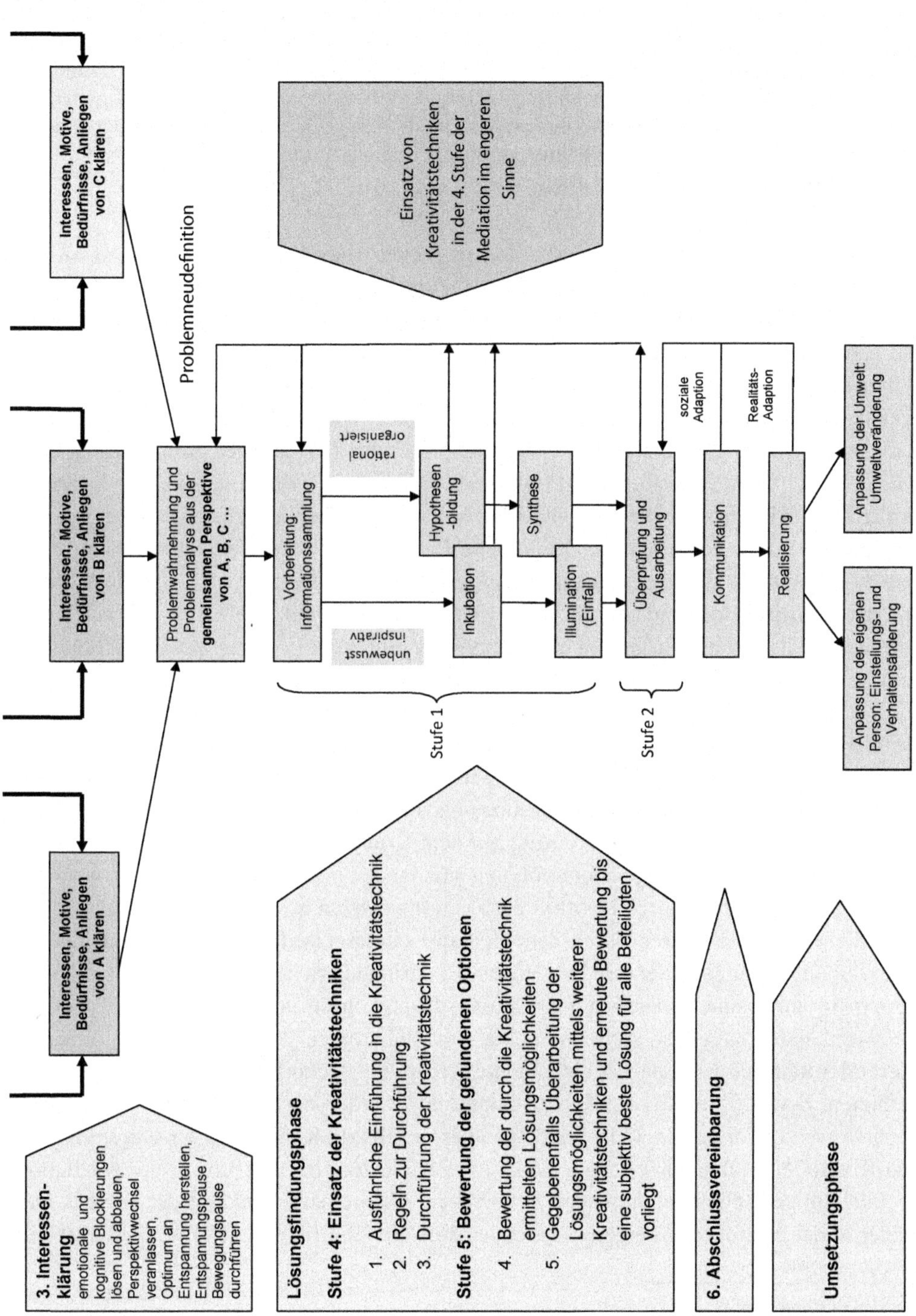

Abb. 5.6 (Fortsetzung)

„**Konflikte** zwischen zwei oder mehreren Parteien **resultieren aus kreativen Denkprozessen** der an der Situation beteiligten Individuen, die **unabhängig voneinander** nach der Lösung für ein (neuartiges) komplexes, schlechtstrukturiertes Problem suchen, aber aufgrund unterschiedlicher subjektiver Problemwahrnehmungen und -analysen und eindimensionaler simplifizierender Betrachtung der Situation zu unterschiedlichen, unvereinbaren Lösungen für das Problem kommen, die sich in Positionen zur Anpassung der Umwelt widerspiegeln."[134]

Im Rahmen von Mediationen werden die **Interessen aller Konfliktbetroffenen aufgedeckt** und **das zu lösende Problem auf der Grundlage sämtlicher geäußerter Interessen neu definiert.** Für das neu definierte Problem müssen nun neuartige kreative Lösungen gefunden werden, bei denen die Interessen bestmöglich erfüllt werden können.

Kreativitätstechniken helfen dem Mediator als aktivem Verfahrensgestalter die **Eigenverantwortlichkeit** der Konfliktparteien zu stärken.[135] Nach dem Grundsatz der Eigenverantwortlichkeit im Rahmen einer Mediation, ist es das Ziel des Mediators, den Medianden dabei zu helfen, dass sie **selbstständig** eine Gewinner-Gewinner-Lösung für ihr Problem erarbeiten können.[136] Dieses Ziel der Selbstverantwortlichkeit ist damit zu begründen, dass nur eine eigenverantwortlich gefundene Lösung die Sicherheit bietet, als fair bzw. gerecht empfunden zu werden, nicht als aufgezwungen erlebt zu werden und die Motivation der Konfliktbeteiligten steigert, die Vereinbarung auch einzuhalten.[137] Durch Einsatz von kreativitätsfördernden Techniken in der vierten Stufe der Lösungsfindungsphase ist es dem Mediator eher möglich, sich selbst aus der aktiven Lösungsfindung herauszuhalten. Dies geschieht, indem er die Konfliktbeteiligten **sorgfältig in die Kreativitätstechnik einführt**, damit diese **befähigt werden, eigenständig** sinnvolle, realitätsangepasste und angemessene, also **passgenaue Ideen** zu entwickeln. Indem der Mediator die Fähigkeit der Medianden verbessert, passgenaue Lösungsvorschläge zu entwickeln, steht er selbst nicht mehr vor dem Problem, in Konflikt mit dem Grundsatz der Selbstverantwortlichkeit zu geraten, da die Vorschläge allein von den Medianden gefunden werden. Des Weiteren hat er die Medianden in ihren Konfliktlösungskompetenzen gestärkt.

Sollte eine im Verfahren durch den Mediator eingesetzte Kreativitätstechnik für die Ideenfindung nicht geeignet sein, was sich z. B. darin äußern könnte, dass die Medianden trotz mehrfacher unterschiedlicher Erklärung die Durchführung der Kreativitätstechnik nicht verstanden haben, so kann und sollte der Mediator im Rahmen seiner **vielfältigen Methodenkompetenz** zunächst eine andere Kreativitätstechnik einsetzen und diese ausprobieren, bevor er selbst Lösungsvorschläge im Rahmen der Optionensuche einbringt. Deshalb ist es wichtig, dass ein Mediator über exzellente Kenntnisse zur Durchführung von Kreativitätstechniken verfügt, die er im Vorfeld trainiert hat, um in der Mediation über die nötige Methodenkompetenz zu verfügen. Mangelhafte Kenntnis der Technik und Fehler in der Ausführung bergen die Gefahr, dass die Konfliktparteien die Sinnhaftigkeit

[134] Koschany-Rohbeck, 2011, S. 11.

[135] Vgl. hierzu und im Folgenden: Koschany-Rohbeck, 2011, S. 13.

[136] Vgl. Kracht, 2009, S. 285.

[137] Vgl. Montada/Kals, 2013, S. 68.

der Methode in Frage stellen und sie mit Ablehnung reagieren, was sich letztendlich in schlechten Ergebnissen widerspiegelt.[138]

Die optimale Teilnehmerzahl zum Einsatz von Kreativitätstechniken liegt im Durchschnitt bei ca. 4–10 Personen.[139] Für jede Kreativitätstechnik liegen jedoch unterschiedliche Erfahrungswerte zur optimalen Anzahl der zu beteiligenden Personen vor.[140] Im weiteren Verlauf sollen verschiedene Kreativitätstechniken vorgestellt werden, die die **Verbesserung der kreativen Fähigkeiten** der Konfliktbeteiligten eigenverantwortlich zur passgenauen, d. h. sinnvollen, realitätsangepassten und angemessen Lösungen zu kommen, zum Ziel haben und zum anderen bei der Durchführung im Rahmen der Mediation **gut handzuhaben** sind.

5.2.4.1 Auswahl einer Kreativitätstechnik für eine Wirtschaftsmediation

Es gibt drei Möglichkeiten, wie Kreativitätstechniken die Mediánden unterstützen können, zu passgenauen Lösungen zu kommen. Dies kann **intuitiv, analytisch-systematisch oder in Kombination** erfolgen.

Bei den **intuitiven Methoden** wird eher **durch Zufall** die beste Lösung generiert.[141] Hierbei ist es wichtig, möglichst **viele, in unterschiedliche Denkrichtungen reichende und ungewöhnliche** Ideen zu produzieren. Die Kreativitätsforschung spricht hierbei von der Fähigkeit zur Flüssigkeit, Flexibilität und Originalität, die sich in der praktischen Kreativitätsforschung durchgesetzt haben.[142] Bei der kreativen Fähigkeit zur **Flüssigkeit**, auch Geläufigkeit genannt, handelt es sich um die Fähigkeit, zu einer Aufgabenstellung, in kurzer Zeit, **quantitativ viele Ideen** oder Assoziationen zu generieren.[143] Mit der Fähigkeit zur **Flexibilität** soll die Befähigung beurteilt werden ein Problem aus unterschiedlichsten Perspektiven zu betrachten und qualitativ unterschiedliche, also **verschiedenartige Ideen** zu produzieren.[144] Die **Originalität** umfasst die Fähigkeit zur Generierung **ungewöhnlicher Lösungsansätze**, die durch eine statistische Seltenheit bestechen.[145] Die statistische Seltenheit garantiert zwar Originalität jedoch auch die „Gefahr der Unsinnigkeit, Unangemessenheit in sich", daher sollte die gefundene originelle Lösung neben der Seltenheit noch das Kriterium der Angemessenheit erfüllen, also besonders **„treffende"/ „clevere" Optionen** hervorbringen, die hier als **passgenau** bezeichnet werden.[146]

Bei den **analytisch-systematischen Methoden** ist es nicht wichtig, irgendwelche Optionen zu ermitteln, sondern es werden durch strukturiertes, an der Zielsetzung und Aufgabenstellung orientiertes Suchen, alle **relevanten Betrachtungsperspektiven** heraus-

[138] Vgl. Schlicksupp, 1999, S. 185 f.

[139] Vgl. Schuler/Görlich, 2007, S. 51; vgl. Brunner, 2008, S. 105–327; vgl. auch Fisher/Ury/Patton, 2009, S. 95; vgl. auch Schlicksupp, 1999, S. 164; vgl. auch Hare, 1982, S. 142.

[140] Vgl. Brunner, 2008, S. 105–327.

[141] Vgl. Zobel, 2004, S. 32.

[142] Vgl. Kim, 2008, S. 28–32; vgl. auch Sikora, 2001, S. 25; vgl. auch Preiser, 1986, S. 65.

[143] Vgl. Preiser, 1986, S. 60.

[144] Vgl. Preiser, 1986, S. 61 f.

[145] Vgl. Preiser, 1986, S. 62 f.

[146] Kim, 2008, S. 31.

gearbeitet, die zu cleveren, passgenauen Lösungen führen. Dies ist das entscheidende Kriterium bei der Bewertung einer analytisch-systematischen Methode. Das analytisch-systematische Vorgehen entspricht dem betriebswirtschaftlichen Denken zur Entscheidungsfindung. Hier werden Mängel von schlechtstrukturierten Problemen durch Strukturierung ausgeglichen, um weitestgehend wohlstrukturierte Probleme zu erhalten, bei denen eine Entscheidung für eine Lösungsalternative deutlich leichter fällt.[147]

Bei den **Kombinationsmethoden** sind sowohl die o. g. intuitiven als auch systematisch-analytischen Kriterien zu beachten.

Darüber hinaus sollen die **praktischen Aspekte bei der Durchführung der Kreativitätstechnik**, die im Rahmen von Mediationen, insbesondere auch mit Gruppen, die bei innerbetrieblichen Konflikten, von besonderer Relevanz sind, als Bewertungsgrundlage herangezogen werden. Hier bieten sich die drei Kriterien Schwierigkeitsgrad zur Handhabung der Methode,[148] die Umsetzbarkeit der Methode in Bezug auf die Gruppengröße und der Zeitaufwand für die Stufen 4 und 5 der Mediationsphase, zur Bewertung an. Der **Schwierigkeitsgrad** einer Kreativitätstechnik kann in Anlehnung an Schlicksupp anhand der Methodenkenntnisse der Teilnehmer in **drei Stufen** unterteilt werden:[149] Die Methoden des Schwierigkeitsgrades 1 sind leicht verständlich und daher für Anfänger gut geeignet. Sie können für die Mediationsarbeit als sehr gut geeignet eingestuft werden. Methoden der Stufe 2 setzen eine sehr gute Einführungsphase in die Kreativitätstechnik im Rahmen der Mediation voraus. Dies bedeutet für den Mediator, dass höchste Anforderungen an seine didaktischen Kompetenzen gestellt werden, weil nur dann die Kreativitätstechnik die volle Wirkung entfalten kann, wenn alle Teilnehmer die Umsetzung der Technik verstanden haben. Die Bewertung einer Technik der Stufe 2 wird als gut geeignet beurteilt, weil der Mediator durch seine eigene Methodenkompetenz die Umsetzung der Methode beeinflussen kann. Methoden der Stufe 3 können am besten ihre Wirkung entfalten, wenn sie im Vorfeld ausreichend trainiert wurden. Die Bewertung einer Methode der Stufe 3 wird als „bedingt geeignet" bezeichnet, weil die Einsetzbarkeit von der fallspezifischen Unternehmenssituation abhängt und darauf beruht, dass auf vorhandene Erfahrungen der Teilnehmer aufgebaut werden kann bzw. ein offener Zeitrahmen für die Mediation zur Verfügung steht, der es ermöglicht, die Kreativitätstechnik zuvor zu trainieren.

Die Beurteilung einer Kreativitätstechnik hinsichtlich der **Umsetzbarkeit in Bezug auf die Gruppengröße** soll Aufschluss darüber geben, ob eine Kreativitätstechnik nicht nur für zwei Personen, Kleingruppen (3–8 Personen) und Mittelgruppen (9–24 Personen) geeignet, sondern auch im Rahmen von Großgruppen (25–100 Personen), mit einer geringen Anzahl von Mediatoren, einsetzbar ist.

Bei der Auswahl der Kreativitätstechniken muss der Mediator gegebenenfalls **Zeitrestriktionen** aufgrund der vereinbarten „Mediationsgesamtdauer" beachten.[150] Da die zur

[147] Vgl. Adam, 1996, S. 15.

[148] Vgl. Schlicksupp, 1999, S. 162.

[149] Vgl. zu den drei Stufen des Schwierigkeitsgrades: Schlicksupp, 1999, S. 162.

[150] Vgl. hierzu und im Folgenden: Koschany-Rohbeck, 2011, S. 26 ff.

Verfügung stehende Zeit im Rahmen von Wirtschaftsmediationen i. d. R. begrenzt ist, sollte der **Zeitaufwand** für die **gesamte Lösungsfindungsphase** im Rahmen der vereinbarten Gesamtzeit für die Mediation angemessen gehalten werden. Für die **durchschnittlichen Durchführungsdauern einer Kreativitätstechnik** (Stufe 4 der Lösungsfindungsphase) liegen durchschnittliche Praxiswerte vor, nicht jedoch für die gesamte Dauer der Lösungsfindungsphase (Stufe 4+5). So nehmen einige Kreativitätstechniken relativ viel Zeit (ein Tag oder länger) in Anspruch. Dabei darf jedoch nicht nur die Zeit für die Ideensuche, sondern es muss die Zeit für den danach durchzuführenden Verhandlungsprozess berücksichtigt werden. Denn nur beide Zeitdauern zusammen können die Grundlage für eine Bewertung darstellen. So sind im Vorfeld gut durchdachte passgenaue Lösungen, die die Interessen aller Betroffenen zufriedenstellen, im zweiten Schritt schnell ausgewählt. – Ihre Entwicklung benötigt jedoch eine längere Zeit. Umgekehrt sind oberflächliche Lösungen schnell gefunden, die Konkretisierung der Lösung dauert jedoch dann länger.

Bei intuitiven Verfahren ist der Zeitaufwand für die Ideenfindung i. d. R. deutlich kürzer als bei analytisch-systematischen Methoden. Dafür ist der Zeitverbrauch bei den intuitiven Methoden für die Bewertung und Auswahl der Ideen deutlich höher als bei den systematisch-analytischen Methoden. So relativiert sich der zeitliche Vorteil der intuitiven Ideensuche bei der dann folgenden zeitaufwendigen Auswertung, Verbesserung und Auswahl der geeigneten Lösung. Dabei ist zu beachten, dass auch die Gruppengröße bei der Betrachtung der Durchführungszeit sowohl für die Ideensammlung, als auch für die Auswahl von Ideen, von erheblicher Bedeutung ist. So schildert Vogt, dass der Schwierigkeitsgrad der Etablierung und kollektiver Verfolgung kreativer Handlungsziele mit der Größe der Gruppe ansteigt und Widerstände und Konflikte aufgrund der zunehmenden Komplexität wachsen werden.[151] Bei der Bewertung dieses Zielkriteriums für die einzelne Kreativitätstechnik können daher nur relativ grobe Angaben gemacht bzw. Tendenzen festgestellt werden.

Darüber hinaus sollen **zusätzlich besondere Vor- und Nachteile** der jeweiligen Methode herausgestellt werden, die den Einsatz der Technik besonders rechtfertigen bzw. bei denen die Methode an ihre Grenzen stößt. Mit der Bewertung der noch vorzustellenden Kreativitätstechniken durch die beschriebenen **Kriterien** kann zum einen eine **schnelle Einschätzung über die Einsatzmöglichkeiten und Grenzen der spezifischen Methode** und zum anderen eine rasche Entscheidung seitens des Mediators/Mediatorenteams für den jeweiligen konkreten Mediationsfall erfolgen.

Die Kreativitätstechniken sollen in Relation zur Benchmark „Brainstorming" gesetzt werden. In Ermangelung empirischer Erkenntnisse, insbesondere für den Einsatz analytisch-systematischer Kreativitätstechniken in Mediationen, sollen aufgrund der Informationen aus der bisherigen Kreativitätsforschung, Bewertungen deduktiv hergeleitet bzw. Hypothesen abgegeben werden. Im Folgenden sollen **intuitive** und **systematisch-analytische** Kreativitätstechniken sowie beispielhaft eine **Kombinationsmethode**, die beide Prinzipien vereint, vor dem Hintergrund der bisherigen Ausführungen vorgestellt werden.

[151] Vgl. Vogt, 2010, S. 265.

Diese können evtl. um mediationstypische Anforderungen ergänzt und für ihren Einsatz in Wirtschaftsmediationen bewertet werden.

Die nachfolgend vorgestellten Kreativitätstechniken eignen sich alle für den Einsatz in Wirtschaftsmediationen. Bei der Wahl einer besonders geeigneten Kreativitätstechnik sind die speziellen Rahmenbedingungen des Mediationsfalles (Teilnehmerzahl, Zeitrahmen, Komplexität des Konfliktes) zu berücksichtigen. Neben diesen vorgestellten Kreativitätstechniken gibt es in der Literatur zahlreiche weitere Kreativitätstechniken, die der Mediator fallspezifisch bei der Ideensuche einsetzen kann. Bei der Auswahl sollte der Mediator jedoch **darauf achten**, dass es sich **nicht um kompetitive** Kreativitätstechniken handelt, bei dem es Gewinner oder Verlierer gibt, wie z. B. bei dem Force-Fit-Spiel,[152] weil damit gerade nicht der kooperative Gedanke gefördert wird. Darüber hinaus sollte bei der Auswahl der Kreativitätstechnik auch immer darauf geachtet werden, dass es sich um Methoden handelt, bei der die **Suche nach Ideen von der Bewertung der Ideen getrennt** wird.

5.2.4.2 Einführung der Medianden in die durchzuführende Kreativitätstechnik

Nach der kreativen Pause kann der Mediator den Medianden im Rahmen des bekannten **Viererschrittes** (vgl. Kap. 5.2.) den zweistufigen Ablauf der Lösungsfindungsphase (Trennung der Optionensuche von der Bewertung der Optionen) und die Gründe hierfür erklären (vgl. Kap. 5.2.4.). Danach ist eine **ausführliche Einweisung** der Medianden zur Durchführung der jeweiligen Kreativitätstechnik vorzunehmen, damit die Beteiligten die Technik richtig verstehen und beherrschen. Dieses Vorgehen fördert wiederum das Vertrauen der Medianden zum Mediator, zum Verfahren und zu sich selbst. Ferner sind die benötigten Arbeitsmittel, wie z. B. Metaplankarten zur Verfügung zu stellen. Im Rahmen der Einweisung muss zunächst der Mediator eine **genaue Aufgabenstellung bzw. Kernfrage** formulieren, um so die Aufgabe einzugrenzen und genau zu definieren.[153] Es ist ein allgemein anerkanntes Ziel einer Mediation **Gewinner-Gewinner-Lösungen** anzustreben.[154] Die genaue Aufgabenstellung orientiert sich an diesem **Ziel**. Dies geschieht am nachhaltigsten, wenn **sämtliche Interessen bzw. Anliegen der Konfliktbeteiligten in der Lösung bestmöglich berücksichtigt werden**.[155] Dies lässt sich auch aus empirischen Studien ableiten, die folgendes Ergebnis herausgearbeitet haben:

> …je mehr man über die Kriterien weiß, denen eine Lösung gerecht werden soll, und je stärker diese Kriterien bei der eigentlichen Produktion von Lösungen berücksichtigt werden, desto besser fällt im Allgemeinen die Lösung aus. Will man ein Problem also effizient lösen, dann sollte man versuchen, vor der Beschäftigung mit der Aufgabe möglichst genau zu bestimmen,

---

[152] Vgl. Brunner, 2008, S. 157 ff.

[153] Vgl. Brunner, 2008, S. 101.

[154] Vgl. Montada/Kals, 2007, S. 26; vgl. auch Ponschab/Dendorfer, 2009, S. 605; vgl. auch Dörrenbächer, 2009, S. 365; vgl. auch Risse, 2003, S. 314.

[155] Vgl. Kessen/Troja, 2009, Rn. 46, S. 310, vgl. auch Kals/Ittner, 2008, S. 61 f.

welchen Gütekriterien die Lösung genügen muss; man sollte versuchen, sich diese Kriterien ständig zu vergegenwärtigen;....[156]

Die **Kernfrage**, die idealerweise schon vor der Pause einmal mündlich oder schriftlich formuliert wurde, sollte spätestens jetzt zwingend schriftlich festgehalten und gut sichtbar visualisiert werden.[157] Bei der Kernfrage

„Wie können die verschiedenen Interessen, Anliegen und Bedürfnisse in Bezug auf das diskutierte Thema zum Vorteil für alle Beteiligten bestmöglich verwirklicht werden?"

müsste für alle Gruppenmitglieder die Aufstellung der zuvor herausgearbeiteten **Interessen bzw. Anliegen zum diskutierten Themenkomplex**, z. B. auf Pinnwänden gut sichtbar zur Verfügung stehen. Bei diesen Interessen/Anliegen handelt es sich um die von Weisberg bezeichneten **Kriterien, denen die Lösung gerecht werden** soll. Vor dem Hintergrund dieser wissenschaftlichen Erkenntnisse sollte die Aufgabenstellung auch in der Mediation sehr **zielorientiert** an den Interessen bzw. Anliegen der Medianden erfolgen, um bestmögliche Lösungsmöglichkeiten zu generieren. Danach erfolgt eine genaue **Ablaufbeschreibung** und Erläuterungen von **Grundregeln** zur Durchführung der jeweiligen Kreativitätstechnik.[158] Insbesondere die bereits in Kap. 5.2.1. erläuterte Regel für die Medianden in Bezug auf die „Gesprächsstörer und Killerphrasen" gilt für alle Kreativitätstechniken. Wenn die Einführung zur Durchführung der Kreativitätstechnik abgeschlossen ist und alle offenen Verständnisfragen der Teilnehmer beantwortet wurden, kann die Durchführung der Kreativitätstechnik erfolgen. Auch hier bittet der Mediator die Betroffenen abschließend um ihr Einverständnis.

5.2.4.3 Intuitive Ideensuche

5.2.4.3.1 Brainstorming

Die am meisten bekannte und in der Mediationsliteratur vielzitierte Kreativitätstechnik des Brainstormings[159] ist nicht die beste Kreativitätstechnik zur Förderung von kreativen Ideen in Mediationen, **wenn mehr als zwei Medianden** bei der Lösungssuche mitwirken.[160] Sie kann in Zwei-Personen-Konflikten gut eingesetzt werden, in Konflikten mit drei und mehr Personen ist sie aufgrund empirischer Untersuchungen jedoch weniger sinnvoll. Dennoch soll sie zunächst als Basis-Kreativitätstechnik für den Mediator vorgestellt werden. Ausgehend von der Methode des Brainstormings sind weitere, für die Mediation sehr gut nutzbare Kreativitätstechniken entwickelt worden, die im Anschluss erläutert werden sollen.

[156] Weisberg, 1989, S. 94.
[157] Vgl. Brunner, 2008, S. 101.
[158] Vgl. Brunner, 2008, S. 101.
[159] Vgl. z. B. Ausführungen zum Brainstorming in Fisher/Ury/Patton, 2009, S. 94–101.
[160] Vgl. ausführlich Koschany-Rohbeck, 2011, S. 34–65.

Die von Alex Osborn in den 1930er Jahren entwickelte Kreativitätstechnik des Brainstormings (frei übersetzt „Gedankensturm") beruht auf dem Prinzip der freien Assoziation.[161] In der Mediationsliteratur ist sie die bekannteste Kreativitätstechnik.[162] Die Teilnehmer des Brainstormings sollen zu einer genauen Aufgabenstellung, z. B. zu der in Kap. 5.2.4.2. genannten **Kernfrage, möglichst schnell und spontan** viele verschiedene Ideen zur Lösung entwickeln und dem Mediatorenteam nennen.[163] Dem Brainstorming liegen dabei **vier Regeln** zugrunde, die unbedingt von den Medianden zu beachten sind:[164]

- Während der Ideensuche darf keine Kritik geäußert werden bzw. der Vorschlag bewertet werden, damit der Ideenfluss nicht gestört wird.
- Jede Idee und sei sie zunächst noch so abwegig, ist willkommen.
- Quantität steht vor Qualität, weil aus der Fülle der Ideen die Wahrscheinlichkeit wächst, dass sich ein besonders guter Einfall daraus entwickeln kann.
- Kombinieren und Verbessern der Vorschläge anderer Teilnehmer ist ausdrücklich erwünscht. So können aus zunächst „wertlosen Ideen" durch die Weiterentwicklung im Rahmen der Lösungssuche wertvolle Ideen entstehen. Daher ist es wichtig, dass die Teilnehmer nicht nur über gute Ideen nachdenken, sondern auch den anderen Teilnehmern gut zuhören.

Für die Ideensammlung sitzen die Medianden vor dem Mediator.[165] Auf einer Pinnwand o. ä., in Blickrichtung der Teilnehmer, wird schriftlich die Aufgabenstellung fixiert. Dadurch können sich die Medianden jederzeit die Aufgabenstellung erneut ins Gedächtnis rufen.[166] Der Mediator notiert stichpunktartig auf dem Flip-Chart die geäußerten Ideen der Teilnehmer ohne Verständnisfragen zu stellen.[167] Die Mediatoren müssen darauf achten, dass alle Personen sich gleichmäßig einbringen, damit alle Medianden gleich und fair berücksichtigt werden können. Empfehlenswert ist es, die Teilnehmer abwechselnd nach Vorschlägen zu befragen.[168] Die **ideale Teilnehmerzahl** für diese Kreativitätstechnik beträgt lt. Stroebe und Nijstad **zwei Personen.**[169] Die **Dauer** der Kreativitätstechnik beträgt lt. Brunner und Schlicksupp je nach Aufgabenstellung, Gruppengröße und Ideenfluss ca. **eine halbe Stunde bis zu einer Stunde.**[170] Wenn den Medianden noch weitere Ideen einfallen, sollte die Ideensammlung so lange fortgesetzt werden, bis der Ideenfluss endgültig versiegt. So kann die Ideensuche auch länger als eine Stunde dauern. Dabei sollte der Mediator

---

[161] Vgl. Brunner, 2008, S. 125 f.; vgl. auch Linneweh, 1978, S. 85.

[162] Vgl. Montada/Kals, 2007. S. 177; vgl. auch Risse, 2003, S. 324.

[163] Vgl. Fischer/Ury/Patton, 2009, S. 95.

[164] Vgl. Osborn, 1963, S. 156, zitiert nach Brunner, 2008, S. 128 und S. 130.

[165] Vgl. Fisher/Ury/Patton, 2009, S. 96.

[166] Vgl. Fisher/Ury/Patton, 2009, S. 96.

[167] Vgl. Montada/Kals, 2007. S. 177; vgl. auch Gläßer/Kirchhoff, 2007a, S. 89.

[168] Vgl. Brunner, 2008, S. 131; vgl. auch Montada/Kals, 2007. S. 178.

[169] Vgl. Stroebe/Nijstad, 2003, S. 31; vgl. auch Brunner, 2008, S. 127.

[170] Vgl. Brunner, 2008, S. 127; vgl. auch Schlicksupp, 1999, S. 162.

Denkpausen bis zu einer Minute zulassen, ohne den Prozess vorzeitig abzubrechen.[171] Ferner ist nach Brunners Erfahrungen nach ca. 15 min oftmals mit einer Ideenflaute zu rechnen, dann sollte eine kurze Pause eingelegt werden, um dann in einem zweiten Durchgang erneut nach weiteren Ideen zu forschen.[172] Dabei stellt sie fest, dass am Anfang der Ideensuche zunächst herkömmliche und erst später ungewöhnliche Lösungsansätze entstehen.

Hinsichtlich der Zielkriterien kann für das Brainstorming folgende **Bewertung abgegeben** werden. Zum Kriterium der **Flüssigkeit** kann festgestellt werden, dass die Methode zwar auf dieses Kriterium ausgerichtet sein will und Osborn sich durch die Gruppendynamik Synergieeffekte erhoffte, die subjektiv betrachtet auch zu relativ vielen Vorschlägen führt.[173] In **empirischen Studien** konnte jedoch mehrfach belegt werden, dass die **Anzahl von Lösungsvorschlägen in der Gruppe verglichen mit der Summe der Lösungsvorschläge der gleichen Anzahl von Einzelpersonen deutlich geringer ist.**[174] „Während z. B. Zweiergruppen noch fast genauso effektiv brainstormen wie zwei Einzelpersonen, kommen Vierergruppen häufig nur noch auf halb so viele Ideen wie vier Probanden alleine."[175] Mit Anstieg der Teilnehmerzahl in der Gruppe wird sogar das Gruppenergebnis im Vergleich zur Summe der Ergebnisse der Einzelpersonen immer schlechter.[176] Der Grund hierfür ist, dass immer nur eine Person reden kann und die anderen in dieser Zeit zuhören müssen. Dabei müssen die Zuhörer für die andere Idee den eigenen Gedankengang unterbrechen, wobei sie gleichzeitig ihre eigene Idee nicht vergessen wollen, indem sie ihren Gedankengang ständig wiederholen.[177] In dieser Zeit gibt es keine geistige Kapazität mehr, neue Ideen zu entwickeln, weil der Mensch nicht „multitasking-fähig" ist, sondern immer nur eine Sache auf einmal durchführen kann.[178] Die Methode des Brainstormings erhöht in der Gruppe, objektiv gesehen, also nicht die Fähigkeit des Einzelnen viel mehr Ideen zu generieren, sondern reduziert sie sogar.

Auch hat die Methode keinen großen Einfluss auf die Fähigkeit zur **Flexibilität**, da mit dieser Methode nicht automatisch Denkroutinen unterbrochen werden, sondern es setzt einen Lernprozess voraus.[179] Die **Originalität** der Ideen kann m. E. durch die Methode ebenso nicht erhöht werden. Aufgrund der unterstellten idealtypischen Rahmenbedingungen existiert bereits eine vertrauensvolle Atmosphäre, in der sich die Gruppenmitglieder öffnen. Daher bringt nicht das Brainstorming als Technik, sondern der vertrauensvolle Rahmen in der Mediation die Beteiligten eher dazu von konventionellen Ideen auf eher unkonventionelle qualitativ hochwertige Ideen überzugehen. Dies kann ebenfalls aus einem empirischen Ergebnis hergeleitet werden. Es zeigte sich, dass die Angst, sich durch

[171] Vgl. Brunner, 2008, S. 131; vgl. auch Gläßer/Kirchhoff, 2007a, S. 89.

[172] Vgl. Brunner, 2008, S. 131.

[173] Vgl. Brunner, 2008, S. 132.

[174] Vgl. Haefele, 1962, S. 156; vgl. auch Schuler/Görlich, 2007, S. 93.

[175] Stroebe/Nijstad, 2003, S. 31.

[176] Vgl. Stroebe/Nijstad, 2003, S. 31; vgl. auch Weisberg, 1989, S. 89–91.

[177] Vgl. Stroebe/Nijstad, 2003, S. 29; vgl. auch Schuler/Görlich, 2007, S. 93.

[178] Vgl. Koch, 2011, S. 9.

[179] Vgl. Brunner, 2008, S. 133; vgl. auch Schlicksupp, 1999, S. 127.

„falsche Lösungsalternativen" vor der Gruppe zu blamieren, zu schlechteren qualitativen Ergebnissen bei der Lösungsfindung in der Gruppe im Vergleich zum Einzelbrainstorming mit gleicher Personenzahl führte.[180]

Positiv zu bewerten ist, dass das Brainstorming eine leicht verständliche Methode ist, die schnell erlernt werden kann. Es handelt sich um eine gute Einsteiger-Methode und demgemäß ist sie dem **Schwierigkeitsgrad 1** zuzuordnen.[181] Für das Brainstorming lässt sich hinsichtlich der **Umsetzbarkeit in Bezug auf die Gruppengröße** aufgrund von empirischen Erfahrungen folgendes feststellen: Das Brainstorming ist für Gruppen nicht gut geeignet.[182] Wie bereits oben erwähnt, führt die Auswertung der Ergebnisse des Brainstormings einer gleich großen Anzahl von Einzelpersonen in Einzelarbeit zu besseren Ergebnissen, als Brainstorming in Gruppenarbeit. Sogar in Kleingruppen mit bspw. vier Teilnehmern handelt es sich aufgrund der gegenseitigen Behinderung um eine unvorteilhafte Kreativitätstechnik. Wollte man diese Technik einsetzen ohne die negativen Gruppeneffekte so müssten Gruppen auf jeden Fall in Zweiergruppen aufgeteilt werden. Dies hätte den Effekt, dass mehr Mediatoren in dieser Phase der Mediation notwendig wären, sodass ressourcenbedingte Vorgaben des äußeren Auftraggebers bezüglich der Mediationskosten dazu führen, dass das Brainstorming bestenfalls für sehr kleine Gruppen in Frage käme. Für Mittel- und Großgruppen scheint diese Technik auch aus Kostengesichtspunkten ungeeignet zu sein.

Der **Zeitaufwand** zur Durchführung eines Brainstormings von einer halben Stunde bis einer ganzen Stunde ist, relativ betrachtet, sehr kurz. Allerdings ist es schwierig, in einem kurzen Zeitrahmen, ein komplexes Problem adäquat zu erfassen und zu qualitativ hochwertigen Ideen zu kommen. Ferner kann ergänzend erwähnt werden, dass zwar die Ideensuche sich kurz gestaltet, die darauf folgende Analyse, Bewertung und Auswahl der geeigneten Lösung dafür jedoch mehrere Stunden umfassen kann, weil viele Vorschläge überprüft, ausgewertet und verbessert werden müssen.[183] Je größer der Teilnehmerkreis ist, desto schwieriger wird die nachfolgende Einigung für eine nur oberflächlich ausgearbeitete Lösung sein.

Darüber hinaus können folgende **Einsatzmöglichkeiten** festgestellt werden: Das Brainstorming ist gut geeignet für **einfache, nicht zu komplexe Konflikte** und für **heterogene Gruppen** aus fachlich verschiedenen Bereichen,[184] weil sie sich durch unterschiedliche Erfahrungen gegenseitig inspirieren können und dadurch Synergieeffekte zur Ideenfindung entstehen könnten.[185] Auch hat das Brainstorming trotz objektiv mangelnder Effizienz subjektiv positive Auswirkungen auf das Gruppenklima,[186] was für die Beziehungsebene von Personen in Konfliktsituationen förderlich ist. Als **Grenzen** erweisen sich dagegen folgende Erkenntnisse: Bei Wirtschaftskonflikten handelt es sich oftmals um komplexe Probleme, für die eine fertige Lösung gesucht wird. Tendenziell sind bei dieser Methode jedoch eher

---

[180] Vgl. Stroebe/Nijstad, 2003, S. 29; vgl. auch Weisberg, 1989, S. 91.

[181] Vgl. Schlicksupp, 1999, S. 162.

[182] Vgl. hierzu und im Folgenden: Brunner, 2008, S. 133.

[183] Vgl. Schuler/Görlich, 2007, S. 93.

[184] Vgl. Brunner, 2008, S. 127.

[185] Vgl. Brunner, 2008, S. 133.

[186] Vgl. Stroebe/Nijstad, 2003, S. 31.

nur Lösungsansätze zu erwarten als durchdachte und qualitativ hochwertige Lösungen.[187] Darüber hinaus arbeitet nach der Sitzung das Gehirn vieler Teilnehmer weiter der Fragestellung.[188] Schließt sich unmittelbar an die von dem Zeitaufwand sehr kurze Optionensuche nun die Bewertung der Ideen an, können nachträgliche, vielleicht auch bessere Ideen nicht mehr berücksichtigt werden, was sich nachteilig auf die Nachhaltigkeit der Konfliktlösung auswirkt. Auch stellt die schnelle Mitschrift auf Flip-Chart eine besondere Herausforderung für den Mediator dar. Insgesamt betrachtet ist das **Brainstorming zur Ideenfindung nur bei zwei Personen-Konflikten mit geringer Komplexität besonders geeignet**.

Ausgehend von der Kritik über die unerwünschten Gruppeneffekte des Brainstormings haben sich daraus viele Formen des Brainwritings (schriftliches Brainstorming) entwickelt, bei denen die **Ideen** von den Mediationsteilnehmern zunächst **in Einzelarbeit schriftlich festgehalten** und in einem zweiten Schritt den anderen Medianden zur Verfügung gestellt werden. Die Methoden des Brainwritings entsprechen eher den aktuellen wissenschaftlichen Erkenntnissen zur Ideensammlung.[189] Aus der Fülle der Kreativitätstechniken, die auf der Grundlage des Brainwritings basieren, sollen zwei Methoden, die sogar auch in Großgruppen einsetzbar sind, vorgestellt und bewertet werden.

5.2.4.3.2 Kartenabfrage

Die Metaplan-Technik, auch Kartenabfrage oder Idea Card Collection genannt, wurde von der Firma Metaplan Ende der 1960er Jahre zur **Verhandlungsmoderation** entwickelt.[190] Die Methode ist jedoch auch sehr gut geeignet für den Einsatz bei der Optionensuche in der Lösungsfindungsphase einer Mediation. Es handelt sich um eine Form des Brainwritings bei der jeder Gruppenteilnehmer zunächst nach den vier **Regeln des Brainstormings**, allerdings für sich allein, **eigene Ideen zur o. g. Kernfrage** (Kap. 5.2.4.2.) bzw. Aufgabenstellung erarbeitet und jede einzelne Idee auf je eine Metaplan-Karte mit dickem Filzschreiber in kurzen Sätzen bzw. in Halbsätzen notiert.[191] Folgende **weitere Regeln sind zu beachten**:[192]

- Alle Teilnehmer sollen deutlich und in Druckbuchstaben die Kärtchen beschriften, dabei sollte der Text maximal 3 Zeilen umfassen.
- Fremde Karten von anderen Teilnehmern dürfen nicht ergänzt werden, sondern es sind stets neue Karten auszufüllen.
- Bei der Ideensammlung darf nicht gesprochen werden.

Die optimale Teilnehmerzahl für die Kartenabfrage beträgt laut Brunners Praxiserfahrungen 4–10 Teilnehmer, maximal jedoch 15 Teilnehmer.[193]

[187] Vgl. Haefele, 1962, S. 156; vgl. auch Wack/Detlinger/Grothoff, 1993, S. 32.

[188] Vgl. hierzu und im Folgenden Brunner, 2008, S. 131.

[189] Vgl. Brunner, 2008, S. 137; vgl. auch Schuler/Görlich, 2007, S. 51.

[190] Vgl. Boos, 2010, S. 58.

[191] Vgl. Schlicksupp, 1999, S. 114; vgl. auch Brunner, 2008, S. 196.

[192] Vgl. Brunner, 2008, S. 196.

[193] Vgl. Brunner, 2008, S. 193.

Für die **Durchführung** wird für alle Teilnehmer die genaue **Aufgabenstellung/Kernfrage** auf einem Flip-Chart und die zuvor erarbeiteten **Interessen und Anliegen** auf Pinn-Wänden **gut sichtbar aufgehängt**. Die Mediaanden können sich für diese Arbeit auch an Tische setzen, sofern Sie es nicht bereits tun. Der Mediator sammelt die beschriebenen Karten immer wieder ein und heftet sie zunächst ungeordnet an Pinnwände.[194] Die Teilnehmer können die bereits aufgehängten Vorschläge an den Pinnwänden nutzen, um neue Ideen daraus zu entwickeln, indem sie z. B. die Vorschläge ergänzen, optimieren oder etwas weglassen etc. und diese Lösungsvorschläge auf neue Karten notieren.[195] Es werden so lange Ideen gesammelt, bis niemand in der Runde weitere Ideen hat. Ist die Ideenfindung abgeschlossen, werden die an den Pinnwänden hängenden Kärtchen einzeln besprochen, dabei sollte, falls der „Erfinder" im Rahmen einer Mehrparteien-Mediation nicht Anonymität wünscht, der jeweilige Autor einer Idee den Inhalt der Karte erläutern.[196] Will der Autor anonym bleiben, so muss der Mediator allgemein die Teilnehmer befragen, was mit der Aussage auf der Karte gemeint sein könnte.[197] Wenn in dieser Phase zusätzliche Ideen entstehen, werden auch diese auf separaten Karten notiert.

Die Karten werden inhaltlich geordnet und mit **Überschriften** in sogenannte **Cluster** zusammengefasst.[198] Diese Cluster **könnten** im Rahmen einer Mediation die jeweiligen **Interessen oder Anliegen** sein, die im Rahmen der Aufgabenstellung berücksichtigt werden müssen.[199] Manchmal gibt es jedoch so viele Anliegen, dass eine Clusterbildung nicht sinnvoll erscheint. Dann sind die Vorschläge nur inhaltlich zu sortieren. Für jedes Cluster (jedes Anliegen) wird eine Überschrift auf einer größeren Karte notiert und aufgehängt. So kann schnell festgestellt werden, ob für alle Anliegen, die in der Interessenphase herausgearbeitet wurden auch mehrere Lösungsvorschläge gefunden wurden. Diese Überprüfung ist von Vorteil, da **für nachhaltige Konfliktlösungen immer alle Anliegen in die Lösung mit einbezogen werden müssen**. Gibt es nur sehr wenige Vorschläge oder fehlen sogar Vorschläge für einen oder mehrere Interessenbereiche/Cluster, so kann schon in einer frühen Phase der Mediation interveniert werden. In einer weiteren Kartenabfragerunde kann dann speziell für die nur marginal oder noch nicht berücksichtigten Anliegen nach weiteren Ideen gesucht werden. Auch hier sammelt der Mediator wieder die Kärtchen ein und hängt diese unter dem Cluster auf, für den nun speziell Ideen gesucht werden sollen. Das weitere Vorgehen verläuft dann analog zu der ersten Ideenrunde.

Die Dauer für die erste Ideenrunde beträgt laut Brunner und Schlicksupp und eigenen Erfahrungen ca. 15–30 min.[200] Für eine zweite Ideenrunde, die für Mediationen bei geringen oder fehlenden Ideen für bestimmte Cluster notwendig wären, liegen in der Mediationslite-

---

194 Vgl. Brunner, 2008, S. 194. Bei Großgruppen sollten viele Pinn-Wände vorhanden sein.

195 Vgl. Brunner, 2008, S. 194.

196 Vgl. Brunner, 2008, S. 194. In einer zwei Personen-Mediation ist diese Technik auch sinnvoll einsetzbar, jedoch ist hier die Anonymität nicht gegeben.

197 Vgl. Kessen/Troja, 2009, S. 312.

198 Vgl. Schlicksupp, 1999, S. 115; vgl. auch Kessen/Troja, 2009, S. 312.

199 Vgl. hierzu und im Folgenden: Koschany-Rohbeck, 2011, S. 44.

200 Vgl. Brunner, 2008, S. 193; vgl. auch Schlicksupp, 1999, S. 115.

ratur keine Erfahrungswerte vor. In Mediationen sollte in Analogie zu Boos keine zeitliche Vorgabe gesetzt werden.[201] Erst wenn der Ideenfluss versiegt, sollte die Ideensammlung beendet werden. Nach eigenen Erfahrungen und den Erfahrungen Brunners und Schlicksupps ist jedoch zu erwarten, dass auch hier nach ca. einer halben Stunde die Suche abgeschlossen sein wird, sodass für die Ideensuche und das Clustern mittels dieser Methode ca. 0,5 bis 2 h, bei einer größeren Teilnehmerzahl eher auch 3 h veranschlagt werden kann.

Hinsichtlich der Zielkriterien können für die Metaplan-Technik, aufgrund der zuvor für das Brainstorming genannten empirischen Befunde, folgende **Bewertungen** in Relation zum Brainstorming, hergeleitet werden. Zum Kriterium der **Flüssigkeit** kann festgestellt werden, dass die Sammlung der Ergebnisse von Einzelpersonen dazu führt, dass sehr viele Ideen gesammelt werden können. Aus den bereits angeführten empirischen Ergebnissen zum **schriftlichen Einzelbrainstorming** soll das qualitative Urteil gefällt werden, dass diese Methode **„deutlich bessere" Ergebnisse** fördert als das Brainstorming. Denn z. B. vier Einzelpersonen bei der getrennten Suche liefern ca. die doppelte Anzahl an Ideen wie eine Vierergruppe im Brainstorming.[202] Dadurch, dass die Teilnehmer die Möglichkeit haben, sich zunächst ganz ihren eigenen Ideen widmen zu können, um diese zu durchdenken und erst in einem zweiten Schritt durch die Vorschläge der anderen Teilnehmer, die an den Pinnwänden hängen, „abgelenkt" bzw. inspiriert werden, können neue Denkrichtungen erschlossen werden. Erst wenn die Einfälle der eigenen zugrunde liegenden Denkrichtung erschöpft sind, die wahrscheinlich eher den eigenen Bedürfnissen dienen, ist die Bereitschaft da, sich anderen Denkroutinen und Vorschlägen zuzuwenden und damit weiterzuarbeiten. Das strukturierte Zuwenden zu nur einer geistigen Tätigkeit wird durch die Kartentechnik sehr gut gefördert und jede Person kann in ihrem Tempo arbeiten. Es erhöht **„besser"** die **Flexibilität** der Beteiligten ihre Denkroutinen zu durchbrechen, als es das Brainstorming zu leisten vermag. Diese Reihenfolge der Ideenfindung entspricht auch den Erkenntnissen des Window I (Autonomie und Selbstbehauptung) und Window II (Wechselseitigkeit und Gemeinsamkeit als gegenseitiges Verstehen) nach Diez.[203] Erst wenn die eigenen guten Ideen genannt werden konnten und der Ideenstrom versiegt, ist überhaupt Platz für neue Lösungsansätze anderer Denkrichtungen.[204] Nachteilig ist allerdings zu werten, dass die Beflügelung zu neuen Denkansätzen aus den Reihen der Medianden selbst kommen muss, d. h. dass unterschiedliche Denkrichtungen innerhalb der Mediationsteilnehmer vertreten sein müssen, damit jeder einzelne durch die verschiedenen Ideen neue Einfälle generieren kann. Die **Originalität** der Vorschläge kann mit dem Prädikat **„deutlich besser"** als das Brainstorming abschließen, weil allein durch die deutliche Erhöhung der Quantität der Vorschläge die Wahrscheinlichkeit steigt, dass auch besonders „clevere" Ideen von besonderer Güte sich darunter befinden.[205]

---

[201] Vgl. Boos, 2010, S. 59.

[202] Vgl. Stroebe/Nijstad, 2003, S. 31.

[203] Vgl. Diez, 2005, S. 83–89.

[204] Vgl. hierzu und im Folgenden: Koschany-Rohbeck, 2011, S. 46

[205] Vgl. Stroebe/Nijstad, 2003, S. 26; vgl. auch Schuler/Görlich, 2007, S. 93. Dies gilt ab einer Teilnehmerzahl von drei Medianden.

Der **Schwierigkeitsgrad** der Kartenabfrage kann der Gruppe 1 zugeordnet werden. Es handelt sich um eine für Anfänger leicht umzusetzende Technik, was positiv im Rahmen von Mediationen zu werten ist. Die Technik ist für viele **Gruppengrößen** geeignet. Mittelgruppen sollten wie Großgruppen in Untergruppen zu maximal 15 besser zu 10 Teilnehmern unterteilt werden. Da bei Großgruppen je nach Teilnehmerzahl sowieso ein Mediatorenteam von mehreren Mediatoren erforderlich ist, ist diese Technik auch noch gut für Großgruppen geeignet. Bei 40 Teilnehmern könnten bspw. drei Untergruppen gebildet werden, die mit je einem Mediator den kompletten Ideenfindungsprozess durchlaufen könnten. Die Gruppen-Ergebnisse der Untergruppen müssten dann nochmals im Plenum zusammengeführt werden. Bei einer besonders großen Gruppe wäre es sinnvoll, wenn die Untergruppen schon ihre besten Ideen herausfiltern würden und nur diese dem gesamten Plenum auf einer großen Ideenwand mit den jeweiligen Clustern zur weiteren Analyse, Bewertung und anschließenden Auswahl zur Verfügung stellen. So kann die Vielzahl der zu verarbeitenden Ideen durch den Einzelnen und auch die Komplexität der nachfolgenden Bewertung der Lösungsalternativen reduziert werden.

Auch der **Zeitaufwand** zur Durchführung dieser Technik liegt mit ca. 0,5 – 3 h für Mediationen mit zwei Personen, Klein- und Mittelgruppen gut im Rahmen. Für Großgruppen wird sich die Dauer der Ideenfindung aufgrund der Vorstellung im Plenum nochmals verlängern. Für die Vorstellung der Ergebnisse der Untergruppen kann ein Zeitraum von einer halben bis ganzen Stunde veranschlagt werden, sodass dann die Zeit für die Ideensuche für Großgruppen insgesamt bei ca. 1 – 4 h liegen wird. Ferner ist festzustellen, dass durch diese Form der Ideensuche, qualitativ betrachtet, hochwertigere Ideen im Vergleich zum Brainstorming zu erwarten sind. Aufgrund der Kürze der Inkubationszeit handelt es sich dennoch um ein relativ einfaches Niveau. Dadurch bedingt wird die darauf folgende Analyse, Bewertung und Auswahl der geeigneten Lösung, in Analogie zum Brainstorming einen längeren Zeitraum, insbesondere in Großgruppen, umfassen, weil auch hier tendenziell viele Vorschläge überprüft, ausgewertet und optimiert werden müssen.

Als zusätzlichen **Vorteil** im Vergleich zum Brainstorming bietet diese Methode eine faire Chancenverteilung, Vorschläge zu unterbreiten und fördert somit auch zurückhaltende Teilnehmer, ihre Ideen einzubringen.[206] Ferner lassen sich kleine abgegrenzte Teilprobleme sehr gut mit dieser Methode bewältigen. Durch die Zuordnung der Vorschläge zu Clustern werden die Ideen besser strukturiert und visualisiert[207] sowie fehlende Lösungselemente für die Gesamtlösung deutlich sichtbar gemacht. In einem frühen Stadium kann die fehlende Berücksichtigung von Anliegen bereits erkannt werden und durch eine weitere Ideenrunde ergänzt werden.

5.2.4.3.3 Collective Notebook

Die Methode Collective Notebook (CNB), auch CNB-method oder „Kollektives Notizbuch" genannt, wurde von John Haefele in den 1960er Jahren entwickelt.[208] Auch hier han-

[206] Vgl. Brunner, 2008, S. 198.

[207] Vgl. Boos, 2010, S. 58.

[208] Vgl. Brunner, 2008, S. 201.

delt es sich um eine Form des Brainwritings, bei dem die Mediationsteilnehmer ihre **Ideen** zunächst **in Einzelarbeit zeitlich und räumlich unabhängig in Ruhe in einem Notizbuch (bzw. Ringbuch)** sammeln sollen.[209] In Zeiten des technologischen Fortschritts ist die Idee von Haefele auch mit einem **Smartphone und einer Notizfunktion** möglich. Für die **Optionensuche im Rahmen einer Mediation** bedeutet dies, dass nach der gelungenen Herausarbeitung der Interessen bzw. Anliegen nur noch die Durchführung der Methode erklärt wird und die Mediationssitzung für die Phase der Ideenfindung zunächst beendet wird.

Die Mediationsteilnehmer erhalten ihre **Arbeitsaufgabe/Kernfrage** und die **relevanten Informationen zur Ideenfindung,** leere Notizblätter sowie Kontaktdaten der Mediatoren für Verständnisfragen in Bezug auf die Aufgabenstellung in einem Notizbuch zur Verfügung gestellt.[210] Dazu werden je ein Stift und ein Notizbuch im DIN-A-6 Format, damit es in die Hosentasche oder Handtasche passt, pro Teilnehmer für den speziellen Mediationsfall vorbereitet.[211] Auf der ersten Seite des Collective Notebooks sollte die bereits bekannte o. g. **Kernfrage bzw. Aufgabenstellung** stehen, die schon in der Vorbereitungsphase auf die Mediation, aufgrund ihrer Allgemeingültigkeit, in die Notizbücher eingefügt werden könnte. Die relevanten Informationen entsprechen im Rahmen der Mediation dem zu **bearbeitenden Thema nebst den zu berücksichtigenden Interessen, Anliegen und Bedürfnissen der Konfliktparteien, die bei der Ideensuche zur optimalen Lösung berücksichtigt werden sollen** und die ebenfalls im Notizbuch auf den ersten Seiten aufzuführen sind. Eine **Pause** nach der Interessenphase und vor der Erläuterung der Durchführung der Kreativitätstechnik gibt dem Mediator die Möglichkeit, die von den Medianden zuvor gefundenen Interessen in einem Protokoll schriftlich zu erfassen, oder abzufotografieren, auszudrucken und in die Notizbücher einzuheften oder einzukleben. Die so vorbereiteten Notizbücher werden an die Medianden verteilt. Denkbar wäre es auch, die Daten im pdf-Dateiformat für ein Smartphone aufzubereiten und diese dann den Medianden per E-Mail zur Verfügung zu stellen. Insbesondere in zwischenbetrieblichen Wirtschaftsmediationen wäre dies eine Alternative, da Smartphones mittlerweile der Standard sind.[212]

Es wird erläutert, dass die Medianden in der nun vereinbarten Zeit, die einen Zeitraum zwischen 2 bis 4 Wochen umfasst, **Ideen sammeln sollen, die bestmöglich die gestellte Aufgabe lösen könnten**. Auch hier gelten grundsätzlich die vier Regeln des Brainstormings.[213] Bei dieser Methode soll jeder Teilnehmer das Notizbuch für die gesamte Dauer der Ideensuche bei sich tragen, weil den Ergebnissen der Hirnforschung zufolge, die meisten und besten Ideen gerade in Phasen der Entspannung oder Freizeit gefunden werden[214] und zwischen Inkubation und Illumination eine gewisse Zeit vergehen kann. Wenn sich

[209] Vgl. Brunner, 2008, S. 201.

[210] Vgl. Haefele, 1962, S. 151.

[211] Vgl. Brunner, 2008, S. 203.

[212] In Zeiten von flächendeckender E-Mail-„Spionage" kann die Vertraulichkeit jedoch nicht sichergestellt werden. Insofern ist zu überlegen, ob die Daten überhaupt auf das Smartphone übertragen werden sollten oder die ursprüngliche Form von Haefele gewählt werden sollte.

[213] Vgl. Boos, 2010, S. 57.

[214] Vgl. Schlicksupp, 1999, S. 121.

dann eine **gute Idee findet**, besteht jederzeit die Möglichkeit den Gedanken **sofort niederzuschreiben**. Ferner sollte **täglich eine feste Zeit reserviert** werden, in der man sich **zielgerichtet und bewusst** mit der Fragestellung auseinandersetzt und mindestens eine Notiz aufschreibt.[215]

Die Dauer der Ideensuche ist variabel, wobei empfohlen wird, einen Zeitraum von 2 bis 4 Wochen für die Ideensuche zu nutzen, um nicht nur oberflächliche Ideen, sondern ausgefeilte und komplexe Lösungsansätze zu erhalten.[216] Bei einer kürzeren Dauer als 2 Wochen haben die Teilnehmer zu wenig Zeit für eine intensive Auseinandersetzung mit dem Thema, bei einer längeren Zeit als 4 Wochen könnten sie sich zu sehr in Details verrennen oder die Motivation verlieren.[217] Die Medianden notieren in dieser Zeit sämtliche Ideen zur Lösung des komplexen Problems. **Zum Ende des Zeitraums fasst der Teilnehmer seine besten Einfälle zusammen**. Diese besten Einfälle werden bei einem innerbetrieblichen Konflikt in einem **allen Teilnehmern zugänglichen gemeinsamen großen Ideenbuch** oder in einem **passwortgeschütztem virtuellen Notizbuch**[218] gesammelt, sofern ein für alle zugängliches Intranet in dem Unternehmen vorhanden ist. Dabei haben alle Teilnehmer nochmals für einen vorab vereinbarten Zeitraum die Chance, gute Ideen aufzugreifen sich inspirieren zu lassen und das große Ideenbuch/virtuelle Notizbuch durch neue Vorschläge zu komplettieren. Auch hier gilt, dass fremde Einträge nicht verändert werden dürfen, sondern nur als „neue" Vorschläge hinzugefügt werden dürfen.

Besteht nicht die Möglichkeit, dass alle Teilnehmer auf ein virtuelles Notizbuch zugreifen können wie z. B. bei einer externen Wirtschaftsmediation (hier gäbe es evtl. die Möglichkeit über einen passwortgeschützten Zugang die Vorschläge auf einer Seite des Mediators via Internet zu ermöglichen) und gibt es auch keine Möglichkeit, dass für alle Teilnehmer ein allgemein zugängliches reales großes Ideenbuch für die besten Einfälle zur Verfügung gestellt werden kann, so erfolgt die Rückgabe sämtlicher Notizbücher z. B. postalisch zu einem vereinbarten Termin an den Mediator. Der Mediator fasst die Ergebnisse zusammen und stellt diese den Teilnehmern vor der nächsten Mediationssitzung zur Verfügung, damit diese sich schon mit den verschiedenen Alternativen auseinandersetzen können. Stehen bei einer innerbetrieblichen Mediation die gesammelten besten Ideen jedoch im Intranet des Unternehmens, oder im großen Ideenbuch muss sich das Mediatorenteam/der Mediator über den äußeren Auftraggeber die Datei bzw. das große Ideenbuch zur Vorbereitung auf die folgende Mediationssitzung beschaffen. Bei der nächsten Veranstaltung erhalten alle Teilnehmer eine schriftliche Zusammenfassung der Ergebnisse.[219] Ferner haben sie die Möglichkeit, die einzelnen Notizbücher einzusehen und Verständnisfragen zu Lösungsvorschlägen zu stellen. In der Sitzung kann danach direkt mit der 5.

---

215 Vgl. Haefele, 1962, S. 152.

216 Vgl. Brunner, 2008, S. 203 und S. 208; vgl. Haefele, 1962, S. 152.

217 Vgl. Boos, 2010, S. 55.

218 Wenn keine realen Notizbücher verwandt werden und im Betrieb nur ein gemeinsames virtuelles Notizbuch zur Verfügung steht, handelt es sich um die Methode des Decision Centers. Vgl. Kessen/Troja, 2009, S. 313.

219 Vgl. Brunner, 2008, S. 205.

Stufe der Mediation im engeren Sinne, nämlich die Bewertung und Auswahl der besten Optionen begonnen werden. Diese Methode ist unabhängig von der Anzahl der zur Verfügung stehenden Mediatoren auch für eine unbegrenzte Teilnehmerzahl von Beteiligten und damit auch für Großgruppen geeignet.[220]

Hinsichtlich der Kriterien passgenaue Lösungen zu generieren, kann in Relation zum Brainstorming folgende **Bewertung** hergeleitet werden. Das Ergebnis in Bezug auf die **Flüssigkeit**, wird durch diese Methode des Brainwritings, die Einzelarbeit statt Gruppenarbeit zur Grundlage hat, „**deutlich bessere**" Ergebnisse liefern. Auch hier können die gleichen Gründe, die schon zur Kartenabfrage genannt wurden, analog herangezogen werden. (Vgl. hierzu und im Folgenden Kap. 5.2.4.2.3.) In Bezug auf die **Flexibilität** kann ebenfalls wie bei der Kartentechnik argumentiert werden. Auch bei dieser Methode können sich die Teilnehmer ganz und gar zuerst ihren eigenen Ideen widmen, bevor sie sich durch die Lösungsmöglichkeiten der anderen Teilnehmer über das große Ideenbuch bzw. virtuelle Notizbuch erneut inspirieren lassen. Dadurch, dass den Teilnehmer wesentlich mehr Zeit für die Ideensuche zur Verfügung steht als bei der Kartenabfrage, wird auch die Wahrscheinlichkeit größer, dass durch äußere fremde Reize, Denkroutinen besser unterbrochen werden können, im Vergleich zur Kartenabfrage. Daraus folgt für die Gesamtbewertung in Relation zum Brainstorming, dass die Collective Notebook-Technik **„deutlich bessere"** Ergebnisse liefert als das Brainstorming. Die **Originalität** der Vorschläge kann im Vergleich zum Brainstorming mit dem Prädikat **„deutlich besser"** bewertet werden, weil schon allein durch die Erhöhung der Quantität der Vorschläge die Wahrscheinlichkeit steigt, dass auch besonders „clevere" Ideen von besonderer Güte sich darunter befinden.[221] Darüber hinaus werden aufgrund der langen Inkubations- und Illuminationsphase auch optimierte und durchdachtere Lösungen eingereicht, die ein Optimum an guten Einfällen erwarten lassen und bei denen unterschiedliche Perspektiven berücksichtigt werden.[222]

Die Durchführung der Methode ist sehr einfach und daher dem **Schwierigkeitsgrad 1** zuzuordnen, was einer Anfänger-Methode entspricht und im Rahmen von Mediationen besonders wertvoll ist. In der Literatur wird die **Umsetzbarkeit in Bezug auf die Gruppengröße** auch für sehr große Gruppen mit unbeschränkter Teilnehmerzahl bzw. 1–100 Teilnehmern[223] angenommen. Somit ist die Methode für alle Mediationen geeignet. Der **Zeitaufwand** für diese Methode ist für jeden einzelnen gering. Er findet nicht im Rahmen der Mediation statt. So könnten Kosten, die durch den Ausfall der Mitarbeiter dadurch entstehen, dass sie während der Mediation nicht an ihrem Arbeitsplatz arbeiten, gespart werden und alle am Konflikt beteiligten Mitarbeiter müssten nicht gleichzeitig durch andere Mitarbeiter ersetzt werden. Aufgrund der Vielzahl der zu erwartenden Ideen, die allerdings schon auf einem hohen Qualitätsniveau sein werden, wird jedoch die Bewertung und Auswahl der optimalen Lösung einige Zeit in Anspruch nehmen. Dennoch wird der Zeitaufwand für die Auswahl der Lösung aufgrund der zu erwartenden Qualität der Vorschläge

[220] Vgl. Boos, 2010, S. 54; vgl. auch Brunner, 2008, S. 203.

[221] Vgl. Stroebe/Nijstad, 2003, S. 26.

[222] Vgl. Haefele, 1962, S. 152.

[223] Vgl. Brunner, 2008, S. 203.

deutlich **geringer** sein im Vergleich zum Brainstorming. Zu diesem Bewertungsbereich kann ferner positiv herausgestellt werden, dass ausreichend Zeit für die Inkubation und Illumination zur Verfügung steht, jeder Teilnehmer in seinem Tempo arbeiten kann und entspanntes Nachdenken ohne Zeitdruck, der zu Blockaden führen würde, möglich ist.[224]

Darüber hinaus können folgende **weitere Einsatzmöglichkeiten und Grenzen** für die Technik des Collective Notebook festgestellt werden: Besonders **vorteilhaft** ist die Methode für Mediationsteilnehmer, die aufgrund verschiedenster Gründe (Krankheit, Urlaub, zeitliche Beanspruchung) nicht an dem Mediationstermin teilnehmen können.[225] Sie können mit Hilfe dieser Vorgehensweise trotzdem in die Ideenfindung mit einbezogen werden. Auch zurückhaltende Teilnehmer werden mit dieser Methode sehr gut berücksichtigt.[226] Ferner werden blockierende Kreativitätskiller garantiert vermieden. Darüber hinaus ist die Technik besonders für komplexe und schwierige Fragestellungen geeignet.

Als **Nachteil** lässt sich feststellen, dass die Mediatoren einen erhöhten Arbeits- und Auswertungsaufwand insbesondere bei Großgruppen haben, wenn kein virtuelles Notizbuch oder reales großes Ideenbuch für die besten Ideen innerhalb des Unternehmens zur Verfügung steht. Dann muss das Mediatorenteam, die für den äußeren Auftraggeber nicht sichtbare Auswertungsarbeit und die damit verbundenen Kosten bei der Angebotserstellung für den äußeren Auftraggeber berücksichtigen. Ein weitaus gravierender Nachteil ist, dass die Güte der generierten Lösungen von der Selbstdisziplin und dem Willen jedes Einzelnen, sich mit dem Thema intensiv auseinanderzusetzen, abhängt.[227] Wenn aber die Mediation bis zum Abschluss der Interessenphase erfolgreich verlaufen ist und die Motivation bei den Teilnehmern hergestellt werden konnte, dass der Konflikt im Sinne aller aussichtsreich beigelegt werden kann, unter der Voraussetzung dass sich alle gleichermaßen bei der Ideensuche einbringen und sich darüber hinaus alle an die Vorgaben halten, dann sind **optimale Ergebnisse mit dem Collective Notebook im Rahmen einer innerbetrieblichen oder zwischenbetrieblichen Wirtschaftsmediation zu erwarten**.

5.2.4.4 Systematisch-analytische Ideensuche

Der Einsatz systematisch-analytischer Methoden zur Ideensuche ist in der Literatur zur Wirtschaftsmediation (noch) nicht detailliert vorgestellt worden. Dies soll nun geändert werden. Bei der Auswahl einer geeigneten Kreativitätstechnik in anderen Kontexten als Mediation wird von einem erfahrenen Praktiker folgende Regel empfohlen: Für wenig komplexe Problemstellungen ist der Einsatz intuitiver Methoden, bei sehr komplexen Sachverhalten sind eher analytisch-systematische Methoden zu empfehlen.[228] Aus diesem Grunde sollen an dieser Stelle auch zwei vielversprechende analytisch-systematische Methoden vorgestellt werden, da es sich bei Wirtschaftskonflikten oftmals um komplexe Konflikte handelt.

---

[224] Vgl. Brunner, 2008, S. 208.

[225] Vgl. Brunner, 2008, S. 201.

[226] Vgl. hierzu und im Folgenden: Brunner, 2008, S. 209.

[227] Vgl. hierzu und im Folgenden: Boos, 2010, S. 57.

[228] Vgl. Schlicksupp, 1999, S. 158.

5.2.4.4.1 Der Morphologische Kasten

Der Morphologische Kasten (im Folgenden auch Morphologische Methode genannt) wurde von Fritz Zwicky (1898–1974) entwickelt, um komplexe Problemstellungen zu lösen.[229] Das Wort Morphologie ist griechischen Ursprungs „und bedeutet in enger Übersetzung so viel wie „Lehre von den Gebilden, Formen, Gestalten, Strukturen" und deren zugrundeliegenden Aufbau- und Ordnungsprinzipien."[230] Ziel der Morphologischen Methode ist es, **sämtliche Lösungen** zu einem gegebenen Problem vorurteilsfrei zu sammeln und aus einer ganzheitlichen Perspektive die beste Alternative herauszusuchen.[231] Zwicky war es wichtig, dass die Betrachtung der Problemstellung, in Analogie zum Brainstorming, völlig kritik- bzw. vorurteilsfrei vorgenommen wird.[232] Es handelt sich um eine analytisch-systematische Methode, bei der die ganze Problemstellung, die zuvor genau definiert wurde, zunächst in ihre Strukturelemente (Parameter) zerlegt wird und sämtliche dazugehörigen denkbaren Ausprägungen ermittelt werden, um in einem zweiten Schritt aus der Vielzahl der gefundenen Elemente die bestmögliche Lösungsvariante aufgrund zuvor festgelegter Wertnormen auszuwählen.[233] Die ideale Teilnehmerzahl beträgt bis zu acht Personen.[234] Die Dauer der Methode ist abhängig von der Aufgabenstellung und der Anzahl der Medianden und kann je nach Komplexität des Problems von ca. 90 min bis mehrere Tage beanspruchen.[235]

Die Durchführung der Methode kann folgendermaßen beschrieben werden: Zuerst wird das Problem analysiert und definiert. Ein zu eng definiertes Problem wird gegebenenfalls verallgemeinert.[236] Eine Aufgabenstellung, wie die o. g. Kernfrage ist gut geeignet, kann aber auch noch etwas mehr spezifiziert werden, um das Problem zu definieren. Danach müssen, die „Parameter" des Problems bestimmt werden. Unter **Parameter** werden alle Merkmale, Komponenten bzw. Eigenschaften einer Lösung verstanden, die **allen Lösungen** gemein sind, jedoch in **unterschiedlichen Ausprägungen** vorkommen können.[237] Hilfreich erweisen sich hier insbesondere die sogenannten „W"-Fragen, Blockdiagramme, Funktions- und Ablaufanalysen, systemanalytische Überlegungen sowie Visualisierungen in jeglicher Form.[238] Die Parameter müssen dabei **drei Anforderungen** gerecht werden.[239]

---

[229] Vgl. Brunner, 2008, S. 245. Der Begriff „Kasten" gilt im engen Sinne nur für drei Parameter, wird von Zwicky und in der Literatur auch für mehr als drei verwendete Parameter zur Bezeichnung der Methode verwendet. Zwicky ist sich dessen bewusst und spricht bei mehr als drei Parametern begrifflich vom „morphologischen vieldimensionalen Schema". Zwicky, 1971, S. 90.

[230] Schlicksupp, 1999, S. 78.

[231] Vgl. Zwicky, 1971, S. 88.

[232] Vgl. Zwicky, 1971, S. 11.

[233] Vgl. Zwicky, 1971, S. 90.

[234] Vgl. Brunner, 2008, S. 250.

[235] Vgl. Boos, 2010, S. 102, vgl. auch Brunner, 2008, S. 250.

[236] Vgl. Zwicky, 1971, S. 90.

[237] Vgl. Zwicky, 1971, S. 90.

[238] Vgl. Schlicksupp, 1999, S. 81 f.

[239] Vgl. zu den drei Parameteranforderungen: Schlicksupp, 1999, S. 81 f.

Sie müssen erstens **logisch voneinander unabhängig** sein. Wenn sie sich wechselseitig bedingen, wäre die freie Kombinierbarkeit zu alternativen Gesamtlösungen beeinträchtigt. Die Parameter müssen zweitens **auf alle Lösungen zutreffen** und nicht nur für eine Teilmenge. Drittens sind **nur relevante Parameter** in den Morphologischen Kasten mit aufzunehmen, um die Lösungsalternativen nicht unnötig durch nicht relevante Optionen aufzublähen und um letztendlich den Entscheidungsprozess zu erleichtern.

Nachdem die relevanten Parameter ermittelt wurden, werden sie in die erste Spalte einer **Tabelle**, die auf einer mit Packpapier bespannten Pinnwand aufgezeichnet ist, eingetragen. Nun werden in der Reihenfolge für jeden Parameter **sämtliche Ausprägungen** gesucht, die sie in der **Praxis oder** in der **Theorie** annehmen können und rechts in der Zeile neben dem jeweiligen Parameter in Spaltenform notiert. Die beteiligten Gruppenmitglieder sollen die jeweiligen Ausprägungen nennen. Falls nicht alle Ausprägungen bekannt sind, müssen die fehlenden Informationen beschafft werden, damit der vollständige Lösungsraum dargestellt werden kann. Im Rahmen einer Mediation geben die gefundenen Interessen bzw. Anliegen ebenfalls Hilfestellung bei der Suche nach den relevanten Ausprägungen, weil es sich um die wichtigen Informationen handelt, die den Schlüssel zur optimalen Lösung liefern und letztendlich bei der abschließenden Bewertung der Lösungsoptionen als Bewertungsmaßstab herangezogen werden.

Das Ergebnis ist eine Tabelle in der sämtliche Lösungsoptionen dargestellt sind. Die Kombination je einer Ausprägung von jedem Merkmal stellt **eine mögliche Lösung** für die Ausgangsfragestellung dar, die mit einem **Zickzack-Linienkurs** in der Tabelle dargestellt werden kann. Die Optionensuche mit Hilfe der Morphologischen Methode ist damit beendet. Teilweise können Aufgabenstellungen zu einem Themenkomplex zu unübersichtlich werden. Dann ist es ratsam, das Thema nochmals in Unterthemen zu untergliedern und für jedes Unterthema einen Morphologischen Kasten zu erarbeiten, damit der Lösungsraum übersichtlich bleibt.[240] So können für die einzelnen Unterthemen Entscheidungen getroffen werden. Obwohl eine Tabelle z. B. mit fünf Parametern und vier Ausprägungen sehr übersichtlich ist, können durch diese strukturierte Darstellung aufgrund der unterschiedlichen Kombinationsmöglichkeiten $4^5 = 1024$ Lösungsmöglichkeiten in nur einer Tabelle dargestellt werden. Diese gefundenen Lösungen stellen nun die Diskussionsgrundlage für die Auswahl der besten Alternative dar.

Beispiel: Im Rahmen einer Mediation wurde folgende Kernfrage entwickelt: Wie können die neuen Mitarbeiter in die Aufgabengebiete „Vertrieb“ und „Vertrag“ schnellstmöglich eingearbeitet werden, sodass sie ihr Arbeitsgebiet selbst bearbeiten können, wobei die aufgeführten Anliegen bestmöglich zu berücksichtigen sind?

Die rote Zickzack-Linie in Abb. 5.7 gibt eine mögliche Lösungsvariante an, (von 1800 möglichen Varianten in diesem Kasten) wie die verbesserte Gestaltung der Ausbildung im Bereich Vertragswesen aussehen könnte. Über einen Abgleich mit den Anliegen, kann die Güte der Lösung auf Passgenauigkeit bereits im Vorfeld überprüft werden und geeignete Lösungen bereits für die engere Auswahl sondiert werden.

---

[240] Vgl. Brunner, 2008, S. 254; vgl. auch Schlicksupp, 1999, S. 82 f.

Parameter	Ausprägungen				
Trainer	Ein ausgewählter „alter" Mitarbeiter, der über gute Schulungskompetenzen verfügt und dessen Arbeit von allen anderen Abteilungsmitgliedern interimistisch übernommen wird	Mitarbeiter der Personalentwicklung, der sich zunächst selbst in die Spezial-Materie einarbeiten lassen muss.	Jetzige Ruheständler, die zuvor in der Abteilung A gearbeitet haben, interimistisch als externe Trainer engagieren		
Schulungsort	Am Arbeitsplatz	Im Schulungsraum mit Computeranschluss und gleichen Computerprogrammen	Extern bei Spezialisten mit identischen Computerprogrammen		
Schulungsmaterial	Reale Fälle	Ausbildungsmaterial mit erfundenen Vorgängen			
Schulungstermine	Blockunterricht	Am Wochenende	Im Rahmen freier Arbeitskapazitäten auf Anfrage	Ein Wochentag	Verschiedene Wochentage
Uhrzeit	Täglich vor Arbeitsbeginn von 08.00-09.00 Uhr	Vormittags von 9.00-12.00Uhr	Nachmittags von 13.00-17.00 Uhr	Ganztags von 8.00-17.00 Uhr	Nach Feierabend 17.30-20.00 Uhr
Teilnehmer	1 neues Abteilungsmitglied	2 neue Abteilungsmitglieder	Pro Team eine Person	Alle neuen Abteilungsmitglieder	

Abb. 5.7 Beispiel für einen Morphologischen Kasten (Quelle: Koschany-Rohbeck, 2011, S. 84)

Die **Bewertung** der Kreativitätstechnik für die Mediation im Rahmen der hier vorgestellten Kriterien kann wie folgt vorgenommen werden. In Bezug auf das Kriterium **Passgenauigkeit** der Lösungen kann für die Morphologische Methode festgehalten werden, dass sie unter der Berücksichtigung aller relevanten Merkmale und Ausprägungen **immer mindestens eine** passgenaue Lösung für das Problem finden wird, da sie den gesamten relevanten Lösungsraum betrachtet.[241] Mit dieser Methode wird nicht auf den Zufall gesetzt, sondern man hat eine **Garantie auf Passgenauigkeit**. Es werden nicht nur zufällig viele, in verschiedene Denkrichtungen laufende, sowie originelle Lösungen ermittelt, sondern diese Methode vermag **sämtliche Lösungen** darzustellen. Die **Schwierigkeit** bei der Erstellung des Morphologischen Kastens besteht jedoch darin, die **richtigen Parameter** in logischer und vollständiger Form zu bestimmen, sodass sie der Aufgabenstellung gerecht werden.[242] Oftmals wird es im Rahmen einer Mediation leichter sein, Unterthemen zu bilden und für diese separat Morphologische Kästen zu erstellen, um den Entscheidungsprozess zu erleichtern. Die dazugehörigen Ausprägungen zu den Parametern sind dagegen relativ leicht zu ermitteln. Zur Bestimmung der Parameter gehört etwas Übung. Deshalb ist bei der Bestimmung der Parameter die deutliche Hilfestellung des Mediators erforderlich, darüber hinaus ist Fachwissen zu dem zu bearbeitenden Themengebiet unerlässlich.[243] Der Mediator wird die Teilnehmer bei der Parametersuche intensiv unterstützen müssen. Sollten manche Aufgabenstellungen zu einem Themenkomplex nochmals untergliedert werden müssen, damit der Lösungsraum übersichtlich bleibt, sind auch hier die Mediatoren verstärkt gefordert, die Mediationsteilnehmer in der Strukturierungsarbeit zu unterstützen.

[241] Vgl. Zwicky, 1971, S. 88.

[242] Vgl. Schlicksupp, 1999, S. 81.

[243] Vgl. Zwicky, 1971, S. 88; vgl. auch Schlicksupp, 1999, S. 82.

In Bezug auf die **praktischen Kriterien** zur Umsetzung der Morphologischen Methode kann hinsichtlich des Schwierigkeitsgrades festgestellt werden, dass sie aufgrund der Schwierigkeiten hinsichtlich der Parameterbestimmung laut Schlicksupp dem Schwierigkeitsgrad 3 zuzuordnen ist.[244] Auf den ersten Blick scheint diese Methode weniger geeignet für Mediationen zu sein, da aufgrund ressourcenbedingter Engpässe oftmals wenig Zeit zum Üben einer Methode zur Verfügung steht. Die Mediatoren können jedoch diesen Nachteil m. E. durch brillante Methodenkompetenz wieder ausgleichen. Da sie die Parameterbestimmung vorab trainieren können, sind sie in der Lage, routiniert Parameter herauszuarbeiten. So können sie die Aufgabe soweit vorbereiten, dass die Gruppe nur noch die Ausprägungen der jeweiligen Parameter zusammentragen muss, was im Vergleich zu den anderen Kreativitätstechniken relativ einfach ist. Vor diesem Hintergrund ist die Einordnung des Schwierigkeitsgrades meines Erachtens zu relativieren und dem **Schwierigkeitsgrad 2** zuzuordnen.

Hinsichtlich der **Umsetzbarkeit in Bezug auf die Gruppengröße** kann festgestellt werden, dass diese Kreativitätstechnik aufgrund der Vorgabe der optimalen Gruppengröße (acht Personen) in Kleingruppen direkt und in Mittelgruppen durch Aufteilung der Gruppe in Kleingruppen, durchgeführt werden kann. In Großgruppen wäre es denkbar, dass die Gruppen, nachdem die Parameter mit den Mediatoren bestimmt wurden, in Gruppenarbeit allein nach den Ausprägungen suchen und die Mediatoren, die jeweiligen Gruppen nur zeitweise betreuen, um zu sehen, wie sie vorankommen und sie ggf. zu unterstützen. Allerdings wäre es hier sinnvoll, dass ein Mediator nur maximal zwei Gruppen parallel begleitet, damit die Gruppen nicht zu lange ohne Mediator arbeiten müssen. Bei drei zur Verfügung stehenden Mediatoren könnten bei idealer Gruppengröße dann sechs Gruppen (also eine Gesamtzahl von bis zu 48 Personen) betreut werden. Eine Unterteilung der Gruppen hat für das Gesamtergebnis zudem folgende Vorteile: Wird das gleiche Thema bearbeitet kann im gemeinsamen späteren Abgleich in der Gesamtgruppe festgestellt werden, ob Ausprägungen fehlen und diese in einer gemeinsamen Tabelle ergänzt werden. Geht man davon aus, dass jede Gruppe sehr sorgfältig arbeitet, und wirklich für jedes Thema den gesamten Lösungsraum erfassen kann, so macht es sogar Sinn, jede Gruppe einen anderen Themenkomplex des Konfliktes bearbeiten zu lassen, sodass die Gruppe für mehrere Themenkomplexe gleichzeitig Lösungsalternativen vorliegen hat, um nicht nur einzelne Elemente sondern evtl. sogar den Gesamtkonflikt lösen zu können. Im Rahmen einer zwei Personen Mediation wird sich der Mediator bei der Suche nach Parametern sehr stark einbinden müssen.

In Bezug auf den **Zeitaufwand** für die gesamte Lösungsfindungsphase ist festzustellen, dass dieses Totallösungskonzept viel Zeit für die Ermittlung der optimalen Lösung fordert. Zum einen muss bei dieser Methode der gesamte Lösungsraum erschlossen werden und zum anderen aus dieser Vielzahl der gefundenen Lösungen die Beste herausgefiltert werden. Bei einer Gegenüberstellung sämtlicher Lösungen kann das sehr viel Zeit in Anspruch nehmen. Je mehr Parameter der Morphologische Kasten besitzt, desto länger dauert die Auswahl einer besten Lösung.[245] Als Ausweg aus diesem Dilemma bietet es sich an, Bewertungskriterien durch die Mediationsgruppe zu den Parametern festzulegen

244 Vgl. Schlicksupp, 1999, S. 162.

245 Vgl. Boos, 2010, S. 102.

zu lassen, um die Auswahl der besten Alternative zu vereinfachen. Dies kann zum einen **quantitativ** mit Hilfe der **Sequentiellen Morphologie**[246] ermöglicht werden oder **qualitativ** durch Einbezug der Anliegen/Interessen/Bedürfnisse und Vorselektion von Ausprägungen, die die Anliegen/Interessen/Bedürfnisse besonders unterstützen. Dabei darf allerdings nicht übersehen werden, dass eine Kombination mit einer etwas nachteiligeren Ausprägung in Bezug auf die Interessen im Gesamtergebnis zu optimalen Bedingungen führen kann. Durch dieses Vorgehen kann der Entscheidungsprozess deutlich verkürzt werden. Im Vergleich zum Brainstorming oder anderen intuitiven Methoden ist die Auflistung der Lösungen im Morphologischen Kasten in Tabellenform sehr strukturiert und übersichtlich, während die Lösungen der intuitiven Methoden zuerst noch strukturiert werden müssen und oft mehrere Seiten umfassen können. Durch die einfache Darstellung im Morphologischen Kasten werden die entscheidenden Faktoren schneller sichtbar und eine Entscheidung in Relation zu den intuitiven Methoden deutlich vereinfacht.

Als **Nachteil** dieser Methode ist herauszustellen, dass sie für die Anwendung zumindest von den Mediatoren sehr gute Fachkenntnisse in dem zu bearbeitenden Themengebiet erfordert, um das Problem exakt aufbereiten und Parameter bestimmen zu können.[247] Liegen diese Fachkenntnisse jedoch vor, kann die Methode durch ihre **Vorteile** überzeugen, weil sie **garantiert** und nicht nur auf Zufall basiert, **sehr gute und passgenaue Lösungen** durch ihren ganzheitlichen Ansatz liefern wird, die für eine nachhaltigen Befriedung des Ursprungskonfliktes erforderlich sind und die direkt in einen Mediationsvertrag übernommen werden können. Ferner fördert sie durch die präzise Bestimmung und Lösung der Teilprobleme eine klare Kommunikation und die Vermeidung von Missverständnissen,[248] was im Rahmen von Mediationen ein wünschenswerter positiver Nebeneffekt ist.

5.2.4.4.2 Das Ursache-Wirkungs-Diagramm

Das Ursache-Wirkungs-Diagramm wurde in den 1950er Jahren von dem Japaner Kaoru Ishikawa entwickelt und ist auch unter der Bezeichnung **Ishikawa-**, **Tannenbaum-** oder **Fischgräten-Diagramm** bekannt.[249] Die Technik wurde ursprünglich zur Analyse und Ursachenforschung für Qualitätsprobleme entwickelt, lässt sich jedoch auch in vielen anderen Problemgebieten, z. B. in **innerbetrieblichen Konflikten**,[250] zur ursachenbasierten Optionensuche im Rahmen der Lösungsfindungsphase, einsetzen.[251] Die Idee dieser Kreativitätstechnik beruht darauf, dass Qualitäts- oder andere Probleme gelöst werden können, wenn nach den Ursachen des Problems geforscht wird und die Ursache an ihrer Wurzel verändert wird.[252] Ziel ist es, **nicht** die oberflächlichen **Symptome** des Problems zu be-

[246] Vgl. zur Sequentiellen Morphologie: Schlicksupp, 1999, S. 83–89. Die Sequentielle Morphologie wird hier nicht dargestellt, da sie dem Prinzip des Morphologischen Kastens entspricht und sich jedoch nur hinsichtlich der Bewertung und Auswahl der Lösungsoptionen von ihr unterscheidet.

[247] Vgl. Zwicky, 1971, S. 88; vgl. auch Brunner, 2008, S. 258.

[248] Vgl. Zwicky, 1971, S. 88 f.

[249] Vgl. Schulte-Zurhausen, 2010, S. 551.

[250] Vgl. Donndelinger/Van Dine, 1996, S. 136.

[251] Vgl. Schulte-Zurhausen, 2010, S. 551.

[252] Vgl. Boos, 2010, S. 117; vgl. auch Oboth/Seils, 2008, S. 38 f.

handeln, **sondern die Ursachen** für das Problem nachhaltig zu verändern. Dafür müssen die zentralen Verursachungskriterien ermittelt werden und dafür geeignete Lösungen gesucht werden. Diese Methode kann sehr **wirkungsvoll in innerbetrieblichen Mediationen mit Gruppen** eingesetzt werden.

Für die Erstellung eines Ursache-Wirkungs-Diagramms benötigt man eine große Schreibfläche, z. B. eine oder mehrere nebeneinander stehende Pinnwände, die mit Paketpapier bespannt werden. Darauf wird das Diagramm mit Filzschreibern aufgezeichnet. Im Diagramm werden Pfeile verwendet, um die vielschichtigen Ursache-Wirkungsbeziehungen für ein Problem darzustellen.[253] Die **Vorgehensweise** für das Zeichnen des Ishikawa-Diagramms verläuft dann in folgenden Schritten:[254] Zuerst muss das zu analysierende **Problem genau formuliert** werden. Danach zeichnet man das Ursache-Wirkungs-Diagramm und seine Haupteinflussgrößen ein. Dafür verwendet man einen **horizontalen Pfeil**, der auf das zu lösende Problem gerichtet ist. Als nächstes ermitteln die Medianden die **Hauptursachen** für das Problem. Auf den horizontalen Pfeil stoßen symbolisch die Pfeile der Hauptursachen in Form eines Fischgrätenmusters. Für jede Hauptursache werden weitere **Nebenursachen** und **Unterursachen** gebildet, die ebenfalls in Pfeilform auf die jeweils höhere Strukturierungsebene stoßen. So entsteht eine immer feinere Verästelung der Abbildung. Danach wird **kontrolliert**, ob alle denkbaren Ursachen in dem Ursache-Wirkungs-Diagramm erfasst sind. Als nächstes erarbeiten die Medianden die **wahrscheinlichsten Ursachen** für das Problem heraus, indem die Gruppenmitglieder das Problem hinsichtlich ihrer Bedeutung und Einflussnahme auf das Problem gewichten. Anschließend wird die Ursache bzw. werden die **Ursachen mit der größten Wahrscheinlichkeit** bestimmt. Darauf werden die wahrscheinlichsten Ursachen nochmals auf **Richtigkeit** hinterfragt und überprüft. Als nächstes erfolgt die **Definition der Problemtreiber**, also die Ursache bzw. bei komplexen Problemen die Ursachengruppen, für die dann Lösungsmöglichkeiten erarbeitet werden. Oftmals ergeben sich aus der klaren Definition der Haupt- und Nebenursachen schon **eindeutige Lösungsmöglichkeiten**. Sollte dies nicht der Fall sein, so müssen mit Hilfe anderer Kreativitätstechniken (z. B. Kartenabfrage), die konkreten Ideen zur Lösung der durch die Problemtreiber verursachten Probleme, gefunden werden. Dann aber handelt es sich bei der hier verwendeten Systematik von Kreativitätstechniken, genau betrachtet, um eine **Kombinationsmethode**, bei der intuitive und analytisch-systematische Kreativitätstechniken miteinander kombiniert werden.

Die Hauptursachen des Ursache-Wirkungs-Diagramms im Rahmen einer Mediation sollten bestenfalls die in der Mediation herausgearbeiteten Themen sein. Die Hauptursachen sind insbesondere nicht unbedingt deckungsgleich mit den Themen, wenn vom äußeren Auftraggeber Rahmenbedingungen zur Regelung des Konfliktes gegeben werden. Ist die Unternehmensleitung jedoch gegenüber Change-Management-Prozessen für die Organisationsentwicklung und einem Konzept auf der Basis von „**Total-Quality-Control** (TQC)“[255]

[253] Vgl. Schulte-Zurhausen, 2010, 551.

[254] Vgl. zur Ablaufbeschreibung Schulte-Zurhausen, 2010, S. 551 f.; vgl. Boos, 2010, S. 118–120.

[255] Eine Einführung über das Total-Quality-Control Konzept mit ihren Vorteilen auch für die Belegschaft, findet sich in Ishikawa, 1989, S. 1–6.

positiv aufgeschlossen oder hat dieses bereits im Unternehmen implementiert, können im Rahmen der Mediation die wahren Ursachen für das Problem aufgedeckt werden und hilfreiche Lösungsalternativen, die den gesamten Lösungsraum im Unternehmen mit einbeziehen und optimale Ergebnisse für Mitarbeiter und Unternehmen erzielen, schaffen. Gerade bei dieser Methode zeigt sich, dass zusätzlich organisationsbezogene Rahmenbedingungen,[256] insbesondere der **„kritik- und sanktionsfreie Umgang mit Fehlern"** auch für das von Ishikawa postulierte TQC-Konzept gegeben sein muss. Bei der Ermittlung der Nebenursachen können die unerfüllten Bedürfnisse und Interessen hilfreich zur Bestimmung sein.

Der Zeitaufwand für die Durchführung der Methode beträgt laut Boos ca. 90–120 min,[257] bei sehr komplexen Problemen könnte der Zeitraum auch mehr Zeit in Anspruch nehmen. Hinzu kommt noch die Zeit für die Findung alternativer ursachenbasierter Lösungsoptionen, wenn sich keine eindeutigen Lösungen aus dem Ishikawa-Diagramm erkennen lassen. Die Suche könnte z. B. in Form einer Kartenabfrage erfolgen, sodass hier nochmals ca. 0,5 – 3 h veranschlagt werden können. Das Ursache-Wirkungs-Diagramm wird in Gruppenarbeit erstellt. In der Literatur gibt es keine Empfehlung zur optimalen Gruppengröße. Zum besseren Verständnis dieser Methode soll ein **Beispiel** dargestellt werden.

Die in der Abb. 5.8 des Ursache-Wirkungs-Diagramms dargestellten **gelben Felder** stellen nach Auswertung der Diskussion die **Problemtreiber** dar. Es wurde erkannt, dass erstens die strikte Vorgabe „Generalisten" auszubilden, die sofort ihren „eigenen Zuständigkeitsbereich" verantworten, ohne die geforderten fachlichen Kompetenzen zu haben, zu der unstrukturierten Ausbildung mit den vielen Konflikten geführt hat. Zweitens ist die Hotline- und die Vertriebstätigkeit vom Anforderungsprofil der Tätigkeit grundverschieden zur Vertragstätigkeit. Hieraus entsteht ein erhöhtes Stresspotential bei der Einarbeitung, wenn unterschiedlichstes Wissen gleichzeitig vermittelt werden soll, zusätzlich aber auch noch dringende Telefonate zu erledigen sind. Auch können einige Mitarbeiter ihre Aufgabe als Ausbilder nicht richtig umsetzen, weil ihnen hierfür ebenfalls die Kompetenzen fehlen.

Zur Lösung des Gesamtkonfliktes ergeben sich **eindeutige Fragestellungen** für die schnell zielgerichtet gute Lösungen, mittels der bereits vorgestellten Kreativitätstechniken (z. B. Kartenabfrage), gefunden werden können. Werden diese beiden Kreativitätstechniken kombiniert, handelt es sich genau genommen um eine Kombinationsmethode: Wie können die geforderten generalistischen Fähigkeiten anderweitig erworben werden? Wer könnte die Schulungstätigkeit an anderer Stelle übernehmen? Kann die Verantwortlichkeit für einen Tankstellenbereich auch zu einem späteren Zeitpunkt erfolgen? Kann eine Interimslösung mit Spezialisten zur Stabilisierung der aktuellen Lage ratsam sein? – Wie könnte die aussehen? Kann die Hotlinetätigkeit zwischenzeitlich anders geregelt werden?- Wie?

[256] Hier muss der Auftrag des Unternehmens an den Mediator auch einen Auftrag zur Organisationsentwicklung umfassen, eine Einschränkung des Entscheidungsspielraumes führt aus der Gesamtperspektive des Unternehmens nur zu suboptimalen Lösungen. Positive idealtypische organisationsbezogene Umwelt- und Rahmenbedingungen wären hier z. B. ein kreativitätsförderndes Unternehmensleitbild und Unternehmenskultur, kreativitätsfördernde Führungsgrundsätze, effektives Führungsverhalten (kooperativ, transformational oder partizipativ-demokratisch), flache Hierarchien etc.

[257] Vgl. Boos, 2010, S. 117.

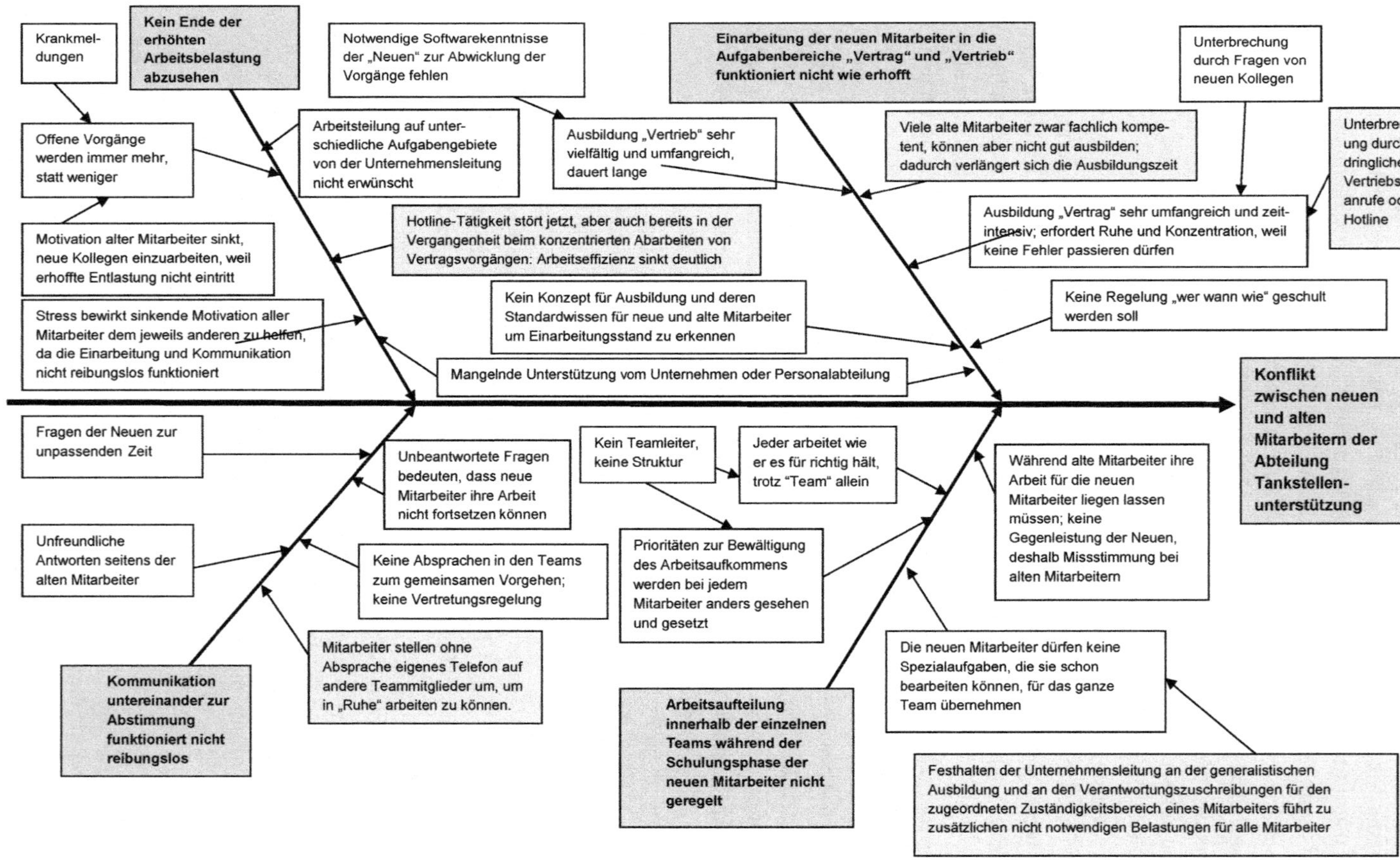

Abb. 5.8 Beispiel für ein Ursache-Wirkungs-Diagramm. (Quelle: Koschany-Rohbeck, 2011, S. 88)

Die **Bewertung** des Ursache-Wirkungs-Diagramm kann zusammenfassend beschrieben werden. Bei dieser Kreativitätstechnik handelt es sich um eine Technik, die **eher in innerbetrieblichen Mediationen mit einer Personengruppe zur Lösung von Sachkonflikten** denkbar ist. In Bezug auf das Kriterium **Passgenauigkeit** der Lösungen kann für das Ishikawa-Diagramm festgehalten werden, dass es unter der **Berücksichtigung aller relevanten Ursachen** passgenaue Lösungen für das Problem finden wird, da sie den gesamten **relevanten Lösungsraum** betrachtet. Mit dieser Methode wird ebenfalls nicht auf den Zufall gesetzt, sondern man sucht **zielorientiert** nach Ursachen, die das Problem an der Wurzel beheben und zu einer **cleveren Lösung des Problems** führen. Dabei werden überflüssige, nicht passende Lösungsalternativen im Vorfeld gar nicht erst genannt, weil sie nicht zu optimalen Ergebnissen gelangen. Im Idealfall führt das Diagramm die Beteiligten direkt zur passenden Lösung. Da im Rahmen von Mediationen auch nur die besten Lösungsalternativen gesucht werden, die das Ursprungsproblem nachhaltig lösen, handelt es sich bei dieser Form der Lösungssuche sogar um einen Vorteil. Denn werden nur passgenaue Lösungen entwickelt, fällt der Auswahlprozess, besonders in Großgruppen, leichter, weil bei dieser Methode nur noch unter wenigen guten und sehr guten Optionen, die beste ermittelt werden muss. Ferner fällt es Menschen, ähnlich wie bei der Umkehrmethode leichter, das Negative oder die Fehler eines Systems zu sehen.[258] Bei dieser Methode dürfen, ja müssen, alle Beteiligten explizit bekannte Fehler oder negative Hintergründe aufdecken, denn nur so kann das Problem (oder der Konflikt) an der Wurzel angegangen und für die Zukunft nachhaltig gelöst werden. So sieht Ishikawa in der Identifizierung von Fehlern die Saat des Erfolges.[259] Wichtig, bei dieser Methode, ist das deutliche und öffentliche Bekenntnis der Unternehmensleitung und Vorgesetzten zum TQC-Konzept.[260] Neben dem **Zugeständnis zur sanktionsfreien Fehlererkennung,** das im Rahmen der Vorlaufphase im Vertrag mit dem äußeren Auftraggeber explizit eingefordert wird, ist für diese Kreativitätstechnik ein Auftrag zur Organisationsentwicklung notwendig, da aus der **Perspektive der Gesamtunternehmung** nach besten Lösungen gesucht werden soll. Die Ursachen für einen Konflikt können auch auf einer Ebene liegen, die nicht von den betroffenen Mitarbeitern selbst, sondern nur auf einer höheren Ebene zu verändern ist. Ist ein Auftrag zur Organisationsentwicklung erteilt und die Sanktionsfreiheit garantiert, ist nicht mit emotionalen Blockaden und negativen Gruppeneffekten zu rechnen, bei der die wahren Ursachen für den Konflikt nicht preisgegeben werden. Darüber hinaus könnte eine **mittels Kartenabfrage** stufenweise durchgeführte Ursachensuche nach Haupt-, Neben- und Unterursachen, aufgrund der Erkenntnisse zur **Einzelarbeit,** auch bei dieser Kreativitätstechnik **sinnvoll** sein, weil bei der Fehlererkennung Anonymität gewahrt bleibt und so Fehler unabhängig vom Gruppendruck geäußert werden könnten.

---

[258] Vgl. Brunner, 2008, S. 151.

[259] Vgl. Ishikawa, 1991, S. 87. „Failure is the seed of success".

[260] Das TQC-Konzept weist deutliche Parallelen zu den in dieser Arbeit herausgearbeiteten idealtypischen Rahmenbedingungen für innerbetriebliche Mediationen mit Gruppen auf. Vgl. Ishikawa, 1991, S. 86–96 und Koschany-Rohbeck, 2011, S. 14–23.

In Bezug auf die **praktischen Kriterien** zur Bewertung der Ursache-Wirkungs-Diagramms kann hinsichtlich des Schwierigkeitsgrades festgestellt werden, dass die Methode schnell erlernt und sie deshalb dem **Schwierigkeitsgrad 1** zugeordnet werden kann. Dies macht die Methode sehr attraktiv für den Einsatz in Mediationen mit Gruppen. Hinsichtlich der **Umsetzbarkeit in Bezug auf die Gruppengröße** ist festzustellen, dass es in der Literatur keine Empfehlungen für eine optimale Gruppengröße zur Anwendung dieser Kreativitätstechnik gibt. Diese Technik ist sowohl für Klein- als auch Mittelgruppen gut geeignet. Sie ist darüber hinaus auch in Großgruppen einsetzbar. Hier sollte die Großgruppe in Klein- oder Mittelgruppen aufgeteilt werden, die jeweils in diesen Subgruppen eine Hauptursache des Konfliktes genauer auf ihre Neben- und Unterursachen analysieren. Die einzelnen Analyseergebnisse der Subgruppen werden dann auf der Gesamtübersicht des Ursache-Wirkungs-Diagramms zusammengestellt, so dass sehr effizient in relativ kurzer Zeit das Gesamtanalyseergebnis sichtbar wird. In der Gesamtgruppe werden dann fehlende Ursachen ergänzt, die Auswertung und die Bewertung der Problemtreiber vorgenommen. Sollten sich keine direkten Lösungen ergeben, sollte die Sammlung von Lösungsvarianten, aufgrund der bisherigen Erkenntnisse zur Einzelarbeit, z. B. mittels Kartenabfrage, vorgenommen werden. In Bezug auf den **Zeitaufwand** für die gesamte Lösungsfindungsphase ist festzustellen, dass diese Methode deutlich weniger Zeit in Anspruch nimmt, als die bisher vorgestellten Methoden, da sie nur relevante Ideen, d. h. passgenaue Ideen für die Problemstellung zulässt. Dadurch verkürzt sich die Lösungsfindungsphase im Vergleich zu den bisherigen Methoden enorm. Gibt es jedoch keine eindeutigen Lösungen, so relativiert sich dieser Vorteil, wenn in einem zweiten Schritt doch noch Ideenvarianten mittels einer anderen Kreativitätstechnik (z. B. Kartenabfrage) gesucht werden müssen.

Allgemein ist bei dem Ursache-Wirkungs-Diagramm **nachteilig** zu werten, dass das Diagramm bei sehr komplexen Konflikten sehr unübersichtlich werden könnte.[261] Ferner sind mit dem Diagramm keine oder nur begrenzt vernetzte Ursache-Wirkungsbeziehungen darstellbar,[262] die zusätzlich Aufschluss über optimale Lösungsmöglichkeiten geben könnten. Auch kann es vorkommen, dass die Gruppe wichtige Ursachen übersieht. Daher kommt der Vollständigkeitskontrolle der Ursachen besondere Bedeutung zu.[263] Insgesamt gesehen handelt es sich jedoch um eine **vorteilhafte Methode**, weil sie sehr einfach zu erlernen ist, ganzheitlich und zielorientiert nach passgenauen Lösungen sucht und durch die Darstellung der vielfältigen Ursache- und Wirkungszusammenhänge, das bessere Verständnis des komplexen Problems fördert.[264]

5.2.4.5 Die Osborn-Checkliste als Beispiel für eine Kombinationsmethode

Kombinationsmethoden zur Ideenfindung sind Methoden, die sowohl eine intuitive als auch eine analytisch-systematische Komponente vorweisen.[265] Dabei vereinen sie als Me-

261 Vgl. Boos, 2010, S. 120.

262 Vgl. Schulte-Zurhausen, 2010, S. 552.

263 Vgl. Boos, 2010, S. 120.

264 Vgl. Schulte-Zurhausen, 2010, S. 552.

265 Vgl. Boos, 2010, S. 130.

thode beide Komponenten in sich (wie z. B. die „Sechs Denkhüte“ von de Bono, die als Methode zur Ideenfindung in der Mediation allerdings weniger geeignet ist) [266]oder bauen auf einer anderen Methode (intuitiv vs. analytisch-systematisch) diametral auf. Beispielhaft für eine Kombinationsmethode soll die Osborn-Checkliste vorgestellt werden, die ebenfalls von dem Erfinder des Brainstormings entwickelt worden ist.[267] Mit der Osborn-Checkliste können zuvor mittels intuitiver Verfahren in die engere Auswahl aufgenommene Ideen gezielt überarbeitet werden. Die Osborn-Checkliste ist eine analytisch-systematische Methode und hilft den Anwendern **systematisch in neue Richtungen zu denken** und sie zu stimulieren, **um gute, intuitiv gewonnene Ideen** noch weiter **zu optimieren**.[268]

Das Vorgehen mittels der Osborn-Checkliste in Mediationen sollte aufgrund der bekannten Kritik am Brainstorming in Kombination mit einer Kartenabfrage erfolgen. Dabei wird zunächst **eine** von allen Teilnehmern als erfolgversprechend gewertete **Idee** aus einem intuitiven Verfahren zur weiteren Untersuchung festgelegt. Diese steht im folgenden Prozess im Fokus und wird mit der Osborn-Checkliste komplett bearbeitet. Als Aufgabenstellung erhalten die Teilnehmer beispielsweise folgende Frage: „Wie kann die bereits gefundene Idee „Idee zitieren“ in Bezug auf die nun folgenden Denkrichtungen noch verändert werden?“ Im Anschluss an die Frage soll die Gruppe die einzelnen Denkkategorien durchdenken. Dafür erhält jeder Teilnehmer eine Checkliste auf der ein Fragenkatalog zu neun Themenbereichen

1. andere Verwendungsmöglichkeiten
2. anpassen
3. modifizieren
4. vergrößern
5. verkleinern
6. ersetzen
7. umgruppieren
8. umkehren
9. neu kombinieren

zu der speziellen Aufgabenstellung zusammengestellt wurde.[269] Da Osborn in einer Werbeagentur arbeitete, bezog sich sein Fragenkatalog auf Produkte. Abstrahiert man jedoch von diesem Problemkreis sind die Fragen dennoch zur Beleuchtung einer Lösung für einen Konflikt geeignet. Die Checkliste kann auch noch um beliebig viele konfliktspezi-

[266] Vgl. de Bono, 1996, S. 73–80. Die sechs Denkhüte können bei der Entscheidung für oder gegen eine Lösung hilfreich sein, nicht jedoch bei der in der Mediation erwünschten Ideenfindung, da nur der grüne Hut für kreative Ideen steht. Die Ideensuche mit dem grünen Hut wird hier in Form des bereits bekannten Brainstormings durchgeführt.

[267] Vgl. Boos, 2010, S. 108.

[268] Vgl. Boos, 2010, S. 108; vgl. Brunner, 2008, S. 266; vgl. auch Linneweh, 1978, S. 100.

[269] Vgl. Osborn, 1963, S. 176, zitiert nach Brunner, 2010, S. 271–273.

fische Bereiche ergänzt werden bzw. nicht relevante Fragen sind zu streichen.[270] Jeder Themenbereich soll einzeln und intensiv durchdacht werden.

Ein Beispiel für eine Osborn-Checkliste ist in der Tab. 5.5 für einen Teamkonflikt dargestellt. Die Teammitglieder haben sich entschieden, folgende Idee durch die Osborn-Checkliste weiter zu optimieren: Die konkrete Aufgabenstellung lautet: **„Welche Möglichkeiten gibt es, die neuen Mitarbeiter schrittweise in ihr Aufgabengebiet einzuarbeiten, sodass sie stufenweise ihre Verantwortung für ihr zu betreuendes Zuständigkeitsgebiet übernehmen können?“** Folgende Fragen in Analogie zur Osborn-Checkliste wären beispielsweise denkbar:

Die Mediatoren begleiten die Teilnehmer Kategorie für Kategorie durch den folgenden Kartenabfrage-Prozess. Mittels des bereits bekannten Ablaufs können die neuen Ideen zu den einzelnen Fragen aufgeschrieben, eingesammelt und den verschieden Kategorien 1–9 auf einer Pinnwand zugeordnet werden. Bei der Bearbeitung der Checkliste ist es unerlässlich, dass alle Bereiche gründlich und abschließend durchgearbeitet werden, weil nur intensiv bearbeitete Elemente des Fragenkatalogs zu neuen und auch cleveren, d. h. passgenaueren Lösungen führen und nur dann eine abschließende Beurteilung und Auswahl der zu verändernden relevanten Komponenten für die beste Lösung gewährleistet ist.[271] Die ideale Teilnehmerzahl für dieses Verfahren beträgt aufgrund der Durchführung mittels Kartenabfrage 4 bis maximal 15 Teilnehmer.[272] Die Dauer für einen Durchgang ist wiederum abhängig von der Aufgabenstellung und Gruppengröße und umfasst mehrere Sitzungen von ca. 60–70 min pro Sitzung.[273]

Hinsichtlich des Kriteriums der **Passgenauigkeit** der Lösungen kann für die Osborn-Checkliste festgestellt werden, dass sie nur teilweise Nachteile der intuitiven Verfahren in Bezug auf die Lösungsfindung ausgleichen kann. Sind z. B. beim Brainstorming oder der Kartenabfrage eher nur Lösungen für einfache Problemstellungen denkbar, so können in Kombination mit der **Osborn-Checkliste** die drei Kriterien **Flüssigkeit**, **Flexibilität** und **Originalität** deutlich im Vergleich zum Brainstorming verbessert werden. Durch die Fragen aus der Checkliste werden automatisch **viele** neue Lösungen generiert. Die neun Kategorien sprechen systematisch viele **unterschiedliche Denkrichtungen** an. Durch die gezielten Fragestellungen können auch **originelle Optionen schneller** gefunden werden. Zu bedenken ist allerdings, dass hierbei die **richtige Vorauswahl einer intuitiven Idee endscheidend ist**, ob die weitere Lösungssuche zu einer passgenauen Konfliktlösung oder aber am ursprünglichen Themenbereich vorbei, nur zu suboptimalen Ergebnissen führt. Ihr kommt daher eine besondere Bedeutung für den weiteren Lösungsfindungsprozess zu. Die Interessen/Anliegen bzw. Bedürfnisse könnten evtl. Aufschluss darüber geben, welche Ideen in die engere Auswahl kommen und mit der Checkliste verändert werden sollten. Nur wenn die Medianden bei der Vorauswahl ein gutes Gespür für aussichtsreiche

[270] Vgl. Osborn, 1963, S. 176, zitiert nach Brunner, 2010, S. 271–273.

[271] Vgl. Boos, 2010, S. 109 und S. 113; vgl. auch Brunner, 2008, S. 270.

[272] Vgl. Brunner, 2008, S. 193.

[273] Vgl. Brunner, 2008, S. 268; vgl. auch Boos, S. 108.

Tab. 5.5 Beispiel für eine Osborn-Checkliste zur Lösungssuche (Quelle: Vgl. Koschany-Rohbeck, 2011, S. 89–92, in Anlehnung an Brunner, 2008, Tab. 9, S. 271–273).

Aspekt	Mögliche Fragestellungen dazu
1. Anders verwenden	Wie kann die Einarbeitung schrittweise erfolgen?
	Wie lässt sich die Einarbeitung umfunktionieren?
	Können alte Teammitglieder innerhalb der Abteilung oder innerhalb der Teams während der Einarbeitung anders eingesetzt werden?
	Könnte die Aufgabenverteilung interimistisch anders durchgeführt werden?
2. Anpassen	Was ist bei der Einarbeitung Vertrieb/Vertrag ähnlich? Welche anderen Ideen kommen auf?
	Inwiefern haben sich Umstände/Bedingungen geändert? Wie können wir die Einarbeitung an diese externen Rahmenbedingungen anpassen?
	Welche Einarbeitungsbereiche gibt es, die ähnlich sind und die einem standardisierten Ausbildungsziel dienen?
	Gibt es ähnliche Aufgabengebiete bei denen Synergieeffekte bei der Einarbeitung nutzbar wären?
	Welche Aufgabenbereiche lassen sich festlegen und können routiniert abgearbeitet werden?
	Welche Zuständigkeitsbereiche können schrittweise übertragen werden? In welcher Reihenfolge?
3. Modifizieren	Was könnte verändert werden? Zusammenstellung der Teams, Aufgabengebiete, Schulungsform, Ausbilder, Ausbildungsinhalte?
	Was lässt sich sonst noch ändern?
	Könnten die Aufgaben z. B. dauerhaft getrennt werden = Spezialisierung statt Generalisierung?
4. Vergrößern	Was lässt sich hinzufügen (Mitarbeiter, Ausbildungskräfte, Interimskräfte)?
	Wie kann mehr Zeit für die Einarbeitung zur Verfügung gestellt werden?
	Wie kann die Ausbildungszeit schneller durchgeführt werden, sodass schneller eine fachliche Kompetenz der Neuen vorliegt?

Tab. 5.5 (Fortsetzung)

Aspekt	Mögliche Fragestellungen dazu
5. Verkleinern	Wie kann das Aufgabengebiet des einzelnen verkleinert werden?
	Wie kann etwas weggelassen werden, ohne dass dies zu Nachteilen für den Betriebsablauf führt?
	Was lässt sich noch entfernen?
	Was kann man weglassen?Wie wird es kleiner (leichter, kürzer, langsamer)?
	Wie auf das Wesentliche reduzieren?
	Weniger Zeit verwenden?
	Weniger Aufwand betreiben?
	Halbieren, aufteilen?
	Was ist entbehrlich? Quantität verringern? Frequenz reduzieren?
6. Ersetzen	Kann ein Aufgabengebiet durch Personen übernommen werden (intern/extern)? Kann irgendetwas ersetzt werden?
	Können Teilaufgaben der jeweiligen Aufgabengebiete gänzlich weggelassen werden, ohne dass dies zu anderen Nachteilen führt?
	Was lässt sich noch entfernen? Was lässt sich noch ersetzen? Andere Zeit, anderer Ort, andere Personen?
	Was lässt sich austauschen? Andere Methoden, andere Strategien? Anderes Konzept?
7. Anders anordnen	Können einzelne Mitarbeiter Teams zugeführt werden?
	Kann die Reihenfolge der Ausbildungselemente verändert werden?
	Können andere Mitarbeiter aus anderen Abteilungen einzelne Aufgabengebiete übernehmen?
	Andere Reihenfolge der Einarbeitung möglich? Geschwindigkeit der Einarbeitung ändern?
	Was lässt sich anders anordnen, umbauen?
	Wie lässt sich die Reihenfolge der Einarbeitung ändern. Von unstrukturiert nach strukturiert? Ursache-Wirkung umkehren?
	Ablauf wechseln?
8. Umkehren	Lässt sich die Idee ins Gegenteil verkehren?
	Was wäre das Gegenteil?
9. Neu kombinieren	Wie könnte die Teamarbeit besser realisiert werden?
	Was lässt sich neu kombinieren (vermischen, verbinden)? Welche Varianten können dadurch entstehen?
	Lassen sich einzelne Aspekte der Punkte 1–8 miteinander kombinieren, dass eine noch bessere Idee entsteht?

Ideen haben bzw. sich bei einer Idee sicher ist, dass sie zu einer nachhaltigen Konfliktlösung führen kann, so können mit dieser Methode ebenfalls durch die unterschiedlichen Denkrichtungen **zielorientiert clevere Lösungen für den Konflikt** gefunden werden.

In Bezug auf die **praktischen Kriterien** zur Bewertung der Osborn-Checkliste kann hinsichtlich des Schwierigkeitsgrades festgestellt werden, dass sie dem **Schwierigkeitsgrad 1** aufgrund der Einfachheit der Methode zugeordnet werden kann. Dies macht die Methode sehr attraktiv für den Einsatz in Mediationen. Hinsichtlich der **Umsetzbarkeit in Bezug auf die Gruppengröße** ist festzustellen, dass diese Technik mit Kleingruppen direkt und mit Mittelgruppen durch Subgruppenbildung schnell umsetzbar ist. Großgruppen sollten aufgrund der Angaben zur optimalen Teilnehmerzahl von maximal 15 Personen in Subgruppen mit dieser maximalen Gruppenstärke aufgeteilt werden. Die Durchführung dieser Methode bei einer Teilnehmerzahl von z. B. 75 Teilnehmern stößt hier i. d. R. an ressourcenbedingte Grenzen, da zur Durchführung fünf Mediatoren notwendig wären. Da allerdings keine empirischen Befunde für Großgruppen vorliegen und die optimale Gruppengröße nur auf Erfahrungswerten beruht, wäre bei dieser einfachen Methode eine Alternative denkbar. Eine Großgruppe von maximal 100 Teilnehmern könnte in vier Subgruppen unterteilt werden. Dies wäre möglich, weil die Kartenabfrage in Stillarbeit durchgeführt wird. Jede Subgruppe bearbeitet mit dem Verfahren der Kartenabfrage nur 2 Kategorien. Die Mediatoren teilen sich für diese Zeit auf die Subgruppen auf, begleiten die jeweiligen Fragestellungen und sammeln die gefundenen Lösungen, geordnet nach den beiden Kategorien, die sie betreuen, ein. Im Plenum werden die Lösungen zur Durchsicht nach Kategorien aufgehängt und die 9. Kategorie (Kombinieren) wird mit allen Teilnehmern gemeinsam in einer letzten Kartenabfragerunde durchgeführt. Dadurch kann sich die Zeit für den Lösungsfindungsprozess deutlich verkürzen und es könnten sogar, je nach zur Verfügung stehender Zeit, mehrere Ideen mit der Osborn-Checkliste durchgespielt werden.

In Bezug auf den **Zeitaufwand** für die gesamte Lösungsfindungsphase ist festzustellen, dass diese Methode deutlich mehr Zeit in Anspruch nimmt, als die bisher vorgestellten Methoden, weil mehrere Kreativitätsprozesse durchlaufen werden müssen, um zu einer optimierten Lösung zu kommen. Die Osborn-Checkliste konkretisiert jedoch die zuvor ausgewählte intuitive Idee, sodass eine Bewertung der Alternativen und eine Entscheidung für eine Option deutlich leichter fallen wird. Insgesamt verlängert sich durch diese Kreativitätstechnik die Zeit für die Ideenfindung. Da aber nur noch besser durchdachte Lösungen vorliegen, wird sich vermutlich die Bewertung und Entscheidung für eine Lösung im Vergleich zu einer mittels Brainstorming gefundenen, relativ unkonkreten Lösung, deutlich verkürzen. Diese Betrachtung gilt allerdings nur dann, wenn die Vorauswahl der weiterzuverfolgenden Idee richtig, im Sinne von passgenau oder clever, war. Gibt es mehrere interessante Lösungsansätze, die weiter verfolgt werden sollten, stößt diese Methode zeitlich gesehen an ihre ressourcenbedingten Grenzen. Die systematische Bearbeitung aller interessanten Ideen der intuitiven Verfahren mittels der Osborn-Checkliste ist in Beziehung zu der zur Verfügung stehenden Zeit nicht realistisch, weil sie sehr zeitintensiv ist.

So beträgt die Dauer für diese Technik **mehrere Sitzungen zu je 60–70 min.**[274] Zuzüglich ist das bereits im Vorfeld durchgeführte intuitive Verfahren zeitlich hinzuzufügen. Mit diesen zeitlichen Voraussetzungen und vor den unterstellten ressourcenbedingten zeitlichen Engpässen im Rahmen von innerbetrieblichen Mediationen mit Gruppen können dann nur ca. zwei interessante Ideen an einem Tag weiterverfolgt werden. Würden allerdings unabhängig von der Zeit alle interessanten Ideen durchgespielt werden können, würde sich die Wahrscheinlichkeit einer subjektiv optimalen Lösung deutlich erhöhen.

Wirtschaftskonflikte sind häufig komplex und umfassen oft **mehrere Themen**. Sollen im Rahmen der Mediation alle Themen abgearbeitet werden so ist es sinnvoll, nach der Bearbeitung des ersten Themas bis zur vierten Stufe nicht direkt mit der Bewertung und Auswahl der besten Lösung zu suchen, sondern zunächst **für alle Themen die Stufen 1–4 zu durchlaufen** um erst danach **ein Gesamtpaket der optimalen Lösung** für alle Themen zu **schnüren**. Denn über die verschiedenen Themen sind oftmals zusätzliche **Wertschöpfungsgewinne durch integratives Verhandeln** und speziell in diesem Fall durch ein sogenanntes **Logrolling** möglich. Bei einem Logrolling kommen sich die Konfliktbeteiligten jeweils bei einem für sie nachrangigen Thema zugunsten eines besseren Ergebnisses bei einem für sie wichtigen Thema jeweils wechselseitig entgegen.[275] Im Auswahlprozess kann man später viel Zeit sparen, wenn nicht für jedes Themengebiet sofort eine beste Lösung gesucht wird.

Kann aufgrund **zeitlicher Vorgaben** (z. B. im Rahmen einer innerbetrieblichen Mediation) nur **ein Themenkomplex** abgearbeitet werden, so wäre ein Logrolling zwar nicht auf der Ebene der Themen, jedoch auf der Ebene der Interessen möglich. Hier wurden zuvor Prioritäten festgelegt, die Aufschluss über ein mögliches Logrolling geben. In diesem Fall können sich die Medianden wechselseitig entgegenkommen bei der Auswahl der besten Lösung, wenn sie auf ein nachrangiges Interesse/Bedürfnis verzichten, zugunsten eines eigenen wichtigen Interesses/Bedürfnisses.

Dieses Vorgehen ist eine von mehreren Möglichkeiten des integrativen Verhandelns, das im nächsten Kapitel ausführlich vorgestellt werden soll. Abschließend sollen die wichtigsten Merkmale der vierten Stufen in der Tab. 5.6 dargestellt werden.

5.2.5 Bewertung und Auswahl von Optionen

Das **Ziel** dieser fünften Stufe der Mediation im engeren Sinne ist[276]

- die **Strukturierung** und **Bewertung** der Lösungsmöglichkeiten auf der Grundlage der **Interessen** und der **tatsächlichen Realisierbarkeit** (organisatorisch, technisch, finanziell, wirtschaftlich, ökologisch, sozial, betrieblich, juristisch)

[274] Vgl. Brunner, 2008, S. 268; vgl. auch Boos, 2010, S. 108.

[275] Vgl. Pruitt, 1983, S. 39.

[276] Vgl. Hösl, 2008, S. 143.

Tab. 5.6 Stufe 4 – Kreative Ideensuche (Bildung von Lösungsmöglichkeiten). (Quelle: eigene Darstellung in Anlehnung an Hösl, 2008, S. 159–162; Vgl. Kessen/Troja, 2009, S. 295–299)

Mediation			
Verfahrensschritt	Inhalte	Methoden/Techniken	Übergeordnete Ziele
4. Kreative Ideensuche/Optionen bilden „Welche denkbaren Lösungsmöglichkeiten gibt es?“ „Wie können die verschiedenen Interessen, Anliegen und Bedürfnisse in Bezug auf das diskutierte Thema zum Vorteil für alle Beteiligten bestmöglich verwirklicht werden?“	- Sammlung von Ideen (Optionen) auf der Grundlage der Interessen/Bedürfnisse - Erweiterung des Verhandlungsspielraumes durch Vergrößerung der Verhandlungsmasse	*Kreativitätstechniken:* *a) intuitive Techniken,* wie z. B. - Brainstorming (bis 2 Personen) bei mehreren Personen besser - Kartenabfrage - Collective Notebook *b) systematisch-analytische Techniken* - Morphologischer Kasten - Ursache-Wirkungs-Diagramm *c) Kombinationsmethoden,* z. B. - Osborn-Checkliste	- Erweiterung des Verhandlungsspielraumes durch Vergrößerung der Verhandlungsmasse - Kreative Atmosphäre schaffen - Eigenverantwortlichkeit fördern durch selbständig gefundene passgenaue Lösungen

- gegebenenfalls durch einen **Interessenausgleich** bzw. Integratives Verhandeln eine endgültige Regelung zu entwickeln
- die **Auswahl** der Lösungsmöglichkeiten auf der Grundlage der **Interessen** und der **tatsächlichen Realisierbarkeit,** die zu einer **win-win-Situation** führt, bei der die Problemlösung von allen als „fair“, „effizient“, „vernünftig“, „sachgerecht“ sowie „stabil“ beurteilt wird,[277] und als **passgenaue Lösungen** definiert sind.

Die **Aufgabe des Mediators** in dieser Phase ist es sicherzustellen, dass die Interessen und Bedürfnisse der Medianden Berücksichtigung finden, ihnen genügend Zeit zu geben, eine gewählte Lösung zu überprüfen und einen Gesichtsverlust einer der Parteien zu vermeiden.[278] Der Mediator muss spätestens in dieser Stufe dafür Sorge tragen, dass aus vagen Ideen, die z. B. aus einem Brainstorming resultierten, **konkrete Einigungsoptionen** entwickelt werden. Über diese konkreten Vorschläge sollen die Beteiligten eine argumentativ begründete Entscheidung treffen.[279] Vage Ideen sollte der Mediator über **Fragetechniken** in konkrete Ideen überführen, die wie Ziele operationalisiert[280] und umsetzungsorientiert

[277] Vgl. Kals/Ittner, 2008, S. 62.
[278] Vgl. Kessen/Troja, 2009, S. 314.
[279] Vgl. Duve/Eidenmüller/Hacke, 2011, S. 207.
[280] Vgl. Meffert, 1986, S. 74 ff.

Tab. 5.7 Bewertung von Optionen mit der erweiterten PMI-Methode. (Quelle: eigene Darstellung)

Option	Plus	Minus	Interessant	Welche Interessen wurden nicht berücksichtigt?	Realisierbarkeit
Lösung 1					
Lösung 2					
Lösung 3					
…					

darzustellen sind. Dabei hilft die Fragestellung: **Wer macht was, mit wem, bis wann mit welchem Ergebnis?**[281]

Nachdem die **ausgereiften Lösungsmöglichkeiten** vorliegen, werden diese zunächst **geordnet** und z. B. mit der **erweiterten PMI-Methode**[282] bewertet. In einer Tabelle, (siehe Tab. 5.7) die z. B. mit einem Notebook und Beamer an die Wand projiziert wird, kann dann für jede Option die erweiterte PMI-Methode angewendet werden. In der **Plus-Spalte** werden alle positiven Aspekte und erhofften Folgen der Lösung eingetragen. In der **Minus-Spalte** werden unerwünschte Folgen oder negative Aspekte notiert und in der **Interessant-Spalte** werden Umsetzungsaspekte und Wirkungen eingetragen, deren Wirkung noch unklar ist. Für die Bewertung von Lösungen innerhalb von Mediationen ist der **Einbezug der Interessen** von besonderer Bedeutung. Können alle Interessen bei einer Lösung „unter einen Hut" gebracht werden, ist die Lösung besonders nachhaltig. Können nicht alle Interessen bei einer Lösung berücksichtigt werden, so ist zu prüfen, ob es sich dabei um besonders wichtige oder weniger wichtige Interessen handelt. Sind sie weniger wichtig, kann ein Konsens z. B. durch ein Logrolling (s. u.) dann trotzdem noch gelingen. Sind die Anliegen sehr wichtig, handelt es sich bei der vorgeschlagenen Option um keine geeignete Lösung, die nachhaltig ist. Darüber hinaus ist in der Spalte **Realisierbarkeit** einzutragen, ob sich der Vorschlag umsetzen lässt, welche Probleme, Sachzwänge, Widerstände zu erwarten sind und welche Partner zur Realisierung zur Verfügung stehen. Bei der Auswahl einer Option ist auch die Realisierbarkeit von besonderer Bedeutung.

Bei der Bewertung und Auswahl von Optionen stehen die aus dem Harvard-Ansatz bereits bekannten **Ansätze des Verhandelns** (vgl. Kap. 3.2.2.3. f.) im Vordergrund, die **ergänzt** werden durch einen **Diskurs zu Bewertungskriterien zum Thema „Fairness und Gerechtigkeit"**,[283] die über den Ansatz von „neutralen objektiven Beurteilungskriterien" (vgl. Kap. 3.2.2.4) hinausgehen.

Methodisch kann der Mediator weiter themenspezifisch vorgehen und für jedes Thema die weitere Bearbeitung von der **Art der vorliegenden Interessen und Bedürfnisse** der Konfliktbeteiligten abhängig machen, bei denen es sich entweder um

[281] Vgl. Weisbach/Sonne-Neubauer, 2013, S. 14.

[282] Vgl. hierzu und im Folgenden: Duve/Eidenmüller/Hacke, 2011, S. 208.

[283] Vgl. zur Gerechtigkeitspsychologie in der Mediation ausführlich Montada/Kals, 2013, S. 128–169.

- **gemeinsame**,
- **verschiedene** oder
- **widerstreitende Interessen/Bedürfnisse** handeln kann.

Im Folgenden sollen Möglichkeiten vorgestellt werden, wie ein Mediator mit diesen Formen von Interessen/Bedürfnissen weiterarbeiten kann. So können wie bereits im Kap. 3.2.2.3. dargestellt, für **gemeinsame Interessen** viele Optionen gefunden werden. Bei gemeinsamen Interessen werden i. d. R. mehrere Vorschläge vorliegen, die **die Interessen nachhaltig** abdecken. Hier ist die für die Betroffenen **beste Alternative** aus der erweiterten PMI-Tabelle auszuwählen. Können sich die Betroffenen direkt auf eine Lösung einigen, was bei vorliegenden Lösungen die alle Interessen abdecken sehr wahrscheinlich ist, kann mit der 6. Stufe der Mediation im engeren Sinne fortgefahren werden. Können sich die Betroffenen nicht auf eine optimale Lösung einigen, weil ihre **subjektiven Präferenzen** für die jeweils beste Lösung unterschiedlich sind, so können sie die Entscheidung zunächst zurückstellen und die anderen Themen bearbeiten, gegebenenfalls ist durch Einbezug weiterer Themen ein Logrolling möglich. Sollte es sich um ein sehr wichtiges Thema mit besonders wichtigen Interessen handeln, so ist ein Diskurs über Fairness- und Gerechtigkeitskriterien (s. u.) der zu bestimmenden Lösung zu führen.

Bei **verschiedenen Interessen** können die **Ansätze des integrativen Verhandelns** angewendet werden. Sie zielen darauf ab, dass die unterschiedlichen Interessen auf unterschiedliche Weise zufrieden gestellt werden können. Pruitt unterscheidet fünf Ansätze des integrativen Verhandelns.[284]

- Cost Cutting (Einigung durch Kosteneinsparung oder Spezifische Kompensation)
- Nonspezific Compensation (Unspezifische Kompensation)
- Expanding the pie (Erweiterung des Kuchens)
- Logrolling (Tauschgeschäft)
- Bridging (Brückenschlag)

Bei einer Einigung durch eine **Kosteneinsparung** werden die Nachteile, die eine Partei durch den Verzicht auf Interessen hat, (z. B. durch vorhandene Kosteneinsparungseffekte die durch die gewählte Lösung entstehen), kompensiert.[285] Ein **Beispiel:** Ein Kunde hat ein Auto mit anthrazitfarbenen Sitzen bei einem Autohändler bestellt. Das Auto ist mit fast allen Ausstattungsmerkmalen geliefert worden. Doch statt der gewünschten anthrazitfarbenen Sitze wurden hellgraue Sitze geliefert, die aus Sicht des Kunden schneller verschmutzen. Der Autohändler bietet dem Kunden zur Verhinderung einer Kaufrückabwicklung z. B. eine einmalige finanzielle „Entschädigung“ zur Reduzierung des Kaufpreises an. Cost Cutting kann auch in Form einer spezifischen Kompensation (nicht nur

[284] Vgl. Pruitt, 1983, S. 36 ff.

[285] Vgl. Pruitt, 1983, S. 39 f.

in finanzieller Art) erfolgen. Bei ihr werden genau festlegbare „Kosten“, die dem anderen als Nachteil durch die Lösung entstehen, durch die andere Partei vergütet.[286] In dem o. g. Beispiel könnte der Autohändler alternativ einmal jährlich eine kostenlose Reinigung der Sitze anbieten. Ein weiteres **Beispiel:** Ein Mitarbeiter, der über die Mittagszeit für Kundenanfragen zur Verfügung stehen muss und nicht die Möglichkeit hat zu einem späteren Zeitpunkt in der Kantine essen zu können, weil diese dann geschlossen hat, erhält dafür ein preisreduziertes Essen in einer Warmhaltebox.

Im Gegensatz zu einer spezifischen Kompensation heben sich bei einer **unspezifischen Kompensation** die gemachten Einbußen des einen in Relation zur anderen Partei nicht tatsächlich auf.[287] Dafür, dass eine Partei etwas bekommt, was sie will, erhält die andere Partei etwas, das nicht konkret auf die entgangenen Verluste bezogen ist, sondern etwas was für die andere Partei eine **äquivalente Kompensation** darstellt, die nur subjektiv den gleichen Wert haben muss. Ein **Beispiel:** Ein Mitarbeiter, der immer die „Frühschicht“ übernehmen soll, möchte als Gegenleistung immer zuerst festlegen dürfen, wann er seinen Urlaub nehmen darf, um so eine Garantie zu haben seine Wunschzeiten für den Urlaub auch realisieren zu können.

Bei der nächsten Form des integrativen Verhandelns wird der **zu verhandelnde Kuchen vergrößert,** indem zusätzliche Verhandlungsgegenstände in die Verhandlung mit hineingebracht werden, die gar nicht ursächlich mit dem Konflikt zu tun haben, aber den Beteiligten Nutzen in anderer Form bringen können.[288] Diese Form des integrativen Verhandelns ist immer dann sinnvoll, wenn die Beteiligten nur ein Nullsummenspiel beim Ausgang eines Konfliktes sehen, wie es z. B. bei Verteilungskonflikten der Fall ist. Damit der Verhandlungsspielraum größer wird ist es sinnvoll, nach weiteren Bereichen zu suchen, in denen sich die Betroffenen gegenseitig Vorteile verschaffen können.

Beim **Logrolling** wird ein Tauschgeschäft vollzogen. Wirtschaftskonflikte sind häufig komplex und umfassen oft **mehrere Themen**. Bei einem Logrolling kommen sich die Konfliktbeteiligten jeweils bei einem für sie nachrangigen Thema zugunsten eines besseren Ergebnisses bei einem für sie wichtigen Thema jeweils wechselseitig entgegen.[289]

Beim **Bridging** geben die Betroffenen ihre bisherigen Forderungen komplett auf und suchen nach ganz neuen **Lösungen, die die Interessen und Bedürfnisse** der Beteiligten **erfüllen** oder zumindest die Interessen und Bedürfnisse mit einer sehr hohen Priorität.[290]

Das Bridging wäre der Idealfall einer Mediation, der letztendlich zu den nachhaltigsten Gewinner-Gewinner-Ergebnissen führt, weil jeder das bekommt, was zu seiner größten Wohlbefindenssteigerung/zu seinem größten Nutzen beiträgt. In innerbetrieb-

286 Vgl. Pruitt, 1983, S. 40.

287 Vgl. Pruitt, 1983, S. 40.

288 Vgl. Pruitt, 1983, S. 37 f.

289 Vgl. Pruitt, 1983, S. 39.

290 Vgl. Pruitt, 1983, S. 40 f.

lichen Konflikten, denen oftmals eine Vielzahl von Interessen zugrunde liegen, ist das Bridging sehr gut möglich. Insbesondere, weil der Mediator es hier leichter hat von der Ebene der Interessen, bei Bedarf noch eine Ebene tiefer, auf die Ebene der Bedürfnissen herunter zu gehen. Von der Basis der Bedürfnisse, können i. d. R. immer völlig neue Lösungen entwickelt werden. Bei zwischenbetrieblichen Konflikten liegen oftmals Vertragsverletzungen und Schadensersatzansprüche mit einem Verteilungskonflikt als Hintergrund zugrunde, auch hier wäre das Bridging wünschenswert und würde vermutlich auch hier zu den größten Wertschöpfungsgewinnen führen, was jedoch ein hohes Vertrauen der Mediandenzueinander voraussetzt, da alle relevanten und hoch priorisierten Interessen veröffentlicht werden müssten. Das bedeutet, dass **alle Informationen (auch die relevanten vertraulichen)** zur Verfügung gestellt werden müssten, um optimale Ergebnisse zu erzielen. Das setzt aber ein hohes Vertrauen in die Gegenpartei voraus und den intensiven Wunsch eine kooperative Einigung zu erzielen. Haben die Parteien jedoch die Befürchtung, dass sie sich nicht einigen können und sehen sie die Gefahr eines sich anschließenden Gerichtsverfahrens, so befinden sie sich wieder im Verhandlungsdilemma. (Vgl. Kap. 3.2.3.) Kooperatives Verhalten nur einer Partei könnte durch unkooperatives Verhalten der anderen Partei später in einem Gerichtsprozess ausgenutzt werden, was wiederum dazu führen würde, dass die Konfliktparteien wichtige (i. d. R. vertrauliche) Informationen nicht zur Verfügung stellen würde.[291] Aus diesem Grunde werden in Verteilungskonflikten in zwischenbetrieblichen Mediationen häufig die anderen vier Strategien zum Einsatz kommen. Der Mediator hat jedoch auch die Möglichkeit auf der Metaebene diese Situation zu erläutern und dafür zu werben, sich gegenseitig einen Vertrauensvorschuss zu schenken, damit optimale Ergebnisse möglich werden. Denn nur wenn **alle** entscheidungsrelevanten Informationen preisgegeben werden sind auch optimale Lösungen möglich.

Erzielen die Medianden mit **verschiedenen Interessen** mit Hilfe eines der fünf Verfahren des integrativen Verhandelns ein gemeinsam getragenes Ergebnis, so ist die fünfte Stufe abgeschlossen. Können sie sich nicht auf eine Lösung einigen, so wäre auch hier zunächst ein Diskurs über Fairness- und Gerechtigkeitskriterien notwendig, der auch im Falle von widerstreitenden Interessen durchzuführen wäre bevor in einem allerletzten Schritt über die beste Nichteinigungsalternative (BATNA) nachgedacht wird.

Bei **widerstreitenden Interessen,** die z. B. bei zwischenbetrieblichen **Verteilungskonflikten** vorliegen können, muss nicht das Gerichtsverfahren als Konfliktbearbeitungsme-

[291] Ein Beispiel: Eine Partei täuscht den Mediationswillen nur vor und nutzt die Mediation zur Sammlung von Informationen, um sich für einen sicher geplanten Prozess besser vorbereiten zu können. Hierbei handelt es sich um arglistige Täuschung, die dem Mediationsvertrag entgegensteht! Sollte der Mediator diesen Sachverhalt frühzeitig erkennen, bleibt ihm die Möglichkeit auf die Metaebene der Konfliktsituation zu gehen und die negativen Auswirkungen dieses Verhaltens zu beschreiben. Ist die unkooperative Partei nicht einsichtig bleibt dem Mediator nur noch die Möglichkeit die Mediation abzubrechen unter Bezugnahme auf seine eigene Neutralität.

thode gewählt werden, bei dem die Fairness einer Lösung durch kodifiziertes Recht bestimmt wird. In der Mediation haben die Medianden die Möglichkeit selbst zu bestimmen, was aus ihrer Sicht eine faire und gerechte Aufteilung in dem Konflikt ist. Durch die im Rahmen der Mediation gefundene Lösung können die Beteiligten Gerichts- und Prozesskosten einsparen und gleichzeitig Einfluss auf die Verteilung nehmen, was im Gerichtsverfahren nicht möglich ist.

Aber auch bei der **Auswahl einer subjektiv guten Lösung,** bei gleichen oder verschiedenen Interessen, kann eine **Meinungsverschiedenheit** darüber entstehen, welche der gefundenen guten Lösungen denn nun die richtige Lösung sei. Die **Ursache**, die hinter diesen beiden Formen von Konflikten steht, kann ebenfalls die **unterschiedliche Beurteilung einer fairen und gerechten Lösung** sein.

Bei einem Verteilungskonflikt oder Uneinigkeit über die Wahl einer geeigneten Lösung zwischen den Konfliktparteien kann die **Festlegung von Fairness-Kriterien** helfen, **von denen die Betroffenen sagen, dass dadurch eine Lösung fair und gerecht erscheint.** In einem zweiten Schritt ist dann diejenige Lösung durch argumentative Begründung auszuwählen, die diesen Kriterien am meisten gerecht wird. Bei den Fairness- und Gerechtigkeitskriterien handelt es sich um **subjektive Kriterien**, die von den Medianden offenzulegen sind.[292] Die subjektiven Kriterien sind von den inneren **Werten und Normen** der betroffenen Person abhängig, die im Eltern-Ich gespeichert (vgl. Kap. 2.2.1.) und nicht zwangsläufig deckungsgleich mit kodifiziertem Recht sind.[293] **Ein Beispiel:** Bei einer Erbauseinandersetzung gibt es Streit zwischen den drei erbberechtigten Kindern. Nach kodifiziertem Recht steht jedem der Kinder ein Pflichtteil von 1/3tel des Erbes zu. Die älteste Tochter hat die pflegebedürftige Erblasserin über 8 Jahre in ihrem Haushalt gepflegt und bis zu ihrem Tode betreut. Ein teurer Aufenthalt im Altenheim blieb allen Kindern und der Mutter erspart. Die Mutter hatte einen Lebensabend im Kreise ihrer Familie. Die älteste Tochter ist der Meinung, dass ihr ein höherer Erbanteil zusteht, da sie in dieser Zeit nicht arbeiten gehen und keine Rentenansprüche erwerben konnte. Mit einem höheren Erbe will sie diese fehlenden Rentenansprüche ausgleichen. Aus diesem Grunde fordert sie die Hälfte des Erbes während die anderen beiden Geschwister nur je 1/4tel des Erbes erhalten sollen. Im Rahmen der Privatautonomie wäre auch diese Aufteilung einzelvertraglich möglich.

Methodisch betrachtet ist folgendes Vorgehen zur **Klärung der Gerechtigkeitsvorstellungen** zu empfehlen:[294]

- Zunächst müssen die Medianden jeweils ihre Gerechtigkeitsvorstellungen benennen.[295] Die Fairness-und Gerechtigkeitskriterien werden für die Betroffenen getrennt auf einem Flip-Chart notiert. Diese Vorgehensweise unterstützt die Selbstbehauptung.

[292] Vgl. Montada/Kals, 2013, S. 134.

[293] Vgl. Montada/Kals, 2013, S. 131.

[294] Vgl. hierzu und im Folgenden: Montada/Kals, 2013, S. 163 f.

[295] Vgl. Montada/Kals, 2013, S. 163 f.

- In einem zweiten Schritt erfolgt ein Perspektivwechsel gemäß dem bekannten Window II. Die Beteiligten werden wechselseitig angehalten, die Fairness- und Gerechtigkeitskriterien des jeweils anderen zu überdenken und gegenseitig zu verstehen.[296] Auch hier gilt, dass ein Verstehen nicht gleichzusetzen ist mit einem Einverständnis.
- In einem dritten Schritt ist es hilfreich, wenn der Mediator sich auf die Meta-Gesprächsebene begibt und einen Überblick über die Varianten von Gerechtigkeit und Einsicht für die Dilemmastruktur von Gerechtigkeitskonflikten verschafft. Er kann an einem einfachen Beispiel erklären, warum es **nicht eine** Gerechtigkeit gibt, sondern **viele Gerechtigkeiten**.[297]

Ein Beispiel: In einer Stadt gibt es mehrere Grundschulen. Die Eltern haben die Möglichkeit, ihr Kind an einer Grundschule ihrer Wahl anzumelden. Für die Barbaragrundschule, mit offenem Ganztagsunterricht, liegen deutlich mehr Anmeldungen vor, als Kinder angenommen werden können. Die Gründe für die vielen Anmeldungen sind darin zu sehen, dass die Kinder die beste Übermittagsbetreuung genießen können und die Schule „Soziales Lernen mit Mediation" im Unterricht aufgenommen hat. Hier lernen die Kinder schon frühzeitig Konflikte gewaltfrei zu lösen. Das Arbeitsklima und der wertschätzende Umgang aller Personen miteinander an der Schule ist einzigartig und über die Stadtgrenzen hinaus bekannt.

Was aber ist die **gerechte Lösung für die Zuteilung** eines Platzes für ein Kind? Als Lösung bieten sich verschiedene Gerechtigkeitsprinzipien an, die alle gut und richtig sind, z. B.

- Räumliche Nähe der Wohnung zur Schule – kurze Wege für die Kinder, Freunde in der Nähe
- Eingang der Anmeldung
- Bedürftigkeit der Eltern, die Ganztagsbetreuung benötigen
- Anzahl der Geschwisterkinder, die bereits an der Schule sind
- Soziale Einschätzung der Kindergärten über die Bedürftigkeit sozialer Unterstützung
- Losverfahren …

Bei der Auswahl **eines Gerechtigkeitsprinzips** muss man sich **gleichzeitig gegen viele andere** gute und auch berechtigte Prinzipien **entscheiden**.[298] Darüber hinaus glaubt jeder im Konflikt, dass die eigenen individuellen Vorstellungen von Gerechtigkeit richtig sind und der jeweils andere sich irren muss oder sich egoistisch verhält. Auch darauf sollte der Mediator hinweisen und kann so weiteres Verständnis für das Dilemma schaffen.

[296] Vgl. hierzu und im Folgenden: Montada/Kals, 2013, S. 164.

[297] Vgl. Montada/Kals, 2013, S. 135.

[298] Vgl. Montada/Kals, 2013, S. 142.

- Können die Medianden im Anschluss keine gemeinsamen Fairnesskriterien entwickeln, so kann der Mediator die verschiedenen Gerechtigkeitsprinzipien relativieren, indem er jedes einzelne als berechtigtes Prinzip von vielen darstellt und dass sich in der Praxis oftmals eine Mischung der Prinzipien bewährt hat.[299]
- Die Medianden müssen sich demnach für Fairnesskriterien entscheiden, die sie beide akzeptieren können. **Erst bei übereinstimmenden Fairness- und Gerechtigkeitskriterien kann eine einvernehmliche Lösung gefunden werden.**[300]

Haben sich die Medianden auf Fairnesskriterien einigen können, so kann im Diskurs eine einvernehmliche Lösung innerhalb des Mediationsverfahrens gefunden werden. Ist die Lösung gefunden, so ist die fünfte Stufe der Mediation im engeren Sinne abgeschlossen.

Sollten sich die Parteien auch nicht in einem Diskurs über Fairness- und Gerechtigkeitskriterien auf eine Lösung einigen können, dann kann mit ihnen in einem letzten Schritt über die beste **Nichteinigungsalternative (BATNA)**[301] gesprochen werden. (Vgl. Kap. 5.4.1.) Die BATNA bei **innerbetrieblichen** Konflikten ist oftmals diejenige, dass die **Entscheidung für die beste Lösung im Konflikt von einem nächsthöheren Vorgesetzten** oder bei **zwischenbetrieblichen** Konflikten **durch ein Gericht** vorgenommen wird. Sind die Betroffenen der Meinung, dass das daraus resultierende Ergebnis bei einer Fremdentscheidung mit Sicherheit besser sein wird, als die gefundenen Lösungsoptionen im Rahmen der Mediation, so sollte die Mediation dann beendet werden. Man befindet sich dann im sogenannten **Nichteinigungsbereich,** in dem es keine Schnittmenge der beteiligten Konfliktparteien zur Einigung gibt. Dies wird aber in vielen Wirtschaftsmediationen, insbesondere in innerbetrieblichen Konflikten, sehr selten der Fall sein, wenn die Interessen der Betroffenen in den Lösungen weitestgehend berücksichtigt wurden.

Kommt es zur **Beendigung der Mediation** aufgrund eines Nichteinigungsbereiches oder scheitert die Mediation aufgrund anderer Vorkommnisse, z. B. weil die Verhandelnden sich nicht kooperativ verhalten, d. h. sich nicht an die vereinbarten Verfahrensregeln halten und z. B. bewusst täuschen, dann kann die Mediation einseitig von den Beteiligten oder auch dem Mediator, der allerdings zuvor auf die Situation hingewiesen haben sollte, jederzeit beendet werden.[302] Der Mediator sollte bei Beendigung der Mediation und rechtsbezogenen Sachverhalten – z. B. zur Vorlage für Versicherungen, als Beleg für Klageschriften für einen Mediationsversuch oder aus anderen Gründen – den Medianden ein Zeugnis darüber ausstellen, wann die Mediation ergebnislos beendet wurde, damit diese z. B. das Ende einer Verjährungshemmung gem. § 203 S. 2 BGB berechnen können.[303]

---

[299] Vgl. Montada/Kals, 2013, S. 166.

[300] Vgl. Montada/Kals, 2013, S. 169.

[301] Vgl. Fischer/Ury/Patton, 2009, S. 141 ff.

[302] Vgl. Horstmeier, 2013, S. 83 f.

[303] Vgl. Horstmeier, 2013, S. 84 f.

Ein Zeugnis könnte wie folgt lauten:[304]

Zeugnis über eine gescheiterte Mediation:
In dem auf Betreiben der Parteien
1. …,
2. …,
3. … (Und ggf. weitere Parteien),
in … am … unter der Leitung von … durchgeführten Mediationsverfahren zu dem Sachverhaltskomplex/Konfliktgegenstand … wird hiermit die Ergebnislosigkeit dieser Mediation bescheinigt. Die erste Kontaktaufnahme zur Mediation fand am … statt. Das Verfahren dauerte bis zum ….
Ort/Datum
Unterschrift des Mediators

Die deutliche Mehrheit von Wirtschaftsmediationen scheitert jedoch nicht, bzw. wird auch nicht aufgrund des Vorliegens eines Nichteinigungsbereiches beendet. In der Tab. 5.8 sind die wichtigsten Merkmale der fünften Stufe noch einmal zusammenfassend dargestellt.

Tab. 5.8 Stufe 5 – Bewertung und Auswahl von Lösungen (Quelle: eigene Darstellung in Anlehnung an Hösl, 2008, S. 159–162; Vgl. Kessen/Troja, 2009, S. 295–299)

Mediation			
Verfahrensschritt	Inhalte	Methoden/Techniken	Übergeordnete Ziele
5. Bewertung und Auswahl der Optionen „Was ist die beste Lösung zur Realisierung der Interessen und Bedürfnisse?“	- Bewertung der Lösungsvorschläge auf der Grundlage der - Interessen und Bedürfnisse und Auswahl eines „Lösungspaketes“ - Realisierbarkeit prüfen - Ggf. Gemeinsame Bewertungsmaßstäbe entwickeln Fairnesskriterien	- PMI-Methode - Ggf. Interessenausgleich und Interessenvermittlung, um eine von allen akzeptierte Lösung zu finden (z. B. Paketlösungen, Kompensation, Logrolling, Bridging) Window I und II - Fragetechniken - Innen-Check (Machbarkeitsüberprüfung) - Ggf. Fairnesskriterien vereinbaren - Aktionsplan (Protokoll) - Ggf. Risikoanalyse/ BATNA vorwiegend bei zwischen-betrieblichen Konflikten	- Eigenverantwortlichkeit fördern durch Selbständig gefundene passgenaue Lösungen - Tragfähige, umsetzbare Lösung finden, die alle Betroffenen zufrieden stellen

[304] Horstmeier, 2013, S. 85.

5.2.6 Abschlussvereinbarung der Konfliktparteien

In der sechsten Stufe der Mediation im engeren Sinne soll eine gemeinsame Vereinbarung abgeschlossen werden, die die **Absicherung der** zuvor gemeinsam getroffenen **Entscheidung** zum Ziel hat.[305] Dabei kann die Abschlussvereinbarung in Form einer **gemeinsamen Erklärung** (z. B. bei nicht justiziablen innerbetrieblichen Konflikten) oder eines **rechtlich verbindlichen Vertrages** (z. B. bei Konflikten mit einem justiziablen Hintergrund) erfolgen.[306] Ein rechtlich verbindlicher Vertrag muss in eine rechtsichere Form gebracht werden. Dies kann durch einen neutralen Rechtsanwalt oder sofern der Vertrag einer notariellen Beurkundung bedarf, z. B. weil er Eigentumsveränderungen betrifft, durch einen Notar erfolgen.

Von einer **mündlichen Vereinbarung**, die laut Gesetz auch möglich wäre, weil die schriftliche Abschlussvereinbarung von der Zustimmung der Konfliktparteien abhängt (§ 2 Abs. 6 Satz 3 MediationsG), ist jedoch **abzuraten**, weil der schriftliche Vertrag auch der Verbindlichkeit dient und die Umsetzung damit kontrollierbar wird.[307] Darüber hinaus ist im Wirtschaftsbereich die schriftliche Vereinbarung auch in anderen Kontexten, z. B. bei der Zielvereinbarung im Rahmen von Mitarbeitergesprächen oder bei dem Austausch von Gütern und Dienstleistungen üblich. Die Unterschrift der Konfliktparteien hat darüber hinaus einen symbolischen und bei rechtlich verbindlichen Verträgen auch einen rechtlichen Wert und „steigert die Akzeptanz, Wertschätzung und Nachhaltigkeit“[308] der getroffenen Vereinbarung.

Bevor aber eine Abschlusserklärung oder ein verbindlicher Vertrag fixiert werden kann, wird der Mediator in Zusammenarbeit mit den Konfliktparteien im **Ein-Text-Verfahren**[309] eine **vorläufige Abschlussvereinbarung** erstellen, die in der „Sprache der Konfliktparteien“, d. h. leicht verständlich abgefasst wird, aber gleichzeitig bestimmten formellen Kriterien genügt. In dieser Abschlussvereinbarung wird die Lösung **zu allen Verhandlungsthemen** in einem Gesamtpaket festgehalten.[310] Bei dem Ein-Text-Verfahren arbeiten vorzugsweise **alle Konfliktparteien** an einer für alle tragbaren Formulierung.

In der vorläufigen Abschlussvereinbarung wird geklärt, wer, was, wann mit wem in welcher Zeit und mit welchem Ergebnis machen wird. Das heißt, die Vereinbarung gibt konkrete Auskunft über folgende **Inhalte:**[311]

---

[305] Vgl. Kessen/Troja, 2009, S. 316.

[306] Vgl. Kessen/Troja, 2009, S. 316.

[307] Vgl. Diez, 2005, S. 155.

[308] Kessen/Troja, 2009, S. 316.

[309] Vgl. hierzu und im Folgenden: Kessen/Troja, 2009, S. 317, die diese Form als effektivste Form kennengelernt haben. Eine Vorabformulierung durch den Mediator, sowie eine Vorformulierung durch eine Konfliktpartei halten sie für weniger sinnvoll. Vgl. auch Fischer/Ury/Patton, 2009, S. 161 ff.

[310] Vgl. Duve/Eidenmüller/Hacke, 2011, S. 261.

[311] Vgl. Kessen/Troja, 2009, S. 318; vgl. Diez, 2005, S. 156, vgl. auch Hösl, 2008, S. 153.

- die Konfliktbeteiligten
- ggf. Präambel
- Ergebnis der Mediation
- auf Wunsch der Parteien ggf. Information über die Mediation
- offen gebliebene Themen und Umgang damit
- ggf. rechtliche Rahmenbedingungen (in welcher Form soll der Vertrag erstellt werden/ Kostentragung für die Form) und nächste Schritte
- Überprüfungszeiten und Abänderungsmöglichkeiten
- Ermöglichung einer Erfolgskontrolle
- ggf. eine Mediationsklausel
- Salvatorische Klausel
- Datum/Unterschrift

Erst der spätere endgültige Vertrag enthält zusätzlich das **Datum** und die **Unterschriften** der Medianden. Da es sich um einen Vertrag zwischen den Medianden handelt, sollte der Mediator nicht unterschreiben.[312] Bei **rechtlich relevanten Konflikten** muss geklärt werden, welche juristischen Schritte erfolgen müssen. (z. B. Geeignetheit der Vereinbarung durch Rechtsanwälte der jeweiligen Parteien prüfen lassen, ggf. Notar-Termin vereinbaren, z. B. für eine Vollstreckbarkeit der Vereinbarung oder Veränderung von Grundeigentum). Die **Mediationsklausel** umfasst Regelungen für den Fall, dass sich Rahmenbedingungen für die gefundenen Lösungen geändert haben und die vereinbarte Umsetzung nicht funktioniert. In diesem Fall sind Nachfolgetreffen möglich, in denen die bisherige Umsetzung bewertet und gegebenenfalls mit Unterstützung des Mediators nochmals nachverhandelt wird.

Die Übereinkunft sollte mit Hilfe der **SMART-Kriterien**[313] formuliert werden. SMART ist ein Akronym für „**S**pecific **M**easurable **A**ttainable **R**elevant **T**ime-related" und dient als Kriterium zur eindeutigen Definition von Zielen im Rahmen einer Zielvereinbarung. In Mediationsverträgen handelt es sich regelmäßig auch um zukünftig umzusetzende und zu realisierende Ziele. Aus diesem Grunde ist der Kriterienkatalog zur Formulierung einer Abschlussvereinbarung sehr hilfreich. Bei konsequenter Anwendung der „SMART"-Kriterien ergeben sich klare, mess- und überprüfbare Mediationsvereinbarungen.

Im Deutschen kann man SMART in Analogie wie folgt übersetzen:

[312] Vgl. Diez, 2005, S. 155.

[313] Vgl. Doran/Miller/Cunningham, 1981, S. 35 f. haben die SMART-Methode als erstes vorgestellt. Das Akronym ist in der Mediationsliteratur auch zu finden unter **Specific Measurable Achieveable Realistic Timed.** Der Inhalt, der sich hinter den Worten verbirgt, ist jedoch der gleiche geblieben.

Buchstabe	Bedeutung	Beschreibung
S	Spezifisch	Ziele müssen **eindeutig definiert** sein: Wer, was, wo, wann, in welcher Zeit, womit, wozu?
M	Messbar	Ziele müssen **messbar** sein (Messbarkeitskriterien: zählen, messen, wiegen, Zeit ablesen).
A	Akzeptiert	Ziele müssen von den Empfängern **erreichbar** sein, nur so werden sie akzeptiert werden (auch: angemessen, attraktiv, ausführbar oder anspruchsvoll)
R	Realistisch	Ziele müssen möglich sein, d. h. **realistisch** aber auch für die Zielerreichung **relevant** sein.
T	Terminiert	Jedes Ziel muss **zeitbezogen** sein, d. h. es gibt eine klare Terminvorgabe, bis wann das Ziel erreicht sein muss.

Methodisch kann der Mediator in dieser Stufe erneut mit dem bekannten Viererschritt einsteigen. Für die gemeinsame Formulierung des Textes bietet es sich an, dass der Mediator ein Laptop mit Beamer und eine vorbereitete Textdatei bereit hält. Der Text wird mit dem Beamer an die Wand projiziert. In der vorbereiteten Textdatei kann der Mediator die betroffenen Konfliktparteien als Vertragsparteien schon im Vorfeld eingetragen haben. (Es empfiehlt sich auch z. B. eine Präambel, eine Salvatorische Klausel, eine Mediationsklausel etc. als Textbaustein zur Verfügung zu haben, die er dann auf Wunsch der Mediandendnur noch in den Vertrag einfügen muss bzw. abändern kann.) Dann werden die gewünschten Vertragselemente, Stück für Stück formuliert und in den Vertrag eingefügt. Der Mediator bittet die Medianden, ihm wechselweise einzelne Sätze zum Vertrag zu diktieren. Die jeweils andere Partei kann den Text dann verändern. Dies geschieht so lange bis beide Parteien mit der Formulierung einverstanden sind. Hilfreich ist es, wenn an der Wand ein Flip-Chart mit den SMART-Kriterien aufgehängt wird, anhand derer man abschließend feststellen kann, ob alle wichtigen Bestandteile enthalten sind.

Ist die vorläufige Abschlussvereinbarung erstellt, wird die Mediationssitzung beendet und die Beteiligten erhalten die Möglichkeit die Machbarkeit der vorläufigen Abschlussvereinbarung hinsichtlich betriebswirtschaftlicher, technischer, rechtlicher, sozialer, steuerrechtlicher, psychologischer oder anderer Gesichtspunkte, in Ruhe zu prüfen, bevor die Abschlussvereinbarung endgültig abgeschlossen wird. Man spricht dann auch vom **Reality-Check.**[314] Dieser wird nicht vollumfänglich immer in zwischenbetrieblichen Mediationen durchgeführt.[315] Er sollte aber grundsätzlich **in allen Wirtschaftmediationen (sowohl**

[314] Vgl. Hösl, 2008, S. 153.

[315] Wie bei allen guten Entscheidungen sollte man über einen Vertrag „eine Nacht schlafen" dürfen. Ist der Vertrag danach noch immer subjektiv gut, sollte er auch unterschrieben werden. Wer sich allerdings vollkommen sicher ist, das der Vertrag stimmig, richtig und gut ist kann den Vertrag sicherlich sofort unterzeichnen. Vgl. mit anderer Meinung: Duve/Eidenmüller/Hacke, 2011, S. 264, die die Auffassung vertreten, dass Ad-hoc-Abschlüsse nur in Ausnahmefällen nicht sinnvoll oder nicht möglich sind, also Ad-hoc-Abschlüsse die Regel sein sollten. Sie raten dann, dass Experten, an der Mediation teilnehmen sollten, die rechtsverbindliche Stellungnahmen geben könnten. M. E. sollten Ad-hoc-Vertragsvereinbarungen auch in zwischenbetrieblichen Mediationen die Ausnahme

innerbetrieblich/zwischenbetrieblich) durchgeführt werden, auch wenn sich anschließend daraus Nachverhandlungen ergeben. Denn für den Vertragsabschluss gelten **ethische Regeln**, die besagen, dass der Vertrag im Innenverhältnis aber auch im Außenverhältnis **gerecht** sein muss. Im Innenverhältnis müssen die Parteien freiwillig und vollumfänglich informiert den Vertrag abschließen.[316] Freiwillig bedeutet, dass die Parteien ohne Zwang oder Drohungen, Notlagen oder nötigende Verpflichtungen frei entscheiden können und informiert bedeutet, dass die Parteien vollumfänglich informiert über alle relevanten Rahmenbedingungen sein müssen. Ein Abschluss eines Vertrages mit vorenthaltenen oder gar falschen Informationen wäre sogar betrügerisch und damit ungerecht. Eine unvollständige oder gar einseitige Rechtsberatung oder Expertenmeinung würde dazu führen, dass der Vertrag unter falschen Voraussetzungen zustande gekommen ist. Im Außenverhältnis sollte der Mediator ferner darauf achten, dass durch den Mediationsvertrag kein Dritter schlechter gestellt wird, als er es vorher war, sonst sind aus dieser Vereinbarung neue Konflikte zu erwarten.

Nachverhandlungen sind somit wichtig, um das festgelegte Ergebnis um Informationen zu optimieren, die ggf. nicht bei der Entscheidung berücksichtigt wurden. Denn nur eine Entscheidung auf der Grundlage sämtlicher Informationen macht die Entscheidung nachhaltig und die Entscheider mit dem Ergebnis zufrieden. Unterbleibt ein Reality-Check und ergeben sich im Nachhinein Informationen für eine deutlich bessere Lösung, die aufgrund der sofortigen vertraglichen Bindung nicht mehr möglich ist, so fällt die Bewertung des Einigungsergebnisses im Nachhinein deutlich schlechter aus oder führt eventuell sogar zum nachträglichen Scheitern der Mediation. Aus diesem Grunde sind auch bei externen Wirtschaftsmediationen Reality-Checks dringend anzuraten. Bei **zwischenbetrieblichen Mediationen** größerer Unternehmen sind die Verhandelnden i. d. R. mit einer Abschlussvollmacht ausgestattet. Sie können die Vereinbarungen rechtswirksam direkt abschließen, auch ohne vorherige Prüfung der Vereinbarung. Davon wäre aber dennoch abzuraten, wie oben bereits erläutert wurde, denn auch hier ist ein Reality-Check sinnvoll, insbesondere wenn andere Personen indirekt von der Entscheidung betroffen sein sollten. Soll im Rahmen der Mediationssitzung jedoch auch auf Wunsch der Parteien direkt eine unterschriftsreife Abschlussvereinbarung erstellt werden, in der auch i. d. R. juristisch relevante Sachverhalte zu regeln sind, dann sollte spätestens bei diesem Mediationstermin ein Rechtsanwalt oder Notar die Vertragserstellung übernehmen. Ein Mediator ohne juristi-

darstellen und zwar nur dann, wenn die Betroffenen sich vollkommen sicher in Bezug auf alle Gesichtspunkte (technisch, rechtlich, betriebswirtschaftlich, steuerrechtlich, etc.) sind. Die rechtliche Komponente ist nur eine von vielen Komponenten, die die Entscheidung im Nachhinein zu einer negativen Beurteilung führen kann. Die anderen Gesichtspunkte (technische, steuerrechtliche, psychologisch, betriebliche etc.) müssen auch abgedeckt werden. Insofern müssten dann sämtliche Experten der jeweiligen Unternehmen zu dem Termin geladen werden. Nur dann ist eine Ad-hoc-Entscheidung bei vollständiger Information sofort möglich. Denn nur eine Entscheidung auf einer guten Informationsbasis (Grundsatz der Informiertheit) ist eine gute und nachhaltige Entscheidung. Auch wenn dadurch der Zeitrahmen für eine abschließende Einigung verlängert wird.

[316] Vgl. hierzu und im Folgenden: Montada/Kals, 2013, S. 305.

sche Ausbildung kann zwar eine zwischenbetriebliche Mediation leiten, sollte jedoch in dem jeweiligen Themengebiet fundierte juristische Fachkenntnisse besitzen. Spätestens in der Abschlussphase ist die Unterstützung eines Rechtsanwaltes oder Notars als Co-Mediator zur abschließenden Vertragsgestaltung in Anspruch zu nehmen, da nur diese nach dem Rechtsdienstleistungsgesetz eine juristische Einzelfallprüfung vornehmen dürfen.[317]

Der Mediator erhält in der vorläufigen Abschlussvereinbarung von den Medianden eine Information darüber, in welcher **Form** die **endgültige Vereinbarung** erstellt werden soll. D. h. ob die Vereinbarung in Form einer **informellen gemeinsamen Erklärung**, als **Vertrag,** als **notariell beurkundeter Vertrag** erfolgen soll oder ob ggf. eine **Mischform** vorliegen soll, bei denen z. B. Teile im Rahmen eines Vertrages und andere Teile in Form einer notariellen Vereinbarung erstellt werden.[318] Ist der Mediator weder Rechtsanwalt noch Notar kann er nur eine informelle gemeinsame Erklärung erstellen. Soll ein rechtssicherer Vertrag erstellt werden oder muss gar der Vertrag notariell beurkundet werden, damit er Gültigkeit besitzt, so muss diese Aufgabe ein Rechtsanwalt oder unter Umständen ein Notar übernehmen.

Der Mediator sollte **nach Ablauf eines vereinbarten Prüfungszeitraumes** telefonisch mit den Medianden klären, ob nach der Überprüfung der vorläufigen Vereinbarung noch **wichtige Informationen** hinzugekommen sind, die die bisherige Vereinbarung nicht haltbar erscheinen lassen. Dann wäre ggf. ein erneuter Mediationstermin zum Aushandeln der neuen Situation anzuberaumen. Bei **marginalen Verbesserungsvorschlägen** sollten die betroffenen Parteien überlegen, ob sie eine Nachverhandlung auch aus wirtschaftlichen Aspekten in Erwägung ziehen wollen (neuer/neue Termin(e) mit allen Beteiligten, Diskussion der Sachverhalte, Unsicherheit bezüglich einer erneuten oder besseren Einigung etc.).

Sind die Parteien nach der Prüfung mit den Inhalten des Vertrages noch immer einverstanden, so wird ein zuvor bestimmter neutraler Rechtsanwalt oder Notar mit der Aufgabe beauftragt, die Mediationsvereinbarung in eine rechtsgültige Fassung zu überführen. Ein letztes gemeinsames Treffen der Medianden findet dann zur Vertragsunterschrift z. B. bei dem Mediator, dem beauftragten Rechtsanwalt oder dem Notar statt. Ist der Mediator selbst Rechtsanwalt oder Notar so kann er auf Wunsch der Medianden als Rechtsanwalt einen Vertrag und als Notar einen Vertrag oder eine notarielle Vereinbarung[319] erstellen.

---

[317] Vgl. Duve/Eidenmüller/Hacke, 2011, S. 265.

[318] Vgl. Diez, 2005, S. 152.

[319] Z. B. bei Eigentumsveränderungen oder z. B. zur Vollstreckbarkeit einer Mediationsvereinbarung. Letztere kann aber auch durch einen Anwaltsvergleich gem. 796a ZPO, die durch einen gerichtlichen Beschluss oder notariellen Beschluss für vollstreckbar erklärt werden. Die Zwangsvollstreckung eines erreichten Mediationsvergleiches spielt in Wirtschaftmediationen jedoch nur eine untergeordnete Rolle. Ausnahmen hiervon sind: Der Vertrag enthält weit in die Zukunft reichende Verpflichtungen (Gefahr des Managementswechsels) oder eine gerichtliche Durchsetzung scheint erschwert zu sein, weil vor einem Gericht im Ausland geklagt werden müsste. Vgl. hierzu Duve/Eidenmüller/Hacke, 2011, S. 266 ff.

Tab. 5.9 Stufe 6 – Mediationsvereinbarung (Quelle: eigene Darstellung in Anlehnung an Hösl, 2008, S. 159–162; Vgl. Kessen/Troja, 2009, S. 295–299)

Mediation			
Verfahrensschritt	Inhalte	Methoden/Techniken	Übergeordnete Ziele
6. Mediationsvereinbarung	- Konkrete Mediationsvereinbarung erstellen mit den Konfliktparteien als Vertragspartner - Reality-Check: bei rechtserheblichen Fragestellungen juristischen Außen-Check durchführen - Vertragliche Form festlegen (z. B. Gemeinsame Erklärung oder rechtssicherer Vertrag/ggf. notarielle Vereinbarung) - Vertrag ggf. durch Nachverhandlungen anpassen	- SMART - Ein-Text-Verfahren - Machbarkeit juristisch, betriebswirtschaftlich, technisch, steuerrechtlich, psychologisch, etc.) prüfen lassen ggf. notariell beurkunden lassen	- Ergebnisse schriftlich absichern und überprüfbar machen - Langfristig kooperative Beziehungen

Im Rahmen einer **innerbetrieblichen Mediation,** in der nur eine **gemeinsame Erklärung** erstellt wird, **keine justiziablen Gesichtspunkte** relevant sind und die **keiner weiteren Überprüfung** anderer Art bedürfen, weil alle entscheidungsrelevanten Informationen vorliegen, kann die Mediation im engeren Sinne abgeschlossen werden. D. h. die vorläufige Abschlussvereinbarung wird auch als endgültige Abschlussvereinbarung übernommen und muss nun noch ausgedruckt und von den Medianden unterschrieben werden. Jeder Mediand bekommt ein gegenseitig unterschriebenes Original der Abschlussvereinbarung ausgehändigt.

In der **letzten Mediationssitzung** wird der **Vertrag von den Vertragsparteien unterzeichnet.** Der Mediator wird ein letztes Mal seine Wertschätzung für die erreichte Leistung aussprechen und den Mediationsteilnehmern zur einvernehmlichen Lösung gratulieren. Als motivierende Basis für eine gute Umsetzung und für die Zukunft kann ein Abschlussritual den Vertrag positiv begleiten. Je nach Wunsch kann z. B. ein besiegelnder Handschlag, ein Anstoßen mit einem Glas Sekt, ein gemeinsames Essen oder eine kleine Feier die konstruktive Zusammenarbeit unterstreichen.[320] Die Mediation im engeren Sinne ist damit abgeschossen. Es folgt nun die Umsetzung der Vereinbarung durch die Betroffenen und die Nachbearbeitung der Mediation durch den Mediator. In der Tab. 5.9 sind abschießend die wichtigsten Merkmale der 6. Stufe zusammengefasst.

[320] Vgl. Kessen/Troja, 2009, S. 319.

5.3 Nachbereitung der Mediation – Umsetzungsphase

5.3.1 Durchführung der Vereinbarung durch die Betroffenen

Mit Abschluss der 6. Stufe der Mediation im engeren Sinne ist es nun die Aufgabe der Konfliktparteien ihre **Vereinbarung umzusetzen und einzuhalten**. Dies wird in den meisten Fällen auch wie besprochen geschehen. Aufgrund von Zeitrestriktionen des äußeren Auftraggebers können in innerbetrieblichen Mediationen manchmal nicht alle Themenpunkte geklärt werden. Dann ist es ebenso die Aufgabe der Mediandcn hierfür eigenständig eine Lösung zu finden, die ihren Interessen dient. Kommt es hierbei wiederum zu Unstimmigkeiten oder gibt es Schwierigkeiten bei der Umsetzung der Abschlussvereinbarung, die wiederum zu Konflikten führt, dann kann in einem Nachfolgetermin auch hierfür mit Hilfe des Mediators eine Vereinbarung gefunden werden.

5.3.2 Überprüfung der Umsetzung

Im Rahmen der Abschlussvereinbarung wird der Mediator darauf hinwirken, dass die betroffenen Konfliktparteien eine **Mediationsklausel** in ihre Vereinbarung mit aufnehmen. Diese Mediationsklausel besagt, dass die Konfliktbeteiligten bei Umsetzungsschwierigkeiten oder anderen Problemen, die sich in der Durchführung der Vereinbarung ergeben, zunächst selbst einvernehmlich nach einer interessenorientierten Lösung suchen sollen. Falls ihnen dieses nicht gelingt, verpflichten sich die Mediationsteilnehmer dazu, die Unterstützung eines Mediators, vorzugsweise des bisherigen, bei der Lösung des Konfliktes in Anspruch zu nehmen, weil dieser die Sachlage bereits kennt und sich nicht erneut einarbeiten muss.

Darüber hinaus wird der Mediator anregen, dass in der Mediationsklausel ein Termin vereinbart wird, zu dem sich der Mediator telefonisch nach dem Gelingen der Umsetzung bei den einzelnen Konfliktparteien erkundigen wird. Dies ist insbesondere im Rahmen innerbetrieblicher Mediationen üblich, in denen Mitarbeiterkonflikte bearbeitet werden, dient aber auch der **Evaluation der Nachhaltigkeit der Mediation**, und ist damit für alle Wirtschaftsmediationen sinnvoll.

5.3.3 Evaluation und Reflexion der Mediation durch den Mediator

Für die Bewertung und Reflexion eines Mediationsverfahrens bietet sich das **Mediationsportfolio** an.[321] Es dient der selbstbestimmten und selbstgesteuerten Reflexion, Bewertung

[321] Vgl. hierzu und im Folgenden: Auferkorte-Michaelis, 2007, S. 64 ff.

und Dokumentation der beruflichen Tätigkeit als Mediator und ermöglicht die Weiterentwicklung der beruflichen Kompetenz des Mediators. Die Dokumentation umfasst zum einen die Bewertung der erhaltenen Dienstleistung seitens der Mediandenen durch einen **Feed-Back-Fragebogen** am Ende der gesamten Mediation. Zum anderen enthält sie auch die Bewertung der eigenen Leistung durch den Mediator, in Form von **Reflexionsfragebögen,** die zwischen den Mediationsterminen und zum Abschluss der Mediation erstellt werden. Darüber hinaus befinden sich auch ggf. einzelne Materialien zur Dokumentation. Für jeden Mediationsfall wird somit ein Mediationsportfolio erstellt. Die Summe aller Mediationsportfolios ergibt die **Mediationsmappe**,[322] die eine vollständige Übersicht der beruflichen Tätigkeit des Mediators ermöglicht.

Sollte vom Bundesjustizministerium in der noch zu verabschiedenden Rechtsverordnung gem. § 6 MediationsG Praxisfälle für eine Zertifizierung eines Mediators nachgewiesen werden müssen, so kann der Mediator direkt aus einem Fundus schöpfen und diesen Nachweis schnell erbringen.

In einem Mediationsportfolio befinden sich Angaben über

- die Art der Mediation und ggf. über das Rechtsgebiet
- die beteiligten Personen (Medianden, Mediator, ggf. Co-Mediatoren)
- Kurzbeschreibung des Konfliktes, wie er sich vor der Mediation darstellte
- Themenliste
- Interessen
- Ergebnis der Mediation
- angewendete Methoden und Techniken und ihre Wirkung
- besondere Ereignisse
- Feedback der Medianden
- Bewertung bestimmter Aspekte durch den Mediator.[323]

Im Folgenden wird erstens ein Fragebogen zur Reflexion der einzelnen Mediationssitzung, zweitens ein Fragebogen zur Dokumentation und Gesamtreflexion einer Mediation sowie drittens ein Feedbackfragebogen für Medianden vorgestellt. Sie orientieren sich an den Vorschlägen von Auferkorte-Michaelis,[324] und dienen als Leitfäden zur Evaluation.

[322] Vgl. Auferkorte-Michaelis, 2007, S. 65.

[323] Vgl. Auferkorte-Michaelis, 2007, S. 65.

[324] Vgl. hierzu und im Folgenden: Auferkorte-Michaelis, 2007, S. 68 ff.

1. Fragebogen zur Reflexion der einzelnen Mediationssitzungen

In diesem Fragebogen werden Fragen zum aktuellen Stand der bevorstehenden Mediationssitzung erhoben.[325] Dieser Fragebogen ist hilfreich zur Vorbereitung der jeweils kommenden Mediationssitzung. Dabei wird der Fragebogen jeweils im Fortgang der Mediation ausgefüllt. Passagen für beteiligte Personen, die identisch sind, können übersprungen werden. Der Fragebogen zur Reflexion der einzelnen Mediationssitzungen beinhaltet folgende Themenbereiche: Stand des Verfahrens, die Anwesenden, die Inhalte, die Zusammenarbeit mit anderen Mediatoren und einen Notizbereich für Anmerkungen und Hypothesen für den weiteren Verlauf.

Beispiel

Reflexionsfragebogen für Mediatoren für die jeweilige Einzelsitzung[326]
(Die Punkte 1–9 sind vor Sitzungsbeginn auszufüllen. Die anderen Punkte jeweils nach einer Sitzung)

Aktueller Stand des Mediationsverfahrens

1. Datum der Sitzung__________________, Mediationsort:________________
2. Sitzungsnummer im Verfahren ________________________
3. In welcher Stufe befindet sich die Mediation vor dieser Sitzung? Welche Hypothesen haben Sie in Bezug auf die nächste Stufe? (Handlungsstrategien/zu den Personen/zu möglichen Schwierigkeiten des Mediators/zu Rahmenbedingungen)

____
____
____
____
____
____
____
____
____

4. Wieviel Zeit haben sie für diese Sitzung veranschlagt? ________________
5. Wie wichtig wird diese Sitzung Ihrer Einschätzung nach für den weiteren Verlauf der Mediation hinsichtlich der Konfliktlösung sein?

[325] Vgl. hierzu und im Folgenden: Auferkorte-Michaelis, 2007, S. 66 f.

[326] Vgl. hierzu und im Folgenden in Anlehnung an Auferkorte-Michaelis, 2007, S. 68 ff.

(Kreuzen Sie die zutreffende Stelle auf der Skala an.)
Sehr wichtig -- → nicht so wichtig

Die Mediatoren
(falls die Beteiligten im Verfahrensablauf identisch sind, muss dieser Passus nur für die erste Sitzung ausgefüllt werden.)

6. Angaben zur Person und beruflichen Qualifikation der beteiligten Mediatoren:

Mediator 1
Alter:
Geschlecht: männlich__/weiblich ___
ausgebildeter Mediator mit universitärer Ausbildung: ja___/nein_____
nach anderen Standards/welche: _______________________
Ursprungsberuf:

Mediator 2
Alter: Geschlecht: männlich___/weiblich ___
ausgebildeter Mediator mit universitärer Ausbildung: ja___/nein_____
nach anderen Standards/welche: _______________________
Ursprungsberuf:
Falls weitere Mediatoren an der Mediation beteiligt waren, ergänzen Sie bitte die entsprechenden Angaben nach obigem Muster auf einem zusätzlichen Papier und legen es bei!
Die Angaben zu den Mediatoren 3-______ füge ich bei.

Die Konfliktparteien

7. Anonymisierte Angaben zu den beteiligten Personen:

Konfliktpartei 1
Alter: Geschlecht: männlich___/weiblich __
Beruf:
vertrat als Stellvertreter die Interessen einer Organisation, und zwar: _________
vertrat ihre eigenen Interessen: ja ____/nein______

Konfliktpartei 2
Alter: Geschlecht: männlich___/weiblich __
Beruf:
vertrat als Stellvertreter die Interessen einer Organisation, und zwar: _________
vertrat ihre eigenen Interessen: ja ____/nein______
Weitere Konfliktparteien sind ggf. als Anlage beigefügt

8. Anonymisierte Angaben zu ggf. vorhandenen **weiteren Anwesenden** (z. B. Experten/Rechtsanwälte)

Anwesender 1

Alter: Geschlecht: männlich___/weiblich __

Beruf:

vertrat die Interessen von/oder unterstützte zum Thema: ____________________

____

____

____

Anwesender 2

Alter: Geschlecht: männlich___/weiblich __

Beruf:

vertrat die Interessen von/oder unterstützte zum Thema: ____________________

____

____

____

Ggf. weitere Anwesende sind als Anlage beigefügt

9. Was motiviert die beteiligten Parteien, sich für eine Mediation zu entscheiden? Was erwarteten sie von diesem Verfahren? Welche **Mediationsziele** haben sie? Welche **Rolle** soll das **Recht** spielen, wenn das Recht von Relevanz ist? (Diese Fragen sind nur einmalig vor der ersten Sitzung zu beantworten)

____

____

____

____

____

Verlauf der Mediation

10. Welche Themen wurden erarbeitet? Fotoprotokoll Sitzung vom____________

11. Welches Thema wurde zuerst ausgewählt?______________________________

12. Wie gut und flüssig konnte aus Ihrer Sicht das Thema bearbeitet werden? (Kreuzen Sie die zutreffende Stelle auf der Skala an.)

Sehr gut____→sehr schlecht

Welche Hypothesen/Erklärung haben Sie für diese Einschätzung:

____
____
____
____

13. Was waren die Positionen, die die Konfliktparteien in Bezug auf das Thema einnahmen?

Partei 1

____
____

Partei 2

____
____

Die Positionen ggf. weiterer Konfliktparteien sind als Anlage beigefügt

14. Welche spezifischen Interessen, die sich hinter diesen Positionen verbargen, wurden im Laufe der Sitzung herausgearbeitet? (ggf. siehe Fotoprotokoll)

Partei 1

____
____
____

Partei 2

____
____
____

Die Interessen ggf. weiterer Konfliktparteien sind als Anlage beigefügt

15. Haben sich in der Sitzung neue Informationen ergeben, die Ihnen für die Konfliktlösung wichtig erscheinen? Ja________ nein__________ Wenn ja, welche?

____

16. Gab es seit der letzten Mediationssitzung irgendwelche besonderen Vorkommnisse, die auf den Verlauf der weiteren Mediation Einfluss nehmen könnten? Ja________ nein__________ Wenn ja, welche?

____

17. Wie sind die Redezeiten anteilsmäßig auf die beteiligten Personen verteilt? Berücksichtigen Sie alle an der Mediation beteiligten Personen (Medianden/ Mediator(en)/ggf. zusätzliche Anwesende).

Personen	Redeanteil in %

Sind Sie als Mediator gefordert, die Redeanteile der Beteiligten immer wieder gleichwertig aufzuteilen. ja__________ nein_____________

18. Ergänzen Sie folgende Aussage durch Ankreuzen:
Während des Verlaufs war eine kontinuierliche Verbesserung des kommunikativen Umgangs (zuhören, ausreden lassen, Kommunikationsregeln einhalten etc.) im Vergleich zur vorherigen Sitzung feststellbar.

- Ja
- Eher ja
- Keine Veränderung
- Eher nein
- Nein

Kurze Begründung:

____

____

____

19. Welche Visualisierungstechniken wurden eingesetzt?

____

20. Welche Kreativitätstechniken wurden angewandt?

____

21. Wie kamen die Medianden damit klar?

____

____

22. Wie wurden passgenaue Lösungen gefunden?

____

23. Gab es Anzeichen von Empörung, die gedämpft werden musste? Ja___ nein____
    Konnte im Diskurs eine Annäherung erzielt werden?
    Mussten Sie Fairness- und Gerechtigkeitskriterien im Rahmen eines Verteilungskonfliktes erarbeiten? Ja___ nein____
    Konnte im Diskurs eine Annäherung erzielt werden? Bitte nehmen Sie ggf. kurz Stellung

____

____

24. Wurden weitere Sitzungen vereinbart? ja______ nein________
    Wenn „nein", weshalb wurden keine weiteren Termine vereinbart?

____

25. Konnte die geplante Zeit eingehalten werden? ja ____ nein_____
    Wenn nein, wie sind Sie damit umgegangen?

____

Zusammenarbeit mit Mediatoren

26. Wie funktionierte ggf. die Zusammenarbeit mit weiteren Mediatoren?
    - sehr gut
    - weitgehend gut
    - eher nicht gut
    - schlecht
    - weiß nicht so genau

Begründung/Hypothesen

____

____

27. Sofern eine weitere Sitzung vereinbart wurde, so sind die Punkte 1–9 eines weiteren Reflexionsfragebogens einer Einzelsitzung schon vorzubereiten.

2. **Fragebogen zur Dokumentation und Gesamtreflexion**

In diesem Fragebogen wird der Mediator dazu aufgefordert, die Mediation rückwirkend aus einer „Beobachter-Perspektive", also mit Abstand zu betrachten. Die Ziele, die mit diesem Fragebogen verfolgt werden sind folgende:[327] Der Mediator soll neue Strategien für zukünftige Mediationen entwickeln lernen, seine Kompetenzen erweitern und die Do-

[327] Vgl. hierzu und im Folgenden Auferkorte-Michaelis, 2007, S. 77.

kumentation der Fälle sicherstellen. Ein möglicher Fragebogen umfasst die Themenbereiche: allgemeine Informationen, Informationen zu den Mediatoren, zu den Konfliktparteien und zum Verlauf der Mediation und wird im Folgenden dargestellt.

Beispiel

Fragebogen zur Gesamtreflexion der Mediation[328]

Allgemeine Angaben zur Art der durchgeführten Wirtschaftsmediation

1. Die durchgeführte Wirtschaftsmediation war eine Mediation im Bereich der Wirtschaft/Arbeitswelt:
   - Wirtschaft
   - Verwaltung
   - Soziales

   Und zwar eine
   - Innerbetriebliche Mediation/interne Mediation
   - durch externen Mediator
   - durch innerbetrieblichen festangestellten Mediator
   - Zwischenbetriebliche Mediation (zwischen Organisation und externen Dritten)
2. Es handelt sich um eine Einzelmediation_______/Teammediation mit ______ Mediatoren
3. Wie kam der Kontakt des Mediators/des Teams zu den Parteien zustande?

____

____

Gesamtreflexion

4. Beschreiben Sie den zugrundeliegenden Konflikt:

____

____

____

____

Die Mediatoren

5. Angaben zur Person und beruflichen Qualifikation der beteiligten Mediatoren:

Mediator 1

Alter:

[328] In Anlehnung an Auferkorte-Michaelis, 2007, S. 78 ff.

Geschlecht: männlich__/weiblich ___
ausgebildeter Mediator mit universitärer Ausbildung: ja ____/nein ____
nach anderen Standards/welche: ________________________
Ursprungsberuf:

Mediator 2

Alter: Geschlecht: männlich___/weiblich ___
ausgebildeter Mediator mit universitärer Ausbildung: ja_____/nein ______
nach anderen Standards/welche: ________________________
Ursprungsberuf:
Ggf. weitere Mediatoren sind in der Anlage _____ dokumentiert.

6. Die vorliegende Dokumentation wird erstellt von:
   Mediator 1 ___
   Mediator 2 ___
   Mediator ____
7. Wurde der Mediator für seine Tätigkeit bezahlt? ja __/nein ___
   Wenn ja, was wurde vereinbart?
   Eine Stundenpauschale i. H. v. ___________________
   Eine Gesamtpauschale i. H. v. ___________________
   Vergütung nach RVG__________________________
   Sonstiges, und zwar: ________________________

Die Konfliktparteien

8. Anonymisierte Angaben zu den Konfliktparteien:

Konfliktpartei 1

Alter: Geschlecht: männlich___/weiblich __
Beruf:
vertrat als Stellvertreter die Interessen einer Organisation, und zwar: _______________
vertrat ihre eigenen Interessen: ja____/nein____

Konfliktpartei 2

Alter: Geschlecht: männlich___/weiblich __
Beruf:
vertrat als Stellvertreter die Interessen einer Organisation, und zwar: _____________
vertrat ihre eigenen Interessen: ja___/nein____
Ggf. weitere Konfliktparteien sind in Anlage _______ beigefügt.

9. Was war die Motivation der Konfliktparteien eine Mediation durchzuführen? Welche Erwartungshaltung hatten sie in Bezug auf das Verfahren? Welche **Mediationsziele** hatten sie? Welche **Rolle** sollte das **Recht** spielen?

Mediationsverlauf

10. Wie viele Sitzungstermine (inklusive Vorgespräch) wurden durchgeführt?________
11. Dauer einer durchschnittlichen Sitzung?____________________
12. Wurden Gutachten o. ä. erstellt und waren Grundlage für (Unter-)Themen der Mediation?
    Ja____/nein ____
    Wenn ja, wozu/wofür: ____________________
13. Nahmen externe Experten oder betroffene Dritte an einzelnen Sitzungen teil?
    ja ___/nein ___
    Wenn ja, an wie vielen Sitzungen nahmen diese teil und wozu?

Fragen 14–16 (ggf. mit Fotoprotokollen in der Anlage dokumentieren)

14. Welche Themen, die geregelt/geklärt werden sollten wurden jeweils von den Konfliktparteien gefunden und welche Rangfolge wurde erstellt?

Themenliste und Rangfolge Konfliktpartei 1:

Themenliste und Rangfolge Konfliktpartei 2:

Ggf. weitere Parteien oder Fotoprotokoll siehe Anlage _____.

15. Welche tieferliegenden Interessen, die sich hinter den Themen und dazugehörigen Positionen verbargen, wurden im Laufe der Mediation herausgearbeitet?

Interessen Konfliktpartei 1:

Interessen Konfliktpartei 2:

Ggf. weitere Parteien oder Fotoprotokoll siehe Anlage _____.

16. Wie haben Sie abschließend die Durchführung der Mediation insgesamt empfunden?

(Kreuzen Sie die zutreffende Stelle auf der Skala an.)

Gar nicht schwierig-- →sehr schwierig

Begründung

____

____

____

17. Während des Verlaufs war eine stetige Verbesserung des kommunikativen Umgangs miteinander zwischen den Konfliktparteien festzustellen.

ja _____

eher ja _____

eher nein _____

nein _____

18. Wie haben Sie den Verlauf der Mediation in den einzelnen Phasen gestaltet und welche einzelnen Schritte haben Sie durchgeführt?

____

____

____

____

____

19. Konnte der Standardverlauf der Mediation im engeren Sinne (Vertrag und Regeln, Themensammlung, Interessenphase, Lösungssuche, Lösungsbewertung, Vertragserstellung) durchgeführt werden? Aus welchen Gründen haben Sie ggf. Abweichungen vom Standardverlauf vorgenommen.

____

____

____

____

20. Gab es im Verlauf der Mediation besondere Ereignisse, die für die Mediation von Relevanz waren?

____

____

____

21. Die Mediation wurde

- abgebrochen. Die Konfliktparteien konnten sich nicht einvernehmlich einigen. __
- trotz einiger Klärungen abgebrochen. __

- wurde unterbrochen (Pause). __
- wurde unterbrochen (Pause)/Erste Vereinbarungen wurden getroffen. Die Parteien wollen versuchen, zunächst für die restlichen Themen selbst Lösungen zu erarbeiten. __
- mit Vereinbarungen (alle Themen/einzelne Themen) beendet. __

Ergänzende Erläuterungen:

____

____

____

22. Regelungen/Vereinbarungen wurden festgehalten:
    (Foto-) Protokoll __________
    gemeinsame Erklärung _______
    Mediationsvertrag_______
    Notarvertrag _________
    anders, und zwar: ____

    ____

23. Vereinbarungen konnten erzielt werden:
    für alle Themen____________
    für die benannten „wichtigsten" Themen __________
    für einige als „wichtig" benannte Themen __________
    für eher nebensächliche Themenbereiche __________
    keine _________
24. Schildern Sie die wesentlichen Punkte des Ergebnisses:

    ____

    ____

    ____

    Ggf. fügen Sie die Mediationsvereinbarung als Anlage __________ bei.
25. Die getroffenen Vereinbarungen halte ich persönlich für akzeptabel und umsetzbar.
    ja ____
    eher ja ____
    unentschieden ____
    eher nein ____
    nein ____
26. Die getroffenen Ergebnisse haben eine nachhaltige und langfristige Reichweite.
    ja ____
    eher ja ____
    unentschieden ____

eher nein ____
nein ____
nicht/noch nicht beurteilbar ____

27. Kam es zu einem Abbruch der Mediation? Ja____ Nein___
Falls, ja: Wer hat die Mediation abgebrochen?
die Mediandan _____________
der bzw. die Mediator(en)_____
ggf. der äußere Auftraggeber:______
Kurze Beschreibung der Abbruchsituation und ihrer Beweggründe:

____

____

____

28. Wie waren die Auftraggeber mit der Dienstleistung zufrieden? Für jede Konfliktpartei können Sie unterschiedliche Markierungen in folgender Skala setzen:
Sehr zufrieden-- →gar nicht zufrieden
29. Welche Dinge hätten Sie rückwirkend betrachtet anders gestalten können, damit die Mediation (noch) besser abläuft?/Was nehmen Sie sich für zukünftige Mediationen als neue Erfahrung mit?

____

____

____

____

____

3. Feedbackfragebogen für Medianden

An jeden Medianden wird nach der letzten Mediationssitzung ein Feedback-Fragebogen verteilt.[329] Die Medianden können diesen direkt auf freiwilliger Basis ausfüllen oder dürfen den Bogen mitnehmen, später beantworten und zurücksenden. Der Mediator sollte den Medianden erklären, dass der Feedbackfragebogen der Qualitätssicherung und der Selbstreflexion dient. Der Feedbackfragebogen darf frühestens ausgewertet werden, wenn sich die Medianden auf dem Heimweg befinden. Der Mediator nutzt die Beurteilung der Medianden um seine Tätigkeit für die Zukunft weiter zu optimieren. Er erhält Informationen aus der Perspektive der Medianden, wie diese das Verfahren erlebt und empfunden haben. Kritik sollte niemals persönlich genommen werden, sondern einen Anreiz bieten eigene Verhaltensweisen, Handlungen oder Haltungen zu hinterfragen und ggf. neue Handlungsstrategien anzuwenden. Gleichzeitig stellt der Feedback-Bogen noch eine Fremdwahr-

[329] Vgl. hierzu und im Folgenden: Auferkorte-Michaelis, 2007, S. 89.

nehmung dar, der mit der Selbstwahrnehmung abgeglichen werden kann. Ein Beispiel für einen Feedback-Fragebogen soll im Folgenden gegeben werden.

Beispiel

Feedback-Fragebogen für Mediandenen einer Wirtschaftsmediation[330]

1. Wie wurde der Mediator/das Mediationsteam ausgesucht?
   - Ihnen wurde Mediator empfohlen
   - Wenn ja, von wem?________________________________
   - Sie haben bereits positive Erfahrungen mit dem Mediator gemacht.
   - über eine Internetrecherche ausgesucht
   - durch eine Anzeige aufmerksam geworden
   - auf anderem Wege ________________________________
2. Was war für Sie die Motivation eine Mediation durchzuführen? Welche Ziele sollte die Mediation erfüllen? Welche Rolle sollte das Recht spielen?

   ____

   ____

   ____

   ____
3. Wie sind diese Erwartungen insgesamt erfüllt worden?
   - Voll und ganz
   - weitestgehend
   - nur in den Hauptpunkten
   - Leider nur teilweise
   - gar nicht
4. Sie hatten insgesamt ______ Sitzungen. Wie war Ihrer Meinung nach die Anzahl der Sitzungen?
   - Optimal gewählt
   - Zu hoch
   - Zu gering
   - Kann ich nicht beurteilen
5. Wie lange dauerte eine Sitzung durchschnittlich?______
6. Diese durchschnittliche Dauer empfand ich als
   - Optimal gewählt
   - Manchmal zu lang bzw. zu kurz
   - Zu lang
   - Zu kurz
   - Kann ich nicht beurteilen

[330] In Anlehnung an Auferkorte-Michaelis, 2007, S. 90 ff.

7. Wenn Gutachten erstellt und verwendet wurden, haben diese Sie dann im Rahmen der Mediation weitergebracht?
   - Ja
   - Nein
8. Nahmen externe Dritte an einzelnen Sitzungen teil?
   - Ja
   - Nein

Wenn ja, wie haben Sie deren Teilnahme empfunden? Haben diese Sie in der Konfliktlösung weitergebracht oder waren sie eher hinderlich? Bitte geben Sie eine kurze Stellungnahme ab:

____

____

____

____

9. Beurteilen Sie folgende Aussagen mit Ihrer persönlichen Meinung:

a. Der Mediator sicherte eine faire, konstruktive Kommunikation, insbesondere durch aktives Zuhören, die es mir ermöglichte, mit meinem Gegenüber ins Gespräch zu kommen und zu bleiben.
   - ja
   - eher ja
   - unentschieden
   - eher nein
   - nein
   - kann ich nicht beurteilen

b. Der Mediator unterstützte mich und die andere/n Partei/en im Konflikt gleichwertig. Ich hatte einen allparteilichen und neutralen Mediator.
   - ja
   - eher ja
   - unentschieden
   - eher nein
   - nein
   - kann ich nicht beurteilen

c. Der Mediator hat sich sehr gut auf die einzelnen Sitzungen vorbereitet und durch das Verfahren geführt.
   - ja
   - eher ja
   - unentschieden
   - eher nein
   - nein
   - kann ich nicht beurteilen

d. In der Mediation habe ich den Ablauf eines Mediationsverfahren kennengelernt und wie man mit dessen Hilfe Einigungen erzielt.
   - ja
   - eher ja
   - unentschieden
   - eher nein
   - nein
   - kann ich nicht beurteilen
e. Die Mediator hat mir bei der Konfliktlösung spezielle Techniken und sein Fachwissen zur Konfliktlösung zur Verfügung gestellt.
   - ja
   - eher ja
   - unentschieden
   - eher nein
   - nein
   - kann ich nicht beurteilen
f. Der Mediator unterstützte mich bei der Ausarbeitung der mir wichtigen Themengebiete und half bei der Herausstellung der tieferliegenden Interessen, Motive bzw. Anliegen.
   - ja
   - eher ja
   - unentschieden
   - eher nein
   - nein
   - kann ich nicht beurteilen
g. In der Mediation habe ich den Konflikt auch aus einer neuen Perspektive wahrgenommen und auch die Beweggründe des Gegenübers verstanden.
   - ja
   - eher ja
   - unentschieden
   - eher nein
   - nein
   - kann ich nicht beurteilen
h. Der Mediator hat mich unterstützt, realistische und eindeutige Vereinbarungen zu entwickeln und darauf geachtet, dass konkrete und umsetzbare Maßnahmen formuliert wurden.
   - ja
   - eher ja
   - unentschieden
   - eher nein

- nein
- kann ich nicht beurteilen

10. Es konnten Vereinbarungen erzielt werden
    - für alle Themen
    - für die benannten wichtigsten Themenbereiche
    - für einige als wichtig benannte Themenbereiche
    - für eher nebensächliche Themenbereiche
    - für kein Thema
    - ______________________________
11. Mit diesem Ergebnis wurden meine Erwartungen voll erfüllt.
    - ja
    - eher ja
    - unentschieden
    - eher nein
    - nein
12. Insgesamt halte ich Mediation für ein geeignetes Verfahren zur Konfliktlösung in der Wirtschafts- und Arbeitswelt.
    - ja
    - eher ja
    - unentschieden
    - eher nein
    - nein
13. Wie schätzen Sie die Qualität der Mediation, die sie erhalten haben, insgesamt ein?
    - sehr gut
    - gut
    - befriedigend
    - ausreichend
    - mangelhaft
    - ungenügend
    - kann ich nicht beurteilen
14. Weitere Kommentare:

____

____

____

____

Vielen Dank für Ihre Bewertung!

Tab. 5.10 Die Umsetzungsphase (Quelle: eigene Darstellung)

Umsetzungsphase			
Verfahrensschritt	Inhalte	Methoden/Techniken	Übergeordnete Ziele
1. Durchführung der Vereinbarung durch die Betroffenen	- Die Beteiligten setzen die in der Mediation festgelegten Inhalte der Abschlussvereinbarung um		- Langfristig kooperative Beziehungen
2. Überprüfung der Umsetzung und ggf. Folgetermin	- Einhaltung des Vertrages prüfen/bei Problemen Folgetreffen vereinbaren ggf. Anpassung der Lösung vornehmen	- Berichte über Umsetzung - Ggf. Nachfolgetreffen zur Optimierung	- Langfristig kooperative Beziehungen
3. Evaluierung und Reflexion der Mediation durch den Mediator	- Bewertung des Mediationsverfahrens durch die Mediationsteilnehmer - Reflexion der einzelnen Sitzungen und der Gesamtmediation	- Feedbackfragebogen - Reflexionsfragebögen	Qualitätssicherung und Verbesserung der Mediationsdienstleistung

Da alle im Rahmen der Mediation erstellten **Dokumente und zur Verfügung gestellten Unterlagen vertraulich** sind, sind sie zwingend in **abschließbaren Schränken** zu sichern. Mit der Evaluierung und Reflexion der durchgeführten Mediation ist die Mediation im weiteren Sinne abgeschlossen. Die wichtigsten Merkmale der Umsetzungsphase sind in der folgenden Tab. 5.10 zusammengefasst.

5.4 Besonderheiten unterschiedlicher Settings der Mediation

Innerbetriebliche Wirtschaftsmediationen unterscheiden sich teilweise deutlich in der Durchführung von zwischenbetrieblichen Mediationen. Darüber hinaus erfordert jede einzelne Mediation eine individuelle Verfahrensplanung und daraus resultierend sind vom oben beschriebenen Mediationsablauf Abweichungen möglich. So können in Wirtschaftsmediationen manchmal Einzelgespräche mit den Konfliktparteien, eine Co- bzw. Teammediation in Mehrparteien-Mediationen oder Gruppenmediationen erforderlich sein. Eine Mediation mit Gruppen gestaltet sich anders als eine Zwei-Parteien-Mediation. Manchmal müssen Dritte als Sachverständige mit einbezogen werden oder aufgrund von interkulturellen Unterschieden der beteiligten Mediandеn werden Besonderheiten bei der Verfahrensgestaltung notwendig. Darüber hinaus muss vor der Mediation geklärt werden, welche Rolle das Recht in der Mediation (Vgl. hierzu ausführlich Kap. 7.1.) spielen soll. Viele innerbetriebliche Konflikte sind gar nicht justiziabel – dann spielt das „Recht“ auch keine Rolle, sondern nur die Fairness- und Gerechtigkeitskriterien der betroffenen Konfliktparteien und – sofern vorhanden, die Gerechtigkeitsmaßstäbe, die sich ggf. aus dem Unternehmensleitbild entnehmen lassen. In zwischenbetrieblichen Konflikten ergeben sich jedoch häufig rechtlich relevante Fragestellungen. Dann kann in Einzelfällen der Wunsch der Medianden nach einer „rights-based-mediation“[331] im Vordergrund stehen, bei der nicht die Interessen die Grundlage der Mediation bilden, sondern das Recht einen großen Stellenwert bei der Gestaltung und Durchführung der Mediation einnimmt und eine Prozessrisikoanalyse ein wichtiger Bestandteil wird. Für eine nachhaltige und dauerhaft kooperative Zusammenarbeit wird jedoch i. d. R. die oben dargestellte „interest-based-mediation“ gewählt werden.[332] Im Folgenden sollen die Besonderheiten dieser unterschiedlichen Settings vorgestellt werden.

5.4.1 Prozessrisikoanalyse

Insbesondere in zwischenbetrieblichen Mediationen, in denen die Frage des Rechts eine Rolle spielt (aber auch teilweise in innerbetrieblichen Konfliktkonstellationen), werden sich die beteiligten Konfliktparteien auch Gedanken darüber machen, welche Alternativen es noch zu einem Abschluss im Rahmen einer Mediation gibt. Diese Alternativen werden im Harvard-Ansatz „Nichteinigungsoptionen“ oder „Nichteinigungsalternativen“ genannt. Die beste dieser Alternativen wird mit dem Akronym **BATNA** – **B**est **A**lternative **T**o **N**egotiated **A**greement, abgekürzt.[333] In Kap. 5.2.5. wurde bereits erläutert, dass es sinnvoll ist, dass Parteien, die sich nach einem Diskurs über Fairness- und Gerechtigkeitskriterien nicht auf eine Lösung verständigen können, in einem letzten Schritt mit ihrer besten Nichteinigungsalternative auseinandersetzen sollten. In zwischenbetrieblichen Mediationen stellt die Durchführung eines Gerichtsverfahrens regelmäßig eine Nichteinigungsalternative gegenüber einer Mediation dar, wenn es zu Streitigkeiten bzgl. der Auslegung eines Vertrages gekommen ist.

Manchmal existieren neben Gerichtverfahren auch andere Alternativen, wie z. B. die Möglichkeit, dass ein Vertragspartner durch einen neuen ersetzt werden kann, oder dass z. B. im Rahmen von Zulieferproblemen, etwas selbst hergestellt werden kann.[334] Insbesondere der Einsatz offener Fragetechniken durch den Mediator helfen den Medianden dabei zunächst eine genaue Kenntnis über ihre **realistischen Alternativen** im Vergleich zur Mediation zu bekommen und Wahrnehmungsverzerrungen auszugleichen.[335] Zur Auf-

331 Vgl. Duve/Eidenmüller/Hacke, 2011, S. 168.

332 Vgl. Duve/Eidenmüller/Hacke, 2011, S. 168.

333 Vgl. Fisher/Ury/Patton, 2009, S. 141. Beste Alternative zu einer Verhandlungsübereinkunft (im Rahmen der Mediation).

334 Vgl. Duve/Eidenmüller/Hacke, 2011, S. 236.

335 Vgl. Duve/Eidenmüller/Hacke, 2011, S. 241.

deckung von Wahrnehmungsverzerrungen wird der Mediator auf Einzelgespräche zurückgreifen, damit die Medianden ihr Gesicht wahren können. Da der Mediator viele Fragen stellt, sollte er im Rahmen der Einleitung innerhalb des Einzelgespräches den **Zweck des Gespräches begründen** und darauf hinweisen, dass er beiden Parteien die gleichen „unangenehmen Fragen" stellen wird, aber dieses im vertraulichen Rahmen bleiben wird. Darüber hinaus wird der Mediator nochmals auf die Verfahrensvereinbarungen hinweisen und herausstellen, dass eine Mediation nur dann funktionieren kann, wenn nicht kompetitiv verhandelt wird und dabei möglicherweise Täuschungstaktiken auch gegenüber dem Mediator angewendet werden. Diese Täuschungsmanöver sind in Mediationsverhandlungen nicht zulässig und verstoßen gegen die vorher vereinbarten Prinzipien und zerstören die Vertrauensbasis. Dieses sollte der Mediator vor Beginn des Gespräches beiden Parteien nochmals erläutern, damit die Beteiligten ihn nicht als parteilich für die gegnerische Seite wahrnehmen und dadurch die Mediation sogar in Frage gestellt werden könnte.[336]

Sind die Betroffenen nach der Erläuterung ihrer BATNA der Meinung, dass das daraus resultierende Ergebnis mit Sicherheit besser sein wird, als die gefundenen Lösungsoptionen im Rahmen der Mediation, so sollte die Mediation dann beendet werden. Man befindet sich dann im sogenannten **Nichteinigungsbereich,** indem es **keine Schnittmenge** der beteiligten Konfliktparteien zur Einigung gibt. Nur wenn in der Mediation Lösungen gefunden wurden, die für alle Beteiligten besser sind als ihre jeweiligen BATNAs, wird es zu einer Abschlussvereinbarung im Rahmen der Mediation kommen können.[337] Sind die vorliegenden BATNAs gut, ist der Einigungsbereich klein. Sind die vorhandenen BATNAs jedoch schlecht, so ist der Einigungsbereich groß. Dies wird in vielen Wirtschaftsmediationen, insbesondere in innerbetrieblichen Konflikten häufig der Fall sein, wenn die Interessen der Betroffenen in den Lösungen weitestgehend berücksichtigt wurden. Darüber hinaus ist auch nicht jede Nichteinigungsalternative realisierbar und dient den Interessen der Beteiligten gleich gut.[338] So gibt es oftmals mehrere Lösungen, die sich im sogenannten Einigungsbereich finden. Dieser Sachverhalt wird in der Abb. 5.9 dargestellt.

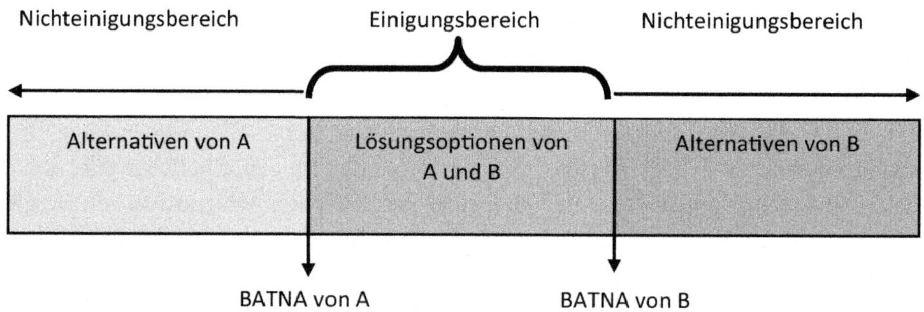

Abb. 5.9 Der Einigungsbereich im Rahmen einer Wirtschaftsmediation. (Quelle: eigene Darstellung)

[336] Vgl. Duve/Eidenmüller/Hacke, 2011, S. 242.

[337] Vgl. hierzu und im Folgenden: Duve/Eidenmüller/Hacke, 2011, S. 236.

[338] Vgl. Duve/Eidenmüller/Hacke, 2011, S. 236.

Die Nichteinigungsalternativen werden von den Parteien subjektiv wahrgenommen.[339] Oftmals ist für die Konfliktparteien nur das Gerichtsverfahren die einzige Alternative und somit ihre BATNA. Obwohl sich die Parteien für ein Mediationsverfahren entschieden haben, **bewerten die Konfliktparteien** ihre BATNA, also **im Falle eines Gerichtsprozesses zu obsiegen**, häufig **viel zu positiv**.[340] Dann ist es die Aufgabe des Mediators dafür zu sorgen, dass die Konfliktparteien ein realistisches Bild ihrer Nichteinigungsalternative entwickeln. Dabei sind sogenannte **Prozessrisikoanalysen** hilfreich. Denn ein Prozessverlauf ist in den wenigsten Fällen eindeutig vorhersehbar. Die Entscheidung des Richters ist in den meisten Fällen nicht sicher vorhersehbar. Aus diesem Grunde ist dann ein Gerichtsprozess mit einer Lotterie vergleichbar, bei der entscheidungstheoretische Bewertungsmethoden einsetzbar sind.[341]

Im Rahmen von gerichtlichen Auseinandersetzungen geht es häufig um die Realisierung von Forderungen, die oftmals mit Geldbeträgen beziffert werden können. Somit können Risiken, die aus einem Rechtstreit entstehen können, tendenziell berechnet werden. Die Prozessrisikoanalyse basiert auf den Erkenntnissen der Entscheidungstheorie unter Unsicherheit, bei dem der Erwartungswert einer Prozessführung berechnet werden kann.[342] Der berechnete **Erwartungswert** gibt an „welchen aktuellen Geldwert die Möglichkeit hat, eine Forderung gerichtlich einzuklagen."[343] Anders ausgedrückt gibt der Erwartungswert an, welcher durchschnittliche Forderungsbetrag rechnerisch zu erwarten ist, wenn die verschiedenen Möglichkeiten des Prozessausganges gemäß ihrer zu erwartenden Wahrscheinlichkeit aufaddiert werden. Die Ermittlung eines Erwartungswertes kann anhand eines **Entscheidungsbaumes**[344] sehr gut visualisiert werden. Der Erwartungswert stellt für die Entscheider die rationale Entscheidungsbasis für einen Vergleich dar, [345]die zusätzlich um die eingesparten Prozesskosten zu ergänzen ist. Stehen keine Geldforderungen im Fokus, ist die Prozessrisikoanalyse dennoch hilfreich, weil mit ihr eine **möglichst präzise Abschätzung der Wahrscheinlichkeiten der möglichen Prozessausgänge** ermittelt werden kann.

Die Prozessrisikoanalyse läuft in **drei Schritten** ab:[346] In einem ersten Schritt werden die möglichen Weichenstellungen (auch Ereignisknoten genannt)[347] auf Metaplankarten

[339] Vgl. hierzu und im Folgenden: Duve/Eidenmüller/Hacke, 2011, S. 235.

[340] Vgl. Duve/Eidenmüller/Hacke, 2011, S. 239 f.

[341] Vgl. Duve/Eidenmüller/Hacke, 2011, S. 249.

[342] Vgl. Duve/Eidenmüller/Hacke, 2011, S. 244.

[343] Risse, 2003, S. 353.

[344] Vgl. Duve/Eidenmüller/Hacke, 2011, S. 244.

[345] Ein rationaler Entscheider würde den Erwartungswert als Vergleichsbasis akzeptieren. Das Risikoverhalten der Medianden in Konflikten kann jedoch auch risikofreudig oder risikoscheu sein. (Vgl. Risse, 2003, S. 358).

[346] Vgl. hierzu und im Folgenden: Risse, 2003, S. 354.

[347] Vgl. Duve/Eidenmüller/Hacke, 2011, S. 244.

gesammelt. Sie geben die Fragestellungen an, wo der Prozess sich in die eine oder andere Richtung hin entwickeln kann. So kann jede Möglichkeit eines Prozessausganges entscheidungstheoretisch erfasst werden. Dabei ist es in einem zweiten Schritt wichtig, die Ereignisknoten in ihrer logisch richtigen Abfolge neu zu ordnen. Dafür werden die Metaplankarten in eine chronologische Reihenfolge gebracht. Erst wenn alle Weichenstellungen in der richtigen Reihenfolge sortiert sind zeichnet der Mediator auf einer mit Moderationspapier bespannten Pinnwand einen Entscheidungsbaum und legt die Entscheidungsknoten und die Verzweigungslinien an. Sind alle Weichenstellungen richtig angeordnet, entsteht eine Baumstruktur mit relevanten Entscheidungsknoten. In einem dritten Schritt wird der Mediator in Einzelgesprächen oder im gemeinsamen Diskurs mit den Medianden Wahrscheinlichkeiten festlegen, mit der ein Richter eine Entscheidung treffen wird und diese in den Entscheidungsbaum eintragen.[348] Die Summe der kumulierten Wahrscheinlichkeiten multipliziert mit dem zu erwartenden Forderungsbetrag (der in sogenannten Endknoten[349] notiert wird) ergibt dann den Erwartungswert. Der Mediator muss nach Zeichnung und Berechnung der jeweiligen Werte herausstellen, dass dieser Entscheidungsbaum nur als **Entscheidungshilfe** den Parteien dienen soll und **keinesfalls sicher oder verbindlich** ist. Anhand eines **Beispiels**[350] soll nun die Prozessrisikoanalyse erläutert werden.

Nachdem Dachdecker D das Flachdach des Bürohauses von Bauherrn B isoliert hat, zeigt sich 3 Jahre später, nach sintflutartigen Regenfällen an der Bürodecke der obersten Etage ein großer Wasserfleck. D verweigert eine kostenlose Reparatur. Daraufhin lässt B die Decke sanieren und muss für die Zeit der Bauarbeiten auf Mieteinnahmen verzichten. Sanierungskosten und Mietausfall summieren sich auf einen unstrittigen Gesamtschaden von € 100.000,-. B verlangt von D diesen Betrag zu ersetzen. D bestreitet, dass der Wasserfleck auf einen von ihm verschuldeten Baumangel zurückzuführen ist und ergänzt darüber hinaus, dass die Garantie- und Gewährleistungsansprüche verjährt seien. Des Weiteren habe er in dem seinerzeit geschlossenen Vertrag die Haftung auf Mangelschäden auf € 50.000,- je Einzelfall begrenzt. B hingegen wendet sich gegen die Verjährung und meint, die Haftungsbegrenzung sei eine Allgemeine Geschäftsbedingung und nicht wirksam in einen Werkvertrag einbezogen worden.

In einer Mediation wird der in Abb. 5.10 dargestellte Entscheidungsbaum entwickelt und die Wahrscheinlichkeiten der richterlichen Entscheidung gemeinsam unter Zuhilfenahme der „einschlägigen Fachliteratur, höchstrichterlichen Rechtsprechungen und der bisherigen Entscheidungspraxis des mit der Sache befassten Gerichts“[351] festgelegt. Bei der Anwendung dieser Methode sollte der Mediator selbst Anwalt sein und ebenfalls Rechtskenntnis in der Sache haben, um die geschätzten Wahrscheinlichkeiten nachvoll-

[348] Vgl. Duve/Eidenmüller/Hacke, 2011, S. 244 präferieren das Einzelgespräch, während vgl. Risse, 2003, S. 354 und S. 363, die Erarbeitung im gemeinsamen Diskurs vorschlägt, aber auch die Methode im Rahmen von Einzelgesprächen sieht.

[349] Vgl. Duve/Eidenmüller/Hacke, 2011, S. 244.

[350] Vgl. Risse, 2003, S. 354 ff.

[351] Duve/Eidenmüller/Hacke, 2011, S. 245.

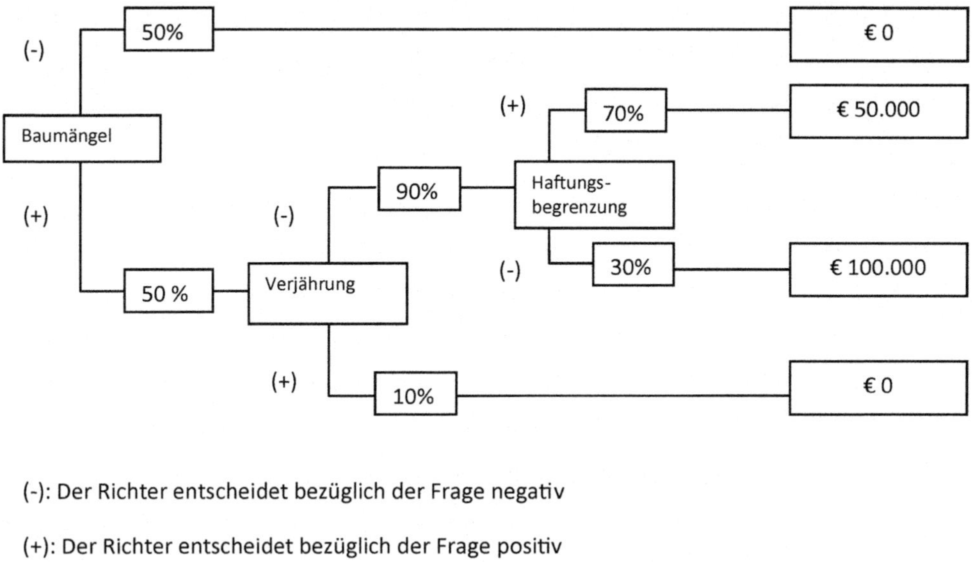

Abb. 5.10 Entscheidungsbaum. (Quelle: Risse, 2003, S. 355, eigene marginal modifizierte Darstellung)

ziehen zu können. Ein Nichtanwalt sollte sich für den Einsatz dieses Analysetools zwingend von einem Anwalt unterstützen lassen, damit der Entscheidungsbaum auch realitätsbezogene Wahrscheinlichkeitsschätzungen enthält und auch die Entscheidungsknoten in der richtigen Reihenfolge eingezeichnet sind.[352] Darüber hinaus ist es auch sinnvoll, dass die Rechtsanwälte der Konfliktparteien, diese hier fundiert unterstützen.

Es könnten nun vier unterschiedlich wahrscheinliche Richterurteile ergehen, die zu unterschiedlichen Zahlungsfolgen führen.[353]

1. Fall: Mit einer Wahrscheinlichkeit von 50 % braucht D keine Leistung erbringen, weil der Richter zu dem Ergebnis kommt, dass kein Baumangel vorlag. Die Wahrscheinlichkeit dass dieser Fall eintritt, beträgt insgesamt auch 50 %.

Wahrscheinlichkeit Fall 1: 50%

2. Fall: Mit einer Wahrscheinlichkeit von 50 % kommt der Richter zu dem Ergebnis, dass ein Baumangel vorlag. Bei der Prüfung der Verjährung kommt er mit 90 %iger Wahrscheinlichkeit zu dem Ergebnis, dass eine Verjährung noch nicht vorlag. Er hat nun noch den Tatbestand der Haftungsbegrenzung zu beurteilen.

a. Die Parteien rechnen damit, dass der Richter sich mit einer 70 %igen Wahrscheinlichkeit für eine Haftungsbegrenzung aussprechen wird, bei dem dann D insgesamt

[352] Vgl. Duve/Eidenmüller/Hacke, 2011, S. 245.

[353] Vgl. hierzu und im Folgenden Risse, 2003, S. 355 f.

50.000,- € zahlen muss. Die Wahrscheinlichkeit, dass dieser Fall eintritt, muss kumulativ ermittelt werden. Die prognostizierte Wahrscheinlichkeit beträgt:

$$\textbf{Wahrscheinlichkeit Fall 2a: } \mathbf{0,5 \times 0,9 \times 0,7 = 0,315 = 31,5\%}$$

Mit einer Wahrscheinlichkeit von 31,5 % wird der Dachdecker eine Summe von 50.000,- € zahlen müssen.

b. Sie rechnen im Umkehrschluss mit einer 30 %igen Wahrscheinlichkeit damit, dass sich der Richter gegen eine Haftungsbegrenzung aussprechen wird, bei dem dann der Dachdecker jedoch 100.000,- € zahlen muss. Die prognostizierte Wahrscheinlichkeit für diesen Fall beträgt dann kumulativ:

$$\textbf{Wahrscheinlichkeit Fall 2b: } \mathbf{0,5 \times 0,9 \times 0,3 = 0,135 = 13,5\%}$$

Mit einer Wahrscheinlichkeit von 13,5 % wird der Dachdecker eine Summe von 100.000,- € zahlen müssen. Wie aus den gewichteten Zahlungswahrscheinlichkeiten erkennbar ist, ist die Wahrscheinlichkeit auf Zahlung eines Betrages in Höhe von 100.000,- nicht so hoch, wie von vielen Streitparteien oftmals im Vorfeld vermutet.

3. Fall: Mit einer Wahrscheinlichkeit von 50 % kommt der Richter zu dem Ergebnis, dass ein Baumangel vorlag, bei der Prüfung der Verjährung kommt er mit 10 %iger Wahrscheinlichkeit zu dem Ergebnis, dass bereits eine Verjährung vorlag. Auch in diesem Falle müsste D dann keine Leistung erbringen. Die prognostizierte Wahrscheinlichkeit für den Eintritt dieses Falles beträgt:

$$\textbf{Wahrscheinlichkeit Fall 4: } \mathbf{0,5 \times 0,1 = 0,05 = 5,0\%}$$

Die Gesamtwahrscheinlichkeit dass D bei einem Prozess nichts zahlen muss beträgt demnach 55 %, (Fall 1 und 4) die Wahrscheinlichkeit, dass er 50.000,- € zahlen muss, beträgt 31,5 % und die Wahrscheinlichkeit dass er 100.000,- € zahlen muss, 13,5 %.

Der Erwartungswert des Prozessrisikos ergibt sich aus den gewichteten Werten:

$$\textbf{Erwartungswert} = \mathbf{55\,\% \times 0\,€ + 31,5\,\% \times 50.000,\text{-}€ + 13,5 \times 100.000,\text{-}€ = 29.500,\text{-}€}$$

Wenn beide Parteien einen Prozess vermeiden wollten, wäre dies ein angemessener Vergleichsbetrag, an dem sie sich orientieren könnten. Zusätzlich könnte der Erwartungswert noch um die Komponente der Gerichtskosten ergänzt werden. Für die Erstellung von komplexen Prozessrisikoanalysen stehen auch Softwareprogramme von unterschiedlichen Anbietern zur Verfügung.[354]

[354] Z. B. unter litigationrisk.com; treeage.com.

Durch die Prozessrisikoanalyse bekommen die Vertragsparteien eine Übersicht der Fallkonstellationen in einem Entscheidungsbaum und erwerben neue Erkenntnisse. Der Einsatz der Prozessrisikoanalyse birgt **Vorteile aber auch einige Nachteile,** die der Mediator kennen sollte.

Der Entscheidungsbaum verhilft den Konfliktparteien von einem Bauchgefühl zu einer strukturierten Übersicht über die möglichen Eintrittswahrscheinlichkeiten von richterlichen Entscheidungen zu gelangen.[355] Die Konfliktparteien bekommen eine **bessere Übersicht** von welchen **Faktoren** der Prozessausgang abhängt und wie sie sich auf das gewünschte Ergebnis auswirken. Da die Prozessrisikoanalyse als letzte Technik zur Vermeidung eines Rechtsstreits eingesetzt wird, kann sie die Einstellungen der Konfliktparteien zu einer kooperativen Lösung wieder fördern. Aus diesem Grunde sollte die Prozessrisikoanalyse nicht gleich zu Beginn der Mediation durchgeführt werden, weil die Medianden „emotional überfordert"[356] sein könnten und den Konflikt in einem Anfangsstadium nicht mathematisch betrachten wollen. Die Parteien können anhand des Entscheidungsbaums ihre Einschätzung der Eintrittswahrscheinlichkeiten diskutieren und mit aktueller Rechtsprechung begründen. Durch die **Visualisierung nimmt die Komplexität** des Konfliktes und somit auch die der Entscheidung **ab.** Die gemeinsam entwickelte Fallkonstellation erleichtert darüber hinaus die Kommunikation der Konfliktparteien. Durch die Strukturierung der Risiken wird eine **überoptimistische Einschätzung** zum Ausgang des Konfliktes **durch realistischere Wahrscheinlichkeiten ersetzt**. Darüber hinaus erhalten die Beteiligten einen Überblick über die verschiedenen Unwägbarkeiten, die oftmals in der Ersteinschätzung des Konfliktes nicht gesehen wurden. Dadurch wird das Risikobewusstsein der Konfliktbeteiligten verbessert.

Nachteilig ist es jedoch, dass es sich bei den Wahrscheinlichkeiten nicht um statistisch sichere,[357] d. h. objektive Wahrscheinlichkeiten handelt, sondern um **subjektive Wahrscheinlichkeiten**, die aus der Auswertung der einschlägigen Rechtsliteratur, aktueller höchstrichterlicher Rechtsprechung und des in der Sache betrauten Gerichts resultieren. In komplexen Entscheidungssituationen werden die Wahrscheinlichkeiten **nicht immer zutreffend eingeschätzt,** weil nicht immer vergleichbare Daten vorliegen aus der sich Wahrscheinlichkeiten herleiten lassen. Dies ist zwingend bei der Betrachtung des Modells zu berücksichtigen. Wird dieses jedoch berücksichtigt, dann ist die Entscheidung mit Hilfe eines Entscheidungsbaum immer noch besser als „aus dem Bauchgefühl" heraus. Des Weiteren erfordert die Erstellung eines Entscheidungsbaums für sehr komplexe Fragestellungen eine **große fachliche Kompetenz**, die oftmals **teuer** (z. B. durch Gutachten) eingekauft werden muss.[358] Darüber hinaus müssen oftmals sehr viele Entscheidungsfaktoren berücksichtigt werden. Dann muss sehr sorgfältig gearbeitet werden, um die Reihenfolge der Knotenpunkte richtig zu bestimmen. Bei Großverfahren fallen die relativ hohen Kosten zur Erstellung einer Prozessrisikoanalyse jedoch nicht ins Gewicht.

[355] Vgl. hierzu und im Folgenden: Risse, 2003, S. 357.

[356] Eidenmüller, 2000, zitiert nach Risse, 2003, S. 362.

[357] Vgl. hierzu und im Folgenden: Risse, 2003, S. 359 f.

[358] Vgl. hierzu und im Folgenden: Risse, 2003, S. 361.

Mit der Prozessrisikoanalyse werden die Abläufe eines Gerichtsverfahrens simuliert und damit der Konflikt im Rahmen der Mediation wieder verrechtlicht.[359] Aus diesem Grunde sollte dieses Analyseelement einerseits nur eingesetzt werden, wenn die Medianden eine „rights-based-mediation“ wünschen, die z. B. in Form eines Mini-Trials abgehalten werden soll. Andererseits wird dieser Schritt im Rahmen der Bewertungsphase einer Mediation notwendig sein, wenn die Betroffenen im Diskurs über die Fairnesskriterien der Lösung zu keinem Konsens kommen können und die Durchführung eines Gerichtsverfahrens im Raume steht. Mit einer realistischeren Einschätzung, vor Gericht zu obsiegen, kann es dann doch noch zur Wende in der Mediation bei der Bewertung und Auswahl von Lösungsoptionen kommen.

5.4.2 Einzelgespräche

Der Einsatz von Einzelgesprächen in der Mediation wird in der Literatur unterschiedlich bewertet.[360] Bei **Einzelgesprächen im Rahmen von Mediationssitzungen** handelt es sich um im Vorfeld von beiden Medianden genehmigte Einzelgespräche mit dem Mediator. Eine einseitige Kontaktaufnahme einer Partei während der laufenden Mediationszeit (persönlich, schriftlich oder telefonisch) zur Besprechung mediationsrelevanter Themen ist unzulässig. Die Medianden sind darauf hinzuweisen, weil sie dadurch die Allparteilichkeit des Mediators gefährden.[361] Hiermit sind auch nicht Vorgespräche des Mediators in der Vorlaufphase gemeint, in denen er sich nur einen Überblick über den Konflikt verschaffen will. Der Einsatz von Einzelgesprächen wird von einem Großteil der Mediatoren grundsätzlich abgelehnt, weil dadurch der vertrauensbildende Rahmen gefährdet und Misstrauen „durch Geheimnisse“ gefördert werden könnte.[362] Andere, insbesondere Autoren aus dem Bereich der zwischenbetrieblichen Wirtschaftsmediation, befürworten den Einsatz von Einzelgesprächen,[363] weil die Unterredungen, anders als zum Gerichtsprozess gerade in Einzelgesprächen, einen Vertrauensaufbau ermöglichen können.

Die Unterschiede in den Auffassungen sind sicherlich darin begründet, dass Mediation nicht nur die **Lösung des Sachkonfliktes als Ziel** beinhaltet, sondern auch in den meisten Mediationsfeldern, i. d. R. als zweites Ziel, die **Verbesserung der (Geschäfts-) Beziehungsebene** mit einschließt. Das ist der psychologisch wirksame Ansatz der Mediation, um Konflikte nachhaltig zu klären und effektive Lösungen im win-win-Bereich zu ermöglichen. In Rahmen der Wirtschaftsmediation, die zwischen der innerbetrieblichen und zwischenbetrieblichen Mediation differenziert, werden jedoch nicht immer beide Ziele verfolgt. Während in den meisten **innerbetrieblichen Wirtschaftsmediationen regel-**

[359] Vgl. Risse, 2003, S. 362.

[360] Vgl. Risse, 2003, S. 242.

[361] Vgl. Risse, 2003, S. 243.

[362] Vgl. Risse, 2003, S. 242.

[363] Z. B. Duve/Eidenmüller/Hacke, 2011, S. 179 und 240 ff. und Risse, 2003, S. 242 ff.

mäßig beide Ziele verfolgt werden, ist es in **zwischenbetrieblichen Mediationen auch denkbar**, dass die Konfliktparteien nur eine **gute einvernehmliche Trennung wünschen** und kein Interesse an einer weitergehenden Zusammenarbeit und somit Beziehung haben. Bei dem Ziel auch die Beziehungsebene zu verbessern und Vertrauen zwischen den Konfliktparteien aufzubauen sind Einzelgespräche dann tendenziell eher kontraproduktiv.[364] Daher ist in innerbetrieblichen Mediationen tendenziell eher von Einzelgesprächen abzuraten. Dieses gilt auch für zwischenbetriebliche Mediationen, wenn es das erklärte Ziel ist, dass auch zukünftig eine gute Geschäftsbeziehung aufrecht erhalten werden soll. Dennoch kann im **Einzelfall** – das muss der Mediator situationsbedingt entscheiden – ein Einzelgespräch notwendig werden, z. B. wenn ein Mediand im Rahmen einer innerbetrieblichen Gruppenmediation starke Emotionen zeigt, aber den Hintergrund für seine Emotionen in der Gruppe **noch nicht** sofort äußern kann oder z. B. bei einer zwischenbetrieblichen Mediation die Sorge um die mögliche Insolvenz des Unternehmens im Raume steht und der Mediand diese Situation nicht preisgeben kann und möchte, weil er sonst eine zu starke Abhängigkeit befürchtet.

In zwischenbetrieblichen Mediationen, in denen ausdrücklich **keine weitere Zusammenarbeit gewünscht** ist und nur ein Gerichtsverfahren vermieden werden soll, um Zeit und hohe Transaktionskosten zu sparen, wird i. d. R. das Interesse, Vertrauen zueinander aufzubauen, weniger stark ausgeprägt und die Bereitschaft „wichtige Informationen" auszutauschen, geringer sein. Dann kann der Mediator in Einzelgesprächen im Dialog mit den Konfliktparteien Vertrauen aufbauen, indem er genau das Thema Vertrauen anspricht. Er wird die Metakommunikation (vgl. Kap. 4.1.2.3.) anwenden und auf die Probleme hinweisen, wenn entscheidungsrelevante Informationen zurückgehalten werden. Der Mediator wird nochmals darauf aufmerksam machen, dass es notwendig ist, möglichst alle **entscheidungsrelevanten Informationen** im Rahmen der Mediation preiszugeben. Durch Preisgabe entscheidungsrelevanter Informationen werden erst optimale Ergebnisse, also Gewinner-Gewinner-Lösungen, möglich. Werden relevante Informationen zurückgehalten (was dem Grundsatz der Informiertheit entgegenstehen würde), könnte es passieren, dass die Situation des in Kap. 3.2.3 beschriebenen „Verhandlungsdilemmas" eintritt. Hier agieren die Konfliktparteien nicht kooperativ, sondern fallen wieder in kompetitive Verhandlungsstile zurück, in denen um Positionen gefeilscht, statt über Interessen gesprochen wird. Dann hätte die Mediation aber ihr Ziel verfehlt, denn auch wenn im Rahmen einer Mediation keine zukünftige Zusammenarbeit gewünscht ist, ist ein kooperativer Verhandlungsstil erforderlich, um Gewinner-Gewinner-Lösungen oder zumindest einen Kompromiss zu erzielen. Der Mediator wird auch darauf verweisen, dass zwar keine weitere Zusammenarbeit geplant ist, aber die Parteien nicht absehen können, was die Zukunft bringt. Nicht von ungefähr kommt auch das Sprichwort: „Man sieht sich im Leben immer zweimal." Daher ist es auch strategisch und unternehmerisch ratsam für beide Seiten gute Ergebnisse vor Augen zu haben und relevante Informationen offenzulegen.

[364] Vgl. Risse, 2003, S. 255 f.

Der Mediator wird schon bei der Auftragsklärung die Mediánden darauf hinweisen müssen, dass die Zielvorgabe der Medianden auch auf den Verfahrensablauf der Mediation einen Einfluss nehmen wird und **dass beste Ergebnisse nur bei dem Ziel zu erwarten sind, bei dem sowohl der Sachkonflikt gelöst als auch die (Geschäfts-) Beziehungsebene verbessert werden soll.** Nur beide Ziele im Verbund fördern ein nachhaltiges kooperatives vertrauensbildendes Verhalten der Konfliktparteien. Soll die Zielsetzung der Mediation ausdrücklich nur in der Klärung des Sachkonfliktes bestehen, weil die Konfliktparteien nur schnell und kostengünstig „auseinander kommen wollen", dann ist damit zu rechnen, dass Einzelgespräche mit den Medianden erforderlich werden können.

5.4.2.1 Einzelgespräche bei Bedarf und Einverständnis der Konfliktparteien

Werden Einzelgespräche geplant, so sind im Vorfeld einige Dinge im Rahmen ihrer Durchführung zu beachten. Zunächst ist es gem. § 2 Abs. 3 Satz 3 MediationsG erforderlich, dass die Konfliktparteien den Einzelgesprächen ausdrücklich **zugestimmt** haben. Das kann bereits im Rahmen eines Mediationsvertrages geschehen, wenn z. B. in einer zwischenbetrieblichen Mediation bereits bei der Zielvereinbarung erkennbar ist, dass die Parteien nur eine schnelle Lösung des Sachkonfliktes wünschen und an einer weiteren Zusammenarbeit in keiner Weise mehr interessiert sind. Hier kann der Mediator schon im Vorfeld damit rechnen, dass es zu Einzelgesprächen kommen wird, um im Mediationsprozess weiter zu kommen. Dann scheint eine schon im Mediationsvertrag enthaltene Klausel für Einzelgespräche sinnvoll zu sein.[365]

Bei allen anderen Mediationen kann der Mediator im Rahmen der Vorgespräche auf die grundsätzliche Möglichkeit von Einzelgesprächen hinweisen, wenn sie für das Fortkommen des Mediationsverfahrens geeignet erscheinen.[366] Eine vertragliche Regelung im Vorfeld ist hier nicht nötig. Erst wenn der Mediator der Auffassung ist, dass ein Einzelgespräch im Rahmen der Mediation angezeigt sein könnte, wird er diese Option den Konfliktbeteiligten zur Verfügung stellen, ihnen den Grund hierfür mitteilen und **nur mit** der **Erlaubnis aller Teilnehmer** Einzelgespräche durchführen. Dabei muss die Zustimmung für die Durchführung von Einzelgesprächen **immer wieder neu** eingeholt werden. Die Zustimmung gilt immer nur für die aktuelle Mediationssituation.

Vor der Durchführung der Einzelgespräche mit den Medianden ist ein Konsens über die **Dauer** der Einzelgespräche herbei zu führen. Dabei muss der Mediator im Rahmen der „Verfahrensgerechtigkeit"[367] beiden Parteien die **gleich lange Zeitspanne** zugestehen.[368] Je nach situativem Kontext kann die Zeit unterschiedlich lang bemessen sein. Eine Gesprächsdauer von 15–45 min ist in Wirtschaftsmediationen oftmals üblich. In sehr komplexen Mediationen kann ein speziell hierfür anberaumter Termin notwendig werden.

[365] Vgl. auch Duve/Eidenmüller/Hacke, 2011, S. 241.

[366] Vgl. hierzu und im Folgenden: Risse, 2003, S. 243.

[367] Vgl. Montada/Kals, 2013, S. 153.

[368] Vgl. hierzu und im Folgenden: Risse, 2003, S. 244.

Die Durchführung von Einzelgesprächen kann bereits ab der Phase der Interessenklärung erforderlich werden.[369] Dann muss der Mediator darauf gefasst sein, dass die Konfliktparteien ihn für ihre Sichtweise gewinnen wollen.[370] Hier darf der Mediator seine neutrale Haltung nie verlieren und den Parteien Recht geben oder seine eigene Meinung zu dem Thema kundtun, noch den Beteiligten einen Rat geben. Vielmehr muss er dann wieder die bekannten Kommunikationstechniken einsetzen, insbesondere das aktive Zuhören, die Fragetechniken oder auch das Reframing. Danach sollte der Mediator einen Perspektivwechsel einleiten, um mit dem jeweiligen Medianden im Rahmen der aktuellen Mediationsstufe weiterzuarbeiten. Wählt der Mediator geschickte Fragen, kann er die Betroffen dazu anregen, in ganz andere Richtungen zu denken, ohne dass sie dabei ihr Gesicht verlieren.

Während der Mediator ein Einzelgespräch mit einer Partei führt, sollte er die andere Partei mit einer mediationsfördernden Aufgabe beschäftigen, um deren **Wartezeit** sinnvoll zu nutzen.[371] Gleichzeitig wird damit die unproduktive Spekulation darüber unterbunden, was die Gegenpartei gerade in der Einzelsitzung besprechen könnte. Zum Beispiel könnte der Mediator der wartenden Partei eine konkrete Fragestellung, die auf einem Flip-Chart notiert wird, aufgeben. Es bietet sich an, eine Frage zu formulieren, die das folgende Einzelgespräch erleichtern könnte. Beispielsweise könnte der Mediator die Parteien im Rahmen ihrer jeweiligen Wartezeiten auffordern, über diejenigen Aspekte in den Gesprächen nachzudenken, die für sie neu waren und welchen Einfluss diese auf den gemeinsamen Konflikt haben.

Für den Mediator gilt innerhalb der Einzelsitzung der **Grundsatz der Vertraulichkeit**.[372] Ohne die Zustimmung der Partei ist der Mediator nicht befugt Informationen, Interessen oder Lösungsansätze der anderen Seite mitzuteilen. Auf diese Verpflichtung zur Vertraulichkeit muss der Mediator in jeder Einzelsitzung hinweisen. In der Mediation wird der Mediator die betroffenen Parteien befragen, welche Informationen an die andere Partei weitergegeben werden dürfen und welche nicht. Zuvor sollte der Mediator mit der Konfliktpartei die Chancen und Risiken einer eventuellen Offenbarung abgewogen haben. Oftmals sehen die Parteien nur die Risiken, nicht jedoch mögliche Chancen, die mit der Preisgabe einer Information verbunden sein könnten. Der Mediator sollte sich insbesondere bei komplexen Sachverhalten auf zwei verschiedenen Dokumenten notieren, welche Informationen er weitergeben darf und welche nicht. Das Blatt mit Informationen, die er weitergeben darf, dient als Gedankenstütze für die weitere Mediation. Das andere Notizblatt dient dem Mediator zur weiteren Verfahrensgestaltung und zur Bildung von Hypothesen.

Einzelsitzungen bergen für den Mediator immer die Gefahr, dass er **versehentlich Informationen preisgibt,** die vertraulich waren und er somit ggf. für einen daraus entstan-

---

[369] Vgl. Duve/Eidenmüller/Hacke, 2011, S. 179.

[370] Vgl. hierzu und im Folgenden: Risse, 2003, S. 245 f.

[371] Vgl. hierzu und im Folgenden: Risse, 2003, S. 246 f.

[372] Vgl. hierzu und im Folgenden: Risse, 2003, S. 247 f.

denen Schaden haftbar gemacht werden könnte. Aus diesem Grunde sollte ein Mediator sorgfältig überlegen, ob er das Instrument der Einzelsitzungen anwenden möchte.

Einzelgespräche bieten folgende **Chancen**, insbesondere in Mediationen in denen das **Ziel** verfolgt wird nur eine **schnelle rechtsbezogene Lösung des Sachkonfliktes zu finden** um hohe Transaktionskosten eines Gerichtsprozesses zu sparen:[373]

- **eine größere Offenheit der Konfliktparteien** – weil sie dem Mediator durch die zugesicherte Vertraulichkeit Dinge anvertrauen, die sie in der gemeinsamen Sitzung vermutlich verschwiegen hätten, die sie aber nach einer gemeinsamen Erörterung oftmals preisgeben, weil sie erkennen, dass gerade mit diesen Informationen ganz neue Lösungsoptionen möglich werden,
- eine **Versachlichung der Verhandlung**, wenn die Parteien sich nicht auf die Gesprächsregel „den anderen ausreden lassen und gegenseitiges Zuhören" einlassen können und sich die Gesprächspartner spontan gegenseitig unterbrechen, wenn sie zu einer Aussage einen Einwand haben,
- eine **Erleichterung der Vorbereitung der nächsten Verhandlungsrunde,** weil der Mediator im Rahmen der Einzelgespräche nicht nur die Sichtweise der Partei im Einzelgespräch herausarbeitet, sondern auch immer die Perspektive für die andere Konfliktpartei im Rahmen eines Perspektivwechsels schärft.

Hingegen sind folgende **Risiken** bei der Durchführung von Einzelsitzungen möglich:[374]

- Der Mediator erhält mehr Macht auch in die Verhandlung einzugreifen und kann oft unbewusst seine eigenen Gerechtigkeitsvorstellungen (insbesondere bei einer Shuttle-Diplomatie siehe Kap. 5.4.2.2.) in das Verfahren hineinbringen und die Medianden durch gefilterte Kommunikation auch „manipulieren". Die Konfliktparteien sollen aber eigenverantwortlich an einer Lösung arbeiten und ihre eigenen Gerechtigkeitsvorstellungen als Maßstab nehmen dürfen.
- Werden Einzelgespräche geführt, stellt sich die Frage, ob die am Ende gefundene Lösung als Ergebnis einer gemeinsamen Arbeit wahrgenommen wird oder nur als Vermittlungsleistung des Mediators. Umfasst das Mediationsziel auch die Verbesserung der Beziehungsebene wirken sich Einzelgespräche nicht förderlich auf dieses Ziel aus, weil die räumliche Trennung eher Misstrauen als Vertrauen zum Verhandlungspartner schürt. Aus diesem Grunde sind dann Einzelgespräche möglichst zu vermeiden.
- Die Parteien könnten die Neutralität des Mediators falsch beurteilen. Zum einen könnte die in der Einzelsitzung befindliche Partei glauben, dass die Empathie des Mediators gleichzusetzen ist mit einer Meinungsübereinstimmung oder die wartende Partei könnte glauben, dass der Mediator mit der Gegenseite einen Pakt verhandelt, der sie selbst schlechter stellt. Beide Sichtweisen wirken sich nachteilig auf das Mediationsverfahren aus.

[373] Vgl. hierzu und im Folgenden: Risse, 2003, S. 250 ff.

[374] Vgl. hierzu und im Folgenden: Risse, 2003, S. 252 ff.

- Darüber hinaus muss der Mediator äußerste Sorgfalt walten lassen, dass er keine Informationen weitergibt, die nicht freigegeben wurden und er sich dadurch haftbar machen könnte.
- Auch könnte durch falsches Überbringen von Nachrichten das „Stille Post"-Problem entstehen, bei dem versehentlich wichtige Inhalte nicht weitergegeben und dafür unwesentliche Sachverhalte aufgewertet wurden. Nur das Gespräch mit allen Konfliktparteien ermöglicht einen Meinungsaustausch, der alle Facetten der geäußerten Meinung der jeweiligen Konfliktpartei umfasst.

Aus diesen Gründen sollte der Mediator sehr sparsam im Einsatz von Einzelgesprächen sein. Es handelt sich jedoch um eine geeignete Maßnahme, wenn die Verhandlung zu einem **Stillstand** gekommen ist und der **Abbruch der Verhandlungen** droht.[375]

5.4.2.2 Shuttle-Diplomatie

Die Shuttle-Diplomatie (Pendel-Diplomatie) ist eine Sonderform der Führung von Einzelgesprächen und wird manchmal bei der Bewertung und Auswahl von Lösungsoptionen eingesetzt.[376] Dabei wechselt der Mediator die Räume in denen er jeweils Einzelgespräche mit den Konfliktparteien geführt hat. Der Mediator überbringt der Gegenseite optimierte Lösungsvorschläge der einen Partei. Die Gegenseite erörtert ihrerseits die Aspekte und optimiert ihrerseits den Vorschlag. Der Vorteil dieser Verfahrensweise liegt darin, dass bei komplexen Fragestellungen die Parteien in Ruhe und im vertraulichen Rahmen die Vor- und Nachteile des Vorschlages durchdenken können und erst nach diesem „öffentlichen" Gedankengang eine Antwort geben müssen. Die Gegenpartei bekommt so evtl. geäußerte Kritik nicht zu hören, was für die emotionale Grundhaltung der Konfliktparteien förderlich ist. Die Änderungs- und Gegenvorschläge bringt der Mediator so lange hin- und her bis ein Konsens gefunden ist.

Zur Shuttle-Diplomatie gelten die in Kap. 5.4.2.1. erläuterten Ausführungen sowie Chancen und Risiken gleichermaßen. Die Shuttle-Diplomatie sollte die Ausnahme und nicht die Regel sein.

5.4.3 Co-Mediation/Teammediation

Eine **Co-Mediation** bezeichnet die Zusammenarbeit von Mediatoren mit unterschiedlichen Herkunftsberufen, aber auch die Zusammenarbeit von männlichen und weiblichen Mediatoren, entweder in der Form als Mediatoren-Duo oder als ein Team von mehreren Mediatoren.[377] Je nach Konfliktthemengebieten und Anzahl der Konfliktparteien kann es erforderlich sein, dass Mediatoren unterschiedlichen Geschlechts oder unterschiedlicher Professionen als Mediatoren zusammenarbeiten. In innerbetrieblichen Konflikten ohne

---

375 Vgl. Risse, 2003, S. 257.

376 Vgl. hierzu und im Folgenden: Risse, 2003, S. 247.

377 Vgl. Diez, 2005, S. 229.

justiziablen Hintergrund werden eher Mediatoren mit einem betriebswirtschaftlichen, psychologischen oder sozialpädagogischen Herkunftsberuf zusammenarbeiten. In zwischenbetrieblichen Konflikten, in der rechtliche, technische oder betriebswirtschaftliche Fragestellungen von Bedeutung sind, werden tendenziell eher Mediatoren mit diesem Hintergrundwissen zusammenarbeiten, um eine Multiprofessionalität zu gewährleisten, wenn ein Mediator diese Bandbreite nicht allein abdecken kann.[378] Dabei gibt es unterschiedliche Auffassungen darüber, ob neben der **fachlichen Unterschiedlichkeit** der Mediatoren **und des Geschlechts** auch eine Unterschiedlichkeit in der Weltanschauung und Wesensart förderlich ist. So bieten auch in dieser Hinsicht unterschiedliche Mediatoren ein größeres Spektrum für ein größeres Verständnis und eine größere Vielfalt für die Medianden.[379] Diese Unterschiedlichkeit kann jedoch die Arbeit der Mediatoren untereinander aufgrund verschiedener Sichtweisen erschweren und zu Spannungen innerhalb des Mediatorenteams führen, was sich letztendlich negativ auf das Mediationsverfahren auswirkt. Mediatoren mit unterschiedlicher Wertestruktur sollten dann immer sehr diszipliniert und selbstreflektiert arbeiten, sich im Vorfeld sehr gut vorbereiten und sich auch bezüglich ihrer Wertebasis vorher abgestimmt haben, damit das Mediationsverfahren nicht unter der Unterschiedlichkeit leidet, sondern davon profitiert. Bestenfalls sollen die Mediatoren sich in Ihren Stärken ergänzen, so dass sie harmonieren und gut zusammenarbeiten.[380] Liegen sehr große Unterschiede z. B. in Bezug auf die Altersstruktur, Kultur, Religion, Herkunft oder andere betreffende **Aspekte** bei den Medianden vor – die **für den Konflikt maßgeblich mitbestimmend** sind – kann eine Co-Mediation von Mediatoren angezeigt sein, die diesen Aspekt in der Altersstruktur, Herkunft o. ä. widerspiegeln.[381] So können kulturelle Unterschiede und Sprachunterschiede bei zwischenbetrieblichen Unternehmenskonflikten (z. B. zwischen einem chinesischen Unternehmen und deutschem Unternehmen) Mediatoren mit dem jeweiligen sprachlichen und kulturellem Hintergrund erforderlich machen. (Vgl. Kap. 5.4.6.)

Mediationen sind auch für den Mediator physisch und psychisch belastend – denn sie bedeuten auch für ihn Stress.[382] Er muss in hochemotionalen Situationen immer einen kühlen Kopf bewahren, wertschätzend kommunizieren, immer äußerst konzentriert zuhören, damit ihm keine wichtigen Punkte entgehen. Er muss komplexe Sachverhalte erfassen, auf die Körpersprache aller Medianden achten, vertraulich Geäußertes für sich behalten und auch noch alles Wichtige strukturieren und schriftlich visualisieren. Da kann eine **Aufgabenteilung** im Rahmen einer Co-Mediation sehr **entlastend** sein, wenn die Mediatoren ein eingespieltes Team sind. Beispielsweise könnte der eine Mediator die Aufgabe der Visualisierung übernehmen und die „Gegenpartei beobachten", während der andere Mediator das Gespräch mit der anderen Partei führt. Die Beobachtungen können dann in den Pausen ausgetauscht werden, Hypothesen abgeglichen und Strategien für das

[378] Vgl. Duve/Eidenmüller/Hacke, 2011, S. 313.

[379] Vgl. hierzu und im Folgenden: Diez, 2005, S. 229.

[380] Vgl. hierzu Duve/Eidenmüller/Hacke, 2011, S. 314.

[381] Vgl. Diez, 2005, S. 229.

[382] Vgl. Duve/Eidenmüller/Hacke, 2011, S. 314.

weitere Vorgehen im Verfahren gemeinsam festgelegt werden. Eine Co-Mediation bietet für den Mediator darüber hinaus auch eine Möglichkeit für fachlichen Austausch, positives Feedback, mehr Balance und Neutralität im Rahmen der Mediation.[383]

Was für den Mediationsverlauf von Vorteil ist – die Arbeitserleichterung und die Möglichkeit der gegenseitigen Ergänzung – wirkt sich nachteilig auf die Kosten des Mediationsverfahrens aus.[384] So muss bei **zwischenbetrieblichen** Mediationen abgewogen werden, **ob Co-Mediatoren nur in bestimmten Phasen** als zusätzliche Unterstützung hinzugezogen werden. Solange sich die Parteien aber eine weitere zukünftige Zusammenarbeit wünschen, rechnet sich dann auch i. d. R. ein zusätzlicher Mediator. Der Streitwert allein ist kein Maßstab für den Kosteneinsatz im Rahmen einer Mediation. Selbst bei einem geringen Streitwert müssen auch immer zusätzlich die alternativ entstehenden Prozess- und Rechtsanwaltskosten in einer Überlegung für den Einsatz von ein oder zwei Mediatoren eingebracht werden. Darüber hinaus würde der Verlust einer bisher guten Geschäftsbeziehung auch eine Kostenerhöhung auf anderer Ebene bedeuten. Es muss in der Regel ein Ersatz gefunden werden, was mit sehr hohen Folgekosten verbunden ist. Unter diesen Aspekten sollten die Konfliktparteien immer abwägen, ob eine gelungene Mediation mit hohem Qualitätsaspekt auch ihren Preis haben darf. Wie bei allen guten Dingen hat auch in der Mediation Qualität ihren Preis.

Wenn jedoch gar keine weitere Zusammenarbeit gewünscht ist und nur eine gütliche günstige Einigung gewünscht wird, dann kann zur Reduzierung der Gesamtverfahrenskosten auch nur phasenweise ein Co-Mediator hinzugezogen werden. Wenn beispielsweise nur im Rahmen eines Themengebietes spezielle Sachfragen geklärt werden müssen für die der Mediator sich aufwändig vorbereiten müsste, dann können Co-Mediatoren, die aufgrund ihres Fachwissens (technisch, steuerrechtlich, betriebswirtschaftlich oder juristisch) für einen Sachverhalt besonders geeignet sind, die Mediation auch nur phasenweise begleiten.[385]

Bei **innerbetrieblichen** Mediationen, z. B. im Rahmen von Teamkonflikten oder Gruppenkonflikten, ist es sinnvoll, mit zwei oder mehreren Mediatoren zu arbeiten, um sich gegenseitig zu entlasten und Zeitvorteile im Rahmen von Gruppenarbeiten z. B. im Rahmen der Lösungsfindungsphase zu nutzen. Bei einer zeitlich kurzen und effektiven Mediation sind Auftraggeber auch eher bereit, mehr für die Mediation zu bezahlen, da ihre Mitarbeiter wieder schneller im Unternehmen voll einsatzfähig sind. Darüber hinaus sind die Kosten für die Mediation sehr gering im Vergleich zu den bisher entstandenen Konfliktkosten. Hier sind die Mediatoren gefordert schon bei der **Auftragsakquise** den Nutzen der einvernehmlichen Konfliktlösung auch auf ökonomischer Seite – nämlich die Einsparung von sehr hohen Konfliktkosten für die Zukunft – offenzulegen (vgl. auch Kap. 9.1.). So konnte in der Konfliktkostenstudie 2009 von KPMG aufgedeckt werden, „dass deutsche Unternehmen viele Millionen im Jahr für Konfliktkosten aufwenden, pro

[383] Vgl. Diez, 2005, S. 231.

[384] Vgl. hierzu und im Folgenden: Duve/Eidenmüller/Hacke, 2011, S. 314 f.

[385] Vgl. hierzu Duve/Eidenmüller/Hacke, 2011, S. 314.

Unternehmen je nach Größe oft mehrere hunderttausende Euro."[386] Unter Berücksichtigung der Konfliktkosten sind die Verfahrenskosten für eine Mediation, sogar auch für eine Co-Mediation, sehr schnell amortisiert.[387]

Im Rahmen von Co-Mediationen gilt der Grundsatz der Vertraulichkeit zwischen den beteiligten Mediatoren nicht.[388] Die Mediatoren müssen die Berechtigung haben, die erworbenen Informationen aus Einzelgesprächen austauschen zu dürfen. Nur so sind Synergieeffekte möglich und eine Zusammenarbeit der Mediatoren wird dadurch erleichtert. Die Mediatoren sollten bei der Erläuterung des Grundsatzes der Vertraulichkeit im Rahmen der Vertragsvereinbarung auf diesen Sachverhalt jedoch immer hinweisen.

5.4.4 Mehrparteien-Mediation und Gruppen-Mediationen

Mediationen mit mehr als zwei Konfliktparteien werden als **Mehrparteien-Mediationen** bezeichnet.[389] Mehrparteien-Mediationen sind hauptsächlich im Rahmen von innerbetrieblichen Gruppen-Konflikten vorzufinden. Im zwischenbetrieblichen Bereich sind sie eher die Ausnahme. Bei innerbetrieblichen Gruppenkonflikten handelt es sich um **Konflikte**, die **innerhalb einer Gruppe** oder **zwischen Gruppen innerhalb eines Unternehmens** existieren können. Die Konfliktparteien in innerbetrieblichen Gruppen-Konflikten können dabei vielfältig sein. Es kann sich um **horizontale Konflikte**, also Konflikte innerhalb einer hierarchischen Ebene (also Konflikte innerhalb eines Teams, Konflikte zwischen Teams oder Konflikte zwischen Abteilungen), als auch um **vertikale Gruppenkonflikte**, also hierarchieübergreifende Konflikte, handeln.[390] Denkbar sind auch innerbetriebliche Gruppen-Konflikte unabhängig von der organisatorischen Zugehörigkeit der einzelnen Parteien, z. B. zwischen Betriebsratsmitgliedern und Arbeitgebervertretern.[391] Mediationen bei Konflikten in oder zwischen Gruppen werden auch als **Gruppen-Mediationen** bezeichnet.[392]

Für die methodische Arbeit mit Mehrparteien und Gruppen gilt grundsätzlich auch der bereits vorgestellte Mediationsablauf mit den Elementen der Selbstbehauptung (window I) und des Perspektivwechsels (window II).[393] Wie bereits in Kap. 2.1.3. beschrieben, nimmt jedoch die Komplexität des Konfliktes mit zunehmender Anzahl der Konfliktpar-

[386] Vgl. Insam, 2012, S. 5.

[387] Vgl. Unternehmerschaft Düsseldorf, 2012, S. 10 ff.

[388] Vgl. hierzu und im Folgenden: Hartmann, 2009, S. 1090 f.

[389] Vgl. Diez, 2005, S. 210.

[390] Vgl. Ponschab/Dendorfer, 2009, S. 595.

[391] Vgl. Budde, 2006b, S. 39–42.

[392] Vgl. Diez, 2005, S. 212.

[393] Vgl. Diez, 2005, S. 210 und S. 214.

teien zu, so dass bei sehr großen Parteienzahlen das Mediatorenteam[394] überlegen muss, ob technische Veränderungen im Verfahrensablauf vorzunehmen sind. Auch unterschiedliche Gruppenkonstellationen sind denkbar, bei denen die Anzahl der jeweiligen Gruppenmitglieder unterschiedlich hoch ist. Das Mediatorenteam muss in der Vorbereitungsphase besonders gründlich vorgehen. Sie müssen sich intensiv vorbereiten, mit allen Konfliktparteien Vorgespräche führen, Arbeitshypothesen bilden, einen Mediationsablaufplan für die einzelnen Stufen erstellen, der jedoch Flexibilität zulassen muss und das Setting festlegen. Darüber hinaus müssen im Vorfeld Schwierigkeiten antizipiert werden, die aus der Höhe der Teilnehmerzahl resultieren können.

Im Rahmen der **Vorlaufphase** sind z. B. folgende Besonderheiten zu beachten: Bei der Kontaktherstellung muss zumindest mit einem Interessenvertreter jeder Interessengruppe des Konfliktes gesprochen werden, bestenfalls jedoch mit allen am Konflikt involvierten Personen, weil der Konflikt trotz gleicher Interessen von jeder Person individuell anders wahrgenommen wird. Bei der Konfliktanalyse sind neben Organigrammen auch Soziogramme hilfreich, die die Mediatoren von der Konfliktgruppe zeichnen. Hier sind die Beziehungsverpflechtungen zueinander dargestellt. Auch die Auswertung der von den Konfliktparteien ausgefüllten Fragebögen (vgl. Kap. 5.1.1.1) ermöglichen eine bessere Hypothesenbildung und Planung des Verfahrens. Beim Setting wäre z. B. zu klären, wer neben wem zusammen sitzen sollte, um ungünstige Konstellationen und Blickkontakt zueinander zu vermeiden. Auch ist zu klären, wie mit unterschiedlichen Gruppengrößen oder Einzelpersonen in Gruppenkonflikten umgegangen werden soll, z. B. durch zusätzliche Unterstützung der Einzelperson durch einen Mediator.

Nicht nur die Besprechung des Mediationsvertrages, sondern auch die in der Mediation geltenden Regeln können bei einer großen Teilnehmerzahl schon in den Vorgesprächen besprochen und im Rahmen des Mediationsvertrages unterschrieben worden sein. Hier ist es hilfreich, wenn der Mediator Regeln, die sich bewährt haben, schon vorgibt[395] und die Hintergründe erläutert. Damit der Vertrag wirksam werden kann muss jeder Teilnehmer ein Exemplar erhalten und sich zur Vertraulichkeit verpflichten. So verlagert sich diese Stufe der Mediation dann in die Vorlaufphase. In der Mediation wird dann einleitend nur noch an die Mediationsgrundsätze und an die Regeln erinnert und die Mediationsverträge zur Unterschrift weitergereicht. Bei viel größeren Personenanzahlen kann z. B. nur ein Original angefertigt werden, von dem dann Kopien für alle anderen Teilnehmer erstellt werden. Insbesondere die Freiwilligkeit, Ergebnisoffenheit und die Sanktionsfreiheit muss geklärt werden. Blockaden, die sich aus Hierarchiegefügen oder gruppendynamischen Prozessen ergeben könnten, müssen im Vorfeld entdeckt und geeignete Bearbeitungsstrategien für die Mediation vorbereitet werden (z. B. Einzelgespräche, Metakommunikation oder „Außenseiter-Ritual"[396]).

394 Bei Mehrparteien- bzw. Gruppen-Konflikten wird die Mediation i. d. R. von einem Mediatorenteam durchgeführt.

395 Vgl. Diez, 2005, S. 215.

396 Vgl. Oboth/Seils, 2008, S. 91 ff. Gruppenübung für erfahrenere Mediatoren. Erfordert sehr viel Empathie und ein gutes Gespür für die Verhaltensweisen der Gruppenmitglieder.

Im Rahmen der Mediationsphase ist zu überlegen, wie die technische Umsetzung der Selbstbehauptung und des Perspektivwechsels für alle gleichermaßen gelingen kann. Bei beispielsweise zehn Parteien kann die farbliche Kennzeichnung der wechselseitigen Anerkennung der Interessen auf Flip-Charts sehr verwirrend sein. In der Interessenphase ist die Selbstbehauptung und der Perspektivwechsel/wechselseitige Anerkennung jedoch zwingend erforderlich. In den anderen Phasen, wie z. B. der Lösungssuche ist sie nicht zwingend erforderlich, sondern erst wieder in der Bewertung und Auswahl von Optionen. Hier könnte z. B. mit Klebepunkten für die Auswahl von Optionen gearbeitet werden. Bei der Themensammlung kann der Selbstbehauptung genüge getan werden, indem alle Konfliktparteien alle Themenwünsche im Rahmen einer Kartenabfrage nennen können. Alle Themen werden thematisch geordnet und ggf. Unterthemen werden Überthemen zugeordnet. Im Rahmen der Mediation muss dann den Beteiligten zugesichert werden, dass alle Themenbereiche ihre Berechtigung haben und abgearbeitet werden. Ein Priorisieren und die Reihenfolge der Abarbeitung könnte wiederum mit Hilfe von Klebepunkten erfolgen.

Gruppenkonflikte bei denen die Gruppenteilnehmer gleiche Interessen verfolgen, können auch durch Interessenvertreter z. B. in Analogie zur **Fishbowl-Methode**[397] durch eine Mediation geführt werden. Dabei wird pro Interessengruppe ein Stellvertreter gewählt, der den Konflikt aus der Sicht der Gruppe darstellen und die Interessen vertreten soll. Die anderen Gruppenmitglieder sitzen im Hintergrund im Halbkreis um die Medianden und beobachten das Geschehen (siehe Abb. 5.11). Für sie besteht die Möglichkeit, auch in die Mediation involviert zu werden. Durch Handzeichen können sie einen Wortbeitrag signalisieren, wenn sie sich von ihrem Interessenvertreter nicht ausreichend berücksichtigt fühlen. Ein zweiter Mediator, der für die Visualisierung und die Beobachtung des Außenkreises zuständig ist, teilt dem Signalgeber einen extra für diesen Fall freigehaltenen Stuhl in der Mediationsrunde zu. Der Teilnehmer des Aussenkreises kann dann seinen Wortbeitrag abgeben und verlässt danach wieder die Runde für andere Teilnehmer aus dem Aussenkreis.

5.4.5 Einbeziehung Dritter

Die Einbeziehung Dritter, also Personen, die nicht selbst am Konflikt beteiligt oder nur indirekt von den in der Mediation getroffenen Entscheidungen betroffen sind, ist in einer Mediation möglich. Gem. § 2 Abs. 4 MediationsG müssen die Konfliktparteien für die Teilnahme eines Dritten explizit ihre Zustimmung geben. Als Dritte im Rahmen von Wirtschaftsmediationen kommen beispielsweise Sachverständige, Steuerberater, Gutachter, Dolmetscher aber auch die beratenden externen Rechtsanwälte der Konfliktparteien in Frage. In der Gesetzesbegründung zum Mediationsgesetz ist die Rolle von **prozessbevollmächtigten** Rechtsanwälten ausdrücklich erläutert worden:

[397] Vgl. hierzu und im Folgenden: Oboth/Seils, 2008, S. 81 ff.

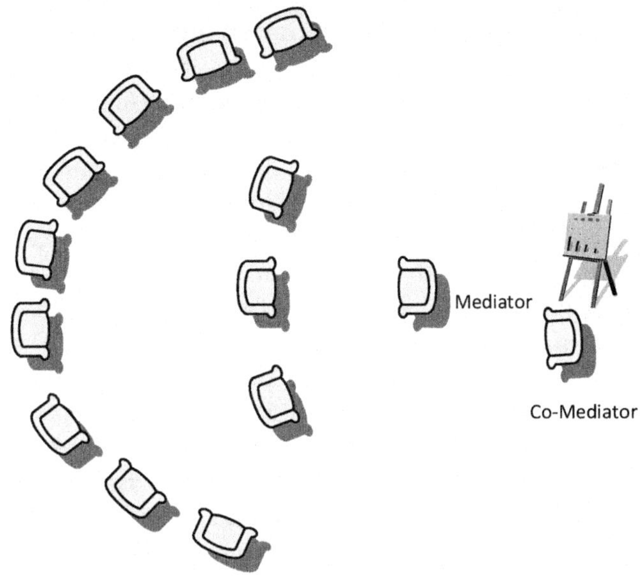

Abb. 5.11 Sitzordnung im Fish-Bowl. (Quelle: eigene Darstellung)

> § 2 Absatz 4 MediationsG folgt aus dem in der Mediation geltenden Grundsatz der Parteiautonomie. Die Parteien bestimmen im allseitigen Einverständnis selbst, welche weiteren Personen in die Mediation einbezogen werden sollen. Unter „Einbeziehung" ist hier die persönliche Anwesenheit in der Mediation zu verstehen. „Dritte" im Sinne dieser Vorschrift können insbesondere Rechtsanwälte oder andere Parteivertreter sein. Eine **anwaltliche Begleitung** in der Mediation ist daher **nur mit Zustimmung sämtlicher Parteien möglich**. ... Die in § 1 Absatz 1 MediationsG normierte Vertraulichkeit des Mediationsverfahrens wird durch die Bestimmung des § 2 Absatz 4 MediationsG insoweit modifiziert, als die Parteien frei entscheiden können, ob und inwieweit sie ihr Mediationsverfahren für Dritte öffnen wollen.[398]

Bei innerbetrieblichen Mediationen könnten außerdem indirekt von der Konfliktlösung Betroffene (z. B. Abteilungsleiter anderer Abteilungen, Betriebsratsvertreter oder Gleichstellungsbeauftragte etc.) als Dritte in Frage kommen.

Das heißt jedoch nicht, dass mit der Öffnung für Dritte die Vertraulichkeit nicht mehr gesichert ist. Sie kann durch einzelvertragliche Regelungen wieder hergestellt werden. Je nach Mediationskonstellation sind Rechtsanwälte oder Sachverständige z. B. in dem Mediationsvertrag direkt mit ihrer Funktion zu benennen, wenn schon zu Beginn des Verfahrens sicher ist, dass sie am Verfahren teilnehmen sollen. Auch sie müssen den Vertrag im Hinblick auf die Vertraulichkeit unterschreiben. Aber auch im Rahmen eines laufenden Verfahrens kann es sich ergeben, dass die Klärung einer einzelnen Sachfrage durch einen Sachverständigen beurteilt werden soll. Dann kann auch hier nachträglich die Vertraulichkeit durch einen separaten Vertrag mit dem Dritten gewährleistet werden.

[398] Gesetzesbegründung Drucksache 17/5335, 2011, S. 15.

5.4.6 Wirtschaftsmediationen mit interkulturellem Hintergrund

Wirtschaftsmediationen mit interkulturellem Hintergrund erfordern ein hohes Maß an speziellen Fachkenntnissen und eine besonders intensive Vorbereitung. Der Grund für diese Notwendigkeit liegt darin, dass die Art, wie Konflikte ausgetragen werden und welche Normen und Werte die Konfliktparteien verfolgen, zusätzlich auch kulturell geprägt sind. Bei global tätigen Unternehmen können zwischenbetriebliche Konflikte auftreten. Aber auch im innerbetrieblichen Kontext können Konflikte entstehen, die aus dem kulturellen Hintergrund resultieren. Ein deutsches Unternehmen, das im asiatischen Kulturraum eine Niederlassung aufbauen möchte wird oftmals Schwierigkeiten dabei haben, das eigene Arbeitskonzept 1:1 umsetzen zu können, weil die Kultur und die äußeren Rahmenbedingungen, die Menschen und ihr Verhalten beeinflussen.

Wenn Konfliktparteien aus unterschiedlichen Herkunftsländern oder anderen Kulturkreisen und sozialem Umfeld entstammen, muss der Mediator diesem Sachverhalt in der Mediation durch „interkulturelles Aushandeln“[399] gerecht werden. Dabei muss sich insbesondere der Mediator einer interkulturellen Mediation auf die kulturellen Besonderheiten der beteiligten Medianden einstellen, damit die Mediation erfolgreich gelingen kann.[400] Wichtig ist, dass Kultur nicht mit Tradition oder Umgangsformen und Bräuchen verwechselt werden darf. Tradition und Etikette können jedoch Teilelemente der Kultur darstellen. Bei interkulturellen Mediationen ist grundsätzlich zu beachten, dass die interkulturellen Verhandelnden und der Mediator in ihrer Kultur „gefangen“ sind. Die **eigene gelernte Kultur prägt ihr Denken, ihre Gefühle und ihr Verhalten** im Laufe ihrer Sozialisation und ist für die Beteiligten so selbstverständlich in ihrem Unterbewusstsein manifestiert, dass sie grundsätzlich nicht mehr hinterfragt wird und als selbstverständlich erscheint.[401] Solange sich die Verhandelnden mit dieser Selbstverständlichkeit in ihrem eigenen Kulturraum bewegen, ist dies unproblematisch, ja sogar hilfreich, weil i. d. R. auf vergleichbares Kulturwissen, dem „kollektiven Gedächtnis“ zurückgegriffen wird. [402]Dadurch wird die Grundlage für ein sinnhaftes, plausibles und weitgehend routinemäßiges Handeln in der jeweiligen Kultur ermöglicht. Schwierig wird es dann, wenn der Mediator auf Medianden unterschiedlicher Kulturen trifft und seine eigene kulturelle Erfahrung als Maßstab für interkulturelles Verhandeln unreflektiert einsetzt. Bereits durch einfache Missverständnisse, wie Oberflächlichkeit und mangelndes Einfühlungsvermögen, können Differenzen entstehen, die zum Abbruch der Verhandlungen führen können.[403] Will der Mediator eine erfolgreiche Mediation mit Betroffenen unterschiedlicher Kulturen durchführen, muss er sich dieser Gefahr stets bewusst sein und sein eigenes Verhalten im Mediationsprozess kulturell reflektieren. Er muss ein **von beiden Konfliktparteien akzeptiertes kulturell**

[399] Bierbrauer, 2009a, S. 3.

[400] Vgl. hierzu und im Folgenden: Bierbrauer, 2009a, S. 13 f.

[401] Vgl. Bierbrauer, 2009a, S. 8 ff.

[402] Vgl. hierzu und im Folgenden: Bolten/Herzog/Kriegel, 2008, S. 14.

[403] Vgl. hierzu und im Folgenden: Bierbrauer, 2009a, S. 5 f.

neues Verhalten umsetzen, um die Mediation erfolgreich durchführen zu können. Bierbrauer definiert und ordnet dem Begriff **Kultur** folgende Bedeutungen zu:

> Kultur
> - wird gelernt und nicht vererbt,
> - wird durch den Prozess der Sozialisation von den älteren Mitgliedern auf die jüngeren Mitglieder einer Gruppe weitergegeben,
> - umfasst Bedeutungsmuster, die von den meisten Mitgliedern einer Gruppe geteilt werden,
> - hat eine subjektive Seite, wie Werte, Ideen, Moral und Recht und eine soziale Seite, wie Organisationen und Institutionen sowie eine objektive, materielle Seite in Form von menschlichen Produkten; alle Formen können sich in einem Prozess gegenseitiger Anpassung beeinflussen.[404]

Unsere eigene Kultur nehmen wir i. d. R. nicht bewusst wahr, weil sie sich unter anderem aus einem System aus stillschweigend geteilten Überzeugungen und Regeln über Denk- und Verhaltensmuster zusammensetzt, sodass sie uns selbst vollkommen selbstverständlich und unstrittig erscheinen.[405] Diesen Sachverhalt muss ein Mediator einer interkulturellen Mediation stets im Hinterkopf haben.

Immer wenn Konfliktparteien unterschiedlichen Kulturen oder Ländern angehören und die **kulturellen Unterschiede** dieser Konfliktparteien **bedeutsam** sind, muss die Mediation um interkulturelle Aspekte erweitert werden.

Für Konflikte, die mittels Mediation bearbeitet werden sollen, muss der Mediator neben der bisher dargestellten Methodenkompetenz auch über eine für den Mediationsfall spezielle **interkulturelle Kompetenz** verfügen. Als interkulturelle Kompetenz wird nach Bolten/Herzog/Kriegel

> „das erfolgreiche ganzheitliche Zusammenspiel von individuellem, sozialem, fachlichen und strategischen Handeln in interkulturellen Handlungskontexten"[406]

definiert. Sie unterscheidet sich hinsichtlich der eigenkulturellen Handlungskompetenz darin, dass die mediativen Teilkompetenzen, über die ein Mediator verfügen muss, ergänzt werden müssen um die **interkulturellen Aspekte** der jeweiligen Kompetenz.[407]

Bei den allgemein erforderlichen Kompetenzen eines Mediators (vgl. hierzu ausführlich Kap. 8.1.) handelt es sich im Bereich der **individuellen Kompetenz** um Lernbereitschaft, Rollendistanz, Ambiguitätstoleranz, optimistische Grundhaltung. Die **soziale Fachkompetenz** umfasst Fähigkeiten wie Teamfähigkeit, Empathie, Toleranz, Metakommunikationsfähigkeit und Anpassungsfähigkeit. Bei der **Fachkompetenz** handelt es sich um Fachkenntnisse im Aufgabenbereich, Berufserfahrung, Kenntnisse der beruflich-fach-

[404] Bierbrauer, 2009, S. 437.

[405] Vgl. Bierbrauer, 2009, S. 437.

[406] Bolten/Herzog/Kriegel, 2008, S. 112.

[407] Vgl. Bolten/Herzog/Kriegel, 2008, S. 112 f.

lichen Infrastruktur und die **strategische Kompetenz** umfasst die Organisationsfähigkeit, das Wissensmanagement, die Problemlösefähigkeit sowie Entscheidungsfähigkeit. Diese allgemein erforderlichen Teilkompetenzen als Voraussetzungen für eine gelungene Mediation im **monokulturellen Bereich**[408] sind bei interkulturellen Mediationen bestmöglich auf den interkulturellen Handlungskontext zu beziehen. Insofern sollte ein Mediator vor Auftragsannahme prüfen, ob er die Fähigkeit besitzt die Transferleistung der interkulturellen Aspekte zu erbringen, sodass eine Mediation gelingen kann.

Ein Mediator, der eine interkulturelle Mediation begleitet, muss über besondere zusätzliche Fähigkeiten verfügen.[409] Es handelt sich hierbei um das notwendige **Kulturwissen**, das **Dissensbewusstsein,** die Fähigkeit zum **Polyzentrismus** und sehr gute **Sprachkenntnisse in der Muttersprache der Konfliktparteien.**

Bei dem notwendigen **Kulturwissen** sind die bereits dargestellten gemachten Überlegungen zu den möglichen Vorbereitungen und Fehlern relevant. Hier sind neben den kulturellen Fakten und Normen die Hintergründe und Systemzusammenhänge zwingend zu beachten.[410] Ein gebürtiger deutscher Mediator ohne ausländische Wurzeln, müsste sich im Rahmen einer interkulturellen Mediation intensiv mit der „fremden Kultur" auseinandersetzen und sich eingehend auf die Mediation vorbereiten. Dieses Wissen könnte er sich jedoch relativ schnell aneignen.

Ferner muss er über die Teilkompetenz des **Dissensbewusstseins** verfügen, die es dem Mediator ermöglicht,

> „unterschiedliche Positionen und Standpunkte bewusst zu halten, keinen voreiligen Konsens (zu) erzwingen, weil er (kulturelle) Unterschiede nur verdeckt aber nicht beseitigt."[411]

Vielmehr muss der Mediator es schaffen einen Konsens herbeizuführen, der im Bewusstsein der Unterschiedlichkeit ermöglicht wird.[412]

Die Fähigkeit des **Polyzentrismus** ist die Kompetenz interkulturelle Handlungszusammenhänge nicht aufgrund der eigenen kulturellen Erkenntnisse auszuwerten und auszulegen, sondern vor dem Hintergrund der „fremden" Kultur, wobei die Bereitschaft vorliegen muss, die andere Kultur wertfrei und als eigenständig anzuerkennen.[413] Ist ein Mediator dazu nicht in der Lage, sollte er einen solchen Mediationsauftrag ablehnen.

Des Weiteren sollte der Mediator die **Muttersprache der Konfliktparteien beherrschen**. Die Fremdsprachenkenntnis ist deshalb wichtig, weil die Sprache und Modulation

---

[408] Mediationen sind monokulturell, wenn die Parteien den gleichen kulturellen Hintergrund haben. Vgl. Bierbrauer, 2009a, S. 3.

[409] Vgl. Bolten/Herzog/Kriegel, 2008, S. 109 ff.

[410] Vgl. Bolten/Herzog/Kriegel, 2008, S. 110.

[411] Bolten/Herzog/Kriegel, 2008, S. 110.

[412] Vgl. Bolten/Herzog/Kriegel, 2008, S. 110.

[413] Vgl. Bolten/Herzog/Kriegel, 2008, S. 111.

der Wörter von der Kultur geprägt wird.[414] In interkulturellen Verhandlungen ist auch derjenige im Vorteil, dessen Muttersprache in der Mediation gesprochen wird. Deshalb sollte es im Rahmen des Mediationsverlaufes für die Medianden möglich sein, sich z. B. in hochemotionalen Phasen in ihrer Muttersprache äußern zu können, um ihre Lebenssicht unverfälscht darstellen zu können und sich als kompetent zu empfinden. Verfügt der Mediator nicht über eine für die Mediation notwendige sehr gute Fremdsprachenkenntnis, so wäre es möglich, in den wichtigen Phasen einen Dolmetscher für Übersetzungen einzuschalten. Besser wäre jedoch der Einsatz eines Co-Mediators, der aus dem Kulturkreis der anderssprachigen Partei entstammt, die Traditionen kennt, ihre Heimatsprache spricht und den gleichen Kommunikationsstil pflegt, um eine richtige Verständigung[415] und eine Parität der Kulturen zu gewährleisten. So haben die Konfliktparteien bei Bedarf die Möglichkeit in ihrer Heimatsprache zu verhandeln, was ihnen mehr Sicherheit ermöglicht und sie hätten jemanden in der Mediation auf ihrer Seite, der sie „kulturell auf Anhieb versteht".[416] Da ein Dolmetscher i. d. R. nicht automatisch über mediative Kompetenzen verfügt, ist einem Co-Mediator mit diesem interkulturellen Hintergrund der Vorzug zu geben.

Idealerweise sollte eine **interkulturelle Wirtschaftsmediation** grundsätzlich als eine bi- oder multi-nationale Co-Mediation in Anlehnung an das Projekt in internationalen Kindschaftskonflikten der BAFM und des BM von 2007 durchgeführt werden:[417] Dabei vermitteln in interkulturellen Mediationen **Mediatoren, die sich bi-/multi-kulturell, zwei/mehr-sprachlich, ggf. verschieden geschlechtlich und bi-/multi-professionell** zusammensetzen und dadurch optimale Synergieeffekte im Rahmen des Mediationsprozesses ausnutzen können. So besteht die Möglichkeit eine bessere Verständigung im interkulturellen Kontext umzusetzen und Missverständnisse in einer frühen Phase bereits aufzudecken. Die bi-geschlechtliche Zusammensetzung wäre erforderlich, wenn weibliche und männliche Konfliktparteien in Wirtschaftskonflikten involviert sind, so dass auch hier eine Parität der Geschlechter auf Mediatorenseite und Mediandenseite hergestellt wird.

Bei einer interkulturellen Mediation ist darüber hinaus zu beachten, dass kulturelle Unterschiede eine zur monokulturellen Vermittlung abweichende Dynamik erzeugen und ein „mehrdimensionales Vorgehen"[418] erfordern. Dabei ist es unerlässlich, dass sich der Mediator sehr gut auf die Mediation vorbereitet.[419] Hilfreich könnte der „Leitfaden zur Vorbereitung einer internationalen Geschäftsverhandlung" von Bierbrauer sein, bei der der Mediator die Mediation aus den Perspektiven der beteiligten Medianden vorab durchläuft:[420]

1. Worin bestehen die Ziele der bevorstehenden interkulturellen Mediation?
2. Welche Abteilungen und Personen sind betroffen? Gab es schon frühere Kontakte?

---

[414] Vgl. hierzu und im Folgenden: Bolten/Herzog/Kriegel, 2008, S. 25 ff.

[415] Vgl. Bierbrauer, 2009a, S. 47.

[416] Vgl. hierzu und im Folgenden: Bolten/Herzog/Kriegel, 2008, S. 25 f.

[417] Vgl. hierzu und im Folgenden: Bolten/Herzog/Kriegel, 2008, S. 26.

[418] Bierbrauer, 2009a, S. 4.

[419] Vgl. hierzu und im Folgenden: Bierbrauer, 2009a, S. 25 ff.

[420] Vgl. in Anlehnung an: Bierbrauer, 2009a, S. 26 f.

3. Welches sind die wichtigsten Themen die ausgehandelt werden sollen?
4. Was sind die Ziele für das bevorstehende Treffen?
5. Was sagt die bisherige Korrespondenz? Gibt es weitere Informationen?
6. Welche kulturellen Stereotypen habe ich als Mediator von der anderen Kultur im Kopf? Welche hat mein Co-Mediator über meine Kultur?
7. Wer soll die Leitung der Mediation übernehmen?
8. Sind die Sprachkompetenzen der Mediatoren ausreichend? Gibt es einen Co-Mediator mit der jeweiligen fremden Muttersprache? Ist ein Dolmetscher notwendig?
9. Welche Rollen übernehmen die Mediatoren in der Mediation?
10. Überprüfen Sie die Fragestellungen aus der Perspektive der verschiedenen Parteien unter besonderer Berücksichtigung des kulturellen Hintergrundes.

Bei der Beantwortung der Fragen des Leitfadens ist es zwingend notwendig, dass der Mediator sich Wissen über die kulturellen Unterschiede der Teilnehmer aneignet. Dafür kann der Mediator **zuerst für eine grobe Orientierung** eine globale Einordnung der an der Mediation teilnehmenden Kulturen vornehmen. Hierbei muss der Mediator Folgendes beachten:[421] So hat Hofstede eine Vielzahl von Kulturen hinsichtlich **drei Kriterien** systematisieren können: **individualistisch** orientierte Kulturen/**kollektivistisch** orientierte Kulturen, **hohe** oder **niedrige Machtdistanz** und **geringe** oder **hohe Langzeitorientierung**. Dabei hat er den verschieden Ländern zu diesen Kriterien einzelne Werte zugeordnet. Die Werte, die für jedes Kriterium eines Landes ermittelt wurden, sind relative Werte und geben nur einen Hinweis darüber, in welcher Relation diese Ausprägung zu den anderen Ländern im globalen Vergleich steht.[422] Wenn bei der Personenanalyse unterstellt würde, dass ein Mediand aus dem westafrikanischen Mauretanien stammt und Moslem ist, dann wäre die Wahrscheinlichkeit groß, dass er kollektivistisch und langzeitorientiert geprägt ist.[423]

Würde der Mediator schon nach diesem ersten Vorbereitungsschritt in die Mediation gehen, könnte es schnell passieren, dass er den Fehler der Stereotypbildung begeht und dem Medianden unterstellt, er sei zwingend Moslem, weil er dem muslimisch geprägten Mauretanien entstammt. Deshalb wäre es sinnvoll, sich in einem Vorgespräch mit allen Medianden „fremder Kulturen" vorab genaue Informationen zu ihrem jeweiligen kulturellen Hintergrund einzuholen. Beispielsweise ist zu erfragen, ob der Mediand vielleicht Christ ist. Die unreflektierte Stereotypisierung der Medianden ist deshalb falsch und problematisch, da sich die kulturellen Ausprägungen eines Landes oder Gruppe als statistischer Durchschnitt der Kultur ergibt, von dem jedes Individuum, mehr oder minder

[421] Vgl. hierzu und im Folgenden: Bierbrauer, 2009a, S. 10 f. Die Kriterien geben Auskunft darüber, welchen Stellenwert Autonomie bzw. Gruppenleistungen in dem Land haben, in welchem Ausmaß Unterschiede zwischen Menschen in Form von Hierarchien anerkannt werden und auf welche Werte sie, gemessen an der Tradition des Konfuzianismus, vertrauen.

[422] Vgl. hierzu und im Folgenden: Bierbrauer, 2009a, S. 19.

[423] Vgl. Bierbrauer, 2009a, S. 41 und 56.

deutlich abweichen kann.[424] Der „Durchschnittswert der kulturellen Werte einer Gruppe“ gibt aber einen Hinweis darauf, wie groß die Wahrscheinlichkeit ist, auf ein bestimmtes Verhalten in einer Kultur zu treffen.

Beim Denken in **kulturellen Stereotypen** wird eine Zuordnung vermeintlich genereller Eigenschaften zu sozialen Gruppen oder Angehöriger fremder Kulturen vorgenommen, die für das verhandelnde Individuum der Kulturgruppe jedoch nicht zutreffen kann.[425] Darüber hinaus werden Urteile über Gruppen gefällt, zu denen man selbst nie Kontakt hatte. Ferner täuschen kulturelle Stereotypen einem Verhandelnden die Kenntnis über Eigenschaften anderer Gruppen oder Kulturen nur vor, was im Verlauf einer Verhandlung zu einer selbst-erfüllenden Prophezeiung werden kann. Als letztes sei noch erwähnt, dass sich die Daten einer Gesellschaft in der heutigen Zeit sehr schnell verändern und bereits nach wenigen Jahren überholt sein können sowie aufgrund einer oftmals zu klein gewählten Stichprobe nicht repräsentativ für das ganze Land sind.[426] Deshalb sollten sich die Mediatoren gut vorbereiten, aber trotzdem unvoreingenommen verhalten. Im Rahmen einer später stattfindenden interkulturellen Mediation ist es auch die Aufgabe des Mediators stereotype Äußerungen der Medianden aufzudecken und mit den Beteiligten zu reflektieren, um danach den interkulturellen Anteil des Konfliktes offenzulegen und ein neues Selbstbild der Beteiligten zu erwirken, die Ich-Botschaften ermöglichen.[427]

Wenn der Mediator ein Herkunftsland eines Medianden nach diesen Kriterien global eingeordnet hat, sollte er sich jedoch unbedingt in einem **zweiten, zwingend notwendigen Schritt**, wichtiges Wissen über die länderspezifischen kulturellen **Hintergründe zum individualistischen Handeln** (Mikrofaktoren), die typischen **Verhandlungsweisen** (Mesofaktoren = sozialpsychologischen Einflüsse, wie Verhandlungsstrategie oder den Konflikttypus) und die **Makrofaktoren** (Kultur, politisches System, Wirtschaft) eines Herkunftslandes der beteiligten Medianden, die von der o. g. globalen Einschätzung deutlich abweichen können, vertraut machen.[428] Diese Unterscheidungen der Ebenen erleichtern die Vorbereitung und die Durchführung von Mediationen, weil damit eine Gesamtschau über die Rahmenbedingungen geschaffen und Fehlwahrnehmungen oder falsche Schlussfolgerungen über die Beteiligten vorgebeugt werden können. Dabei muss der Mediator beachten, dass nicht nur die „Beschreibung von Kulturen wichtig ist, sondern auch Erklärung ihrer historisch gewachsenen Systemzusammenhänge.“[429] Ferner ist es für den Mediator wichtig, sich immer bewusst zu sein, dass die Ausprägungen einer Kultur immer nur Anhaltspunkte, aber keine Sicherheit in der konkreten Mediationssitzung geben. Darüber hinaus sollte er auch wissen, dass die Verhandelnden auf einige Faktoren im Bereich der Mikroebene und der Mesoebene selbst Einfluss nehmen können, während die Rahmen-

[424] Vgl. hierzu und im Folgenden: Bierbrauer, 2009a, S. 12.

[425] Vgl. hierzu und im Folgenden: Bierbrauer, 2009a, S. 20 f.

[426] Vgl. Bolten/Herzog/Kriegel, 2008, S. 30.

[427] Vgl. Bolten/Herzog/Kriegel, 2008, S. 73 f.

[428] Vgl. hierzu und im Folgenden: Bierbrauer, 2009a, S. 17.

[429] Bolten/Herzog/Kriegel, 2008, S 32.

bedingungen der Makroebene i. d. R. nicht beeinflusst werden können.[430] Dennoch sind Kenntnisse auch hinsichtlich der Rahmenbedingungen der Makroebene notwendig, weil sie Hinweise für die Ausgestaltung des Mediationsverfahrens geben können, um dieses letztendlich für beide Seiten günstig zu beeinflussen. Des Weiteren sind hier noch zusätzliche Subkulturen und deren Besonderheiten, die sich innerhalb einer Landeskultur befinden können, zu berücksichtigen.[431] Denn auch innerhalb eines Landes kann es z. B. regional bedingt oder der Religionszugehörigkeit wegen, zu Unterschieden in der Art des Verhandelns kommen. Hierbei sollte der Mediator zwingend wertfrei sein und die Kulturen der Mediation als gleichwertig betrachten.[432]

In einem **dritten Schritt** zur Vorbereitung und Durchführung einer erfolgreichen interkulturellen Mediation muss sich der Mediator intensiv mit den individuellen **Akteuren** (ihren Kompetenzen und Eigenschaften) und den für sie zutreffenden kulturellen Rahmenbedingungen beschäftigen.[433] Darüber hinaus ist es wichtig, dass sich der Mediator ausführlich mit der **Verhandlungssituation** (Örtlichkeit, Sitzordnung, Teilnehmer, evtl. Teilnahme speziell geschulter Beobachter zur Erkennung nonverbaler Signale für die kulturell sensiblen Bereiche, Statusunterschiede, Zeitrahmen, Verhandlungssprache etc.) auseinandersetzt und verschiedene Möglichkeiten der Durchführung aus der jeweiligen Sicht der Medianden durchspielt. Die Suche nach einem geeigneten Co-Mediator ist ebenfalls von Bedeutung. Der Co-Mediator sollte bestenfalls auch aus dem „fremden" Kulturkreis entstammen, die Traditionen kennen, die Heimatsprache sprechen und den gleichen Kommunikationsstil pflegen, um eine richtige Verständigung[434] und eine Parität der Kulturen zu gewährleisten. Denn gerade in hochemotionalen Mediationen ist es unabdingbar, dass sich alle Beteiligten ihrer Muttersprache bedienen können, um sich „kompetent" zu fühlen und ihre Lebenswelt in der Phase der Konflikterhellung sicher darstellen zu können. Sollte keine Co-Mediation möglich sein, so wäre mindestens zu prüfen, ob dann wenigstens ein Dolmetscher eingesetzt werden sollte. Ferner sollte das **Mediationsverfahren** vorab durchdacht werden. Dabei sollte sich der Mediator überlegen, welche Strategien und Taktiken die Beteiligten verfolgen könnten, unter besonderer Berücksichtigung ihrer kulturellen Herkunft. Der Mediator kann im Rahmen der Mediation durch die Prozessstufen und seine Methodenkompetenz die Mediation steuern. Die Mediatoren müssen dabei über „interkulturelle Handlungskompetenz"[435] verfügen, wobei gerade das **interkulturelle Einfühlungsvermögen von besonderer Bedeutung** ist, um der Entstehung von Missverständnissen vorzubeugen. Zu Beginn der Mediation hat er ferner die Möglichkeit, mit allen Beteiligten kulturell gemeinsam anerkannte Regeln für das Mediationsverfahren zu erarbeiten. Dadurch wird verhindert, dass die Mediation durch interkulturell variierende

[430] Vgl. hierzu und im Folgenden: Bierbrauer, 2009a, S. 16.

[431] Vgl. Bolten/Herzog/Kriegel, 2008, S. 14 f.

[432] Vgl. Bolten/Herzog/Kriegel, 2008, S. 31.

[433] Vgl. Bierbrauer, 2009, S. 446 ff.

[434] Vgl. Bierbrauer, 2009a, S. 47.

[435] Vgl. hierzu und im Folgenden: Bolten/Herzog/Kriegel, 2008, S. 109 ff. und S. 30.

Verhandlungstaktiken scheitert. Des Weiteren ist es sinnvoll sich mit den Möglichkeiten der **Ergebnis**formulierung (schriftlich, nicht förmlich etc.) und mit den zu erwartenden **Fairnesskriterien** der beteiligten Partei auseinanderzusetzen, wobei zu berücksichtigen ist, dass **Fairness in allen Kulturen ein zentrales Bedürfnis** ist.[436]

Als letztes ist anzumerken, dass kulturelle Verschiedenheit nicht als Hindernis, sondern als Chance für gute Lösungsmöglichkeiten im Mediationsprozess angesehen werden kann, weil Unterschiede oftmals viele kreative Optionen ermöglichen, die zu Gewinner-Gewinner-Lösungen führen.[437] Beachtet man in der Vorbereitung und Durchführung der interkulturellen Mediation die kulturellen Hintergründe der Beteiligten und die bei der Vorbereitung möglichen Fehlerquellen, so kann die Mediation gelingen.

Aus den vorhergehenden Erkenntnissen zur interkulturellen Mediation wird im Wirtschaftskontext noch ein weiterer Transfer möglich. Die Ausführungen zu den verschiedenen Kulturen sind auch auf **Unternehmenskulturen** übertragbar. Kommt es z. B. zu Fusionen von Unternehmen mit unterschiedlichem firmenkulturellem Hintergrund sind viele Konflikte zwischen Mitarbeitern der unterschiedlichen Unternehmen vorprogrammiert. Eine **fusionsbegleitende Mediation** könnte die unterschiedlichen firmenkulturellen Aspekte berücksichtigen und so hohe Folgekosten, die durch kulturelle Konflikte im neuen Unternehmen entstehen, vermeiden.

In den folgenden Kap. 6–9 sollen abschließend weitere wichtige **Rahmenbedingungen der Wirtschaftsmediation** vorgestellt werden. Im sechsten Kapitel werden zunächst die rechtlichen Rahmenbedingungen näher erläutert, in die die Wirtschaftsmediation eingebettet ist. Im siebten Kapitel soll erörtert werden, welche Rolle das Recht im Verhältnis zu den persönlichen Fairness- und Gerechtigkeitskriterien der Konfliktparteien innerhalb der Wirtschaftsmediation spielen kann oder soll. Im achten Kapitel werden die Kompetenzen, die Haltung und das Rollenverständnis des Mediators vorgestellt, über die er verfügen sollte, damit eine Mediation gelingen kann. Im letzten Kapitel werden in einem kurzen Überblick fachspezifische Besonderheiten der Wirtschaftsmediation dargestellt.

5.5 Zusammenfassung

Zentrales Thema des fünften Kapitels war die Darstellung des Ablaufes und der Rahmenbedingungen von Wirtschaftsmediationen. Die einzelnen Phasen einer Wirtschaftsmediation (Vorbereitungsphase, die Mediation im engeren Sinne, Nachbereitungs- bzw. Umsetzungsphase) und die vom Mediator und den Medianden zu durchlaufenden Stufen in den einzelnen Phasen wurden für die praktische Nutzung chronologisch erläutert. Bei der Darstellung der Vorbereitungsphase ist ein besonderer Fokus auf die Unterschiede bei der Kontaktherstellung im inner- und zwischenbetrieblichen Kontext gelegt worden. In

[436] Vgl. Bierbrauer, 2009a, S. 39 f.

[437] Vgl. Bierbrauer, 2009a, S 24.

diesem Zusammenhang wurden Fragen für Checklisten, die den Konfliktparteien und dem Mediator zur Vorbereitung auf die Mediation dienen können, vorgestellt. Bei der praxisorientierten Beschreibung der sechs Mediationsstufen der „Mediation im engeren Sinne" wurden weitere Schwerpunkte auf die Stufe der Klärung der Anliegen und die Stufe der kreativen Lösungssuche gelegt. Bei der Stufe der Klärung der Anliegen wurde aufgezeigt, dass neben Interessen und Bedürfnissen auch Wertvorstellungen und normative Erwartungen Grundlage des Konfliktes sein können, die mit unterschiedlichen Handlungskonzepten bearbeitet werden können. Im Rahmen der Ideenfindung wurden verschiedenste für den Wirtschaftskontext geeignete Kreativitätstechniken vorgestellt und bewertet. Sie ergänzen den „Werkzeugkasten" eines Wirtschaftsmediators. Bei der Vor- und Nachbereitung einer Mediation unterstützen den Mediator Reflexions- und Feedbackfragebögen, für die Musterformulare exemplarisch zur Verfügung gestellt wurden. Abschließend wurden spezielle Besonderheiten unterschiedlicher Settings erläutert, wie z. B. die Prozessrisikoanalyse oder die Wirtschaftsmediation mit interkulturellem Hintergrund.

Literatur

Adam, Dietrich, (1996), Planung und Entscheidung, 4. Auflage, Wiesbaden: Gabler.

Bierbrauer, Günter, (2009), § 18 Interkulturelles Verhandeln, in: Haft/von Schlieffen (Hrsg.), Handbuch Mediation, 2. Aufl., S. 433–453, München: Beck.

Bierbrauer, Günter, (2009a), Herausforderungen für Mediatoren, Verhandeln im interkulturellen Kontext, Studienskript im Masterstudiengang Mediation der FernUniversität Hagen, Hagen.

Bolten, Jürgen/Herzog, Julia/Kriegel, Katharina, (2008), Herausforderungen für Mediatoren, Interkulturelle Kommunikation und Mediation, Studienskript im Masterstudiengang Mediation der FernUniversität Hagen, Hagen.

de Bono, Edward, (1996), Serious Creativity, 1. Auflage, Stuttgart: Schäffer-Poeschel.

Boos, Evelyn, (Boos, 2010), Das große Buch der Kreativitätstechniken, 2. Auflage, München: Compact.

Brunner, Anne, (Brunner, 2008), Kreativer Denken, Konzepte und Methoden von A-Z, 1. Auflage, München: Oldenbourg.

Budde, Andrea, (Budde, 2006b), Studienskript im Masterstudiengang Mediation der FernUniversität Hagen, Der Umgang mit Machtgefällen, Hagen.

Diez, Hannelore, (2005), Werkstattbuch Mediation, 1. Auflage, Köln: Centrale für Mediation.

Dilts, Robert, B./Epstein, Todd/Dilts, Robert, W., (1994), Know how für Träumer, Strategien der Kreativität, 1. Auflage, Paderborn: Junfermann.

Donndelinger, Deborah/Van Dine, Barbara, (1996); Use the Cause-and-Effect Diagram to Manage Conflict, in: Quality Progress, Vol. 2, 9, 1996, S. 136.

Doran, George T./Miller Arthur/Cunningham, James, (1981). There's a S.M.A.R.T. way to write management's goals and objectives. Management Review, Volume 70, Issue 11 (AMA FORUM), pp. 35–36.

Dörrenbächer, Peter, (2009), § 15 Erfolgreiche Kommunikation, in: Haft/von Schlieffen (Hrsg.), Handbuch Mediation, 2. Aufl., S. 363–380, München: Beck.

Duve, Christian/Eidenmüller, Horst/Hacke, Andreas, (2011), Mediation in der Wirtschaft, Wege zum professionellen Konfliktmanagement, 2. Auflage, Köln: Dr. Otto Schmidt.

Fisher, Roger/Ury, William/Patton, Bruce, (2009), Das Harvard-Konzept, 23. Auflage, Frankfurt/ New York: Campus.

Gaschler, Frank und Gundi, (2012), Ich will verstehen, was du wirklich brauchst, Gewaltfreie Kommunikation mit Kindern, 6. Auflage, München: Kösel.

Gesetzesbegründung zum Mediationsgesetz, (Gesetzesbegründung, 2011), Bundesdrucksache Drucksache 17/5335 vom 01.04.2011.

Gläßer, Ulla/Gorzel, Thomas, (2004), Studienskript im Masterstudiengang Mediation der FernUniversität Hagen, Gewalt in der Mediation, Hagen.

Gläßer, Ulla/Kirchhoff, Lars, (2007a), Lehrmodul 7: Lösungsfindung-Teil 1, in: Zeitschrift für Konfliktmanagement, Heft 3, 2007, S. 88–91.

Gläßer, Ulla/Kirchhoff, Lars, (2007b), Lehrmodul 8: Lösungsfindung-Teil 2, in: Zeitschrift für Konfliktmanagement, Heft 5, 2007, S. 157–160.

Goleman, Daniel/Kaufman, Paul/Ray, Michael, (1997), Kreativität entdecken, 1. Auflage, 1997, München, Wien: Hanser.

Haefele, John, (1962), Creativity and Innovation, 1. Auflage, New York: Reinhold Publishing Corporation.

Hare, Alexander Paul, (1982), Creativity in small groups, 1. Auflage, London: Sage Publications Inc.

Hartmann, Christoph, (2009), § 44 Sicherung der Vertraulichkeit, in: Haft/von Schlieffen (Hrsg.), Handbuch Mediation, 2. Aufl., S. 1087–1117, München: Beck.

Heussen, Benno, (2009), § 17 Die Organisation von Mediationsverhandlungen, in: Haft/von Schlieffen (Hrsg.), Handbuch Mediation, 2. Aufl., S. 407–431, München: Beck.

Horstmeier, Gerrit, (2013), Das neue Mediationsgesetz, 1. Aufl., München: Beck.

Hösl, Gerhard Gattus, (2008), Mediation die erfolgreiche Konfliktlösung, Grundlagen und praktische Anwendung, München: Kösel.

Ishikawa, Kaoru, (1989), Introduction to Quality Control, 2. Auflage, Tokio: 3 A Corporation.

Kals, Elisabeth/Ittner, Heidi, (2008), Wirtschaftsmediation, Praxis der Personalpsychologie, Göttingen: Hogrefe.

Kessen, Stefan/Troja, Markus, (2009), § 13 Die Phasen und Schritte der Mediation als Kommunikationsprozess, in: Haft/von Schlieffen (Hrsg.), Handbuch Mediation, 2. Auflage, S. 293–319, München: Beck.

Kim, Sung-Hui, (2008), Kreativitätsförderung und Montessori-Pädagogik, 1. Auflage, Diss. Berlin 2008.

Koch, Iring, (2011), Alles auf einmal – geht nicht!, TK aktuell, Heft 2, 2011, S. 8–10.

Koschany-Rohbeck, Marianne, (2011), Einsatzmöglichkeiten und Grenzen ausgewählter Kreativitätstechniken im Rahmen innerbetrieblicher Mediationen mit Gruppen, Unveröffentlichte Masterarbeit im Studiengang Master of Mediation der FernUniversität in Hagen, Hagen.

Kracht, Stefan, (2009), § 12 Rolle und Aufgabe des Mediators – Prinzipien der Mediation, in: Haft/von Schlieffen (Hrsg.), Handbuch Mediation, 2. Aufl., S. 267–292, München: Beck.

Linneweh, Klaus, (1978), Kreatives Denken, Techniken und Organisation produktiver Kreativität, 2. Auflage, Karlsruhe: Nadolski.

Malorny, Christian/Schwarz, Wolfgang/Backerra, Hendrik, (1997), Die sieben Kreativitätswerkzeuge K7, 1. Auflage, München/Wien: Hanser.

Matussek, Paul, (1979), Kreativität als Chance, Der schöpferische Mensch aus psychodynamischer Sicht, 3. Auflage, München/Zürich: Piper.

Meffert, Heribert, (1986), Marketing, Grundlagen der Absatzpolitik, 7. Auflage, Wiesbaden: Gabler.

Montada, Leo/Kals, Elisabeth, (2007), Mediation, Ein Lehrbuch auf psychologischer Grundlage, 2. Auflage, Weinheim/Basel: Beltz.

Montada, Leo/Kals, Elisabeth, (2013), Mediation, Psychologische Grundlagen und Perspektiven, 3. Auflage, Weinheim/Basel: Beltz.

Oboth, Monika/Seils, Gabriele, (2008), Mediation in Gruppen und Teams, Praxis- und Methodenhandbuch, Konfliktklärung in Gruppen, inspiriert durch die Gewaltfreie Kommunikation, 3. Auflage, Paderborn: Junfermann.

Osborn, Alex Faickney, (1963), Applied Imagination. Principles and Procedures of Problem Solving, 1. Auflage, New York: Charles Scribner & Company.

Petermann, Franz (1996), Psychologie des Vertrauens, Göttingen: Hogrefe.

Preiser, Siegfried, (1986), Kreativitätsforschung, 2. Auflage, Darmstadt: Wissenschaftliche Buchgesellschaft.

Preiser, Siegfried/Buchholz, Nicola, (2008), Kreativität. Ein Trainingsprogramm für Alltag und Beruf, 3. Aufl., Heidelberg: Asanger.

Ponschab, Reiner/Schweizer, Adrian, (2006), Studienskript im Masterstudiengang Mediation der FernUniversität Hagen, Wirtschaftsmediation Teil I, Hagen.

Ponschab, Reiner/Dendorfer, Renate, (2009), § 24 Konfliktmanagement im Unternehmen, in: Haft/von Schlieffen (Hrsg.), Handbuch Mediation, 2. Aufl., S. 589–618, München.

Pruitt, Dean G., (1983), Achieving Integrative Agreements, in: Bazerman/Lewicki (Hrsg.), Negotiation in Organisations, 1. Auflage, Beverly Hills, New Delhi, London: Sage Publications.

Risse, Jörg, (2003), Wirtschaftsmediation, 1. Auflage, München: Beck.

Rohr, Alexander, R., (1975), Kreative Prozesse und Methoden der Problemlösung, 1. Auflage, Weinheim/Basel: Beltz.

Rosenberg, Marshall B., (2009), Gewaltfreie Kommunikation, Eine Sprache des Lebens, 8. Auflage, Paderborn: Junfermann.

Schlicksupp, Helmut, (1999), Innovation, Kreativität und Ideenfindung, 5. Auflage, Würzburg: Vogel Business Media.

Schuler, Heinz/Görlich, Yvonne, (2007), Kreativität, Praxis der Personalpsychologie, 1. Auflage, Göttingen/Bern/Wien/Toronto/Seattle/Oxford/Prag: Hogrefe.

Schulte-Zurhausen, Manfred, (2010), Organisation, 5. Auflage, München 2010.

Sikora, Joachim, (2001), Handbuch der Kreativmethoden, 2. Auflage, Bad Honnef: Katholisch Soziales Institut.

Söfftge, Cordula, (Söfftge, 2011), Vertrauen in der Mediation, in: DGM-Newsletter, Heft 1, 2011, S. 9–16.

Stroebe, Wolfgang/Nijstad, Bernhard, (2003), Störe meine Kreise nicht, Gehirn & Geist, Heft 2, 2003, S. 26–31.

Unternehmerschaft Düsseldorf, (2012), Konfliktfälle, in: Best Practice Konflikt(kosten)-Management 2012, Der wahre Wert der Mediation, Unternehmerschaft Düsseldorf e. V. (Hrsg.), Düsseldorf.

Vogt, Thomas, (2010), Kalkulierte Kreativität, Die Rationalität kreativer Prozesse, 1. Auflage, Diss. Wiesbaden: VS Verlag für Sozialwissenschaften.

Wack, Otto Georg/Detlinger, Georg/Grothoff, Hildegard, (1993), Kreativ kann jeder sein, 1. Auflage, Hamburg: Windmühle GmbH.

Weisbach, Christian-Rainer/Sonne-Neubacher, Petra, (2013), Professionelle Gesprächsführung, Ein praxisnahes Lese und Übungsbuch, 8. Auflage, München: DTV Beck.

Weisberg, Robert, W., (1989), Kreativität und Begabung, Was wir mit Mozart, Einstein und Picasso gemeinsam haben, 1. Auflage, Heidelberg: Spektrum.

Werth, Lioba/ Förster, Jens, (*Werth/Förster,* 2002), Wie sie als Führungskraft Kreativität steigern oder blockieren können, in: Wirtschaftspsychologie, Heft 2, 2002, S.13–20.

Zobel, Dietmar, (2004), Systematisches Erfinden, Methoden und Beispiele für den Praktiker, 3. Auflage, Renningen: Expert.

Zwicky, Fritz, (1971), Entdecken, erfinden, forschen im Morphologischen Weltbild, 1. Auflage, Augsburg: Knaur.

6 Recht der Mediation

Das **Recht der Mediation** umfasst die Vorschriften des Gesetzgebers und einzelvertragliche Vereinbarungen, welche die Rahmenbedingungen der Mediation festlegen. Seit dem 26.07.2012 ist das **Mediationsgesetz** in Kraft getreten. Lange Zeit gab es keine rechtliche Grundlage für die Durchführung von Mediationen und für die Rahmenbedingungen, die in Deutschland gelten müssen. Nun sind im Mediationsgesetz Angaben zur Begriffsdefinition, zum Verfahren und zu den Aufgaben des Mediators gemacht worden. Darüber hinaus werden seine Offenbarungspflichten, Tätigkeitsbeschränkungen sowie seine Verschwiegenheitspflichten definiert. Desweiteren regelt das Gesetz in § 5 Abs. 1 die grundsätzlichen Ausbildungsinhalte. Hierzu erläuterte das Bundesministerium der Justiz:

> Ein bestimmtes **Berufsbild** des Mediators ist **nicht vorgeschrieben**. Auch der Zugang zum Beruf des Mediators ist nicht beschränkt. Ein Mediator muss in eigener Verantwortung durch geeignete Aus- und Fortbildung sicherstellen, dass er über die erforderlichen Kenntnisse und Erfahrungen verfügt, um die Parteien sachkundig durch die Mediation führen zu können. Das Gesetz legt fest, welche Kenntnisse, Kompetenzen und Methoden eine geeignete Ausbildung in der Regel vermitteln sollte. Jeder, der diese Anforderungen erfüllt, darf als Mediator tätig werden. Ein Mindestalter oder eine bestimmte Grundausbildung mit Hochschulabschluss werden nicht gefordert.[1]

Das Gesetz unterscheidet jedoch den **Mediator** vom **zertifizierten Mediator**. Gem. § 5 Abs. 2 und 3 MediationsG kann der Mediator sich auch zum „**zertifizierten Mediator**" ausbilden lassen. Dafür wäre die gem. § 6 Mediationsgesetz geforderte **Rechtsverordnung** durch das Bundesministerium der Justiz zu beachten, die bei Drucklegung dieses

[1] Bundesministerium der Justiz (jetzt Bundesministerium der Justiz und Verbraucherschutz): http://www.bmj.de/DE/Recht/Rechtspflege/MediationSchlichtungInternationaleKonflikteKindschaftssachen/_doc/mediation_als_verfahren_konsensualer_streitbeilegung.html, zuletzt abgerufen am 17.09.2013.

M. Koschany-Rohbeck, *Praxishandbuch Wirtschaftsmediation*,
DOI 10.1007/978-3-658-08021-1_6

Buches nur als Entwurf in der Fassung vom 31.01.2014 vorlag.[2] In § 6 MediationsG wird das Bundesministerium der Justiz ermächtigt, durch Rechtsverordnung nähere Bestimmungen über die Ausbildung zum zertifizierten Mediator zu erlassen. Hierzu teilt das Bundesministerium der Justiz folgendes mit:

> Das Bundesministerium der Justiz ist ermächtigt, durch Rechtsverordnung zusätzliche Aus- und Fortbildungsinhalte festzulegen. Wer eine Ausbildung erfolgreich durchlaufen hat, die den Anforderungen dieser zu erlassenden Rechtsverordnung entspricht, darf sich künftig zertifizierter Mediator nennen. Ein förmliches Verfahren oder eine staatliche Kontrolle ist nicht vorgesehen. Solange diese Rechtsverordnung nicht erlassen ist, darf die **Bezeichnung „zertifizierter Mediator" weder geführt** noch mit einer Ausbildung zum „zertifizierten Mediator" geworben **werden**, weil die gesetzlichen Voraussetzungen hierfür noch nicht vorliegen.[3]

Wie bereits erwähnt liegt ein Verordnungsentwurf über die Aus- und Fortbildung von zertifizierten Mediatoren vor, der bislang noch nicht verabschiedet wurde. Die Inhalte dieses Lehrbuches richten sich vollständig nach den in diesem Verordnungsentwurf geforderten Ausbildungsinhalten, die aus den **Beschlussempfehlungen des Rechtsausschusses des Bundestages**[4], hervorgegangen sind. Darüber hinaus sind in diesem Buch weitere, für die Wirtschaftsmediation wichtige Inhalte hinzugefügt worden.

6.1 Rechtliche Rahmenbedingungen

Eine Person, die als Mediator tätig wird, hat das Mediationsgesetz und dessen rechtliche Rahmenbedingungen zu beachten. Das Mediationsgesetz lässt zur Ausgestaltung der Mediation jedoch viele Freiheiten. Aus diesem Grunde sollte der Mediator die im Rahmen der möglichen **Verfahrensgestaltung gefundenen Regelungen** durch einzelvertraglich festgehaltene Konkretisierungen klarstellen. Mit dem Mediationsvertrag erklären die beteiligten Konfliktparteien, dass sie sich an die vereinbarten Verfahrensregelungen halten wollen. Dies sollte der Mediator auch gegenüber den Konfliktparteien betonen.

[2] http://www.bmjv.de/SharedDocs/Downloads/DE/pdfs/Verordnungsentwurf_ueber_die_Aus_und_Fortbildung_von_zertifizierten_Mediatoren.pdf?__blob=publicationFile, zuletzt aufgerufen am 03.11.2014.

[3] Bundesministerium der Justiz (jetzt Bundesministerium der Justiz und Verbraucherschutz): http://www.bmj.de/DE/Recht/Rechtspflege/MediationSchlichtungInternationaleKonflikteKindschaftssachen/_doc/mediation_als_verfahren_konsensualer_streitbeilegung.html, zuletzt abgerufen am 17.09.2013.

[4] Vgl. Beschlussempfehlung und Bericht, 2011, S. 18 ff.

6.1.1 Mediationsvertrag

Eine Mediationsvereinbarung braucht nicht erst abgeschlossen werden, wenn ein Konflikt entstanden ist, sondern kann auch im Vorfeld von Geschäftspartnern **präventiv** abgeschlossen werden.

Die Mediationsvereinbarung,

> ist die vertragliche Abrede zwischen zwei oder mehreren Personen („Medianden") über die Durchführung einer Mediation im Hinblick auf eine bestimmte Konfliktsituation. Eine derartige Vereinbarung kann **selbständig** (als sog. **Mediationsabrede**) oder aber auch im Wege einer **unselbständigen Vertragsklausel (Mediationsklausel)** abgeschlossen werden.[5]

Das bedeutet, dass **sämtliche Verträge im Rahmen von Wirtschaftsbeziehungen** auch im Vorfeld schon durch eine **Mediationsklausel** (in Analogie zur Schiedsklausel für Schlichtungs- oder Schiedsgerichtsverfahren) ergänzt werden können. So können sich Geschäftspartner bereits in „konfliktfreien Zeiten", in denen die **zwischenbetriebliche Geschäftsbeziehung** noch reibungslos funktioniert, im Rahmen ihres jeweiligen Vertrages über eine zusätzliche Mediationsklausel[6] auf einen Mediator einigen, der bei einem Konflikt zur Konfliktbeilegung beauftragt werden soll.

Auch im **innerbetrieblichen** Bereich kann eine **Mediationsklausel z. B. in Anstellungsverträgen** bereits bei der Einstellung von Mitarbeitern mit aufgenommen werden. Darüber hinaus kann im Rahmen einer **Betriebsvereinbarung** festgelegt werden, dass **bei jeglichen Streitigkeiten** innerhalb des Unternehmens grundsätzlich zunächst eine Mediation versucht werden sollte. Das Bekenntnis auf oberster Führungsebene zu einer **mediationsbasierten Problemlösungs-, Kommunikations- und Konfliktkultur** und die Verankerung in den Unternehmensleitlinien ist hierbei eine zentrale Voraussetzung. Beide Maßnahmen zusammen bilden die Grundlage für eine wertschätzende mitarbeiterorientierte Vertrauenskultur mit einem motivierenden Arbeitsklima. Eine zusätzliche Implementierung eines **innerbetrieblichen Konfliktmanagement-Systems oder des Management by Mediation-Konzeptes**[7] (Vgl. hierzu auch Kap. 9.5.) z. B. **als zweite Säule des betrieblichen Gesundheitsmanagements**, das die psychische Gesundheit der Mitarbeiter gewährleisten soll und darüber hinaus die Konfliktkosten drastisch senken kann, kann eine mediationsbasierte Konfliktbearbeitung institutionalisieren.

Wird ein Mediator aufgrund einer Mediationsklausel mit der Durchführung einer Mediation beauftragt, so wird er einen **Mediationsvertrag mit den Konfliktparteien** abschließen, der konkrete Verfahrensbestimmungen im Rahmen der gesetzlichen Vorgaben, festlegt. In Kap. 5.1.1.2. wurde bereits eine Aufstellung möglicher Vertragsinhalte vorgestellt, die nun näher erläutert werden sollen. Bei einem Mediationsvertrag handelt es sich

[5] Eidenmüller, 2001, S. 45 und 51 zitiert nach Hess, 2011, S. 1059.

[6] Vgl. Duve/Eidenmüller/Hacke, 2011, S. 332 ff.

[7] Vgl. www.management-by-mediation.de; zuletzt aufgerufen am 20.12.2013.

um einen **Dienst- oder Geschäftsbesorgungsvertrag** gem. §§ 611 ff. und § 675 Abs. 1 BGB, bei dem der Mediator im Gegensatz zum Werkvertrag nicht für den Erfolg der Mediation haftet, da der Mediationsverlauf und das Mediationsergebnis von den Parteien selbstverantwortlich bestimmt wird.[8] Der **Mediationsvertrag** wird unter Berücksichtigung der gesetzlichen Bestimmungen, der Wünsche der Konfliktbeteiligten und der im Rahmen der Auftragsklärung zusammengestellten Informationen erstellt und sollte **folgende Inhalte** umfassen, die nun genauer erläutert werden sollen:

- **Beteiligte der Mediation (Medianden und Mediator ggf. Co-Mediator, ggf. Rechtsanwälte, die als Berater mitwirken sollen, Dolmetscher etc.)**
  Neben den Konfliktparteien ist regelmäßig auch der Mediator eine Vertragspartei des Mediationsvertrages. Sollte zu Beginn der Mediation bereits bekannt sein, dass weitere Dritte, wie Rechtsanwälte der Konfliktparteien oder Sachverständige an der Mediation mitwirken, so haben auch sie die Mediationsvereinbarung zu unterzeichnen. Wird erst im Laufe der Mediation klar, dass ein Dritter, z. B. Sachverständiger im Rahmen der Mediation hinzugezogen werden soll, so hat dieser eine separate Verschwiegenheitserklärung zu unterzeichnen.

- **Auftrag zur Mediation**
  Der explizite Auftrag zur Mediation stellt klar, dass es sich nicht um ein anderes Verfahren, wie z. B. Schiedsverfahren oder Schlichtung handelt, die andere Rahmenbedingungen und Grundlagen haben. Eine zusätzliche konkrete Definition der Mediation liefert für beide Parteien ein gemeinsames Verständnis des Verfahrens.

- **Definition der Mediation und der in der Mediation zugrundeliegenden Grundsätze** (Eigenverantwortlichkeit, Freiwilligkeit, Allparteilichkeit, **Informiertheit**, **Vertraulichkeit**,) insbesondere Sicherstellung und Garantie der Vertraulichkeit und der Informiertheit der Medianden, ggf. Ergebnisoffenheit und Sanktionsfreiheit in innerbetrieblichem Kontext
  Im § 1 Abs. 1 Mediationsgesetz ist die Mediation begrifflich definiert.

  > Mediation ist ein vertrauliches und strukturiertes Verfahren, bei dem Parteien mit Hilfe eines oder mehrerer Mediatoren freiwillig und eigenverantwortlich eine einvernehmliche Beilegung des Konflikts anstreben.

  Diese Definition bildet die Grundlage für eine noch spezifischere Mediationsdefinition, die einzelvertraglich konkretisiert werden kann. Hier sollten auf jeden Fall immer der Grundsatz der Informiertheit für zwischen- und innerbetriebliche Mediationen und die Grundsätze der Ergebnisoffenheit und Sanktionsfreiheit für innerbetriebliche Mediationen je nach Erfordernis ergänzt werden. Insbesondere die Verschwiegenheit der Konfliktparteien muss vertraglich festgehalten werden, da das Mediationsgesetz die Vertraulichkeit der Medianden untereinander nicht regelt. (Vgl. hierzu auch Kap. 1.2.1.)

---

[8] Vgl. Horstmeier, 2013, S. 73 mit weiteren Nennungen. Vgl. auch Hess, 2009, S. 1058.

Damit die Konfliktparteien keine Information aus der Mediation in einem späteren Gerichtsverfahren verwenden noch anderweitig zum Schaden der anderen Partei nutzen, ist die Pflicht der Medianden zur Vertraulichkeit der in der Mediation erlangten Information und Unterlagen sicher zu stellen. Konkret kann zur **Sicherung der Vertraulichkeit** zwischen den Medianden eine **Vertragsstrafe** für den Fall vereinbart werden, dass sich eine der Parteien nicht an ihre Verschwiegenheitspflicht hält.[9]

- **Recht zur Verschwiegenheit des Mediators bei Scheitern einer Mediation und nachfolgender gerichtlicher Auseinandersetzung**
  Auch der Mediator muss das Recht zur Verschwiegenheit bei Scheitern der Mediation haben. Dies wird ihm mit dem § 4 MediationsG bis auf einige Ausnahmen zugesichert. Rechtsanwälte und andere „Berufsgeheimnisträger“ sind in Bezug auf das Strafrecht offenbar jedoch besser gestellt, als Mediatoren mit einem anderen beruflichen Hintergrund. So haben gem. § 53 Abs. 1 StPO nur folgende Personengruppen ein Zeugnisverweigerungsrecht:

(1) Zur Verweigerung des Zeugnisses sind ferner berechtigt

1. Geistliche über das, was ihnen in ihrer Eigenschaft als Seelsorger anvertraut worden oder bekanntgeworden ist;
2. Verteidiger des Beschuldigten über das, was ihnen in dieser Eigenschaft anvertraut worden oder bekanntgeworden ist;
3. **Rechtsanwälte, Patentanwälte, Notare**, Wirtschaftsprüfer, vereidigte Buchprüfer, Steuerberater und Steuerbevollmächtigte, Ärzte, Zahnärzte, Psychologische Psychotherapeuten, Kinder- und Jugendlichenpsychotherapeuten, Apotheker und Hebammen über das, **was ihnen in dieser Eigenschaft anvertraut worden oder bekanntgeworden ist**, Rechtsanwälten stehen dabei sonstige Mitglieder einer Rechtsanwaltskammer gleich;
   3a. Mitglieder oder Beauftragte einer anerkannten Beratungsstelle nach den §§ 3 und 8 des Schwangerschaftskonfliktgesetzes über das, was ihnen in dieser Eigenschaft anvertraut worden oder bekanntgeworden ist;
   3b. Berater für Fragen der Betäubungsmittelabhängigkeit in einer Beratungsstelle, die eine Behörde oder eine Körperschaft, Anstalt oder Stiftung des öffentlichen Rechts anerkannt oder bei sich eingerichtet hat, über das, was ihnen in dieser Eigenschaft anvertraut worden oder bekanntgeworden ist;
4. Mitglieder des Deutschen Bundestages, der Bundesversammlung, des Europäischen Parlaments aus der Bundesrepublik Deutschland oder eines Landtages über Personen, die ihnen in ihrer Eigenschaft als Mitglieder dieser Organe oder denen sie in dieser Eigenschaft Tatsachen anvertraut haben, sowie über diese Tatsachen selbst;
5. Personen, die bei der Vorbereitung, Herstellung oder Verbreitung von Druckwerken, Rundfunksendungen, Filmberichten oder der Unterrichtung oder Meinungsbildung dienenden Informations- und Kommunikationsdiensten berufsmäßig mitwirken oder mitgewirkt haben.

Die Person des Mediators ist hier nicht aufgeführt. Eine Ergänzung dieser Personengruppe im Gesetzestext wäre auch hier dringend wünschenswert[10] insbesondere

[9] Vgl. Kracht, 2006, S. 71.

[10] Vgl. Horstmeier, 2013, S. 38 f.

wenn man an Co-Mediationen unterschiedlicher Berufsgruppen denkt, bei denen Anwälte mit Nichtanwälten im Rahmen einer **multiprofessionellen Mediation** zusammenarbeiten.[11] Darüber hinaus erschwert der Gesetzgeber auch die Zusammenarbeit in einer Bürogemeinschaft oder sogar in einer Gesellschaft, da die Gründung einer optimal arbeitenden multiprofessionellen Berufsausübungsgesellschaft durch z. B. Angehörige psychosozialer Berufe, Ingenieure, Betriebswirte und Rechtsanwälte in einer Praxisgemeinschaft aufgrund des § 59 a BRAO nicht erlaubt sind. Dies ist ein für die Zukunft der Mediation nicht haltbarer Zustand. Hier wäre es auch unter dem Aspekt der Förderung der Mediation und der interdisziplinären Professionalisierung notwendig, wenn der Gesetzgeber diese zusätzlichen Rahmenbedingungen ermöglichen würde. Der Gesetzgeber sollte demgemäß vorsehen, dass ein Rechtsanwalt sich mit den Mediatoren aller Berufe zur gemeinschaftlichen Berufsausübung verbinden darf. Im Moment ist die Zusammenarbeit zum Beispiel in Form von Kooperationen oder in Form eines Anstellungsverhältnisses, entweder als Angestellter des Rechtsanwaltes oder der Rechtsanwalt im Anstellungsverhältnis eines Nicht-Anwaltes denkbar.

Es wäre ggf. auch hier höchstrichterlich zu klären, ob ein Mediator mit einem anderen Grundberuf als dem des Rechtsanwaltes einem Rechtsanwalt, der als Mediator beauftragt und tätig wurde, und damit in der Eigenschaft des Mediators tätig war, auch in Bezug auf das StPO gleichzusetzen wäre. Warum sollte ein „Rechtsanwalts"-Mediator aufgrund der BORA § 18[12] besser gestellt sein, als ein Mediator mit einem anderen Grundberuf, der nicht in § 53 StPO aufgeführt wurde? Rechtsanwälte genießen insofern eine Sonderstellung, als dass die Mediationstätigkeit als originäre Aufgabe des Rechtsanwaltes gesehen wird, während dies nicht für die anderen Berufsgruppen zutrifft. Das Bundesjustizministerium hat jedoch darauf hingewiesen, dass *ein bestimmtes Berufsbild des Mediators* **nicht vorgeschrieben** *ist.*[13] Für Psychologische Psychotherapeuten, die in der Funktion des Mediators tätig waren, gilt das Recht zur Verschwiegenheit beispielsweise in Strafprozessen nicht, weil nur das, was ihnen **in der Eigenschaft des Psychologischen Psychotherapeuten** und nicht in der Funktion des Mediators anvertraut wurde, zur Zeugnisverweigerung berechtigt.[14]

- **Ziele der Mediation**

  Beispielsweise könnte das Ziel der Mediation wie folgt lauten: Lösung des aktuellen wirtschaftsrechtlichen Konfliktes zum allseitigen Nutzen sowie die Wiederherstellung einer konstruktiven Geschäftsbeziehung der Konfliktbeteiligten, um in Zukunft kooperativ miteinander umgehen zu können.

---

[11] Vgl. Henssler, 2009, S. 67 ff.

[12] § 18 BORA Vermittelnde, schlichtende oder mediative Tätigkeit: Wird der Rechtsanwalt als Vermittler, Schlichter oder Mediator tätig, so unterliegt er den Regeln des Berufsrechts.

[13] Bundesministerium der Justiz: http://www.bmj.de/DE/Recht/Rechtspflege/MediationSchlichtungInternationaleKonflikteKindschaftssachen/_doc/mediation_als_verfahren_konsensualer_streitbeilegung.html, abgerufen am 17.09.2013.

[14] Vgl. Henssler, 2009, S. 46.

Mit der Festlegung des **Ziels der Mediation** wird eindeutig klargestellt, welches Ziel mit der Mediation erreicht werden soll. Nur wenn die Beteiligten ein Ziel definieren, können alle Beteiligten auch an der Realisierung des Ziels festhalten und in die gleiche Richtung arbeiten. Ohne Ziel könnte jeder Mediand aber auch der Mediator ein anderes Mediationsziel verfolgen und dadurch könnte die Mediation durch einen vorzeitigen Abbruch gefährdet sein, da jeder Beteiligte eine andere Erwartungshaltung hat, die in der Mediation nicht erfüllt wird. Mit einem von allen Konfliktparteien akzeptierten Ziel kann der Mediator auch zielgerichtet das Mediationverfahren planen.
Beispiel: In einem innerbetrieblichen Konflikt erwartet eine Partei nur eine Klärung der persönlichen Beziehungsebene, die andere hingegen die Klärung des Sachkonflik-tes. Ein Mediator, der nur das Ziel verfolgt, den Sachkonflikt zu lösen, wird große Schwierigkeiten haben, mögliche heftige „Emotionen" zu beherrschen. Je konkreter das Ziel auch formuliert wurde, desto besser kann im Nachhinein das Ergebnis der Mediation bewertet werden.

- **Regeln in der Mediation**
  Menschen brauchen Sicherheit, um Vertrauen aufbauen zu können. Vertrauen ist wichtig um mit Informationen, die vertraulich sind, in Vorleistung gegenüber der anderen Konfliktpartei gehen zu können.[15] Regeln bieten mehr Sicherheit und Vorhersehbarkeit und schaffen so einen Rahmen, um Vertrauen aufbauen zu können. Die Regeln können je nach individueller Verfahrensgestaltung bereits im Mediationsvertrag vorgegeben sein, im Mediationsverfahren vorgestellt oder auch im Rahmen der Mediation von Konfliktparteien erarbeitet werden.

- **Aufgaben und Rolle des Mediators**
  Nach dem Mediationsgesetz ist sowohl eine **aktive** oder auch **passive Rolle** des Mediators zulässig.[16] Die Konfliktparteien sollten festlegen, ob sie lieber einen Mediator wünschen, der sich nur um den Verfahrensablauf und eine gute Gesprächsatmosphäre kümmert und die Konfliktparteien durch eine gelungene Kommunikation und durch geeignete Umsetzung von Kreativitätstechniken dabei hilft, dass sie selbstverantwortlich zu einer Lösung kommen können. Darüber hinaus wird vom Mediator jegliche Verantwortung für das Mediationsergebnis vom Mediator abgelehnt, da es eine selbstverantwortliche Entscheidung der Konfliktparteien war.[17] Man nennt diese Form der Mediationsführung **passive Mediation.**[18] In ihrer extremsten Auslegung geht sie so weit, dass der Mediator sogar nicht dafür verantwortlich ist, die an dem Konflikt beteiligten Konfliktparteien ausfindig zu machen.[19] Dieser Auslegung soll hier nicht gefolgt werden. Denn eine Hauptaufgabe des Mediators in der Verfahrensplanung ist es, ins-

[15] Vgl. Hartmann, 2009, S. 1089.
[16] Vgl. Horstmeier, 2013, S. 88.
[17] Vgl. Kracht, 2006, S. 52,
[18] Vgl. Kracht, 2006, S. 52; Vgl. Horstmeier, 2013, S. 87 f.
[19] Vgl. Kracht, 2006, S. 52.

besondere in innerbetrieblichen Konflikten, dafür zu sorgen, dass alle Konfliktparteien, die von dem Konflikt betroffen sind, in das Mediationsverfahren eingebunden werden. Nur so kann eine nachhaltige Mediation gelingen. Ein **Mediator ist Verfahrensgestalter** und hat demnach diese Aufgabe zwingend zu übernehmen.
Von einer **aktiven** Mediation spricht man hingegen, wenn über die Verfahrenssteuerung und Kommunikationsführung hinaus, der Mediator insbesondere in der Lösungsphase **eigene unverbindliche Vorschläge und Alternativen** zur Konfliktlösung mit einbringt und auf **ein rechtlich haltbares Ergebnis achtet.**[20] Durch die Einbringung von eigenen Lösungsvorschlägen könnte sich der Mediator allerdings der Gefahr der Neutralitätsverletzung aussetzen, da sich eine Partei durch einen Vorschlag des Mediators zurückgesetzt fühlen könnte.[21] Die Konfliktparteien haben jedoch immer die Entscheidungsfreiheit und können somit bestimmen, ob sie den Vorschlag wählen möchten oder ablehnen. Ein negativer Vorschlag zu Lasten einer Partei könnte von dieser jedoch als Parteinahme wahrgenommen werden, auch wenn es vom Mediator so nicht intendiert war. Aus diesem Grunde sollte der Mediator die Medianden nach ihren Wünschen bezüglich einer aktiven oder passiven Verfahrensgestaltung befragen und das Ergebnis entweder im Vorfeld im Mediationsvertrag mit aufführen oder im Rahmen der Lösungssuche die Medianden nach ihren Wünschen befragen und darüber einen Konsens herbeiführen.
Nutzt ein Mediator die vielfältigen Kreativitätstechniken, fördert er die Selbstverantwortlichkeit der Konfliktparteien, selbst gute und kreative Vorschläge zu finden und setzt sich so weniger der Gefahr des Verlustes der **Wahrnehmung** seiner Allparteilichkeit bei den Konfliktparteien aus.[22] Wünschen die Konfliktparteien im Bereich der Lösungsvorschläge die aktive Unterstützung des Mediators, so sollte er die Konfliktparteien auf diesen Sachverhalt hinweisen und sie zunächst motivieren nach eigenen guten Lösungen zu suchen, bevor er selbst Lösungen einbringt. Dabei ist es wichtig, nicht nur einen unverbindlichen Vorschlag, sondern **mindestens drei unverbindliche Vorschläge** zu unterbreiten.[23]

- **Rolle des Rechts in der Mediation als Bewertungsmaßstab von Lösungen** im Vergleich zu alternativen Bewertungsmaßstäben (siehe Kap. 7.1.1.)
  Vor der Mediation muss Einvernehmen bei den Konfliktparteien darüber herrschen, ob die eigenen Fairness- und Gerechtigkeitskriterien der Konfliktparteien, die viel weitreichender sein können, als es das Recht sein kann oder rechtliche Bewertungsmaßstäbe bei der Durchführung der Mediation eine große Rolle spielen sollen. Der Mediator sollte in den Vorgesprächen darauf hinweisen, dass im Mediationsverfahren auf Wunsch

[20] Vgl. Kracht, 2006, S. 53.

[21] Vgl. Kracht, 2006, S. 53.

[22] Koschany-Rohbeck, 2011, S. 71.

[23] Denn ein Vorschlag ist in der Regel ein Problem, zwei Vorschläge sind ein Dilemma und drei Vorschläge ermöglichen richtige Wahlfreiheit.

das Recht eine besondere Rolle spielen kann, dann handelt es sich um eine rights-based-mediation. Der Mediator sollte dann eher ein Rechtsanwalt sein und sich im spezifischen Rechtsbereich fachlich sehr gut auskennen. Wird ausschließlich das Recht als zentraler Bewertungsmaßstab angewendet, wird der Lösungsraum kreativer Lösungen automatisch sehr stark verkleinert und es werden deutlich **weniger passgenaue Lösungen** und somit weniger nachhaltige Lösungen möglich. Hier werden tendenziell eher Kompromisse erzielt. Der Einbezug der eigenen Fairness- und Gerechtigkeitsmaßstäbe kann hingegen eine Verbreiterung des Lösungsspielraumes bewirken. Mediation bietet aber gerade die Möglichkeit jenseits des Rechts, die eigenen individuellen Fairness- und Gerechtigkeitsauffassungen bei der Bewertung von Lösungen mit einzubeziehen. Gerade in zwischenbetrieblichen Mediationen, bei der oftmals ein großer Wunsch nach einem starken Rechtsbezug herrscht sollte auf diesen Sachverhalt hingewiesen werden. In innerbetrieblichem Kontext ist ein Rechtsbezug erst sehr spät bei bereits stark eskalierten Konflikten auszumachen, in den meisten innerbetrieblichen Konflikten spielt daher das Recht keine oder wenn überhaupt, nur eine untergeordnete Rolle.[24]

- **Kündigung oder Beendigung des Verfahrens**
  Der Grundsatz der Freiwilligkeit manifestiert sich in der Möglichkeit jederzeit aus dem Mediationsverfahren ohne der Angabe von Gründen aussteigen zu können. Die Art, wie die Kündigung oder Beendigung des Verfahrens erfolgen soll, sollte ebenfalls im Mediationsvertrag benannt werden, damit die Parteien bei einem eventuellen Scheitern des Verfahrens auch noch den Rechtsweg bestreiten können ohne ggf. Fristen versäumt zu haben.

- **Maßnahmen bei längerem Ausfall des Mediators durch z. B. Krankheit**
  Ein Mediationsverfahren wird konkret mit einem speziellen Mediator bzw. Mediatorenteam geschlossen. Die Dienstleistung der Mediation ist personenbezogen und das Vertrauen, dass die Medianden zum Mediator aufgebaut haben, kann nicht einfach durch eine Vertretungsklausel an einen anderen Mediator übertragen werden. Aus diesem Grunde sollte der Mediator sich für den Fall der Krankheit oder anderem unfreiwilligem längeren Ausfall vertraglich absichern und Angaben im Vertrag hierzu aufnehmen.

- **Angaben zur Dokumentation und Aufbewahrung der Ergebnisprotokolle der Sitzungen**
  Eine Dokumentation und Aufbewahrung der Ergebnisprotokolle der Sitzungen ist nach dem Mediationsgesetz nicht verpflichtend. Bewahrt der Mediator Dokumente oder Ergebnisprotokolle auf so sollte er die Medianden hierüber in Kenntnis setzen.

[24] Vgl. Ponschab/Dendorfer, 2009, S. 592; vgl. Risse, 2003, S. 35.

- **Honorarangaben und ggf. weitere Kostenübernahmen und die Aufteilung der Kosten auf die Konfliktparteien.**
  Bei **zwischenbetrieblichen Konflikten** übernimmt jede Konfliktpartei i. d. R jeweils zu gleichen Teilen die anfallenden Kosten, bei **innerbetrieblichen Konflikten** übernimmt der äußere Auftraggeber die Kosten für die Mediation. Eine andere Aufteilung oder Übernahme ist jedoch immer möglich.
  Das Honorar des Mediators wird in den überwiegenden Fällen in Form von Stundensätzen angegeben, für Rechtsanwälte ist aber auch der § 34 RVG anwendbar.[25] In Wirtschaftsmediationen sind Stundenhonorare von 150 € bis zu 300,- € und mehr anzutreffen.[26] Dabei ist zu differenzieren, dass einige Wirtschaftsmediatoren nur die Zeit für die Vorgespräche und die Durchführung der Mediation berechnen, während andere Mediatoren auch die Vor- und Nachbereitungszeiten der einzelnen Mediationssitzung abrechnen. Darüber hinaus wird der Mediator oftmals noch weitere Kosten, wie z. B. Fahrtkosten, Spesen, ggf. Kosten für die Räume eines Tagungshotels in Rechnung stellen wollen. Dann sollte er diese Kosten im Mediationsvertrag ebenfalls mit aufführen.

- **Haftungsbeschränkung des Mediators**
  Auch einem Mediator können ungewollt Fehler unterlaufen. So wäre es z. B. denkbar, dass der Mediator versehentlich vertrauliche Unterlagen in einem Tagungshotel liegen lässt, die von einem Dritten verwertet und kurz darauf in der Presse veröffentlicht werden, zum Schaden einer oder beider Konfliktparteien. Für solche ungewollten Fehler sollte sich ein Mediator versichern. Im Rahmen des Mediationsvertrages sollte er die Haftungsbeschränkung in der Höhe der Versicherungssumme angeben. (Vgl. auch Kap. 6.1.2.)

- **Salvatorische Klausel**
  Eine **Salvatorische Klausel** bezeichnet die Klausel eines Vertragswerkes, die festlegt, welche Rechtsfolgen eintreten sollen, wenn sich einzelne Vertragsbestandteile als unwirksam oder undurchführbar erweisen sollten oder sich herausstellt, dass der Vertrag Fragen nicht regelt, die eigentlich hätten geregelt werden müssen. Das Ziel, das mit der Salvatorischen Klausel verfolgt wird, ist einen teilweise unwirksamen oder undurchführbaren Vertrag, insbesondere aber den wirtschaftlichen Erfolg, den der Vertrag bewirken soll, weitestgehend aufrechtzuerhalten.

- **Unterschriften**
  Mit den Unterschriften dokumentieren die Vertragsparteien, dass sie den vereinbarten Verfahrensgrundlagen zustimmen und eine Mediation auf der Grundlage dieser Vereinbarungen einhalten wollen.

Im Folgenden soll ein beispielhafter Mediationsvertrag für den zwischenbetrieblichen Kontext vorgestellt werden:

---

[25] Vgl. Horstmeier, 2013, S 189.

[26] Vgl. Horstmeier, 2013, S 190.

Beispiel

Mediationsvertrag für eine zwischenbetriebliche Mediation[27]

Zwischen (Firma/Adresse/Vertretungsberechtigter)

....

und (Firma/Adresse/Vertretungsberechtigter)

....

im Folgenden kurz „**Medianden**" genannt

und

MEDIATOR (Name und Adresse)

im Folgenden kurz **MEDIATOR** genannt,

sowie ggf.

Name, Adresse Co-MEDIATOR, nachfolgend Co-MEDIATOR genannt. Nachfolgende Bezeichnung „MEDIATOR" gilt auch bei dem Einsatz mehrerer MEDIATORen für das gesamte MEDIATORenteam.

Die Vertragsparteien sind darüber einig, dass eine Mediation von MEDIATOR durchgeführt werden soll und sind mit den nachfolgenden Bedingungen einverstanden.

1. **Grundsätze und Definitionen**

Mediation heißt Vermittlung. Mediation ist ein **freiwilliges, ergebnisoffenes und vertrauliches** Verfahren zur außergerichtlichen Lösung von festgefahrenen Konflikten. In dem Verfahren sollen die **beteiligten Konfliktparteien (Medianden)**, durch die vermittelnde Unterstützung eines externen **allparteilichen** Dritten, des MEDIATORs, eine **eigenverantwortliche** Konfliktlösung zum Vorteil aller Konfliktbeteiligten erarbeiten (sogenannte **Gewinner-Gewinner-Lösung**). Grundlage zur Erarbeitung einer Lösung ist die **vollständige Informiertheit** der Konfliktbeteiligten über den relevanten Konfliktsachverhalt.

Die einvernehmliche fall- und problemspezifische Konfliktlösung soll darüber hinaus für die Zukunft tragfähig sein. **Ziel des Verfahrens ist es**, neben der Lösung des aktuellen Konfliktthemas zum beidseitigem Nutzen, auch eine konstruktive (Geschäfts-) Beziehungsebene wiederherzustellen, die es den Beteiligten ermöglicht, in der Zukunft kooperativ miteinander umzugehen.

Der MEDIATOR ist ausschließlich entscheidungsbefugt im Rahmen des Mediationsprozesses. Er hat keine Entscheidungsbefugnis im Rahmen der Konfliktlösung. Entscheidungsbefugte Experten in der Sache, um die es geht, bleiben die Medianden.

2. **Informations- und Offenbarungspflichten des MEDIATORs**

Der MEDIATOR informierte die Mediationsteilnehmer über den Ablauf, die Grundprinzipien einer Mediation sowie die Rechte und Pflichten der Parteien. Die Par-

[27] Vgl. in Anlehnung an Hösl, 2008, S. 89 ff. und Horstmeier, 2013, S. 59 ff.

teien versichern, dass sie freiwillig und selbstverantwortlich an der Mediation teilnehmen. Der MEDIATOR informierte die Parteien über ihr Recht, jederzeit einseitig die Mediation beenden zu dürfen. Der MEDIATOR versichert, dass er in dem aktuellen Konflikt für keine der Parteien in derselben Sache zuvor tätig gewesen ist, keine finanziellen oder sonstigen Interessen an dem Ausgang der Mediation hat und seines Wissens mit keiner Partei verwandt oder verschwägert ist. Der MEDIATOR ist verpflichtet evtl. erst während des Mediationsverfahrens auftretende mögliche Interessenkonflikte offenzulegen. Darüber hinaus wird der MEDIATOR in derselben streitigen Angelegenheit keine der Parteien beraten oder gerichtlich bzw. außergerichtlich vertreten. Das gilt auch bei einem Scheitern des Mediationsverfahrens.

3. **Vereinbarungen und Regeln im Rahmen der Mediation**
Die Teilnehmer vereinbaren im Rahmen der Mediation zügig und ernsthaft, gemäß den noch genauer zu bestimmenden Verfahrensregeln, (z. B. Unterlassung von persönlichen Beleidigungen, ausreden lassen, gegenseitiges Zuhören etc.) an einer gemeinsamen Konfliktlösung zu arbeiten.

Sie vereinbaren die Einhaltung der Auswahl- und Bewertungskriterien: Fairness, Gerechtigkeit und Vernunft, die gemeinsam im Rahmen des Verfahrens erarbeitet und spezifiziert werden.

Die Medianden erklären, dass sie als Unternehmensvertreter zum Abschluss einer Mediationsvereinbarung berechtigt sind. Sie können von Rechtsanwälten oder Personen Ihres Vertrauens begleitet werden, sofern dies für die Konfliktklärung förderlich ist. Hierfür müssen alle beteiligten Medianden jedoch ihr Einverständnis erteilen. Der Mediator legt im Rahmen seiner Verfahrenskompetenz die Anzahl der zu beteiligenden Personen fest. Jeder Teilnehmer ist allein und ausschließlich verantwortlich für alle Gebühren und sonstigen Aufwendungen, die durch die Beauftragung von zusätzlichen Beratern oder Sachverständigen entstehen.

(**Optional:** Die Parteien stimmen zu, dass der MEDIATOR nach eigenem Ermessen vertrauliche Einzelgespräche mit jeder Partei führen kann. Die in diesen Einzelgesprächen erlangten Informationen darf der Mediator **nur mit Zustimmung** der betreffenden Partei, mit der das Einzelgespräch geführt wurde, weitergeben. Davon unberührt bleiben die erforderlichen Vorgespräche vom MEDIATOR mit den betroffenen Konfliktparteien zur allgemeinen Information, zur Klärung von Fragen der Organisation und des Ablaufes sowie zur Kostenfrage.)

4. **Informationsbereitstellung**
Die **Medianden** stellen dem MEDIATOR, sofern vorhanden, erforderliches Informationsmaterial (wie z. B. Verträge, Schriftverkehr und andere Materialien, die für das Verständnis des Konfliktes notwendig sind) zum besseren Verständnis der Situation und zur Konfliktanalyse zur Verfügung.

Darüber hinaus informieren die **Mediandén** im Rahmen des Mediationsverfahrens MEDIATOR und die anderen Konfliktparteien über alle konfliktrelevanten Sachverhalte, die für eine gemeinsame nutzensteigernde Lösung erforderlich sind.

5. **Rolle des Rechts in der Mediation**
Mediation ist eine gesetzlich legitimierte Methode, um Konflikte anders als vor Gericht zu lösen. **Ziel ist es Gewinner-Gewinner-Ergebnisse herzustellen.** Es geht hier nicht, wie vor Gericht, vor allem darum, die Schuldfrage oder Rechtsansprüche zu klären, sondern um die Klärung und Lösung des zugrundeliegenden Problems aus den verschiedenen Perspektiven der beteiligten Konfliktparteien. Mediation kann darüber hinaus schon in einem frühen Konfliktstadium eingesetzt werden, wenn noch keine Rechtsansprüche entstanden sind, die vor Gericht geltend gemacht werden können. Mediation dient dann zusätzlich dazu weitere Eskalierungen zu verhindern. Mediation ermöglicht Lösungen, die von den Konfliktbeteiligten allseitig als fair und gerecht wahrgenommen werden. Aus diesem Grunde werden im Rahmen von Mediationen die Fairness- und Gerechtigkeitsmaßstäbe der Mediationsteilnehmer zugrundegelegt und nicht zwingend die rechtlichen Maßstäbe des Gesetzgebers. **(Alternativ eine andere Rolle des Rechts einsetzen, wenn z. B. die Medianden einen stärkeren Rechtsbezug als Maßstab wünschen.)**

Der MEDIATOR enthält sich jeglicher Stellungnahme zu Rechtsfragen. Er ist in keiner Weise verantwortlich für rechtliche Belange, wie z. B. Einhaltung von Fristen. Der Mediator übernimmt für den Inhalt der Mediationsvereinbarung keinerlei rechtliche oder sonstige Haftung. Jede Konfliktpartei entscheidet selbstverantwortlich. Die Medianden sollen, wenn sie nicht vollumfänglich informiert sind, die Machbarkeit der Vereinbarung juristisch, organisatorisch, unternehmerisch, wirtschaftlich, finanziell, technisch, ökologisch außerhalb der Mediation überprüfen lassen.

Alle Medianden verpflichten sich, gerichtliche Schritte während der Mediation nur zur Fristwahrung zu unternehmen und dies allen Beteiligten und MEDIATOR unverzüglich mitzuteilen. Für jedes bereits anhängige gerichtliche Verfahren, soll gelten: Die Teilnehmer beantragen eine Unterbrechung des Verfahrens bis zum Abschluss der Mediation.

Während des Mediationsverfahrens und im Falle des Scheiterns der Mediation bis zur entsprechenden schriftlichen Mitteilung hierzu durch den MEDIATOR werden die Parteien kein (schieds-) gerichtliches Verfahren einleiten. Darüber hinaus verzichten die Parteien gegenseitig bei gleichzeitiger gegenseitiger Annahme des Verzichts auf die Einrede der Verjährung in der Weise, dass der Ablauf gesetzlicher und vertraglicher Verjährungs- sowie Ausschlussfristen bzgl. des Mediationsgegenstandes für die Dauer des Mediationsverfahrens gehemmt ist. Für die Dauer des Mediationsverfahrens hat eine wegen eines streitigen Anspruchs verpflichtete Partei ein Leistungsverweigerungsrecht.

Alle Mediandenn verpflichten sich, weder den MEDIATOR im Falle einer gerichtlichen Auseinandersetzung als Zeugen zu benennen noch die während der Mediation erlangten neuen Informationen und Dokumente offenzulegen. (Optional: Bei Zuwiderhandlungen wird … vereinbart.)

6. **Organisatorisches**
Der Mediationsort und Sitzungstermine werden nach Rücksprache mit den Medianden von MEDIATOR bestimmt. Der MEDIATOR ist berechtigt im Namen der Parteien für einen angemessenen organisatorischen Rahmen zu sorgen, den er für die Durchführung des Verfahrens für angemessen hält. (Ladungen für Sachverständige, Hotelbuchung und Raummiete etc.)

Die erforderlichen Zusammenkünfte finden nach terminlicher Absprache mit **den Medianden** unter der Leitung von MEDIATOR in

………………………………………………………………………………

statt. Die Dauer der Mediation ist abhängig von der Anzahl der beteiligten Konfliktparteien und der Komplexität des Konfliktes. Die hierfür anfallenden **Kosten**, z. B. bei Buchung eines Tagungshotels, übernehmen die Konfliktbeteiligten zu gleichen Teilen. (Optional andere Vereinbarungen.)

7. **Verschwiegenheitspflicht**
Alle am Mediationsverfahren beteiligten Personen, insbesondere alle an den gemeinsamen oder auch getrennten Sitzungen zwischen den Beteiligten teilnehmenden Personen, haben gegenüber Dritten, das Mediationsverfahren und dessen Angelegenheiten sowohl während als auch nach Beendigung des Verfahrens vertraulich zu behandeln. Sie dürfen, soweit nicht anderweitig zwischen den Parteien vereinbart, Dritten gegenüber keine Information benutzen oder offen legen, die das Mediationsverfahren betreffen oder die sie im Laufe des Verfahrens erhalten haben. Alle Mediationsteilnehmer **verpflichten sich vertraglich somit gegenseitig zur Verschwiegenheit**.

Von der Vertraulichkeit ausgenommen sind anonymisierte Supervisionen des MEDIATORs sowie die externe Beratung der Parteien durch Berufsgeheimnisträger. Sind Beteiligte auf Grund besonderer Rechtsbeziehungen verpflichtet, Dritte über Angelegenheiten des Mediationsverfahrens zu informieren, so müssen sie dies bereits im Vorfeld des Verfahrens allen anderen Beteiligten gegenüber mitteilen. Nicht von der Vertraulichkeitsabrede umfasst sind gem. § 4 Mediationsgesetz außerdem folgende Fälle:

1. die Offenlegung des Inhalts der im Mediationsverfahren erzielten Vereinbarung zur Umsetzung oder Vollstreckung dieser Vereinbarung
2. die Offenlegung von Informationen aus vorrangigen Gründen der öffentlichen Ordnung (ordre public), insbesondere um eine Gefährdung des Wohles eines

Kindes oder eine schwerwiegende Beeinträchtigung der physischen oder psychischen Integrität einer Person abzuwenden, oder
3. wenn es sich um Tatsachen handelt, die offenkundig sind oder ihrer Bedeutung nach keiner Geheimhaltung bedürfen.

Die Konfliktparteien verzichten darüber hinaus, den Mediator und seine Hilfspersonen von der gesetzlichen Schweigepflicht gem. § 385 Abs. 2 zu entbinden.

8. **Dokumentation**

Von den einzelnen Mediationssitzungen werden Ergebnisprotokolle und/oder Fotoprotokolle erstellt. MEDIATOR wird die im Laufe des Mediationsverfahrens entstandenen Akten für einen Zeitraum von zwei Jahren nach Beendigung des Mediationsverfahrens aufheben.

9. **Einbeziehung Dritter**

Nur mit Zustimmung aller Konfliktparteien können Dritte (Sachverständige, Rechtsanwälte u. s. w.) an dem Mediationsverfahren teilnehmen. Sie sind ebenfalls zur gegenseitigen Verschwiegenheit in dem Maße wie die Parteien zu verpflichten. Bei rechtlich relevanten Sachverhalten sollte jede Seite sich auf eigene Kosten rechtlich bzw. fachlich beraten lassen. Spätestens vor Abschluss eines Konfliktes mit rechtlich relevanten Fragestellungen mit einer (ggf. auch nur teilweise) beilegenden Vereinbarung zwischen den Parteien wird ihnen eine jeweilige anwaltliche und ggf. sonstige fachliche Außenberatung dringend empfohlen.

10. **Honorar**

Das Honorar beträgt

je MEDIATOR, der an der Konfliktklärung beteiligt ist, pro Stunde (60 min):
XXX,- € zzgl. gesetzlicher Mehrwertsteuer.

Angebrochene Stunden werden je voller Viertelstunde anteilig vergütet. Vorgespräche mit den beteiligten Konfliktparteien sowie begleitende Nachfolgetermine nach Abschluss der Mediation werden zu dem o. g. Stundensatz verrechnet.

MEDIATOR ist berechtigt für Termine, die nicht mindestens 24 h vorher abgesagt werden, zwei Stundenhonorare zzgl. MwSt. sowie entstandene Kosten in Rechnung zu stellen. Bei nicht rechtzeitigem Sitzungsbeginn, den MEDIATOR nicht zu vertreten hat, besteht für den MEDIATOR eine zum o. g. Stundensatz zu vergütende Wartepflicht von maximal zwei Stunden.

Darüber hinaus übernehmen die Medianden folgende Kosten:

- Fahrtkosten zzgl. MwSt. der einzelnen MEDIATORen
- Bei ganztägigen oder mehrtägigen Mediationsterminen werden die Tagungspauschalen bzw. die Tagungspauschalen sowie die Übernachtungskosten für das Tagungshotel für alle teilnehmenden MEDIATORen übernommen.

Das Honorar, sowie die vereinbarten Kosten werden nach jedem Sitzungstermin fällig.

Das Honorar und die Kosten für die Mediation haben die Mediande gesamtschuldnerisch zu tragen. Sie sollen von den Mediande im Verhältnis ___________ übernommen werden.

Die Haftung des MEDIATORs wird dem Grunde nach auf Fälle des Vorsatzes bzw. der groben Fahrlässigkeit beschränkt. Dies gilt nicht für Verletzungen von Gesundheit, Körper oder Leben. Der MEDIATOR haftet jedoch nur bis zur Haftungsgrenze der nachgewiesenen Berufshaftpflichtversicherung, maximal bis zu einem Betrag von … €.

11. **Beendigung des Verfahrens**

Mit Abschluss der gemeinsamen Vereinbarung der Mediande endet i. d. R das Mediationsverfahren im engeren Sinne.

(Optional) Auf Wunsch der Mediande ist eine Begleitung der Umsetzungsphase durch MEDIATOR im Rahmen von Folgeterminen (Mediationsverfahren im weiteren Sinne) möglich. Dann endet das Mediationsverfahren im weiteren Sinne mit erfolgreicher Durchführung der Umsetzungsphase bzw. zu jedem beliebigen Wunschtermin der Teilnehmer. Die Mediande wünschen **eine/keine** Begleitung in der Umsetzungsphase.

Ebenso kann jeder Teilnehmer diesen Vertrag entsprechend dem Freiwilligkeitsprinzip der Mediation jederzeit kündigen durch eine schriftliche Kündigung gegenüber jeder anderen Partei sowie gegenüber dem MEDIATOR. Dadurch wird die Mediation mit sofortiger Wirkung beendet. Für den Fall eines darauf folgenden (Schieds-) Gerichtsverfahrens vereinbaren die Parteien, dass die bis dahin entstandenen Kosten des Mediationsverfahrens zu den berücksichtigungsfähigen, vorgerichtlichen Kosten gehören. Die Parteien können diese dann gegenseitig im Verhältnis des Obsiegens/Unterliegens der Kostenentscheidung geltend machen.

Der MEDIATOR kann das Verfahren darüber hinaus auch jederzeit kündigen, wenn

- nach seiner Beurteilung der Konflikt nicht oder nicht mehr mediationsfähig ist oder wenn sich kein Fortschritt bei der Bearbeitung des Konflikts abzeichnet,
- die Parteien bei einem vom Mediator offenbarten möglichen Interessenkonflikt nicht das einvernehmliche Vertrauen aussprechen,
- eine Partei eine offene Rechnung des MEDIATORs trotz Fälligkeit und Mahnung nicht begleicht,
- ein sonstiger wichtiger Grund vorliegt, der zur Kündigung des Mediationsvertrages berechtigt.

Fällt der MEDIATOR aus persönlichen Gründen aus, (z. B. wegen Krankheit), so endet das Mediationsverfahren für den MEDIATOR mit dessen Mitteilung, dass er dieses Verfahren nicht mehr weiter führen kann. Sollten sich die die Parteien nicht auf einen anderen Mediator einigen können mit dem sie die Mediation weiterführen wollen, so endet das Mediationsverfahren 30 Tage nach Erhalt der Mitteilung.

12. **Salvatorische Klausel**
Dieser Vertrag unterliegt deutschem Recht. Ergänzungen und Änderungen dieses Vertrages bedürfen der Schriftform. Sollten einzelne Regelungen dieses Vertrages ganz oder teilweise unwirksam sein oder werden, sind alle Beteiligten verpflichtet, diese unverzüglich im Wege der ergänzenden Vereinbarung durch eine solche Abrede zu ersetzen, die dem Ergebnis der unwirksamen Bestimmung am nächsten kommt. Die Wirksamkeit des Vertrages bleibt unberührt.

…………………………………., den

____

(Firmenbezeichnungen und Unterschriften der vertretungsberechtigten Medianden)

____

(MEDIATOR)

6.1.2 Haftung und Versicherung

Der Mediator hat nach dem Mediationsgesetz bestimmte Pflichten zu erfüllen, für die er im Verletzungsfalle schadensersatzpflichtig gemacht werden könnte.[28] So ergeben sich für den Mediator folgende Pflichten gegenüber den Parteien:[29] Aus dem § 2 Abs. 2 MediationsG

- Aufklärung der Parteien über das Verfahren
- Aufklärung der Parteien über ihre Rolle und die sonstigen Beteiligten
- Vergewisserung über die Freiwilligkeit der Teilnahme und ihre Einsicht in die Mediationsgrundsätze und Abläufe

Aus dem § 3 Abs. 1–4 MediationsG

- Offenbarungspflichten bzgl. evtl. vorhandener Interessenkonflikte

Aus dem § 3 Abs. 5 MediationsG

- Auf Verlangen der Medianden Offenbarungspflicht über Aus-/Fortbildung, Mediationserfahrungen

[28] Vgl. Horstmeier, 2013, S. 73.

[29] Vgl. hierzu Horstmeier, 2013, S. 78 f.

Aus dem § 4 Satz 4 MediationsG

- Information der Parteien zum Umfang der Verschwiegenheitspflicht

Aus dem § 2 Abs. 3 Satz 2 MediationsG

- Förderung der Kommunikation, des Informations- und Meinungsaustausches zwischen den Parteien sowie ihrer Einbindung

Aus dem § 1 Abs. 1,2 MediationsG

- Strukturierung des Verfahrens

Aus dem § 1 Abs. 2 und § 2 Abs. 3 Satz 1 MediationsG

- Neutralität und Allparteilichkeit (= ist den Parteien gleichermaßen verpflichtet)

Aus dem § 4 MediationsG

- Verschwiegenheitspflicht

Aus dem § 2 Abs. 6 MediationsG

- Vergewisserung über die Kenntnis der Partei über die Tragweite und Sachlage einer Abschlussvereinbarung, ggf. bei rechtlicher Relevanz des Mediationsfalles: Hinweis auf fachliche/rechtliche Beratung (vgl. Kapitel 7.4.)

Zusammenfassend ist festzustellen, dass bei der Ausgestaltung des Mediationsvertrages und der Durchführung der Vorgespräche der Mediator viele seiner Pflichten im Vorfeld der Mediation „erfüllen" kann. Im Rahmen der Verschwiegenheitspflicht könnten jedoch dem Mediator ungewollt Fehler unterlaufen. Dann wäre es möglich, dass der Mediator mit einer Schadensersatzklage konfrontiert wird.

Es wird tendenziell nur wenige Fälle geben, in denen der Mediator überhaupt mit einer Schadensersatzklage rechnen muss. Die Haftung von Mediatoren wird im Mediationsgesetz nicht geregelt. Haftungsgrundlagen können sich jedoch aus zivilrechtlichen Vorschriften der §§ 280, 281, 276 und 251 BGB ergeben.[30] Nichtanwaltliche Mediatoren sind gesetzlich nicht zum Abschluss einer **Berufshaftpflichtversicherung** verpflichtet, im Gegensatz zu Anwaltsmediatoren, die aufgrund ihrer Berufsordnung eine Betriebshaftpflichtversicherung abschließen müssen. Der nichtanwaltliche Mediator muss selbst entscheiden, inwiefern er sein Risiko durch eine Berufshaftpflichtversicherung absichern

[30] Vgl. Horstmeier, 2013, S. 74.

möchte. Schließt ein Mediator eine Versicherung ab, so sollte er daran denken, im Rahmen des Mediationsvertrages eine **Haftungsbeschränkung in Höhe der maximalen Versicherungssumme** der Versicherungsgesellschaft mit anzugeben. Schließt er **keine** Versicherung ab, so sollte er eine Klausel in den Vertrag übernehmen, die besagt, dass er für Schäden, die sich aus der fahrlässigen Verletzung seiner Pflichten ergeben, nicht haften wird. Ein **Haftungsausschluss** z. B. in den AGB für vorsätzlich oder grob fahrlässig verursachte Schäden ist jedoch nicht erlaubt.[31] Der Abschluss einer Versicherung durch den Mediator kann den Medianden jedoch auch seine Professionalität signalisieren, mit der er zeigt, dass er gewillt ist, seine gesetzlichen und vertraglichen Sorgfaltspflichten einzuhalten und bei Bedarf auch für eventuelle Schäden einzustehen.[32]

6.2 Einbettung in das Recht des jeweiligen Grundberufs

Neben dem Mediationsgesetz gelten jeweils die zusätzlichen gesetzlichen Bestimmungen des jeweiligen Grundberufes. Im Rahmen dieses Buches kann keine Übersicht über sämtliche berufsrechtlichen Bestimmungen gegeben werden, die der einzelne Mediator zu beachten hat, da der Beruf des Mediators nicht auf eine oder wenige Berufsgruppen beschränkt ist, sondern **jeder**, **unabhängig von dessen Ursprungsberuf**, die Tätigkeit des Mediators grundsätzlich ausüben kann und darf.[33] Aus diesem Grunde müssen die jeweiligen Mediatoren selbst darauf achten, ob ggf. zusätzliche Bestimmungen aufgrund des Ursprungsberufes zu beachten sind.

6.3 Grundzüge des Rechtsdienstleistungsgesetzes

Der Begriff Rechtsdienstleistung wird in § 2 Abs. 1 RDG definiert:

> **§ 2 Begriff der Rechtsdienstleistung**
> (1) Rechtsdienstleistung ist jede Tätigkeit in konkreten fremden Angelegenheiten, sobald sie eine rechtliche Prüfung des Einzelfalls erfordert.

Für Anwaltsmediatoren stellt das Rechtsdienstleistungsgesetz keine Hürde dar, weil der Anwalt bezüglich eingebrachter Vorschläge in Mediationen grundsätzlich jederzeit eine rechtliche Einzelfallprüfung vornehmen kann.[34] Die Rechtsberatung und rechtliche

[31] Vgl. Horstmeier, 2013, S. 77.

[32] Vgl. Horstmeier, 2013, S. 77.

[33] Bundesministerium der Justiz: (Jetzt Bundesministerium der Justiz und für Verbraucherschutz) http://www.bmj.de/DE/Recht/Rechtspflege/MediationSchlichtungInternationaleKonflikteKindschaftssachen/_doc/mediation_als_verfahren_konsensualer_streitbeilegung.html, zuletzt abgerufen am 17.09.2013.

[34] Vgl. Horstmeier, 2013, S. 166.

Einzelfallprüfung gehört zu den originären Aufgaben eines Rechtsanwaltes. Ein Rechtsanwalt kann somit als **aktiver Mediator** (vgl. Kap. 6.1.1.) tätig werden ohne Bedenken haben zu müssen, gegen das Rechtsdienstleistungsgesetz zu verstoßen. Unabhängig von der Möglichkeit ein **aktiver** Mediator zu sein, der eigene Regelungsvorschläge unterbreitet, kann ein Anwaltsmediator sich auch dafür entscheiden als **passiver** Mediator tätig werden, der die **Selbstverantwortlichkeit** der Konfliktparteien dadurch fördert, indem er eben keine (also auch keine rechtlich relevanten) Lösungsvorschläge unterbreitet, sondern seine Hauptaufgabe darin sieht, die Konfliktparteien darin zu fördern und zu unterstützen selbst Lösungsvorschläge zu erarbeiten.

Eine **individuelle Rechtsberatung** und **Mediation** durch ein und dieselbe Person ist jedoch sowohl für den nichtanwaltlichen als auch anwaltlichen Mediator unzulässig, da sie mit dem Prinzip der **Allparteilichkeit** nicht vereinbar ist.[35] Ein **Nichtanwalt** darf gemäß dem Rechtsdienstleistungsgesetz **keine Rechtsberatung** vornehmen. Der **anwaltliche Mediator** darf gemäß § 43a Abs. 4 BRAO **keine widerstreitenden Interessen** vertreten. Allgemeine rechtliche Hinweise oder Regelungsvorschläge sind jedoch möglich.[36]

Für **nichtanwaltliche Mediatoren** ist eine **passive Mediation**, bei der der Mediator nur die Funktion eines Verfahrensgestalters und Kommunikationsförderers übernimmt, und keine rechtlich relevanten Lösungsvorschläge in die Mediation mit einbringt, gemäß § 2 Abs. 3 Nr. 4 RDG keine erlaubnispflichtige Rechtsdienstleistung und damit unproblematisch. Darüber hinaus ist eine **aktive Mediation** auch möglich, wenn der nichtanwaltliche Mediator ausschließlich **Lösungsvorschläge ohne rechtlichen Bezug** einbringt.

> **(3) Rechtsdienstleistung ist nicht**:
> 1. die Erstattung wissenschaftlicher Gutachten,
> 2. die Tätigkeit von Einigungs- und Schlichtungsstellen, Schiedsrichterinnen und Schiedsrichtern,
> 3. die Erörterung der die Beschäftigten berührenden Rechtsfragen mit ihren gewählten Interessenvertretungen, soweit ein Zusammenhang zu den Aufgaben dieser Vertretungen besteht,
> 4. **die Mediation und jede vergleichbare Form der alternativen Streitbeilegung, sofern die Tätigkeit nicht durch rechtliche Regelungsvorschläge in die Gespräche der Beteiligten eingreift,**
> 5. die an die Allgemeinheit gerichtete Darstellung und Erörterung von Rechtsfragen und Rechtsfällen in den Medien,
> 6. die Erledigung von Rechtsangelegenheiten innerhalb verbundener Unternehmen (§ 15 des Aktiengesetzes).

Fraglich ist, ob **nichtanwaltliche Mediatoren** als **aktive Mediatoren** dennoch rechtsbezogene Lösungsvorschläge einbringen könnten. So sind **rechtsbezogene Lösungsvorschläge**, die ein nichtanwaltlicher Mediator im Rahmen einer Mediation einbringt, gemäß Horstmeier[37] als erlaubnisfreie Nebenleistung gemäß § 5 Abs. 1 RDG einzustufen. Dabei

[35] Vgl. Horstmeier, 2013, S. 166.

[36] Vgl. Horstmeier, 2013, S. 166.

[37] Vgl. Horstmeier, 2013, S. 170, m. w. N.

ist jedoch zu beachten, dass die **Vorschläge allparteilich** sein müssen und weiterhin die **Bewertung und Auswahl der Lösung allein in der Verantwortung der Konfliktparteien** liegen muss. Darüber hinaus soll das aktive Einbringen von Lösungsvorschlägen in stockenden Verhandlungen dazu dienen, diese wieder in Gang zu bringen und die Kommunikation der Konfliktparteien zu fördern mit dem Ziel eine einvernehmliche Lösung zu erreichen.

Desweiteren sieht eine aktive Mediation vor, dass der Mediator die Konfliktparteien, darin unterstützt, **bei rechtsbezogenen Sachverhalten, ein rechtlich haltbares Ergebnis zu erzielen**. Diese Aufgabe darf der **nichtanwaltliche Mediator** als direkter Berater **nicht übernehmen**. Der nichtanwaltliche Mediator muss die Parteien darauf hinweisen, dass er **keine Rechtsberatung** übernehmen darf und dass die Parteien bei rechtlicher Relevanz der erzielten Übereinkunft sich von ihren jeweiligen Anwälten gem. § 2 Abs. 6 S. 2 MediationsG beraten lassen sollten, wenn sie nicht über die jeweilige Rechtskenntnis verfügen. In zwischenbetrieblichen Konflikten wird diese Situation regelmäßig auftreten, während sie bei innerbetrieblichen Konflikten seltener vorkommen, weil die meisten Konflikte in einem frühen Stadium häufig noch ohne Rechtsbezug sind. Aber auch in innerbetrieblichen Konflikten kann ein Rechtsbezug existieren. Dann sollten sich die Betroffenen ebenfalls von externen Beratern (die das Verfahren der Mediation kennen, damit sie die Ergebnisse der Mediation nicht grundsätzlich in Frage stellen) beraten lassen.

Ein nichtanwaltlicher Mediator darf keine Rechtsberatung erbringen, jedoch heißt dies im Umkehrschluss nicht, dass er keine Rechtskenntnis zu haben braucht. Der Mediator, der in einem Arbeitsgebiet tätig ist, sollte zumindest **über Grundkenntnisse des rechtlichen Feldes verfügen**, in dem er tätig ist.[38] So sollte z. B. ein Mediator, der innerbetriebliche Konflikte mediiert, z. B. bei einem hocheskalierten arbeitsrechtlichen Kündigungsfall, die Fristen des § 4 KSchG zur Kündigungsschutzklage kennen. Hier sollte er dem gekündigten Mitarbeiter zur Sicherstellung seiner Rechte bei einem Scheitern der Mediation den **Hinweis** geben, innerhalb von drei Wochen nach Zugang der Kündigung, die Kündigungsschutzklage zu erheben. Diese Klage sollte er jedoch verbinden mit der Bitte des Gerichts um ein Ruhen des Verfahrens, weil die Konfliktparteien zunächst eine einvernehmliche Lösung im Rahmen eines Mediationsverfahrens versuchen wollen. In einem solchen Falle sollte der Mediator den Mitarbeiter ersuchen, sich über die rechtlichen Gegebenheiten durch einen Rechtsanwalt beraten zu lassen. Der Arbeitgeber ist über diesen Sachverhalt zu informieren.

6.4 Zusammenfassung

Im sechsten Kapitel wurden die rechtlichen Rahmenbedingungen vorgestellt, in die die Wirtschaftsmediation eingebettet ist. Das Recht der Wirtschaftsmediation umfasst zum einen die Vorschriften des Gesetzgebers. Es handelt sich um das Mediationsgesetz vom 21.07.2012, das durch die zukünftige Rechtsverordnung nach § 6 MediationsG ergänzt

[38] Vgl. hierzu und im Folgenden: Horstmeier, 2013, S. 168.

werden wird sowie Bestimmungen aus dem Rechtsdienstleistungsgesetz. Einzelvertragliche Regelungen ergänzen zum anderen die rechtlichen Rahmenbedingungen. Da in den vorangegangen Kapiteln bereits an vielen Stellen z. B. bei Definitionen, Grundsätzen und beim Ablauf der Mediation gesetzliche Gegebenheiten zu beachten waren, wurden auf diese jeweils sofort konkret Bezug genommen und zur Vermeidung von Doppelungen nicht mehr im Kap. 6 nochmals aufgeführt. Die Inhalte eines Mediationsvertrages wurden erläutert und durch einen Mustervertrag für den zwischenbetrieblichen Kontext ergänzt. Aus dem Mediationsgesetz ergeben sich Pflichten des Mediators für die er im Verletzungsfalle schadensersatzpflichtig gemacht werden könnte. Aufgrund dessen sollten nichtanwaltliche Mediatoren über die Absicherung möglicher Risiken nachdenken. Da jeder, unabhängig von seinem Ursprungsberuf, die Tätigkeit des Mediators ausüben darf, wurde erläutert, inwiefern nichtanwaltliche Mediatoren das Rechtsdienstleistungsgesetz beachten müssen.

Literatur

Beschlussempfehlung und Bericht des Rechtsausschusses Drucksache 17/8058, (2011), zu dem Gesetzentwurf der Bundesregierung – Drucksachen 17/5335, 17/5496– Entwurf eines Gesetzes zur Förderung der Mediation und anderer Verfahren der außergerichtlichen Konfliktbeilegung, vom 01.12.2011.

Duve, Christian/Eidenmüller, Horst/Hacke, Andreas, (2011), Mediation in der Wirtschaft, Wege zum professionellen Konfliktmanagement, 2. Auflage, Köln: Dr. Otto Schmidt.

Eidenmüller (2001), Vertrags- und verfahrensrechtliche Grundlagen der Mediation: Möglichkeiten und Grenzen privatautonomen Konfliktmanagements, in: Breidenbach/Coester-Waltjen/Hess/

Hartmann, Christoph, (2009), § 44 Sicherung der Vertraulichkeit, in: Haft/von Schlieffen (Hrsg.), Handbuch Mediation, 2. Aufl., S. 1087–1117, München: Beck.

Henssler, Martin, (2009), Rechtliche und berufsrechtliche Grundlagen und Grenzen der Mediation, Studienskript im Masterstudiengang Mediation der Fern Universität Hagen, Hagen.

Hess, Burkhard, (2009), § 43 Rechtsgrundlagen der Mediation, in: Haft/von Schlieffen (Hrsg.), Handbuch Mediation, 2. Aufl., S. 1053–1086, München: Beck.

Horstmeier, Gerrit, (2013), Das neue Mediationsgesetz, 1. Aufl., München: Beck.

Hösl, Gerhard Gattus, (2008), Mediation die erfolgreiche Konfliktlösung, Grundlagen und praktische Anwendung, München: Kösel.

Koschany-Rohbeck, Marianne, (2011), Einsatzmöglichkeiten und Grenzen ausgewählter Kreativitätstechniken im Rahmen innerbetrieblicher Mediationen mit Gruppen, Unveröffentlichte Masterarbeit im Studiengang Master of Mediation der FernUniversität in Hagen, Hagen.

Kracht, Stefan, (2006),Studienskript im Masterstudiengang Mediation der FernUniversität Hagen, Das Ethos des Mediators, Hagen.

Nelle/Wolf (Hrsg.), Konsensuale Streitbeilegung, S. 45 ff., Bielefeld: Gieseking

Ponschab, Reiner/Dendorfer, Renate, (2009), § 24 Konfliktmanagement im Unternehmen, in: Haft/von Schlieffen (Hrsg.), Handbuch Mediation, 2. Aufl., S. 589–618, München.

Risse, Jörg, (2003), Wirtschaftsmediation, 1. Auflage, München: Beck.

Recht in der Mediation

7

Das Recht in der Mediation befasst sich mit der Ermöglichung einer rechtlich informierten Entscheidung der Mediandenbei rechtlich relevanten Sachverhalten. Im Folgenden sollen die wichtigsten Punkte, die fast alle schon in den oben stehenden Kapiteln beschrieben wurden, in einem gesonderten Kapitel nochmals zusammengefasst werden.

7.1 Rolle des Rechts in der Mediation

Noch vor Beginn einer Mediation, also in den **Vorgesprächen**, hat der Mediator zu klären, ob das Recht im Rahmen der Mediation überhaupt eine Rolle spielt. Immer dann, wenn grundsätzlich der Rechtsstreit eine Nichteinigungsoption darstellt, müssen die Medianden (gemäß des Grundsatzes der Informiertheit) sich über die mögliche Auslegung des Rechts informieren. Denn eine eindeutige Rechtslage für eine Partei oder der Wunsch nach einer gerichtlichen Grundsatzentscheidung durch ein Gericht würde eine Mediation wahrscheinlich ausschließen.[1] Haben sich die Medianden aufgrund der Vorteile des Mediationsverfahrens gegenüber dem eines Gerichtsprozesses (vgl. Kap. 1.3.1.) für eine Mediation entschieden, so können sie in einem zweiten Schritt dann eigenverantwortlich festlegen, ob oder in welcher Weise das **dispositive Recht** sowie die Berücksichtigung eigener Fairness- und Gerechtigkeitskriterien im Rahmen der Mediation Anwendung finden sollen. Dabei schließt die Durchführung einer Mediation die Anwendung rechtlicher Fairnesskriterien nicht aus, sondern die Mediation ermöglicht sogar eine Mischung aus rechtlichen und individuellen Fairnesskriterien oder die Anwendung ausschließlich eigener Fairness- und Gerechtigkeitskriterien der Konfliktparteien im Rahmen ihrer Dispositionsfreiheit.

[1] Vgl. Horstmeier, 2013, S. 165.

M. Koschany-Rohbeck, *Praxishandbuch Wirtschaftsmediation*,
DOI 10.1007/978-3-658-08021-1_7

Kann der Rechtsweg bestritten werden, so ist darüber hinaus zu prüfen, ob **zwingendes Recht**[2] vorliegt. Zwingendes Recht ist der Dispositionsfreiheit der Konfliktparteien entzogenes Recht, im Gegensatz zum **dispositivem Recht**, bei denen die Konfliktparteien im Rahmen ihrer Privatautonomie einzelvertraglich abweichen dürfen. Bei einzelvertraglichen Abweichungen von **zwingendem Recht** handelt es sich um nichtige, also unzulässige Verträge, auf die sich die Vertragspartner bei einem späteren Prozess nicht berufen können.[3] So wären beispielsweise vertragliche Preisabsprachen, Marktaufteilungen oder unbegrenzte Wettbewerbsverbote als Ergebnis einer zwischenbetrieblichen Mediation kartellrechtlich unzulässig und damit nichtig.

Nichtanwaltliche Mediatoren sollten bei Annahme eines rechtlich relevanten Konfliktes sich zunächst bei einem Rechtsanwalt über die rechtlichen Gegebenheiten hinsichtlich des dispositiven und des zwingenden Rechts informieren. Wenn die Konfliktparteien ausschließlich das Recht als Bewertungsmaßstab wünschen, dann sollte sich ein nichtanwaltlicher Mediator bestenfalls auch eine Prozessrisikoanalyse aufstellen lassen. Bei Abschluss eines rechtssicheren Mediationsvertrages mit rechtlich relevanten Vertragsinhalten muss darüber hinaus die Vereinbarung durch einen Rechtsanwalt oder Notar verfasst werden.

Bei einem rechtlich relevanten Fall mit **dispositivem Recht** ist aber im Rahmen der **Vorgespräche** noch zu klären, ob das Recht überhaupt zur Bewertung von Lösungsmöglichkeiten als Maßstab herangezogen werden soll oder nicht stattdessen die eigenen Fairness- und Gerechtigkeitskriterien angewendet werden sollten. Darüber hinaus wäre auch eine Mischform aus eigenen Fairnesskriterien und gesetzlichen Kriterien möglich. Die Erweiterung der Fairness- und Gerechtigkeitskriterien vergrößern auch den möglichen Lösungsspielraum und damit die Möglichkeit zu passgenauen Lösungen zu kommen. In Kap. 1.3.1. wurde bereits erwähnt, dass die **juristische Methode** davon ausgeht, dass es einen objektivierten Sachverhalt gibt. Dafür wird der komplexe Konfliktsachverhalt nur noch auf die rechtlich relevanten Komponenten reduziert. Ein Rechtsanwalt, der einen Medianden als Parteivertreter rechtlich begleitet, wird bei der Untersuchung des Falles ebenfalls nur die rechtserheblichen Tatbestände heraussuchen und **alle anderen Konflikttatbestände**, für die es keine rechtlichen Ansprüche gibt, **einfach streichen**. Die Reduktion des Konfliktsachverhaltes auf die nur rechtserheblichen Tatbestände des Konflikts wird in Abb. 7.1 dargestellt.

Der Vorteil der Mediationen besteht aber gerade in der Möglichkeit die gesamte Konfliktsituation mit all ihren Komponenten erfassen und lösen zu können und dabei nicht nur rechtliche Konfliktbestandteile in den Lösungsspielraum mit aufzunehmen. Das müssen die Medianden im Vorfeld wissen. Sollen **alle Sachverhaltsfragen** des Konfliktes geklärt und einer Lösung zugeführt werden, auch die, für die es keine rechtlichen Bestimmungen gibt, ist der rechtliche Rahmen zwingend um individuelle Fairness- und Gerechtigkeitsvorstellungen zu erweitern.

[2] Vgl. hierzu und im Folgenden Duve/Eidenmüller/Hacke, 2011, S. 96.

[3] Vgl. hierzu und im Folgenden: Duve/Eidenmüller/Hacke, 2011, S. 96.

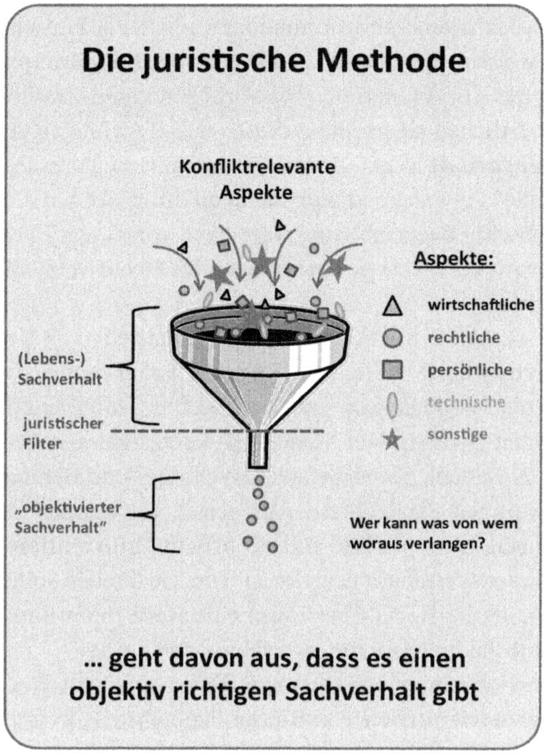

Abb. 7.1 Die juristische Methode als Filtermodell. (Quelle: eigene Darstellung, in Anlehnung an Flechsig/Poschab/Schweizer, 2006, S. 12)

Bei dispositivem Recht **entscheiden die Medianden** einzig und allein in welchem Umfang sie dem Recht im Rahmen der Mediation einen Spielraum geben wollen. Deshalb müssen sie **voll informiert** darüber sein, **welchen Lösungsspielraum** ihnen **das Recht** für Ihren Konfliktfall **bietet** und **ob damit ihre wahren Interessen befriedigt werden** können. Für die Verfahrensplanung und Durchführung der Mediation ist die Entscheidung, welche Rolle das Recht spielen soll, insbesondere für nichtanwaltliche Mediatoren von besonderer Bedeutung.

Entscheiden sich die Konfliktparteien dafür, dass das **Recht** im Rahmen der Mediation als Bewertungsmaßstab (trotz der Möglichkeit der einzelvertraglichen Privatautonomie) eine große Rolle spielen soll und z. B. als **einziger Bewertungsmaßstab** heranzuziehen ist, sollte sich ein nichtanwaltlicher Mediator zwingend die Unterstützung durch einen anwaltlichen Mediator z. B. im Rahmen einer Co-Mediation einholen, weil in allen Stufen der Mediation ein hoher Rechtsbezug vorliegen wird.[4] Dann jedoch sollten sich die Medianden bewusst sein, dass **Gewinner-Gewinner-Lösungen, aufgrund des rechtlich vorgegebenem Lösungsraumes, in der Regel nicht möglich** sind und stattdessen Strategien,

[4] Vgl. Duve/Eidenmüller/Hacke, 2011, S. 101 f.

Taktiken und ein Zurückhalten von Informationen sowie ein Feilschen um Positionen im Vordergrund stehen werden, aus denen in der Folge **allenfalls Kompromisse resultieren.**[5]

Entscheiden sich die Konfliktparteien bei Vorliegen von dispositivem Recht dafür, unabhängig von der rechtlichen Beurteilung dazu, nach Regelungen zu suchen, die den **gesamten Konfliktsachverhalt** lösen können, so wäre ein nichtanwaltlicher Mediator ohne die Unterstützung eines Anwaltsmediators auch allein in der Lage die Mediation durchzuführen. Erst die Abschlussvereinbarung wäre dann von einem Rechtsanwalt oder Notar dahingehend zu überprüfen, ob sie gegen **zwingendes Recht** verstößt und im Rahmen des dispositiven Rechts bleibt.

Gemäß § 2 Abs. 6 Satz 2 MediationsG muss spätestens vor **Unterzeichnung einer Abschlussvereinbarung** der Mediator die Parteien darauf hinweisen, die ohne fachliche Beratung in die Mediation gegangen sind, den Vertrag durch externe Berater prüfen zu lassen. Zu den externen Beratern laut Mediationsgesetz zählen neben Rechtsanwälten für rechtliche Belange, z. B. auch Steuerberater, psychologische Berater oder Ingenieure als Berater für Ihre jeweiligen Fachgebiete. Aus den o. g. Gründen ist bei Konflikten mit Rechtsbezug jedoch bereits **im Vorfeld eine rechtliche Information anzuraten** und nicht erst, wenn das Mediationsverfahren beendet ist. Die Medianden sollen **voll informiert** im Vorfeld **entscheiden, ob** das Recht **überhaupt eine Rolle** und **wenn ja, in welchem Umfang** das Recht eine Rolle im Mediationsverfahren spielen soll.

In den meisten **zwischenbetrieblichen** Konflikten spielt das Recht eine Rolle, in den überwiegenden **innerbetrieblichen Konflikten** liegen häufig keine Rechtsansprüche zur Austragung eines Rechtsstreites zugrunde. Dann ist das Recht im Rahmen der Mediation auch ohne Relevanz, sondern die Fairness- und Gerechtigkeitsvorstellungen der betroffenen Konfliktparteien. In zwischenbetrieblichen Mediationen wird dem Recht oftmals ein großer Stellenwert zugesprochen.[6] Aber auch hier sollte reflektiert werden, ob nicht doch höhere Wertschöpfungsgewinne möglich wären, wenn der gesamte Konfliktsachverhalt und nicht nur der rechtlich relevante Teil in die Mediation mit einbezogen werden würde.

7.2 Abgrenzung von zulässiger rechtlicher Information und unzulässiger Rechtsberatung in der Mediation durch den Mediator

Wie bereits im Kap. 6.3. beschrieben ist die Rechtsberatung durch den **nichtanwaltlichen Mediator** unzulässig. Er muss die Konfliktparteien dahingehend hinweisen, dass er in Bezug auf rechtliche Fragestellungen keine Beratungsauskünfte geben darf. Hinweise zur Einhaltung von Fristen zur Sicherung der Klageerhebung im Falle eines Scheiterns der Mediation, sind jedoch zulässig und stellen noch keine Rechtsberatung dar. Für **Anwaltsmediatoren** gilt in Bezug auf das Rechtsdienstleistungsgesetz, dass sie bezüglich eingebrachter Vorschläge in Mediationen grundsätzlich jederzeit eine rechtliche Einzelfallprü-

[5] Vgl. Risse, 2003, S. 299.

[6] Vgl. Risse, 2003, S. 299 f.

fung vornehmen können.[7] Sie dürfen somit direkt beratend tätig werden, z. B. im Hinblick darauf, ob ein Lösungsvorschlag gegen zwingendes Recht verstößt. Ein Rechtsanwalt kann somit als aktiver und passiver Mediator tätig werden. Eine **individuelle Rechtsberatung** und Mediation durch **ein und dieselbe Person**, ist jedoch auch für den anwaltlichen Mediator unzulässig, da sie mit dem Prinzip der **Allparteilichkeit** nicht vereinbar ist.[8] Der anwaltliche Mediator darf gemäß § 43a Abs. 4 BRAO keine widerstreitenden Interessen vertreten. Allgemeine rechtliche Hinweise oder Regelungsvorschläge sind jedoch möglich.[9] (Vgl. Kap. 6.3) Ein nichtanwaltlicher Mediator darf keine Rechtsberatung erbringen, jedoch heißt dies im Umkehrschluss nicht, dass er keine Rechtskenntnis zu haben braucht. Der Mediator, der in einem Arbeitsgebiet tätig ist, sollte zumindest **über Grundkenntnisse des rechtlichen Feldes verfügen**, in dem er tätig ist.[10] Bei rechtlich relevanten Konflikten ist die Kooperation mit einem Anwaltsmediator immer anzuraten.

7.3 Abgrenzung zu den Aufgaben des Parteianwalts

Wurde im Vorfeld vereinbart, dass das Recht in der Mediation einen hohen Stellenwert haben soll, so werden die Konfliktparteien wünschen, dass sie die Mediation in Begleitung eines **Rechtsanwaltes/Parteianwaltes** durchführen können. Bei der Teilnahme von unternehmensexternen Parteianwälten handelt es sich um „sogenannte Dritte" für deren Teilnahme an der Mediation gem. § 2 Abs. 4 MediationsG die Zustimmung aller Parteien notwendig ist. Große Unternehmen verfügen über eigene angestellte Juristen, die in die Mediation auch ohne externe rechtliche Begleitung als Unternehmensvertreter gehen könnten. Allerdings müssten sie sich, sollten sie ihre Aufgabe als Vertreter aller Konfliktsachverhalte sehen, zunächst als Informationssammelstelle betrachten. Der Unternehmensjurist sammelt zunächst das **gesamte** konfliktrelevante Wissen, das über die rechtlich relevanten Bestandteile hinausgeht (z. B. technische, betriebswirtschaftliche, steuerrechtliche, den Betriebsablauf betreffende Konfliktbestandteile etc.) und sich oftmals auf verschiedene Personen im Unternehmen verteilt. Damit der Konflikt allerdings nicht danach doch nur durch die „juristische Brille" betrachtet wird, sollten i. d. R auch die vom Konflikt hauptsächlich betroffenen Entscheidungsträger des Unternehmens an der Mediation teilnehmen.

Die **Parteianwälte** sollten mit dem Ablauf eines Mediationsverfahrens und den Zielsetzungen einer Mediation vertraut sein. Ihre Aufgabe ist es, im Vorfeld einer Mediation **drohende Rechtsnachteile** bei einem möglichen Scheitern der Mediation zu verhindern, indem sie auf **rechtliche Fristen**, z. B. zur Klageerhebung achten, **Verjährungsfristen überwachen** oder ggf. **rechtzeitige Beweissicherungsmaßnahmen** durchführen.[11]

[7] Vgl. Horstmeier, 2013, S. 166.

[8] Vgl. Horstmeier, 2013, S. 166.

[9] Vgl. Horstmeier, 2013, S. 166.

[10] Vgl. hierzu und im Folgenden: Horstmeier, 2013, S. 168.

[11] Vgl. Risse, 2003, S. 472 f.

Darüber hinaus muss der Rechtsanwalt dem Mandanten seine Rolle im Mediationsverfahren im Vorfeld erläutern. Kommt er dieser Aufgabe nicht nach, sollte der Mediator im Rahmen der Vorgespräche die Aufgabe des Parteianwaltes erklären. Mediationsunkundige Anwälte sollten auf diesen Sachverhalt hingewiesen werden[12] und in die Vorgespräche zur Durchführung der Mediation bestenfalls mit einbezogen werden. Den Medianden sollte klar sein, dass der **Rechtsanwalt nicht als Wortführer und Vertreter** der Partei, wie vor Gericht auftritt, sondern sich **nur als Berater** für die rechtlichen Belange im Hintergrund aufhält und in brisanten rechtlichen Situationen sofort Signale zur Beratung setzen kann.[13] Die **Medianden** müssen wissen, dass sie die entscheidenden **Wortführer** sind, die sich auf die Darstellung des Sachverhalts intensiv vorbereiten müssen und den Konflikt in allen seinen Facetten kennen müssen. Im Gegensatz zu einer Präsentation der Positionen durch einen Rechtsanwalt, durch ein Plädoyer[14], können hier auch noch weitere relevante Konfliktbestandteile geäußert werden, die rechtlich jedoch nicht durch Rechtsansprüche gedeckt sind. Der Rechtsanwalt wird das Eröffnungsstatement[15], das Grundlage für die Themensammlung ist, mit seinem Mandanten vorbereiten. Der **pre-mediation-briefing-report** ist dabei eine gute **Grundlage für die Vorbereitung** der Konfliktparteien, um noch andere relevante Konfliktbestandteile zu berücksichtigen, die in der Konfliktlösung Berücksichtigung finden sollen. (Vgl. Kap. 5.1.1.2). Kennt der Parteianwalt seine Aufgabe im Rahmen eines Mediationsverfahrens nicht, könnten häufige Interventionen des Anwaltes in der Mediation sich sonst negativ auf den Gesprächsverlauf der Mediation auswirken. Hierfür kann der Mediator als Verfahrensgestalter z. B. den Parteien auf Wunsch Pausen zugestehen, die für kurze rechtliche Beratungsgespräche in separaten Räumen genutzt werden können.

Spielt das Recht zur Bewertung von Lösungsoptionen im Rahmen der Mediation eine zentrale oder ausschließliche Rolle, so wäre es wünschenswert und sinnvoll, wenn die Parteianwälte auch immer die Erstellung einer **Prozessrisikoanalyse vornehmen würden.** Der **Entscheidungsbaum** mit den prognostizierten Wahrscheinlichkeiten für den Ausgang eines Gerichtsverfahrens könnte schon im Vorfeld im Rahmen ihrer Beratungstätigkeit besprochen werden. (Vgl. Kap. 5.4.1.) Gerade Entscheidungsträger in Unternehmen sind es aus anderen Zusammenhängen gewohnt, ähnliche Entscheidungsvorlagen als Grundlage für ihre Entscheidungen zu nutzen. Darüber hinaus würde die realistische Einschätzung eines Gerichtsverfahrens sich förderlich auf einen kooperativen Umgang bei der Erringung einer Einigung auswirken. In diesem Zusammenhang wäre es auch wichtig, dass der Rechtsanwalt eine Einschätzung über die **vermutliche Dauer einer gerichtlichen Auseinandersetzung** und deren **voraussichtlichen Kosten** informiert.[16] Auch diese Prognose ist für Entscheidungsträger von Relevanz.

---

[12] Vgl. Risse, 2003, S. 477.

[13] Vgl. Risse, 2003, S. 473 f.

[14] Vgl. Ponschab/Schweizer, 2006, S. 73;

[15] Vgl. Risse, 2003, S. 475.

[16] Vgl. Risse, 2003, S. 475.

7.4 Sensibilisierung für die rechtliche Relevanz bestimmter Sachverhalte

Der Mediator hat die Aufgabe, Medianden für die rechtliche Relevanz bestimmter Sachverhalte zu **sensibilisieren**. Er hat gem. § 2 Abs. 6 Satz 1 MediationsG die Pflicht, sich zu vergewissern, dass die Parteien die Vereinbarung in Kenntnis der Sachlage treffen und ihren Inhalt verstehen. Haben die Medianden die Möglichkeit aufgrund von Rechtsansprüchen ein gerichtliches Verfahren anzustreben, so müssen sie wissen, **auf welche potentiell möglichen rechtlichen Ansprüche sie gegebenenfalls verzichten** bzw. **welche rechtlichen Konsequenzen eine Vereinbarung mit rechtlichen Anteilen für sie hat**. Aus diesem Grunde muss der Mediator in rechtlich relevanten Fällen die rechtzeitige Empfehlung an die Medianden aussprechen, externe rechtliche Beratung in Anspruch zu nehmen. Gem. § 2 Abs. 6 Satz 1 MediationsG ist der Mediator verpflichtet, Medianden, die ohne fachliche Beratung eine Mediation mit Rechtsbezug durchlaufen, spätestens bei der Erstellung der Abschlussvereinbarung zu empfehlen, eine juristische Prüfung vornehmen zu lassen. Mit dieser Empfehlung soll das Ziel verfolgt werden, dass die Medianden, gemäß des Grundsatzes der Informiertheit, **bewusst eine Entscheidung** fällen können und sich **voll informiert** für die Mediationsvereinbarung entscheiden können. Nur dann kann die Vereinbarung auch ihre Nachhaltigkeit entfalten. Informiert sich ein Mediand im Vorfeld nicht, so könnte er im Nachgang des Mediationsverfahrens zu einem späteren Zeitpunkt feststellen, dass die gängige Rechtsprechung ihn aus seiner Sicht vielleicht rechtlich bessergestellt hätte. Dann könnte er sich im Nachgang „um sein Recht" betrogen fühlen und die Mediation und das Mediationsergebnis einen bitteren Beigeschmack erhalten. Deshalb ist es bei rechtlich relevanten Konflikten immer empfehlenswert, nicht erst die Beratung eines Rechtsanwaltes bei der Abschlussvereinbarung in Anspruch zu nehmen, sondern schon **vor der Mediation**. Dann hat der Mediand auch die Eckdaten seiner persönlichen **BATNA.** (Vgl. Kap. 5.4.1) Sie markiert den Punkt an dem der Mediand aus der Mediationsverhandlung aussteigen sollte, wenn die Abschlussvereinbarung den Medianden schlechter stellt, als z. B. das schlechteste zu erwartende Ergebnis, das im Rahmen eines Gerichtsprozess zu erwarten wäre. Der Mediator sollte bei der Empfehlung zur rechtlichen Beratung auch immer auf folgende wichtige **Informationen, die der Rechtsanwalt leisten sollte**, hinweisen:

- die Erstellung einer **Prozessrisikoanalyse und eines Entscheidungsbaumes** (vgl. Kap. 5.4.1.)
- eine Einschätzung der durch einen Prozess möglichen **Kosten**
- eine Einschätzung über die **mögliche Dauer eines Gerichtsverfahrens**

In der anwaltlichen Praxis ist das Analyseinstrument der Prozessrisikoanalyse noch nicht der Standard. Aus diesem Grunde sollte der Mediand nach einem Anwalt suchen, der mediationserfahren ist und das Instrumentarium der Prozessrisikoanalyse beherrscht. Sie hilft dabei, eine strukturierte und realistischere Einschätzung des möglichen Verfahrensausgangs zu erhalten und ggf. rechtliche „Wunschvorstellungen“ zu relativieren. Durch eine Prozessrisikoanalyse wird die oftmals überoptimistische Einschätzung, in einem Prozess zu obsiegen, durch eine realistischere Einschätzung der wahrscheinlichen Ausgänge eines Gerichtsverfahrens sichtbar gemacht.

Erst mit diesen rechtlichen Vorinformationen kann ein Mediand eine aus seiner Sicht gute und nachhaltige Entscheidung für eine Abschlussvereinbarung treffen. Darüber hinaus sollte zum Abschluss einer Mediation ein „Abschlussvertrag mit rechtlich relevanten Vertragsinhalten“ immer von einem Parteianwalt dahingehend überprüft werden, ob der Vertrag nicht gegen „zwingendes Recht“ verstößt und nur dispositives Recht genutzt wurde.

Im Rahmen der Rechtsberatung bei **zwischenbetrieblichen Konflikten** entscheiden sich die Konfliktparteien im Vorfeld manchmal **ganz bewusst dafür**, dass das Recht in der Mediation der einzige Bewertungsmaßstab oder ein zentraler Bewertungsmaßstab sein soll, um einen Wirtschaftskonflikt möglichst schnell und ohne Gerichtsverfahren in einem Vergleich zu lösen. Dann sollte den Beteiligten klar sein, dass sie den Kuchen i. d. R. nicht vergrößern und Wertschöpfungsgewinne realisieren können. Hierauf sollte der **Mediator** auch **explizit hinweisen**. Es handelt sich dann um eine **rights-based-mediation**, bei der das Recht einen zentralen Stellenwert besitzt. Auch über diesen **impliziten Verzicht** anderer Fairness- und Gerechtigkeitskriterien müssen die betroffenen Konfliktparteien **voll informiert** sein. Entscheiden sich die Konfliktparteien **voll informiert und bewusst trotzdem** für die Durchführung einer solchen rights-based-mediation, dann wird auch eine Einigung im Rahmen der Mediation auf der Grundlage rechtlicher Fairnesskriterien im Nachgang als Gewinner-Gewinner-Ausgang interpretiert, weil eine einvernehmliche Lösung gefunden wurde und hohe Transaktionskosten durch ein Gerichtsverfahren vermieden wurden.

7.5 Mitwirkung von Rechtsanwälten in der Mediation selbst

Kommen Medianden bei Konflikten mit Rechtsbezug wie in Kap. 7.4. beschrieben, also **rechtlich voll informiert** in die Mediation, ist die Anwesenheit von Rechtsanwälten als beratende Dritte nicht mehr erforderlich. Die Medianden können nun selbst entscheiden, inwieweit sie sich auf rechtliche Fairnesskriterien (das Gesetz) berufen wollen oder ob sie dieses gar durch eigene Fairness- und Gerechtigkeitskriterien ersetzen oder ergänzen wollen. Entscheiden sie sich zusätzlich oder ganz für eigene Fairnesskriterien wird der Lösungsraum für Gewinner-Gewinner-Ausgänge deutlich größer. Diese Verfahrensgestaltung entspricht auch dem Wesen der Mediation, nach dem die betroffenen Konfliktparteien eigenverantwortlich nach guten Lösungen suchen sollen bei denen die **gegenseitigen Interessen Berücksichtigung** finden.

Hat man sich im Vorfeld **voll informiert** auf eine **rights-based-mediation** geeinigt, bei der großen Wert auf eine rechtliche Lösung des Konflikts ohne ein Gericht gelegt wird und nur ein Kompromiss für den Konflikt gesucht wird, dann können auf Wunsch der Mediaden **mit Zustimmung aller Konfliktbetroffenen** die jeweiligen Parteianwälte an der Mediation teilnehmen. In der Mediation werden die Parteianwälte die in Kap. 7. 3. beschriebene Funktion des rechtlichen Beraters übernehmen und dann später aktiv bei der Formulierung der Abschlussvereinbarung mitwirken.[17] Ein nichtanwaltlicher Mediator sollte sich im Vorfeld überlegen, ob er in der Lage ist, eine rights-based-mediation mit dem eigenen fachlichen Verständnis und Wissen durchzuführen. Im Zweifel sollte er sich immer Unterstützung zu rechtlichen Fragen holen bzw. die Mediation in Co-Mediation mit einem Anwaltsmediator durchführen.

7.6 Rechtliche Besonderheiten der Mitwirkung des Mediators bei der Abschlussvereinbarung

Wie bereits in Kap. 5.2.6. beschrieben, wird in der sechsten Stufe der Mediation im engeren Sinne eine gemeinsame Vereinbarung abgeschlossen. Sie hat die **Absicherung der** zuvor gemeinsam getroffenen **Entscheidung** bezüglich der umzusetzenden Maßnahmen zum Ziel.[18] Dabei kann die Abschlussvereinbarung in Form einer **gemeinsamen Erklärung** (z. B. bei nicht justiziablen innerbetrieblichen Konflikten) oder eines **rechtlich verbindlichen Vertrages** (z. B. bei Konflikten mit einem justiziablen Hintergrund) erfolgen.[19] Ein rechtlich verbindlicher Vertrag muss in eine rechtsichere Form gebracht werden. Dies kann durch einen neutralen Rechtsanwalt oder sofern der **Vertrag** einer **notariellen Beurkundung** bedarf, z. B. weil er Eigentumsveränderungen betrifft, durch einen Notar erfolgen.

Bei **rechtlich relevanten Konflikten** muss geklärt werden, welche juristischen Schritte erfolgen müssen. (z. B. Geeignetheit der Vereinbarung durch Rechtsanwälte der jeweiligen Parteien prüfen lassen, ggf. Notar-Termin vereinbaren, z. B. für eine Vollstreckbarkeit der Vereinbarung (vgl. Kap. 7.7.) oder Veränderung von Grundeigentum)

Der Mediator erhält mit der vorläufigen Abschlussvereinbarung von den Medianden eine Information darüber, in welcher **Form** die **endgültige Vereinbarung** erstellt werden soll. D. h. ob die Vereinbarung in Form einer **informellen gemeinsamen Erklärung**, als **Vertrag,** als **notariell beurkundeter Vertrag** erfolgen soll oder ob ggf. eine **Mischform** vorliegen soll, bei denen z. B. Teile im Rahmen eines Vertrages und andere Teile in Form einer notariellen Vereinbarung erstellt werden.[20] Ist der Mediator weder Rechtsanwalt noch Notar kann er nur eine informelle gemeinsame Erklärung erstellen. Er kann demgemäß nur die in der Mediation vereinbarten Inhalte vorformulieren, eine rechtliche Bewertung darf er nicht erbringen. Ist nur eine gemeinsame Erklärung gewünscht, was häufig im Zusammenhang von Konflikten ohne Rechtsbezug der Fall ist, so kann ein nichtanwaltlicher

[17] Vgl. Risse, 2003, S. 477.

[18] Vgl. Kessen/Troja, 2009, S. 316.

[19] Vgl. Kessen/Troja, 2009, S. 316.

[20] Vgl. Diez, 2005, S. 152.

Mediator diese aufsetzen. Soll jedoch ein rechtssicherer Vertrag erstellt werden oder muss gar der Vertrag notariell beurkundet werden, damit er Gültigkeit besitzt, so muss diese Aufgabe ein Rechtsanwalt oder unter Umständen ein Notar übernehmen. Ein Anwaltsmediator darf im Gegensatz zu einem nichtanwaltlichen Mediator eine Rechtsdienstleistung erbringen und einen rechtssicheren Vertrag erstellen, indem gewährleistet ist, dass einzelne Vertragsbestandteile nicht etwa gegen zwingendes Recht verstoßen und damit nichtig sind. Soll der Vertrag rechtssicher sein, so ist diese Dienstleistung also zwingend von einem Rechtsanwalt oder Notar zu erbringen. Ist der Mediator selbst Rechtsanwalt oder Notar so kann er auf Wunsch der Medianden als Rechtsanwalt einen Vertrag und als Notar einen Vertrag oder eine notarielle Vereinbarung[21] erstellen. Ein nichtanwaltlicher Mediator muss mit den Medianden einen gemeinsam festgelegten neutralen Rechtsanwalt oder Notar bestimmen, der mit der Aufgabe zu beauftragen ist, die Mediationsvereinbarung in eine rechtsgültige Fassung zu überführen.

7.7 Rechtliche Bedeutung und Durchsetzbarkeit der Abschlussvereinbarung unter Berücksichtigung der Vollstreckbarkeit

Die Zwangsvollstreckung wird als letztes Mittel eingesetzt, um die Befriedigung eines Gläubigeranspruches zu gewährleisten. Mit der Zwangsvollstreckung soll ein zivilrechtlicher Anspruch durch staatliche Gewalt durchgesetzt werden.[22] Um eine Zwangsvollstreckung durchzuführen, muss der Gläubiger zunächst einen Antrag hierzu stellen. Darüber hinaus muss immer ein **vollstreckbarer Titel** vorliegen. Dieser wird in den meisten Fällen gerichtlich erlangt.

Wird zum Ende eines Mediationsverfahrens ein Mediationsvertrag erstellt, so sollte zum Ende des **hier vorgestellten Mediationsverfahrens** so viel Vertrauen zwischen den Konfliktparteien aufgebaut worden sein, dass ein vollstreckbarer Titel als „Druckmittel" zur Einhaltung und Umsetzung des Vertrages nicht erforderlich sein sollte. Insbesondere in innerbetrieblichen Konflikten wäre eine Zwangsvollstreckung für die zukünftige Zusammenarbeit auch eher schädlich. Eine Mediation im innerbetrieblichen Kontext ist i. d. R. auch darauf ausgerichtet, die Beziehung der Konfliktparteien zu verbessern. Dazu gehört auch in erster Linie die **implizite Prämisse**, dass vereinbarte Absprachen oder Verträge einzuhalten sind. Des Weiteren können nur **konkrete rechtliche Ansprüche**, für die eine **rechtliche Grundlage** besteht, z. B. die Zahlung eines Geldbetrages in genauer Höhe zu einem bestimmten Termin, vollstreckbar werden. Viele innerbetriebliche vertragliche Vereinbarungen, z. B. zum wohlwollenden und wertschätzenden Umgang miteinander sind gar nicht vollstreckbar. Darüber hinaus betonen Duve/Eidenmüller/Hacke, dass in

[21] Z. B. bei Eigentumsveränderungen oder z. B. zur Vollstreckbarkeit einer Mediationsvereinbarung.

[22] Vgl. hierzu und im Folgenden: http://www.juraforum.de/lexikon/zwangsvollstreckung, zuletzt aufgerufen am 23.04.2014.

der überwiegenden Anzahl von Wirtschaftsmediationen, die Frage der Vollstreckbarkeit nicht von Bedeutung ist.[23]

Bei einer **rights-based-mediation** ist der Ablauf einer Mediation und der Lösungsspielraum wie oben bereits beschrieben, sehr stark am Recht orientiert. Ein Vertrauensaufbau zur Stärkung der Beziehung steht oftmals nicht im Vordergrund bzw. ist kein erklärtes Mediationsziel. Dann könnte der Wunsch zur Erlangung eines vollstreckbaren Titels tendenziell häufiger geäußert werden, um eine Garantie für die Umsetzung der besprochenen und zugesicherten Vertragsinhalte zu bekommen.

Darüber hinaus können Mediationsverträge auch langfristige Verpflichtungen umfassen. Befürchtet eine Konfliktpartei, dass es mittelfristig zum Wechsel des Managements kommen könnte, das andere Interessen vertritt, so könnte auch hier der Wunsch nach einem vollstreckbaren Titel geäußert werden.[24] Aber auch bei Mediationen von Unternehmen im grenzüberschreitenden Bereich wäre es möglich, dass die Durchsetzung, z. B. vor einem ausländischen Gericht, sich als kompliziert erweisen könnte und ein Rechtsstreit im Ausland vermieden werden soll. Auch dann kann ein vollstreckbarer Titel erwünscht sein.

Ein **vollstreckbarer Titel** kann **im Rahmen einer Mediation** über drei verschiedene Wege erlangt werden:

1. Errichtung einer vollstreckbaren notariellen Urkunde
2. Durchführung eines vollstreckbaren Anwaltsvergleichs
3. Durchführung eines Gütestellenvergleichs

Ein **Notar als Mediator** kann direkt gemäß § 794 Abs. 1 Nr. 5 ZPO

> aus Urkunden, die von einem deutschen Gericht oder von einem deutschen Notar innerhalb der Grenzen seiner Amtsbefugnisse in der vorgeschriebenen Form aufgenommen sind, sofern die Urkunde **über einen Anspruch errichtet** ist, der einer vergleichsweisen Regelung zugänglich, nicht auf Abgabe einer Willenserklärung gerichtet ist und nicht den Bestand eines Mietverhältnisses über Wohnraum betrifft, und der Schuldner sich in der Urkunde wegen des zu bezeichnenden Anspruchs der sofortigen Zwangsvollstreckung unterworfen hat.

und § 796c ZPO einen vollstreckbaren Titel mit einer notariellen Urkunde erstellen:

> (1) Mit Zustimmung der Parteien kann ein Vergleich ferner von einem Notar, der seinen Amtssitz im Bezirk eines nach § 796a Abs. 1 zuständigen Gerichts hat, in Verwahrung genommen und für vollstreckbar erklärt werden. Die §§ 796a und 796b gelten entsprechend.
> (2) Lehnt der Notar die Vollstreckbarerklärung ab, ist dies zu begründen. Die Ablehnung durch den Notar kann mit dem Antrag auf gerichtliche Entscheidung bei dem nach § 796b Abs. 1 zuständigen Gericht angefochten werden.

---

[23] Vgl. Duve/Eidenmüller/Hacke, 2011, S. 266.

[24] Vgl. hierzu und im Folgenden: Duve/Eidenmüller/Hacke, 2011, S. 266 ff.

Ein **Rechtsanwalt** kann gemäß § 796a ZPO durch einen **Anwaltsvergleich** einen vollstreckbaren Titel erwirken, **der durch einen gerichtlichen oder notariellen Beschluss gem.** § 794 Abs. 1 Nr. 4b ZPO **für vollstreckbar erklärt wurde:**

> (1) Ein von Rechtsanwälten im Namen und mit Vollmacht der von ihnen vertretenen Parteien abgeschlossener Vergleich wird auf Antrag einer Partei für vollstreckbar erklärt, wenn sich der Schuldner darin der sofortigen Zwangsvollstreckung unterworfen hat und der Vergleich unter Angabe des Tages seines Zustandekommens bei einem Amtsgericht niedergelegt ist, bei dem eine der Parteien zur Zeit des Vergleichsabschlusses ihren allgemeinen Gerichtsstand hat.
> (2) Absatz 1 gilt nicht, wenn der Vergleich auf die Abgabe einer Willenserklärung gerichtet ist oder den Bestand eines Mietverhältnisses über Wohnraum betrifft.
> (3) Die Vollstreckbarerklärung ist abzulehnen, wenn der Vergleich unwirksam ist oder seine Anerkennung gegen die öffentliche Ordnung verstoßen würde.

Ein **nichtanwaltlicher Mediator** kann einen vollstreckbaren Titel zum einen über die **Beauftragung eines Notars** zur Erstellung einer notariell vollstreckbaren Urkunde oder über die Beauftragung eines Anwaltes, der einen **Anwaltsvergleich** durchführt, erlangen. Darüber hinaus kann ein nichtanwaltlicher Mediator über eine **durch die Landesjustizverwaltung anerkannte Gütestelle**, gem. § 794 Abs. 1 Nr. 1 ZPO im Rahmen ihres festgelegten Aufgaben- und Zuständigkeitsbereiches einen vollstreckbaren Titel erwirken,[25] indem die Mediationsvereinbarung abschließend **vor der Gütestelle als Vergleich protokolliert wird.**[26]

> (1) Die Zwangsvollstreckung findet ferner statt:
> 1.
> aus Vergleichen, die zwischen den Parteien oder zwischen einer Partei und einem Dritten zur Beilegung des Rechtsstreits seinem ganzen Umfang nach oder in Betreff eines Teiles des Streitgegenstandes vor einem deutschen Gericht **oder vor einer durch die Landesjustizverwaltung** eingerichteten oder **anerkannten Gütestelle abgeschlossen sind**, sowie aus Vergleichen, die gemäß § 118 Abs. 1 Satz 3 oder § 492 Abs. 3 zu richterlichem Protokoll genommen sind.

Eine mit dem Referenten- und Regierungsentwurf vorgeschlagene Änderung der ZPO, die den § 796d aufgenommen hätte, die es auch für nichtanwaltliche Mediatoren direkt möglich gemacht hätte, das Ergebnis einer Mediationsvereinbarung vollstreckbar zu machen, wurde wieder verworfen.[27] Die Titulierung innerhalb des ursprünglich vorgesehenen § 796d ZPO wäre von der beidseitigen Zustimmung der Konfliktparteien abhängig gewesen und hätte den Art. 6 Abs. 1 der Europäischen Mediationsrichtlinie umgesetzt. Der § 796d ZPO ist mit Einführung des Mediationsgesetzes jedoch nicht eingeführt worden. Die europarechtliche Vorgabe des Art. 6 MediationsRL wurde somit nicht in Deutsches

[25] Vgl. Duve/Eidenmüller/Hacke, 2011, S. 267.

[26] Vgl. Horstmeier, 2013, S. 83.

[27] Vgl. Horstmeier, 2013, S. 79, m. w. N.

Recht umgesetzt. Dem nichtanwaltlichen Mediator verbleiben also nur die o. g. drei Möglichkeiten zur Vollstreckung.

7.8 Zusammenfassung

Im siebten Kapitel wurde zunächst diskutiert welche Rolle das Recht in der Mediation, bei Konflikten mit Rechtsbezug, spielen kann bzw. spielen soll. Bei Konflikten mit Rechtsbezug haben die Konfliktparteien gemäß des Grundsatzes der Privatautonomie die Möglichkeit zur Nutzung des dispositiven Rechts. Sie können gänzlich von den gesetzlichen Vorgaben abweichen, solange sie nicht gegen zwingendes Recht verstoßen und eigene Gerechtigkeits- und Fairnesskriterien im Rahmen der Mediation zugrunde legen oder eine Mischung aus gesetzlichen und eigenen Kriterien wählen. Im Folgenden wurde eine Abgrenzung von zulässiger rechtlicher Information und unzulässiger Rechtsberatung im Rahmen der Mediation vorgenommen. Die Aufgaben eines Mediators in Relation zu den Aufgaben eines Parteianwaltes wurden ebenfalls dargestellt. Des Weiteren wurden die Mitwirkung von Parteianwälten als beratende Dritte in der Mediation sowie rechtliche Besonderheiten der Mitwirkung des Mediators bei der Abschlussvereinbarung thematisiert. Das Kapitel endet mit der Bewertung der rechtlichen Bedeutung und Durchsetzbarkeit der Abschlussvereinbarung unter Berücksichtigung der Vollstreckbarkeit.

Literatur

Diez, Hannelore, (2005), Werkstattbuch Mediation, 1. Auflage, Köln: Centrale für Mediation.

Duve, Christian/Eidenmüller, Horst/Hacke, Andreas, (2011), Mediation in der Wirtschaft, Wege zum professionellen Konfliktmanagement, 2. Auflage, Köln: Dr. Otto Schmidt.

Flechsig, Angelika/Ponschab, Reiner/Schweizer, Adrian, (2006), Studienskript im Weiterbildendem Studium Mediation der FernUniversität Hagen, Grundlagen der Mediation, Teil 2, Hagen.

Horstmeier, Gerrit, (2013), Das neue Mediationsgesetz, 1. Aufl., München: Beck.

Kessen, Stefan/Troja, Markus, (2009), § 13 Die Phasen und Schritte der Mediation als Kommunikationsprozess, in: Haft/von Schlieffen (Hrsg.), Handbuch Mediation, 2. Auflage, S. 293–319, München: Beck.

Ponschab, Reiner/Schweizer, Adrian, (2006), Studienskript im Masterstudiengang Mediation der FernUniversität Hagen, Wirtschaftsmediation Teil I, Hagen.

Risse, Jörg, (2003), Wirtschaftsmediation, 1. Auflage, München: Beck.

Persönliche Anforderungen an den Mediator

8

Unabhängig von der Ausgestaltung des Mediationsverfahrens, das sich an den gewünschten Mediationszielen[1] der Medianden orientiert, müssen alle Mediatoren über bestimmte persönliche Kompetenzen verfügen, die im Rahmen der Mediation notwendig sind und zum Gelingen der Mediation maßgeblich beitragen. Auch die Haltung und das Rollenverständnis des Mediators sind von großer Bedeutung. Der Mediator übernimmt eine **Vorbildfunktion** als Vermittler in Konfliktsituationen. Die **soziale Prägung** des Mediators, sein **eigenes Selbstverständnis** und seine **eigene Zielvorstellung bei der Durchführung einer Mediation** ergeben ein bestimmtes Rollenverständnis für den Mediator.[2] Er sollte sich seiner Rolle stets bewusst sein und sein Selbstverständnis und sein Verhalten kontinuierlich einer Selbstreflektion unterziehen. Im Folgenden sollen nun die Kompetenzen des Mediators, seine Rolle, Haltung und Aufgaben näher erläutert werden.

[1] Mediationsziele, also Ziele, die die Medianden mit der Mediation verfolgen wollen, könnten z. B. folgende sein: i. d. R. wird das erklärte Ziel der Konfliktparteien in Richtung einer **klassischen Mediation** gehen, bei der es das Ziel ist, sowohl die **einvernehmliche Lösung des Sachkonflikts als auch die Verbesserung der Beziehungsebene zu erreichen, weil diese die nachhaltigsten Lösungen für die Zukunft liefern**. Darüber hinaus sind jedoch auch Alternativen in der Zielformulierung möglich, die sich an den Wünschen der Medianden orientieren können. So könnten die Konfliktparteien nur die Verbesserung ihrer Beziehungsebene zum Ziel haben, da die Sachkonflikte nur zur Austragung der Beziehungskonflikte vorgeschoben werden oder das Ziel der Medianden könnte es sein, eine rights-based-mediation durchzuführen, bei der die Konfliktparteien nur eine schnelle Lösung des Konfliktes auf Basis des bestehenden Rechts ohne die Einbeziehung eines Gerichtes wünschen, weil sie nur schnell auseinander kommen wollen und kein Interesse an dem Fortbestehen einer künftigen Geschäftsbeziehung haben. Die mit diesem Ziel verbundenen potentiell negativen Auswirkungen auf die Verhandlungen bzw. das Verhandlungsergebnis müssen den Medianden vom Mediator im Vorfeld mitgeteilt werden, damit sie auch in dieser Hinsicht voll informiert sind.

[2] Vgl. Breidenbach 1995, S. 165.

M. Koschany-Rohbeck, *Praxishandbuch Wirtschaftsmediation*,
DOI 10.1007/978-3-658-08021-1_8

8.1 Kompetenzen des Mediators

Bereits im Kap. 5.4.6. sind die Kompetenzen eines interkulturell tätigen Mediators genannt worden. Nun sollen die Kompetenzen genauer erläutert werden. Der Mediator sollte über bestimmte **individuelle, soziale, fachliche und strategische Kompentenzen** verfügen. **Kompetenzen** sind in Abgrenzung zur **Qualifikation** nach Erpenbeck/von Rosenstiel wie folgt definiert:

> Danach sind **Qualifikationen** Positionen eines gleichsam mechanisch abgeforderten Prüfungshandelns, sind Wissens- und Fertigkeitspositionen.[3] Qualifikationen sind über Leistungsparameter objektiv überprüfbar, durch gezielte Weiterbildungsmaßnahmen verbesserungsfähig und somit sachverhaltszentriert.[4]

> Demgegenüber definieren North und Reinhardt **Kompetenz** als die Fähigkeit, situationsadäquat zu handeln, was die Fähigkeit zur Selbstorganisation beinhaltet und letztlich dazu führt, **„das Richtige im richtigen Moment zu tun.“**[5]

Bei den allgemein erforderlichen Kompetenzen eines Mediators handelt es sich im Bereich der **individuellen Kompetenz** um Lernbereitschaft, Rollendistanz, Ambiguitätstoleranz und eine optimistische Grundhaltung.[6] Der Mediator muss eine dauernde **Lernbereitschaft** besitzen. Das bedeutet, dass er die Fähigkeit haben muss, sich stets auf neue Konfliktsituationen einzulassen und diese nicht als Bedrohung oder notwendiges Übel sieht.[7] Der Mediator benötigt Freude am Konflikt, d. h. die Fähigkeit auch hocheskalierte Konflikte aushalten zu können.[8] Die Fähigkeit zur **Rollendistanz** umfasst die Fähigkeit, die Rolle des Beobachters zu übernehmen, also quasi „sich neben sich zu stellen“ und das eigene Handeln reflektiert betrachten zu können. Die **Ambiguitätstoleranz** ist die Fähigkeit des Mediators das Spannungsverhältnis zwischen Unvereinbarkeiten und Gegensätzen aushalten zu können.[9] Dies kann ein Mediator über die Erklärungsansätze der Tiefenstruktur eines Konfliktes gut leisten. Denn die Konflikte sind nur an der Oberfläche gegensätzlich und unvereinbar. Über die Aufdeckung der tieferliegenden Interessen und Bedürfnisse bzw. anderer unterhalb des Eisbergs vorhandenen Konfliktbestandteile (z. B. Wertvorstellungen oder Gruppennormen) können Konflikte aufgelöst werden. Eine **optimistische Grundhaltung** ist für den Mediator förderlich, weil die vom Konflikt betroffenen Konfliktparteien oftmals eine pessimistische und negative Grundhaltung zum Konflikt haben. Konflikte sind von den meisten Konfliktparteien oftmals negativ belegt.

---

[3] Erpenbeck/von Rosenstiel (2007), S. XIX, zitiert nach Schwind 2010, S. 9.

[4] Erpenbeck/von Rosenstiel (2007), S. XIX, zitiert nach Schwind 2010, S. 9.

[5] Vgl. North/Reinhardt (2005), S. 5, zitiert nach Schwind, 2010, S. 9.

[6] Vgl. Bolten/Herzog/Kriegel 2008, S. 113.

[7] Vgl. im Kontext der interkulturellen Mediation: Bolten/Herzog/Kriegel 2008, S. 110.

[8] Vgl. Risse, 2003, S. 462 f.

[9] Vgl. im Kontext der interkulturellen Mediation: Bolten/Herzog/Kriegel 2008, S. 111.

Der Mediator kann mit einer optimistischen Grundhaltung, in der er die Betroffen dafür wertschätzt, dass sie sich bereits auf den Weg zu einer guten einvernehmlichen Lösung gemacht haben, dazu beitragen, ein neues Klima zur Konfliktbewältigung zu schaffen. Konflikte werden dadurch nicht mehr als Gefahr, sondern als Chance für positive Veränderungen gesehen.

Die **soziale Kompetenz des Mediators** umfasst Fähigkeiten wie Teamfähigkeit, Empathie, Toleranz, Metakommunikationsfähigkeit und Anpassungsfähigkeit.[10] Zur Sozialkompetenz eines Mediators zählt allgemein die Fähigkeit **wertschätzend, respektvoll und konstruktiv** mit den an der Mediation beteiligten Personen umzugehen. Ein Mediator, der im Rahmen einer Co-Mediation mit einem anderen Mediator zusammenarbeitet muss selbst **teamfähig** sein, d. h. er muss die Fähigkeit und die Bereitschaft besitzen in einem Team zielführend arbeiten zu können.[11] Eine effektive Zusammenarbeit in guter Arbeitsatmosphäre zeichnet diese Fähigkeit aus.[12] Teamfähigkeit vereint viele Persönlichkeitsmerkmale in sich, die sich unter anderem in **Kooperationsbereitschaft, Kommunikationsfähigkeit, Rücksichtnahme, Sensibilität** und **Konfliktfähigkeit** äußern.[13] Ein teamfähiger Mediator kann beispielsweise die Dynamik zwischen den Konfliktparteien erkennen und Stärken und Schwächen absehen und sich auch selbst produktiv einbringen.[14] Zur sozialen Kompetenz des Mediators gehört auch die Fähigkeit zur **Empathie**, d. h. der Fähigkeit sich in die Befindlichkeiten und Denkweisen der Konfliktparteien einzufühlen.[15] Das Einfühlungsvermögen ermöglicht dem Mediator die Welt aus der Perspektive der jeweiligen Konfliktpartei zu betrachten. Dieses Einfühlungsvermögen, kann insbesondere durch aktives Zuhören in Form der gewaltfreien Kommunikation (vgl. Kap. 4.2.2.) den Konfliktparteien entgegen gebracht werden. Die Fähigkeit zur **Toleranz** ist eng verknüpft mit Empathie und ist die Kompetenz, „Überschreitungen von Akzeptanzgrenzen seitens anderer zunächst aus deren Perspektive"[16] zu verstehen und zu erklären zu versuchen. Dabei sollte der Mediator die jeweiligen **Akzeptanzgrenzen** der Konfliktparteien **erkennen, formulieren** und **wahren** können.[17] Die **Fähigkeit zur Metakommunikation** (vgl. Kap. 4.1.2.3.) bezeichnet die Kompetenz, negative Kommunikationsprozesse zu thematisieren und damit gesprächsförderliche Verhaltensanpassungen der Konfliktparteien zu bewirken. Ein Mediator muss die Fähigkeit zur **Anpassung (Flexibilität und Offenheit)** an die jeweils fallspezifischen Gegebenheiten haben und muss sich immer wieder auf neue Sichtweisen und Perspektiven einlassen können.[18]

---

[10] Vgl. Bolten/Herzog/Kriegel 2008, S. 113.

[11] http://definition-online.de/teamfaehigkeit/.

[12] Eilles-Matthiessen u. a. 2007, S. 160 f.

[13] Vgl. http://arbeits-abc.de/was-ist-teamfaehigkeit/.

[14] Vgl. http://definition-online.de/teamfaehigkeit/.

[15] Vgl. im Kontext der interkulturellen Mediation: Bolten/Herzog/Kriegel 2008, S. 110.

[16] Bolten/Herzog/Kriegel 2008, S. 111.

[17] Vgl. Bolten/Herzog/Kriegel 2008, S. 110.

[18] Vgl. Bolten/Herzog/Kriegel 2008, S. 110.

Zu der **Fachkompetenz eines Wirtschaftsmediators** zählen Fachkenntnisse im **Aufgabenbereich des Mediationsfeldes** und Kenntnisse der **beruflich-fachlichen Infrastruktur**.[19] Dazu gehören zum einen die in den Kap. 1–4, erläuterten Grundlagen der Wirtschaftsmediation, die Konfliktkompetenz, die Verhandlungstechniken und die damit verbundene zielgerichtete Verhandlungskompetenz sowie die Gesprächskompetenz und die damit verbundene zielgerichtete Anwendung von Kommunikationstechniken zur Förderung einer erfolgreichen Kommunikation. Darüber hinaus zählen zu den Fachkompetenzen auch die spezifischen Methodenkompetenzen im Rahmen des Ablaufs eines Mediationsverfahrens. (Vgl. Kap. 5) Auch die rechtlichen Rahmenbedingungen in denen die Mediation eingebettet ist und die Rolle des Rechts sowie das Wissen um die Kompetenzen (Kap. 6–8) zählen zu den Fachkompetenzen des Mediators. Zusätzliches **Spezialwissen** in dem Fachgebiet (vgl. Kap. 9) weisen einen Wirtschaftsmediator ebenfalls aus. Ein Mediator erwirbt durch die Anwendung seiner Kompetenzen im Rahmen von Mediationen **Berufserfahrung**, die sich förderlich auf die Weiterentwicklung und Professionalisierung auswirkt.

Die **strategische Kompetenz** des Mediators umfasst die Organisationsfähigkeit, das Wissensmanagement, die Problemlösefähigkeit sowie die Entscheidungsfähigkeit.[20] Ein Mediator ist **Verfahrensgestalter**.[21] Die vier genannten Kompetenzen beziehen sich auf diese Funktion bzw. Aufgabe des Mediators. Im Vorfeld zur Vorbereitung der Mediation muss der Mediator vieles **organisieren**. Angefangen von den Vorgesprächen über die Räumlichkeiten, die Auswahl der Konfliktparteien u. ggf. notwendige Dritte, die Vorbereitung, Durchführung und Nachbereitung der einzelnen Sitzungen. Unter Umständen schließt sich später sogar die Begleitung der Umsetzung der Abschlussvereinbarung an. Alles muss im Vorfeld organisiert und durchdacht werden, darf jedoch nicht unflexibel sein. Ein Mediator muss auch im Rahmen seiner Organisation immer in der Lage sein, in „Optionen", d. h. in verschiedenen Szenarien zu denken und dafür organisatorische Lösungen parat haben. Darüber hinaus gehört auch ein **spezifisches Wissen** zum jeweiligen Konfliktthemengebiet, dass weitaus umfangreicher ist als das rechtliche Wissen. So kann technisches, betriebswirtschaftliches oder auch den Arbeitsablauf betreffendes Fachwissen gefragt sein. Sollte der Mediator fachlich nicht zumindest über Grundkenntnisse über die jeweilige Thematik im Rahmen eines Sachkonfliktes der Konfliktparteien verfügen, so sollte er sich dieses Basiswissen bis zu den Mediationsgesprächen hierfür aneignen. Er sollte sich selbst dann diesbezüglich darauf vorbereiten, wenn aus den Vorgesprächen bereits erkennbar ist, dass es sich bei dem Sachkonflikt um einen tieferliegenden Beziehungskonflikt handelt. Nach der Klärung der Beziehungsebene ist i. d. R. auch die Klärung des Sachkonfliktes erforderlich, wobei der Mediator dann auch sachlich und inhaltlich verstehen muss, worum es in dem Sachkonflikt geht. Die **Problemlösefähigkeit** des Mediators ist nicht darin zu sehen, dass er für die Medianden nach geeigneten Lösungen

[19] Vgl. Bolten/Herzog/Kriegel 2008, S. 113.

[20] Vgl. Bolten/Herzog/Kriegel 2008, S. 113.

[21] Vgl. Kracht 2009, S. 268; vgl. Risse 2003, S. 466.

sucht. Diese Aufgabe übernimmt er im Rahmen der Mediation eher nur in Notfällen. Die Mediation ist gem. § 1 Abs. 1 MediationsG auf die Eigenverantwortlichkeit der Konfliktparteien ausgerichtet. Die Problemlösefähigkeit des Mediators zielt vielmehr darauf ab, für alle Mediationskonstellationen den geeigneten Verfahrensrahmen zu gestalten und z. B. bei Bedarf unterschiedliche Kreativitätstechniken einzusetzen, bei Bedarf Einzelgespräche durchzuführen, bei großen Gruppen die Sitzordnung z. B. in der Anordnung des Fish-Bowl zu gestalten o. ä. Und auch die **Entscheidungsfähigkeit** des Mediators ist in der Funktion des Verfahrensgestalters zu sehen. Hier muss der Mediator aufgrund seiner Kompetenzen sich zielgerichtet für die richtige Verfahrensorganisation entscheiden.

Ein Mediator, der eine interkulturelle Mediation begleitet, muss darüber hinaus über spezifische **individuelle, soziale, fachliche und strategische** Kompetenzen mit **interkulturellem Schwerpunkt** besitzen.[22] Es handelt sich hierbei um die oben beschriebenen Fähigkeiten allerdings zusätzlich unter der Berücksichtigung interkultureller Besonderheiten sowie das notwendige **Kulturwissen**, das **Dissensbewusstsein,** die Fähigkeit zum **Polyzentrismus** und sehr gute **Sprachkenntnisse in der Muttersprache der Konfliktparteien**. (Vgl. Kap. 5.4.6.)

8.2 Haltung des Mediators

Neben all den erforderlichen Kompetenzen, die in Kap. 8.1. beschrieben wurden, sollte der Mediator über eine **bestimmte Grundhaltung** verfügen. In der Mediationsliteratur ist der Begriff „Haltung“ des Mediators nicht eindeutig definiert und auch hier können nur (nicht abschließend) verschiedene Denkansätze, die alle ihre Berechtigung haben, dargestellt werden. Es gilt die Empfehlung an die Wirtschaftsmediatoren möglichst viele der unten genannten Aspekte in der eigenen Haltung zu berücksichtigen und anzuwenden.

So wird die Haltung des Mediators oftmals mit dem **Ethos des Mediators** in Verbindung gebracht, das durch kein Gesetz, keine fixierten Standards, Regeln und Techniken ersetzt werden kann,[23] aber zumindest die **Grundprinzipien der Mediation** (vgl. Kap. 1.2.1.) beachtet.[24] Die zentralen Fragen, die sich hinter dieser Betrachtungsweise verbergen, sind: **Was darf ein Mediator und was sollte er besser nicht tun?**[25] **Was ist angemessenes Handeln und das richtige Maß?**[26] Die Frage beantwortet Aristoteles mit dem Konzept des Ethos. Ethos in seiner Wortbedeutung heißt „Charakter, Haltung, Habitus.“

[22] Vgl. Bolten/Herzog/Kriegel 2008, S. 109 ff.

[23] Vgl. Kracht 2006, S. 9.

[24] Vgl. Schieferstein 2005, S. 13.

[25] Vgl. Kracht 2006, S. 2.

[26] Vgl. hierzu und im Folgenden: Kracht, 2006, S. 8.

> Nach Aristoteles gibt es keine absolute Aussage darüber, was gut und schlecht, richtig und falsch, „ethisch" und unethisch ist. … Gut ist jedes … **Verhalten, das tugendhaft ist**, das heißt: **mittig, maßvoll, der jeweiligen Situation angemessen**.[27]

Wer die richtige Grundhaltung hat, ist in der Lage in den unterschiedlichsten Situationen jeweils angemessen zu handeln und somit das Richtige zu tun und damit ein **inneres und äußeres Gleichgewicht herzustellen**.[28] Die Grundhaltung des Mediators ist nicht „angeboren", sondern kann erlernt und angeeignet bzw. erworben werden. Dabei ist das Wissen um tugendhaftes Handeln allein nicht ausreichend, sondern muss auch in der Praxis geübt und umgesetzt werden. Das bedeutet für den Mediator, dass er die **Tätigkeit des Vermittlers** ständig **üben** muss und das Ziel verfolgen sollte seine **Arbeit zu reflektieren und zu perfektionieren**. Bei dieser Sichtweise wird die Grundhaltung des Mediators durch die Grundprinzipien der Mediation als maßgebliche Rahmenbedingungen bestimmt, bei der die Frage gestellt wird, was **Neutralität** oder **Allparteilichkeit** für den Mediator bedeutet und wie die Verfahrensgrundsätze (**Freiwilligkeit, Informiertheit, Vertraulichkeit und Selbstverantwortlichkeit**) zu beachten sind.[29]

Auch in der weiteren Historie gibt es Hinweise, die die innere Haltung und persönlichen Eigenschaften von Mediatoren beschreiben. So zählt **Abraham de Wicquefort** im Jahre 1682 die **Indifferenz** gegenüber Personen und Sachen, **Vertrauen der Parteien** zum Mediator, **Verschwiegenheit, Mäßigung, Geduld** und **Langmut** als wesentliche wünschenswerte Eigenschaften eines Mediators.[30]

Anfang des 20. Jahrhunderts beschreibt **N. Politis** fünf Eigenschaften, die einen Mediator auszeichnen.[31] Demnach benötigt der Mediator **Vertrauen** in seine Fähigkeiten und die Medianden benötigen Vertrauen zum Mediator. Der Mediator soll sich neutral also **unparteilich** verhalten. Er soll **weise** sein und aus seinen Erfahrungen für die Zukunft lernen. Der Mediator sollte **gemäßigt** in der Mediation agieren, d. h. selbstdiszipliniert, bescheiden und gelassen sein. Die fünfte Eigenschaft soll die **Ehrenhaftigkeit** umfassen, die durch einen guten Ruf, Integrität und Unbestechlichkeit gekennzeichnet ist.

Der **Europäische Verhaltenskodex für Mediatoren**[32] (siehe Anhang II) gibt ebenfalls Grundsätze vor, denen sich Mediatoren freiwillig verpflichten können und die sich aus den „geschichtlichen Ursprüngen" ableiten lassen. So kommen die **Unabhängigkeit** des Mediators und die Durchführung eines **fairen Verfahrens** als weitere Grundsätze hinzu. Der Bundesverband Mediation hat für seine Mitglieder einen Kodex ausgearbeitet, der den Europäischen Verhaltenskodex umfasst und darüber hinaus die Grundsätze noch weiter

---

[27] Kracht, 2006, S. 7.

[28] Vgl. hierzu und im Folgenden Kracht, 2006, S. 8.

[29] Vgl. Kracht, 2006, S. 12 ff.

[30] Vgl. Duss-von Werdt 2009, S. 255.

[31] Vgl. hierzu und im Folgenden: Duss-von Werdt 2009, S. 256.

[32] Amtliche Übersetzung des European Code of Conduct for Mediators unter http://ec.europa.eu/civiljustice/adr/adr_ec_code_conduct_de.pdf, zuletzt aufgerufen am 01.10.2013.

für den BM spezifiziert sowie Aussagen zu **ihrer Haltung** bezüglich ihres **Menschenbildes** ergänzt. So definiert der BM beispielsweise sein Menschenbild wie folgt:

> **Menschenbild**
> In jedem Menschen ist das Potenzial zum Umgang mit und zur Lösung eigener Konflikte vorhanden. Wir vertrauen in unsere und die Kompetenz der Parteien zur kreativen Gestaltung und Verständigung im Konflikt. Wir anerkennen die Autonomie jedes Beteiligten, respektieren die Einzigartigkeit eines jeden und gleichzeitig die Vielfalt der Unterschiede, in denen wir ein besonderes Potenzial sehen.[33]

Für **Kabst** sind Mediatoren mit einer **professionellen Haltung**, diejenigen, die sich

> in der sozialen Interaktion der Vermittlung im Konflikt mit Respekt vor der geschichtlichen und kulturellen Persönlichkeit der Menschen auf eine Ebene mit den Konfliktbeteiligten stellen und an einem konstruktiven Umgang miteinander arbeiten.[34]

Duss-von Werdt sieht die **persönliche Haltung als Methode**, mit der der Mediator **autonom** handeln soll.[35] Steht der Mediator zu sich und seiner Art zu mediieren, ist er **authentisch**. D. h. ein Mediator soll sich nicht zwingend an eine bestimmte Art der Durchführung der Mediation halten, sondern intuitiv das in der Situation richtige Vorgehen umsetzen. Dazu ist insbesondere die **Empathie** des Mediators wichtig. Sie stellt nach Duss-von Werdt eine Haltung dar.[36]

Ähnlich definiert **Pfeiffer** die Haltung des Mediators über das **Verhalten** des Mediators.[37] Sie betrachtet es als bedeutendes Arbeitsinstrument. Alles was ein Mediator im Rahmen der Mediation tut oder unterlässt, trägt dazu bei, Rückschlüsse auf seine Haltung ziehen zu können. Ein **wertschätzender, respektvoller** und **offener Umgang** mit den Konfliktparteien kennzeichnet eine positive Haltung des Mediators. Nach Pfeiffer dringt die innere Haltung und Einstellung nach außen und schafft so eine Außenwirkung auf die Medianden. Die Einstellung des Mediators und sein Zutrauen in die Fähigkeiten der Medianden trägt nach Ihrer Einschätzung maßgeblich zum Gelingen oder Scheitern einer Mediation bei. In dieser Sichtweise geht es um einen **wertschätzenden authentischen Umgang** mit den Medianden, die die eigene innere Einstellung widerspiegelt und auch zur Lebenshaltung des Mediators werden kann. Die Aufgabe des Mediators zu übernehmen bedeutet für Pfeiffer in einem gewissen Maße auch **Berufung, die eine Verinnerlichung der Kompetenzen und ethischen Vorstellungen als Grundhaltung** umfasst. So wird die Haltung des Mediators zu einer **grundsätzlichen Lebenshaltung**, die auch das Privatleben des Mediators beeinflusst.

---

[33] Siehe unter http://www.bmev.de/index.php?id=ethik, zuletzt aufgerufen am 01.10.2014.

[34] Vgl. Kabst, 2005, S. 32.

[35] Vgl. hierzu und im Folgenden: Duss-von Werdt 2009, S. 257 ff.

[36] Vgl. Duss-von Werdt 2009, S. 258.

[37] Vgl. hierzu und im Folgenden: Pfeiffer 2005, S. 35.

Hösl empfiehlt konkret sich die Grundhaltungen der „klientenzentrierten Gesprächsführung“ von Carl Rogers[38] anzueignen, die neben **Wertschätzung** und **Empathie**, die Fähigkeit zum **systemischen Denken** umfasst, d. h. die Fähigkeit Konflikte in einem größeren Zusammenhang ihrer bestehenden Systeme begreifen und verstehen zu wollen.[39] Dies ist insbesondere in innerbetrieblichen Konflikten sehr empfehlenswert, da z. B. schon Konflikte zwischen nur zwei Personen eines Arbeitsteams immer auch Auswirkungen auf das ganze System (Team/Abteilung) haben, denen diese Personen angehören. Darüber hinaus umfasst die Grundhaltung nach Rogers die **Echtheit** des Mediators, d. h. seine **Authentizität** und **Klarheit**. Das bedeutet, dass ein Mediator seine Haltung aus der Mediationstätigkeit verinnerlichen muss um echt und authentisch zu sein. Ein Mediator der diese Haltung nicht verinnerlichen kann und dauerhaft nur eine Rolle spielt wird langfristig gesehen nicht authentisch sein bzw. werden.

8.3 Rollendefinition und Rollenkonflikte durch unterschiedliche Zielvorstellungen in der Mediation

Die soziale Prägung des Mediators, sein eigenes Selbstverständnis und **seine eigene Zielvorstellung bei der Durchführung einer Mediation** ergeben ein bestimmtes Rollenverständnis für den Mediator.[40] Bei der Durchführung von Mediationen kann der Mediator gemäß den **eigenen persönlichen Wertvorstellungen und rechtspolitischen Auffassungen unterschiedliche Ziele verfolgen**. Dies ist nicht unproblematisch, wenn die Ziele des Mediators nicht deckungsgleich mit den Zielen der Medianden sind.

Breidenbach entwickelte operable Kategorien auf mittlerer Abstraktionsebene, um einerseits die mit der Mediation verfolgten Einzelziele zu strukturieren und zu systematisieren, und um andererseits auch das rechtspolitisch-pragmatische Ziel zu verfolgen, „Leitlinien und Bewertungskriterien für die Konzeption und Evaluation konkreter Verfahren zu entwickeln.“[41] Breidenbach stellte fest, dass sich die **Ziele der Mediation entweder auf die Interessen** der beteiligten Personen beziehen oder auf ein **bestimmtes Menschen- oder Gesellschaftsbild** hin ausgerichtet sind.[42] Dieser Ansatz, bei dem die **Mediationsziele fünf Projekten** zugeordnet werden, soll nun kurz vorgestellt werden.[43] Hierbei handelt es sich um das „Individual-Autonomy-Projekt“, das „Reconciliation-Projekt“, das „Service-Delivery-Projekt“, das „Access-to-Justice-Projekt“ und das „Social-Transforma-

---

[38] Carl Rogers, Professer für Psychologie (1902–1987) ist der Begründer der klientenzentrierten Psychotherapie, die weltweit Anerkennung gefunden hat und die auf die Förderung der im Klienten liegenden Wachstums- und Entwicklungsmöglichkeiten abzielt.

[39] Vgl. hierzu und im Folgenden Hösl 2008, S. 30.

[40] Vgl. Breidenbach 1995, S. 165.

[41] Vgl. Breidenbach/Gläßer 2006, S. 17.

[42] Vgl. Breidenbach/Gläßer, 2006, S. 15.

[43] Vgl. hierzu und im Folgenden Breidenbach 1995, S. 119 ff.

tion-Projekt“. Im Rahmen von Wirtschaftsmediationen werden die ersten drei Projekte vorwiegend vorzufinden sein, denen ein Mediator tendenziell folgen wird. Im Folgenden sollen alle Projekte kurz beschrieben werden.

Die Mediand en können **ihre Ziele**, die sie mit der Mediation verfolgen wollen, **selbst definieren** und so im vollen Bewusstsein sich **individuell und autonom** für ein Mediationsziel entscheiden. Darüber hinaus sollen sie **selbstverantwortlich** an einer eigenen Lösung für ihren Konflikt arbeiten. Es handelt sich dabei um das von Breidenbach formulierte **„Individual-Autonomy-Projekt“**.[44]

Das **„Individual-Autonomy-Projekt“** stellt einen wichtigen Grundsatz der Mediation in den Fokus – den Grundsatz der **Privatautonomie** der Selbstbestimmtheit und **Selbstverantwortlichkeit** der beteiligten Konfliktparteien,[45] der auch in § 1 Abs. 1 MediationsG mit dem Wort „eigenverantwortlich“ verankert ist und somit besonders zu beachten ist. Dieses zentrale Anliegen, eine durch die Medianden selbstbestimmte Lösung des Konfliktes zu finden, anstelle einer fremdbestimmten Lösungsvorgabe durch einen Dritten, macht dieses Projekt aus. Das Ziel ist es, **dass selbständig** ein Ergebnis von den Konfliktbeteiligten erarbeitet wird – der Weg ist somit das Ziel – weil die Parteien dadurch mehr Konfliktlösungs- und Kommunikationskompetenzen erwerben und ein positives Selbstwertgefühl erhalten. Die **erlernten Fähigkeiten zur Konfliktlösung sollen so nachhaltig** sein, dass sie über den **aktuellen Konflikt hinaus auch in zukünftigen Konfliktsituationen hilfreich sind** und eingesetzt werden können. Es steht somit persönliches Wachstum der Konfliktparteien im Mittelpunkt.[46] Der Mediator übernimmt hierbei nur die Aufgabe eines Katalysators. Das „Individual-Antonomy-Projekt“ impliziert aber auch die Aufgabe des Mediators Machtgefälle zwischen den Beteiligten auszugleichen und die schwächere Partei zu stärken „to empower“, damit diese überhaupt erst in die Lage versetzt wird, selbstbestimmt und gleichwertig im Konflikt zu verhandeln. Das „Individual-Autonomy-Projekt“ entspricht dem o. g. Mediationsziel sowohl die einvernehmliche Lösung des Sachkonflikts als auch die Verbesserung der Beziehungsebene zu erreichen, weil diese die nachhaltigsten Lösungen für die Zukunft liefern. Der Mediator muss die Konfliktparteien über diese Form der Mediation bereits im Vorgespräch aufklären und erläutern, dass diese Form der Mediation besonders nachhaltig ist und insbesondere für innerbetriebliche Konflikte angeraten ist. Er muss jedoch **auf Wunsch der Konfliktparteien auch andere Mediationsprojekte zulassen,** wie z. B. das folgende Mediationsprojekt. Kann ein Mediator den Gedanken eines anderen Projektes nicht unterstützen, weil es gegen seine eigenen „Rollen-Überzeugungen“ verstößt, so sollte der Mediator den Medianden dieses mitteilen und die Mediation von einem anderen Kollegen durchführen lassen, der die Wünsche der Medianden berücksichtigen kann.

[44] Vgl. hierzu und im Folgenden Breidenbach 1995, S. 123 ff.

[45] Vgl. hierzu und im Folgenden Breidenbach/Gläßer 2006, S. 40.

[46] Vgl. hierzu und im Folgenden Breidenbach 1995, S. 123 ff.

Mit dem **„Service-Delivery-Projekt“** sollen die Hindernisse, die eine konsensuale Einigung der Konfliktbeteiligten behindern, schnell beseitigt werden.[47] Dieser **Dienstleistungserbringungs-Ansatz** kommt recht häufig im Kontext zwischenbetrieblicher Konflikte vor, bei dem teure Gerichtsprozesse vermieden werden sollen. Das Projekt kann im Rahmen von zwischenbetrieblichen Wirtschaftsmediation z. B. mit dem Wunsch der Medianden nach einer „rights-based-mediation“ gleichgesetzt werden. Der Fokus dieses Verfahrens richtet sich auf die „instrumentelle Verhandlungsperspektive“.[48] Mit dieser Zielsetzung steht die rasche Einigung der Beteiligten mit Hilfe des Mediators im Vordergrund, um i. d. R. die Kosten für das Mediationsverfahren so gering wie möglich zu halten. Das kann in extremer Auslegung dieses Gedankens aber bedeuten, dass es schnell zu einer zwingenden Einigung kommen muss.[49] Wenn eine schnelle Einigung das zentrale Ziel der Mediation ist, werden jedoch deutliche Eingriffe des Mediators im Rahmen des Verfahrensablaufes akzeptiert. Dies steht dem Grundsatz der Selbstverantwortlichkeit der Konfliktparteien entgegen, der von zentraler Bedeutung bei der Bewertung der Mediationsverfahren ist. Ferner werden in diesem Projekt Emotionen als hinderlich auf dem Weg zur schnellen Einigung angesehen und daher vermieden. Da Emotionen ausgeblendet werden, wird ein wichtiger Teil des Konflikts nicht berücksichtigt, der wertvolle Informationen zur Tiefenstruktur und somit weitergehende Informationen zu den Anliegen, Interessen, Wünschen oder Bedürfnissen und den eigenen Fairness- und Gerechtigkeitskriterien der Konfliktbeteiligten liefert. Ein wirkliches Anerkennen des Standpunktes der anderen Seite wird nicht der notwendige Raum gegeben. Eine nachhaltige Konfliktbeilegung kann aber nur erfolgen, wenn die jeweiligen Interessen, Anliegen und Fairness- und Gerechtigkeitskriterien des anderen offengelegt und anerkannt werden. Dadurch können auch Emotionen gedämpft werden. Ferner wird die Bearbeitung des Konfliktes nicht nachhaltig sein, weil nur die Oberfläche des Konfliktes, nicht aber die Tiefenstruktur bearbeitet wurde. Ein erneuter Konflikt auf der Geschäftsbeziehungsebene ist vorprogrammiert. Wegen der sehr schnellen Ausrichtung des Mediationsverfahrens in Richtung einer Einigung wird ein etwaiges Machtgefälle nicht berücksichtigt, was sich letztendlich in einem suboptimalen Ergebnis i. d. R für eine der Parteien widerspiegelt.[50] Aus diesem Grunde müssen die Medianden, die z. B. den Wunsch nach einer **rights-based-mediation** äußern, über die Vor- und Nachteile, eine Mediation nach diesem Konzept zu führen, durch den Mediator voll informiert werden. Entscheiden sie sich jedoch **voll informiert** für das „Service-Delivery-Projekt“ bzw. eine rights-based-mediation, in dem Bewusstsein der daraus resultierenden Vor- und Nachteile, weil sie z. B. nur schnell auseinander kommen möchten und keine weitere Geschäftsbeziehung pflegen möchten, dann handelt es sich wieder um ein „Individual-Autonomy-Projekt“, weil die Betroffenen sich selbstverantwortlich und informiert, für diese Art der Mediation, entschieden haben. **Gefahren** für die Mediation lauern

[47] Vgl. hierzu und im Folgenden Breidenbach 1995, S. 120 ff.

[48] Vgl. hierzu und im Folgenden Breidenbach 1995, S. 121.

[49] Vgl. Breidenbach 1995, S. 121.

[50] Vgl. Breidenbach/Gläßer 2006, S. 49 f.

nur dann, wenn der Mediator diese Aufklärung nicht vornimmt und einfach **selbst unterstellt**, dass z. B. im Rahmen einer zwischenbetrieblichen Mediation **immer** eine rights-based-mediation gewünscht sein könnte und das Mediationsverfahren, ohne die betroffenen Konfliktparteien vorher dazu befragt zu haben, dahingehend gestaltet und durchführt. Werden die Medianden nicht über das Mediationsprojekt informiert und unterstellen sie beispielsweise ein Individual-Autonomy-Projekt, der Mediator unterstellt und gestaltet jedoch ein service-delivery-projekt im Rahmen einer rights-based-mediation, so ist die Mediation aufgrund der unterschiedlichen Erwartungshaltungen zum Scheitern verurteilt.

Das **„Reconciliation-Projekt"** beinhaltet ebenfalls persönliches Wachstum, aber nicht schwerpunktmäßig in der Vermittlung von Konfliktlösungskompetenzen, sondern möchte vor allen Dingen eine **Veränderung in Form einer „Transformation"** der Beziehung der Konfliktbeteiligten in Richtung auf eine **Aussöhnung** erreichen.[51] Als Ziel dieses Projektes werden **zwei Ausprägungen** gesehen. Eine niedrige Zielausprägung dieses Projektes ist es, dass die Parteien mindestens wechselseitig die Anliegen der anderen Seite erkennen und anerkennen, d. h. sich dem anderen hinwenden und so zu einer Wandlung ihrer Beziehung beitragen, in der die Erkenntnis reift, dass Parteinahme und Schuldzuweisung vermieden werden muss. Die hier vorgestellten Ansätze zum Window I und II bzw. Empowerment und Recognition, also der Selbstbehauptung und wechselseitigen Anerkennung der Interessen, spiegeln diese Haltung dieses Projektes wider. **Der in diesem Buch vorgestellte Ansatz folgt also dem „Individual-Autonomy-Projekt" in Kombination mit dem „Reconciliation-Projekt" in dieser einfachen Ausprägung.**

Die höchste Ausprägung dieses Reconciliation-Projektes, das sogenannte „Idealziel" ist es, im Rahmen der Mediation eine Versöhnung der Beteiligten herbeizuführen. Insbesondere bei religiös oder kulturell motivierten Mediationsprogrammen steht dieses Projekt im Fokus der Mediationsausrichtung.[52] Wird das Reconciliation-Projekt jedoch in der letzteren Ausprägung ausgelegt, kann ein Harmonie-Druck erzeugt werden mit der impliziten Verpflichtung zu einer Einigung gelangen zu müssen. Dies würde jedoch zu einer **zwangsweisen Befriedung** führen und würde dem Grundsatz der Selbstbestimmung entgegenstehen.[53] Mediatoren mit einem erhöhten **Hang zur Harmonie** müssen sich selbst auch immer dahingehend reflektieren, ob die Medianden wirklich eine vollständige Aussöhnung wünschen, denn oftmals reicht schon ein Anerkennen anderer Interessen für eine nachhaltige Konfliktklärung aus.

Im Folgenden sollen der Vollständigkeit halber noch die beiden anderen Projekte vorgestellt werden, denen Mediatoren ideologisch folgen können, die aber im Rahmen von Wirtschaftsmediationen keine so große Rolle spielen, wie die anderen Projekte.

Mit dem **„Access-to-Justice-Projekt"** wird zusätzlich zu dem pragmatischen Ziel der schnellen Bearbeitung und Beilegung des Konfliktes nach dem „Service-Delivery-Projekt" noch ein zweites Ziel verfolgt. Die unterschiedliche Schwerpunktsetzung trennt

---

[51] Vgl. hierzu und im Folgenden Breidenbach 1995, S. 130 ff.

[52] Vgl. Breidenbach/Gläßer 2006, S. 15.

[53] Vgl. Breidenbach/Gläßer 2006, S. 55 f.

das „Access-to-Justice-Projekt" vom „Service-Delivery-Projekt". Dieses zweite Ziel steht im Mittelpunkt dieses Ansatzes, bei dem Personen, die durch ein Machtungleichgewicht schlechter gestellt sind, ermächtigt werden sollen **mit Hilfe der Mediation zu ihrem Recht kommen**.[54] Ziel ist es, z. B. bei sich nicht lohnenden Gerichtsverfahren, bei dem die Streitwerte zu gering sind, der schwächeren Partei zu ermöglichen, auf **informellem Wege** den Zugang zum Recht auf andere Weise herzustellen, der sonst abgeschnitten bliebe. Das Access-to-Justice-Projekt kann zwar auf diesem informellen Wege ein Machtungleichgewicht ausgleichen und so den Beteiligten überhaupt erst den Zugang zum Recht ermöglichen, allerdings können wiederum Machtungleichgewichte entstehen, wenn der Mediator zu streng dem Gebot der Neutralität folgt, so dass es nicht unmittelbar zu den vorher erhofften gerechteren Lösungen kommt.[55] Das „Access-to-Justice-Projekt" will somit die Justiz durch eine Alternative informeller fairer Konfliktlösung komplettieren. Dem „Access-to-Justice-Projekt" entsprechen in Deutschland eine Vielzahl von Schieds- und Schlichtungsstellen, die allerdings keine reine Mediation anbieten. Nachteilig wirkt sich die Zielsetzung der informellen Konfliktlösung jedoch dann aus, wenn die Umsetzung mit einer solchen Konfliktlösungsform generell gefordert werden würde. Der im Extremfall generelle Einsatz von Mediation könnte zu einer Privatisierung gesellschaftsrelevanter Konflikte führen und damit gesellschaftlichen Machtausgleich, der oftmals nur auf juristischem Wege herzustellen ist, sogar verhindern.

Das **„Social-Transformation-Projekt"** will neben der Bearbeitung des aktuellen konkreten Konfliktfalls auch eine Einbeziehung und Veränderung der gesellschaftlichen Ebene der Auseinandersetzung erreichen.[56] Die Hauptausrichtung dieses Projektes sieht die individuelle Konfliktbearbeitung untergeordnet in Bezug auf die Gemeinschaft, in der der Konflikt auftritt, an.[57] Dieses Projekt möchte einen übergreifenden Zusammenhang zwischen dem individuellen Konflikt und der Gemeinschaft herstellen. Es gibt drei unterschiedliche Ansätze einen Zusammenhang zwischen Einzelkonflikt und gesellschaftlicher Ebene herzustellen:

Ein Ansatz ist z. B. die gesellschaftliche Ebene als Denkanstoß oder Bewusstseinserweiterungen für die Konfliktbeteiligten mit einzubeziehen. Hier versucht der Mediator durch Fragen die Beteiligten den gesellschaftlichen Anteil des konkreten Konflikts herausarbeiten zu lassen. Dabei kann es Absicht des Mediators sein, die Parteien zu sensibilisieren und bei ihnen den Wunsch nach politischer Veränderung hervorzurufen. Das letztliche Engagement, politische Veränderungen umzusetzen, hängt allerdings allein von den Einzelpersonen ab.

Ein zweiter Ansatz ist die politisch-ideologische Ausrichtung des Konfliktes bei der die Sicherung im Vordergrund steht, dass die Themen des individuellen Konflikts über-

[54] Zugang zum Recht über die Mediation bekommen: Vgl. hierzu und im Folgenden Breidenbach 1995, S. 122 f.

[55] Vgl. hierzu und im Folgenden: Breidenbach/Gläßer 2006, S. 54.

[56] Vgl. Breidenbach 1995, S. 132 ff.

[57] Vgl. hierzu und im Folgenden: Breidenbach/Gläßer 2006, S. 28.

einstimmend mit der dominierenden oder der dienlichen Ideologie behandelt werden, wie er in kommunistischen Systemen oft verbreitet war.[58]

Ein dritter Ansatz ist die Rückführung der Konfliktbehandlung in die örtliche Gemeinschaft, bei dem nicht ausgebildete Mediatoren, sondern Mitglieder aus der Gemeinschaft, die dem gleichen Wertgefüge angehören, als Laien-Vermittler eingesetzt werden, um der Gemeinschaft ein Instrument der sozialen Kontrolle zurückzugeben.[59] In den USA findet sich dieser Gedanke z. B. in „Community Mediation Services" wieder, die kostengünstig Nachbarschaftstreitigkeiten bearbeiten und zwar mit Hilfe von Personen, die aus dem Konflikt betreffenden kulturellen Wertgefüge entstammen.

Der in diesem Buch vertretene Projekt-Ansatz ist der in der deutschen Mediationsliteratur am häufigsten vorzufindende Ansatz, der eine Kombination aus zwei Projekten darstellt. Er umfasst das „Individual-Autonomy-Projekt" an erster Stelle, in Ergänzung mit dem Gedanken des „Reconcilliation-Projekts", bei dem Versöhnen nur als Anerkennen des Standpunktes der anderen Seite definiert wird. Diese beiden Projekte werden vermutlich deshalb besonders unter Mediatoren präferiert, weil sie in dieser Kombination am nachhaltigsten die Konflikte lösen und die Beziehungen der Beteiligten verbessern können. Darüber hinaus können mit ihnen auch für zukünftige Konflikte die Kompetenzen vermittelt werden, Konflikte selbstbestimmt und selbstverantwortlich nach dem Prinzip der Privatautonomie unter Berücksichtigung des Anerkennens der wechselseitigen Interessen zu lösen. Hier soll insbesondere dem Ansatz von Breidenbach und Gläßer gefolgt werden, bei dem die Selbstverantwortung und Selbstbestimmung der Parteien den zentralen Mediationsgedanken ausmachen.[60] Diese Selbstbestimmung kann so weit gehen, dass die Beteiligten die Mediation nicht bis zum Ende führen wollen. Ferner trägt der Individual-Autonomy-Ansatz implizit die Herstellung des Machtgleichgewichtes (vgl. Kap. 8.6.) schon in sich. Denn nur ein gleiches Machtgefüge der beteiligten Konfliktparteien kann selbstbestimmtes Handeln und selbstverantwortliches Entscheiden ermöglichen. Im Rahmen dieses Ansatzes ist der Mediator, sofern ihm dies möglich ist, aus der Zielsetzung allein schon berechtigt und verpflichtet, (immer unter Beachtung der zu wahrenden Neutralität, aber im Sinne einer Allparteilichkeit) ein bestehendes Machtungleichgewicht auszugleichen, damit alle Parteien nach dem Grundsatz der Selbstverantwortlichkeit die Mediation durchlaufen können. Schafft er es nicht, die Mindestvoraussetzungen für selbstbestimmte Entscheidungen herzustellen, sollte er die Mediation abbrechen.[61] Das Reconciliation-Projekt kann, wie o. g. in unterschiedlichen Ausprägungen gedeutet werden. Wenn die Definition von Versöhnung, das Anerkennen der Interessen des Konfliktgegenübers meint, dann ist sie wichtiger und integraler Bestandteil selbstbestimmter Konfliktlösung.[62] Hier wird die Tiefenstruktur eines Konflikts, u. a. durch die Bearbeitung von Emotionen aufgedeckt,

[58] Vgl. Breidenbach/Gläßer 2006, S. 29.

[59] Vgl. hierzu und im Folgenden: Breidenbach/Gläßer 2006, S. 30 f.

[60] Vgl. Breidenbach/Gläßer 2006, S. 39 ff.

[61] Vgl. Breidenbach/Gläßer 2006, S. 65.

[62] Vgl. Breidenbach/Gläßer 2006, S. 58.

was das Anerkennen der Interessen des Konfliktgegenübers und eine nachhaltige Konfliktbeilegung erst möglich macht.

Ein Mediator sollte genau wissen, für welches/welche der o. g. Projekte er einsteht. Er sollte seine Ziele nicht als gleiche gegebene Ziele der Medianden unterstellen, sondern soll im Vorgespräch seine Art eine Mediation durchzuführen (seine ideologisches Mediationsverständnis) offenlegen. Denn nur wenn alle Beteiligten (Mediator und Medianden) die gleiche Projektvorstellung/Zielvorstellung von der Mediation haben, die erreicht werden soll, kann die Mediation gelingen und es wird zu keinen Rollenkonflikten kommen.

8.4 Aufgabe und Selbstverständnis des Mediators

Der Mediator übernimmt im Rahmen einer Wirtschaftsmediation unterschiedliche Aufgaben, die bisher schon beschrieben wurden und an dieser Stelle nochmals zusammengefasst werden sollen. Der Wirtschaftsmediator ist

- **Dienstleister**[63] für die Parteien und **Berater** für die Mediationsdienstleistung. Als Dienstleister muss der Mediator die Konfliktparteien darin beraten, was Mediation leisten kann und welche Voraussetzungen vorliegen müssen, damit eine Mediation gelingen kann. Er muss zunächst im Rahmen der Auftragsklärung von den Medianden wissen, welche Ziele die Medianden mit der Mediation verfolgen und daraus resultierend welche Fairness- und Gerechtigkeitsmaßstäbe (rechtliche oder eigene oder Mischung aus beidem) in der Mediation einen Stellenwert haben werden. Allein die Zielvorstellung der Konfliktparteien ist maßgeblich für die Gestaltung der Mediation. Eine ggf. abweichende Zielvorstellung des Mediators (vgl. Kap. 8.3) darf dann nicht die Mediation und den Ablauf beeinflussen. Ein Mediator sollte diesen Aspekt im Vorfeld immer reflektieren und im Zweifel, wenn die Zielvorstellungen der Medianden mit seinen nicht in Einklang zu bringen sind, einen Auftrag ablehnen bzw. an einen Kollegin/Kollegen weiterreichen, der den Zielvorstellungen der Medianden genügen kann.
- **Verfahrensgestalter** und **„Verlaufsförderer"**, der das Verfahren im Vorfeld organisiert, durch das Verfahren führt und das Verfahren abschließt.[64] Der Mediator schafft also einen guten Rahmen für eine angenehme und wertschätzende Gesprächsatmosphäre, in der neue kreative Lösungen möglich werden können.
- **Kommunikationsförderer**, der eine konstruktive und zielgerichtete, wertschätzende Kommunikation zunächst als Vorbild vorlebt und im weiteren Verlauf der Mediation zwischen den Parteien fördert.[65]

[63] Vgl. Haft 2009, S. 79.

[64] Vgl. Kracht 2009, S. 268; vgl. Risse 2003, S. 466; vgl. Moore 1996, S. 18 f., zitiert nach Auferkorte-Michaelis 2007, S. 3–4.

[65] Vgl. Moore, 1996, S. 18 f., zitiert nach Auferkorte-Michaelis 2007, S. 3.

- **„Ressourcen-Erweiterer"**, der Fachwissen zur Konfliktbewältigung bereithält und Methodenkompetenzen und Techniken fallspezifisch und individuell einsetzt, damit die Konfliktparteien selbstbestimmt zu einer eigenverantwortlich gefundenen Lösung für Ihren Konflikt kommen.[66]
- **Trainer,** der unerfahrene, ungelernte und unvorbereitet Verhandelnde „ausbildet", um Einigungen selbst zu erarbeiten.[67] Er sollte selbst weniger Lösungsfinder, sondern eher ein **„Möglichmacher"** für kreative Einfälle sein.
- **„Problem-Aufdecker**", der die Themen des Konfliktes filtert und die tieferliegenden Interessen aufspürt.[68]
- **Allparteilicher Unterstützer**, der die Selbstbehauptung des Einzelnen durch aktives Zuhören und Empathie fördert.
- **Viele-Welten-Erklärer**, der Konfliktparteien befähigt, einen Konflikt aus den verschiedenen Perspektiven, der am Konflikt beteiligten Konfliktparteien zu sehen und als unterschiedliche Wahrnehmung anzuerkennen.
- **„Agent of Reality",**[69] der verzerrte Wahrnehmungen der Medianden z. B. vor Gericht zu obsiegen, relativiert, z. B. durch eine Prozessrisikoanalyse oder der dafür sorgt, dass die Parteien realistische Lösungsmöglichkeiten in der Übereinkunft festhalten, statt überzogene und unrealistische Forderungen.

8.5 Allparteilichkeit, Neutralität und professionelle Distanz

Der Grundsatz der Neutralität und Allparteilichkeit in der Mediation wurde bereits in Kap. 1.2.1. im Zusammenhang mit der Beauftragung des Mediators und den weiteren gesetzlichen Bestimmungen erläutert. Gem. § 1 Abs. 2 MediationsG ist ein Mediator „eine **unabhängige** und **neutrale** Person ohne Entscheidungsbefugnis, die die Parteien durch die Mediation führt." Andererseits muss der Mediator gemäß § 2 Abs. 3 Satz 1 MediationsG „allen Parteien gleichermaßen verpflichtet", also **allparteilich** sein. Kann ein Mediator in einer Mediation aber neutral und zugleich allparteilich sein? Und wenn ja, wie kann diese Aufgabe in der praktischen Umsetzung erfolgreich bewältigt werden? Die Antwort gibt Auferkorte-Michaelis mit der Technik der teilnehmenden Neutralität –neutralen Teilnahme.[70] Dieser Ansatz wird hier erweitert um den Einsatz der Technik der Gewaltfreien Kommunikation nach Rosenberg[71] (vgl. Kap. 4.2.2.) Mit diesem erweiterten Ansatz soll eine Balance zwischen Neutralität und Teilnahme des Mediators gefunden werden, der für den Mediator konkret erlernbar ist.

[66] Vgl. Moore, 1996, S. 18 f., zitiert nach Auferkorte-Michaelis 2007, S. 3.

[67] Auferkorte-Michaelis, 2007, S. 3 nach Moore, 1996, S. 18 f.

[68] Vgl. Moore, 1996, S. 18 f., zitiert nach Auferkorte-Michaelis 2007, S. 3.

[69] Vgl. Kracht 2009, S. 283 f.; vgl. Haft 2009, S. 79; vgl. Ponschab/Schweizer 2006, S. 60.

[70] Vgl. Auferkorte-Michaelis 2007, S. 5 ff.

[71] Vgl. Rosenberg 2009, S. 25 ff.

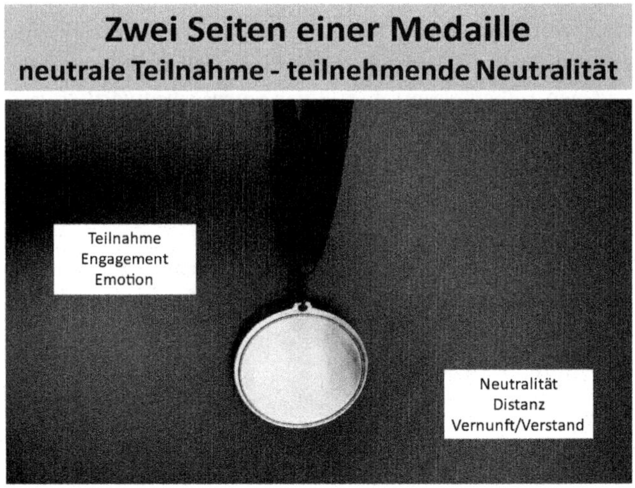

Abb. 8.1 Zwei Seiten einer Medaille: neutrale Teilnahme – teilnehmende Neutralität. (Quelle: eigene Darstellung)

Das Begriffspaar Neutralität und Teilnahme bildet ein gegensätzliches Begriffspaar, das zwei unterschiedliche Seiten einer Medaille (siehe Abb. 8.1) darstellt. So befindet sich auf der einen Seite die Teilnahme, ein Engagement bzw. die allparteilichen Zuwendung, auf der anderen Seite jedoch die Neutralität, die Distanz, der Blick aus der Metaebene.[72] Emotionen werden als Seite des Engagements bzw. der Teilnahme gewertet, während die Vernunft/Verstand als Seite der Distanz der Neutralität wahrgenommen wird.[73]

In Konflikten wird oftmals die neutrale sachliche Distanz gefordert, die erst eine Lösung von Problemen möglich machen soll. Diese Forderung ist aber für einen „gesunden" Menschen unmöglich, da bei ihm immer **beide Elemente** vorhanden sind, allerdings bei jedem Menschen in unterschiedlicher Ausprägung.[74] Auch die Transaktionsanalyse (vgl. Kap. 2.2.1.) bestätigt diesen Zusammenhang, dass Emotionen und Vernunft/Verstand im Erwachsenen-Ich und Kindheits-Ich untrennbar in einer Person verbunden sind. Elias zeigt auf, dass nur Säuglinge und psychisch Kranke in der Lage sind, sich absolut (also entweder ausschließlich emotional oder ausschließlich rational) gemäß der einen oder der anderen Seite zu verhalten.[75] In Mediationen hat es der Mediator regelmäßig mit „gesunden Erwachsenen" zu tun. Es ist also ein **Faktum, dass Emotionen und Verstand/ Vernunft das menschliche Handeln – insbesondere auch in Konflikten – bestimmen.** Auch wenn im Wirtschaftsbereich der Wunsch nach einem verstandesmäßigen Verhalten gewünscht wird und Emotionen oftmals verpönt sind, so beherrschen sie doch das Handeln im innerbetrieblichen und zwischenbetrieblichen Kontext. So ist es auch die Aufgabe des Mediators in der Mediation diesen zwei Seiten einer Medaille Rechnung zu tragen und zwar in einer angemessenen teilnehmenden Neutralität bzw. neutralen Teilnahme.

[72] Vgl. Auferkorte-Michaelis 2007, S. 5.

[73] Vgl. Auferkorte-Michaelis 2007, S. 5.

[74] Vgl. Elias 1990, S. 9 f, zitiert nach Auferkorte-Michaelis 2007, S. 6.

[75] Vgl. Elias, 1990, S. 9 f, zitiert nach Auferkorte-Michaelis 2007, S. 6.

Die Balance zwischen Neutralität und Teilnahme zu halten ist auch für den Mediator eine große Herausforderung. Sie bedeutet für den Mediator für die Mediation zum einen folgendes: Das Engagement des Mediators besteht darin, als geübter Moderator die Medianden kontinuierlich zu motivieren und das Verfahren voranzubringen.[76]

Dies geschieht über die Funktion des **Window I** (vgl. Kap. 4.5.1) durch Unterstützung in der Selbstbehauptung der Konfliktparteien mittels der Technik des **aktiven Zuhörens** z. B. in der Form der **Gewaltfreien Kommunikation** nach Rosenberg.

Zum anderen muss jedoch der Mediator die Parteien im Vorfeld dahingehend informieren, dass es sein Auftrag ist, neutral zu sein. Das bedeutet für die Mediation, dass es eine gewisse Distanz bedarf um die Neutralität zu gewährleisten.[77] Die Neutralität soll sicherstellen, dass das Vertrauen der Medianden in den Mediator als „Interessenwahrer" beider Parteien gestärkt wird. Dies kann er durch seine Distanz und seine Nichtbeteiligung gewährleisten.

Diese Distanz ist wiederum möglich, indem sich die Mediatoren aus den **inhaltlichen Fragen der Konfliktlösung heraushalten**. Auch darf der Mediator die Aussagen der Konfliktparteien **nicht bewerten**, sonst verliert er seine Neutralität.[78] Mit dem **ersten Schritt der Gewaltfreien Kommunikation** (vgl. Kap. 4.2.2.) lernt der Mediator, wie er wertfrei und somit wertneutral einen Sachverhalt wiederholt. Der Dreierschritt von wertneutraler Beobachtung, Benennung des vom Mediator herausgehörten Gefühls und des dahinter tieferliegenden Bedürfnisses schafft Verständnis und Verständigung.

Diese Technik ist ebenso ein nützliches Handwerkszeug, wenn eine Konfliktpartei den Mediator durch direkte Fragen auf ihre Seite ziehen möchte, indem sie von dem Mediator eine direkte bewertende Meinung fordert.[79]

Beispiel: *„Sie würden doch auch sauer sein, wenn man Sie bevormunden würde und Sie ständig hören müssten, was sie alles falsch machen, aber nie gesagt bekommen, was Sie gut machen, nicht wahr?"*

Ein neutraler/allparteilicher Mediator stimmt niemals mit einer Antwort der einen oder der anderen Partei **zu.**[80] Dadurch verliert er seine Neutralität. Eine **falsche Antwort** des Mediators könnte z. B. lauten:

> *„Ja, das kann ich sehr gut nachvollziehen. Ich wäre auch sauer."* Dadurch bezieht er eine Stellung und der andere Mediand fühlt sich „verraten".

Der neutrale/allparteiliche Mediator beantwortet die Frage beispielsweise mit der Technik des aktiven Zuhörens (in Form der GfK) oder durch Fragetechniken um weitere Informationen zu bekommen:

[76] Vgl. Auferkorte-Michaelis 2007, S. 9.

[77] Vgl. hierzu und im Folgenden: Auferkorte-Michaelis 2007, S. 9.

[78] Vgl. Auferkorte-Michaelis 2007, S. 13.

[79] Vgl. Auferkorte-Michaelis 2007, S. 17.

[80] Vgl. Auferkorte-Michaelis 2007, S. 21.

„Wenn Sie nur ihre Fehler als Feedback präsentiert bekommen, aber nie ihre Aufgaben, die Sie gut gemeistert haben, sind sie sehr enttäuscht und verärgert, weil Sie sich für ihre einwandfreie Arbeit, die Sie erledigen auch Anerkennung wünschen. Darüber hinaus wünschen Sie sich auch etwas mehr Freiraum für ihre Arbeit. Habe ich das so richtig verstanden?"

Oder alternativ eine Gegenfrage zur weiteren Informationseinholung:

„Was ist genau passiert?"

Weitere Fragen, deren Beantwortung häufig zu einem Verlust der Neutralität führen können, sind z. B.:[81]

- *„Was hätten Sie denn gemacht?*
- *Finden Sie das nicht auch?*
- *In meiner Situation hätten Sie das bestimmt auch so gemacht?"*

Ein Mediator, der neutral/teilnehmend ist, muss in der Lage sein, **seine eigene Meinung zurückzuhalten, auszuweichen oder** auf der Metaebene **zu erklären,** dass seine eigene Meinung für die Bewertung des Konfliktes vollkommen unerheblich ist und nur die Sichtweisen der Konfliktparteien im Fokus stehen und maßgeblich für die Konfliktlösung sind. Das aktive Zuhören mit Hilfe der Gewaltfreien Kommunikation ist somit auch in diesem Kontext ein besonders nützliches Werkzeug des Mediators nicht nur bei innerbetrieblichen, sondern auch zwischenbetrieblichen Wirtschaftsmediationen.

Die teilnehmende Neutralität – neutrale Teilnahme bedeutet darüber hinaus, dass es für ihn **keinen Täter und kein Opfer** geben darf.[82] Der Mediator sieht den Konflikt eher als eine **Interpunktion der Interaktion** (vgl. Kap. 4.1.2.3.) bei dem die Konfliktparteien sich wechselseitig verantwortlich für ihr eigenes Verhalten machen, das nur eine Reaktion auf das Verhalten des jeweils anderen interpretiert wird.

Beispiel:

Sie: „Weil ich manchmal Fehler mache, ist er sauer auf mich und deshalb frage ich ihn nicht."
Er: „Weil sie nicht fragt und dann Fehler macht, bin ich sauer."

Hier muss der Mediator den Medianden verdeutlichen, dass es **nicht das Ziel** der Mediation ist, vergangenheitsorientiert danach zu forschen, **wer** mit dem Konflikt **angefangen hat** oder gar **„Schuldige" ausfindig zu machen** und sie zu bestrafen. Alle diese Ziele

[81] Vgl. Auferkorte-Michaelis 2007, S. 21.
[82] Vgl. Auferkorte-Michaelis 2007, S. 14 f.

helfen nicht dabei, den Konflikt zu lösen oder klären. Es geht auch nicht darum, zu klären, was **richtig oder falsch ist.**[83] Im Konflikt gibt es oftmals gar nicht die eine richtige objektive Wahrheit, sondern viele unterschiedliche Perspektiven auf die gleiche Sache. Jeder hat in gewisser Weise Recht. Das Ziel der Mediation ist es nach guten Lösungen für die Zukunft zu suchen, die für alle Konfliktbeteiligten gewinnbringend sind.

Der Mediator **wendet sich** im Rahmen der neutralen Teilnahme – teilnehmenden Neutralität **allen Konfliktparteien gleichermaßen** zu. Das kann nicht gleichzeitig geschehen, sondern nur abwechselnd und in einem **ausgewogenen Verhältnis.**[84] Das bedeutet z. B., dass die Redezeiten bzw. das gegenseitige Zuhören gleich verteilt sind. Das heißt auch, dass alle in der jeweiligen Stufe, die gleichen Fragen gestellt bekommen und auch jeder einzelne immer befragt wird, ob der Mediator alles verständlich erklärt hat, sodass in der nächsten Stufe weitergearbeitet werden kann. Der Mediator befragt jeden einzelnen, ob er in der jeweiligen Stufe weiterarbeiten darf. Man spricht in diesem Zusammenhang auch von der sogenannten **Verfahrensgerechtigkeit.**[85] Sie führt dazu, dass die Medianden den Mediator als neutral/allparteilich bzw. fair und gerecht erleben.

Der teilnehmende/neutrale Mediator sorgt mit dem **Window II**, dem zweiten Fenster des Verstehens für Verständigung. (vgl. Kap. 4.5.2.). Er ist in der Lage selbst einen **Perspektivwechsel** zu vollziehen aber auch die Medianden in die Lage zu versetzen durch das zweite Fenster des Verstehens zu schauen und die Sichtweise des jeweils anderen einzunehmen. Er sorgt für ein gegenseitiges Anerkennen der wechselseitigen Sichtweisen. Und auch hier heißt ein Anerkennen nicht unbedingt einverstanden sein, sondern nur **anerkennen, dass die andere Sicht der Dinge ebenfalls eine Berechtigung hat.**

Abschließend kann festgestellt werden, dass ein Mediator in **dreifacher Hinsicht neutral und allparteilich** sein muss. Erstens **gegenüber den Medianden**, zweitens gegenüber den geäußerten **Inhalten** und drittens gegenüber den **Lösungsvorschlägen und Ideen.**[86] Denn sind die Medianden in Bezug auf den Konfliktsachverhalt **in allen Belangen voll informiert**, werden sie die **beste Lösung auch selbst bewerten und finden** können. Durch diese Haltung fördert der Mediator die Selbstverantwortlichkeit der Konfliktparteien und damit eine erfolgreiche und nachhaltige Mediation.

8.6 Macht und Fairness in der Mediation

Im Vorfeld von Mediationen muss der Mediator überprüfen, ob ein im Rahmen einer Mediation ggf. vorhandenes Machtgefälle zwischen den Konfliktparteien durch den Mediator ausgeglichen werden kann. Was versteht man unter Macht im Kontext von Wirtschaftsmediationen?

[83] Vgl. Auferkorte-Michaelis 2007, S. 15.

[84] Vgl. Auferkorte-Michaelis 2007, S. 14.

[85] Vgl. Montada/Kals 2013, S. 151 ff.

[86] Vgl. Auferkorte-Michaelis 2007, S. 25.

So kann Macht als **individuelle Eigenschaft** einer Person vorkommen, die die Fähigkeit hat, durch ihre Persönlichkeit andere Menschen zu beeinflussen.[87] Macht kann auch **situationsbezogen** sein, bei der eine Person ein Ziel je nach Umweltkonstellation realisieren oder eben nicht realisieren kann.[88] Macht kann im Rahmen von sozialen Beziehungskonstellationen als **Beziehungsmacht** (z. B. zwischen Mitarbeitern eines Teams, das zusammenarbeiten muss) ausgeübt werden.[89] Im innerbetrieblichen Kontext kommt **strukturelle Macht** durch hierarchische Strukturen zum Ausdruck, in der Vorgesetzte aufgrund ihrer Stellung, ihren Mitarbeitern Vorschriften machen können.[90] Sie führt zu typischen **Machtungleichgewichten**. **Verhandlungsmacht** in Wirtschaftsmediationen ist vor allem durch sehr gute „Nichteinigungsalternativen"[91], die sogenannte **Ausstiegsmacht**, gekennzeichnet.[92] (vgl. Kap. 5.4.1.) Wer die Möglichkeit hat, seine Interessen, sogar gegen den Willen des anderen durch eine der o. g. Machtformen durchzusetzen, besitzt im Rahmen von Mediationen eine große Machtstellung. Diese Machtposition könnte von der mächtigeren Konfliktpartei jederzeit genutzt werden und den kooperativen Ausgang der Mediation gefährden.

Im **Idealfall** herrscht in Mediationen in allen o. g. Machtgebieten ein **Machtgleichgewicht** zwischen den Konfliktparteien vor.[93] Davon geht die Mediationstheorie zur Durchführung einer Mediation aus.[94] Manchmal ist es möglich, dass ein gegebenes Machtgefälle in einem Punkt, durch ein Machtgefälle der Gegenseite in einem anderen Punkt, ausgeglichen werden kann und damit keine gezielte Intervention erforderlich ist.[95] Ist die Macht bezüglich mindestens eines der o. g. Aspekte **nicht ausgeglichen** so muss der Mediator im Rahmen seiner Tätigkeit überlegen, ob und wie er in der Lage sein wird, ein vorhandenes Machtungleichgewicht auszugleichen damit beide Konfliktparteien selbstverantwortlich und privatautonom verhandeln können.

So hat der Mediator zunächst folgende Möglichkeiten ein Machtgleichgewicht wieder herzustellen:

Als Verfahrensgestalter ist er verantwortlich für die Durchführung und Strukturierung der Mediation, für den Einsatz von **Kommunikationstechniken** und die Einhaltung von **Verfahrensregeln,** für das **Setting** und die **Festlegung der Mediations-Teilnehmer**. Im Rahmen dieser Verantwortung und durch Einsatz gezielter Interventionen kann er beispielsweise **Macht auf personaler Ebene** und auf der **Beziehungsebene ausgleichen**.

---

[87] Vgl. Budde, 2006b, S. 6 f.

[88] Vgl. Budde 2006b, S. 7.

[89] Vgl. Budde 2006b, S. 7 f.

[90] Vgl. hierzu und im Folgenden: Budde 2006b, S. 7 f.

[91] Vgl. Duve/Eidenmüller/Hacke 2011, S. 284.

[92] Vgl. Budde 2006b, S. 12.

[93] Vgl. Breidenbach 1995, S. 248.

[94] Vgl. Budde 2006b, S. 12.

[95] Vgl. Budde 2006b, S. 55.

Verhandlungsmacht kann der Mediator durch den Hinweis auf Information der Konfliktparteien in Bezug auf rechtliche Gegebenheiten ausgleichen. Die Aufgabe des Mediators ist es dann, die beiden Konfliktparteien darauf hinzuweisen, einen **externen Rechtsrat** einzuholen.[96] Darüber hinaus ist es aber auch sinnvoll auf den Vorteil von **eigenen Fairness- und Gerechtigkeitskriterien** der Konfliktparteien bei der Suche nach kreativen Lösungen hinzuweisen und den Rat auch von anderen Experten zum Konfliktthema einzuholen um umfassend informiert in die Mediation zu gehen.[97] Soll aber eine Konfliktpartei vor eventuellem **Machtmissbrauch geschützt werden**, so muss der Mediator darauf hinweisen, dass diese Aufgabe nicht in einer Mediation erfüllt werden kann und dann **besser ein Gerichts- oder Schiedgerichtsverfahren anzustreben** ist.[98]

Eine vermeintlich vorhandene **Ausstiegsmacht** durch eine scheinbar sehr gute BATNA kann durch eine gemeinsame Überprüfung im Rahmen der Mediation, z. B. durch eine Prozessrisikoanalyse, relativiert werden und zu einem Machtausgleich führen.

Schwieriger ist es, **strukturelle Machtungleichgewichte** auszugleichen. Im Rahmen einer innerbetrieblichen Mediation, z. B. zwischen einem Vorgesetzten und einem Mitarbeiter, ist es aufgrund eines beispielsweise praktizierten **autoritären** Führungsstils des Vorgesetzten, oftmals nicht möglich, einen Machtausgleich durchzuführen, weil der Vorgesetzte einen kompetitiven Verhandlungsstil bevorzugt. Erkennt ein Mediator diese Einstellung bereits im Vorgespräch, und ist der Vorgesetzte nicht bereit, sich auf einen kooperativen Verhandlungsstil einzulassen, so sollte er eine Mediation bei dem äußeren Auftraggeber als ungeeignet ablehnen. Mediation setzt Kooperationswillen und im innerbetrieblichen Bereich besonders Freiwilligkeit, Ergebnisoffenheit und Sanktionsfreiheit voraus. Nur wenn die Bereitschaft des Vorgesetzten vorhanden ist, auf eine spätere Möglichkeit zur Machtausübung zu verzichten, bei der die Ergebnisse der Mediationsvereinbarung nicht im Nachhinein durch anderslautende Vorschriften rückgängig gemacht werden oder gar Sanktionen folgen, dann kann eine Mediation gelingen. Allerdings sollte auch nicht pauschal diagnostiziert werden, dass eine autoritäre Führungspersönlichkeit nicht in der Lage ist, ein Mediationsverfahren ordnungsgemäß ohne späteren Machtmissbrauch zu durchlaufen. Der Mediator sollte nur darauf achten, dass diese Situation in einer solchen Mediationskonstellation auftreten könnte. Die positive Einstellung zu einer Mediation wird eher bei einem Vorgesetzten zu finden sein, der einen kooperativen, transformationalen oder partizipativ-demokratischen Führungsstil pflegt.[99] Der Mediator sollte im Rahmen struktureller Machtungleichgewichte die Medianden jedoch **nicht darauf hinweisen**, dass der Vorgesetzte aufgrund seiner Stellung und Funktion im Unternehmen, eine Mediation nicht durchführen müsste, aber im Sinne einer einvernehmlichen und für alle gewinnbringenden Lösung dazu bereit ist. Der Grund, der sich dahinter verbirgt ist,

---

[96] Vgl. Duve/Eidenmüller/Hacke 2011, S. 286.

[97] Vgl. Duve/Eidenmüller/Hacke 2011, S. 287. Hier sind nicht nur Experten in Rechtssachen, sondern auch in anderen Feldern des Mediationsthemas gemeint.

[98] Vgl. Duve/Eidenmüller/Hacke 2011, S. 287.

[99] Vgl. Koschany-Rohbeck 2011, S. 16 f.

dass ein **von außen diagnostiziertes Machtungleichgewicht** gerade zu einer besonderen Härte und Rigidität auf beiden Seiten führt.[100] Auch hier zeigt sich wiederum, dass ein bewertender Mediator seine allparteiliche Neutralität – neutrale Teilnahme verliert.

Objektive Kriterien für das Bestehen eines Machtungleichgewichtes **gibt es nicht**. Die Kriterien hängen immer vom Betrachter ab und von dem, was dieser als fair und gerecht erlebt.[101] Verhandlungsmacht oder strukturelle Macht, ist immer ein „Potenzial", das sich nicht notwendigerweise einstellen muss.[102] Nur weil Macht aber nicht objektivierbar ist, heißt es nicht, dass es sie nicht gibt.

Ist der Maßstab der Mediation die Selbstverantwortlichkeit der Konfliktparteien und werden alle anderen **Grundprinzipien** insbesondere die **umfassende Informiertheit** und **Freiwilligkeit** der Konfliktparteien als auch im innerbetrieblichen Kontext eine **Ergebnisoffenheit** sowie eine **Sanktionsfreiheit** als gegeben unterstellt, dann sollten die **gefundenen Lösungen zu keiner Benachteiligung führen.** Der Mediator muss für sich ein Gespür entwickeln, um Machtstrukturen wahrzunehmen, seine Neutralität/Allparteilichkeit zu wahren, die Eigenverantwortlichkeit der Konfliktparteien zu fördern und gleichzeitig ein faires und gerechtes Verfahren zu ermöglichen.[103] Dies kann nur gelingen, wenn Machtstrukturen ausgeglichen sind und die Konfliktparteien ernsthaft kooperativ verhandeln wollen. Nutzt eine Partei die Situation verdeckt durch kompetitives Verhalten aus, entsteht wieder die Situation des Verhandlungsdilemmas (Vgl. Kap. 3.2.3.), bei der die kooperativ agierende Partei benachteiligt wird. Ein Mediator muss also ein **taktisches Verhalten oder Manipulationsversuche einer Partei erkennen können**, die auf einen Machtmissbrauch Hinweise geben können. Der Mediator sollte allgemein auf der Metaebene über die negativen Auswirkungen kompetitiven Verhandelns für das Gesamtergebnis hinweisen um ein anderes Verhalten der Konfliktparteien zu initiieren. Im Extremfall bleibt dem Mediator noch die Möglichkeit eine sich durch Konfrontation und damit durch Machtausübung abzeichnende „erzwungene" Einigung durch Abbruch der Mediation zu beenden.[104]

8.7 Bewusstheit über die eigenen Grenzen aufgrund der beruflichen Prägung und Sozialisation

Jeder Mediator sollte sich darüber bewusst sein, dass seine eigene **persönliche Lebensgeschichte** ihn selbst prägt und er als Mediator immer einen eigenen **persönlichen Rucksack**, trägt. Dazu gehört die in Kap. 2.2.1. beschriebene individuelle Prägung des Eltern-Ichs, Kindheits-Ichs im Kindesalter und des Erwachsenen-Ichs im Kindes- und

[100] Vgl. Mayer 1987, S. 77, zitiert nach Budde, 2006b, S. 23.

[101] Vgl. Budde 2006b, S. 23, S. 8 f.

[102] Vgl. Breidenbach 1995, S. 103.

[103] Vgl. Budde 2006b, S. 24.

[104] Vgl. Duve/Eidenmüller/Hacke 2011, S. 288; vgl. Budde 2006b, S. 43.

Erwachsenenalter, die berufliche Prägung z. B. als Rechtsanwalt, Psychologe, Sozialpädagoge, Steuerberater, Betriebswirt oder Ingenieur etc. sowie die ihn begleitenden sozialen Umweltbedingungen.

Auch als Mediator ist man kein Übermensch. Denn **das Wissen über die Mediation ist die erste wichtige Komponente – die gelungene Umsetzung des Wissens die zweite**. Ein Mediator ist nicht gleich bei der ersten Mediation perfekt. Es werden hohe Ansprüche in Bezug auf die Kompetenzen des Mediators gestellt. Wer diese Kompetenzen erfüllen will, muss bereit sein sich selbst zu reflektieren und die eigenen Fähigkeiten kritisch zu hinterfragen. Als Mediator sollte man den Anspruch haben, immer professionell und aufgeschlossen für neue Erkenntnisse zu sein. Mit der Theorie des Eltern-Ichs, des Kindheits-Ichs und des Erwachsenen-Ichs aus der **Transaktionsanalyse** haben Sie gelernt, dass jeder Mensch drei „Seinszustände“ in sich vereint. Hieraus kann auch der Mediator für sich selbst seine Kindheit reflektieren. Er sollte sein **Eltern-Ich** bezüglich alter unbrauchbar gewordener Glaubenssätze **„entrümpeln“**. Darüber hinaus ist es auch wichtig, zu reflektieren, welche Werte, Normen und Glaubenssätze sich aus dem Eltern-Ich als gut und richtig erwiesen haben und auch im Rahmen einer Mediation als Ressourcen hilfreich sein könnten. Es ist aber auch für ihn bedeutsam zu wissen, welche Glaubenssätze ihn im speziellen Mediations-Fall behindern könnten. Er sollte Handlungsstrategien in der Mediation hierfür vorbereitet haben um die Allparteilichkeit zu wahren. Sein **Kindheits-Ich** sollte er bei Mediationen dahingehend untersuchen, welche **positiven und negativen Gefühle** zu dem Konfliktthema zu erwarten sind, ob die Wahrnehmungen noch **angemessen** sind und wie er konkret damit in der Mediation umgehen kann.

Darüber hinaus formt das **persönliche Berufsbild** die Charaktereigenschaften des Mediators. Hier sollte der Mediator ebenfalls reflektieren, ob diese Charaktereigenschaften, positive oder negative Auswirkungen auf seine mediative Haltung haben können und wie er mit diesen in der Mediation umgehen möchte.

Auch die **persönlichen Lebensumstände**, die positiven und negativen Lebenserfahrungen des Mediators, insbesondere in eigenen **erlebten** Konfliktsituationen sowie sein **soziales Umfeld** prägen sein Verhalten und seine Einstellungen. Diese sollte der Mediator ebenfalls vor seiner Mediationstätigkeit einmal in Ruhe reflektiert und auf hilfreiche Stärken und schwächende Hindernisse bei dem speziellen Mediationsfall hin untersucht haben.

Darüber hinaus sollte sich ein Mediator seiner eigenen **Lebenseinstellung bewusst** sein, die ihn in seinem bisherigen Leben angetrieben hat und ihn unbewusst steuert. Eine **Lebenseinstellung,** die für den Mediator in der Mediation **sehr hilfreich** sein wird und für die sich ein Mediator bewusst entscheiden kann, soll nun zum Abschluss vorgestellt werden. Die Theorie zu den Lebenseinstellungen im Rahmen der Transaktionsanalyse gibt hier eine gute Empfehlung. Thomas Harris entwickelte die von Eric Berne begründete Transaktionsanalyse weiter und erklärte an anschaulichen und einfach verständlichen Beispielen die **vier Grundeinstellungen, die das Verhalten aller Menschen bestimmen**.[105]

---

[105] Vgl. Harris 1984, S. 54 ff.

So wird sich bei jedem Menschen eine von vier Grundhaltungen in der Kindheit entwickeln, die im Folgenden kurz beschrieben werden sollen:[106]

1. Ich bin nicht o. k. – Du bist o. k.
2. Ich bin nicht o. k. – Du bist nicht o. k.
3. Ich bin o. k. – Du bist nicht o. k.
4. Ich bin o. k. – Du bist o. k.

Harris war der Auffassung, dass sich eine dieser **ersten drei Grundhaltungen** in den ersten drei Lebensjahren als Grundhaltung in dem kleinen Menschen manifestiert und ihn so in seinem ganzen Leben steuert – ohne dass er es selbst weiß – bis zu dem Zeitpunkt, wo ihm diese **Grundhaltung bewusst gemacht** wird.[107] Die Früherfahrungen, die zu einer der o. g. Lebenseinstellungen geführt haben, können zwar nicht gelöscht werden, jedoch kann sich **jeder Erwachsene** mit seinem Erwachsenen-Ich **bewusst und frei für** eine neue **Grundeinstellung entscheiden**. Eine hilfreiche Grundhaltung des Mediators, der Mediationen durchführt, ist die Grundhaltung **Ich bin o. k. – Du bist o. k.** Hierfür kann sich der Mediator bewusst **entscheiden.**

1. **Ich bin nicht o. k. – Du bist o. k.**

Dies ist die erste und am häufigsten anzutreffende Grundhaltung, für die ein Kind sich in den ersten Lebensjahren entscheidet. Sie kommt mit der Wahrnehmung des Kindes als Säugling und Kleinkind zustande, dass sich selbst als klein und schwach erlebt, die Eltern aber stark und machtvoll. Diese Einstellung kommt auch dann zustande, wenn das Kind eine „glückliche Kindheit" erlebte. Diese Einstellung beinhaltet den Versuch, den Eltern zu gefallen. **„Was kann ich tun, dass Du, eine o. k.-Person, gut zu mir bist?"**[108] Der Erwachsene wird als o. k. empfunden, weil dieser ihm Zuwendung entgegen bringt. Dies tut der Erwachsene jedoch nicht immer und ununterbrochen. Beim Kind entstehen dem Erwachsenen gegenüber „Minderwertigkeitsgefühle", die im Vergleich zum Erwachsenen natürlich immer erklärbar sind, weil sich das Kind wegen seiner „Kleinheit und Hilflosigkeit" zwangsläufig unterlegen und abhängig fühlen muss.[109] Die **Selbsteinschätzung** des Kindes baut mangels eigener Erfahrung **völlig auf der Bewertung durch andere** auf. Das Kind ist noch zu klein um diese Einschätzung zu reflektieren und akzeptiert so passiv die Beurteilungen, die nachdrücklich durch „Worte, Gesten und Handlungen" übermittelt werden. Solange dieser Mensch diese Lebenseinstellung pflegt, hat er ein **besonderes Bedürfnis nach Anerkennung durch andere**. Das Erwachsenen-Ich sucht nun nach Möglichkeiten diese Anerkennung von o. k.-Personen zu bekommen. Die Möglichkeit sein Le-

[106] Vgl. Harris 1984, S. 60 ff.

[107] Vgl. Harris 1984, S. 61.

[108] Vgl. Harris 1984, S. 59.

[109] Vgl. hierzu und im Folgenden: Harris 1984, S. 62.

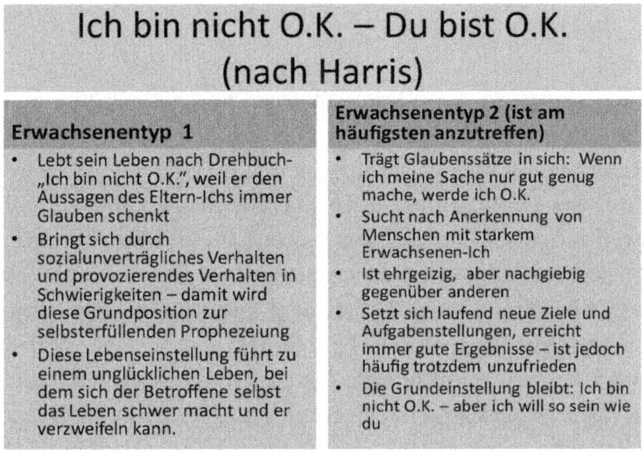

Abb. 8.2 Ich bin nicht o. k. – Du bist o. k. (nach Harris. Quelle: eigene Darstellung)

ben mit dieser Lebenseinstellung zu bestreiten gibt es in unterschiedlichen Ausprägungen. Die wichtigsten Ausprägungen sollen in der Abb. 8.2 dargestellt werden.

Die Lebenseinstellung des Erwachsenentyps 2 ist sehr häufig anzutreffen. Wenn sich dieser Mensch seiner Lebenseinstellung einmal selbst bewusst wurde und diese geändert hat, können die Leistungen und Fähigkeiten, die er sich in der vorherigen Zeit erworben hat, beim Aufbau eines bewussten Lebensplans besonders förderlich sein.[110]

Bis zum zweiten Lebensjahr ist diese erste Lebenshaltung entweder bestätigt oder macht einer zweiten Lebenshaltung Platz und zwar entweder der Grundhaltung Ich bin nicht o. k. – Du bist nicht o. k. oder Ich bin o. k. – Du bist nicht o. k.,[111] die nun vorgestellt werden sollen.

2. **Ich bin nicht o. k. – Du bist nicht o. k.**

Nicht alle Kinder bleiben bei der ersten Lebenseinstellung. Bei Eltern, die den Kindern keine positive liebevolle Zuwendung in Form von z. B. Streicheleinheiten und positiver Bestärkung nach dem ersten Lebensjahr erteilen, also positive physische und emotionale Nähe bieten, kann sich diese Einstellung entwickeln.[112] Das Kind wird selbständiger und kann nun Laufen. Verletzt es sich, bekommt es keinen Trost oder es bekommt sogar harte Straften seitens der Eltern, weil das Kind sich dort aufhält wo es nicht sein soll. Hält dieser Zustand dauerhaft an, empfindet das Kind Verlassenheit und Bedrängnis. Es folgert: Ich bin nicht o. k. – Du bist nicht o. k. – Ein Mensch mit dieser Lebensanschauung gibt auf. Menschen mit dieser Lebensanschauung benötigen therapeutische Hilfe, um aus dieser Grundposition herauszukommen. Dies ist allerdings relativ schwer, weil der Therapeut auch in die Kategorie fällt: Du bist nicht o. k.

[110] Vgl. Harris 1984, S. 64.

[111] Vgl. Harris 1984, S. 59.

[112] Vgl. hierzu und im Folgenden: Harris 1984, S. 64 ff.

3. **Ich bin o. k. – Du bist nicht o. k.**

Ein Kind, das von seinen Eltern körperlich stark misshandelt wurde, wird zur dritten Lebenseinstellung übergehen.[113] Wie kommt ein kleines Kind zu einer o. k. Einstellung seinerseits? Bei den Opfern von Kindesmisshandlungen finden sich schwerste Verletzungen vor. Ein Kind, das sich von diesen Körperverletzungen erholt, erlebt für sich allein Wohlbehagen, weil schon sein gebesserter Zustand im krassen Gegensatz zu dem vorher als furchtbar und schrecklich empfundenen Schmerz steht. Es entwickelt den Gedanken, alles ist gut, wenn ich nur allein bin. Es ist sogar festzustellen, dass viele straffällige Gewalttäter, diese Grundannahme verinnerlicht hatten und auch in ihrer eigenen Kindheit schwer misshandelt wurden. Ein Mensch, der Brutalität erfahren hat und festgestellt hat, dass er überlebt, fängt später damit an zurückzuschlagen, hart und grausam zu sein. Oder er schafft es hinter gut getarnten Fassaden seinen Hass zu verbergen. Für **ein Kind** ist diese Einstellung bei einem gewalttätigen Elternhaus eine **lebensrettende Einstellung**, **für einen Erwachsenen** jedoch eine **Tragödie**, da sie diese nicht-o. k.-Position auf jeden anderen Menschen projizieren und somit Schwierigkeiten bei der Selbstreflektion haben. Schuld sind immer die anderen. Auch hier ist eine therapeutische Unterstützung notwendig, um diese Grundeinstellung zu ändern. Auch hier hat es der Therapeut schwer, da auch er die Grundeinstellung zugewiesen bekommt. Du bist nicht o. k.

4. **Ich bin o. k. – Du bist o. k.**

Die Grundpositionen zwei und drei liegen im Vergleich zur ersten Lebenseinstellung relativ selten vor. Dennoch – eine der drei Lebenseinstellungen liegen im Unterbewusstsein des Menschen verborgen und steuern so indirekt das Verhalten eines Menschen. Sie sind früh im Leben des Menschen entschieden worden.[114] Sie entstehen aus den Daten des Eltern-Ichs und denen des Kindheits-Ichs. Die Früherfahrungen, die zu einer der o. g. Lebenseinstellungen geführt haben, können zwar nicht gelöscht werden, was insbesondere bei den Lebenseinstellungen zwei und drei tragisch ist, jedoch kann sich **jeder** Erwachsene **bewusst** für eine neue Grundeinstellung frei entscheiden.[115] Durch **Bewusstsein** der Lebensposition kann Platz für Veränderung, also eine ganz neue Lebensposition, geschaffen werden, für die man sich bewusst entscheiden kann. Die vierte Position ist eine **freiwillige und bewusste Einstellung, die im Erwachsenenalter** gewählt werden kann. Die ersten drei Lebensanschauungen beruhen auf Gefühlen, während die vierte **Lebenseinstellung** auf „Denken, Glauben und Einsatzbereitschaft“[116] beruht. Jeder kann sich mit seinem **Erwachsenen-Ich für diese Einstellung entscheiden.** Die praktische Aufgabe besteht darin, eine Sammlung von Aufnahmen im Erwachsenen- Ich aufzubauen, die o. k.

[113] Vgl. hierzu und im Folgenden: Harris 1984, S. 66 ff.

[114] Vgl. hierzu und im Folgenden: Harris 1984, S. 68 ff.

[115] Vgl. Harris 1984, S. 60.

[116] Vgl. Harris 1984, S. 69.

Ich bin O. K. – Du bist O. K.
(Lebensanschauung nach Harris)

- **Positives Menschenbild** geprägt durch (Selbst-)Achtung und Respekt
- **Bewusste** Einstellung, die im Erwachsenenalter mit unserem **Verstand** jederzeit gewählt werden kann
- Wir haben die Wahrnehmung für unsere **eigenen Bedürfnisse** , **Interessen** und **Wünsche** und gestehen ihnen **Berechtigung** zu. Wir gestehen aber auch den **Bedürfnissen, Interessen** und **Wünschen** der **Anderen Berechtigung** zu.
- Der Andere wird als **gleichwertiger Partner** wahrgenommen.

Abb. 8.3 Ich bin o. k – Du bist o. k. (Lebensanschauung Harris. Quelle: eigene Darstellung)

Ergebnisse, also Erfolge in Bezug auf Transaktionen, korrekter Wahrscheinlichkeitsabschätzungen und ganzheitlicher Handlungen wiedergeben.[117]

Mit der Lebenseinstellung: Ich bin o. k. – Du bist o. k. haben wir die Wahrnehmung für unsere **eigenen Bedürfnisse, Interessen** und **Wünsche** und gestehen ihnen **Berechtigung** zu.[118] Wir gestehen aber auch den **Bedürfnissen, Interessen** und **Wünschen** der **anderen Berechtigung** zu. Was wir uns zugestehen, das gilt auch für andere. Was wir anderen zugestehen, das gilt auch für uns. In Abb. 8.3 sind die wichtigsten Aussagen nochmals zusammengestellt. Entscheidet sich ein Mediator bewusst für diese Grundhaltung **„Ich bin o. k. – Du bist o. k.“,** dann erleben die Mediandeṅ:

- Meine Interessen, Bedürfnisse, Anliegen und Motive werden gehört – **Ich bin o. k.**
- Die Interessen und Bedürfnisse, Anliegen und Motive des anderen werden auch gehört – **Du bist o. k.**
- Wir versuchen gemeinsam eine Lösung zu finden, in der unsere beiden Interessen und Bedürfnisse, Anliegen und Motive berücksichtigt werden. – **Wir sind o. k.**

8.7.1 Umgang mit eigenen Gefühlen

Auch ein Mediator wird in Mediationen „Emotionen“ zu bestimmten Konfliktthemen entwickeln. Hier muss sich der Mediator bewusst sein, dass diese Gefühle im Zusammenhang mit seinen eigenen Kindheits- und Lebenserfahrungen stehen. Ein Mediator muss

---

[117] Vgl. Harris 1984, S. 71.

[118] Vgl. hierzu und im Folgenden: Gottmann, 2009, S. 7.

im Vorfeld bei der Vorbereitung auf die Mediationsgespräche schon frühzeitig erkennen können, ob und in welcher Form ihn das Konfliktthema emotional belasten wird. Dies ist bei jedem Mediator individuell verschieden. Hier muss der Mediator jedoch genügend Distanz zu seinen eigenen Empfindungen halten können, damit er nicht Gefahr läuft, die Allparteilichkeit zu verlieren. Er muss sich im Vorfeld Kraftquellen zum Ausgleich von einseitigen Gefühlen suchen, damit er allen Medianden gleichermaßen gerecht werden kann. Die Bewusstheit, dass die eigenen Gefühle, die eigene Meinung beeinflussen, ist der erste Schritt für eine allparteiliche Mediation. Es ist z. B. hilfreich im Vorfeld nach möglichen Interessen für eine Position zu suchen und sich vermehrt in die Konfliktperspektive hineinzuversetzen, die man als Mediator weniger nachvollziehen kann, um die Perspektive der Konfliktpartei zu verstehen. Dann sollten Emotionen für den Mediator kontrollierbarer werden.

8.7.2 Selbstreflexion

Bereits im Kap. 5.3.3. wurde die **Selbstreflexion des Mediators** anhand des **Mediationsportfolios**[119] mit Hilfe der Reflexionsfragebögen zur Einzelsitzung, zur Reflexion der Gesamtmediation sowie des Feed-Back-Fragebogens für Medianden vorgestellt. Die Selbstreflexion ist Bestandteil der Mediation im weiteren Sinne und findet zwischen den Einzelsitzungen und nach Abschluss der Mediation statt. Sie hilft dem Mediator gezielt an sich selbst zu arbeiten und seine Mediationstätigkeit zu optimieren.[120] Ein Mediator sollte aber **nicht ausschließlich allein** an seiner „Weiterbildung" und Optimierung seiner beruflichen Tätigkeit arbeiten. Die Selbsteinschätzung ist wichtig – die Fremdeinschätzung rundet das Selbstbild ab. Förderlich für eine stetige Verbesserung der Dienstleistung des Mediators ist seine berufliche Vernetzung und Weiterbildung mit Hilfe von Supervisionen und Intervisionen.

8.8 Vernetzung/Weiterbildung

Die mit der Mediation vermittelten Fach- und Methodenkompetenzen sind zwar in ihrer Grundidee universell, jedoch reichen diese Fachkompetenzen nicht dauerhaft und für ein Leben lang aus. Neueste Erkenntnisse und Entwicklungen müssen in der Mediation berücksichtigt werden.[121] Lebenslanges Lernen ist auch hier wichtig und angebracht. Aus diesem Grunde sollte der Mediator in regelmäßigen Abständen **Weiterbildungsmöglichkeiten** in Form von **Seminaren oder Workshops** in Anspruch nehmen und seine **Arbeit reflektieren.** Beide Elemente dienen der **Qualitätssicherung** der Mediation und sichern

[119] Vgl. Auferkorte-Michaelis 2007, S. 64 ff.

[120] Vgl. Auferkorte-Michaelis 2007, S. 35.

[121] Vgl. hierzu und im Folgenden: Auferkorte-Michaelis 2007, S. 35.

dem Mediator weitere Aufträge. Denn eine qualitativ sehr gute Dienstleistung ist die **beste Eigenwerbung** in einem noch erklärungsbedürftigen Dienstleistungsbereich. Auch in **§ 5 Abs. 1 Satz 1 MediationsG** wurde festgelegt, dass der Mediator sich regelmäßig fortzubilden hat. Der Verordnungsentwurf für die Aus- und Fortbildung von zertifizierten Mediatoren sieht innerhalb von 2 Jahren eine Fortbildung im Umfang von 20 h vor. Neben der bereits vorgestellten Selbstreflexion durch Fragebögen soll nun die **Reflexion** mittels einer Intervision oder Supervision vorgestellt werden.

8.8.1 Supervision

Der heutige Supervisionsbegriff kann vom lateinischen Ursprung abgeleitet werden.[122] Super heißt übersetzt „oben, darüber". Vision heißt übersetzt „sehen, Anblick oder Erscheinung." Supervision bedeutet demnach „darüber schauen", „von oben betrachten".

Die Deutsche Gesellschaft für Supervision erläutert: „Supervision und Coaching sind die konzeptionellen Grundlagen für die **Beratung** von Personen in ihren **beruflichen Rollen und Positionen**. Zentrales Element des Beratungsprozesses ist die **Reflexion**. Der Ratsuchende wird dabei unterstützt, Klärung und Entwicklung auf Basis eigener Erkenntnisse zu erreichen."[123]

In einer Supervision, haben die Supervisionsteilnehmer, auch **Supervisanden** genannt, die Möglichkeit, Fragen und Probleme zu ihrer Tätigkeit zu besprechen und neue Lösungsmöglichkeiten zu erfahren, die ihre Arbeitsqualität und -kompetenz verbessern.[124] „**Supervisoren** sind außenstehende Personen des gleichen oder eines anderen Faches."[125] Die **berufsbegleitende Supervision** unterscheidet sich von der **Ausbildungssupervision** darin, dass die Ausbildungssupervision sich auf das Erlernen einer bestimmten Methode und die Reflexion des beruflichen Handelns bezieht,[126] während die berufsbegleitende Supervision sich auf die Berufspraxis und die Tätigkeit als Mediator bezieht. Im Folgenden soll die **berufsbegleitende Supervision** vorgestellt werden.

Supervision sollte der Mediator beispielsweise in Anspruch nehmen, wenn er

- im Umgang mit Medianden in einer Stufe der Mediation immer wieder Schwierigkeiten hat und diese sich nicht erklären kann,
- Probleme mit der gefühlsmäßigen Distanzierung von den Medianden hat und nach der Mediation nicht abschalten kann,
- ihn jede Mediationssitzung massiv stresst,

[122] Vgl. hierzu und im Folgenden: Auferkorte-Michaelis 2007, S. 36.

[123] http://www.dgsv.de/supervision/ zuletzt aufgerufen am 15.10.2013

[124] Vgl. Auferkorte-Michaelis 2007, S. 37.

[125] Duss von Werdt, (ohne Verweis), zitiert nach Auferkorte-Michaelis 2007, S. 46.

[126] Vgl. Auferkorte-Michaelis 2007, S. 39.

- gerne wüsste wie sich andere Mediatoren in bestimmten Situationen verhalten um mehrere Handlungsoptionen für zukünftige Mediationen zu haben,
- häufig auftretende Reaktionen von Mediatoren besprechen möchte, die er als ungewöhnlich empfindet,
- etc.[127]

Supervision wird in unterschiedlichen Settings angeboten. So lassen sich im Bereich der Mediation die **Einzel-**, die **Gruppen-** und die **Kollegiale-Supervision** unterscheiden.[128] Die **Einzelsupervision**, heute auch Coaching genannt, findet nur mit einem Teilnehmer und einem Supervisor statt. Diese Form wird jedoch nicht häufig genutzt, da die Beiträge anderer Supervisanden oftmals sehr hilfreich sind und die „Gefahr der Abhängigkeit zum Supervisor sowie die Psychologisierung der Supervision"[129] besteht. In der **Gruppensupervision** treffen sich drei bis maximal 10 Personen zu einer von einem externen Supervisor angeleiteten Supervision.[130] Bei einer **Kollegialen Supervision, die auch als Intervision** oder **Co-Vision bezeichnet** wird, findet stattdessen eine gegenseitige Beratung der Supervisanden statt, bei der aus den eigenen Reihen ein Moderator gewählt wird. Auch hier ist eine Gruppengröße von 3–10 Personen zu empfehlen. Ab einer größeren Anzahl von Personen sollte die Gruppe geteilt werden. Diese Form der Supervision ist am Ende einer Gruppensupervision ratsam, wenn die Supervisanden sich in regelmäßigen Zeitabständen treffen wollen, um ihre Arbeit nun allein zu reflektieren und einen regelmäßigen Fachaustausch zu gewährleisten. Um Kontinuität und einen Vertrauensaufbau zu gewährleisten ist es hilfreich, dass die Gruppe sich in zeitlichen Abständen von 4–8 Wochen trifft, um eine effektive Reflektion zu erhalten und ein gutes persönliches Netzwerk aufzubauen.[131] Neulinge sollten, bevor sie eine Intervisionsgruppe gründen, sich zumindest einmal einer externen Supervision unterziehen, damit sie den Ablauf kennenlernen.

Die Gruppensupervision durch einen externen Dritten und die kollegiale Intervision ähneln sich sehr. Im Prinzip unterscheiden sich die Verfahren nur in der Ausgestaltung, ob ein externer Dritter als „Experte" hinzugezogen wird oder ob ein „Moderator" aus den

---

[127] Vgl. Auferkorte-Michaelis 2007, S. 37.

[128] Vgl. Auferkorte-Michaelis 2007, S. 40 ff.

[129] Vgl. Krabbe, 1999, zitiert nach Auferkorte-Michaelis 2007, S. 41.

[130] Vgl. hierzu und im Folgenden: Auferkorte-Michaelis 2007, S. 50 und S. 41. (Hier wird von einer Personenzahl von bis zu 20 Personen gesprochen. Von einer so großen Teilnehmerzahl ist nach eigenen Erfahrungen aufgrund der Gruppendynamik, der geringen Einbeziehung des Einzelnen tendenziell abzuraten.)

[131] Vgl. Auferkorte-Michaelis 2007, S. 50 f. Die Verfasserin empfiehlt einen zeitlichen Abstand von 4–6 Wochen, der aber gut auch auf 8 Wochen ausgedehnt werden kann. Bei erfahrenen Mediatoren kann sich der Intervisionszeitraum auch noch deutlich verlängern. Ohne Intervision sollte jedoch auch selbst der erfahrenste Mediator nicht auskommen können.

eigenen Reihen ausgewählt wird, der die Supervision leitet.[132] Die Aufträge, die die Supervisanden an den Supervisor bzw. Moderator stellen, können grundsätzlich die gleichen sein. So kann entweder die Besprechung **konkreter Praxisfälle** gewünscht sein, oder die **Belange von Professionalität und Berufspolitik.**[133] Was das Thema der jeweiligen Super- oder Intervision sein soll, wird schon im Vorfeld der Supervision ausgewählt.[134] Im Mediationsmarkt gibt es auch konkrete Supervisionsangebote, für die sich ein Supervisand, ähnlich einem Seminar direkt anmelden kann. Ein externer Supervisor sollte gewählt werden, wenn der Mediator noch keine Erfahrungen mit Supervision hat und den Ablauf der Supervision kennenlernen möchte, aber auch, wenn eine „Außenperspektive" zur Praxisberatung, bzw. – begleitung gewünscht ist. Die Außenperspektive insbesondere durch einen fachfremden Supervisor kann durch seine Art, Fragen zu stellen, neue Perspektiven eröffnen.[135]

Hingegen könnte ein Supervisor vom gleichen Fach durch spezielles Fachwissen und besondere Erfahrungen neue Impulse geben. Im Folgenden sollen ein Verfahrensablauf für eine Supervision bzw. Intervision dargestellt werden.

8.8.2 Verfahrensablauf einer Supervision und Intervision

Bei einer **Supervision** sucht sich entweder eine Gruppe von Mediatoren einen externen Supervisor und erteilt ihm einen Auftrag oder ein einzelner Mediator meldet sich gezielt zu einer Supervision mit einem bestimmten Thema bei einem in Supervision fachkundigen Mediator an. Der **Ablauf der Supervision** gestaltet sich dann **bis auf den zweiten Schritt identisch** zum **Ablauf** der nun nachfolgend **dargestellten Intervision für eine Praxisbegleitung**:[136]

1. **Schritt: Themensammlung und Rangfolgebildung**

Die Teilnehmer nennen zunächst ihre Wunschthemen. Je nach Dauer der Super-/Intervision werden die Themen nach Dringlichkeit bewertet und je nach zur Verfügung stehender Zeit ein Zeitplan für die abzuarbeitenden Themen gestellt. Es ist sehr sinnvoll zur Besprechung mehrerer Fälle mindestens einen halben oder ganzen Tag zu investieren, da sie der Weiterbildung dient. Zur Besprechung eines Intervisionsfalles benötigt man i. d. R. einen Zeitrahmen von 1–1,5 h.

---

[132] Vgl. hierzu und im Folgenden: Auferkorte-Michaelis 2007, S. 45.

[133] Vgl. Auferkorte-Michaelis 2007, S. 48.

[134] Vgl. Auferkorte-Michaelis 2007, S. 49.

[135] Vgl. hierzu und im Folgenden: Auferkorte-Michaelis 2007, S. 47.

[136] Vgl. hierzu und im Folgenden: in Anlehnung an Duss-von Werdt, (ohne Verweis), zitiert nach Auferkorte-Michaelis 2007, S. 52 ff.

2. **Schritt: Wahl eines Moderators** (bei einer Supervision ist es der externe Supervisor, der auch schon den ersten Schritt begleitete)

Der Teilnehmer, dessen Fall ausgewählt wurde, sucht sich aus der Intervisionsgruppe einen Moderator aus, der für den zeitlichen Ablauf und die Struktur verantwortlich ist. Der Moderator diskutiert inhaltlich nicht mit, sondern strukturiert und moderiert den Prozess und visualisiert die Ergebnisse auf dem Flip-Chart.

3. **Schritt: Formulierung der Anfrage an die Gruppe und Information über den Fall**

Der Teilnehmer, dessen Praxisbeispiel gewählt wurde, trägt als erstes seine für ihn wichtige Frage vor. Hierbei sollte es immer nur eine Frage sein, da die Gruppenmitglieder das Gehörte in Bezug auf die Frage überdenken müssen. Bei mehreren Fragen sollten diese separat nach dem gleichen Schema abgearbeitet werden, damit das Verfahren einfach und strukturiert ablaufen kann. Kennen die Gruppenmitglieder die Frage können sie ihre Betrachtungsweise im Rahmen des Fallbeispiels besser fokussieren. Nach der gestellten Frage erläutert der Teilnehmer sein Praxisbeispiel.

4. **Schritt: Austausch über die Informationen und Hypothesenbildung zu möglichen Antworten/Lösungen**

Die Gruppenmitglieder stellen zur Abrundung ihres „Fallbildes" für sie noch offene Fragen, die der Teilnehmer zunächst beantworten muss. Wenn alle offenen Fragen geklärt sind, geben die Gruppenmitglieder Hypothesen in Bezug auf die Fragestellung ab, die der Moderator auf dem Flip-Chart visualisiert. Der Teilnehmer lehnt sich zurück und hört nur zu.

5. **Schritt: Zweiergespräch zwischen Moderator und anfragendem Teilnehmer**

Der Moderator wendet sich danach dem Teilnehmer zu, während sich die Gruppe zurückhält und stellt z. B. folgende Fragen:[137]

„Sind Sie verstanden worden?
Wurden Dinge gesagt, die neu für Sie waren und die von Bedeutung sein könnten?
Ändert sich etwas an Ihrer Anfrage?
Möchten Sie mit einem Punkt weiterarbeiten?"

6. **Schritt: Erste Ansätze zur Lösung der Anfrage entwickeln**

Der Teilnehmer versucht nun selbst Hypothesen zur Beantwortung seiner Frage zu entwickeln, die er entweder zuvor gehört hat oder aus dem Gehörten weiterentwickelt hat.

[137] Vgl. hierzu und im Folgenden: Auferkorte-Michaelis 2007, S. 53.

7. Schritt: Die Gruppe sucht und vergleicht weitere Lösungsmöglichkeiten

Diese neue Hypothese stellt der Teilnehmer der Gruppe zur Verfügung. Diese muss nun zu dieser für den Teilnehmer „passenden Hypothese" Optionen sammeln. Dies ist z. B. im Rahmen einer Kartenabfrage schnell getan. (Vgl. Kap. 5.2.4.3.2.) In einem zweiten Schritt kann noch eine Bewertung der einzelnen Lösungsmöglichkeiten im Hinblick auf den Fall erfolgen. Hierzu darf jedes Gruppenmitglied eine begründete Meinung abgeben. Eine Handlungsempfehlung wird jedoch nicht gegeben.

8. Schritt: Der Teilnehmer sucht für sich stimmige Lösungen

Der Teilnehmer wählt aus der Vielzahl der Optionen eine für sich stimmige Lösung oder entwickelt eine Lösung, die ihm gefällt noch weiter. Er beantwortet abschließend dem Moderator folgende Fragen:[138]

„Hat sich Ihre anfängliche Fragestellung nochmals verändert oder ist sie gleich geblieben?
Wenn ja was hat sich verändert?"
„Haben Sie schon eine Vorstellung davon, was Sie als nächsten Schritt in der Mediation umsetzen werden?"

Auf Wunsch kann dieser Schritt im Rahmen eines Rollenspiels erprobt werden, wobei der Teilnehmer dann die Rolle der Person einnehmen soll, die er am wenigsten „verstehen" kann.

9. Schritt: Zusammenfassung der Ergebnisse

Abschließend gibt der Moderater eine Zusammenfassung des Verlaufes und der Ergebnisse. Die Gruppenmitglieder überprüfen dabei für sich selbst auch, ob sie selbst etwas aus dieser Intervision gelernt haben und wenn ja, was.

Abschließend ist festzustellen, dass es für jeden Mediator wichtig ist, über ein Netzwerk von Kolleginnen und Kollegen zu verfügen, mit denen er sich austauschen kann, um auch regelmäßig kollegiale Unterstützung, Krisenhilfe oder notwendige „Psychohygiene" bei emotional belastenden Mediationen zu haben.

8.9 Zusammenfassung

Die Anforderungen, die an einen Mediator gestellt werden, standen im Blickpunkt dieses Kapitels. Hierfür wurden zunächst die Kompetenzen und die innere Haltung eines Mediators dargestellt. Im Rahmen von Mediationen bringen Medianden eigene Zielvor-

[138] Vgl. Auferkorte-Michaelis 2007, S. 55.

stellungen für die Ausrichtung der Mediation mit ein. Es wurde herausgearbeitet, dass ein Mediator seine eigenen Zielsetzungen bei der Durchführung einer Mediation kennen muss, um nicht in Rollenkonflikte zu geraten, die dann zum Scheitern der Mediation führen können. Die Aufgaben und das Selbstverständnis des Mediators wurden zusammenfassend beleuchtet. Anhand von Handlungsbeispielen wurde erläutert, wie der Mediator seine professionelle Distanz als neutraler und allparteilicher Dritter konkret umsetzen kann. Im Abschnitt Macht und Fairness wurde thematisiert, dass der Mediator im Vorfeld der Mediation prüfen muss, ob ein Machtungleichgewicht zwischen den Konfliktparteien vorliegt und sofern vorhanden, ob er dieses im Rahmen der Mediation auszugleichen vermag. Es wurde darüber hinaus aufgezeigt, dass ein Mediator über ein hohes Maß an Selbstreflexionsfähigkeit verfügen muss, bei dem er seine eigene Arbeit hinterfragt und optimiert. Hier erhält er Unterstützung durch Intervision und Supervision, deren Vorgehensweise abschließend dargestellt wurde.

Literatur

Auferkorte-Michaelis, Nicole, (2007), Die Technik der teilnehmenden Neutralität, Studienskript im Masterstudiengang Mediation der FernUniversität Hagen, Hagen.

Bolten, Jürgen/Herzog, Julia/Kriegel, Katharina (2008), Herausforderungen für Mediatoren, Interkulturelle Kommunikation und Mediation, Studienskript im Masterstudiengang Mediation der FernUniversität Hagen, Hagen.

Breidenbach, Stephan, (1995), Mediation, Struktur, Chancen und Risiken von Vermittlung im Konflikt, 1. Auflage, Köln: Dr. Otto Schmidt KG.

Breidenbach, Stephan/Gläßer, Ulla, (2006), Studienskript im Masterstudiengang Mediation der FernUniversität Hagen, Die Selbstverantwortung der Konfliktparteien, Hagen.

Budde, Andrea, (Budde, 2006b), Studienskript im Masterstudiengang Mediation der FernUniversität Hagen, Der Umgang mit Machtgefällen, Hagen.

Duss-von Werdt, Joseph, (2009), § 11 Systemische Aspekte, in: Haft/von Schlieffen (Hrsg.), Handbuch Mediation, 2. Aufl., S. 231–265, München: Beck.

Duve, Christian/Eidenmüller, Horst/Hacke, Andreas, (2011), Mediation in der Wirtschaft, Wege zum professionellen Konfliktmanagement, 2. Auflage, Köln: Dr. Otto Schmidt.

Elias, Norbert, (1990), Engagement und Distanzierung. Arbeiten zur Wissenssoziologie I, 2. Aufl., Frankfurt a. M.: Suhrkamp.

Eilles-Matthiessen, Claudia/Jansen, Susanne/Osterholz-Sauerländer, Antje/El Hage, Natalija, (2007): Schlüsselqualifikationen kompakt, Ein Arbeitsbuch für Personalauswahl und Personalentwicklung, 2. Aufl., Bern: Huber, Hogrefe.

Erpenbeck, John/von Rosenstiel, Lutz, (Hrsg.)(2007), Handbuch Kompetenzmessung: Erkennen, verstehen und bewerten von Kompetenzen in der betrieblichen, pädagogischen und psychologischen Praxis, 2. Auflage, Stuttgart: Schäffer-Poeschel.

Gottmann, Sigird, (2009), Studienbrief Ganzheitliche Konfliktlösungsmodelle, unveröffentliches Skript, Gevelsberg: Bildungswerk für ganzheitliche Therapien.

Haft, Fritjof, (2009), § 2 Verhandlung und Mediation, in: Haft/von Schlieffen (Hrsg.), Handbuch Mediation, 2. Aufl., S. 69–79, München: Beck.

Harris, Thomas A., (1984), Ich bin o.k. Du bist o.k., Wie wir und selbst besser verstehen und unsere Einstellung zu anderen verändern können - Eine Einführung in die Transaktionsanalyse, Hamburg: Rowohlt.

Hösl, Gerhard Gattus, (2008), Mediation die erfolgreiche Konfliktlösung, Grundlagen und praktische Anwendung, München: Kösel.

Kabst, Christine, (2005), Berufsethos der Mediatoren, in: Spektrum der Mediation, 18. Ausgabe, Frühjahr 2005, S. 32–33.

Koschany-Rohbeck, Marianne, (2011), Einsatzmöglichkeiten und Grenzen ausgewählter Kreativitätstechniken im Rahmen innerbetrieblicher Mediationen mit Gruppen, Unveröffentlichte Masterarbeit im Studiengang Master of Mediation der FernUniversität in Hagen, Hagen.

Krabbe, Heiner, (1999), Die mediationsanaloge Supervision, in: Zeitschrift für Mediation 3, 1999.

Kracht, Stefan, (2006), Studienskript im Masterstudiengang Mediation der FernUniversität Hagen, Das Ethos des Mediators, Hagen.

Kracht, Stefan, (2009), §12 Rolle und Aufgabe des Mediators - Prinzipien der Mediation, in: Haft/ von Schlieffen (Hrsg.), Handbuch Mediation, 2. Aufl., S. 267–292, München: Beck.

Mayer, Bernhard, (1987), The Dynamics of Power in Mediation and Negotiation, in: 16 Mediation quarterly, S. 75.

Montada, Leo/Kals, Elisabeth, (2013), Mediation, Psychologische Grundlagen und Perspektiven, 3. Auflage, Weinheim/Basel: Beltz.

Moore, Christopher W., (1996), The Mediation Process, Practical Strategies for Resolving Conflidt, 2. Aufl., San Francisco: John Wiley & Sons.

North, Klaus/Reinhardt, Kai, (2005), Kompetenzmanagement in der Praxis, Mitarbeiterkompetenzen systematisch identifizieren, nutzen und entwickeln, 1. Auflage, Wiesbaden: Gabler.

Pfeiffer, Ingrid, (2005), Die Haltung der Mediatorin/des Mediators, Ein Arbeitsinstrument im Mediationsverfahren und Stabilisator der eigenen Persönlichkeit, in: Spektrum der Mediation, 18. Ausgabe, Frühjahr 2005, S. 35.

Ponschab, Reiner/Schweizer, Adrian, (2006), Studienskript im Masterstudiengang Mediation der FernUniversität Hagen, Wirtschaftsmediation Teil I, Hagen.

Risse, Jörg, (2003), Wirtschaftsmediation, 1. Auflage, München: Beck.

Rosenberg, Marshall B., (2009), Gewaltfreie Kommunikation, Eine Sprache des Lebens, 8. Auflage, Paderborn: Junfermann.

Schieferstein, Werner, (2005), Die Haltung in der Mediation, Gedanken über Ethik, Verantwortung, Momente und andere „Unbeschreiblichkeiten" in der Mediation, in: Spektrum der Mediation, 18. Ausgabe, Frühjahr 2005, S. 13–14.

Schwind, Steffen, (2010) Teamfähigkeit, Seminararbeit im Seminar Schlüsselqualifikationen für beruflichen Erfolg, Deutsche Hochschule für Verwaltungswissenschaften, Speyer.

9 Fachspezifische Besonderheiten der Wirtschaftsmediation

9.1 Konfliktkosten

Konflikte verursachen hohe **Konfliktkosten**, die sich **organisationsintern** z. B. in einer höheren Fehlerquote, niedrigerer Leistungsfähigkeit der Konfliktbeteiligten oder einem erhöhten und länger andauernden Krankenstand sowie konfliktbedingten Fluktuationen widerspiegeln. Bei den Kosten für **externe Konflikte** schlagen vorwiegend die Rechtsverfolgungskosten, aber auch z. B. die Kosten für den Verlust eines Geschäftspartners und den Aufbau einer neuen Geschäftsbeziehung, zu Buche.

Leider werden diese Konfliktkosten noch nicht systematisch durch das Unternehmenscontrolling der Unternehmen erfasst. Würden sie erfasst, könnte schnell festgestellt werden, dass sich ein Investment in ein Konfliktmanagement-Konzept auf Basis der Mediation, nicht nur schnell amortisiert, sondern intern auch ein besseres Arbeitsklima ermöglicht oder eine externe Geschäftsbeziehung wieder festigen kann. Dies ist allerdings nur möglich, wenn auf Basis der Interessen und nicht auf der Grundlage von rechtlichen Positionen und Bewertungsmaßstäben nach Konfliktlösungen gesucht wird. Im Folgenden sollen die Konfliktkosten für externe und interne Konflikte nochmals genauer dargestellt werden.

9.1.1 Konfliktkosten bei zwischenbetrieblichen Konflikten

Zu den Konfliktkosten, die bei zwischenbetrieblichen Konflikten entstehen, sind zum einen die **Rechtsverfolgungskosten** und zum anderen auch **indirekte Kosten**[1], wie z. B. die **Kosten für den Verlust eines Geschäftspartners** und den **Aufbau einer neuen Geschäftsbeziehung** zu zählen. Die Zusammenarbeit wird nach einem Gerichtsverfahren

[1] Vgl. Duve/Eidenmüller/Hacke, 2011, S. 299.

M. Koschany-Rohbeck, *Praxishandbuch Wirtschaftsmediation*,
DOI 10.1007/978-3-658-08021-1_9

Tab. 9.1 Prozesskosten für unterschiedliche Streitwerte. (Quelle: eigene Darstellung)

Streitwert €	Kosten 1. Instanz €	Kosten 2. Instanz €	Kosten 3. Instanz	Gesamtverfahrenskosten
5.000,-	ca. 2804,79	ca. 2650,79	Erst ab 20.000,- € zugelassen	ca. 5455,58
20.000,-	ca. 6692,97	ca. 6372,29	ca. 8483,25	ca. 21.548,51
100.000,00	ca. 14.441,19	ca. 14.167,59	ca. 18.770,73	ca. 47.379,51
250.000,00	ca. 23.297,94	ca. 23.477,59	ca. 30.943,73	ca. 77.719,26
500.000,00	ca. 34.791,06	ca. 35.603,03	ca. 46.785,97	ca. 117.180,06
1.000.000,00	ca. 51.436,56	ca. 52.799,03	ca. 69.351,97	ca. 173.587,56
5.000.000,00	ca. 184.600,56	ca. 190.367,03	ca. 249.879,97	ca. 624.847,56

oftmals nach Beendigung der Vertragslaufzeit nicht weiter verlängert. Die Geschäftsbeziehung ist durch den Gewinner-Verlierer-Ausgang vor Gericht und das Vertrauensverhältnis durch den Prozess so massiv zerstört, dass die Beteiligten in der Zukunft i. d. R. nicht mehr miteinander arbeiten wollen. Dieser zweite Kostenblock „Verlust einer Geschäftsbeziehung" ist somit bei der vergleichenden Betrachtung von Mediation und Gerichtsprozess nicht zu vernachlässigen. Die finanziellen Auswirkungen sind jedoch je nach Konfliktkonstellation unterschiedlich hoch. So hat ein Konflikt zwischen einem Automobilhersteller und einem Zulieferer, der Spezialteile für den Automobilhersteller fertigt, i. d. R. größere finanzielle Auswirkungen, als z. B. ein Konflikt zwischen einem Automobilhersteller und einem Endkunden, der in der Zukunft kein Fahrzeug der Firma mehr erwerben wird. Diese Kosten sind jedem Unternehmen bekannt und können nur für jeden Einzelfall speziell beziffert werden. Aus diesem Grunde sind an dieser Stelle auch keine pauschalen Aussagen möglich. Nichtsdestotrotz sollten diese **Kosten** und die Überlegungen **zum Verlust einer Geschäftsbeziehung** immer beachtet werden, wenn man sich für einen Gerichtsprozess entscheidet.

Im Folgenden sollen aufgrund einer schwierigen pauschalisierenden „Quantifizierung des Wertes der Geschäftsbeziehung" nur die Verfahrenskosten im Fokus stehen. Es ist festzustellen, dass ab einem Streitwert von 5000,- € und mehr, eine Mediation die oftmals deutlich günstigere Variante im Vergleich zum Schieds- oder Gerichtsverfahren darstellt.[2] So sollen die Verfahrenskosten (eigener und fremder Anwalt sowie Gerichtsgebühren) für ein Gerichtsverfahren in Tab. 9.1 für verschiedene Streitwerte dargestellt werden:[3]

Die Gesamtkosten des Gerichtsverfahrens sind i. d. R. von der Partei zu tragen, die als **Verlierer** aus dem Gerichtsverfahren hervorgeht. Im Gegensatz dazu werden die Kosten für eine **zwischenbetriebliche Mediation** i. d. R. von den Konfliktparteien **zu gleichen Teilen** übernommen. Darüber hinaus orientieren sich die Kosten für eine Wirtschafts-

---

[2] Vgl. Duve/Eidenmüller/Hacke, 2011, S. 298.

[3] http://www.arag.de/service/rechner-und-apps/, berechnet über den Prozesskostenrechner der ARAG, zuletzt aufgerufen am 03.11.2013; Vgl. ähnliche Werte über die den Deutschen Anwaltverein http://anwaltverein.de/leistungen/prozesskostenrechner, zuletzt aufgerufen am 03.11.2014.

mediation **nicht am Streitwert**. Stattdessen ist ein Stundenhonorar zu zahlen. Bei einer hohen Komplexität des Konfliktes ist jedoch zu berücksichtigen, dass an der Mediation mehrere Mediatoren beteiligt sein können.

Die **Stundenhonorare** bei Wirtschaftsmediatoren betragen i. d. R. zwischen **150,- – 300,- €** zuzüglich Mehrwertsteuer, in Einzelfällen auch deutlich mehr.[4] Dabei werden, je nach Mediator, die Zeit, die der Mediator zur Vorbereitung und Nachbereitung der einzelnen Mediationssitzung benötigt, entweder in das o. g. Stundenhonorar einkalkuliert oder zusätzlich separat berechnet. Man erkennt schnell, je höher der Streitwert eines Konfliktes ist, desto rentabler wird auch aus der Kostenperspektive die Mediation im Vergleich zum Gerichtsverfahren.[5]

Beispiele für Mediationskosten, die unabhängig vom Streitwert gezahlt werden:

- In einem **einfachen Konflikt** mit einem Thema nimmt der Wirtschaftmediator ein Stundenhonorar von **150,- €.** Die Mediation dauert 8 Zeitstunden. Die Gesamtkosten für die Mediation belaufen sich auf **1200,- €.** Bei hälftiger Kostentragung würden die Parteien je 600,- € zahlen.
- **Ein Mediator** mit einem Stundenhonorar von **300,- €** übernimmt einen **komplexen Mediationsfall**. Die Gesamtdauer der Mediation beträgt **46 h**.
  Gesamtkosten der Mediation: 300,- €/h × 46 h = **13.800,- €.** Werden auch hier die Kosten geteilt, trägt jede Parteien einen Gesamtbetrag von 6900,- €
- Ein **sehr komplexer Mediationsfall**, bei dem **viele Abteilungen der betroffenen Unternehmen beteiligt** sind und bei dem eine zukünftige Zusammenarbeit von beiden Unternehmen gewünscht wird, wird von einem Mediatorenteam von 2 Personen übernommen, die jeweils 60 h an der Mediation arbeiten. Der Honorarsatz beträgt 250,- € pro Person.
  Gesamtkosten der Mediation: 2 × 250,- €/h × 60 h = 30.000,- €. Werden die Kosten anteilig im gleichen Verhältnis getragen, so muss jedes Unternehmen einen Betrag i. H. v. 15.000,- € übernehmen.
  Hinzu kommen können noch Reisekosten des Mediators und ggf. Kosten für die Erstellung eines rechtssicheren Vertrages.

Die Kosten einer Mediation liegen fast immer unter den Gerichtsverfahrenskosten. Allerdings gilt dies nur bei einer erfolgreich durchgeführten Mediation. Scheitert die Mediation kommen ergänzend zu den Gerichtsverfahrenskosten auch noch die Kosten für die gescheiterte Mediation hinzu. Erfahrungswerte in zwischenbetrieblichen Konflikten zeigen jedoch, dass Mediationen in **über 66 % der Fälle** zu einem **erfolgreichen Abschluss** füh-

[4] Vgl. Horstmeier, 2013, S. 190; vgl. Risse, 2003, S. 486, der von anwaltsüblichen Stundensätzen i. H. v. 200,- bis 450,- € zzgl. MwSt. spricht, die sogar noch höher liegen können, wenn der Rechtsanwalt über spezielle Fachkenntnisse im streitrelevanten Fachgebiet verfügt.

[5] Vgl. hierzu und im Folgenden: Duve/Eidenmüller/Hacke, 2011, S. 298 f.

ren.[6] Bei hohen Streitwerten im zwischenbetrieblichen Bereich lohnt es sich **immer** über die Durchführung einer Mediation nachzudenken, zumal die Terminierung und Durchführung der Mediation zeitlich schneller abgeschlossen sein wird als ein Gerichtsverfahren. Rechnet man noch die Arbeitszeiten der Personen hinzu, die sich mit dem Konflikt z. B. nochmals in 2. und 3. Instanz vorbereiten müssen und die Kosten, die mit einem Verlust einer bisher guten Geschäftsbeziehung zu erwarten sind, dann fällt einem **betriebswirtschaftlich denkenden Entscheider** der Entschluss für eine Mediation nicht mehr schwer. Die Chance, den positiven Nutzen einer erfolgreichen Mediation zu genießen ist weitaus größer, als der finanzielle Nachteil bei einer gescheiterten Mediation.

9.1.2 Konfliktkosten bei innerbetrieblichen Konflikten

Die Erfahrungswerte für **innerbetriebliche Konflikte** zeigen, dass Mediationen im innerbetrieblichen Bereich sogar in über 80–90 % der Fälle zu einem erfolgreichen Abschluss führen.[7] Darüber hinaus ist die **Reduzierung der Konfliktkosten** in innerbetrieblichen Konflikten ein besonders schlagkräftiges Argument, um Mediation innerhalb von Unternehmen als geeignete Maßnahme zur Bewältigung von Konflikten zu etablieren. So definieren Insam/Seidel einen Konflikt und Konfliktkosten im Rahmen eines **Konfliktkosten-Controllings** folgendermaßen:[8]

> Ein **Konflikt** im Rahmen des Konfliktkostenmodells ist jede Planabweichung oder Plangefährdung bei der Umsetzung der Ziele eines Unternehmens durch den Einsatz seiner Ressourcen und dabei vor allem der Arbeitszeit seiner Mitarbeiter.
>
> **Konfliktkosten** sind jede geplante und vor allem ungeplante **Störung** der zielgerichteten Ressourcenverwendung in der Organisation, **die auf funktionalem oder dysfunktionalem Verhalten der Mitarbeiter basiert.**

Anders ausgedrückt zahlen Unternehmen bei Bestehen eines **nicht konstruktiv** ausgetragenen Konfliktes einen bestimmten Teil des Gehaltes für ineffizient genutzte Zeit als Auswirkung des Konfliktes. Hierbei handelt es sich um sogenannte **„dysfunktionale Konfliktkosten“**.[9] Es entstehen also Kosten, weil Mitarbeiter sich aufgrund der emotionalen Belastung (Wut, Ärger, Frustration, Empörung, etc.) nicht mehr zu 100 % auf ihre Arbeit konzentrieren können und deshalb eine geringere Produktivität aufweisen oder Fehler aufgrund von Konzentrationsmängeln machen und diese korrigieren müssen. In hoch eskalierten Konflikten liegt die Produktivität fast bei null. Darüber hinaus können Mitarbeiter aufgrund langandauernder ungelöster Konflikte am Arbeitsplatz krank werden

[6] Vgl. hierzu und im Folgenden: Duve/Eidenmüller/Hacke, 2011, S. 299.

[7] Vgl. hierzu auch Ponschab/Dendorfer, 2009, S. 604; vgl. auch Budde, 2006 a, S. 10.

[8] Insam/Seidel, 2010, S. 77.

[9] Insam/Seidel, 2010, S. 77.

Tab. 9.2 Konfliktkostenarten. (Quelle: eigene Darstellung, in Anlehnung an Konfliktkostenarten/Circle of Conflikt, Insam/Seidel, 2010, S. 78)

Dimension	Kategorie		
Person	Mitarbeiterfluktuation	Krankheit	Kontraproduktives Verhalten
Team	Kunden- und Lieferantenfluktuation	Mängel in der Projektarbeit	Entgangene Aufträge
Organisation	Über- und Unterregulierung	Anreiz- und Motivationssysteme	Arbeitsrechtliche Maßnahmen

und oftmals langfristig ausfallen. Es entstehen Folgekosten, die sich nicht nur auf die Personen, die den Konflikt austragen, beziehen, sondern sich auf das Team oder auf die ganze Organisation auswirken können. Hier können z. B. Folgekosten entstehen, weil die Teammitglieder durch die offenen oder verdeckten Konflikte ihrer Kollegen ebenfalls in ihrer Arbeitsleistung eingeschränkt werden oder aufgrund von konfliktbedingten Krankmeldungen eine höhere Arbeitsbelastung haben, weil sie die Kollegen vertreten müssen. Daraus können sich dann bei zunächst unbeteiligten Teammitgliedern bei langandauernden ungelösten Konflikten ebenfalls stressbedingte Erkrankungen entwickeln. Fachlich qualifizierte Mitarbeiter kündigen, wenn Konflikte am Arbeitsplatz ungelöst bleiben. Für die Organisation entstehen dann hohe Kosten im Rahmen der Personalneubeschaffung und der Einarbeitung.

Die dysfunktionalen Konfliktkosten sind zu unterscheiden von den **funktionalen Konfliktkosten**.[10] Hierbei handelt es sich um „**positive und unvermeidbare Konfliktkosten**", die z. B. das Unternehmen durch die konstruktive Bearbeitung von Konflikten weiterbringt und damit die Erreichung der Unternehmensziele gewährleistet oder sogar noch verbessert. Die Kosten für eine Mediation oder für andere Maßnahmen, die eine Verbesserung der Zusammenarbeit und Lösung der Sachprobleme der Konfliktparteien zum Ziel haben, wie Konfliktpräventionsmaßnahmen (z. B. Seminare zum Erwerb von Konfliktlösungskompetenzen oder Teamtrainings auf Basis der Mediation), sind somit funktionale Konfliktkosten.

Insam und Seidel geben mit ihrer Idee eines Konfliktkosten-Controllings Unternehmen ein Hilfsmittel an die Hand um Art und Ausmaß von Konfliktkosten deutlich zu machen.[11] Sie unterscheiden die Konfliktkosten in drei Dimensionen (Person/Team/Organisation) und drei Kategorien in jeder Dimension (siehe Tab. 9.2), die nachfolgend beschrieben werden sollen:[12]

Die in der **Dimension Person** verursachten Konfliktkosten werden durch den einzelnen Konfliktbeteiligten verursacht. Sie setzen sich aus konfliktbedingten Kosten für **Mitarbeiterfluktuation** zusammen. Das sind z. B. Kosten für Personalsuche (z. B. Anzeigenschaltung, Personalberater, Auswahl neuer Mitarbeiter, Umzugskosten für einen neuen

[10] Vgl. Insam/Seidel, 2010, S. 77.

[11] Vgl. Insam/Seidel, 2010, S. 76 ff.

[12] Vgl. hierzu und im Folgenden: Insam/Seidel, 2010, S. 78 ff.

Mitarbeiter, Einarbeitungskosten, Kosten für die erhöhte Arbeitsbelastung der anderen Mitarbeiter, ggf. Einsatz von Zeitarbeitskräften). Zu der Kostenart Mitarbeiterfluktuationen werden auch die **Minderleistungen** eines Mitarbeiters im Konflikt gezählt, der innerlich gekündigt hat und demotiviert mit reduzierter Leistungsbereitschaft arbeitet. Zu den Konfliktkosten aufgrund von **Krankheit** zählen krankheitsbedingte Abwesenheitszeiten der Konfliktbeteiligten, die konfliktbedingt psychosomatische Erkrankungen entwickeln und dem Unternehmen nicht produktiv zur Verfügung stehen. Darüber hinaus entstehen Konfliktkosten auch durch **kontraproduktives oder betriebsschädigendes Verhalten**, indem Mitarbeiter aufgrund der aus ihrer Sicht unbefriedigend gelösten Konflikte am Arbeitsplatz das Unternehmen vorsätzlich schädigen. So können ausgehend von ungelösten oder konfrontativ gelösten Konflikten am Arbeitsplatz ggf. auch Kosten durch „Unterschlagung, Zerstörung von Betriebsmitteln, Datendiebstahl, Zerstörung des Informationsflusses, Arbeitszeitmissbrauch, Manipulation von Arbeitszeit, Spesenbetrug oder Imageschädigung“[13] entstehen.

Da die einzelnen Personen in ein Unternehmenssystem eingebettet sind, das oftmals in Teams zusammenarbeitet, ist aus Konfliktkostensicht die **Dimension Team** ein weiterer Bereich zur Erfassung der Konfliktkosten. Durch den schlechteren Informationsfluss und negative Emotionen kann es zu Versäumnissen, Fehlern und in der Folge zu **unzufriedenen Kunden- oder Lieferanten** kommen, die die Geschäftsbeziehung abbrechen, was zu einem hohen Aufwand bei der Kundenneuakquise oder zur Kundenrückgewinnung führt. Darüber hinaus kann es sogar zu Konflikten im zwischenbetrieblichen Bereich kommen, wenn vertragliche Verpflichtungen aufgrund von innerbetrieblichen Versäumnissen nicht eingehalten wurden. Bei Konflikten im Team oder Konflikten zwischen Personen, die sich indirekt auf das Team auswirken, verläuft die Zusammenarbeit nicht mehr so effizient. Erreicht ein Projektteam sein Ziel, aufgrund bestehender Konflikte, nicht, fallen Konfliktkosten aufgrund eines Projektabbruches, schlechter Ergebnisqualität oder Terminverzögerungen an. Darüber hinaus entstehen Konfliktkosten, wenn aufgrund eines Konfliktes sichere Aufträge nicht realisiert werden können oder weil aufgrund des Konfliktes Mitarbeiter, Finanzmittel oder Maschinen falsch eingesetzt wurden. Bei den Konfliktkosten handelt es sich dann um entgangene Gewinne, Umsätze, Deckungsbeiträge und/oder Zinsen.[14]

Eine letzte **Dimension** der Konfliktkosten stellt die **Organisation** selbst dar, die die Unternehmensleitung zu verantworten hat.[15] Hier entstehen Konfliktkosten entweder durch „**Über- oder Unterregulierung der Organisation**“. Gibt es in einer Organisation zu wenig Orientierung durch vorgegebene Regelungen entstehen Kosten durch Diskussion regelungsbedürftiger Themen. Bei einer Überregulierung liegt der umgekehrte Fall vor. Hier wünschen die Konfliktbeteiligten mehr „optionale Handlungsmöglichkeiten“, was zu Diskussionen und Konflikten führen kann. Auch ständig ändernde Organisationsstrukturen mit sich verändernden Aufgabengebieten führen zu Unsicherheiten, Diskus-

---

[13] Insam/Seidel, 2010, S. 79.

[14] Vgl. Insam/Seidel, 2010, S. 79.

[15] Vgl. hierzu und im Folgenden: Insam/Seidel, 2010, S. 79 f.

sionen und oftmals zu Konflikten. Diese Diskussionen beanspruchen die Arbeitszeit von Mitarbeitern, Führungskräften und Betriebsräten in denen sie nicht produktiv für das Unternehmen zur Verfügung stehen. Auch **Anreiz- und Motivationssysteme** führen oftmals zu Konfliktkosten. Hier kann über die Art, die Höhe und die Umsetzung gestritten werden. Darüber hinaus können **Kosten für arbeitsrechtliche Maßnahmen** entstehen, die aus den bewerteten Kosten für die Arbeitszeit von Personalgesprächen aufgrund des Konfliktes resultieren. In der Personalabteilung entstehen Folgekosten durch ggf. Versetzung, Abmahnung, Kündigungen sowie durch Freistellungen und Abfindungen. Bei gerichtlicher Auseinandersetzung entstehen Gerichts- und Rechtsanwaltskosten. Indirekte Kosten arbeitsrechtlicher Maßnahmen sind Kosten aufgrund von Imageverlusten des Unternehmens sowie demotiviert im Unternehmen verbliebene Mitarbeiter.

Zwischen diesen Kategorien und Dimensionen bestehen zusätzlich auch noch Wechselwirkungen.[16] So ist es möglich, dass Mängel in der Teamarbeit zu arbeitsrechtlichen Maßnahmen führen, oder kontraproduktives Verhalten von Mitarbeitern zu entgangenen Aufträgen führt.

Abschließend ist festzustellen, dass nur die **dysfunktionalen Konfliktkosten** vermeidbar und somit **einzusparen** sind. Das Ziel eines (nicht unbedingt nur) ökonomisch handelnden Unternehmens sollte es sein, dysfunktionale Konfliktkosten einzusparen und die **positiven Effekte eines konstruktiven Konfliktmanagements** auch in Bezug auf die Verbesserung der Mitarbeitermotivation, Leistungsbereitschaft und Erhöhung der Anwesenheitszeiten zu **nutzen**. Motivierte Mitarbeiter sind die Grundlage eines erfolgreichen Unternehmens.

Mit Hilfe o. g. Dimensionen und Kategorien wurden im Rahmen eines Projekts der Unternehmerschaft Düsseldorf in Zusammenarbeit mit der KPMG anhand eindrucksvoller **konkreter realer Fallbeispiele** berechnet, **wie hoch die Konfliktkosten selbst schon bei „kleinen Konflikten"** sein können.[17] Drei dieser Beispiele sollen an dieser Stelle exemplarisch genannt werden und eine Vorstellung darüber geben, in welcher **Größendimension** Konfliktkosten zu verzeichnen sind.[18]

- So entstanden im Rahmen eines schwelenden Konfliktes zwischen einem Firmeninhaber und seinen drei Mitarbeitern, der nicht offen ausgetragen wurde, 66.000,- € Konfliktkosten innerhalb eines Jahres.[19]
- In einem Teamkonflikt, den ein Abteilungsleiter und sein Team 3 Jahre lang austrugen und der für die Geschäftsleitung zunächst nicht sichtbar war, entstanden Konfliktkosten i. H. v. 433.500,- €. Eine 17,5 Arbeitstage umfassende Mediation mit Kosten in Höhe von 28.750,- € beendete nachhaltig den Konflikt und schuf ganz neue Rahmenbedingungen für eine konstruktive Zusammenarbeit in der Zukunft. Die Konfliktparteien

[16] Vgl. Insam/Seidel, 2010, S. 78.

[17] Vgl. Insam, 2012, S. 8.

[18] Vgl. Insam, 2012, S. 10–23.

[19] Vgl. Insam, 2012, S. 10 f.

waren sich in der Reflexion des Geschehens einig, dass ein früheres Eingreifen das Eskalieren des Konfliktes hätte vermeiden können.[20]

- In einem Konflikt zwischen zwei IT-Entwicklungsabteilungen, an denen insgesamt 98 Mitarbeiter involviert waren und der sich über einen Zeitraum von 4 Jahren ausdehnte, entstanden Konfliktkosten in einer Gesamthöhe von 6.652.000,- €.[21]

Da Konflikte zur Arbeitsrealität gehören kann deduktiv gefolgert werden, dass in jedem Unternehmen Konfliktkosten in unterschiedlichen Größenkategorien existieren und diese nur (noch) nicht systematisch erfasst wurden. Würden die Konfliktkosten durch ein standardisiertes Controlling-System ermittelt, würde schnell erkannt werden, dass sich ein Investment in Konfliktmanagement-Maßnahmen auf Basis der Mediation schnell rechnet.

Anhand dieser drei beeindruckenden Beispiele und der Möglichkeiten Konfliktkosten für ein Unternehmen systematisch zu erfassen, stellt sich i. d. R. nicht mehr die Frage, **ob Mediation** innerhalb von Unternehmen eingeführt werden sollte, **sondern in welcher Form** es sinnvoll ist, Mediation oder mediationsbasierte Konfliktmanagement-Maßnahmen in einem Unternehmen zu implementieren. Ungelöste oder konfrontativ und unfair gelöste Konflikte schwelen im Untergrund weiter und verursachen Konfliktkosten. In Konflikten nicht zu intervenieren ist die schlechteste aller Alternativen.

Im Rahmen der **Mediationsbasierten Personal- und Organisationsentwicklung**[22] bieten sich im akuten Konfliktfalle entweder eine Mediation durch externe freiberufliche Mediatoren (vgl. Kap. 9.2.) oder durch unternehmensinterne Mediatoren an, die im Rahmen von internen Konfliktmanagement-Systemen, Konflikte klären. (vgl. Kap. 9.3.) Als Präventivstrategie kommen gezielte Weiterbildungsmaßnahmen in Frage, um die Konfliktlösungskompetenzen einzelner Personen und Teams zu verbessern. (vgl. Kap. 9.4.) In kleineren und mittleren Unternehmen (KMU) kann auch ein ganzheitlicher Ansatz gewählt werden – das Management by Mediation-Konzept. Dabei bekommen alle Mitarbeiter und Führungskräfte Mediation als Handlungskompetenz vermittelt. (vgl. Kap. 9.5.)

9.2 Innerbetriebliche Mediation durch externe Mediatoren

In den vorangegangen Kapiteln wurde die Durchführung eines Mediationsverfahrens durch einen unternehmensexternen Mediator beschrieben. Mit dieser Verfahrensgestaltung durch einen unternehmensunabhängigen Mediator kann insbesondere dem Grundsatz der Neutralität besonders Rechnung getragen werden. Bei vielen Konflikten, die in Deutschland im Rahmen einer Mediation durch externe Mediatoren bearbeitet werden,

[20] Vgl. Insam, 2012, S. 12 f.

[21] Vgl. Insam, 2012, S. 22 f.

[22] Vgl. auch Fachgruppe Mediationsbasierte Personalentwicklung der DGM, http://www.dgm-web.de/dgm-fachgruppen/fg-personal-organisationsentwicklung.html, zuletzt aufgerufen am 29.09.2014.

handelt es sich um Konflikte, die oftmals schon lange im Unternehmen existieren und bereits einen hohen Eskalationsgrad vorweisen. In eher seltenen Fällen werden Mediationen auch bei Konflikten auf einem niedrigen Eskalationsniveau eingesetzt. Hierbei sei nochmals darauf verwiesen, dass es sinnvoll ist, Mediation schon bei niederschwelligen Konflikten einzusetzen, da die Konfliktkosten noch nicht sehr hoch sind und sich die Konfliktbearbeitung schneller und erfolgreicher gestaltet.

Insgesamt betrachtet ist die einzelfallorientierte Konfliktbearbeitung mittels Mediation sehr sinnvoll und kann effektiv und fallspezifisch helfen den konkreten Konflikt nachhaltig zu lösen. Dieses Vorgehen stößt dann jedoch an Grenzen, wenn es in einem Unternehmen **an vielen Stellen häufig zu Konfliktfällen**, nicht nur mit hohem Eskalationsgrad kommt. Dann sollte das gesamte Unternehmenssystem betrachtet und in präventive Konfliktmanagement-Maßnahmen einbezogen werden.

Will ein Unternehmen grundsätzlich dysfunktionale Konfliktkosten für die Zukunft reduzieren, ist es aus Sicht der Unternehmensleitung bei vielen Konflikten und häufigen Einsätzen von externen Mediatoren sinnvoll, über die Implementierung eines innerbetrieblichen Konfliktmanagement-Systems[23] (siehe Kap. 9.3) oder über präventiv wirkende Konfliktmanagement-Maßnahmen auf Basis der Mediation nachzudenken (Siehe Kap. 9.4. und 9.5)

9.3 Innerbetriebliche Mediation im Rahmen von internen Konfliktmanagement-Systemen

In größeren Unternehmen kann es bei vielfältigen Konflikten und zur Reduzierung von dysfunktionalen Konfliktkosten aus ökonomischer Sicht sinnvoll sein, ein internes Konfliktmanagement-System[24] mit innerbetrieblichen Mediatoren aufzubauen.[25] Die Begriffe **„Internes, innerbetriebliches oder integrales" Konfliktmanagement-System** werden hier synonym verwendet. Unternehmen, die innerbetriebliche Konflikte frühzeitig **bereits auf einer niedrigen Eskalationsstufe** innerhalb der Organisation klären wollen, haben die Möglichkeit ein individuelles und passgenaues **Konfliktmanagement-System** aufzubauen. Im Rahmen eines **internen Konfliktmanagement-Systems** werden die bestehenden erfolgreichen betrieblichen Konfliktbewältigungsformen durch unternehmensinterne neutrale innerbetriebliche Mediatoren ergänzt und zu einem neuen Gesamtsystem zusam-

[23] Auch integriertes Konfliktmanagement-System genannt, vgl. Budde, 2003, S. 110 f. Internes Konfliktmanagement-System wird hier ebenfalls synonym verwendet.

[24] Internes, innerbetriebliches oder integrales Konfliktmanagement-System wird hier synonym verwendet.

[25] Vgl. Budde, 2003, S. 112.

mengefügt.[26] Im Rahmen der Begriffsdefinition für innerbetriebliche Konfliktmanagement-Systeme soll hier nur ein Teilprojekt und zwar für Arbeitsplatzkonflikte verstanden werden. Hier soll eine enge Definition von Konfliktmanagement-Systemen gelten, die sich nur auf individuelle und ggf. auf kollektivbezogene innerbetriebliche Konflikte beziehen (in Analogie zu Systematisierung individualrechtlicher und kollektivrechtlicher Arbeitskonflikte, wobei die individuellen und kollektivbezogenen Konfliktthemen vielfältiger sein können, weil sie sich nicht auf Rechtsansprüche bzw. Rechtsgrundlagen beziehen müssen).

Nach der weiten Definition von Budde können darüber hinaus im Rahmen eines unternehmensübergreifenden Konfliktmanagement-System-Konzeptes auch zwischenbetriebliche Konflikte, wie z. B. Konflikte mit Geschäftspartnern des Unternehmen oder die Bearbeitung von Kundenbeschwerden bzw. Konflikte mit Kunden in einem Gesamt-Konfliktmanagement-System zusammengefasst werden.[27] Im Viadrina-Seesternmodell ist ein solches Gesamt-KMS modellhaft dargestellt.[28]

Die **innerbetrieblichen Mediatoren** werden auch **innerbetriebliche Konfliktlotsen**[29] oder auch **innerbetriebliche Konfliktmanager** genannt.[30] Budde definiert Konfliktmanager als hauptamtlich tätige und Konfliktlotsen als nebenamtlich tätige Personen.

Bei der Implementierung eines solchen Systems werden die jeweiligen Unternehmen i. d. R. von externen Beratern unterstützt, die sich auf innerbetriebliche Konflikte spezialisiert haben und die die Einführung von Konfliktmanagement-Systemen in Ihrem Dienstleistungsangebot offerieren. Grundsätzlich könnten sowohl Konflikte im Individualbereich und im Kollektivbereich mittels Mediation bzw. im Rahmen von Konfliktmanagement-Systemen geklärt werden. Ob dieser breite Anwendungsbereich von den Unternehmen gewünscht wird, wird unternehmensspezifisch von jedem Unternehmen festgelegt. Mit der Einführung eines Konfliktmanagement-Systems wird auch die **Konfliktkultur** des Unternehmens maßgeblich verändert.[31] Im Rahmen dieser neuen Konfliktkultur werden Mitarbeiter darin ermutigt, Arbeitsplatzkonflikte direkt anzusprechen und sie direkten Vorgesetzten anzutragen oder sich vertraulich zunächst an die neue innerbetriebliche Anlaufstelle zu wenden, damit die bestehenden Konflikte schnellstmöglich gelöst werden können.[32] Bei einem innerbetrieblichen Konfliktmanagement-System wird

---

[26] Vgl. Budde, 2003, S. 111. Bekannte Unternehmen, die Konfliktmanagement-Systeme bereits eingeführt bzw. Mediation implementiert haben tauschen sich im Round Table Mediation und Konfliktmanagement in der deutschen Wirtschaft gegenseitig aus. Hier sind z. B. SAP, E.ON, Bayer, Siemens oder das ZDF zu nennen. Siehe http://www.rtmkm.de/home/willkommen/mitglieder/, zuletzt aufgerufen am 04.11.2014.

[27] Vgl. Budde, 2003, S. 111.

[28] Vgl. Kirchhoff et. al., 2013, S. 29.

[29] Vgl. Horstmeier, 2013, S. 105.

[30] Vgl. hierzu und im Folgenden: Budde, 2003, S. 114.

[31] Vgl. Horstmeier, 2013, S. 105.

[32] Vgl. Budde, 2003, S. 113 f.

eine neue Institution innerhalb des Unternehmens geschaffen. Diese setzt sich aus einem multikulturellen und multigeschlechtlichen Mediatorenpool zusammen, der sich sowohl aus Vorgesetzten und Mitarbeitern und ggf. aus Betriebsratsmitgliedern und Arbeitnehmervertretern zusammensetzt. An diese neue Einrichtung kann sich ein betroffener Arbeitnehmer oder Vorgesetzter „vertraulich, schnell, leicht erreichbar"[33] wenden und sein Problem einem Mediator seiner Wahl schildern. Hier kann überlegt werden, ob z. B. ein Coaching, eine Mediation oder auch eine andere Konfliktlösungsmöglichkeit als Maßnahme geeignet scheint. Ist eine Mediation die empfohlene Wahl, stehen mehrere Mediatoren den Konfliktparteien zur Wahl, von denen sie sich je nach Komplexität des Konflikts einen/mehrere für sie geeignete(n) Mediator(en) aussuchen können. Zusätzlich bietet das Unternehmen auch die Durchführung der Mediation durch externe Mediatoren an, wenn die betroffen Konfliktparteien sich nicht auf einen innerbetrieblichen Mediator einigen können, weil sie z. B. glauben, keiner der innerbetrieblichen Mediatoren könnte im konkreten Fall allparteilich bzw. neutral sein.

Die **Einführung eines Konfliktmanagement-Systems** könnte beispielsweise nach folgendem Ablaufschema erfolgen. Nach der Zustimmung aller Zustimmungspflichtigen zur Umsetzung des ausgewählten Konfliktmanagement-Systems kann die schrittweise Implementierung des Konfliktmanagement-Systems erfolgen. Zunächst sollten Informationsveranstaltungen über den Zweck und das Ziel von Konfliktmanagement-Systemen durchgeführt werden, um alle Mitarbeiter über diese neue Möglichkeit der Konfliktlösung, zu informieren. Danach wird „Mediation" als Begriff und dessen Bedeutung für die Umsetzung im Unternehmen in den Unternehmensleitlinien/Unternehmensleitbild verankert und eine Betriebsvereinbarung erstellt. Als nächstes wird der Aufbau und die Begleitung der internen Steuerung festgelegt. Anschließend wird ein Projektplan entwickelt und die Ablaufstruktur sowie die Gestaltung des innerbetrieblichen Settings festgelegt. In einem weiteren Schritt werden die innerbetrieblichen Mediatoren (Konfliktmanager bzw. Konfliktlotsen) ausgebildet und die Führungskräfte in den Grundlagen des Konfliktmanagements auf Basis der Mediation geschult. Die Qualitätssicherung der innerbetrieblichen Mediatoren muss abschließend durch Fortbildungs- und Supervisionsseminare gewährleistet werden. Bei der Einstellung neuer Mitarbeiter müssen die Vorgesetzten die neuen Mitarbeiter auf die Möglichkeiten des Konfliktmanagements im Unternehmen hinweisen.

Trotz der für ein Konfliktmanagement-System entstehenden Implementierungskosten und der laufenden Kosten rechnet sich in großen Unternehmen ein Konfliktmanagement-System sehr schnell, wenn dadurch Konflikte schon auf einer niedrigen Konfliktstufe gelöst werden können und dadurch sehr hohe Folgekosten durch eskalierte Konflikte vermieden werden können.[34]

[33] Budde, 2003, S. 114.

[34] Vgl. auch Insam, 2012, S. 22.

9.4 Individuelle Weiterbildungsmaßnahmen zur Steigerung nachhaltig wirkender Konfliktlösungskompetenzen

Mediation ist ein wirkungsvolles Mittel um sowohl eskalierte Konflikte als auch Konflikte mit geringem Eskalationsgrad zu klären und Gewinner-Gewinner-Lösungen zu realisieren. Mittels Mediation werden Konflikte **reaktiv bearbeitet**.[35] Dann sind i. d. R. schon sehr hohe dysfunktionale Konfliktkosten für das Unternehmen entstanden. Die **Mediationsbasierte Personal- und Organisationsentwicklung**[36] geht aber noch einen Schritt weiter. Sie beruht auf dem **Konzept, Mediation als effektive Problem- und Konfliktlösungsmethode** innerhalb des Unternehmens nicht nur zur Klärung von eskalierten Konflikten oder im Rahmen von innerbetrieblichen Konfliktmanagement-Systemen einzusetzen, sondern **als Präventions- und Problemlösungsinstrument** zu etablieren. Die **Grundsätze, Techniken und Verfahrensschritte der Mediation** dienen dann als **Basis für eine konstruktive und strukturierte Problemlösung**. Die Vermittlung dieses präventiv wirkenden Konzepts ist zum einen über **individuelle Weiterbildungsmaßnahmen** zur Steigerung nachhaltig wirkender Konfliktlösungskompetenzen und zum anderen über den **Management by Mediation-Ansatz** zu erreichen. (Vgl. Kap. 9.5.)

Manchmal erwarten Vorgesetzte im Rahmen ihres kooperativen, transformationalen oder partizipativ-demokratischen Führungsstils[37], dass sie bei Konflikten zwischen Mitarbeitern nicht als regulative Instanz, quasi in Form eines Richters, eingesetzt werden. Sie wünschen sich von ihren Mitarbeitern, dass sie ihre arbeitsplatz- und teambezogenen Probleme selbstverantwortlich und eigenständig lösen. Oftmals sind die Mitarbeiter jedoch hierzu nicht in der Lage, weil sie nur ihre bisher erlernten Konfliktverhaltensstrategien/Verhandlungsstrategien (vgl. Kap. 2.5.) anwenden, die oftmals in kompetitiv geführten Verhandlungen enden. Die fünfte Art zu verhandeln und Konflikte auf der Grundlage der Anliegen, Interessen und Bedürfnisse zu lösen, um Gewinner-Gewinner-Ausgänge zu generieren, kennen sie oftmals nicht. Diese Feststellung gilt ebenso auch für Vorgesetzte, die diese Art der Konfliktlösung nur in geringer Prozentzahl beherrschen. In empirischen

---

[35] Vgl. Ponschab/Dendorfer, 2009, S. 592.

[36] Fachgruppe Mediationsbasierte Personalentwicklung der DGM, www.dgm-web.de/dgm-fachgruppen/fg-personal-organisationsentwicklung.html, zuletzt aufgerufen am 29.09.2014.

[37] Ein kooperativer Führungsstil ermöglicht die personenbezogene Delegation von Freiräumen für jeden Mitarbeiter. Vgl. Budai, 2009, S. 27; vgl. auch Mohn, 1995, S. 21–23. Zur Definition des Begriffs kooperativer Führungsstil siehe auch Bühner, 1994, S. 76.

Der transformationale Führungsstil ist geprägt durch eine offene Kommunikationskultur, die von Ehrlichkeit, gegenseitigem Respekt und Wertschätzung für jeden einzelnen Mitarbeiter gekennzeichnet ist und Vertrauen schafft. Vgl. Schuler/Görlich, 2007, S. 54. Ferner ist er gekennzeichnet durch eine gelebte Vorbildfunktion des Vorgesetzten bezüglich der Förderung von innovativen Ideen. Vgl. Budai, 2009, S. 27; vgl. Malorny/Schwarz/Backerra, 1997, S. 36; vgl. Nütten/Sauermann, 1988, S. 42 f.

Der partizipativ-demokratische Führungsstil vereint die zuvor genannten Führungsstile und fügt noch Offenheit über sämtliche Unternehmensinformationen hinzu. Vgl. Bullinger, 1996, S. 116.

Studien ist nachgewiesen worden, dass nur 4 % der Manager selbst direkt in der Lage sind, einen kooperativen Konsens für Probleme zu finden, in 20 % der Fälle konnten sogar nur lose-lose-Vereinbarungen erzielt werden.[38] Mediationsbasiertes Verhandeln ist erlernbar. Existieren keine akuten Konfliktfälle im Unternehmen, die einer schnellen Bearbeitung mittels Mediation bedürfen, so sind gezielte „**proaktiv**“[39] wirkende **Präventionsmaßnahmen** zur Vermittlung von Konfliktlösungskompetenzen für Führungskräfte oder Mitarbeiter auf Basis der Mediation im Rahmen von Personalentwicklungskonzepten sinnvoll. Denkbar sind z. B. **Konflikt-Coachings**, spezielle **Seminare** oder **Workshops**, z. B. zur Zusammenführung neuer Teams.

Durch die Vermittlung von mediationsbasierten Sozial-, Führungs- und Methodenkompetenzen (wie z. B. **Konfliktlösungskompetenz, Kommunikationskompetenz, Empathie, Analysefähigkeit, Eigenverantwortlichkeit und Kreativität)** ist es im Rahmen der o. g. Weiterbildungsmaßnahmen möglich, **punktuelle Veränderungen** im Unternehmenssystem vorzunehmen. Das bedeutet, dass **Systemelemente**, wie z. B. einzelne Personen oder Subsysteme der gesamten Organisation (Teams oder Abteilungen) **präventiv gezielt** geschult werden und zwar dort, wo die Personalabteilung aufgrund der Aufgabenstellung, der Mitarbeiterzusammensetzung oder der Projektaufgabe, zukünftig Konflikte vermutet, die voraussichtlich nicht einvernehmlich gelöst werden können.

9.5 Management by Mediation-Konzept

Die **Mediationsbasierte Personal- und Organisationsentwicklung** geht aber noch einen Schritt weiter. Wird **Mediation als Führungskonzept eingesetzt** – dann handelt es sich um das **Management by Mediation-Konzept.**[40] Bei diesem Organisationsentwicklungskonzept wird Mediation im **Leitbild** des Unternehmens **verankert** und die Führungskräfte erlernen Mediation als konkretes Kommunikations- und Führungsinstrument und auch die Mitarbeiter werden in den Grundkompetenzen der Mediation geschult. Bei diesem Ansatz wird Mediation als Handlungskompetenz eines jeden Mitarbeiters gesehen. Hier geht es darum, ein Bewusstsein für das Herbeiführen von Gewinner-Gewinner-Lösungen zu erlangen und das notwendige Wissen und die dazugehörigen Handlungskompetenzen zu vermitteln. Denn nur derjenige, der weiß, wie Gewinner-Gewinner-Ausgänge realisiert werden können, der wird sich auch für diese Art der Konfliktlösung entscheiden können. Liegt dieses **Wissen, wie eine konsensuale Lösung erreicht werden kann**, jedoch nicht vor, so werden die Konfliktbeteiligten ihre bisher erlernten Konfliktlösungsstrategien bzw. Verhandlungsstile (vgl. Kap. 2.5. Vermeiden/Flucht, Nachgeben/Unterwerfen, Konkurrie-

---

[38] Vgl. Duve/Eidenmüller/Hacke, 2011, S. 43 und die Erläuterungen in der Fußnote.

[39] Ponschab/Dendorfer, 2009, S. 592.

[40] Vgl. Koschany-Rohbeck, Organisationsentwicklung mit dem Management by Mediation-Konzept, http://www.faireinigung.de/wirtschaft/organisations-entwicklung/index.php, zuletzt aufgerufen am 29.09.2014.

ren/Kampf, Feilschen/Kompromiss) anwenden, die für das Unternehmen suboptimal sind. Erst wenn alle Mitarbeiter die fünfte Konfliktlösungsstrategie (Problem lösen/Konsens) kennen, die die Grundlage für die Mediation darstellt, können sie sich auch bewusst für sie entscheiden.

Um dem Verhandlungsdilemma bei Konfliktsituationen auch in der Zukunft zu entgehen, müssen die Konfliktbeteiligten auch dann, wenn im Leitbild Mediation verankert ist, immer im Vorfeld vereinbaren, mit welcher Verhandlungsstrategie sie verhandeln werden. D. h. die Konfliktparteien müssen sich in Analogie zur Mediation immer wieder zuvor auf einen kooperativen Verhandlungsstil einigen. Nur so kann eine konsequente Umsetzung dieses Management by Mediation-Ansatzes gelingen. Die Anwendung von Mediation erfolgt stufenweise. Zunächst versuchen die Konfliktbeteiligten mediationsbasiert zur einer win-win-Lösung zu kommen. Gelingt dies nicht, wird der Vorgesetzte oder alternativ ein anderer Mitarbeiter in der Funktion des Mediators eingesetzt. Dieser führt dann eine Mediation zum aktuellen Konfliktthema durch. Bei größeren Unternehmen ist zusätzlich noch die zusätzliche Implementierung eines Konfliktmanagement-Systems denkbar und sinnvoll.

Darüber hinaus können die Führungskräfte dieses mediationsbasierte Führungswerkzeug täglich anwenden. Denn eine zentrale Aufgabe von Führungskräften in Zeiten des demografischen Wandels ist es, eine vertrauensvolle Arbeitsatmosphäre zu schaffen und eine wertschätzende Kommunikation auch bei Problemen, Meinungsverschiedenheiten und Konflikten zu ermöglichen[41], die das Unternehmen weiterbringt. Desweiteren sind die Kommunikationskompetenzen und der strukturierte Ablauf einer Mediation bei der effizienten Durchführung von Zielvereinbarungsgesprächen und Besprechungen hilfreich. Darüber hinaus sind sie auch in der Projektplanung und Projektbegleitung, zur Begleitung von Change Management Prozessen oder auch im Innovationsmanagement hervorragend geeignet. Wer als Führungskraft die wertschätzende Haltung eines Mediators authentisch lebt und die erworbenen Kommunikations- und Handlungskompetenzen zielgerichtet einsetzt, wird **in Zeiten zunehmender Komplexität, Globalisierung, demografischer Veränderung und Multikulturalität motivierte** und **psychisch gesunde Mitarbeiter** führen können und damit sehr erfolgreich sein. Darüber hinaus können das **Management by Mediation-Konzept** sowie **Innerbetriebliche Konfliktmanagement-Systeme** das **Betriebliche Gesundheitsmanagement (BGM),** das bei den Unternehmen mittlerweile einen hohen Stellenwert einnimmt, durch eine **zweite tragende Säule** ergänzen. (Siehe Abb. 9.1)

Das **Management by Mediation-Konzept** berücksichtigt zentrale Merkmale für ein **mitarbeiterorientiertes Führen und soziale Unterstützung am Arbeitsplatz**. Diese Merkmale wurden herausgearbeitet durch das Forschungsprojekt „Psychosoziale Gefährdung am Arbeitsplatz" im Auftrag der Bundesanstalt für Arbeitsschutz und Arbeitsmedizin.[42] Es **konkretisiert** die Forderung an Führungskräfte, ein wertschätzendes Vertrauens-

[41] Vgl. Stadler/Spiess, 2003, S. 25

[42] Vgl. Stadler/Spieß, 2003, S. 2 ff.

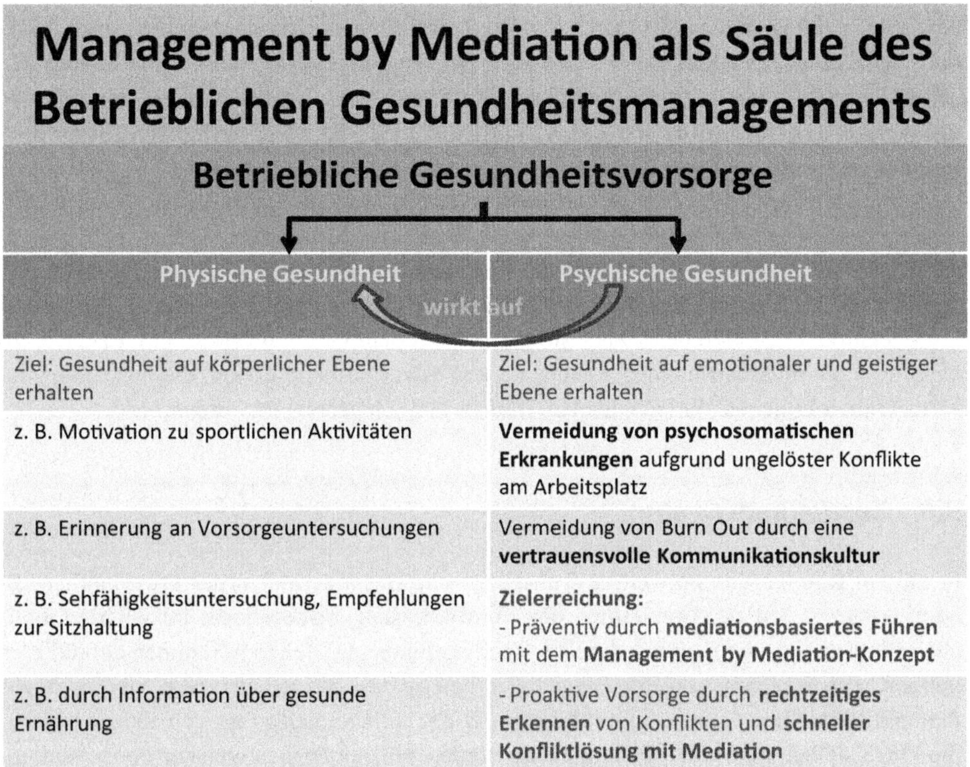

Abb. 9.1 Management by Mediation als zweite Säule des Betrieblichen Gesundheitsmanagements. (Quelle: eigene Darstellung)

klima zu schaffen, in dem Teamarbeit und nachhaltige Konfliktlösungen möglich sind.[43] Das Management by Mediation-Konzept hilft Führungskräften **ganz konkret, indem genau vermittelt wird, wie Vertrauen aufgebaut** werden kann, **wie eine wertschätzende Kommunikation,** insbesondere in schwierigen Gesprächssituationen, umgesetzt werden kann und **wie nachhaltige** Konfliktlösungen, also **Gewinner-Gewinner-Lösungen** generiert werden können, die Mitarbeiter zufrieden stellen. Dieses Konzept muss allerdings **alle Hierarchieebenen umfassen** und auch die **oberste Führungsriege** mit einschließen. Erst dann sind nachhaltige Auswirkungen im gesamten Unternehmen möglich und dann erst kann das Konzept seine Wirkung voll entfalten.

Neben den positiven Effekten auf die psychische Gesundheit der Mitarbeiter werden durch diesen Ansatz, **Mediation präventiv zu nutzen**, die Konfliktkosten im Vorfeld durch die antizipative Vorwegnahme von Konflikten aktiv reduziert. Eine Mediation bei bereits eskalierten Konflikten kann leider nur noch **weitere zukünftige Konfliktkosten verhindern**. Der Einsatz von Mediation bei eskalierten Konflikten ist somit ein effekti-

[43] Vgl. Stadler/Spieß, 2003, S. 25.

ves, aber leider reaktives Mittel zur Konfliktbewältigung.[44] Ein Management by Mediation-Konzept ist hingegen ein proaktives Mittel zur Prävention von Konflikten und den daraus resultierenden nicht unerheblichen Konfliktkosten. **Ein Investment in eine neue innovative Konfliktkultur wird sich somit auch aus Konfliktkostensicht besonders lohnen, weil viele negative Konfliktkosten erst gar nicht entstehen.** Das bedeutet, dass auch hier eine Gewinner-Gewinner-Lösung vorliegt. Sowohl Unternehmen als auch Mitarbeiter profitieren von dem Management by Mediation-Konzept.

Wer als Führungskraft selbst gute Erfahrungen mit Mediation gemacht hat, wird darüber hinaus Mediationsklauseln in zwischenbetrieblichen Verträgen unterstützen und in geeigneten Konfliktfällen ein Mediationsverfahren dem Gerichtsverfahren vorziehen. So kann über die innerbetriebliche Akzeptanz von Wirtschaftsmediation, die Akzeptanz der zwischenbetrieblichen Wirtschaftsmediation zusätzlich gesteigert werden.

9.6 Zusammenfassung

In diesem Kapitel wurden weitere fachspezifische Besonderheiten der Wirtschaftsmediation erläutert. Mit der Darstellung der Konfliktkosten, insbesondere im innerbetrieblichen Bereich, wo sich Kosten schnell zu sechsstelligen und höheren Summen aufaddieren können, wurde anhand von Praxisbeispielen belegt, dass die Nutzung von Mediation aus ökonomischer Sicht überaus sinnvoll ist. Im Wirtschaftsbereich sollte sich also nicht mehr die Frage stellen, ob Mediation eingesetzt werden soll, sondern in welcher Form Mediation im jeweiligen Unternehmen implementiert werden kann. Hierfür wurden verschiedene Erscheinungsformen von Mediation, die entweder reaktiv oder präventiv wirken, vorgestellt. Es wurde die Möglichkeit zur Implementierung innerbetrieblicher Konfliktmanagement-Systeme, die mit internen Mediatoren arbeiten, erläutert. Darüber hinaus wurden präventiv wirkende Maßnahmen vorgestellt, die dabei helfen, dass Konfliktkosten erst gar nicht in hohen Summen entstehen, da Konflikte bereits auf einer niedrigen Eskalationsstufe angesprochen und geklärt werden. Schulungen im Rahmen der Personalentwicklung, z. B. in mediationsbasierter Verhandlungsführung, vermitteln nachhaltig wirkende Konfliktlösungskompetenzen. Abschließend wurde das Management by Mediation-Konzept als zweite Säule des betrieblichen Gesundheitsmanagements vorgestellt, das neben der effektiven Reduzierung der Konfliktkosten gleichzeitig konkrete Handlungskompetenzen und Rahmenbedingungen zum gesundheitsgerechten Führen vermittelt.

[44] Vgl. Ponschab/Dendorfer, 2009, S. 592.

Literatur

Budai, Zoltan, (Budai, 2009), Kreative Freiräume schaffen – Führungsverantwortung wahrnehmen, in: Papmehl/Gastberger/Budai (Hrsg.), Die kreative Organisation, 1. Auflage, S. 21–36, Wiesbaden: Gabler.

Budde, Andrea, (2003), Mediation und Arbeitsrecht, Rahmenbedingungen für die Implementierung von Mediation im Betrieb, Berlin: Leutner.

Budde, Andrea, (Budde, 2006a), Studienskript im Masterstudiengang Mediation der FernUniversität Hagen, Medition im Arbeits- und Sozialrecht, Der Betrieb als Ausgangspunkt des Konflikts, Teil 1, Hagen.

Bühner, Rolf, (1994) Betriebswirtschaftliche Organisationslehre, 7. Auflage, München/Wien: Oldenbourg.

Bullinger, Hans-Jörg, (1996), Erfolgsfaktor Mitarbeiter, 1. Auflage, Stuttgart: Teubner.

Duve, Christian/Eidenmüller, Horst/Hacke, Andreas, (2011), Mediation in der Wirtschaft, Wege zum professionellen Konfliktmanagement, 2. Auflage, Köln: Dr. Otto Schmidt.

Horstmeier, Gerrit, (2013), Das neue Mediationsgesetz, 1. Aufl., München: Beck.

Insam, Alexander, (2012), Konflikte und ihre Kosten, in: Best Practice Konflikt(kosten)-Management 2012, Der wahre Wert der Mediation, Unternehmerschaft Düsseldorf e. V. (Hrsg.), Düsseldorf.

Insam, Alexander/Seidel, Uwe M., (2010), Konfliktkosten-Controlling, in Controller Magazin, Ausgabe 2, 35. Jahrgang, März/April 2010, S. 76–S. 81.

Kirchhoff, Lars/Becker, Nicole/Hammes, Michael/Knobloch, Thomas/Wendenburg, Felix, (2013), Konfliktmanagement als Instrument werteorientierter Unternehmensführung, eine Studie der Europa Universität Viadrina und PricewaterhouseCoopers

Malorny, Christian/Schwarz, Wolfgang/Backerra, Hendrik, (1997), Die sieben Kreativitätswerkzeuge K7, 1. Auflage, München/Wien: Hanser.

Mohn, Reinhard, (1995), Freiheit für den kreativen Menschen, 2. Auflage, Gütersloh: Bertelsmann Stiftung.

Nütten, Ingeborg/Sauermann, Peter, (1988), Die anonymen Kreativen, Instrumente einer innovationsorientierten Unternehmenskultur, 1. Auflage, Wiesbaden: Gabler.

Ponschab, Reiner/Dendorfer, Renate, (2009), § 24 Konfliktmanagement im Unternehmen, in: Haft/von Schlieffen (Hrsg.), Handbuch Mediation, 2. Aufl., S. 589–618, München: Beck.

Risse, Jörg, (2003), Wirtschaftsmediation, 1. Auflage, München: Beck.

Schuler, Heinz/Görlich, Yvonne, (2007), Kreativität, Praxis der Personalpsychologie, 1. Auflage, Göttingen/Bern/Wien/Toronto/Seattle/Oxford/Prag: Hogrefe.

Stadler, Peter/Spieß, Erika, (2003), Mit Verstand und Verständnis, Mitarbeiterorientiertes Führen und soziale Unterstützung am Arbeitsplatz, Bundesanstalt für Arbeitsschutz und Arbeitsmedizin, 4. Aufl. Berlin, Paderborn: Bonifatius.

Anhang

Anhang I: Gesetz zur Förderung der Mediation und anderer Verfahren der außergerichtlichen Konfliktbeilegung

Mediationsgesetz[1]

Mediationsgesetz (MediationsG)
MediationsG
Ausfertigungsdatum: 21.7.2012
Vollzitat:
„Mediationsgesetz vom 21. Juli 2012 (BGBl. I S. 1577)"
Fußnote
(+++ Textnachweis ab: 26.7.2012 +++)
Das G wurde als Artikel 1 des G v. 21.7.2012 I 1577 vom Bundestag beschlossen.
Es ist gem. Art. 9 dieses G am 26.7.2012 in Kraft getreten.

§ 1 Begriffsbestimmungen

(1) Mediation ist ein vertrauliches und strukturiertes Verfahren, bei dem Parteien mithilfe eines oder mehrerer Mediatoren freiwillig und eigenverantwortlich eine einvernehmliche Beilegung ihres Konflikts anstreben.
(2) Ein Mediator ist eine unabhängige und neutrale Person ohne Entscheidungsbefugnis, die die Parteien durch die Mediation führt.

§ 2 Verfahren; Aufgaben des Mediators

(1) Die Parteien wählen den Mediator aus.
(2) Der Mediator vergewissert sich, dass die Parteien die Grundsätze und den Ablauf des Mediationsverfahrens verstanden haben und freiwillig an der Mediation teilnehmen.

[1] http://www.gesetze-im-internet.de/bundesrecht/mediationsg/gesamt.pdf, zuletzt aufgerufen am 01.10.2014.

M. Koschany-Rohbeck, *Praxishandbuch Wirtschaftsmediation*,
DOI 10.1007/978-3-658-08021-1

(3) Der Mediator ist allen Parteien gleichermaßen verpflichtet. Er fördert die Kommunikation der Parteien und gewährleistet, dass die Parteien in angemessener und fairer Weise in die Mediation eingebunden sind. Er kann im allseitigen Einverständnis getrennte Gespräche mit den Parteien führen.
(4) Dritte können nur mit Zustimmung aller Parteien in die Mediation einbezogen werden.
(5) Die Parteien können die Mediation jederzeit beenden. Der Mediator kann die Mediation beenden, insbesondere wenn er der Auffassung ist, dass eine eigenverantwortliche Kommunikation oder eine Einigung der Parteien nicht zu erwarten ist.
(6) Der Mediator wirkt im Falle einer Einigung darauf hin, dass die Parteien die Vereinbarung in Kenntnis der Sachlage treffen und ihren Inhalt verstehen. Er hat die Parteien, die ohne fachliche Beratung an der Mediation teilnehmen, auf die Möglichkeit hinzuweisen, die Vereinbarung bei Bedarf durch externe Berater überprüfen zu lassen. Mit Zustimmung der Parteien kann die erzielte Einigung in einer Abschlussvereinbarung dokumentiert werden.

§ 3 Offenbarungspflichten; Tätigkeitsbeschränkungen

(1) Der Mediator hat den Parteien alle Umstände offenzulegen, die seine Unabhängigkeit und Neutralität beeinträchtigen können. Er darf bei Vorliegen solcher Umstände nur als Mediator tätig werden, wenn die Parteien dem ausdrücklich zustimmen.
(2) Als Mediator darf nicht tätig werden, wer vor der Mediation in derselben Sache für eine Partei tätig gewesen ist. Der Mediator darf auch nicht während oder nach der Mediation für eine Partei in derselben Sache tätig werden.
(3) Eine Person darf nicht als Mediator tätig werden, wenn eine mit ihr in derselben Berufsausübungs- oder Bürogemeinschaft verbundene andere Person vor der Mediation in derselben Sache für eine Partei tätig gewesen ist. Eine solche andere Person darf auch nicht während oder nach der Mediation für eine Partei in derselben Sache tätig werden.
(4) Die Beschränkungen des Absatzes 3 gelten nicht, wenn sich die betroffenen Parteien im Einzelfall nach umfassender Information damit einverstanden erklärt haben und Belange der Rechtspflege dem nicht entgegenstehen.
(5) Der Mediator ist verpflichtet, die Parteien auf deren Verlangen über seinen fachlichen Hintergrund, seine Ausbildung und seine Erfahrung auf dem Gebiet der Mediation zu informieren.

§ 4 Verschwiegenheitspflicht

Der Mediator und die in die Durchführung des Mediationsverfahrens eingebundenen Personen sind zur Verschwiegenheit verpflichtet, soweit gesetzlich nichts anderes geregelt ist. Diese Pflicht bezieht sich auf alles, was ihnen in Ausübung ihrer Tätigkeit bekannt geworden ist. Ungeachtet anderer gesetzlicher Regelungen über die Verschwiegenheitspflicht gilt sie nicht, soweit

(1) die Offenlegung des Inhalts der im Mediationsverfahren erzielten Vereinbarung zur Umsetzung oder Vollstreckung dieser Vereinbarung erforderlich ist,

(2) die Offenlegung aus vorrangigen Gründen der öffentlichen Ordnung (ordre public) geboten ist, insbesondere um eine Gefährdung des Wohles eines Kindes oder eine schwerwiegende Beeinträchtigung der physischen oder psychischen Integrität einer Person abzuwenden, oder
(3) es sich um Tatsachen handelt, die offenkundig sind oder ihrer Bedeutung nach keiner Geheimhaltung bedürfen.

Der Mediator hat die Parteien über den Umfang seiner Verschwiegenheitspflicht zu informieren.

§ 5 Aus- und Fortbildung des Mediators; zertifizierter Mediator

(1) Der Mediator stellt in eigener Verantwortung durch eine geeignete Ausbildung und eine regelmäßige Fortbildung sicher, dass er über theoretische Kenntnisse sowie praktische Erfahrungen verfügt, um die Parteien in sachkundiger Weise durch die Mediation führen zu können. Eine geeignete Ausbildung soll insbesondere vermitteln:
   1. Kenntnisse über Grundlagen der Mediation sowie deren Ablauf und Rahmenbedingungen,
   2. Verhandlungs- und Kommunikationstechniken,
   3. Konfliktkompetenz,
   4. Kenntnisse über das Recht der Mediation sowie über die Rolle des Rechts in der Mediation sowie
   5. praktische Übungen, Rollenspiele und Supervision.
(2) Als zertifizierter Mediator darf sich bezeichnen, wer eine Ausbildung zum Mediator abgeschlossen hat, die den Anforderungen der Rechtsverordnung nach § 6 entspricht.
(3) Der zertifizierte Mediator hat sich entsprechend den Anforderungen der Rechtsverordnung nach § 6 fortzubilden.

§ 6 Verordnungsermächtigung

Das Bundesministerium der Justiz wird ermächtigt, durch Rechtsverordnung ohne Zustimmung des Bundesrates nähere Bestimmungen über die Ausbildung zum zertifizierten Mediator und über die Fortbildung des zertifizierten Mediators sowie Anforderungen an Aus- und Fortbildungseinrichtungen zu erlassen. In der Rechtsverordnung nach Satz 1 können insbesondere festgelegt werden:

1. nähere Bestimmungen über die Inhalte der Ausbildung, wobei eine Ausbildung zum zertifizierten Mediator die in § 5 Absatz 1 Satz 2 aufgeführten Ausbildungsinhalte zu vermitteln hat, und über die erforderliche Praxiserfahrung;
2. nähere Bestimmungen über die Inhalte der Fortbildung;
3. Mindeststundenzahlen für die Aus- und Fortbildung;
4. zeitliche Abstände, in denen eine Fortbildung zu erfolgen hat;

5. Anforderungen an die in den Aus- und Fortbildungseinrichtungen eingesetzten Lehrkräfte;
6. Bestimmungen darüber, dass und in welcher Weise eine Aus- und Fortbildungseinrichtung die Teilnahme an einer Aus- und Fortbildungsveranstaltung zu zertifizieren hat;
7. Regelungen über den Abschluss der Ausbildung;
8. Übergangsbestimmungen für Personen, die bereits vor Inkrafttreten dieses Gesetzes als Mediatoren tätig sind.

§ 7 Wissenschaftliche Forschungsvorhaben; finanzielle Förderung der Mediation

(1) Bund und Länder können wissenschaftliche Forschungsvorhaben vereinbaren, um die Folgen einer finanziellen Förderung der Mediation für die Länder zu ermitteln.

(2) Die Förderung kann im Rahmen der Forschungsvorhaben auf Antrag einer rechtsuchenden Person bewilligt werden, wenn diese nach ihren persönlichen und wirtschaftlichen Verhältnissen die Kosten einer Mediation nicht, nur zum Teil oder nur in Raten aufbringen kann und die beabsichtigte Rechtsverfolgung oder Rechtsverteidigung nicht mutwillig erscheint. Über den Antrag entscheidet das für das Verfahren zuständige Gericht, sofern an diesem Gericht ein Forschungsvorhaben durchgeführt wird. Die Entscheidung ist unanfechtbar. Die Einzelheiten regeln die nach Absatz 1 zustande gekommenen Vereinbarungen zwischen Bund und Ländern.

(3) Die Bundesregierung unterrichtet den Deutschen Bundestag nach Abschluss der wissenschaftlichen Forschungsvorhaben über die gesammelten Erfahrungen und die gewonnenen Erkenntnisse.

§ 8 Evaluierung

(1) Die Bundesregierung berichtet dem Deutschen Bundestag bis zum 26. Juli 2017, auch unter Berücksichtigung der kostenrechtlichen Länderöffnungsklauseln, über die Auswirkungen dieses Gesetzes auf die Entwicklung der Mediation in Deutschland und über die Situation der Aus- und Fortbildung der Mediatoren. In dem Bericht ist insbesondere zu untersuchen und zu bewerten, ob aus Gründen der Qualitätssicherung und des Verbraucherschutzes weitere gesetzgeberische Maßnahmen auf dem Gebiet der Aus- und Fortbildung von Mediatoren notwendig sind.

(2) Sofern sich aus dem Bericht die Notwendigkeit gesetzgeberischer Maßnahmen ergibt, soll die Bundesregierung diese vorschlagen.

§ 9 Übergangsbestimmung

(1) Die Mediation in Zivilsachen durch einen nicht entscheidungsbefugten Richter während eines Gerichtsverfahrens, die vor dem 26. Juli 2012 an einem Gericht angeboten wird, kann unter Fortführung der bisher verwendeten Bezeichnung (gerichtlicher Mediator) bis zum 1. August 2013 weiterhin durchgeführt werden.

(2) Absatz 1 gilt entsprechend für die Mediation in der Verwaltungsgerichtsbarkeit, der Sozialgerichtsbarkeit, der Finanzgerichtsbarkeit und der Arbeitsgerichtsbarkeit.

Anhang II: Code of Conduct[2]

Europäischer Verhaltenskodex für Mediatoren

Der vorliegende Verhaltenskodex stellt Grundsätze auf, zu deren Einhaltung einzelne Mediatoren sich freiwillig und eigenverantwortlich verpflichten können. Der Kodex kann von Mediatoren in den verschiedenen Arten der Mediation in Zivil- und Handelssachen benutzt werden.

Organisationen, die Mediationsdienste erbringen, können sich ebenfalls zur Einhaltung verpflichten, indem sie die in ihrem Namen tätigen Mediatoren zur Befolgung des Verhaltenskodexes auffordern. Organisationen können Informationen über die Maßnahmen, die sie zur Förderung der Einhaltung des Kodexes durch einzelne Mediatoren ergreifen, zum Beispiel Schulung, Bewertung und Überwachung, zur Verfügung stellen.

Für die Zwecke des Verhaltenskodexes bezeichnet Mediation ein strukturiertes Verfahren unabhängig von seiner Bezeichnung, in dem zwei oder mehr Streitparteien mit Hilfe eines Dritten (nachstehend „Mediator“) auf freiwilliger Basis selbst versuchen, eine Vereinbarung über die Beilegung ihrer Streitigkeiten zu erzielen.

Die Einhaltung des Verhaltenskodexes lässt die einschlägigen nationalen Rechtsvorschriften oder Bestimmungen zur Regelung einzelner Berufe unberührt.

Organisationen, die Mediationsdienste erbringen, möchten möglicherweise detailliertere Kodexe entwickeln, die auf ihr spezielles Umfeld, die Art der von ihnen angebotenen Mediationsdienste oder auf besondere Bereiche (z. B. Mediation in Familiensachen oder Verbraucherfragen) ausgerichtet sind.

1. Fachliche Eignung, Ernennung und Vergütung von Mediatoren sowie Werbung für Ihre Dienste

1.1 Fachliche Eignung

Mediatoren müssen in Mediationsverfahren sachkundig und kenntnisreich sein. Sie müssen eine einschlägige Ausbildung und kontinuierliche Fortbildung sowie Erfahrung in der Anwendung von Mediationstechniken auf der Grundlage einschlägiger Standards oder Zulassungsregelungen vorweisen.

1.2 Ernennung

Die Mediatoren müssen mit den Parteien die Termine für das Mediationsverfahren vereinbaren. Mediatoren müssen sich hinreichend vergewissern, dass sie einen geeigneten Hintergrund für die Mediationsaufgabe mitbringen und dass ihre Sachkunde in einem bestimmten Fall dafür angemessen ist, bevor sie die Ernennung annehmen, und müssen den

[2] Amtliche Übersetzung des European Code of Conduct for Mediators unter http://ec.europa.eu/civiljustice/adr/adr_ec_code_conduct_de.pdf, zuletzt aufgerufen am 01.10.2014.

Parteien auf ihren Antrag Informationen zu ihrem Hintergrund und ihrer Erfahrung zur Verfügung stellen.

1.3 Vergütung

Soweit nicht bereits verfügbar, müssen die Mediatoren den Parteien stets vollständige Auskünfte über die Vergütungsregelung, die sie anzuwenden gedenken, erteilen. Sie dürfen kein Mediationsverfahren annehmen, bevor nicht die Grundsätze ihrer Vergütung von allen Parteien akzeptiert wurden.

1.4 Werbung für Mediationsdienste

Mediatoren dürfen für ihre Tätigkeit werben, sofern sie dies auf professionelle, ehrliche und redliche Art und Weise tun.

2. Unabhängigkeit und Unparteilichkeit

2.1 Unabhängigkeit

Gibt es Umstände, die die Unabhängigkeit eines Mediators beeinträchtigen oder zu einem Interessenkonflikt führen könnten oder den Anschein erwecken, dass sie seine Unabhängigkeit beeinträchtigen oder zu einem Interessenkonflikt führen, muss der Mediator diese Umstände offenlegen bevor er seine Tätigkeit wahrnimmt oder bevor er diese fortsetzt, wenn er sie bereits aufgenommen hat.

Zu diesen Umständen gehören

- eine persönliche oder geschäftliche Verbindung zu einer oder mehreren Parteien,
- ein finanzielles oder sonstiges direktes oder indirektes Interesse am Ergebnis der Mediation,
- eine anderweitige Tätigkeit des Mediators oder eines Mitarbeiters seines Unternehmens für eine oder mehrere der Parteien.

In solchen Fällen darf der Mediator die Mediationstätigkeit nur wahrnehmen bzw. fortsetzen, wenn er sicher ist, dass er die Aufgabe vollkommen unabhängig durchführen kann, sodass vollkommene Unparteilichkeit gewährleistet ist, und wenn die Parteien ausdrücklich zustimmen.

Die Offenlegungspflicht besteht während des gesamten Mediationsverfahrens.

2.2 Unparteilichkeit

Die Mediatoren haben in ihrem Handeln den Parteien gegenüber stets unparteiisch zu sein und sich darum zu bemühen, in ihrem Handeln als unparteiisch wahrgenommen zu werden, und sind verpflichtet, im Mediationsverfahren allen Parteien gleichermaßen zu dienen.

3. Mediationsvereinbarung, Verlauf und Ende des Verfahrens

3.1 Verfahren

Der Mediator muss sich vergewissern, dass die Parteien des Mediationsverfahrens das Verfahren und die Aufgaben des Mediators und der beteiligten Parteien verstanden haben.

Der Mediator muss insbesondere gewährleisten, dass die Parteien vor Beginn des Mediationsverfahrens die Voraussetzungen und Bedingungen der Mediationsvereinbarung, darunter insbesondere die einschlägigen Regelungen über die Verpflichtung des Mediators und der Parteien zur Vertraulichkeit, verstanden und sich ausdrücklich damit einverstanden erklärt haben.

Die Mediationsvereinbarung kann auf Antrag der Parteien schriftlich abgefasst werden.

Der Mediator muss das Verfahren in angemessener Weise leiten und die jeweiligen Umstände des Falls berücksichtigen, einschließlich einer möglichen ungleichen Kräfteverteilung und eventueller Wünsche der Parteien, sowie des Rechtsstaatsprinzips, und der Notwendigkeit einer raschen Streitbeilegung. Die Parteien können unter Bezugnahme auf vorhandene Regeln oder anderweitig mit dem Mediator das Verfahren vereinbaren, nach dem die Mediation vorgenommen werden soll.

Der Mediator kann die Parteien getrennt anhören, wenn er dies für zweckmäßig erachtet.

3.2 Faires Verfahren

Der Mediator muss sicherstellen, dass alle Parteien in angemessener Weise in das Verfahren eingebunden sind.

Der Mediator muss die Parteien davon in Kenntnis setzen und kann das Mediationsverfahren beenden, wenn

- er aufgrund der Umstände und seiner einschlägigen Urteilsfähigkeit die vereinbarte Regelung für nicht durchsetzbar oder für rechtswidrig hält oder
- er der Meinung ist, dass eine Fortsetzung des Mediationsverfahrens aller Voraussicht nach nicht zu einer Regelung führen wird.

3.3 Ende des Verfahrens

Der Mediator muss alle erforderlichen Maßnahmen ergreifen, um sicherzustellen, dass eine Vereinbarung der Parteien in voller Kenntnis der Sachlage einvernehmlich erzielt wird und dass alle Parteien den Inhalt der Vereinbarung verstehen.

Die Parteien können sich jederzeit aus dem Mediationsverfahren zurückziehen, ohne dies begründen zu müssen. Der Mediator muss auf Antrag der Parteien im Rahmen seiner Sachkunde die Parteien darüber informieren, wie sie die Vereinbarung formalisieren können und welche Möglichkeiten bestehen, sie durchsetzbar zu machen.

4. Vertraulichkeit

Der Mediator muss die Vertraulichkeit aller Informationen aus dem Mediationsverfahren und im Zusammenhang damit wahren, einschließlich des Umstands, dass die Mediation stattfinden soll oder stattgefunden hat, es sei denn, er ist gesetzlich oder aus Gründen der öffentlichen Ordnung (ordre public) zur Offenlegung verpflichtet. Informationen, die eine der Parteien dem Mediator im Vertrauen mitgeteilt hat, dürfen nicht ohne Zustimmung an die anderen Parteien weitergegeben werden, es sei denn, es besteht eine gesetzliche Pflicht zur Weitergabe.

Sachverzeichnis

M. Koschany-Rohbeck, *Praxishandbuch Wirtschaftsmediation*,
DOI 10.1007/978-3-658-08021-1

L

M

P

Q

R

S

Printed by Printforce, the Netherlands